NE 능률

2015 개정 교육과정

계통으로 수학이 쉬워지는
새로운 개념기본서

월등한 개념 수학

중등수학 1-1

개념북

- 전후 개념의 연결고리를 만들어 주는 **계통 학습**
- 문제 풀이의 핵심을 짚어주는 **키워드 학습**
- 개념북에서 익히고 워크북에서 확인하는 **1:1 매칭 학습**

지은이 | 능률수학교육연구소 장미선 김은빛 권민휘

전국의 많은 수학 선생님들께서 월등한 개념 수학을 더욱 월등하게 만들어 주셨습니다!

"월개수는 수학적 원리도 모른 채 기계적으로 수학 문제를 풀고 있는 **학생들을 위한 선물**입니다.
월개수의 계통 수학과 키워드 학습으로 꾸준히 공부한다면 월개수는 여러분을 배신하지 않을 것입니다!"

- 오수환 선생님 -

"책 전체가 짜임새 있고 빈틈없이 구성되어 있어 개념서와 문제서를 한 권으로 해결할 수 있는 교재입니다."

- 이동지 선생님 -

"개념북의 '핵심 유형 익히기'와 '실전 문제 익히기'는 **실전을 대비할 수 있어서 좋았고요.**
개념북과 1:1로 대응되는 워크북으로 **다시 한번 되짚고 점검할 수 있어서 좋았습니다.**" - 장미선 선생님 -

검토단 선생님

권혁동 선생님 (청탑학원)
김국철 선생님 (필즈영수전문학원)
김방래 선생님 (비전매쓰학원)
김선희 선생님 (유레카학원)
김수연 선생님 (개념폴리아학원)
김영태 선생님 (닥터스피드백학원)
김용 선생님 (용수학학원)
김현주 선생님 (HJ 수학학원)
나현정 선생님 (신통영수전문학원)
류현주 선생님 (e-스터디학원)
박미숙 선생님 (유클리드왕수학학원)
박영근 선생님 (성재학원)
박유미 선생님 (한스터디학원)
신미아 선생님 (일곡열린학원)
양구근 선생님 (매쓰피아학원)
오수환 선생님 (삼삼공학원)
원근식 선생님 (원수학학원)
윤인영 선생님 (브레인수학)
이구태 선생님 (전진영수학원)
이동지 선생님 (동지학원)
이동훈 선생님 (일등급학원)
이두환 선생님 (수입시학원)
이사야 선생님 (피드백학원)
이송이 선생님 (인재와고수학원)
이수경 선생님 (북킨쉽학원)
이영엽 선생님 (엘림수학전문학원)
이재영 선생님 (일산 EM학원)
이치원 선생님 (세종학원)
이화진 선생님 (봉담쌤통학원)
이흥식 선생님 (흥샘학원)
장미선 선생님 (형설학원)
정미진 선생님 (맞춤수학학원)
정재도 선생님 (네오올림수학학원)
조성미 선생님 (투탑학원)
조항석 선생님 (계광중학교)
천경목 선생님 (미래탐구학원)
최현진 선생님 (세종학원)
한효관 선생님 (힘수학학원)

자문단 선생님

[서울]
고희권 선생님 (교우학원)
권치영 선생님 (지오학원)
김기방 선생님 (일등수학학원)
김미애 선생님 (스카이맥에듀학원)
김여주 선생님 (환선생영수학원)
김영섭 선생님 (하이클래스학원)
김희성 선생님 (다솜학원)
박소영 선생님 (임페라토학원)
박혜경 선생님 (개념올플러스학원)
박흥식 선생님 (연세수학원)
배미은 선생님 (문일중학교)
서민정 선생님 (시스테메스학원)
서용준 선생님 (성심학원)
서원준 선생님 (비투비수학학원)
승영민 선생님 (청담클루빌학원)
윤유진 선생님 (지매스수학학원)
이관형 선생님 (휴브레인학원)
이성애 선생님 (필즈학원)
이정녕 선생님 (펜타곤에듀케이션학원)
이효심 선생님 (뉴플러스학원)
임여옥 선생님 (명문연세학원)
임원정 선생님 (대현학원)
조규수 선생님 (이레학원)

[경기 · 인천]
강병석 선생님 (청산학원)
강희표 선생님 (비원오길수학)
김동운 선생님 (지성수학전문학원)
김명환 선생님 (김명환수학학원)
김상미 선생님 (김상미수학학원)
김선아 선생님(하나학원)
김승호 선생님 (시흥 명품M학원)
김영희 선생님 (정석학원)
김은희 선생님 (제니스수학)
김인성 선생님 (우성학원)
김지영 선생님 (종로엠학원)
김태훈 선생님 (피타고라스학원)
문소영 선생님 (분석수학학원)
박성준 선생님 (아크로학원)
박수진 선생님 (소사왕수학학원)
박정근 선생님 (카이수학학원)
방은선 선생님 (이룸학원)
배철환 선생님 (매쓰블릭학원)
신금종 선생님 (다우학원)
신수림 선생님 (광명 SD명문학원)
이강민 선생님 (스토리수학학원)
이광수 선생님 (청학올림수학학원)
이광철 선생님 (블루수학학원)
이진숙 선생님 (휴먼이앤엠학원)
이채연 선생님 (다니엘학원)
이후정 선생님 (한보학원)
전용석 선생님 (연세학원)
정재도 선생님 (올림수학학원)
정재현 선생님 (마이다스학원)
정청용 선생님 (고대수학원)
조근장 선생님 (비전학원)
채수현 선생님 (밀턴수학학원)
최민희 선생님 (부천종로엠학원)
최우석 선생님 (블루밍 영수학원)
하영석 선생님 (의치한학원)
한태섭 선생님 (선부 지캠프학원)
한효섭 선생님 (영웅아카데미학원)

[부산 · 대구 · 경상도]
강민정 선생님 (A+학원)
김득환 선생님 (세종학원)
김용백 선생님 (서울대가는수학학원)
김윤미 선생님 (진해 푸르넷학원)
김일용 선생님 (서전학원)
김태진 선생님 (한빛학원)
김한규 선생님 (수&수 학원)
김홍식 선생님 (칸입시학원)
김황열 선생님 (유담학원)
박병무 선생님 (멘토학원)
박주흠 선생님 (술술학원)
서영덕 선생님 (탑앤탑영수학원)
서정아 선생님 (리더스주니어랩학원)
신호재 선생님 (시메쓰수학)
유명덕 선생님 (유일학원)
유희 선생님 (연세아카데미학원)
이상준 선생님 (조은학원)
이윤정 선생님 (성문학원)
이현상 선생님 (한성교육학원)
이현정 선생님 (공감수학학원)
이현주 선생님 (동은위더스학원)
이희경 선생님 (강수학학원)
전경민 선생님 (아이비츠학원)
전재후 선생님 (진스터디학원)
정재헌 선생님 (에디슨아카데미학원)
정찬조 선생님 (교원학원)
조명성 선생님 (한샘학원)
차주현 선생님 (경대심화학원)
최학준 선생님 (특별한학원)
편주연 선생님 (피타고라스학원)
한희광 선생님 (성산학원)
허균정 선생님 (이화수학학원)
황하륜 선생님 (THE 쉬운수학학원)

[대전 · 충청도]
김근래 선생님 (정통학원)
김대구 선생님 (페르마학원)
문중식 선생님 (동그라미학원)
석진영 선생님 (탑시크리트학원)
송명준 선생님 (JNS학원)
신영선 선생님 (해머수학학원)
오현진 선생님 (청석학원)
우명식 선생님 (상상학원)
윤충섭 선생님 (최윤수학학원)
이정주 선생님 (베리타스수학학원)
이진형 선생님 (우림학원)
장전원 선생님 (김앤장영어수학학원)
정양수 선생님 (와이즈만학원)
차진경 선생님 (대현학원)
최현숙 선생님 (아임매쓰수학학원)

[광주 · 전라도]
김미진 선생님 (김미진수학학원)
김태성 선생님 (필즈학원)
나윤호 선생님 (진월 진선규학원)
박지연 선생님 (온탑학원)
박지영 선생님 (일곡 카이수학/과학학원)
방미령 선생님 (동천수수학학원)
신주영 선생님 (용봉 이룸수학학원)
오성진 선생님 (오성진 수학스케치학원)
이은숙 선생님 (매쓰홀릭학원)
장인경 선생님 (장선생수학학원)
정은경 선생님 (일곡 정은수학학원)
정은성 선생님 (챔피언스쿨학원)
정인하 선생님 (메가메스수학학원)
정희철 선생님 (운암 천지학원)
지승룡 선생님 (임동 필즈학원)
최민경 선생님 (명재보습학원)
최현진 선생님 (세종학원)

월등한 개념 수학

계통으로 수학이 쉬워지는 새로운 개념기본서

중등수학 1-1

개념북

구성과 특징

Structure

월·등·한·개·념

개념북

" 개념, 유형, 실전을 한 번에! "

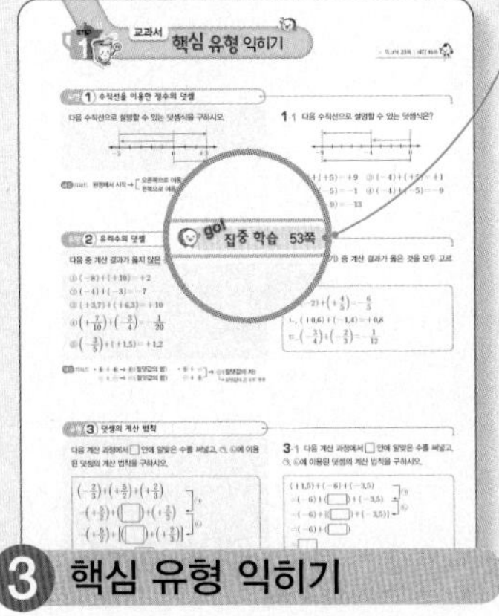

특별 코너 – 월등한 특강! 집중 학습이 필요한 개념을 한 번 더 확실하게 점검할 수 있습니다.

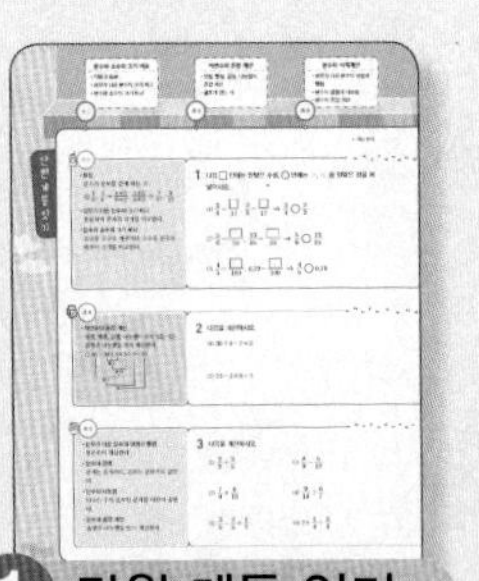

1 단원 계통 잇기

- 이전 – 이후 개념 간의 연계성을 **계통 트랙**으로 알 수 있습니다.
- 이전 내용 문제로 본 학습을 준비할 수 있습니다.

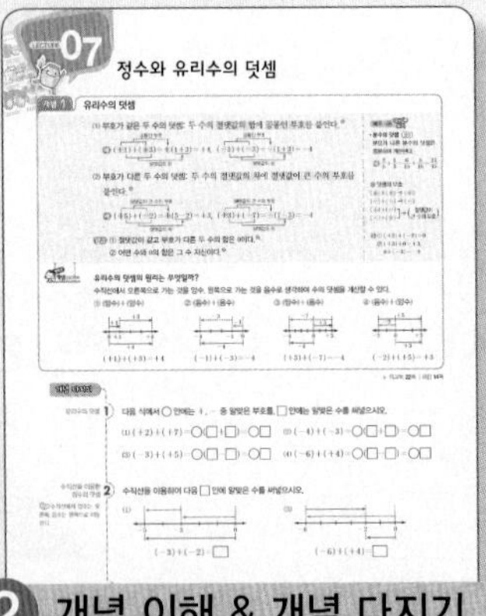

2 개념 이해 & 개념 다지기

- **자세한 개념** 설명과 **배운 내용 다시 보기, 월등한 개념노트, 용어 쏙**으로 개념을 탄탄히 할 수 있습니다.
- **개념 다지기** 문제로 기본을 점검할 수 있습니다.

3 핵심 유형 익히기

- 꼭 풀어야 할 **대표 유형**과 유사 문제로 유형을 완벽히 익힐 수 있습니다.
- 문제마다 제시된 **해결 키워드**로 유형의 이해도를 높이고, 문제해결력을 기를 수 있습니다.

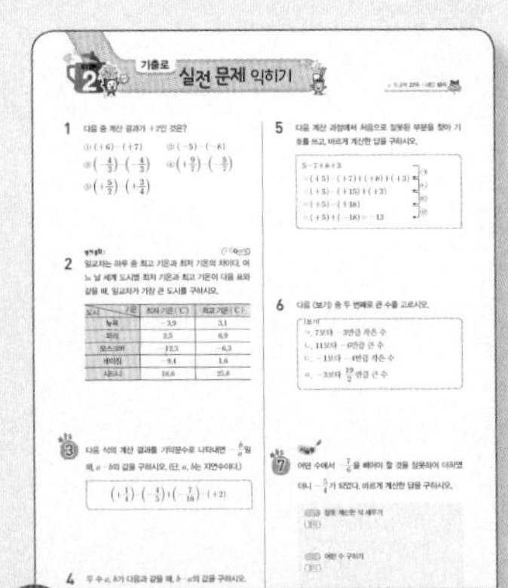

4 실전 문제 익히기

- **기출 형태의 문제**를 풀어봄으로써 실전에 대비할 수 있습니다.
- **교과 창의·융합 문제**로 신경향을 파악하고, **서술형 문제**로 과정 중심 평가에 대비할 수 있습니다.

완·벽·한·복·습

워크북

RE 개념 다지기

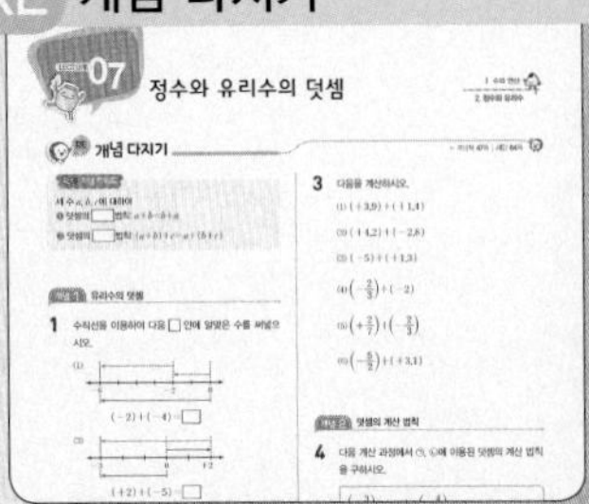

RE 핵심 유형 익히기

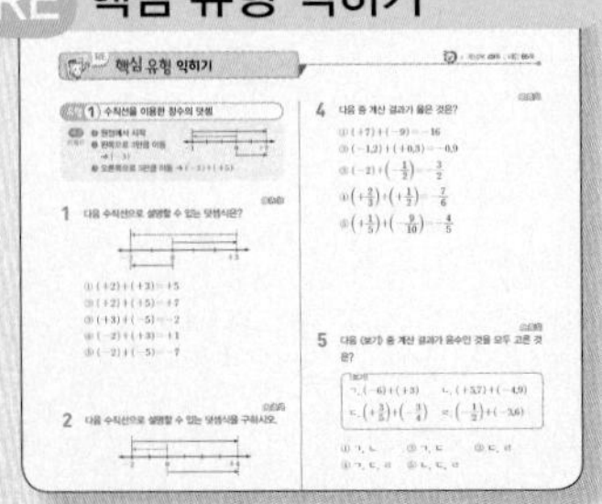

RE 실전 문제 익히기

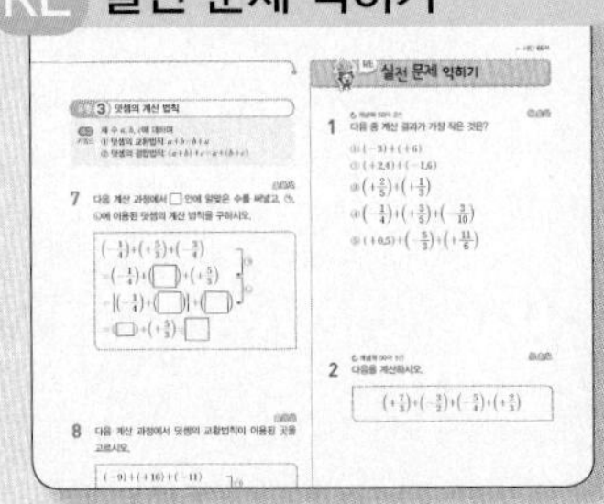

Part I 유형 Training

개념에 강하다! 월등한 개념 수학!

1 수학의 계통을 탄탄하게!

이전 학습과 본 학습을 이어 주는 단원 도입으로 수학의 계통을 이어 가자!

2 키워드가 있는 학습!

포인트를 짚어주는 **월등한 한줄 포인트, 해결 키워드, 핵심 키워드 다시 보기**로 중심 잡고 공부하자!

3 개념북과 워크북의 1:1 매칭!

개념북과 워크북의 완벽한 1:1 대응 학습으로 제대로 복습하고 넘어 가자!

" 확실한 마무리로 시험까지 완벽히! "

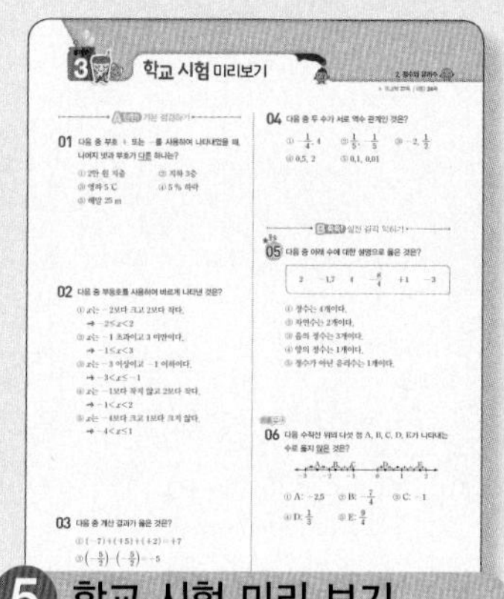

5 학교 시험 미리 보기

- 단원별 기출 유사 및 출제 유력한 문제만을 모아 실제 시험에 가깝게 구성하였습니다.
- 난이도별 3단계로 구성하여 수준에 맞게 접근할 수 있습니다.

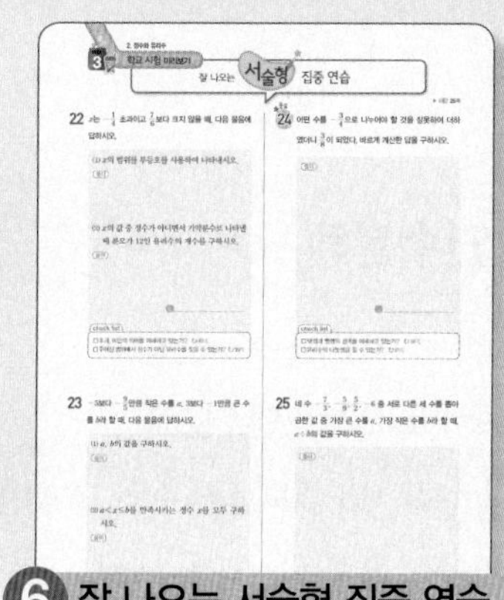

6 잘 나오는 서술형 집중 연습

- 서술형 빈출 문제를 실제 출제 형태인 단계형, 완성형으로 풀어보면서 최종 점검할 수 있습니다.
- 체크리스트로 스스로 점검하며 부족한 부분을 보강할 수 있습니다.

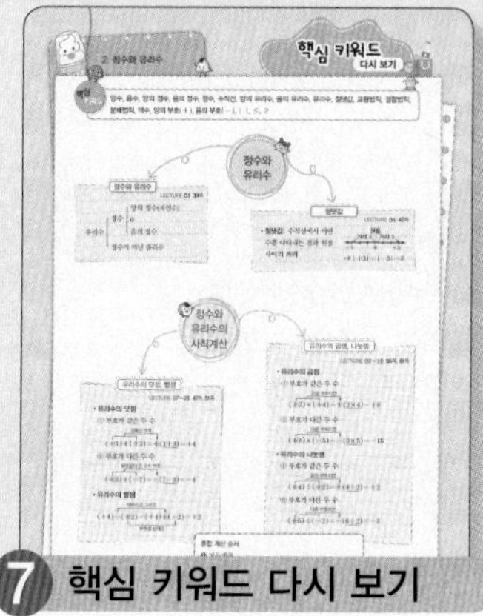

7 핵심 키워드 다시 보기

- 단원의 핵심 키워드와 해당 개념을 구조화하여 정리하였습니다.
- 개념을 다시 한 번 정리하고 한눈에 파악할 수 있습니다.

RE 학교 시험 미리 보기

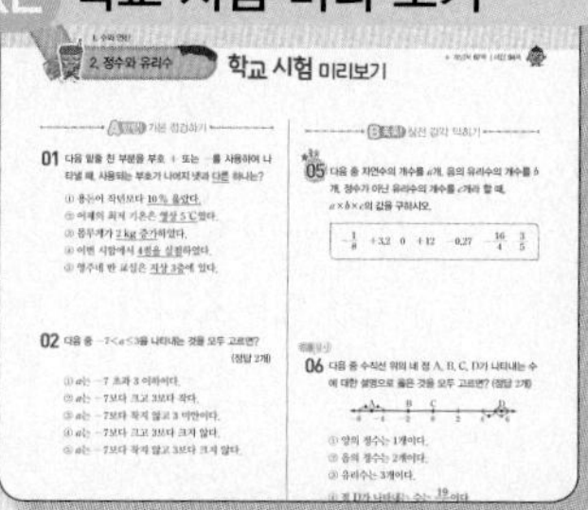

RE 서술형 집중 연습

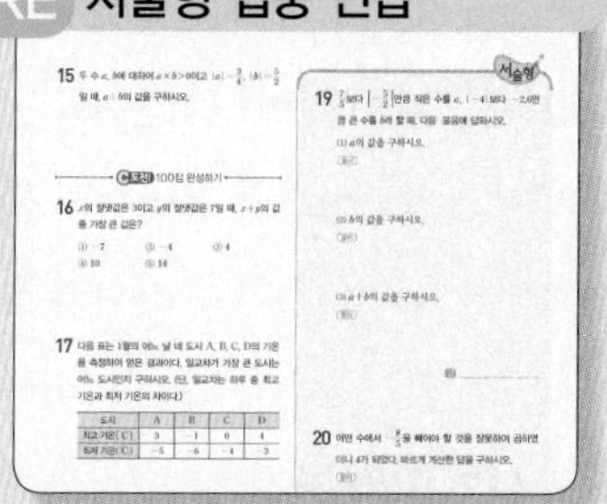

Part II 단원 Test

해설집

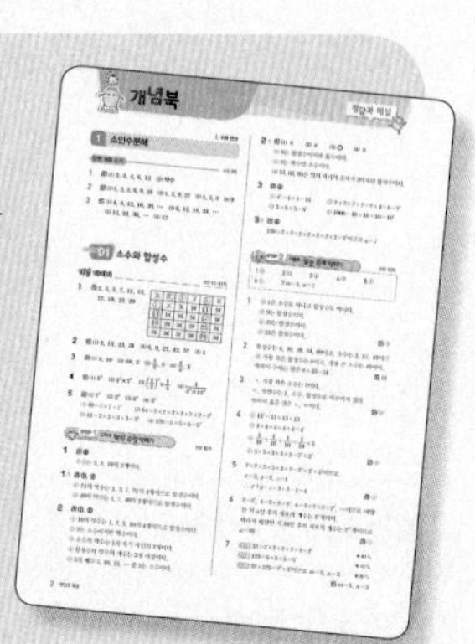

친절하고 자세한 풀이는 기본! **참고, 주의, 월등한 개념**으로 응용 문제나 실수하기 쉬운 문제를 점검하고 넘어갈 수 있습니다.

Contents 차례

I. 수와 연산

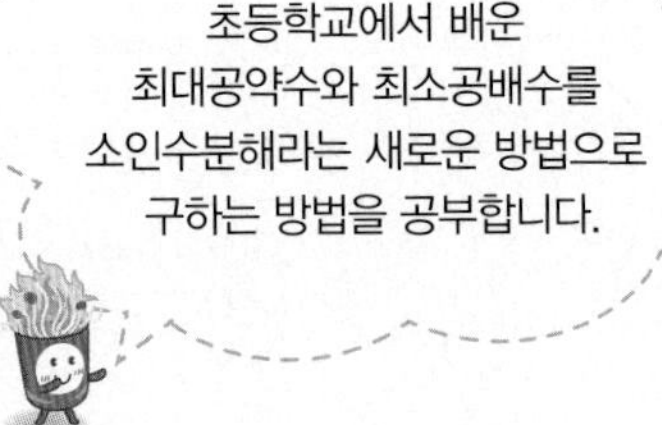

1. 소인수분해

2. 정수와 유리수

문장을 보고 식으로 나타내는 연습을 하는 단원입니다. 이 연습을 충분히 해 두어야 다음 단원인 일차방정식에서 활용 문제를 잘 풀 수 있을거에요.

1. 문자와 식

$x-2=0$에서 $x=2$라는 것이 유추되나요? 그렇다면 여러분은 벌써 방정식이 무엇인지 알고 있는 것이나 다름 없습니다.

2. 일차방정식

Ⅲ. 좌표평면과 그래프

수직선을 1차원이라고 할 수 있는데요. 이 단원에서는 수직선에 세로로 선을 그어 2차원의 세상을 만나게 됩니다.

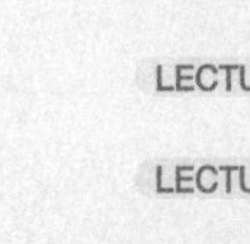

1. 좌표평면과 그래프

Study Plan

학습계획표

도전 정신이 불타오르는군!!!

I-1 소인수분해	Lecture 01	Lecture 02	Lecture 03	Lecture 04	학교시험 미리보기(I-1)
	개념북 ___월 ___일	개념북 ___월 ___일	개념북 ___월 ___일	개념북 ___월 ___일	개념북 ___월 ___일
	워크북 ___월 ___일	워크북 ___월 ___일	워크북 ___월 ___일	워크북 ___월 ___일	워크북 ___월 ___일
	성취도 ○ △ ×	성취도 ○ △ ×	성취도 ○ △ ×	성취도 ○ △ ×	성취도 ○ △ ×

이제 거의 다 왔어!

Lecture 13	학교시험 미리보기(Ⅱ-1)	Ⅱ-2 일차방정식	Lecture 14	Lecture 15	Lecture 16	Lecture 17	학교시험 미리보기(Ⅱ-2)
개념북 ___월 ___일	개념북 ___월 ___일		개념북 ___월 ___일	개념북 ___월 ___일	개념북 ___월 ___일	개념북 ___월 ___일	개념북 ___월 ___일
워크북 ___월 ___일	워크북 ___월 ___일		워크북 ___월 ___일	워크북 ___월 ___일	워크북 ___월 ___일	워크북 ___월 ___일	워크북 ___월 ___일
성취도 ○ △ ×	성취도 ○ △ ×		성취도 ○ △ ×	성취도 ○ △ ×	성취도 ○ △ ×	성취도 ○ △ ×	성취도 ○ △ ×

일차방정식, 너란 애. 알고 싶어.

누가봐

냉장고 맨 위 오른쪽 끝을 (0, 0)이라고 했을 때, (−10, −10)에 나를 놓아줘~.

얼음보이

Ⅲ-1 좌표평면과 그래프	Lecture 18	Lecture 19
	개념북 ___월 ___일	개념북 ___월 ___일
	워크북 ___월 ___일	워크북 ___월 ___일
	성취도 ○ △ ×	성취도 ○ △ ×

스스로 학습 계획을 수립하고 실천해 봅시다.

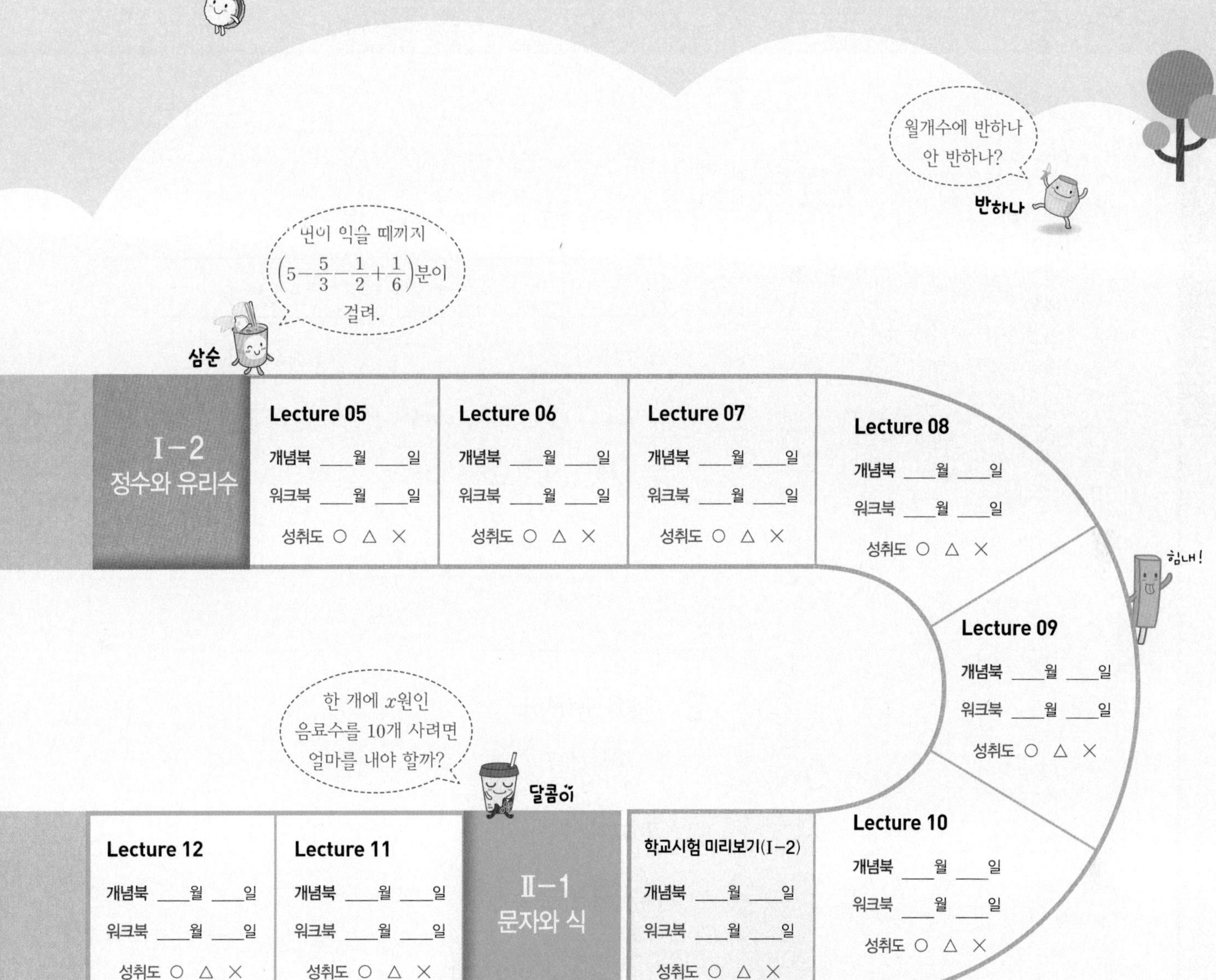

월개수에 반하나
안 반하나?
반하나
번이 익을 때까지
$\left(5-\frac{5}{3}-\frac{1}{2}+\frac{1}{6}\right)$분이
걸려.
삼순
힘내!
한 개에 x원인
음료수를 10개 사려면
얼마를 내야 할까?
달콤이

Ⅰ-2 정수와 유리수

Lecture 05
개념북 ___월 ___일
워크북 ___월 ___일
성취도 ○ △ ×

Lecture 06
개념북 ___월 ___일
워크북 ___월 ___일
성취도 ○ △ ×

Lecture 07
개념북 ___월 ___일
워크북 ___월 ___일
성취도 ○ △ ×

Lecture 08
개념북 ___월 ___일
워크북 ___월 ___일
성취도 ○ △ ×

Lecture 09
개념북 ___월 ___일
워크북 ___월 ___일
성취도 ○ △ ×

Lecture 10
개념북 ___월 ___일
워크북 ___월 ___일
성취도 ○ △ ×

학교시험 미리보기(Ⅰ-2)
개념북 ___월 ___일
워크북 ___월 ___일
성취도 ○ △ ×

Ⅱ-1 문자와 식

Lecture 11
개념북 ___월 ___일
워크북 ___월 ___일
성취도 ○ △ ×

Lecture 12
개념북 ___월 ___일
워크북 ___월 ___일
성취도 ○ △ ×

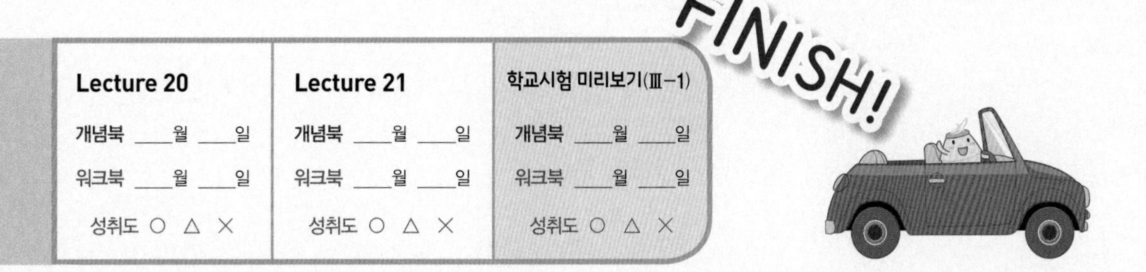

FINISH!

Lecture 20
개념북 ___월 ___일
워크북 ___월 ___일
성취도 ○ △ ×

Lecture 21
개념북 ___월 ___일
워크북 ___월 ___일
성취도 ○ △ ×

학교시험 미리보기(Ⅲ-1)
개념북 ___월 ___일
워크북 ___월 ___일
성취도 ○ △ ×

약수와 배수	최대공약수	최소공배수
• 약수와 배수 • 약수와 배수의 관계	• 공약수 • 최대공약수	• 공배수 • 최소공배수
초 5	초 5	초 5

단원 계통 잇기

▶ 해답 2쪽

초 5

• 약수와 배수
(1) 약수
어떤 수를 나누어떨어지게 하는 수
(2) 배수
어떤 수를 1배, 2배, 3배, … 한 수
(3) 약수와 배수의 관계

6의 약수
6의 약수
$6 = 2 \times 3$
2의 배수
3의 배수

1 다음 식을 보고 □ 안에 알맞은 것을 써넣으시오.

$$12=1\times12=2\times6=3\times4$$

(1) 12는 1, □, □, □, □, □의 배수이다.

(2) 1, 2, 3, 4, 6, 12는 12의 □이다.

초 5

• 공약수
두 수의 공통인 약수
• 최대공약수
공약수 중에서 가장 큰 수

2 다음을 구하시오.

(1) 18의 약수

(2) 27의 약수

(3) 18과 27의 공약수

(4) 18과 27의 최대공약수

초 5

• 공배수
두 수의 공통인 배수
• 최소공배수
공배수 중에서 가장 작은 수

3 다음을 구하시오.

(1) 4의 배수

(2) 6의 배수

(3) 4와 6의 공배수

(4) 4와 6의 최소공배수

중 1

소인수분해
- 소수와 합성수
- 소인수분해
- 최대공약수와 그 활용
- 최소공배수와 그 활용

1 소인수분해

LECTURE 01 ~ 02 소수와 합성수, 소인수분해

유형 2 소수와 합성수의 성질

다음 중 옳은 것을 모두 고르면? (정답 2개)

① 10은 합성수이다.
② 소수는 모두 홀수이다.
③ 소수의 약수의 개수는 2개이다.
④ 합성수의 약수는 3개이다.
⑤ 5의 배수 중 소수는 없다.

LECTURE 03 최대공약수와 그 활용

유형 2 최대공약수 구하기

세 수 $2^2\times3^2\times5$, $2^3\times3^2$, $2^4\times3^4\times5^3$의 최대공약수는?

① 6　② 18　③ 30
④ 36　⑤ 120

LECTURE 04 최소공배수와 그 활용

유형 1 최소공배수 구하기

세 수 $2^3\times3$, $2^2\times3^2\times5$, $2^2\times5^2$의 최소공배수는?

① 2^2　② $2^2\times5$　③ $2^2\times3\times5$
④ $2^3\times3^2\times5$　⑤ $2^3\times3^2\times5^2$

학습계획표

학습 내용	쪽수	학습일	성취도
LECTURE 01 소수와 합성수	10~13쪽	월 일	○ △ ×
LECTURE 02 소인수분해	14~18쪽	월 일	○ △ ×
LECTURE 03 최대공약수와 그 활용	19~24쪽	월 일	○ △ ×
LECTURE 04 최소공배수와 그 활용	25~30쪽	월 일	○ △ ×
학교 시험 미리 보기	31~34쪽	월 일	○ △ ×
핵심 키워드 다시 보기	35쪽	월 일	○ △ ×

소수와 합성수

소수와 합성수

(1) 소수: 1보다 큰 자연수 중 1과 자기 자신만을 약수로 가지는 수
└→ 모든 소수의 약수의 개수는 2개이다.

예 2, 3, 5, 7, 11, …은 소수이다.

(2) 합성수: 1보다 큰 자연수 중 소수가 아닌 수

예 4, 6, 8, 9, 10, …은 합성수이다.

주의 ① 1은 소수도 아니고 합성수도 아니다.
② 2는 가장 작은 소수이면서 유일하게 짝수인 소수이다.

배운 내용 다시 보기
- 약수 (초5)
어떤 수를 나누어떨어지게 하는 수
예 6의 약수: 1, 2, 3, 6

- 소수(素 바탕, 數 수)
(다른 수를 만들어내는) 바탕이 되는 수

소수와 합성수는 어떻게 구분할까?

약수의 개수에 따라 자연수를 다음과 같이 분류할 수 있다.

약수의 개수 →
- 1개 : 1 ← 소수도 아니고 합성수도 아니다.
- 2개 : 소수 ← 2, 3, 5, 7, 11, 13, 17, …
- 3개 이상: 합성수 ← 4, 6, 8, 9, 10, …

합성수의 약수의 개수는 3개가 아니라 3개 이상임을 기억하자!

앗! 주의

예 ① 12 → 약수: 1, 2, 3, 4, 6, 12 → 약수의 개수가 3개 이상 → 합성수
② 13 → 약수: 1, 13 → 약수의 개수가 2개 → 소수

▶ 워크북 2쪽 | 해답 2쪽

개념 다지기

소수 찾기 **1** 다음과 같은 방법으로 1부터 30까지의 자연수 중 소수를 모두 구하시오.

❶ 1은 소수가 아니므로 ×표를 한다.
❷ 2는 소수이므로 ○표를 하고, 2의 배수는 소수가 아니므로 ×표를 한다.
❸ 3은 소수이므로 ○표를 하고, 3의 배수는 소수가 아니므로 ×표를 한다.
⋮
이와 같은 과정을 계속할 때, ○표를 한 수가 소수이다.

1	2	3	4	5	6
7	8	9	10	11	12
13	14	15	16	17	18
19	20	21	22	23	24
25	26	27	28	29	30

오른쪽과 같이 소수를 찾는 방법은 고대 그리스의 수학자 에라토스테네스(Eratosthenes ; B.C. 275～?B.C. 194)가 고안한 것이다. 이 방법은 마치 체로 수를 거르는 것과 비슷하다고 하여 '에라토스테네스의 체'라 불린다.

소수와 합성수의 구분 **2** 아래에서 다음 수를 모두 고르시오.

1 2 6 9 13 23 27 31 42 57

(1) 소수

(2) 합성수

(3) 소수도 아니고 합성수도 아닌 수

소수는? 1보다 큰 자연수 중 1과 자기 자신만을 약수로 가지는 수이다.

개념 2 거듭제곱

(1) **거듭제곱**: 같은 수나 문자를 거듭하여 곱한 것을 간단히 나타낸 것

(2) **밑**: 거듭제곱에서 거듭하여 곱한 수나 문자

(3) **지수**: 거듭제곱에서 곱한 횟수를 나타내는 수

$\underbrace{2\times2\times2}_{3번}=2^3$ (지수: 3, 밑: 2)

예 $\underbrace{5\times5}_{2번}=5^2$, $\underbrace{3\times3\times3\times3}_{4번}=3^4$ ❶

참고 2^2은 '2의 제곱', 2^3은 '2의 세제곱', 2^4은 '2의 네제곱'이라 읽는다.

❶ $2^1=2$, $3^1=3$, …으로 생각한다.

용어 쏙
- **지수**(指 가리키다, 數 수) 어떤 수를 몇 번 곱했는지 가리키는 수

어떤 경우에 거듭제곱으로 나타낼 수 있을까?

① $2\times2\times2\times2\times2=2^5$ → 같은 수가 여러 번 곱해져 있을 때!

② $3\times3\times5\times3\times5=3^3\times5^2$ → 다른 수가 섞여서 곱해졌을 때도 같은 수끼리는!

③ $\frac{1}{7}\times\frac{1}{7}\times\frac{1}{7}=\left(\frac{1}{7}\right)^3$ → 곱한 수가 분수일 때도!

④ $16=2\times2\times2\times2=2^4$ → 같은 수를 여러 번 곱하여 얻은 값을 거듭제곱으로 나타낼 때!

앗! 주의: 거듭제곱으로 나타낼 때, $2\times2\times2$와 $2+2+2$를 헷갈리지 않도록 조심! $2\times2\times2$는 2를 3번 곱한 것이니까 2^3이고, $2+2+2$는 2를 3번 더한 것이니까 2×3이라는 사실!

▶ 워크북 2쪽 | 해답 2쪽

개념 다지기

밑, 지수 **3** 다음 거듭제곱의 밑과 지수를 구하시오.

(1) 3^{10} → 밑: ______, 지수: ______

(2) 10^2 → 밑: ______, 지수: ______

(3) $\left(\frac{1}{2}\right)^8$ → 밑: ______, 지수: ______

(4) $\left(\frac{4}{3}\right)^3$ → 밑: ______, 지수: ______

거듭제곱으로 나타내기 **4** 다음을 거듭제곱을 이용하여 나타내시오.

tip 여러 수의 곱에서는 서로 같은 수끼리의 곱만을 거듭제곱을 이용하여 나타낼 수 있다.

(1) $5\times5\times5$

(2) $3\times3\times3\times3\times7\times7$

(3) $\frac{1}{2}\times\frac{1}{2}\times\frac{1}{2}\times\frac{1}{5}$

(4) $\frac{1}{3\times3\times11\times11\times11}$

거듭제곱으로 나타내기 **5** 다음 수를 [ ] 안의 수의 거듭제곱으로 나타내시오.

(1) 49 [7]

(2) 64 [2]

(3) 81 [3]

(4) 125 [5]

월등한 한줄 point: 거듭제곱은? 같은 수나 문자를 거듭하여 곱한 것을 간단히 나타낸 것이다.

교과서 핵심 유형 익히기

유형 1 소수와 합성수

다음 중 소수의 개수는?

1	3	5	15	19	38	51	63

① 2개 ② 3개 ③ 4개
④ 5개 ⑤ 6개

해결 키워드 약수의 개수가
- 1개 → 1
- 2개 → 소수
- 3개 이상 → 합성수

1-1 다음 중 합성수인 것을 모두 고르면? (정답 2개)

① 21 ② 29 ③ 37
④ 49 ⑤ 59

유형 2 소수와 합성수의 성질

다음 중 옳은 것을 모두 고르면? (정답 2개)

① 10은 합성수이다.
② 소수는 모두 홀수이다.
③ 소수의 약수의 개수는 2개이다.
④ 합성수의 약수는 3개이다.
⑤ 5의 배수 중 소수는 없다.

해결 키워드
- 2는 유일하게 짝수인 소수이다.
- 합성수의 약수의 개수는 3개 이상이다.

2-1 다음 중 소수와 합성수에 대한 설명으로 옳은 것은 ○표, 옳지 않은 것은 ×표를 하시오.

(1) 합성수는 모두 짝수이다. (　　)
(2) 2는 짝수인 합성수이다. (　　)
(3) 서로 다른 두 소수의 곱은 합성수이다. (　　)
(4) 일의 자리의 숫자가 3인 두 자리의 자연수는 모두 소수이다. (　　)

유형 3 거듭제곱으로 나타내기

다음 중 옳은 것은?

① $4^2=8$ ② $2+2+2+2=2^4$
③ $5\times5\times5=3^5$ ④ $3\times3\times7\times7\times7=3^2\times7^3$
⑤ $1000=10^4$

해결 키워드 $\underbrace{5\times5\times\cdots\times5}_{n\text{번}}=5^n$ ← 곱한 횟수, 5: 곱해진 수

3-1 $2^a=128$을 만족시키는 자연수 a의 값은?

① 4 ② 5 ③ 6
④ 7 ⑤ 8

기출로 실전 문제 익히기

▶ 워크북 4쪽 | 해답 2쪽
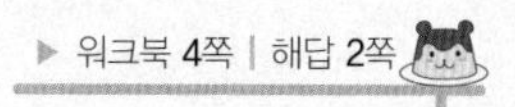

1 다음 중 소수로만 짝지어진 것은?

① 1, 2, 3　② 2, 5, 9
③ 7, 11, 17　④ 13, 25, 29
⑤ 19, 23, 33

2 다음 자연수 중 가장 작은 합성수와 가장 큰 소수의 합을 구하시오.

3	8	17	20	39	43	51	69

3 다음 〈보기〉 중 옳은 것을 모두 고른 것은?

보기
ㄱ. 가장 작은 소수는 1이다.
ㄴ. 2를 제외한 모든 짝수는 소수가 아니다.
ㄷ. 자연수는 소수와 합성수로 이루어져 있다.
ㄹ. 10 이하의 소수의 개수는 4개이다.

① ㄴ　② ㄱ, ㄹ　③ ㄴ, ㄷ
④ ㄴ, ㄹ　⑤ ㄱ, ㄴ, ㄹ

4 다음 중 옳은 것은?

① $13^3=13\times3$
② $4\times4\times4\times4\times4=5^4$
③ $2\times2\times2\times2=2^4$
④ $\frac{1}{10}+\frac{1}{10}+\frac{1}{10}=\left(\frac{1}{10}\right)^3$
⑤ $5\times5\times3\times3\times3=5^2+3^3$

5 $2\times2\times3\times5\times3\times2=2^x\times3^y\times5^z$일 때, 자연수 x, y, z에 대하여 $x+y-z$의 값은?

① 4　② 5　③ 6
④ 7　⑤ 8

창의융합　수학+과학

6 하루 동안 자라면서 2개로 분리되는 어떤 세포 1개는 배양한 지 1일 후에는 2개가 되고, 2일, 3일, 4일, ⋯ 후에는 각각 4개, 8개, 16개, ⋯가 된다. 배양한 지 20일 후의 이 세포의 개수가 2^a개일 때, 자연수 a의 값은?

① 20　② 21　③ 22
④ 23　⑤ 24

7 32×125를 $2^m\times5^n$으로 나타낼 때, 자연수 m, n의 값을 구하시오.

1단계 32를 2의 거듭제곱으로 나타내기
풀이

2단계 125를 5의 거듭제곱으로 나타내기
풀이

3단계 m, n의 값 구하기
풀이

답

소인수분해

개념 1 소인수분해

(1) 소인수분해

① 인수: 자연수 a, b, c에 대하여 $a=b\times c$일 때, b와 c를 a의 인수라 한다.❶

② 소인수: 인수 중 소수인 것

예 $15=1\times15=3\times5$ → 15의 인수는 1, 3, 5, 15이고, 소인수는 3, 5이다.

③ 소인수분해: 자연수를 소인수들만의 곱으로 나타내는 것

(2) 소인수분해하는 방법

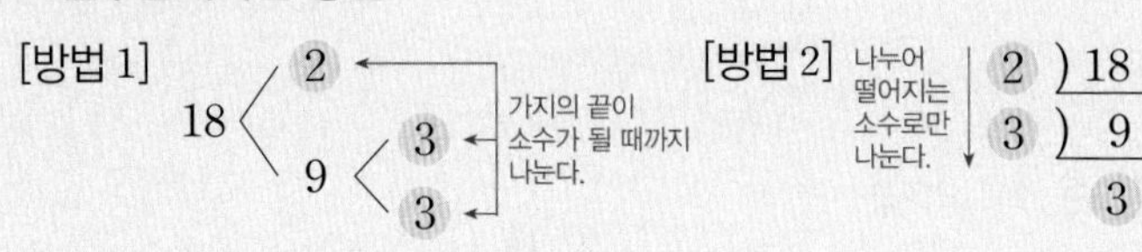

[소인수분해한 결과]❷

→ $18=2\times3\times3=2\times3^2$

같은 소인수의 곱은 거듭제곱으로 나타낸다.

❶ 자연수의 약수를 다른 말로 인수라고도 한다.

❷ 일반적으로 소인수분해한 결과는 2×3^2과 같이 크기가 작은 소인수부터 차례대로 쓴다.

용어 쏙
- **인수**(因 유래, 數 수) 유래가 되는 수

소인수분해한 결과는 어떻게 나타낼까?

소인수분해한 결과는 반드시 소인수들만의 곱으로 나타내어야 한다.

예 72를 소인수분해하여 나타낼 때

$72=8\times9$ (×) $72=2^2\times3\times6$ (×) $72=2^3\times3^2$ (○)

소인수들만의 곱이 아니다. 소인수들만의 곱이다.

소인수분해한 결과를 나타내는 방법도 중요해. 인수들의 곱으로 나타낸다고 끝나는 게 아니야. 반드시 소인수들만의 곱으로 나타내야 한다는 사실을 꼭 기억하자~. (앗! 주의)

▶ 워크북 5쪽 | 해답 3쪽

개념 다지기

소인수분해하기 1 다음은 소인수분해하는 과정이다. □ 안에 알맞은 수를 써넣으시오.

(1)

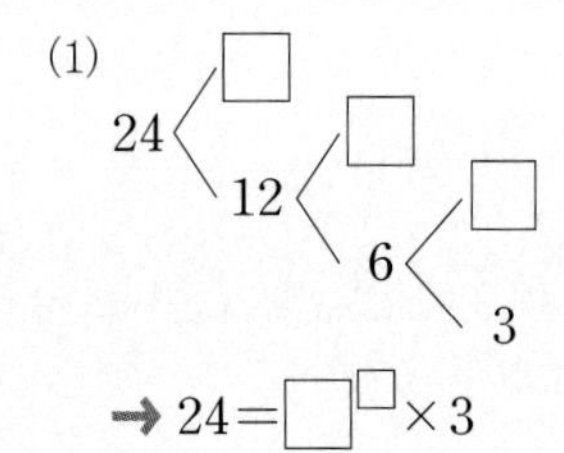

→ $24=\square^{\square}\times3$

(2) □) 90
□) 45
□) 15
5

→ $90=\square\times\square^{\square}\times5$

소인수 구하기 2 다음 수를 소인수분해하고, 소인수를 모두 구하시오.

tip 소인수는 자연수를 소인수분해하여 나타낼 때 밑이 되는 수이다.

(1) 36 (2) 50

(3) 63 (4) 70

(5) 120 (6) 252

소인수분해는? 자연수를 소인수들만의 곱으로 나타내는 것이다.

개념 2 소인수분해를 이용하여 약수 구하기

자연수 A가

$$A=a^m \times b^n \ (a, b\text{는 서로 다른 소수}, m, n\text{은 자연수})$$

으로 소인수분해될 때

(1) A의 약수: $\underbrace{(a^m\text{의 약수})}_{1, a, a^2, \cdots, a^m} \times \underbrace{(b^n\text{의 약수})}_{1, b, b^2, \cdots, b^n}$ [1]

(2) A의 약수의 개수: $(m+1)\times(n+1)$(개)

↳ 각 소인수의 지수에 1을 더하여 곱한다.

[1] a^n(a는 소수)의 약수의 개수는 $(n+1)$개이다.
→ 약수: $\underbrace{1, a, a^2, a^3, \cdots, a^n}_{n\text{개}}$
→ $(n+1)$개

자연수의 약수와 약수의 개수는 어떻게 구할까?

소인수분해를 이용하여 20의 약수와 약수의 개수를 구해 보자.

20을 소인수분해하면 $20=2^2\times5$

① 20의 약수: (2^2의 약수)×(5의 약수)

→ 오른쪽 표에서 1, 2, 4, 5, 10, 20

② 20의 약수의 개수: $(2+1)\times(1+1)=6$(개)

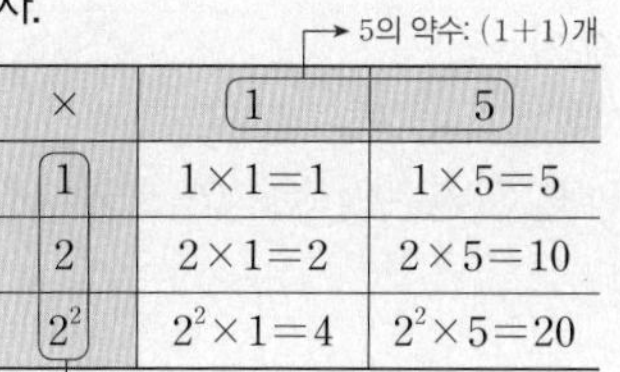

5의 약수: (1+1)개

×	1	5
1	$1\times1=1$	$1\times5=5$
2	$2\times1=2$	$2\times5=10$
2^2	$2^2\times1=4$	$2^2\times5=20$

2^2의 약수: (2+1)개

약수만을 구할 때는 표를, 약수의 개수를 구할 때는 공식을 이용하면 편해~.
꿀tip

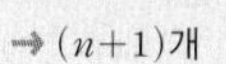

▶ 워크북 5쪽 | 해답 3쪽

개념 다지기

약수 구하기 **3** 소인수분해를 이용하여 75의 약수를 구하려고 한다. 다음 물음에 답하시오.

(1) 75를 소인수분해하시오.

(2) 오른쪽 표를 완성하고, 이를 이용하여 75의 약수를 모두 구하시오.

×	1	5	5^2
1			
3			

약수 구하기 **4** 다음 표를 완성하고, 이를 이용하여 각 수의 약수를 모두 구하시오.

(1) $3^2\times7$

×	1	7
1		
3		
3^2		

(2) $2^2\times5^2$

×	1		
1			

약수의 개수 구하기 **5** 다음 수의 약수의 개수를 구하시오.

(1) $2^2\times3$

(2) $3^4\times5^2$

(3) 98

(4) 500

한줄 point 약수의 개수를 구할 때는? 소인수분해한 후 각 소인수의 지수에 1을 더하여 곱한다.

교과서 핵심 유형 익히기

▶ 워크북 5쪽 | 해답 3쪽

유형 1 소인수분해하기

다음 중 소인수분해한 것으로 옳지 않은 것은?

① $12=2^2\times3$
② $30=2\times3\times5$
③ $81=9^2$
④ $168=2^3\times3\times7$
⑤ $225=3^2\times5^2$

해결 키워드 소인수분해할 때는 자연수를 소인수들만의 곱으로 나타내야 한다.

1-1 150을 소인수분해하면 $a\times3^b\times5^c$이다. 이때 자연수 a, b, c에 대하여 $a+b+c$의 값을 구하시오.

유형 2 제곱인 수 만들기

go! 집중 학습 17쪽

45에 자연수를 곱하여 어떤 자연수의 제곱이 되게 하려고 한다. 다음 물음에 답하시오.

(1) 45를 소인수분해하시오.

(2) 지수가 홀수인 소인수를 구하시오.

(3) 곱할 수 있는 가장 작은 자연수를 구하시오.

해결 키워드 $2^2\times3$ → 지수가 홀수인 소인수: 3 ← 3^1
→ $(2^2\times3)\times3=2^2\times3^2=36=6^2$ ← 지수가 홀수인 소인수를 곱한다.

2-1 72에 자연수를 곱하여 어떤 자연수의 제곱이 되게 하려고 한다. 곱할 수 있는 가장 작은 자연수를 구하시오.

유형 3 약수 구하기

다음 중 108의 약수가 아닌 것은?

① 1
② 3
③ 2^2
④ 2×3^3
⑤ $2^3\times3^2$

해결 키워드 $A=2^m\times3^n$ (m, n은 자연수)으로 소인수분해될 때
A의 약수 → (2^m의 약수)×(3^n의 약수)

3-1 다음 〈보기〉 중 $3^2\times5^2$의 약수를 모두 고르시오.

보기
ㄱ. 3^2 ㄴ. 3×5 ㄷ. 5^3
ㄹ. $3^3\times5$ ㅁ. $3^2\times5^2$

유형 4 약수의 개수 구하기

다음 중 약수의 개수가 나머지 넷과 다른 하나는?

① $2^2\times3$
② 2×3^2
③ 45
④ 50
⑤ 65

해결 키워드 $A=2^m\times3^n$ (m, n은 자연수)으로 소인수분해될 때
A의 약수의 개수 → $(m+1)\times(n+1)$(개)

4-1 다음 중 약수의 개수가 가장 많은 것은?

① $2^3\times3$
② $2^4\times3$
③ 64
④ 100
⑤ 169

제곱인 수가 되게 하려면 소인수의 **지수를 짝수**로 만든다!

특강note 어떤 자연수의 제곱인 수는 어떻게 만들까?

❶ 어떤 자연수의 제곱인 수
소인수분해했을 때, 각 소인수들의 지수가 모두 짝수이다.

제곱인 수
(지수가 짝수) 3^2, $4^2=16=2^4$, $6^2=36=2^2\times3^2$, …

❷ 제곱인 수를 만드는 방법

어떤 자연수 —소인수분해→ 지수가 홀수인 소인수를 찾는다. —제곱인 수 만들기→ 소인수의 지수가 짝수가 되도록 적당한 수를 곱하거나 나눈다.

예 12 → $12=2^2\times3$ (지수가 홀수인 소인수: 3) → $12\times3=(2^2\times3)\times3$
$=2^2\times3^2$ ← 지수를 짝수로 만든다.
$=36$
$=6^2$ ← 제곱인 수

▶ 해답 4쪽

1 다음 중 어떤 자연수의 제곱인 수는 ○표, 제곱이 아닌 수는 ×표를 하시오.

(1) 3^5 ( )

(2) $2^2\times3^4$ ( )

(3) $2\times3^2\times5^3$ ( )

(4) $2^6\times5^2\times7^2$ ( )

2 다음 수가 어떤 자연수의 제곱이 되게 하려고 할 때, 곱할 수 있는 가장 작은 자연수를 구하시오.

(1) 2×3^2

(2) $3^3\times7\times11^2$

(3) 60

(4) 168

3 다음 수를 자연수로 나누어 어떤 자연수의 제곱이 되게 하려고 할 때, 나눌 수 있는 가장 작은 자연수를 구하시오.

(1) $2^2\times3$

접근 ❶ 지수가 홀수인 소인수는 □
❷ □으로 나누면 $(2^2\times3)\div$□$=2^2$
따라서 나눌 수 있는 가장 작은 자연수는 □

(2) $3^4\times7$

(3) $2\times3^2\times5^3$

(4) 56

(5) 315

(6) 605

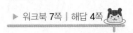

1 180을 소인수분해하면?

① $2\times3\times5\times6$　② $2^2\times3\times15$
③ $2^2\times3^2\times5$　④ $4\times5\times9$
⑤ 5×6^2

2 300의 모든 소인수의 합은?

① 8　② 9　③ 10
④ 11　⑤ 12

$108\times x$가 어떤 자연수의 제곱이 되게 하려고 할 때, 다음 중 자연수 x가 될 수 <u>없는</u> 수는?

① 3　② 12　③ 27
④ 24　⑤ 48

4 다음 중 504의 약수가 <u>아닌</u> 것은?

① 2×3　② $2^2\times7$　③ $3^3\times7$
④ $2\times3^2\times7$　⑤ $2^3\times3\times7$

5 다음 〈보기〉 중 약수의 개수가 많은 것부터 차례대로 나열하시오.

보기
ㄱ. $2^2\times3\times5$　ㄴ. 2^{10}　ㄷ. $3^3\times7^3$

360의 약수의 개수와 $2^5\times7^a$의 약수의 개수가 같을 때, 자연수 a의 값은?

① 1　② 2　③ 3
④ 4　⑤ 5

7 자연수 96을 가장 작은 자연수 a로 나누어 자연수 b의 제곱이 되게 하려고 할 때, $a+b$의 값을 구하시오.

1단계 96을 소인수분해하기
풀이

2단계 a의 값 구하기
풀이

3단계 b의 값 구하기
풀이

4단계 $a+b$의 값 구하기
풀이

답

최대공약수와 그 활용

개념 1 최대공약수

(1) 공약수: 두 개 이상의 자연수의 공통인 약수

(2) 최대공약수: 공약수 중 가장 큰 수

예 9의 약수: 1, 3, 9
12의 약수: 1, 2, 3, 4, 6, 12
→ 공약수: 1, 3 (3: 최대공약수)

(3) 최대공약수의 성질: 두 개 이상의 자연수의 공약수는 최대공약수의 약수이다.❶

예 9와 12의 공약수 1, 3은 최대공약수 3의 약수이다.

(4) 서로소: 최대공약수가 1인 두 자연수❷

예 5와 8은 최대공약수가 1이므로 서로소이다.

참고 ① 서로 다른 두 소수는 항상 서로소이다.
② 두 수가 소수가 아니어도 서로소가 될 수 있다. ← 8과 9는 소수가 아니지만 서로소이다.

배운 내용 다시 보기
- 공약수 (초5) 두 수의 공통인 약수
- 최대공약수 (초5) 두 수의 공약수 중 가장 큰 수

❶ 두 자연수의 공약수를 구할 때, 최대공약수를 먼저 구하고, 그 약수로 공약수를 구할 수 있다.

❷ 두 자연수가 서로소이면 두 수의 공약수는 1뿐이다.

두 수가 서로소인지 어떻게 알 수 있을까?

[방법 1] 두 수의 약수를 직접 구한 후 최대공약수가 1인지 확인한다.

예 두 수 3, 5 → {3의 약수: 1, 3 / 5의 약수: 1, 5} → 최대공약수가 1이므로 서로소이다.

[방법 2] 두 수가 1이 아닌 공통인 수로 더 이상 나누어떨어지지 않는지 확인한다.

예 두 수 2, 10 → 두 수 모두 2로 나누어떨어진다. (2를 공약수로 갖는다.) → 서로소가 아니다.

[방법 3] 두 수를 소인수분해한 후 공통인 소인수가 없는지 확인한다.

예 두 수 9, 12 → $9=3^2$, $12=2^2\times3$ → 공통인 소인수가 있으므로 서로소가 아니다. (3: 공통인 소인수)

꿀tip: 두 수가 서로소인지 확인할 때, [방법 2]를 이용하면 편해. 두 수가 1 이외의 공약수를 하나라도 가지면 두 수는 서로소 조건에서 바로 탈락!

▶ 워크북 8쪽 | 해답 4쪽

개념 다지기

1 공약수와 최대공약수

두 수 16과 24에 대하여 다음을 구하시오.

(1) 16의 약수
(2) 24의 약수
(3) 16과 24의 공약수
(4) 16과 24의 최대공약수
(5) 16과 24의 최대공약수의 약수

2 최대공약수의 성질

두 자연수의 최대공약수가 15일 때, 두 수의 공약수를 모두 구하시오.

tip 두 개 이상의 자연수의 공약수는 최대공약수의 약수이다.

3 서로소

다음 두 수가 서로소인 것은 ○표, 서로소가 아닌 것은 ×표를 하시오.

(1) 3, 7 (　　)
(2) 9, 15 (　　)
(3) 10, 24 (　　)
(4) 12, 35 (　　)

한줄 point: 두 개 이상의 자연수의 공약수는? 그 수들의 최대공약수의 약수와 같다.

개념 2 최대공약수 구하기

[방법 1] 소인수분해 이용하기

❶ 주어진 수를 각각 소인수분해한다.

❷ 공통인 소인수를 모두 곱한다. 이때 공통인 소인수 중 지수가 같거나 작은 것을 택한다.

$$12=2^2\times 3$$
$$30=2\times 3\times 5$$
$$(\text{최대공약수})=2\times 3=6$$

공통인 소인수 중 지수가 같거나 작은 것 / 공통인 소인수 모두 곱하기

[방법 2] 나눗셈 이용하기

❶ 1이 아닌 공약수로 각 수를 나눈다.[1]

❷ 몫이 서로소가 될 때까지 계속 나눈다. (공약수가 1뿐일 때까지)

❸ 나눈 공약수를 모두 곱한다.

```
1이 아닌 공약수로 나누기 → 2 ) 12  30
                           3 )  6  15
                                2   5
```

$(\text{최대공약수})=2\times 3=6$

서로소가 될 때까지 나누기 / 나눈 공약수 모두 곱하기

배운 내용 다시보기

• **소인수분해** (LECTURE 02) 자연수를 소인수들만의 곱으로 나타내는 것

예 $90=2\times 3^2\times 5$

[1] 각 수를 공약수로 나눌 때, 소수가 아닌 공약수로 나누어도 된다. 이때 나누는 공약수가 클수록 계산이 간단해진다.

예 6) 12 30 → 2 5

→ 최대공약수: 6

최대공약수를 구할 때 어떤 방법을 이용하는 것이 좋을까?

① 수가 소인수분해된 꼴로 주어진 경우

→ 소인수가 같은 것끼리 나란히 놓고 지수를 비교한다. (지수가 같으면 그대로, 다르면 작은 것을 택한다.)

② 45, 108, 126과 같이 수 자체로 주어진 경우

→ 나눗셈을 이용하여 구하는 것이 편리하다.

▶ 워크북 8쪽 | 해답 4쪽

개념 다지기

4 소인수분해를 이용하여 최대공약수 구하기

tip 최대공약수를 구할 때, 공통이 아닌 소인수는 생각하지 않는다.

다음 수들의 최대공약수를 소인수의 곱으로 나타내시오.

(1) $2\times 3\times 7^2$, $2^2\times 7$

(2) $2\times 3\times 5$, $3^2\times 5$

(3) $2^2\times 3^3\times 11$, $2^3\times 11^2$, $2^2\times 3\times 13$

(4) $2^2\times 3\times 5$, $2\times 3^2\times 5$, $2\times 3^2\times 7$

5 나눗셈을 이용하여 최대공약수 구하기

tip 세 수의 최대공약수를 구할 때는 반드시 세 수 모두의 공약수로 나누어 준다.

다음 수들의 최대공약수를 구하시오.

(1) 24, 28

(2) 35, 42

(3) 36, 60, 63

(4) 54, 72, 108

한줄 point

소인수분해를 이용하여 최대공약수를 구할 때는? 공통인 소인수의 지수가 같으면 그대로, 다르면 작은 것을 택하여 곱한다.

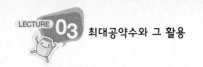

개념 3 최대공약수의 활용

주어진 문제의 문장에

'가능한 한 많은', '가능한 한 큰', '가장 큰', '최대의', '되도록 많은'

등의 표현이 있는 경우 대부분 최대공약수를 활용하면 해결할 수 있다.[1]

[1] 일반적으로 구하는 수는 주어진 수보다 작다.

똑똑한 개념 note

최대공약수의 활용 문제는 어떻게 해결할까?

- 가능한 한(되도록) 많은
- 가능한 한(되도록) 큰
- 가장 큰

(최대) +

- 남김없이 똑같이 나누어 줄 때
- 정사각형 모양을 빈틈없이 붙일 때
- 나누어떨어질 때

(공약수) → 최대공약수의 활용!

예) 공책 42권, 연필 28자루를 가능한 한 많은(최대) 학생들에게 남김없이 똑같이 나누어(공약수) 주려고 한다. 이때 몇 명의 학생들에게 나누어 줄 수 있는지 구하시오.

→ 공책을 나누어 줄 수 있는 학생 수: 1명, 2명, 3명, 6명, 7명, 14명, 21명, 42명 ← 42의 약수
   연필을 나누어 줄 수 있는 학생 수: 1명, 2명, 4명, 7명, 14명, 28명 ← 28의 약수
→ 공책과 연필을 나누어 줄 수 있는 학생 수: 1명, 2명, 7명, 14명 ← 42와 28의 공약수
→ 공책과 연필을 나누어 줄 수 있는 최대 학생 수: 14명 ← 42와 28의 최대공약수

한 학생당 공책은 $42 \div 14 = 3$(권), 연필은 $28 \div 14 = 2$(자루)씩 받을 수 있어. 나누어 받을 수 있는 물건의 개수를 묻는 경우도 많으니까 이 내용도 알고 가자~.

▶ 워크북 8쪽 | 해답 5쪽

개념 다지기

6 가능한 한 많은 사람들에게 나누어 주기

지우개 12개와 풀 18개를 되도록 많은 학생들에게 남김없이 똑같이 나누어 주려고 한다. 다음 □ 안에 알맞은 것을 써넣으시오.

(1) 지우개 12개를 나누어 줄 수 있는 학생 수 → □의 약수

(2) 풀 18개를 나누어 줄 수 있는 학생 수 → □의 약수

(3) 지우개와 풀을 남김없이 똑같이 나누어 줄 수 있는 되도록 많은 학생 수
→ 12와 18의 □이므로 □명이다.

7 직사각형 채우기

오른쪽 그림과 같이 가로의 길이가 45 cm, 세로의 길이가 30 cm인 직사각형의 모양의 보드판에 같은 크기의 가능한 한 큰 정사각형 모양의 자석을 빈틈없이 붙이려고 한다. 다음 □ 안에 알맞은 것을 써넣으시오.

30 cm
45 cm

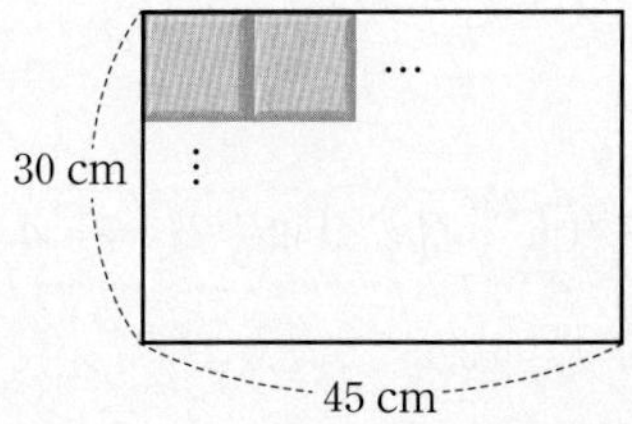

(1) 보드판의 가로에 붙일 수 있는 자석의 한 변의 길이
→ □의 약수

(2) 보드판의 세로에 붙일 수 있는 자석의 한 변의 길이
→ □의 약수

(3) 보드판의 가로와 세로 모두에 빈틈없이 붙일 수 있는 가능한 한 큰 자석의 한 변의 길이
→ 45와 30의 □이므로 □ cm이다.

똑똑한 한줄 point: 최대공약수의 활용 문제에는? 문제의 문장에 '가능한 한 많은', '최대의', '가장 큰' 등의 표현이 있다.

교과서 핵심 유형 익히기

유형 1 서로소

다음 중 두 수가 서로소인 것은?

① 10, 15 ② 9, 24 ③ 18, 25
④ 20, 24 ⑤ 28, 35

해결 키워드 두 자연수 A, B는 서로소이다. → A, B의 최대공약수는 1이다.

1-1 다음 중 두 수가 서로소가 아닌 것은?

① 7, 11 ② 15, 24 ③ 16, 27
④ 19, 30 ⑤ 21, 41

유형 2 최대공약수 구하기

세 수 $2^2\times3^2\times5$, $2^3\times3^2$, $2^4\times3^4\times5^3$의 최대공약수는?

① 6 ② 18 ③ 30
④ 36 ⑤ 120

해결 키워드 소인수분해를 이용하여 최대공약수를 구할 때는
→ 지수가 같으면 그대로, 다르면 작은 것을 택하여 곱한다.

2-1 세 수 3×5^2, $2\times3\times5^2$, 180의 최대공약수는?

① 3 ② 5 ③ 15
④ 30 ⑤ 45

유형 3 공약수와 최대공약수

다음 중 두 수 $2^3\times3\times7^2$, $2^2\times3^2\times7^3$의 공약수가 아닌 것은?

① 2×3 ② $2^2\times3$ ③ 3×7^2
④ $2^2\times3^2\times7$ ⑤ $2^2\times3\times7^2$

해결 키워드 두 자연수의 공약수는 두 자연수의 최대공약수의 약수이다.
→ 최대공약수를 구한 후 그 약수를 찾는다.

3-1 두 수 $2^2\times5^2\times11$, $3\times5^3\times11^2$의 공약수의 개수는?

① 2개 ② 3개 ③ 4개
④ 5개 ⑤ 6개

유형 4 최대공약수가 주어질 때 미지수 구하기

두 수 $2^a\times5\times11^2$, $2^4\times5^3\times11^b$의 최대공약수가 $2^3\times5\times11$일 때, 자연수 a, b에 대하여 $a+b$의 값은?

① 2 ② 3 ③ 4
④ 5 ⑤ 6

해결 키워드 두 수 $2^a\times5\times11^2$, $2^4\times5^3\times11^b$의 최대공약수가 $2^3\times5\times11^1$
→ a와 4 중 작은 수가 3, 2와 b 중 작은 수가 1

4-1 두 수 $2^2\times3^2\times5^a$, $3^b\times5^3$의 최대공약수가 3×5^2일 때, 자연수 a, b에 대하여 $a+b$의 값은?

① 2 ② 3 ③ 4
④ 5 ⑤ 6

유형 5 일정한 양을 나누어 주기

공책 84권, 연필 98자루, 지우개 63개를 가능한 한 많은 학생들에게 남김없이 똑같이 나누어 주려고 할 때, 다음 물음에 답하시오.

(1) 나누어 줄 수 있는 학생 수를 구하시오.

(2) 한 학생에게 나누어 줄 수 있는 공책, 연필, 지우개의 수를 각각 구하시오.

해결 키워드 학용품 A, B, C를 가능한 한 많은 학생들에게 똑같이 나누어 주려면
→ A, B, C의 개수의 최대공약수를 구하여 해결한다.

5-1 빵 56개, 음료수 70개를 되도록 많은 사람들에게 남김없이 똑같이 나누어 주려고 한다. 이때 몇 명에게 나누어 줄 수 있는지 구하시오.

유형 6 직사각형, 직육면체 채우기

가로의 길이가 168 cm, 세로의 길이가 120 cm인 직사각형 모양의 게시판에 같은 크기의 정사각형 모양의 그림을 빈틈없이 붙이려고 한다. 그림을 되도록 적게 붙이려고 할 때, 다음 물음에 답하시오.

(1) 그림의 한 변의 길이를 구하시오.

(2) 필요한 그림의 개수를 구하시오.

해결 키워드 그림 수를 되도록 적게 → 그림의 크기를 되도록 크게
→ (그림의 한 변의 길이)=(게시판의 가로와 세로의 길이의 최대공약수)

6-1 가로의 길이가 36 cm, 세로의 길이가 42 cm인 직사각형 모양의 색종이가 있다. 이 색종이를 남김없이 같은 크기의 가능한 한 큰 정사각형 모양으로 잘라 장미꽃을 접으려고 한다. 접을 수 있는 장미꽃의 개수를 구하시오. (단, 정사각형 모양의 색종이 1장으로 장미꽃 1개를 접을 수 있다.)

유형 7 자연수로 나누기

어떤 자연수로 78을 나누면 3이 남고, 42를 나누면 3이 부족하다고 한다. 다음은 이러한 자연수 중 가장 큰 수를 구하는 과정이다. □ 안에 알맞은 수를 써넣으시오.

(1) 어떤 자연수로 (78−□)을 나누면 나누어떨어진다.

(2) 어떤 자연수로 (42+□)을 나누면 나누어떨어진다.

(3) 이러한 자연수 중 가장 큰 수는 □, □의 최대공약수인 □이다.

해결 키워드 자연수 a, b에 대하여
a를 b로 나누면 { r가 남는다. → $a-r$를 b로 나누면 나누어떨어진다.
r가 부족하다. → $a+r$를 b로 나누면 나누어떨어진다. }

7-1 어떤 자연수로 74, 56을 각각 나누었더니 나머지가 모두 2일 때, 어떤 자연수 중 가장 큰 수를 구하시오.

기출로 실전 문제 익히기

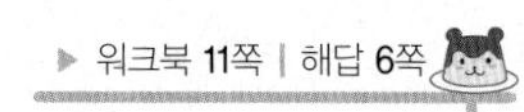

▶ 워크북 11쪽 | 해답 6쪽

1 다음 중 15와 서로소인 수를 모두 고르면? (정답 2개)

① 2　② 3　③ 10
④ 16　⑤ 21

2 두 수 $2^3\times3^2\times5$, $2^2\times3\times5^2$의 공약수의 개수는?

① 6개　② 8개　③ 9개
④ 10개　⑤ 12개

3 세 수 120, $2^3\times3^3\times5^2$, $2^2\times3^4\times5\times11$의 공약수 중 두 번째로 큰 수를 구하시오.

4 (중요) 세 수 $2^4\times5^3$, $2^3\times3^2\times5^a$, $2^b\times5^2\times13$의 최대공약수가 20일 때, 자연수 a, b에 대하여 $a+b$의 값은?

① 2　② 3　③ 4
④ 5　⑤ 6

5 (중요) 두 분수 $\frac{80}{n}$, $\frac{96}{n}$을 모두 자연수가 되도록 하는 자연수 n의 값 중 가장 큰 수를 구하시오.

6 가로, 세로의 길이가 각각 450 cm, 360 cm이고 높이가 270 cm인 직육면체 모양의 컨테이너에 크기가 같은 정육면체 모양의 상자를 빈틈없이 실으려고 한다. 가능한 한 큰 상자를 실으려고 할 때, 실을 수 있는 상자의 개수는?

① 20개　② 45개　③ 60개
④ 75개　⑤ 90개

7 (서술형) 어떤 자연수로 100을 나누면 2가 남고, 60을 나누면 4가 남는다고 한다. 어떤 자연수가 될 수 있는 수를 모두 구하시오.

1단계 어떤 자연수를 공약수로 가지는 두 수 찾기
풀이

2단계 1단계에서 구한 두 수의 공약수 구하기
풀이

3단계 조건을 만족시키는 어떤 자연수 구하기
풀이

답 ....

LECTURE 04 최소공배수와 그 활용

개념 1 최소공배수

(1) 공배수: 두 개 이상의 자연수의 공통인 배수

(2) 최소공배수: 공배수 중 가장 작은 수

예 2의 배수: 2, 4, 6, 8, 10, 12, 14, 16, 18, ⋯
3의 배수: 3, 6, 9, 12, 15, 18, ⋯
→ 공배수: 6, 12, 18, ⋯ (6 ← 최소공배수)

(3) 최소공배수의 성질

① 두 개 이상의 자연수의 공배수는 최소공배수의 배수이다.❶

예 2와 3의 공배수 6, 12, 18, ⋯은 최소공배수 6의 배수이다.

② 서로소인 두 자연수의 최소공배수는 그 두 자연수의 곱과 같다.

예 2와 3은 서로소이므로 두 수의 최소공배수는 $2\times3=6$

배운 내용 다시 보기
- 공배수 (초5) 두 수의 공통인 배수
- 최소공배수 (초5) 두 수의 공배수 중 가장 작은 수

❶ 두 자연수의 공배수를 구할 때, 최소공배수를 먼저 구하고, 그 배수로 공배수를 구할 수 있다.

서로소인 두 수의 최소공배수는 어떻게 구할까?

3의 배수: 3, 6, 9, 12, 15, 18, 21, 24, ⋯
4의 배수: 4, 8, 12, 16, 20, 24, 28, ⋯
→ 3과 4의 최소공배수: $12=3\times4$ (12: 서로소인 두 수의 최소공배수, 3×4: 두 수의 곱)

▶ 워크북 12쪽 | 해답 7쪽

개념 다지기

공배수와 최소공배수

1 두 수 6과 9에 대하여 다음을 구하시오.

(1) 6의 배수

(2) 9의 배수

(3) 6과 9의 공배수

(4) 6과 9의 최소공배수

(5) 6과 9의 최소공배수의 배수

최소공배수의 성질

tip 두 개 이상의 자연수의 공배수는 최소공배수의 배수이다.

2 어떤 두 자연수의 최소공배수가 다음과 같을 때, 이 두 자연수의 공배수를 작은 수부터 차례대로 3개씩 구하시오.

(1) 14　　(2) 30

최소공배수의 성질

3 다음 두 수가 서로소인지 아닌지 말하고, 두 수의 최소공배수를 구하시오.

(1) 3, 7　　(2) 5, 12　　(3) 10, 15

한줄 point: 두 개 이상의 자연수의 공배수는? 그 수들의 최소공배수의 배수와 같다.

개념 2 최소공배수 구하기

[방법 1] 소인수분해 이용하기

❶ 주어진 수를 각각 소인수분해한다.

❷ 공통인 소인수와 공통이 아닌 소인수를 모두 곱한다. 이때 공통인 소인수 중 지수가 같거나 큰 것을 택한다.[1]

$$12 = 2^2 \times 3$$
$$18 = 2 \times 3^2$$
$$30 = 2 \times 3 \times 5$$
$$(\text{최소공배수}) = 2^2 \times 3^2 \times 5 = 180$$

공통인 소인수는 지수가 같거나 큰 것 / 공통이 아닌 소인수 / 공통인 소인수와 공통이 아닌 소인수 모두 곱하기

[방법 2] 나눗셈 이용하기

❶ 1이 아닌 공약수로 각 수를 나눈다.

❷ 세 수의 공약수가 없으면 두 수의 공약수로 나누고, 공약수가 없는 수는 그대로 아래로 내린다.

❸ 나눈 공약수와 마지막 몫을 모두 곱한다.

```
2 ) 12  18  30
3 )  6   9  15
     2   3   5
```

서로소 ❷

$(\text{최소공배수}) = 2\times3\times2\times3\times5 = 180$

나눈 공약수와 몫 모두 곱하기

❶ 최대공약수를 구할 때는 공통인 소인수만 곱하지만 최소공배수를 구할 때는 공통인 소인수와 공통이 아닌 소인수를 모두 곱한다.

❷ 어떤 두 수를 택하여도 공약수가 1일 때까지 나눈다.

최대공약수와 최소공배수는 어떤 관계가 있을까?

두 자연수 A, B에 대하여

$A\times B = (A$와 B의 최대공약수$)\times(A$와 B의 최소공배수$)$

가 성립한다.

→ 두 자연수 A, B의 최대공약수가 G, 최소공배수가 L일 때

$A = a\times G$, $B = b\times G$ (a, b는 서로소)라 하면 $L = a\times b\times G$이므로

$A\times B = a\times G\times b\times G = \underbrace{(a\times b\times G)}_{L}\times G = L\times G$

$G\,)\,\underline{A\quad B}$
$\quad a\quad b$
a, b는 서로소

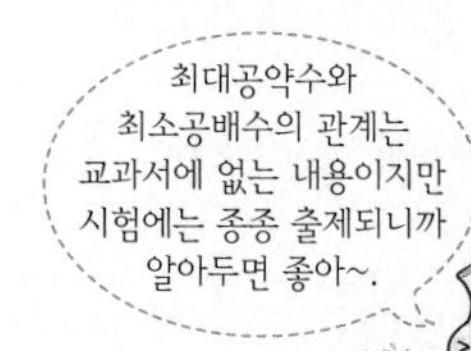

최대공약수와
최소공배수의 관계는
교과서에 없는 내용이지만
시험에는 종종 출제되니까
알아두면 좋아~.
아하! 꿀tip

▶ 워크북 12쪽 | 해답 7쪽

개념 다지기

4 소인수분해를 이용하여 최소공배수 구하기

tip 최소공배수를 구할 때는 공통인 소인수와 공통이 아닌 소인수를 모두 곱한다.

다음 수들의 최소공배수를 소인수의 곱으로 나타내시오.

(1) 3×5, 3×7

(2) $2^2\times3$, $2^2\times5$

(3) $2\times3\times5$, $3^2\times7$, $2\times3\times7$

(4) $2^3\times3$, $2^2\times3\times5$, $2^3\times3^2$

5 나눗셈을 이용하여 최소공배수 구하기

다음 수들의 최소공배수를 구하시오.

(1) 18, 42

(2) 25, 35

(3) 8, 15, 40

(4) 30, 36, 54

6 최대공약수와 최소공배수의 관계

두 자연수 18, A의 최대공약수가 6, 최소공배수가 72일 때, 자연수 A의 값을 구하시오.

소인수분해를 이용하여 최소공배수를 구할 때는? 공통인 소인수와 공통이 아닌 소인수를 모두 곱한다.

개념 3 최소공배수의 활용

주어진 문제의 문장에

'가능한 한 작은', '가장 작은', '최소의', '동시에', '처음으로 다시',
'되도록 적은'

등의 표현이 있는 경우 대부분 최소공배수를 활용하면 해결할 수 있다.[1]

[1] 일반적으로 구하는 수는 주어진 수보다 크다.

개념 note

최소공배수의 활용 문제는 어떻게 해결할까?

[• 가능한 한(되도록) 적은 • 가능한 한(되도록) 작은 • 처음으로 다시] 최소 + [• 빈틈없이 쌓을 때 • 동시에 출발할 때] 공배수 → 최소공배수의 활용!

예 어느 버스 터미널에서 두 버스 A, B가 각각 4분, 6분 간격으로 출발한다. 두 버스가 오전 6시에 동시에 출발한 후, 처음으로 다시(최소) 동시에 출발하는(공배수) 시각을 구하시오.

→ 버스 A의 출발 시각: 6시 / 4분, 8분, 12분, 16분, 20분, 24분, 28분, 32분, 36분, … ← 4의 배수
 버스 B의 출발 시각: 6시 / 6분, 12분, 18분, 24분, 30분, 36분, … ← 6의 배수
→ 동시에 출발하는 시각: 6시 / 12분, 24분, 36분, … ← 4와 6의 공배수
→ 처음으로 다시 동시에 출발하는 시각: 6시 12분 ← 4와 6의 최소공배수

꿀 tip: 버스 A와 버스 B가 처음으로 다시 동시에 출발할 때까지 걸리는 시간은 12분이므로 두 버스는 12분의 배수 후마다 동시에 출발해. 'n번째로 다시' 동시에 출발하는 경우를 묻기도 하니까 잘 기억해 두자!

▶ 워크북 12쪽 | 해답 7쪽

개념 다지기

동시에 출발하여 다시 만나는 경우

7 A와 B가 호수 둘레를 한 바퀴 도는 데 A는 30분, B는 45분이 걸린다고 한다. 두 사람이 오전 10시에 같은 위치에서 동시에 출발하여 호수 둘레를 같은 방향으로 돌 때, 다음 □ 안에 알맞은 것을 써넣으시오.

(1) A가 출발한 지점에 다시 도착하는 데 걸리는 시간 → □의 배수

(2) B가 출발한 지점에 다시 도착하는 데 걸리는 시간 → □의 배수

(3) 동시에 출발한 A와 B가 출발한 지점에서 처음으로 다시 만나게 되는 시각
→ 30과 45의 □인 □분 후
→ 오전 □시 □분

정사각형 만들기

8 오른쪽 그림과 같이 가로의 길이가 8 cm, 세로의 길이가 12 cm인 직사각형 모양의 색종이를 같은 방향으로 겹치지 않게 빈틈없이 붙여서 가장 작은 정사각형을 만들려고 한다. 다음 □ 안에 알맞은 것을 써넣으시오.

12 cm
8 cm

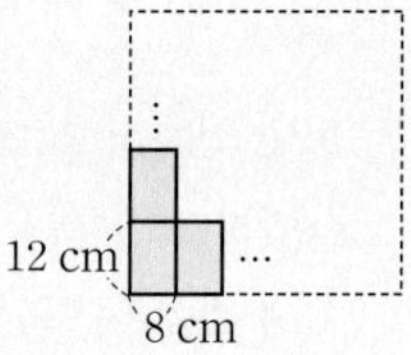

(1) 색종이의 가로를 이어 붙인 정사각형의 한 변의 길이 → □의 배수

(2) 색종이의 세로를 이어 붙인 정사각형의 한 변의 길이 → □의 배수

(3) 색종이를 빈틈없이 붙여서 만들 수 있는 가장 작은 정사각형의 한 변의 길이
→ 8과 12의 □이므로 □ cm이다.

한줄 point: 최소공배수의 활용 문제에는? 문제의 문장에 '동시에', '최소의', '처음으로 다시' 등의 표현이 있다.

STEP 1 교과서 핵심 유형 익히기

유형 1 최소공배수 구하기

세 수 $2^3\times3$, $2^2\times3^2\times5$, $2^2\times5^2$의 최소공배수는?

① 2^2 ② $2^2\times5$ ③ $2^2\times3\times5$
④ $2^3\times3^2\times5$ ⑤ $2^3\times3^2\times5^2$

해결 키워드 소인수분해를 이용하여 최소공배수를 구할 때는
→ 지수가 같으면 그대로, 다르면 큰 것을 택하여 곱한다.

1-1 세 수 $2^2\times3$, $2^2\times5$, 90의 최소공배수를 구하시오.

유형 2 공배수와 최소공배수

다음 중 두 수 $2^3\times3$, $2^2\times5$의 공배수가 아닌 것을 모두 고르면? (정답 2개)

① $2^2\times3\times5$ ② $2^3\times3\times5$ ③ $2^3\times3^2\times5$
④ $2^3\times3^2\times7$ ⑤ $2^3\times3^2\times5\times7$

해결 키워드 두 자연수의 공배수는 두 자연수의 최소공배수의 배수이다.
→ 최소공배수를 구한 후 그 배수를 찾는다.

2-1 500 이하의 자연수 중 16과 44의 공배수의 개수는?

① 2개 ② 3개 ③ 4개
④ 5개 ⑤ 6개

유형 3 최소공배수가 주어질 때 미지수 구하기

두 수 $2^2\times5$, $2^a\times3\times5^2$의 최소공배수가 $2^3\times3\times5^b$일 때, 자연수 a, b에 대하여 $a+b$의 값을 구하시오.

해결 키워드 두 수 $2^2\times5^1$, $2^a\times3\times5^2$의 최소공배수가 $2^3\times3\times5^b$
→ 2와 a 중 큰 수가 3, 1과 2 중 큰 수가 b

3-1 세 수 $2^a\times3$, $2^2\times3\times7^b$, 2×3^c의 최소공배수가 $2^3\times3^2\times7$일 때, 자연수 a, b, c에 대하여 $a+b+c$의 값은?

① 5 ② 6 ③ 7
④ 8 ⑤ 9

유형 4 동시에 시작해서 다시 만나는 경우

어느 역에서 열차 A는 25분마다 출발하고, 열차 B는 30분마다 출발한다고 한다. 이 역에서 오전 8시에 열차 A와 열차 B가 동시에 출발하였을 때, 처음으로 다시 두 열차가 동시에 출발하는 시각을 구하시오.

해결 키워드 25분, 30분 간격의 열차가 동시에 출발한다.
→ 동시에 출발하는 시간 간격은 25와 30의 최소공배수이다.

4-1 오른쪽 그림과 같이 톱니의 개수가 각각 18개, 24개인 두 톱니바퀴 A, B가 서로 맞물려 돌아가고 있다. 두 톱니바퀴가 회전하기 시작하여 같은 톱니에서 처음으로 다시 맞물릴 때까지 움직인 톱니바퀴 A의 톱니의 개수를 구하시오.

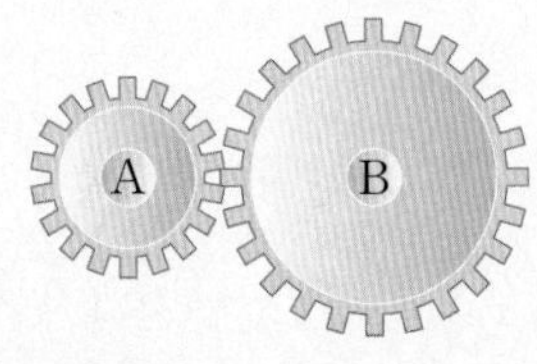

유형 5 정사각형, 정육면체 만들기

오른쪽 그림과 같이 가로, 세로의 길이가 각각 18 cm, 4 cm이고, 높이가 24 cm인 직육면체 모양의 상자를 같은 방향으로 빈틈없이 쌓아서 되도록 작은 정육면체를 만들려고 한다. 다음 물음에 답하시오.

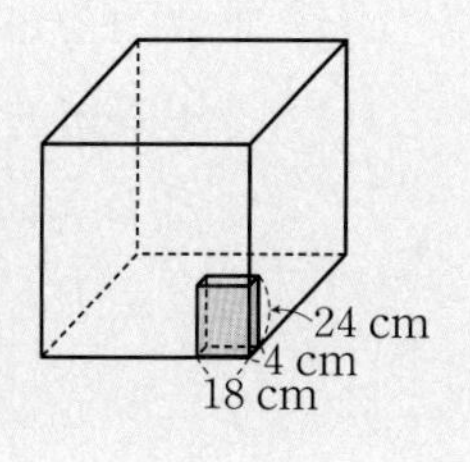

(1) 정육면체의 한 모서리의 길이를 구하시오.

(2) 필요한 직육면체 모양의 상자의 개수를 구하시오.

해결 키워드 (정육면체의 한 모서리의 길이)
=(직육면체의 가로, 세로, 높이의 최소공배수)

5-1 가로의 길이가 28 cm, 세로의 길이가 35 cm인 직사각형 모양의 타일을 같은 방향으로 겹치지 않게 빈틈없이 붙여서 가장 작은 정사각형을 만들려고 할 때, 정사각형의 한 변의 길이를 구하시오.

유형 6 자연수를 나누기

어떤 자연수를 6과 14 중 어느 것으로 나누어도 3이 남는다고 한다. 다음은 이러한 자연수 중 가장 작은 수를 구하는 과정이다. □ 안에 알맞은 수를 써넣으시오.

(1) 6으로 나눈 나머지가 3인 수는 (6의 배수)+□

(2) 14로 나눈 나머지가 3인 수는 (14의 배수)+□

(3) 이러한 자연수 중 가장 작은 수는
(□, □의 최소공배수)+□이므로 □+□=□

해결 키워드
- a로 나누었을 때의 나머지가 r인 수 → (a의 배수)$+r$
- a, b, c로 나눈 나머지가 모두 r인 수 → (a, b, c의 공배수)$+r$

6-1 두 자연수 9, 12 중 어느 것으로 나누어도 5가 남는 자연수 중 가장 작은 수를 구하시오.

유형 7 두 분수를 자연수로 만들기

두 분수 $\frac{15}{14}$, $\frac{5}{21}$의 어느 것에 곱하여도 그 결과가 자연수가 되는 가장 작은 기약분수를 구하시오.

해결 키워드 두 분수 $\frac{▲}{■}$, $\frac{★}{●}$ 중 어느 것에 곱하여도 자연수가 되는 가장 작은 분수

→ $\frac{(■, ●\text{의 최소공배수})}{(▲, ★\text{의 최대공약수})}$ ← 분모의 최소공배수 / ← 분자의 최대공약수

7-1 두 분수 $\frac{12}{25}$, $\frac{9}{10}$의 어느 것에 곱하여도 그 결과가 자연수가 되는 가장 작은 기약분수를 구하시오.

기출로 실전 문제 익히기

▶ 워크북 15쪽 | 해답 8쪽

1 세 수 2^5, $2^4\times3$, $2^2\times3^2\times5$의 최소공배수는?

① 2^2 ② $2^2\times3\times5$ ③ $2^4\times3\times5$ ④ $2^4\times3^2\times5$ ⑤ $2^5\times3^2\times5$

2 두 수 $2^2\times3\times5$, 2×3^2의 공배수 중 1000에 가장 가까운 수를 구하시오.

중요 **3** 두 수 $2^a\times5^3\times b$, $2^3\times3^c\times5$의 최대공약수가 $2^2\times5$이고 최소공배수가 $2^3\times3^2\times5^3\times7$일 때, 자연수 a, b, c에 대하여 $a+b-c$의 값은? (단, b는 소수이다.)

① 4 ② 5 ③ 6 ④ 7 ⑤ 8

창의융합 수학+과학

4 북아메리카에는 13년, 17년마다 나타나는 두 종류의 매미가 있다. 이 두 종류의 매미가 2000년에 동시에 나타났다면 처음으로 다시 동시에 나타나는 해는 언제인지 구하시오.

중요 **5** 가로, 세로의 길이가 각각 24 mm, 20 mm이고, 높이가 15 mm인 직육면체 모양의 블록을 같은 방향으로 빈틈없이 쌓아서 가능한 한 작은 정육면체를 만들려고 한다. 이때 필요한 블록의 개수를 구하시오.

6 5로 나누면 3이 남고, 6으로 나누면 4가 남고, 9로 나누면 7이 남는 자연수 중 가장 작은 세 자리의 자연수를 구하시오.

7 최대공약수와 최소공배수가 각각 20, 140인 두 자연수의 차는?

① 120 ② 126 ③ 130 ④ 133 ⑤ 136

서술형

중요 **8** 세 분수 $\frac{1}{12}$, $\frac{1}{20}$, $\frac{1}{25}$ 중 어느 것에 곱하여도 그 결과가 자연수가 되는 세 자리의 자연수 중 가장 큰 수와 가장 작은 수의 차를 구하시오.

1단계 구하는 자연수가 어떤 수인지 알기

풀이

2단계 구하는 세 자리의 자연수 중 가장 큰 수와 가장 작은 수 찾기

풀이

3단계 가장 큰 수와 가장 작은 수의 차 구하기

풀이

답

학교 시험 미리보기

▶ 워크북 74쪽 | 해답 9쪽

A 탄탄! 기본 점검하기

01 다음 중 소수의 개수는?

1	2	5	9	15	19	22

① 2개 ② 3개 ③ 4개
④ 5개 ⑤ 6개

02 다음 중 소인수분해한 것으로 옳지 않은 것은?

① $18=2\times3^2$ ② $24=2^3\times3$
③ $36=2^2\times3^2$ ④ $48=2^3\times6$
⑤ $60=2^2\times3\times5$

03 다음 중 두 수가 서로소가 아닌 것은?

① 11, 12 ② 15, 39 ③ 33, 40
④ 45, 49 ⑤ 53, 63

빈출 유형

04 세 수 $2^4\times3^2$, $2^5\times3^2\times7$, $2^4\times3^3\times7^2$의 최대공약수와 최소공배수를 차례대로 구하면?

① $2^4\times3^2$, $2^4\times3^2\times7$
② $2^4\times3^2$, $2^4\times3^2\times7^2$
③ $2^4\times3^2$, $2^5\times3^3\times7^2$
④ $2^5\times3^2$, $2^4\times3^2\times7^2$
⑤ $2^5\times3^2$, $2^5\times3^3\times7^2$

B 쑥쑥! 실전 감각 익히기

★중요

05 다음 중 옳은 것은?

① 가장 작은 합성수는 1이다.
② 한 자리의 자연수 중 합성수는 5개이다.
③ 3의 배수 중 소수는 2개이다.
④ 서로 다른 두 합성수는 서로소가 아니다.
⑤ 모든 합성수는 소수들만의 곱으로 나타낼 수 있다.

06 $2^a=256$, $\frac{1}{3^b}=\frac{1}{243}$을 만족시키는 자연수 a, b에 대하여 $a-b$의 값은?

① 1 ② 2 ③ 3
④ 4 ⑤ 5

07 840의 소인수의 개수는?

① 2개 ② 3개 ③ 4개
④ 5개 ⑤ 6개

★중요

08 45에 자연수를 곱하여 어떤 자연수의 제곱이 되게 하려고 할 때, 곱할 수 있는 가장 작은 세 자리의 자연수를 구하시오.

09 $9\times\square$의 약수의 개수가 6개일 때, 다음 중 $\square$ 안에 들어갈 수 없는 수는?

① 2 ② 3 ③ 5
④ 7 ⑤ 11

10 두 수 136, 196의 모든 공약수의 합은?

① 3 ② 7 ③ 15
④ 24 ⑤ 56

창의융합 수학+과학

11 태양광 발전판은 직사각형 모양의 판에 크기가 같은 정사각형 모양의 태양전지를 빈틈없이 붙여서 만든다. 가로, 세로의 길이가 각각 105 cm, 75 cm인 판에 붙이는 태양전지의 개수를 최소로 하려고 할 때, 태양전지 한 개의 넓이는?

① 81 cm^2 ② 100 cm^2 ③ 144 cm^2
④ 225 cm^2 ⑤ 324 cm^2

기출유사

12 세 변의 길이가 각각 105 m, 84 m, 63 m인 삼각형 모양의 땅의 둘레에 일정한 간격으로 나무를 심으려고 한다. 나무의 수를 가능한 한 적게 하고 세 모퉁이에는 나무를 반드시 심을 때, 필요한 나무는 모두 몇 그루인가?

① 9그루 ② 12그루 ③ 15그루
④ 18그루 ⑤ 21그루

13 두 자연수 $9\times a$, $12\times a$의 최소공배수가 108일 때, 이 두 수의 최대공약수는?

① 3 ② 6 ③ 9
④ 12 ⑤ 18

14 톱니의 개수가 각각 30개, 54개인 두 톱니바퀴 A, B가 서로 맞물려 돌아가고 있다. 두 톱니바퀴가 회전하기 시작하여 같은 톱니에서 처음으로 다시 맞물리는 것은 톱니바퀴 B가 몇 바퀴 회전한 후인가?

① 3바퀴 ② 4바퀴 ③ 5바퀴
④ 7바퀴 ⑤ 9바퀴

▶ 해답 9쪽

15 준서네 반 학생들이 모둠을 나누어 장기 자랑을 하려고 하는데 4명씩 한 조를 정하면 2명이 남고, 5명씩 한 조를 정하면 3명이 남고, 8명씩 한 조를 정하면 6명이 남는다고 한다. 준서네 반 학생 수가 50명보다 적다고 할 때, 준서네 반 학생 수를 구하시오.

16 세 분수 $\frac{16}{15}$, $\frac{24}{25}$, $\frac{32}{45}$의 어느 것에 곱하여도 그 결과가 자연수가 되는 가장 작은 기약분수를 $\frac{a}{b}$라 할 때, $a+b$의 값은?

① 215 ② 219 ③ 223
④ 233 ⑤ 241

C 도전! 100점 완성하기

17 $1\times2\times3\times\cdots\times10$을 소인수분해하면 소인수 3의 지수가 a, 소인수 5의 지수가 b일 때, $a+b$의 값은?

① 5 ② 6 ③ 7
④ 8 ⑤ 9

18 800의 약수 중 어떤 자연수의 제곱이 되는 수의 개수는?

① 6개 ② 7개 ③ 8개
④ 9개 ⑤ 10개

19 다음 조건을 모두 만족시키는 자연수 중 가장 작은 수를 구하시오.

> ㈎ 20 이상인 수이다.
> ㈏ 92와 서로소이다.
> ㈐ 약수가 1과 자기 자신뿐이다.

20 A, B, C 세 분수를 이용하여 분수 쇼를 하는데 분수 A는 10초 동안 켜졌다가 6초 동안 꺼지고, 분수 B는 15초 동안 켜졌다가 5초 동안 꺼지고, 분수 C는 20초 동안 켜졌다가 10초 동안 꺼지는 것을 반복한다. 오후 7시에 세 분수가 동시에 켜진 후 그 다음에 세 분수가 세 번째로 다시 동시에 켜지는 시각을 구하시오.

21 최대공약수가 12이고 최소공배수가 180인 두 자연수의 합이 96일 때, 두 수의 차는?

① 15 ② 18 ③ 21
④ 24 ⑤ 27

▶ 해답 11쪽

22 네 수 a, b, c, d는 다음 조건을 모두 만족시키는 가장 작은 자연수이다. 물음에 답하시오.

(가) $135\times a=b^2$　　(나) $\dfrac{104}{c}=d^2$

(1) 자연수 a, b의 값을 구하시오.

풀이

(2) 자연수 c, d의 값을 구하시오.

풀이

답 ....

check list
- □ 자연수가 제곱인 수가 될 조건을 알고 있는가? ↻ 16쪽
- □ 제곱인 수를 만들기 위하여 곱하거나 나누어야 할 수를 구할 수 있는가? ↻ 16쪽
- □ 구한 수가 어떤 수의 제곱이 되는지 알 수 있는가? ↻ 16쪽

23 공책 31권, 연필 63자루, 볼펜 55자루를 가능한 한 많은 학생들에게 똑같이 나누어 주려고 하였더니 공책은 3권, 연필은 5자루가 부족하고, 볼펜은 4자루가 남았다. 다음 물음에 답하시오.

(1) 전체 학생 수를 구하시오.

풀이

(2) 한 학생에게 나누어 주려고 했던 볼펜의 수를 구하시오.

풀이

답 ....

check list
- □ 학생 수가 어떤 수의 공약수인지 구할 수 있는가? ↻ 23쪽
- □ 세 수의 최대공약수를 구할 수 있는가? ↻ 20쪽

24 420의 약수의 개수와 $3^3\times7^a\times11^b$의 약수의 개수가 같을 때, 자연수 a, b의 값을 구하시오. (단, $a<b$)

풀이

답 ....

check list
- □ 소인수분해를 이용하여 약수의 개수를 구할 수 있는가? ↻ 15쪽
- □ 거듭제곱 꼴로 주어진 수의 약수의 개수를 알 때, 지수를 구할 수 있는가? ↻ 18쪽

25 세 수 15, 45, A의 최대공약수가 15이고, 최소공배수가 225일 때, A의 값이 될 수 있는 모든 자연수의 합을 구하시오.

풀이

답 ....

check list
- □ 최대공약수를 이용하여 수를 나타낼 수 있는가? ↻ 30쪽
- □ 최대공약수와 최소공배수의 관계를 이용하여 조건을 만족시키는 수를 구할 수 있는가? ↻ 30쪽

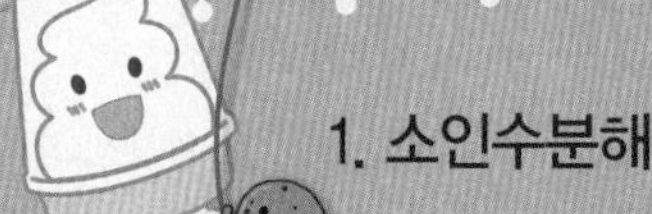

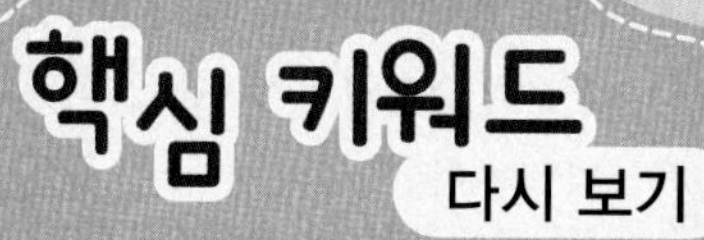

핵심 키워드 소수, 합성수, 거듭제곱, 지수, 밑, 소인수, 소인수분해, 서로소

소수와 합성수

LECTURE 01 | 10쪽

약수의 개수 →
- 1개 : 1 ← 소수도 아니고 합성수도 아니다.
- 2개 : 소수 ← 2, 3, 5, 7, 11, 13, 17, …
- 3개 이상 : 합성수 ← 4, 6, 8, 9, 10, …

거듭제곱

LECTURE 01 | 11쪽

- 거듭제곱: 같은 수나 문자를 거듭하여 곱한 것을 간단히 나타낸 것

예 ① $\frac{1}{3}\times\frac{1}{3}\times\frac{1}{3}\times\frac{1}{3}=\left(\frac{1}{3}\right)^4$ (4: 지수, $\frac{1}{3}$: 밑)

② $2\times2\times2\times5\times5=2^3\times5^2$

소인수분해

LECTURE 02 | 14쪽

- 소인수: 인수 중 소수인 것
- 소인수분해: 자연수를 소인수들만의 곱으로 나타내는 것

$a=b\times c$ (b, c: a의 인수)

예
```
2 ) 18
3 )  9
     3
```
→ $18=2\times3\times3=2\times3^2$ (소인수: 2, 3)

- 소인수분해한 자연수 $a^m\times b^n$의 약수의 개수
→ $(m+1)\times(n+1)$(개)

최대공약수와 그 활용

LECTURE 03 | 19쪽

- 서로소: 최대공약수가 1인 두 자연수
- 소인수분해를 이용하여 최대공약수 구하기

$$12=2^2\times3$$
$$18=2\times3^2$$
$$30=2\times3\times5$$
$$(\text{최대공약수})=2\times3=6$$

공통인 소인수 중 지수가 같거나 작은 것 / 공통인 소인수 모두 곱하기

- 최대공약수의 활용 문제
'가능한 한 많은', '가능한 한 큰', '가장 큰', '최대의' 등의 표현이 있는 경우

최소공배수와 그 활용

LECTURE 04 | 25쪽

- 소인수분해를 이용하여 최소공배수 구하기

$$12=2^2\times3$$
$$18=2\times3^2$$
$$30=2\times3\times5$$
$$(\text{최소공배수})=2^2\times3^2\times5=180$$

공통인 소인수는 지수가 같거나 큰 것 / 공통이 아닌 소인수 / 공통인 소인수와 공통이 아닌 소인수 모두 곱하기

- 최소공배수의 활용 문제
'가능한 한 작은', '가장 작은', '최소의', '동시에', '처음으로 다시', '되도록 적은' 등의 표현이 있는 경우

초 5	초 5	초 6
분수와 소수의 크기 비교 • 약분과 통분 • 분모가 다른 분수의 크기 비교 • 분수와 소수의 크기 비교	**자연수의 혼합 계산** • 덧셈, 뺄셈, 곱셈, 나눗셈의 혼합 계산 • 괄호가 있는 식	**분수의 사칙계산** • 분모가 다른 분수의 덧셈과 뺄셈 • 분수의 곱셈과 나눗셈 • 분수의 혼합 계산

단원 계통 잇기

▶ 해답 11쪽

초 5

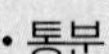

• 통분
분수의 분모를 같게 하는 것
예 $\frac{1}{6}, \frac{3}{4} \rightarrow \frac{1\times2}{6\times2}, \frac{3\times3}{4\times3} \rightarrow \frac{2}{12}, \frac{9}{12}$

• 분모가 다른 분수의 크기 비교
통분하여 분자의 크기를 비교한다.

• 분수와 소수의 크기 비교
분수를 소수로 바꾸거나 소수를 분수로 바꾸어 크기를 비교한다.

1 다음 □ 안에는 알맞은 수를, ◯ 안에는 >, < 중 알맞은 것을 써넣으시오.

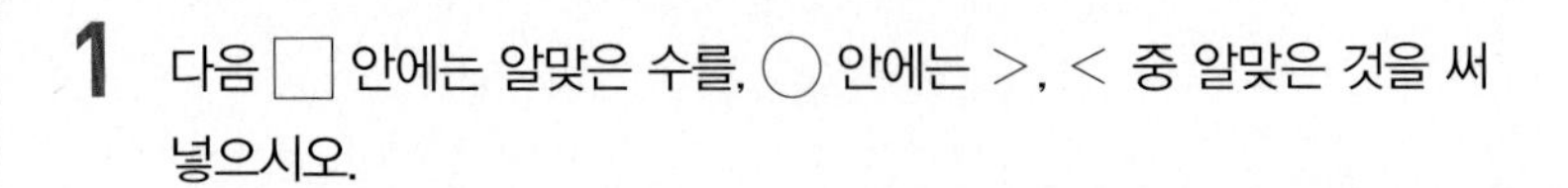

(1) $\frac{3}{4}=\frac{\square}{12}, \frac{2}{3}=\frac{\square}{12} \rightarrow \frac{3}{4} \bigcirc \frac{2}{3}$

(2) $\frac{5}{6}=\frac{\square}{30}, \frac{13}{15}=\frac{\square}{30} \rightarrow \frac{5}{6} \bigcirc \frac{13}{15}$

(3) $\frac{4}{5}=\frac{\square}{100}, 0.79=\frac{\square}{100} \rightarrow \frac{4}{5} \bigcirc 0.79$

초 5

• 자연수의 혼합 계산
덧셈, 뺄셈, 곱셈, 나눗셈이 섞여 있는 식은 곱셈과 나눗셈을 먼저 계산한다.
예 $81-36\div3\times5+9=30$

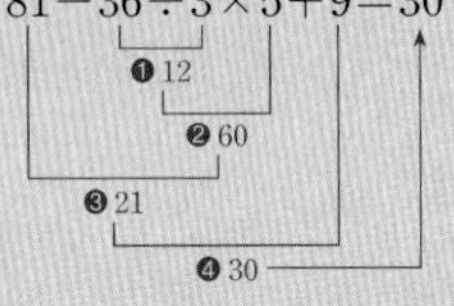

2 다음을 계산하시오.

(1) $36\div4-2\times3$

(2) $23-3\times8\div2$

초 6

• 분모가 다른 분수의 덧셈과 뺄셈
통분하여 계산한다.

• 분수의 곱셈
분자는 분자끼리, 분모는 분모끼리 곱한다.

• 분수의 나눗셈
나누는 수의 분모와 분자를 바꾸어 곱한다.

• 분수의 혼합 계산
곱셈과 나눗셈을 먼저 계산한다.

3 다음을 계산하시오.

(1) $\frac{2}{3}+\frac{3}{5}$

(2) $\frac{8}{9}-\frac{5}{12}$

(3) $\frac{7}{9}\times\frac{6}{13}$

(4) $\frac{9}{14}\div\frac{6}{7}$

(5) $\frac{3}{5}-\frac{2}{5}\times\frac{1}{2}$

(6) $2+\frac{1}{4}\div\frac{3}{4}$

I. 수와 연산

2 정수와 유리수

정수와 유리수
- 정수와 유리수
- 수의 대소 관계
- 정수와 유리수의 덧셈과 뺄셈
- 정수와 유리수의 곱셈과 나눗셈

중 1

LECTURE 06 수의 대소 관계

유형 5 수의 대소 관계

다음 중 세 번째로 작은 수를 구하시오.

$2.4 \quad -1.8 \quad \frac{6}{5} \quad 0 \quad -\frac{9}{11} \quad -3$

LECTURE 10 정수와 유리수의 계산

1 다음을 계산하시오.

(1) $5-(-16)\div(-2)^2\times 3$

(2) $5+[6-\{5\times 2^2-7-(-8)\}]$

LECTURE 07 ~ 10 정수와 유리수의 계산

유형 5 덧셈, 뺄셈, 곱셈, 나눗셈의 혼합 계산

$-3^3+\left\{\left(-\frac{1}{2}\right)^2+\left(-\frac{21}{2}\right)\div 2\right\}\times(-6)$을 계산하면?

① -3 ② $-\frac{1}{3}$ ③ $\frac{1}{3}$
④ 3 ⑤ 9

학습계획표

학습 내용	쪽수	학습일	성취도
LECTURE 05 정수와 유리수	38~41쪽	월 일	○ △ ×
LECTURE 06 수의 대소 관계	42~46쪽	월 일	○ △ ×
LECTURE 07 정수와 유리수의 덧셈	47~50쪽	월 일	○ △ ×
LECTURE 08 정수와 유리수의 뺄셈	51~54쪽	월 일	○ △ ×
LECTURE 09 정수와 유리수의 곱셈	55~60쪽	월 일	○ △ ×
LECTURE 10 정수와 유리수의 나눗셈	61~66쪽	월 일	○ △ ×
학교 시험 미리 보기	67~70쪽	월 일	○ △ ×
핵심 키워드 다시 보기	71쪽	월 일	○ △ ×

정수와 유리수

개념 1 정수

(1) **부호를 가진 수:** 서로 반대되는 성질을 가진 두 수량은 어떤 기준을 중심으로 한쪽 수량에는 +(플러스)부호를, 다른 쪽 수량에는 −(마이너스)부호를 붙여서 나타낼 수 있다. → +: 양의 부호, −: 음의 부호[1]

(2) **양수와 음수**

① 양수: 0보다 큰 수로 양의 부호 +를 붙인 수

② 음수: 0보다 작은 수로 음의 부호 −를 붙인 수

예 0보다 1만큼 큰 수: +1, 0보다 2만큼 작은 수: −2

주의 0은 양수도 아니고 음수도 아니다.

(3) **정수:** 양의 정수, 0, 음의 정수를 통틀어 정수라 한다.[2]

① 양의 정수: 자연수에 양의 부호 +를 붙인 수[3] 예 +1, +2, +3, ⋯

② 음의 정수: 자연수에 음의 부호 −를 붙인 수 예 −1, −2, −3, ⋯

[1] 부호 +, −는 각각 덧셈, 뺄셈의 기호와 모양은 같지만 그 뜻은 다르다.

[2] 정수 { 양의 정수 (자연수) / 0 / 음의 정수 }

[3] 양의 정수는 양의 부호 +를 생략하여 나타낼 수 있다.

양의 부호와 음의 부호는 어떻게 사용될까?

일상생활에서 +부호, −부호는 보통 다음과 같이 사용된다.

+	영상	이익	증가	지상	수입	상승	해발	입금	~후
−	영하	손해	감소	지하	지출	하락	해저	출금	~전

예 영상 3℃ → +3℃, 200원 손해 → −200원

▶ 워크북 16쪽 | 해답 11쪽

개념 다지기

부호를 가진 수 **1** 다음을 부호 + 또는 −를 사용하여 나타내시오.

(1) { 영상 5 ℃ / 영하 11 ℃ }

(2) { 3 kg 증가 / 7 kg 감소 }

양수와 음수 **2** 다음 수를 부호 + 또는 −를 사용하여 나타내고, 양수와 음수로 구분하시오.

tip 0보다 큰 수에는 +를, 0보다 작은 수에는 −를 붙여서 나타낸다.

(1) 0보다 2만큼 큰 수

(2) 0보다 5만큼 작은 수

(3) 0보다 $\frac{2}{3}$만큼 큰 수

(4) 0보다 7.9만큼 작은 수

정수 **3** 다음 수를 오른쪽에서 모두 고르시오.

$+1$	$-\frac{3}{2}$	$+0.5$	0
-6	-1.7	10	-9

(1) 양의 정수

(2) 음의 정수

(3) 정수

정수는? 양의 정수, 0, 음의 정수로 분류할 수 있다.

개념 2 유리수

(1) **유리수**: 양의 유리수, 0, 음의 유리수를 통틀어 유리수라 한다.[1]

① 양의 유리수(양수): 분모, 분자가 자연수인 분수에 양의 부호 +를 붙인 수[2]

② 음의 유리수(음수): 분모, 분자가 자연수인 분수에 음의 부호 −를 붙인 수

(2) **유리수의 분류**

유리수
- 정수
  - 양의 정수(자연수): $+1,\ +2,\ +3,\ \cdots$
  - 0
  - 음의 정수: $-1,\ -2,\ -3,\ \cdots$
- 정수가 아닌 유리수: $+\frac{1}{2},\ -\frac{2}{3},\ +0.2,\ -1.6,\ \cdots$
  - → 기약분수로 고쳤을 때, 분모가 1이 되지 않는 분수
  - → $+0.2=+\frac{1}{5}$
  - → $-1.6=-\frac{8}{5}$

(3) **수직선**: 직선 위에 기준이 되는 점을 0으로 정하고 이 점의 오른쪽에 양수를, 왼쪽에 음수를 대응시켜 만든 직선을 수직선이라 한다. 이때 0을 나타내는 기준이 되는 점을 원점 O라 한다.

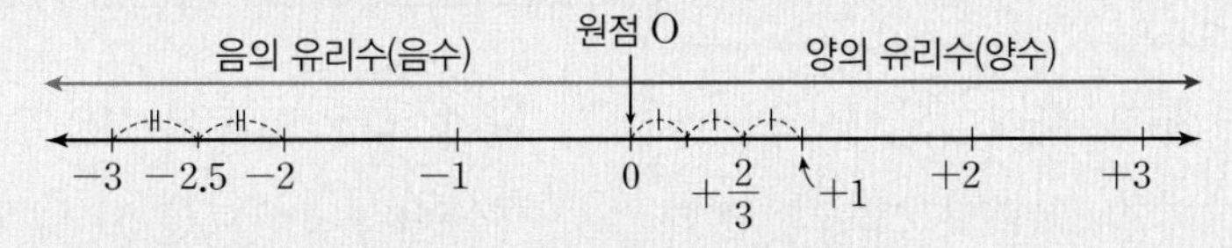

참고 모든 유리수는 수직선 위의 점에 대응시킬 수 있다.[3]

[1] 앞으로 수라고 하면 유리수를 말하는 것으로 한다.

[2] 양의 유리수도 양의 정수와 마찬가지로 양의 부호 +를 생략하여 나타낼 수 있다.

[3] 분수를 수직선 위에 나타낼 때는 이웃한 두 정수를 나타내는 점 사이를 분모의 수만큼 등분한 후 나타낸다.

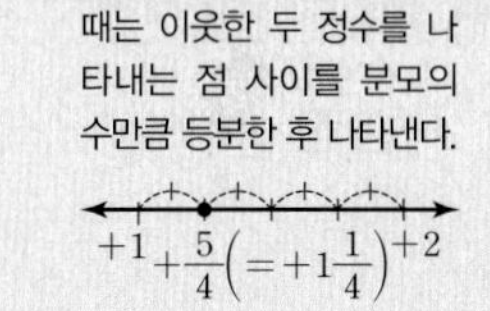

정수와 유리수는 어떤 관계일까?

$2=\frac{2}{1}=\frac{4}{2}=\frac{6}{3}=\cdots,\quad -3=-\frac{3}{1}=-\frac{6}{2}=-\frac{9}{3}=\cdots,\quad 0=\frac{0}{1}=\frac{0}{2}=\frac{0}{3}=\cdots$

→ 정수는 분수 꼴로 나타낼 수 있으므로 모든 정수는 유리수이다.

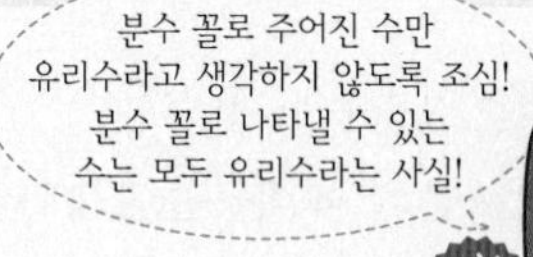

분수 꼴로 주어진 수만
유리수라고 생각하지 않도록 조심!
분수 꼴로 나타낼 수 있는
수는 모두 유리수라는 사실!
앗! 주의

▶ 워크북 16쪽 | 해답 12쪽

개념 다지기

유리수 4 다음 수를 오른쪽에서 모두 고르시오.

$+2$	$-\frac{3}{5}$	-3.6	11
$+1.7$	-8	$\frac{9}{3}$	0

(1) 양의 유리수

(2) 음의 유리수

(3) 정수가 아닌 유리수

수직선 5 다음 수직선에 대하여 물음에 답하시오.

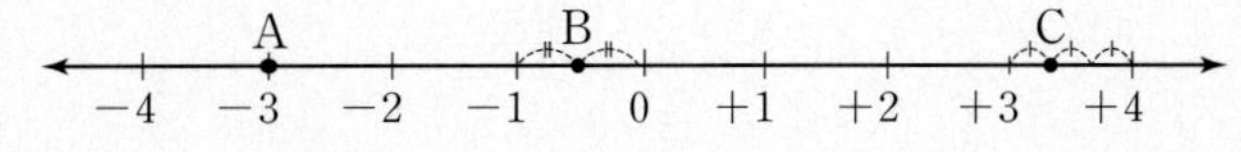

(1) 세 점 A, B, C가 나타내는 수를 구하시오.

(2) 두 수 $-\frac{3}{2},\ \frac{11}{3}$을 수직선 위에 점으로 나타내시오.

유리수는? 정수, 정수가 아닌 유리수로 분류할 수 있다.

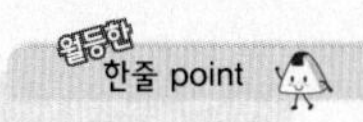

교과서 핵심 유형 익히기

▶ 워크북 17쪽 | 해답 12쪽

유형 1 부호를 사용하여 나타내기

다음 중 밑줄 친 부분을 부호 + 또는 −를 사용하여 나타낸 것으로 옳지 않은 것은?

① 전기 요금이 3% 인상되었다. → +3%
② 시험 성적이 50점 올랐다. → +50점
③ 열차가 출발한 후 30분이 지났다. → −30분
④ 용돈을 5000원 적게 받았다. → −5000원
⑤ 여행을 가기 3일 전이다. → −3일

해결 키워드

+	증가	인상	지상	상승	해발	입금	~후
−	감소	인하	지하	하락	해저	출금	~전

1-1 다음 중 부호 + 또는 −를 사용하여 나타낸 것으로 옳은 것을 모두 고르면? (정답 2개)

① 5만 원 출금 → +5만 원
② 3점 실점 → −3점
③ 지하 2층 → +2층
④ 해저 70 m → −70 m
⑤ 10 ℃ 상승 → −10 ℃

유형 2 유리수의 분류

다음 중 아래 수에 대한 설명으로 옳은 것은?

$-3 \quad +\frac{1}{2} \quad 0 \quad +\frac{15}{5} \quad -6.9 \quad -\frac{7}{3} \quad 2.1$

① 양수는 4개이다.
② 음의 유리수는 4개이다.
③ 양의 정수는 2개이다.
④ 정수는 3개이다.
⑤ 정수가 아닌 유리수는 5개이다.

해결 키워드 분수는 약분하여 기약분수로 고친 다음 정수인지 정수가 아닌 유리수인지 판단한다.

2-1 다음 중 옳은 것은 ○표, 옳지 않은 것은 ×표를 하시오.

(1) −3.14는 정수가 아닌 유리수이다. (　)

(2) $\frac{12}{2}$는 음의 정수이다. (　)

(3) 모든 정수는 유리수이다. (　)

(4) 유리수는 양의 유리수와 음의 유리수로 이루어져 있다. (　)

유형 3 유리수와 수직선

다음 수직선 위의 다섯 점 A, B, C, D, E가 나타내는 수로 옳지 않은 것은?

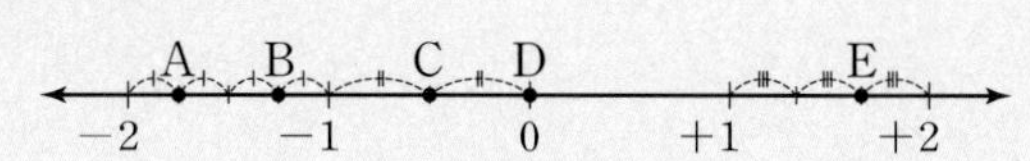

① A: $-\frac{7}{4}$ ② B: $-\frac{5}{4}$ ③ C: $-\frac{1}{2}$

④ D: 0 ⑤ E: $+\frac{2}{3}$

해결 키워드 분수는 두 정수를 나타내는 점 사이의 구간을 분모의 수만큼 등분한 후 수직선 위에 나타낸다.

3-1 다음 세 점 A, B, C를 수직선 위에 나타내시오.

A: $-\frac{1}{2}$ B: $+1$ C: $\frac{2}{3}$

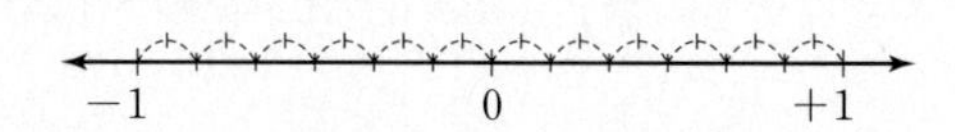

기출로 실전 문제 익히기

▶ 워크북 18쪽 | 해답 12쪽

창의융합 (수학+사회)

1 다음 밑줄 친 부분을 부호 + 또는 −를 사용하여 나타내시오.

> 지난 100년간 지구의 평균 기온은 온실가스의 증가로 ㉠ 0.8℃ 올라갔다고 한다. 이처럼 지구 전체의 평균 기온이 올라가는 것을 지구온난화라 한다. 이것으로 인하여 북극의 바다얼음은 1978년 이후 10년마다 ㉡ 2.7%씩 줄어들고 있으며, 여름에는 ㉢ 7.4%씩이나 감소하고 있다고 한다.

2 다음 중 정수로만 짝지어진 것을 모두 고르면? (정답 2개)

① $2,\ \frac{10}{2},\ -6,\ 2.5$
② $\frac{9}{3},\ -2,\ 0,\ 1$
③ $-1.2,\ 2,\ 1,\ 3$
④ $-\frac{4}{2},\ \frac{6}{2},\ \frac{8}{4},\ \frac{9}{6}$
⑤ $4,\ -2,\ -1,\ 0$

★중요

3 다음 중 옳지 않은 것은?

① 모든 자연수는 정수이다.
② 0은 양수도 아니고 음수도 아니다.
③ 자연수에 음의 부호를 붙인 수는 음의 정수이다.
④ 0과 1 사이에는 유리수가 1개 있다.
⑤ 1보다 작은 양의 정수는 없다.

4 다음 수직선 위의 다섯 점 A, B, C, D, E가 나타내는 수에 대한 설명으로 옳은 것을 모두 고르면? (정답 2개)

A B C D E
−3 −2 −1 0 +1 +2 +3

① A: −3.5　　② B: −2
③ 정수는 1개이다.　　④ 음수는 3개이다.
⑤ 유리수는 4개이다.

5 수직선에서 $-\frac{9}{4}$에 가장 가까운 정수를 a, $\frac{14}{5}$에 가장 가까운 정수를 b라 할 때, a, b의 값을 구하시오.

6 다음 중 양의 유리수의 개수를 a개, 음의 정수의 개수를 b개, 정수가 아닌 유리수의 개수를 c개라 할 때, $a-b+c$의 값을 구하시오.

$-7\quad 0\quad +\frac{3}{5}\quad \frac{8}{2}\quad -\frac{15}{3}\quad -\frac{8}{6}\quad +2.9$

1단계 a의 값 구하기
풀이

2단계 b의 값 구하기
풀이

3단계 c의 값 구하기
풀이

4단계 $a-b+c$의 값 구하기
풀이

답

LECTURE 06

수의 대소 관계

개념 1 절댓값

(1) **절댓값**: 수직선에서 어떤 수를 나타내는 점과 원점 사이의 거리

→ 유리수 a의 절댓값을 기호로 $|a|$와 같이 나타낸다.

예 (+2의 절댓값)$=|+2|=2$

$\left(-\frac{1}{2}\text{의 절댓값}\right)=\left|-\frac{1}{2}\right|=\frac{1}{2}$

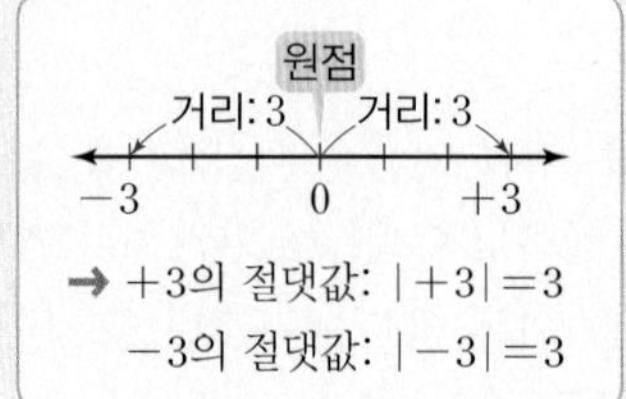
원점
거리: 3
거리: 3
−3
0
+3

→ +3의 절댓값: $|+3|=3$

−3의 절댓값: $|-3|=3$

(2) **절댓값의 성질**

① 양수, 음수의 절댓값은 그 수의 부호 +, −를 떼어낸 수와 같다.

② 0의 절댓값은 0이다. 즉, $|0|=0$이다.

③ 절댓값은 항상 0 또는 양수이다.❶

④ 수직선에서 원점으로부터 멀리 떨어질수록 절댓값이 커진다.❷

❶ 절댓값은 거리를 나타내므로 항상 0 또는 양수이고, 절댓값이 가장 작은 수는 0이다.

❷ 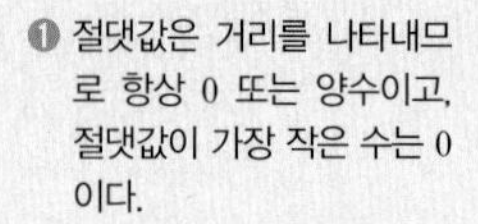
절댓값이 커진다.
절댓값이 커진다.
0

월등한 개념note

절댓값이 같은 수는 몇 개일까?

유리수 a에 대하여 절댓값이 a인 수는

① $a>0$일 때

절댓값이 1인 수: +1, −1 → 2개

절댓값이 $\frac{2}{3}$인 수: $+\frac{2}{3}$, $-\frac{2}{3}$ → 2개

→ 절댓값이 $a(a>0)$인 수: 2개

② $a=0$일 때

절댓값이 0인 수: 0 → 1개 → 절댓값이 0인 수: 1개

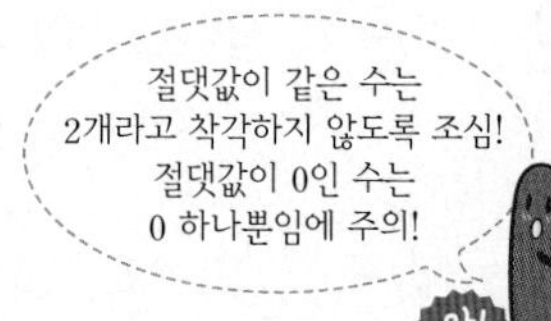
절댓값이 같은 수는
2개라고 착각하지 않도록 조심!
절댓값이 0인 수는
0 하나뿐임에 주의!
앗! 주의

▶ 워크북 19쪽 | 해답 13쪽

개념 다지기

1 절댓값

다음을 구하시오.

tip 절댓값은 그 수에서 부호 +, −를 떼어낸 수와 같다.

(1) +7의 절댓값

(2) $-\frac{4}{5}$의 절댓값

(3) $|-11|$

(4) $\left|+\frac{3}{7}\right|$

(5) 절댓값이 $\frac{9}{8}$인 수

(6) 절댓값이 1.2인 수

2 절댓값의 성질

다음 중 알맞은 것에 ○표를 하시오.

(1) 0이 아닌 수의 절댓값은 (양수, 0, 음수)이다.

(2) 0의 절댓값은 (양수, 0, 음수)이다.

(3) 수직선에서 원점으로부터 멀리 떨어질수록 절댓값이 (커진다, 작아진다).

월등한 한줄 point

절댓값은? 수직선에서 어떤 수를 나타내는 점과 원점 사이의 거리이다.

개념 2 수의 대소 관계

(1) **수의 대소 관계:** 수직선에서 오른쪽에 있는 수가 왼쪽에 있는 수보다 크다.

① 양수는 0보다 크고, 음수는 0보다 작다.

→ (음수)<0<(양수) → (음수)<(양수)

② 양수끼리는 절댓값이 큰 수가 더 크다. → $2<3$

③ 음수끼리는 절댓값이 큰 수가 더 작다. → $-3<-2$

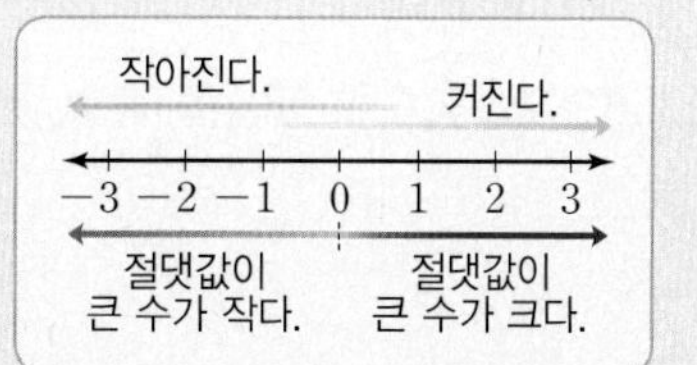

작아진다.
커진다.
−3 −2 −1 0 1 2 3
절댓값이 큰 수가 작다.
절댓값이 큰 수가 크다.

배운 내용 다시보기

• 두 분수의 크기 비교 초5

$\frac{4}{5}\left(=\frac{16}{20}\right)>\frac{3}{4}\left(=\frac{15}{20}\right)$

분모를 통분하여 비교

(2) **부등호의 사용**

$x>a$	$x<a$	$x\geq a$ ❶	$x\leq a$ ❶
• x는 a보다 크다. • x는 a 초과이다.	• x는 a보다 작다. • x는 a 미만이다.	• x는 a보다 크거나 같다. • x는 a보다 작지 않다. • x는 a 이상이다.	• x는 a보다 작거나 같다. • x는 a보다 크지 않다. • x는 a 이하이다.

❶ 기호 $\geq$는 '$>$ 또는 $=$'를 의미하고, 기호 $\leq$는 '$<$ 또는 $=$'를 의미한다.

월등한
개념note

여러 개의 수의 대소 관계는 어떻게 알 수 있을까?

여러 개의 수의 대소는 다음 순서로 비교하면 쉽다. → $5,\ -3,\ 3.7,\ -4.1,\ 0$

❶ 주어진 수를 양수, 0, 음수로 분류한다. → $5,\ 3.7\ /\ 0\ /\ -3,\ -4.1$

❷ 양수는 양수끼리, 음수는 음수끼리 크기를 비교한다. → $3.7<5,\ -4.1<-3$

❸ (음수)<0<(양수)임을 이용하면 모든 수의 대소 관계를 알 수 있다. → $-4.1<-3<0<3.7<5$

음수끼리는 절댓값이 작은 수가 크다는 것을 잊지 말자!
앗! 주의

▶ 워크북 19쪽 | 해답 13쪽

개념 다지기

3 수의 대소 관계

다음 □ 안에 알맞은 부등호를 써넣으시오.

(1) -3 □ 0

(2) $+\frac{2}{5}$ □ -1

(3) 0 □ $\frac{1}{2}$

(4) -10 □ -5

(5) $\frac{7}{3}$ □ $\frac{9}{4}$

(6) $-\frac{6}{5}$ □ -1.5

tip • 분모가 다른 분수의 크기 비교: 통분하여 비교한다.
• 분수와 소수의 크기 비교: 분수를 소수로 바꾸거나 소수를 분수로 바꾸어 비교한다.

4 부등호를 사용하여 나타내기

다음 □ 안에 알맞은 부등호를 써넣으시오.

(1) a는 -2보다 크다. → a □ -2

(2) a는 $\frac{3}{2}$보다 작거나 같다. → a □ $\frac{3}{2}$

(3) a는 -3보다 크거나 같고 1 미만이다. → -3 □ a □ 1

(4) a는 $-\frac{2}{3}$ 초과이고 4.5보다 크지 않다. → $-\frac{2}{3}$ □ a □ 4.5

월등한 한줄 point: 수직선에서 수의 대소 관계는? 오른쪽으로 갈수록 커진다.

교과서 핵심 유형 익히기

유형 1 절댓값

$-\frac{3}{5}$의 절댓값을 a, 절댓값이 3인 음수를 b라 할 때, a, b의 값을 구하시오.

해결 키워드
- $|+5|=5$, $|-5|=5$
- 절댓값이 $a\,(a>0)$인 수 ➜ $+a$, $-a$

1-1 $+3$의 절댓값을 a, 수직선에서 원점으로부터 거리가 10인 점이 나타내는 양수를 b라 할 때, $a+b$의 값은?

① 11　② 12　③ 13　④ 14　⑤ 15

유형 2 절댓값의 성질

다음 〈보기〉 중 옳은 것을 모두 고르시오.

보기
ㄱ. $\frac{1}{5}$과 $-\frac{1}{5}$의 절댓값은 같다.
ㄴ. 수직선에서 원점으로부터 거리가 3인 점이 나타내는 수는 3뿐이다.
ㄷ. 절댓값이 가장 작은 수는 0이다.
ㄹ. 절댓값은 항상 양수이다.

해결 키워드 절댓값은 거리를 나타내므로 0 또는 양수이다.

2-1 다음 중 옳은 것은 ○표, 옳지 않은 것은 ×표를 하시오.

(1) 음수의 절댓값은 양수이다. (　　)
(2) 절댓값이 같은 수는 항상 2개이다. (　　)
(3) 절댓값이 작을수록 수직선에서 원점에 가깝다. (　　)
(4) 절댓값이 1 이하인 정수는 2개이다. (　　)

유형 3 절댓값의 대소 관계

다음 중 절댓값이 가장 큰 수는?

① 1.2　② $\frac{5}{3}$　③ $-\frac{5}{2}$　④ -2　⑤ 0

해결 키워드
- $a>0$일 때, $+a$와 $-a$의 절댓값은 a
- $a=0$일 때, 0의 절댓값은 0

3-1 다음 수를 절댓값이 큰 수부터 차례대로 나열하시오.

$-\frac{5}{4}$　　1　　$+\frac{4}{3}$　　$\frac{6}{7}$　　-2

유형 4 절댓값이 같고 부호가 다른 수

절댓값이 같고 부호가 반대인 두 수를 수직선 위에 나타내었더니 두 점 사이의 거리가 8이었다. 두 수를 구하시오.

해결 키워드 절댓값이 같고 부호가 반대인 두 수를 나타내는 두 점 사이의 거리가 a일 때
→ 큰 수: $+\left(a\times\frac{1}{2}\right)$, 작은 수: $-\left(a\times\frac{1}{2}\right)$

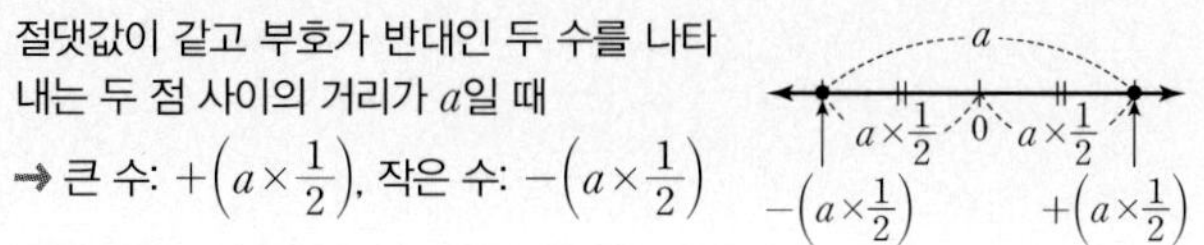

4-1 수직선에서 절댓값이 같고 부호가 반대인 두 수를 나타내는 두 점 사이의 거리가 12일 때, 두 수 중 작은 수는?

① -12 ② -6 ③ 3
④ 6 ⑤ 12

유형 5 수의 대소 관계

다음 중 세 번째로 작은 수를 구하시오.

2.4	-1.8	$\frac{6}{5}$	0	$-\frac{9}{11}$	-3

해결 키워드 • (음수)<0<(양수)
• 양수끼리는 절댓값이 큰 수가 크고, 음수끼리는 절댓값이 작은 수가 크다.

5-1 다음 중 옳지 않은 것은?

① $0<\left|-\frac{2}{7}\right|$ ② $\frac{1}{2}>-\frac{4}{3}$
③ $\frac{9}{5}<2.1$ ④ $-1>-\frac{3}{4}$
⑤ $|-3|<|-4|$

유형 6 부등호의 사용

'x는 $-\frac{7}{3}$ 초과이고 $\frac{8}{9}$보다 크지 않다.'를 부등호를 사용하여 바르게 나타낸 것은?

① $-\frac{7}{3}<x\le\frac{8}{9}$ ② $-\frac{7}{3}\le x\le\frac{8}{9}$
③ $-\frac{7}{3}\le x<\frac{8}{9}$ ④ $-\frac{7}{3}<x<\frac{8}{9}$
⑤ $x\le-\frac{7}{3}$ 또는 $x\ge\frac{8}{9}$

해결 키워드 • (초과이다.)=(크다.), (미만이다.)=(작다.)
• (작지 않다.)=(크거나 같다.)=(이상이다.)
• (크지 않다.)=(작거나 같다.)=(이하이다.)

6-1 다음을 부등호를 사용하여 나타내시오.

(1) a는 $-\frac{3}{11}$보다 크고 $\frac{6}{7}$ 이하이다.

(2) a는 $\frac{1}{2}$ 이상이고 2보다 작거나 같다.

(3) a는 -4보다 작지 않고 0.3 미만이다.

기출로 실전 문제 익히기

▶ 워크북 21쪽 | 해답 14쪽

다음 중 옳지 않은 것은?

① $-\frac{6}{7}$의 절댓값은 $\frac{6}{7}$이다.
② 절댓값이 0인 수는 0뿐이다.
③ 절댓값이 $\frac{1}{2}$인 수는 2개이다.
④ 양수의 절댓값은 자기 자신과 같다.
⑤ 음수는 절댓값이 클수록 크다.

2 다음 중 절댓값이 가장 큰 수와 수직선에서 원점으로부터 가장 가까운 수를 차례대로 구하시오.

-2.05 $\quad +1.75$ $\quad -3$ $\quad +\frac{5}{2}$ $\quad -\frac{10}{3}$

3 두 수 A, B의 절댓값이 같고 $A>B$일 때, 수직선에서 A, B를 나타내는 두 점 사이의 거리가 18이다. 이때 B의 값을 구하시오.

다음 중 부등호를 사용하여 나타낸 것으로 옳지 않은 것은?

① x는 2보다 작지 않다. ➜ $x\geq 2$
② x는 -3 미만이다. ➜ $x<-3$
③ x는 0 초과이고 1보다 크지 않다. ➜ $0<x<1$
④ x는 -0.2 이상이고 1.5보다 작다.
➜ $-0.2\leq x<1.5$
⑤ x는 $-\frac{4}{5}$보다 크고 $\frac{1}{2}$ 이하이다. ➜ $-\frac{4}{5}<x\leq\frac{1}{2}$

5 다음 중 $-2\leq a<3$을 만족시키는 정수 a의 개수는?

① 2개 ② 3개 ③ 4개
④ 5개 ⑤ 6개

창의융합 (수학+과학)

6 우리 눈에 보이는 별의 밝기를 겉보기등급, 실제 별의 밝기를 절대등급이라 한다. 등급이 낮을수록 밝은 별일 때, 다음 중 가장 밝게 보이는 별과 실제로 가장 밝은 별을 차례대로 구하시오.
(단, 등급을 나타내는 수가 작을수록 등급이 낮다.)

별	시리우스	데네브	북극성
겉보기등급	-1.5	1.3	2
절대등급	1.5	-7.2	-4.5

7 A의 절댓값은 5, B의 절댓값은 $\frac{7}{3}$이고 $A<0<B$일 때, 두 수 A, B 사이에 있는 정수의 개수를 구하시오.

1단계 절댓값이 5인 두 수 구하기
풀이

2단계 절댓값이 $\frac{7}{3}$인 두 수 구하기
풀이

3단계 두 수 A, B 구하기
풀이

4단계 A, B 사이에 있는 정수의 개수 구하기
풀이

답

정수와 유리수의 덧셈

개념 1 유리수의 덧셈

(1) 부호가 같은 두 수의 덧셈: 두 수의 절댓값의 합에 공통인 부호를 붙인다.[1]

예 $(+1)+(+3)=+(1+3)=+4$, $(-1)+(-3)=-(1+3)=-4$

(공통인 부호 / 절댓값의 합)

(2) 부호가 다른 두 수의 덧셈: 두 수의 절댓값의 차에 절댓값이 큰 수의 부호를 붙인다.[1]

예 $(+5)+(-2)=+(5-2)=+3$, $(+3)+(-7)=-(7-3)=-4$

(절댓값이 큰 수의 부호 / 절댓값의 차)

참고 ① 절댓값이 같고 부호가 다른 두 수의 합은 0이다.[2]
② 어떤 수와 0의 합은 그 수 자신이다.[2]

배운 내용 다시 보기
- 분수의 덧셈 (초5)
분모가 다른 분수의 덧셈은 통분하여 계산한다.
예 $\frac{2}{5}+\frac{1}{3}=\frac{6}{15}+\frac{5}{15}=\frac{11}{15}$

[1] 덧셈의 부호
$(+)+(+) \rightarrow (+)$
$(-)+(-) \rightarrow (-)$
$(+)+(-)$, $(-)+(+) \rightarrow$ (절댓값이 큰 수의 부호)

[2] ① $(+2)+(-2)=0$
② $(+3)+0=+3$, $0+(-3)=-3$

유리수의 덧셈의 원리는 무엇일까?

수직선에서 오른쪽으로 가는 것을 양수, 왼쪽으로 가는 것을 음수로 생각하여 수의 덧셈을 계산할 수 있다.

① (양수)+(양수)

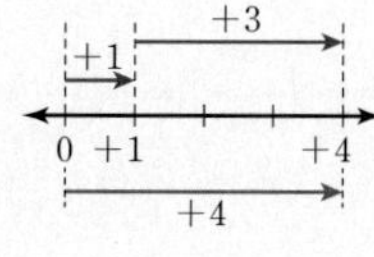

$(+1)+(+3)=+4$

② (음수)+(음수)

$(-1)+(-3)=-4$

③ (양수)+(음수)

$(+3)+(-7)=-4$

④ (음수)+(양수)

$(-2)+(+5)=+3$

▶ 워크북 22쪽 | 해답 14쪽

개념 다지기

1 유리수의 덧셈

다음 식에서 ○ 안에는 +, − 중 알맞은 부호를, □ 안에는 알맞은 수를 써넣으시오.

(1) $(+2)+(+7)=○(□+□)=○□$

(2) $(-4)+(-3)=○(□+□)=○□$

(3) $(-3)+(+5)=○(□-□)=○□$

(4) $(-6)+(+4)=○(□-□)=○□$

2 수직선을 이용한 정수의 덧셈

tip 수직선에서 양수는 오른쪽, 음수는 왼쪽으로 이동한다.

수직선을 이용하여 다음 □ 안에 알맞은 수를 써넣으시오.

(1)

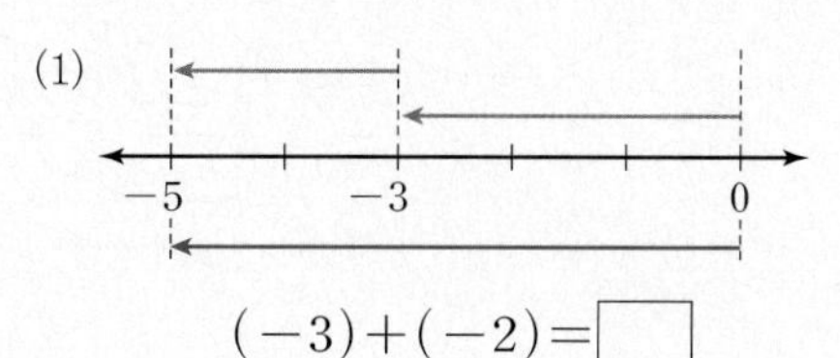

$(-3)+(-2)=□$

(2)

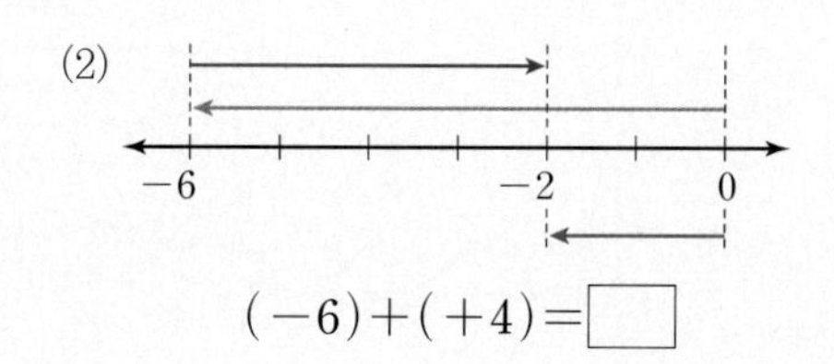

$(-6)+(+4)=□$

3 유리수의 덧셈

다음을 계산하시오.

(1) $(+4)+(+5)$

(2) $(+9)+(-6)$

(3) $(-2.7)+(+1.9)$

(4) $\left(-\frac{1}{2}\right)+\left(-\frac{1}{3}\right)$

(5) $\left(+\frac{3}{20}\right)+\left(+\frac{3}{5}\right)$

(6) $(-2.5)+(+1.3)$

월등한 한줄 point: 부호가 다른 두 수의 덧셈은? 두 수의 절댓값의 차에 절댓값이 큰 수의 부호를 붙인다.

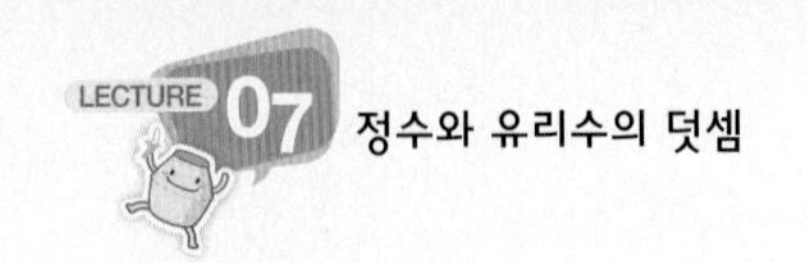

개념 2 덧셈의 계산 법칙

세 수 a, b, c에 대하여

(1) 덧셈의 교환법칙: $a+b=b+a$ ❶

예 $(+4)+(-2)=(-2)+(+4)=+2$

(2) 덧셈의 결합법칙: $(a+b)+c=a+(b+c)$ ❷

예 $\{(+3)+(-5)\}+(+6)=(+3)+\{(-5)+(+6)\}=+4$

참고 세 수의 덧셈에서는 $(a+b)+c$와 $a+(b+c)$의 계산 결과가 같으므로 괄호를 사용하지 않고 $a+b+c$와 같이 나타낼 수 있다.

❶ 두 수의 덧셈에서는 더하는 순서를 바꾸어도 그 결과는 같다.

❷ 세 수의 덧셈에서는 어느 두 수를 먼저 더하여도 그 결과는 같다.

덧셈의 교환법칙과 결합법칙은 어떤 경우에 이용할까?

세 개 이상의 수의 덧셈에서 교환법칙과 결합법칙을 이용하면 계산이 더 편리한 경우가 있다.

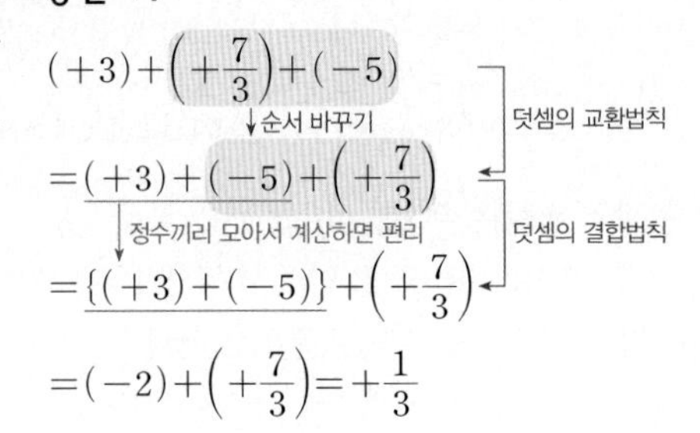

$(+3)+\left(+\frac{7}{3}\right)+(-5)$

↓순서 바꾸기 (덧셈의 교환법칙)

$=(+3)+(-5)+\left(+\frac{7}{3}\right)$

↓정수끼리 모아서 계산하면 편리 (덧셈의 결합법칙)

$=\{(+3)+(-5)\}+\left(+\frac{7}{3}\right)$

$=(-2)+\left(+\frac{7}{3}\right)=+\frac{1}{3}$

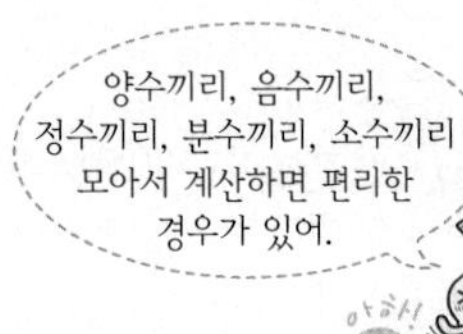

양수끼리, 음수끼리, 정수끼리, 분수끼리, 소수끼리 모아서 계산하면 편리한 경우가 있어.
꿀tip

▶ 워크북 22쪽 | 해답 14쪽

개념 다지기

덧셈의 계산 법칙 **4** 오른쪽 계산 과정에서 ㉠, ㉡에 이용된 덧셈의 계산 법칙을 구하시오.

$(-3)+(+4)+(+3)$
$=(+4)+(-3)+(+3)$ ㉠
$=(+4)+\{(-3)+(+3)\}$ ㉡
$=(+4)+0=+4$

덧셈의 계산 법칙을 이용하여 계산하기 **5** 오른쪽 □ 안에 알맞은 수를 써넣으시오.

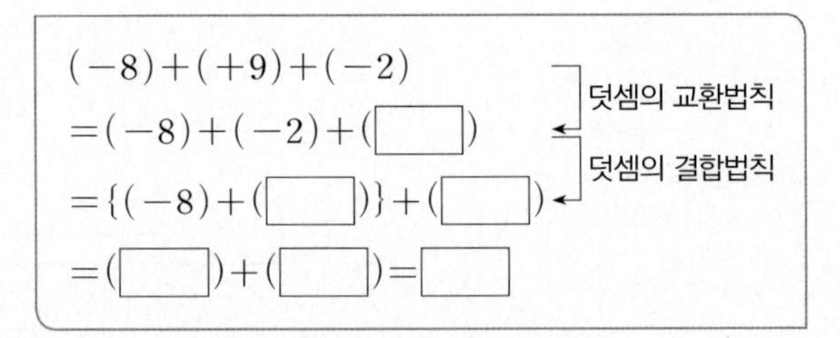

$(-8)+(+9)+(-2)$
$=(-8)+(-2)+(\square)$ (덧셈의 교환법칙)
$=\{(-8)+(\square)\}+(\square)$ (덧셈의 결합법칙)
$=(\square)+(\square)=\square$

세 수의 덧셈 **6** 다음을 계산하시오.

(1) $(+20)+(-5)+(-3)$

(2) $\left(-\frac{2}{3}\right)+(+4)+\left(-\frac{4}{3}\right)$

(3) $\left(+\frac{1}{5}\right)+\left(+\frac{1}{3}\right)+\left(-\frac{6}{5}\right)$

(4) $(+3.8)+(-2.4)+(-1.9)$

두 수 또는 세 수의 덧셈에서는? 더하는 순서를 바꾸어도, 어느 두 수를 먼저 더하여도 그 결과는 같다.

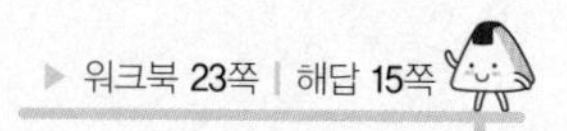

▶ 워크북 23쪽 | 해답 15쪽

유형 1 수직선을 이용한 정수의 덧셈

다음 수직선으로 설명할 수 있는 덧셈식을 구하시오.

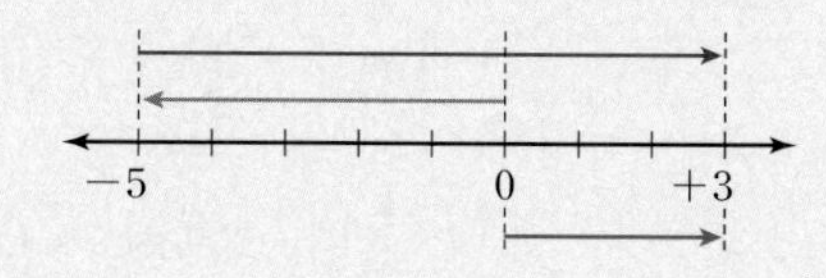

해결 키워드 원점에서 시작 → [오른쪽으로 이동: 양수를 더한다. / 왼쪽으로 이동: 음수를 더한다.

1-1 다음 수직선으로 설명할 수 있는 덧셈식은?

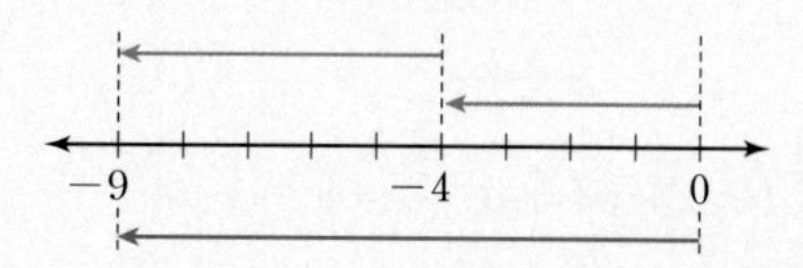

① $(+4)+(+5)=+9$ ② $(-4)+(+5)=+1$
③ $(+4)+(-5)=-1$ ④ $(-4)+(-5)=-9$
⑤ $(-4)+(-9)=-13$

유형 2 유리수의 덧셈

go! 집중 학습 53쪽

다음 중 계산 결과가 옳지 않은 것은?

① $(-8)+(+10)=+2$
② $(-4)+(-3)=-7$
③ $(+3.7)+(+6.3)=+10$
④ $\left(+\frac{7}{10}\right)+\left(-\frac{3}{4}\right)=-\frac{1}{20}$
⑤ $\left(-\frac{3}{5}\right)+(+1.5)=+1.2$

해결 키워드
• ⊕ + ⊕ → ⊕(절댓값의 합)
  ⊖ + ⊖ → ⊖(절댓값의 합)
• ⊕ + ⊖, ⊖ + ⊕ → ●(절댓값의 차)
  └ 절댓값이 큰 수의 부호

2-1 다음 〈보기〉 중 계산 결과가 옳은 것을 모두 고르시오.

보기
ㄱ. $(-2)+\left(+\frac{4}{5}\right)=-\frac{6}{5}$
ㄴ. $(+0.6)+(-1.4)=+0.8$
ㄷ. $\left(-\frac{3}{4}\right)+\left(-\frac{2}{3}\right)=-\frac{1}{12}$

유형 3 덧셈의 계산 법칙

다음 계산 과정에서 □ 안에 알맞은 수를 써넣고, ㉠, ㉡에 이용된 덧셈의 계산 법칙을 구하시오.

$\left(-\frac{2}{3}\right)+\left(+\frac{5}{2}\right)+\left(+\frac{2}{3}\right)$
$=\left(+\frac{5}{2}\right)+(\square)+\left(+\frac{2}{3}\right)$ ㉠
$=\left(+\frac{5}{2}\right)+\left\{(\square)+\left(+\frac{2}{3}\right)\right\}$ ㉡
$=\left(+\frac{5}{2}\right)+\square=\square$

해결 키워드
• 덧셈의 교환법칙: $a+b=b+a$
• 덧셈의 결합법칙: $(a+b)+c=a+(b+c)$

3-1 다음 계산 과정에서 □ 안에 알맞은 수를 써넣고, ㉠, ㉡에 이용된 덧셈의 계산 법칙을 구하시오.

$(+1.5)+(-6)+(-3.5)$
$=(-6)+(\square)+(-3.5)$ ㉠
$=(-6)+\{(\square)+(-3.5)\}$ ㉡
$=(-6)+(\square)$
$=\square$

STEP 2 기출로 실전 문제 익히기

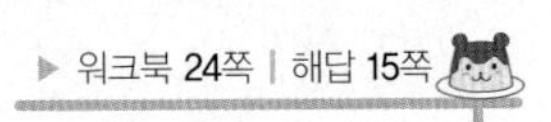
▶ 워크북 24쪽 | 해답 15쪽

1 다음 수직선으로 설명할 수 있는 덧셈식은?

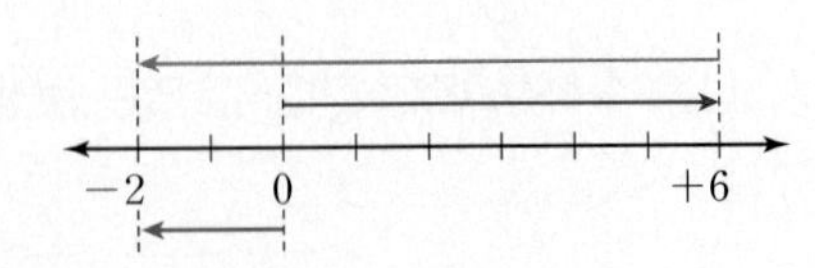

① $(-2)+(+6)=+4$
② $(+2)+(+6)=+8$
③ $(+8)+(-2)=+6$
④ $(+6)+(-8)=-2$
⑤ $(+8)+(+6)=+14$

2 다음 중 계산 결과가 옳은 것은?

① $(-7)+(+7)=-14$
② $(-1.5)+(+1.8)=-0.3$
③ $(-9.5)+(+7.5)=+2$
④ $(+2)+\left(-\frac{17}{4}\right)=+\frac{9}{4}$
⑤ $\left(-\frac{2}{3}\right)+\left(+\frac{1}{4}\right)=-\frac{5}{12}$

3 (★중요) 다음 계산 과정에서 덧셈의 교환법칙이 이용된 곳은?

$$\left(-\frac{3}{4}\right)+(+0.6)+\left(-\frac{5}{4}\right)$$
$$=\left(-\frac{3}{4}\right)+\left(+\frac{3}{5}\right)+\left(-\frac{5}{4}\right) \quad ①$$
$$=\left(+\frac{3}{5}\right)+\left(-\frac{3}{4}\right)+\left(-\frac{5}{4}\right) \quad ②$$
$$=\left(+\frac{3}{5}\right)+\left\{\left(-\frac{3}{4}\right)+\left(-\frac{5}{4}\right)\right\} \quad ③$$
$$=\left(+\frac{3}{5}\right)+(-2) \quad ④$$
$$=-\frac{7}{5} \quad ⑤$$

4 (★중요) 다음 〈보기〉 중 계산 결과가 큰 것부터 차례대로 나열하시오.

보기
ㄱ. $(+1)+\left(-\frac{4}{5}\right)+\left(-\frac{2}{5}\right)$
ㄴ. $(+1.5)+\left(-\frac{1}{4}\right)+(-0.5)$
ㄷ. $(-1)+\left(+\frac{11}{5}\right)+\left(-\frac{3}{5}\right)$

5 $(-7)+\left(-\frac{3}{4}\right)+(+0.45)+(+2)$를 계산하면?

① -3.5 ② -3.8 ③ -5.3
④ -6.2 ⑤ -7.8

6 다음 중 절댓값이 가장 큰 수와 절댓값이 가장 작은 수를 제외한 나머지 두 수의 합을 구하시오.

$-3 \quad +1.5 \quad -\frac{7}{4} \quad +\frac{5}{6}$

1단계 네 수의 절댓값 구하기
풀이

2단계 절댓값이 가장 큰 수와 가장 작은 수 구하기
풀이

3단계 나머지 두 수의 합 구하기
풀이

답 ....

정수와 유리수의 뺄셈

개념 1 유리수의 뺄셈

(1) 두 수의 뺄셈: **빼는 수의 부호를 바꾸어 덧셈으로 고쳐서 계산한다.**[1]

예 $(+4)-(+2)=(+4)+(-2)=+2$, $(-6)-(-8)=(-6)+(+8)=+2$ (덧셈으로 고치고, 부호를 반대로)

참고 어떤 수에서 0을 빼면 그 수 자신이다. → $(+3)-0=+3$, $(-3)-0=-3$

(2) 덧셈과 뺄셈의 혼합 계산 순서

❶ 뺄셈을 덧셈으로 고친다.

❷ 덧셈의 교환법칙과 결합법칙을 이용하여 양수는 양수끼리, 음수는 음수끼리 모아서 계산한다.

예 $(+3)+(-2)-(-7)=(+3)+(-2)+(+7)=\{(+3)+(+7)\}+(-2)$ (뺄셈을 덧셈으로, 양수는 양수끼리)

$=(+10)+(-2)=+8$

(3) 부호가 생략된 수의 혼합 계산: 생략된 양의 부호 +와 괄호를 살려서 계산한다.[2]

예 $-2-7=(-2)-(+7)=(-2)+(-7)=-9$ (생략된 + 부호 넣기, 뺄셈을 덧셈으로)

[1] 뺄셈을 덧셈으로 고칠 때
$-(+▲) \to +(-▲)$
$-(-▲) \to +(+▲)$

[2] 양수는 양의 부호 +와 괄호를 생략하여 나타낼 수 있고, 음수는 식의 맨 앞에 나올 때 괄호를 생략하여 나타낼 수 있다.
예 $(+3)+(+4)=3+4$
$(-3)-(+4)=-3-4$

뺄셈에서는 교환법칙과 결합법칙이 성립할까?

① $(+5)-(+4)=+1$, $(+4)-(+5)=-1$ 결과가 다르다.
→ 교환법칙이 성립하지 않는다.

② $\{(+5)-(+4)\}-(-2)=(+1)-(-2)=+3$, $(+5)-\{(+4)-(-2)\}=(+5)-(+6)=-1$ 결과가 다르다.
→ 결합법칙이 성립하지 않는다.

앗! 주의: 뺄셈에서는 교환법칙과 결합법칙이 성립하지 않으므로 반드시 덧셈으로 고친 후 덧셈의 계산 법칙을 이용하자!

▶ 워크북 25쪽 | 해답 16쪽

개념 다지기

1 유리수의 뺄셈

tip 유리수의 뺄셈은 덧셈으로 고치고, 빼는 수의 부호는 반대로 바꾸어 계산한다.

다음을 계산하시오.

(1) $(+7)-(+11)$ (2) $(-9)-(+13)$

(3) $(+0.5)-(-0.7)$ (4) $\left(-\frac{3}{4}\right)-\left(-\frac{2}{3}\right)$

2 덧셈과 뺄셈의 혼합 계산

다음을 계산하시오.

(1) $(+8)+(-4)-(-7)$ (2) $(-2)-(-3)+(+6)$

(3) $(+0.3)-(+1.2)+(-0.8)$ (4) $\left(-\frac{1}{2}\right)+\left(-\frac{2}{5}\right)-\left(-\frac{3}{10}\right)$

3 부호가 생략된 수의 혼합 계산

tip 부호가 생략된 수는 부호 +와 괄호를 살려서 나타낸다.
→ ●−▲+■
$=(+●)-(+▲)+(+■)$
$=(+●)+(-▲)+(+■)$

다음을 계산하시오.

(1) $3-5+10$ (2) $-4+7-9$

(3) $3.6-7.8+2.9$ (4) $\frac{5}{6}-\frac{3}{2}-\frac{1}{4}$

유리수의 뺄셈은? 빼는 수의 부호를 바꾸어 덧셈으로 고쳐서 계산한다.
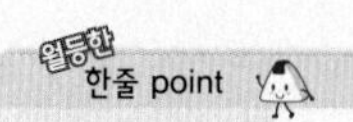

교과서 핵심 유형 익히기

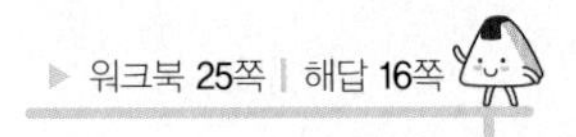

유형 1 유리수의 뺄셈

go! 집중 학습 53쪽

다음 중 계산 결과가 옳은 것은?

① $(+3)-(+6)=+3$

② $(-5)-(-7)=-12$

③ $(+5.7)-(-3.2)=+2.5$

④ $\left(+\frac{5}{3}\right)-\left(-\frac{3}{2}\right)=+\frac{19}{6}$

⑤ $(-2)-\left(+\frac{7}{4}\right)=-\frac{1}{4}$

해결 키워드 $-(+■) \rightarrow +(-■)$, $-(-■) \rightarrow +(+■)$
뺄셈을 덧셈으로, 빼는 수의 부호는 반대로

1-1 다음 중 계산 과정이 옳지 않은 것은?

① $(-3)-(+2)=(-3)+(-2)$

② $(+0.6)-(+1.7)=(+0.6)+(+1.7)$

③ $(+12)-(-2.5)=(+12)+(+2.5)$

④ $(-1)-\left(-\frac{1}{2}\right)=(-1)+\left(+\frac{1}{2}\right)$

⑤ $\left(+\frac{2}{5}\right)-\left(+\frac{1}{3}\right)=\left(+\frac{2}{5}\right)+\left(-\frac{1}{3}\right)$

유형 2 덧셈과 뺄셈의 혼합 계산

go! 집중 학습 53쪽

$8+\frac{1}{3}-\frac{3}{4}-7$을 계산하시오.

해결 키워드
• 부호가 생략된 경우에는 양의 부호 +와 괄호를 살린다.
• 뺄셈은 덧셈으로 고친 후 계산한다.

2-1 다음을 계산하시오.

(1) $\left(+\frac{1}{6}\right)-\left(-\frac{3}{4}\right)+\left(-\frac{2}{3}\right)$

(2) $-3-7+6-2$

유형 3 a보다 b만큼 큰 수 또는 작은 수

다음 중 그 값이 나머지 넷과 다른 하나는?

① 5보다 7만큼 작은 수

② -3보다 1만큼 큰 수

③ -6보다 -4만큼 작은 수

④ 2보다 -2만큼 작은 수

⑤ 2보다 -4만큼 큰 수

해결 키워드
• a보다 b만큼 큰 수 → $a+b$
• a보다 b만큼 작은 수 → $a-b$

3-1 다음을 계산하시오.

(1) 2보다 -6만큼 큰 수

(2) $\frac{4}{7}$보다 $\frac{1}{2}$만큼 작은 수

(3) -1보다 $-\frac{4}{3}$만큼 큰 수

유형 4 덧셈과 뺄셈의 관계

$\square-\left(-\frac{3}{4}\right)=-\frac{1}{3}$일 때, $\square$ 안에 알맞은 수를 구하시오.

해결 키워드
• ■+▲=● → {■=●−▲, ▲=●−■}
• ■−▲=● → {■=●+▲, ▲=■−●}

4-1 다음 $\square$ 안에 알맞은 수를 구하시오.

(1) $\square-(-8)=-3$

(2) $\left(+\frac{2}{3}\right)+(\square)=-\frac{5}{6}$

유리수의 덧셈과 뺄셈 총정리!

특강 note 유리수의 덧셈과 뺄셈을 복습해 보자.

❶ 유리수의 덧셈

① 부호가 같은 두 수의 덧셈

(+)+(+) → (+)(두 수의 절댓값의 합)
(−)+(−) → (−)(두 수의 절댓값의 합)

② 부호가 다른 두 수의 덧셈

(+)+(−)
(−)+(+) → ●(두 수의 절댓값의 차)

└ 절댓값이 큰 수의 부호

❷ 유리수의 뺄셈

빼는 수의 부호를 바꾸어 뺄셈을 덧셈으로 고쳐서 계산한다.

① (어떤 수)−(양수): $4-(+3)=4+(-3)$

양수를 음수로

② (어떤 수)−(음수): $4-(-3)=4+(+3)$

음수를 양수로

▶ 해답 17쪽

1 다음을 계산하시오.

(1) $(+14)+(-9)$

(2) $(-23)+(-17)$

(3) $(-2)+\left(+\frac{11}{5}\right)$

(4) $(-9.2)+(+4.7)$

(5) $\left(+\frac{5}{3}\right)+\left(+\frac{7}{8}\right)$

(6) $\left(-\frac{7}{2}\right)+(+2.4)$

2 다음을 계산하시오.

(1) $(-13)+(+8)+(-7)$

(2) $(-5)+(+8.5)+(-1.5)$

(3) $\left(+\frac{5}{7}\right)+(-6.9)+\left(-\frac{5}{7}\right)$

(4) $\left(-\frac{2}{3}\right)+\left(+\frac{8}{5}\right)+\left(-\frac{4}{3}\right)$

3 다음을 계산하시오.

(1) $(-12)-(+7)$

(2) $(+11)-(-19)$

(3) $\left(-\frac{5}{4}\right)-(-3)$

(4) $\left(+\frac{4}{3}\right)-\left(+\frac{11}{6}\right)$

(5) $(-3.2)-(+2.9)$

(6) $(+2.5)-\left(-\frac{15}{8}\right)$

4 다음을 계산하시오.

(1) $(-3.5)-(+1.9)+(+2.4)$

(2) $\left(+\frac{7}{6}\right)-\left(+\frac{5}{8}\right)+\left(-\frac{3}{4}\right)$

(3) $-5-8+20-6$

(4) $-\frac{1}{3}+\frac{7}{5}-\frac{13}{6}+\frac{4}{3}$

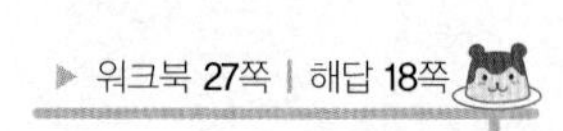

1 다음 중 계산 결과가 $+2$인 것은?

① $(+6)-(+7)$　② $(-5)-(-8)$

③ $\left(-\frac{4}{3}\right)-\left(-\frac{4}{3}\right)$　④ $\left(+\frac{9}{7}\right)-\left(-\frac{5}{7}\right)$

⑤ $\left(+\frac{5}{2}\right)-\left(+\frac{3}{4}\right)$

창의융합　수학+과학

2 일교차는 하루 중 최고 기온과 최저 기온의 차이다. 어느 날 세계 도시별 최저 기온과 최고 기온이 다음 표와 같을 때, 일교차가 가장 큰 도시를 구하시오.

도시 \ 기온	최저 기온(℃)	최고 기온(℃)
뉴욕	-3.9	3.1
파리	2.5	6.9
모스크바	-12.3	-6.3
베이징	-9.4	1.6
시드니	18.6	25.8

3 다음 식의 계산 결과를 기약분수로 나타내면 $-\frac{b}{a}$일 때, $a-b$의 값을 구하시오. (단, a, b는 자연수이다.)

$$\left(+\frac{1}{4}\right)-\left(-\frac{4}{5}\right)+\left(-\frac{7}{10}\right)-(+2)$$

4 두 수 a, b가 다음과 같을 때, $b-a$의 값을 구하시오.

$$a=\left(-\frac{1}{6}\right)+\left(-\frac{2}{3}\right)-\left(+\frac{7}{6}\right)$$
$$b=(+2)-\left(-\frac{3}{4}\right)+\left(-\frac{1}{2}\right)$$

5 다음 계산 과정에서 처음으로 잘못된 부분을 찾아 기호를 쓰고, 바르게 계산한 답을 구하시오.

$5-7+8+3$
$=(+5)-(+7)+(+8)+(+3)$ ㉠
$=(+5)-(+15)+(+3)$ ㉡
$=(+5)-(+18)$ ㉢
$=(+5)+(-18)$ ㉣
$=-13$ ㉤

6 다음 〈보기〉 중 두 번째로 큰 수를 고르시오.

보기
ㄱ. 7보다 -3만큼 작은 수
ㄴ. 11보다 -6만큼 큰 수
ㄷ. -1보다 -4만큼 작은 수
ㄹ. -3보다 $\frac{19}{2}$만큼 큰 수

7 어떤 수에서 $-\frac{7}{6}$을 빼어야 할 것을 잘못하여 더하였더니 $-\frac{5}{4}$가 되었다. 바르게 계산한 답을 구하시오.

1단계 잘못 계산한 식 세우기
풀이

2단계 어떤 수 구하기
풀이

3단계 바르게 계산한 답 구하기
풀이

답

정수와 유리수의 곱셈

개념 1 유리수의 곱셈

(1) 부호가 같은 두 수의 곱셈[1]

두 수의 절댓값의 곱에 양의 부호 +를 붙인다.

예 $(+2)\times(+4)=+(2\times4)=+8$, $(-2)\times(-4)=+(2\times4)=+8$

(같은 부호이면 / 절댓값의 곱)

(2) 부호가 다른 두 수의 곱셈[1]

두 수의 절댓값의 곱에 음의 부호 −를 붙인다.

예 $(+3)\times(-5)=-(3\times5)=-15$, $(-3)\times(+5)=-(3\times5)=-15$

(다른 부호이면 / 절댓값의 곱)

참고 어떤 수와 0의 곱은 항상 0이다. → $3\times0=0$, $0\times(-3)=0$

배운 내용 다시 보기

• 분수의 곱셈 (초5)
분수의 곱셈을 할 때는 분모는 분모끼리, 분자는 분자끼리 곱한다.

예 $\frac{8}{9}\times\frac{3}{4}=\frac{2}{3}$ ← 결과는 기약분수로

[1] 곱셈의 부호
$(+)\times(+)$, $(-)\times(-)$ → $(+)$
$(+)\times(-)$, $(-)\times(+)$ → $(-)$

(양수)×(음수), (음수)×(음수)의 부호는 어떻게 결정될까?

① $(+3)\times(+2)=+6$
$(+3)\times(+1)=+3$
$(+3)\times0=0$
$(+3)\times(-1)=-3$ ← $0-3=-3$
$(+3)\times(-2)=-6$ ← $(-3)-3=-6$
⋮
곱하는 수가 1씩 작아질 때마다 결과가 3씩 작아진다.
→ (양수)×(음수)=(음수)

② $(-3)\times(+2)=-6$
$(-3)\times(+1)=-3$
$(-3)\times0=0$
$(-3)\times(-1)=+3$ ← $0+3=+3$
$(-3)\times(-2)=+6$ ← $(+3)+3=+6$
⋮
곱하는 수가 1씩 작아질 때마다 결과가 3씩 커진다.
→ (음수)×(음수)=(양수)

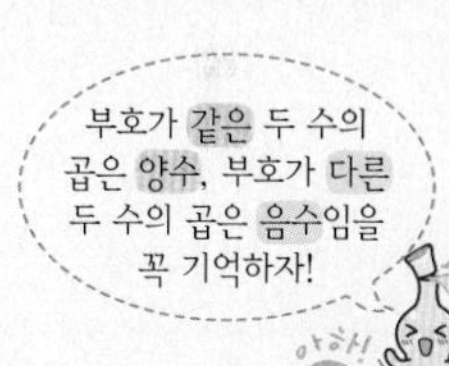

부호가 같은 두 수의 곱은 양수, 부호가 다른 두 수의 곱은 음수임을 꼭 기억하자!
꿀tip

▶ 워크북 28쪽 | 해답 19쪽

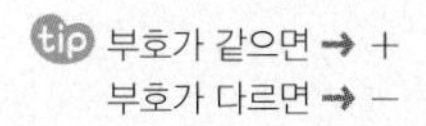

1 유리수의 곱셈

tip 부호가 같으면 → +
부호가 다르면 → −

다음 ○ 안에는 +, − 중 알맞은 부호를, □ 안에는 알맞은 수를 써넣으시오.

(1) $(+3)\times(+9)=\bigcirc(3\times\square)=\bigcirc\square$

(2) $(-5)\times(-7)=\bigcirc(\square\times7)=\bigcirc\square$

(3) $\left(+\frac{2}{3}\right)\times\left(-\frac{3}{4}\right)=\bigcirc\left(\frac{2}{3}\times\square\right)=\bigcirc\square$

(4) $(-8)\times(+0.5)=\bigcirc(\square\times0.5)=\bigcirc\square$

2 유리수의 곱셈

tip 분수와 소수의 곱셈은 소수를 분수로 고쳐서 계산한다.

다음을 계산하시오.

(1) $(+4)\times(+6)$

(2) $(-7)\times(+8)$

(3) $(+9)\times0$

(4) $\left(-\frac{5}{6}\right)\times\left(-\frac{3}{10}\right)$

(5) $(-6)\times\left(+\frac{7}{4}\right)$

(6) $\left(+\frac{10}{9}\right)\times(-1.5)$

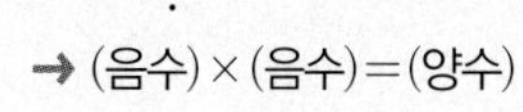

월등한 한줄 point: 두 수의 곱셈의 부호는? 두 수의 부호가 같으면 +, 부호가 다르면 −이다.

개념 2 곱셈의 계산 법칙

(1) **곱셈의 계산 법칙:** 세 수 a, b, c에 대하여

① 곱셈의 교환법칙: $a\times b=b\times a$ [1]

② 곱셈의 결합법칙: $(a\times b)\times c=a\times(b\times c)$ [2]

참고 세 수의 곱셈에서는 $(a\times b)\times c$와 $a\times(b\times c)$의 계산 결과가 같으므로 괄호를 사용하지 않고 $a\times b\times c$와 같이 나타낼 수 있다.

(2) **세 수 이상의 곱셈**

❶ 부호를 먼저 결정한다. → 곱해진 음수가 { 짝수 개이면 +, 홀수 개이면 − }

❷ 각 수의 절댓값의 곱에 ❶에서 결정된 부호를 붙인다.

예 $(-2)\times(-3)\times(+4)=+(2\times3\times4)=+24$ (음수가 2개)

[1] 두 수의 곱셈에서는 곱하는 순서를 바꾸어도 그 결과는 같다.

[2] 세 수의 곱셈에서는 어느 두 수를 먼저 곱하여도 그 결과는 같다.

세 수 이상의 곱의 부호는 어떻게 결정될까?

$(-)\times(-)=(+)$

$\underbrace{(-)\times(-)}_{(+)}\times(-)=(-)$

$\underbrace{(-)\times(-)}_{(+)}\times\underbrace{(-)\times(-)}_{(+)}=(+)$

⋮

→ $(-)\times(-)\times\cdots\times(-)=(+)$ (음수가 짝수 개)

→ $(-)\times(-)\times\cdots\times(-)=(-)$ (음수가 홀수 개)

양수는 여러 개 곱해도 그 결과의 부호가 바뀌지 않지만 음수는 한 개씩 곱할 때마다 부호가 바뀐다는 사실!

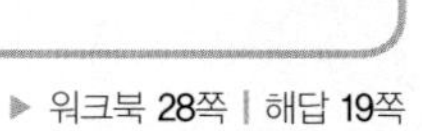

▶ 워크북 28쪽 | 해답 19쪽

개념 다지기

곱셈의 계산 법칙 **3** 다음 계산 과정에서 ㉠, ㉡에 이용된 곱셈의 계산 법칙을 구하시오.

$$(+5)\times\left(-\frac{1}{4}\right)\times\left(-\frac{3}{10}\right)\overset{㉠}{=}\left(-\frac{1}{4}\right)\times(+5)\times\left(-\frac{3}{10}\right)$$
$$\overset{㉡}{=}\left(-\frac{1}{4}\right)\times\left\{(+5)\times\left(-\frac{3}{10}\right)\right\}=\left(-\frac{1}{4}\right)\times\left(-\frac{3}{2}\right)=+\frac{3}{8}$$

세 수 이상의 곱셈 **4** 다음 ◯ 안에는 +, − 중 알맞은 부호를, □ 안에는 알맞은 수를 써넣으시오.

tip 곱해진 음수의 개수를 파악하여 곱셈의 부호를 결정한다.

(1) $(-5)\times(-3)\times(-2)=$◯$(5\times3\times2)=$◯□

(2) $\left(-\frac{3}{8}\right)\times(+12)\times\left(-\frac{5}{6}\right)=$◯$\left(\frac{3}{8}\times12\times\frac{5}{6}\right)=$◯□

세 수 이상의 곱셈 **5** 다음을 계산하시오.

(1) $(+2)\times(+5)\times(-10)$

(2) $(-3)\times(-2)\times(-7)$

(3) $(+2)\times\left(+\frac{5}{3}\right)\times\left(+\frac{1}{4}\right)$

(4) $(-2)\times(+0.3)\times\left(-\frac{1}{6}\right)$

세 수 이상의 곱셈의 부호는? 곱해진 음수가 짝수 개이면 +, 홀수 개이면 −이다.

개념 3 거듭제곱의 계산과 분배법칙

(1) 거듭제곱의 계산

① 양수의 거듭제곱의 부호: 항상 +

예 $(+2)^2=(+2)\times(+2)=+(2\times2)=+4$

$(+2)^3=(+2)\times(+2)\times(+2)=+(2\times2\times2)=+8$

② 음수의 거듭제곱의 부호❶: 지수가 $\begin{cases}\text{짝수이면 } + \\ \text{홀수이면 } -\end{cases}$

예 $(-2)^2=(-2)\times(-2)=+(2\times2)=+4$

$(-2)^3=(-2)\times(-2)\times(-2)=-(2\times2\times2)=-8$

(2) 분배법칙: 세 수 a, b, c에 대하여

① $a\times(b+c)=\underset{❶}{a\times b}+\underset{❷}{a\times c}$ ② $(a+b)\times c=\underset{❶}{a\times c}+\underset{❷}{b\times c}$❷

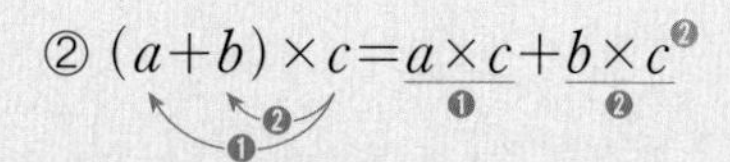

예 괄호 풀기: $25\times(100+2)=25\times100+25\times2$

괄호로 묶기: $3.14\times3+3.14\times97=3.14\times(3+97)$

배운 내용 다시 보기
- 거듭제곱 (LECTURE 01)
같은 수나 문자를 거듭해서 곱한 것을 간단히 나타낸 것
예 $2\times2\times2=2^3$ ← 지수

❶ $(-1)^{(\text{짝수})}=1$
$(-1)^{(\text{홀수})}=-1$

❷ 두 수의 합에 어떤 수를 곱한 것은 두 수 각각에 어떤 수를 곱하여 더한 것과 같다.

$(-3)^2$과 -3^2은 어떤 차이가 있을까?

① $(-3)^★$은 -3을 ★번 곱한 것이다.

예 $(-3)^2=(-3)\times(-3)=+9$

$(-3)^3=(-3)\times(-3)\times(-3)=-27$

② $-3^★$은 3을 ★번 곱한 후 -1을 곱한 것이다.

예 $-3^2=-(3\times3)=-9$

$-3^3=-(3\times3\times3)=-27$

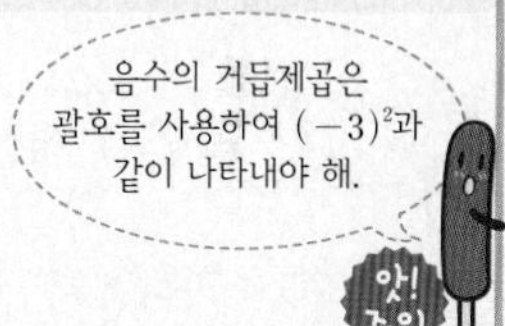

음수의 거듭제곱은 괄호를 사용하여 $(-3)^2$과 같이 나타내야 해.
앗! 주의

▶ 워크북 28쪽 | 해답 19쪽

개념 다지기

6 거듭제곱의 계산

다음을 계산하시오.

(1) $(-4)^3$ (2) $(+3)^4$ (3) $(-1)^{11}$

(4) $(-1)^{32}$ (5) -5^2 (6) $\left(-\dfrac{2}{3}\right)^2$

tip 거듭제곱의 부호
① $\begin{cases}(\text{양수})^{(\text{홀수})} \\ (\text{양수})^{(\text{짝수})}\end{cases}$ → +
② $(\text{음수})^{(\text{홀수})}$ → −
$(\text{음수})^{(\text{짝수})}$ → +

7 분배법칙

다음 □ 안에 알맞은 수를 써넣으시오.

(1) $45\times\left(-\dfrac{2}{9}+\dfrac{4}{5}\right)$
$=\square\times\left(-\dfrac{2}{9}\right)+\square\times\dfrac{4}{5}$
$=\square+\square=\square$

(2) $5\times8.3+5\times2.7$
$=\square\times(8.3+2.7)$
$=\square\times11$
$=\square$

tip
$a\times(b+c)=a\times b+a\times c$
$a\times b+a\times c=a\times(b+c)$

8 분배법칙

분배법칙을 이용하여 다음을 계산하시오.

(1) $12\times\left(-\dfrac{1}{2}+\dfrac{2}{3}\right)$ (2) $\dfrac{2}{3}\times38+\dfrac{2}{3}\times(-8)$

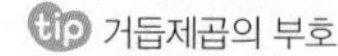

월등한 한줄 point: 음수의 거듭제곱의 부호는? 지수가 짝수이면 +, 홀수이면 −이다.

교과서 **핵심 유형 익히기**

유형 1 유리수의 곱셈

다음 중 계산 결과가 옳지 않은 것은?

① $\left(-\frac{5}{8}\right)\times(-0.8)=-\frac{1}{2}$

② $\left(+\frac{9}{2}\right)\times\left(+\frac{4}{27}\right)=+\frac{2}{3}$

③ $\left(+\frac{1}{4}\right)\times\left(-\frac{2}{9}\right)=-\frac{1}{18}$

④ $\left(-\frac{19}{17}\right)\times 0=0$

⑤ $(-0.2)\times(+0.7)=-0.14$

해결 키워드 • $(+)\times(+)$, $(-)\times(-)$ → $+$(절댓값의 곱) • $(+)\times(-)$, $(-)\times(+)$ → $-$(절댓값의 곱)

1-1 계산한 결과의 크기를 비교하여 ◯ 안에 >, =, < 중 알맞은 것을 써넣으시오.

$$\left(-\frac{2}{5}\right)\times\left(+\frac{15}{8}\right) \bigcirc \left(+\frac{3}{4}\right)\times\left(-\frac{7}{15}\right)$$

유형 2 곱셈의 계산 법칙

다음 계산 과정에서 □ 안에 알맞은 수를 써넣고, ㉠, ㉡에 이용된 곱셈의 계산 법칙을 구하시오.

$\left(+\frac{1}{6}\right)\times(-5)\times(+24)$
$=(-5)\times(\square)\times(+24)$ ㉠
$=(-5)\times\{(\square)\times(+24)\}$ ㉡
$=(-5)\times(\square)$
$=\square$

해결 키워드 • 곱셈의 교환법칙: $a\times b=b\times a$
• 곱셈의 결합법칙: $(a\times b)\times c=a\times(b\times c)$

2-1 다음 계산 과정에서 □ 안에 알맞은 수를 써넣고, ㉠, ㉡에 이용된 곱셈의 계산 법칙을 구하시오.

$(-6)\times(+8)\times(-3)$
$=(+8)\times(\square)\times(-3)$ ㉠
$=(+8)\times\{(\square)\times(-3)\}$ ㉡
$=(+8)\times(\square)$
$=\square$

유형 3 세 수 이상의 곱셈

다음을 계산하시오.

$$\left(+\frac{3}{5}\right)\times(-100)\times\left(+\frac{1}{6}\right)$$

해결 키워드 곱해진 음수가 짝수 개 → $+$(절댓값의 곱), 홀수 개 → $-$(절댓값의 곱)

3-1 다음을 계산하시오.

(1) $(-6)\times(+3)\times(-1)$

(2) $\left(-\frac{5}{9}\right)\times\left(+\frac{6}{25}\right)\times\left(+\frac{5}{8}\right)$

유형 4 거듭제곱의 계산

다음 중 계산 결과가 옳지 않은 것은?

① $(-4)^2=16$ ② $(-2)^5=-32$

③ $-\left(\frac{1}{3}\right)^2=-\frac{1}{9}$ ④ $\left(-\frac{1}{2}\right)^3=-\frac{1}{8}$

⑤ $-\left(-\frac{3}{2}\right)^3=-\frac{27}{8}$

해결 키워드
• 양수의 거듭제곱의 부호 → 항상 +
• 음수의 거듭제곱의 부호 → 지수가 짝수이면 → +, 홀수이면 → −

4-1 다음 중 가장 큰 수는?

① -3^3 ② $(-3)^3$

③ $-(-3)^2$ ④ $(-3)^2$

⑤ $-3^2\times3$

유형 5 분배법칙 (1)

분배법칙을 이용하여 다음을 계산하시오.

$$(-1.75)\times125+(-1.75)\times(-25)$$

해결 키워드
• $a\times(b+c)=a\times b+a\times c$
• $(a+b)\times c=a\times c+b\times c$

5-1 다음은 분배법칙을 이용하여 계산하는 과정이다. □ 안에 알맞은 수를 써넣으시오.

$39\times102=39\times(\square+2)$
$=39\times\square+39\times2$
$=\square+\square$
$=\square$

유형 6 분배법칙 (2)

세 수 a, b, c에 대하여

$a\times c=24,\ (a+b)\times c=78$

일 때, $b\times c$의 값은?

① 50 ② 52 ③ 54
④ 56 ⑤ 58

해결 키워드 $a\times(b+c)=a\times b+a\times c,\ (a+b)\times c=a\times c+b\times c$

6-1 세 수 a, b, c에 대하여

$a\times c=5,\ b\times c=-3$

일 때, $(a+b)\times c$의 값은?

① -15 ② -2 ③ 2
④ 8 ⑤ 15

기출로 실전 문제 익히기

▶ 워크북 30쪽 | 해답 20쪽

1 다음 중 계산 결과가 옳은 것은?

① $(-7)\times(+9)=+2$

② $\left(-\frac{1}{2}\right)\times(-4)=-2$

③ $(+12)\times\left(-\frac{9}{4}\right)=-\frac{16}{3}$

④ $(-11)\times(-2)=+13$

⑤ $\left(+\frac{1}{5}\right)\times\left(+\frac{5}{3}\right)=+\frac{1}{3}$

2 다음 계산 과정에서 ㉠, ㉡에 이용된 곱셈의 계산 법칙을 구하시오.

$$\left(-\frac{3}{5}\right)\times(-6)\times(-10)\times\left(+\frac{7}{9}\right)$$
$$=\left(-\frac{3}{5}\right)\times(-10)\times(-6)\times\left(+\frac{7}{9}\right) \quad ㉠$$
$$=\left\{\left(-\frac{3}{5}\right)\times(-10)\right\}\times\left\{(-6)\times\left(+\frac{7}{9}\right)\right\} \quad ㉡$$
$$=(+6)\times\left(-\frac{14}{3}\right)=-28$$

★중요 **3** 다음 중 가장 작은 수는?

① $-\left(\frac{1}{2}\right)^2$　② $-\left(-\frac{1}{2}\right)^5$　③ $\frac{1}{(-2)^5}$

④ $\left(-\frac{1}{2}\right)^2$　⑤ $\left(-\frac{1}{2}\right)^3$

4 $(-1)^{10}+(-1)^{15}-(-1)^9$을 계산하면?

① 3　② 1　③ 0

④ -1　⑤ -3

5 분배법칙을 이용하여 다음을 계산하면?

$$(-7)\times8+(-7)\times(-5)+3\times17$$

① -50　② -30　③ -10

④ 30　⑤ 50

6 세 수 a, b, c에 대하여 $a\times b=22$, $a\times(b-c)=17$일 때, $a\times c$의 값은?

① -5　② -2　③ 2

④ 4　⑤ 5

★중요 **7** 다음 네 수 중 서로 다른 세 수를 뽑아 곱한 값 중 가장 큰 수를 구하시오.

$$-\frac{4}{3} \qquad 6 \qquad \frac{2}{5} \qquad -\frac{5}{16}$$

1단계 세 수의 곱이 가장 클 때의 세 수 구하기

풀이

2단계 세 수의 곱이 가장 큰 수 구하기

풀이

답

LECTURE 10 정수와 유리수의 나눗셈

개념 1 유리수의 나눗셈

(1) 부호가 같은 두 수의 나눗셈[1]

두 수의 절댓값의 나눗셈의 몫에 양의 부호 +를 붙인다.

예 $(+4)\div(+2)=+(4\div2)=+2$, $(-4)\div(-2)=+(4\div2)=+2$

(같은 부호이면 / 절댓값의 나눗셈의 몫)

(2) 부호가 다른 두 수의 나눗셈[1]

두 수의 절댓값의 나눗셈의 몫에 음의 부호 −를 붙인다.

예 $(+6)\div(-2)=-(6\div2)=-3$, $(-6)\div(+2)=-(6\div2)=-3$

(다른 부호이면 / 절댓값의 나눗셈의 몫)

(3) 역수를 이용한 나눗셈

① 역수: 두 수의 곱이 1이 될 때, 한 수를 다른 수의 역수라 한다.[2]

② 역수를 이용한 나눗셈: 나누는 수의 역수를 이용하여 곱셈으로 고쳐서 계산한다.

예 $(+4)\div\left(+\frac{2}{5}\right)=(+4)\times\left(+\frac{5}{2}\right)=+\left(4\times\frac{5}{2}\right)=+10$

(역수의 곱셈으로)

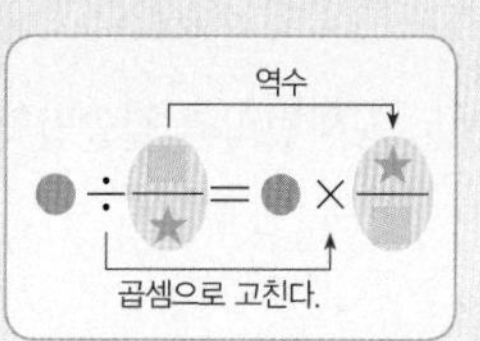

역수
곱셈으로 고친다.

배운 내용 다시 보기

• **분수의 나눗셈** 초6
분수의 나눗셈을 할 때는 나누는 수의 분자와 분모를 바꾸어 곱한다.

예 $\frac{2}{5}\div\frac{4}{15}=\frac{2}{5}\times\frac{15}{4}=\frac{3}{2}$

[1] 나눗셈의 부호
$(+)\div(+)$, $(-)\div(-)$ → $(+)$
$(+)\div(-)$, $(-)\div(+)$ → $(-)$

[2] 역수: 분모와 분자를 바꾼 수

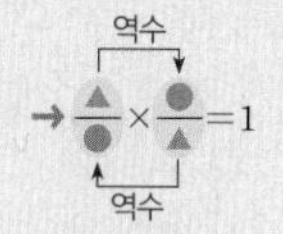

역수
=1
역수

용어 쏙

• **역수**(逆 거꾸로, 數 수)
분자와 분모를 거꾸로 나타낸 수

개념note

정수, 대분수, 소수의 역수는 어떻게 구할까?

① 정수: 분모가 1인 분수로 고친다. 예 $-3\left(=-\frac{3}{1}\right)$의 역수 → $-\frac{1}{3}$

② 대분수: 가분수로 고친다. 예 $2\frac{1}{3}\left(=\frac{7}{3}\right)$의 역수 → $\frac{3}{7}$

③ 소수: 분수로 고친다. 예 $0.8\left(=\frac{4}{5}\right)$의 역수 → $\frac{5}{4}$

역수를 구할 때
부호는 바뀌지 않아.
부호까지 바꾸지 않도록
조심하자.
아! 주의

▶ 워크북 31쪽 | 해답 21쪽

개념 다지기

1 유리수의 나눗셈

tip 부호가 같으면 → +
부호가 다르면 → −

다음을 계산하시오.

(1) $(+20)\div(+4)$　　(2) $(-21)\div(+3)$

(3) $(+4.8)\div(-2)$　　(4) $(-2.8)\div(-0.7)$

2 역수

다음 수의 역수를 구하시오.

(1) $\frac{2}{3}$　　(2) -5　　(3) -1.2　　(4) $1\frac{3}{7}$

3 역수를 이용한 나눗셈

tip 나누는 수의 역수를 이용하여 곱셈으로 고친다.
→ ■÷▲/● = ■×●/▲

다음을 계산하시오.

(1) $(+6)\div\left(+\frac{3}{7}\right)$　　(2) $\left(-\frac{4}{3}\right)\div(+8)$

(3) $\left(+\frac{9}{8}\right)\div\left(-\frac{3}{4}\right)$　　(4) $\left(-\frac{5}{9}\right)\div\left(-\frac{20}{3}\right)$

한줄 point: 유리수의 나눗셈은? 나누는 수의 역수를 이용하여 곱셈으로 고쳐서 계산한다.

개념 2 혼합 계산

(1) **곱셈과 나눗셈의 혼합 계산 순서**

❶ 거듭제곱이 있으면 거듭제곱을 먼저 계산한다.

❷ 나눗셈은 역수를 이용하여 곱셈으로 고친다.

❸ 부호를 결정하고 각 수의 절댓값의 곱에 결정된 부호를 붙인다.
└ 음수의 개수를 이용

(2) **덧셈, 뺄셈, 곱셈, 나눗셈의 혼합 계산 순서**[1]

❶ 거듭제곱이 있으면 거듭제곱을 먼저 계산한다.

❷ 괄호가 있으면 괄호 안을 먼저 계산한다.
이때 (소괄호) → {중괄호} → [대괄호]의 순서로 계산한다.

❸ 곱셈과 나눗셈을 계산한다.

❹ 덧셈과 뺄셈을 계산한다.

배운 내용 다시 보기
- 혼합 계산의 순서 (초4)
괄호 풀기
→ 곱셈, 나눗셈
→ 덧셈, 뺄셈

❶ 혼합 계산 순서
거듭제곱
↓
괄호 풀기
↓
×, ÷
↓
+, −

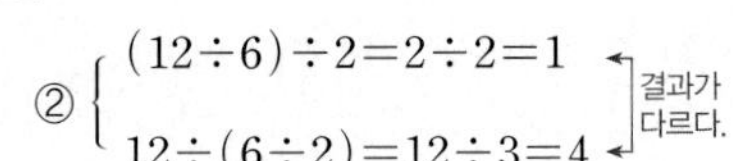

나눗셈에서는 교환법칙과 결합법칙이 성립할까?

① $12 \div 6 = 2$, $6 \div 12 = \frac{1}{2}$ ← 결과가 다르다.
→ 교환법칙이 성립하지 않는다.

② $(12 \div 6) \div 2 = 2 \div 2 = 1$, $12 \div (6 \div 2) = 12 \div 3 = 4$ ← 결과가 다르다.
→ 결합법칙이 성립하지 않는다.

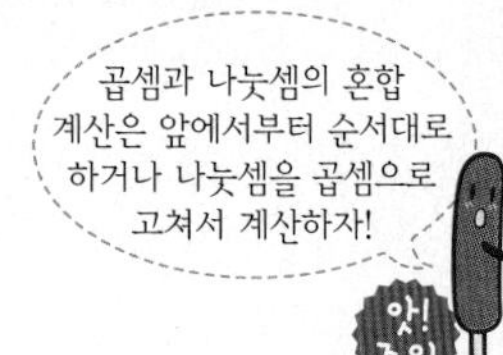

곱셈과 나눗셈의 혼합 계산은 앞에서부터 순서대로 하거나 나눗셈을 곱셈으로 고쳐서 계산하자!
앗! 주의

▶ 워크북 31쪽 | 해답 21쪽

개념 다지기

곱셈과 나눗셈의 혼합 계산

4 다음을 계산하시오.

(1) $(-9) \times \left(-\frac{7}{10}\right) \div \left(-\frac{3}{5}\right)$

(2) $\left(-\frac{3}{2}\right) \div \left(+\frac{5}{6}\right) \times \left(-\frac{5}{9}\right)$

덧셈, 뺄셈, 곱셈, 나눗셈의 혼합 계산

5 오른쪽 □ 안에 알맞은 수를 써넣으시오.

$9-\left[\left\{(-1)^4-2\div\frac{1}{3}\right\}+2\right]$
$=9-\{(\square-2\times\square)+2\}$
$=9-\{(\square)+2\}$
$=9-(\square)=\square$

덧셈, 뺄셈, 곱셈, 나눗셈의 혼합 계산

6 다음을 계산하시오.

(1) $5-4\times\{2-(-1)^3\}$

(2) $2-\left\{\frac{70}{9}-\frac{4}{5}\times(-2)^2\div\frac{2}{5}\right\}$

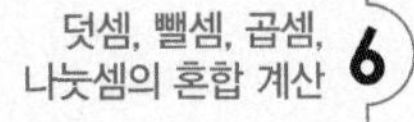

혼합 계산의 순서는? 거듭제곱 → 괄호 풀기 → 곱셈, 나눗셈 → 덧셈, 뺄셈

교과서 핵심 유형 익히기

▶ 워크북 32쪽 | 해답 21쪽
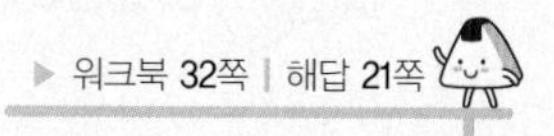

유형 1 역수

$3\frac{1}{3}$의 역수를 a, -0.6의 역수를 b라 할 때, $a\times b$의 값은?

① -1 ② $-\frac{1}{2}$ ③ $-\frac{1}{3}$

④ $\frac{1}{3}$ ⑤ $\frac{1}{2}$

해결 키워드 '정수 → $\frac{(\text{정수})}{1}$', '대분수 → 가분수', '소수 → 분수'로 고친 후 역수를 구한다.

1-1 다음 중 두 수가 서로 역수 관계인 것은?

① $1,\ -1$ ② $0.5,\ \frac{3}{10}$

③ $-\frac{1}{3},\ 3$ ④ $-1\frac{1}{2},\ -\frac{2}{3}$

⑤ $-0.2,\ \frac{1}{5}$

유형 2 유리수의 나눗셈

다음 중 계산 결과가 옳지 않은 것은?

① $(+15)\div\left(+\frac{5}{3}\right)=+9$

② $\left(+\frac{8}{9}\right)\div\left(-\frac{4}{3}\right)=-\frac{2}{3}$

③ $\left(-\frac{2}{5}\right)\div\left(-\frac{2}{5}\right)=-1$

④ $\left(-\frac{9}{4}\right)\div(+36)=-\frac{1}{16}$

⑤ $\left(+\frac{5}{3}\right)\div\left(-\frac{5}{6}\right)=-2$

해결 키워드 유리수의 나눗셈은 역수를 이용하여 곱셈으로 고쳐서 계산한다.
→ $■\div\frac{▲}{●}=■\times\frac{●}{▲}$

2-1 두 수 a, b가 다음과 같을 때, $a\div b$의 값을 구하시오.

$$a=(-24)\div(-3),\quad b=\left(-\frac{4}{15}\right)\div\left(-\frac{6}{5}\right)$$

유형 3 곱셈과 나눗셈의 혼합 계산

$(-0.45)\times\left(-\frac{2}{3}\right)^2\div0.7$을 계산하면?

① $-\frac{2}{7}$ ② $-\frac{1}{4}$ ③ $\frac{1}{10}$

④ $\frac{2}{7}$ ⑤ $\frac{7}{9}$

해결 키워드 거듭제곱이 있으면 거듭제곱을 먼저 계산한다.

3-1 다음을 계산하시오.

$$\left(-\frac{3}{10}\right)\div0.2\times(-4)^2$$

유형 4 곱셈과 나눗셈의 관계

다음 □ 안에 알맞은 수를 구하시오.

$$\left(-\frac{1}{4}\right)\times\square\div\left(-\frac{3}{2}\right)=\frac{2}{9}$$

해결 키워드 • ■×▲=● → {■=●÷▲, ▲=●÷■} • ■÷▲=● → {■=●×▲, ▲=■÷●}

4-1 $\left(-\frac{2}{5}\right)\div\frac{3}{10}\times\square=-8$일 때, □ 안에 알맞은 수는?

① -6 ② $-\frac{1}{6}$ ③ $\frac{1}{6}$
④ 1 ⑤ 6

유형 5 덧셈, 뺄셈, 곱셈, 나눗셈의 혼합 계산

go! 집중 학습 65쪽

$-3^3+\left\{\left(-\frac{1}{2}\right)^2+\left(-\frac{21}{2}\right)\div 2\right\}\times(-6)$을 계산하면?

① -3 ② $-\frac{1}{3}$ ③ $\frac{1}{3}$
④ 3 ⑤ 9

해결 키워드 거듭제곱 → 괄호 풀기 → 곱셈, 나눗셈 → 덧셈, 뺄셈
( ) → { } → [ ]

5-1 다음을 계산하시오.

$$\frac{7}{3}\times\left[2-\frac{4}{5}\times\left\{(-2)^2\div\frac{2}{3}+4\right\}\right]$$

유형 6 유리수의 부호

두 수 a, b에 대하여 $a>0$, $b<0$일 때, 다음 중 항상 음수인 것은?

① $\frac{1}{a}$ ② b^2 ③ $a\div b$
④ $a+b$ ⑤ $a-b$

해결 키워드 • (양수)−(음수)=(양수) • (음수)−(양수)=(음수)
• $(음수)^2$=(양수) • (양수)÷(음수)=(음수)

6-1 두 수 a, b에 대하여 $a<0$, $b>0$일 때, 다음 중 옳지 않은 것은?

① $-b<0$ ② $a+b>0$ ③ $b-a>0$
④ $a\times b<0$ ⑤ $b\div a<0$

덧셈, 뺄셈, 곱셈, 나눗셈의 혼합 계산
계산 순서가 중요하다!

특강 note **덧셈, 뺄셈, 곱셈, 나눗셈이 섞여 있는 식은 어떤 순서로 계산할까?**

❶ 거듭제곱 계산하기: $\begin{cases} (\text{양수})^{(\text{홀수})} \\ (\text{양수})^{(\text{짝수})} \end{cases} \rightarrow +$, $\begin{cases} (\text{음수})^{(\text{홀수})} \rightarrow - \\ (\text{음수})^{(\text{짝수})} \rightarrow + \end{cases}$

❷ 괄호 안 계산하기: (소괄호) → {중괄호} → [대괄호] 순서로 계산

❸ 곱셈, 나눗셈 계산하기: 나눗셈은 역수를 이용하여 곱셈으로 고쳐서 계산

❹ 덧셈, 뺄셈 계산하기

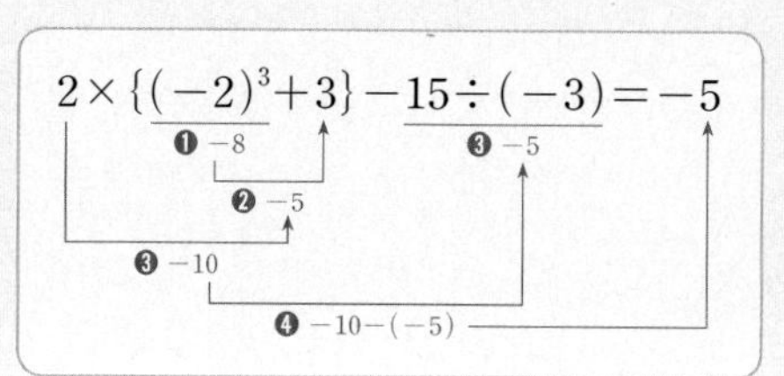

▶ 해답 22쪽

1 다음을 계산하시오.

(1) $0.2-(-3)^2\div15$

(2) $5-(-16)\div(-2)^2\times3$

(3) $\frac{7}{12}\div\frac{7}{3}+\frac{1}{16}\times(-2)^3$

(4) $(-5)\div\frac{5}{6}-\left(-\frac{3}{2}\right)^3\times8$

(5) $\frac{9}{2}+(-12)\times\frac{5}{18}-(-4)^2\div6$

2 다음을 계산하시오.

(1) $8-\left[10-\left\{5+27\div\left(\frac{3}{2}\right)^2\right\}\right]$

(2) $5+[6-\{5\times2^2-7-(-8)\}]$

(3) $\frac{3}{4}-\frac{1}{2}\div\left\{3\times\frac{5}{4}-4-\left(-\frac{1}{3}\right)\right\}$

(4) $12\div\left\{\left(20-3^2\div\frac{1}{4}\right)\times\left(-\frac{3}{10}\right)\right\}-\frac{7}{2}$

(5) $-3-\left[\left\{4+16\div\left(-\frac{2}{3}\right)^3\right\}\div(-10)-8\right]\times5$

기출로 실전 문제 익히기

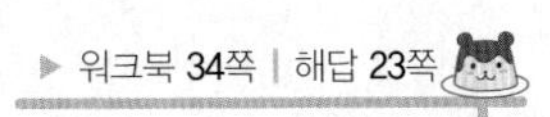
▶ 워크북 34쪽 | 해답 23쪽

1 $-\frac{a}{2}$의 역수가 $\frac{2}{9}$일 때, a의 값은?

① 9 ② 2 ③ -2
④ -9 ⑤ -18

2 다음 중 계산 결과가 나머지 넷과 다른 하나는?

① $(-2)^4\times3\div(-12)$
② $-2^3\times5\div(-10)$
③ $(-2)\times(-18)\div(-3)^2$
④ $-3^3\div(-3)^3\times(-2)^2$
⑤ $(-2)^4\div(-2)^3\times(-2)$

3 다음 □ 안에 알맞은 수를 구하시오.

$$\left(-\frac{4}{9}\right)\div\square\times\left(-\frac{5}{2}\right)^2=-\frac{10}{3}$$

4 다음 식을 계산할 때, 네 번째로 계산해야 하는 것의 기호를 쓰고, 계산하시오.

$$-\frac{1}{3}+\frac{4}{5}\times\left\{\left(\frac{1}{3}-\frac{3}{2}\right)\div\frac{2}{3}-2\right\}$$

(↑ ㉠ at the first +, ㉡ at ×, ㉢ at −, ㉣ at ÷, ㉤ at −2 의 −)

5 세 수 a, b, c에 대하여 $a\times b>0$, $b\div c<0$, $b<c$일 때, 다음 중 옳은 것은?

① $a>0,\ b>0,\ c>0$ ② $a>0,\ b>0,\ c<0$
③ $a<0,\ b>0,\ c>0$ ④ $a<0,\ b<0,\ c>0$
⑤ $a<0,\ b<0,\ c<0$

창의융합 (수학+과학)

6 질량을 가진 물체의 무게는 행성에 따라 다르다. 다음 표는 각 행성에서의 가영이의 책가방의 무게를 나타낸 것이다. 가방의 무게가 가장 무거운 행성에서의 무게는 가장 가벼운 행성에서의 무게의 몇 배인지 구하시오.

행성	지구	금성	목성	천왕성
책가방의 무게(kg)	1	$\frac{9}{10}$	$\frac{23}{10}$	$\frac{4}{5}$

서술형

7 오른쪽 그림과 같은 전개도를 접어 정육면체를 만들려고 한다. 마주 보는 면에 적힌 두 수가 서로 역수일 때, $a\div b\times c$의 값을 구하시오.

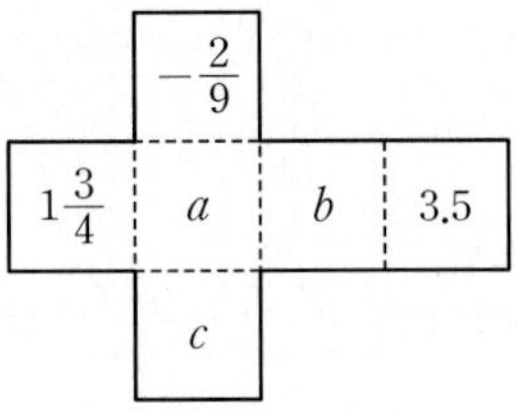

1단계 a의 값 구하기
풀이

2단계 b의 값 구하기
풀이

3단계 c의 값 구하기
풀이

4단계 $a\div b\times c$의 값 구하기
풀이

답

A 탄탄! 기본 점검하기

01 다음 중 부호 + 또는 −를 사용하여 나타내었을 때, 나머지 넷과 부호가 다른 하나는?

① 2만 원 지출 ② 지하 3층
③ 영하 5 ℃ ④ 5 % 하락
⑤ 해발 25 m

02 다음 중 부등호를 사용하여 바르게 나타낸 것은?

① x는 -2보다 크고 2보다 작다.
→ $-2\le x<2$
② x는 -1 초과이고 3 미만이다.
→ $-1\le x<3$
③ x는 -3 이상이고 -1 이하이다.
→ $-3<x\le -1$
④ x는 -1보다 작지 않고 2보다 작다.
→ $-1<x<2$
⑤ x는 -4보다 크고 1보다 크지 않다.
→ $-4<x\le 1$

03 다음 중 계산 결과가 옳은 것은?

① $(-7)+(+5)+(+2)=+7$
② $\left(-\frac{5}{2}\right)-\left(-\frac{5}{2}\right)=-5$
③ $\frac{2}{3}-\frac{5}{4}+\frac{4}{3}=\frac{3}{4}$
④ $7-9+4-1=2$
⑤ $-\frac{1}{2}+\frac{7}{5}+\frac{3}{2}-\frac{4}{5}=-\frac{8}{5}$

04 다음 중 두 수가 서로 역수 관계인 것은?

① $-\frac{1}{4}$, 4 ② $\frac{1}{5}$, $-\frac{1}{5}$ ③ -2, $\frac{1}{2}$
④ 0.5, 2 ⑤ 0.1, 0.01

B 쑥쑥! 실전 감각 익히기

05 다음 중 아래 수에 대한 설명으로 옳은 것은?

2	-1.7	4	$-\frac{8}{4}$	$+1$	-3

① 정수는 4개이다.
② 자연수는 2개이다.
③ 음의 정수는 3개이다.
④ 양의 정수는 1개이다.
⑤ 정수가 아닌 유리수는 1개이다.

기출 유사

06 다음 수직선 위의 다섯 점 A, B, C, D, E가 나타내는 수로 옳지 않은 것은?

① A: -2.5 ② B: $-\frac{7}{4}$ ③ C: -1
④ D: $\frac{1}{3}$ ⑤ E: $\frac{9}{4}$

07 절댓값이 같고 부호가 반대인 두 수 x, y를 수직선 위에 나타내었을 때, x가 y보다 30만큼 오른쪽에 있는 점을 나타내었다. 이때 x의 값을 구하시오.

08 다음 중 두 수의 대소 관계가 옳지 않은 것은?

① $\frac{2}{3}>-\frac{3}{2}$　② $-2<-1$
③ $0<-2.3$　④ $-6<5$
⑤ $-\frac{1}{2}<-\frac{1}{3}$

빈출 유형

09 오른쪽 그림의 삼각형에서 세 변에 놓인 네 수의 합이 모두 같을 때, $a-b$의 값을 구하시오.

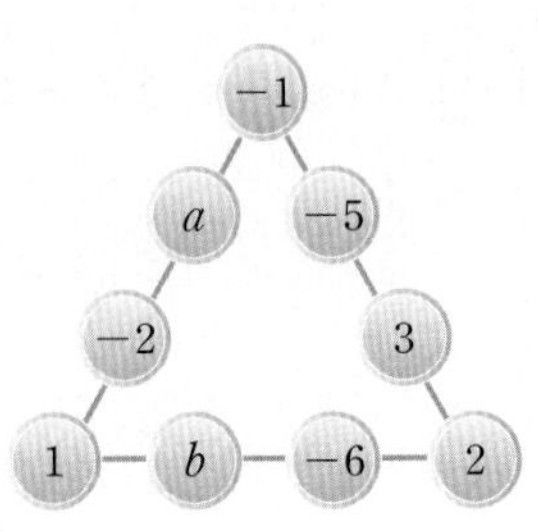

10 $a=\left(-\frac{18}{5}\right)\times\frac{10}{3}$, $b=\left(-\frac{7}{6}\right)\div\left(-\frac{7}{9}\right)$일 때, $a\div b$의 값은?

① -8　② -4　③ -2
④ $\frac{1}{2}$　⑤ 4

11 다음은 분배법칙을 이용하여 계산하는 과정이다. $\square$ 안에 공통으로 들어갈 수는?

$$12\times96=12\times(\square-4)$$
$$=12\times\square-12\times4=1152$$

① 92　② 96　③ 100
④ 104　⑤ 108

기출 유사

12 다음 계산 과정에서 ㉠, ㉡, ㉢에 이용된 계산 법칙을 차례대로 구하면?

$$12\times(-2)^3\times\left\{\frac{1}{4}+\left(-\frac{2}{3}\right)\right\}$$
$$=(-8)\times12\times\left\{\frac{1}{4}+\left(-\frac{2}{3}\right)\right\}\quad ㉠$$
$$=(-8)\times\left[12\times\left\{\frac{1}{4}+\left(-\frac{2}{3}\right)\right\}\right]\quad ㉡$$
$$=(-8)\times\left\{12\times\frac{1}{4}+12\times\left(-\frac{2}{3}\right)\right\}\quad ㉢$$
$$=(-8)\times\{3+(-8)\}=40$$

① 분배법칙, 곱셈의 교환법칙, 곱셈의 결합법칙
② 곱셈의 교환법칙, 분배법칙, 곱셈의 결합법칙
③ 곱셈의 교환법칙, 곱셈의 결합법칙, 분배법칙
④ 곱셈의 결합법칙, 곱셈의 교환법칙, 분배법칙
⑤ 곱셈의 결합법칙, 분배법칙, 곱셈의 교환법칙

★중요

13 다음 네 수 중 가장 큰 수와 가장 작은 수의 곱은?

$\left(-\frac{1}{2}\right)^2$　$-\frac{1}{2}$　$-\left(-\frac{1}{2}\right)^3$　$-\left(-\frac{1}{2}\right)^4$

① $-\frac{1}{4}$　② $-\frac{1}{8}$　③ $-\frac{1}{16}$
④ $-\frac{1}{24}$　⑤ $-\frac{1}{32}$

14 $\left(-\frac{9}{4}\right)\times a=-\frac{63}{5}$일 때, a의 값을 구하시오.

★중요
15 $a=\left(-\frac{1}{2}\right)^4\div\left(-\frac{1}{2}\right)^2-3\div\left\{3\times\left(-\frac{1}{2}\right)\right\}$일 때, a에 가장 가까운 자연수를 구하시오.

16 두 수 a, b가 다음 조건을 모두 만족시킬 때, $a\div b$의 값을 구하시오.

> (가) $a\times b<0$ (나) $|a|=\frac{1}{8}$ (다) $|b|=\frac{5}{24}$

C 도전! 100점 완성하기

17 자연수 a에 대하여 절댓값이 a 이하인 정수가 33개일 때, a의 값을 구하시오.

18 x의 절댓값이 $\frac{2}{3}$, y의 절댓값이 $\frac{3}{5}$일 때, $x-y$의 값 중 가장 큰 것을 M, 가장 작은 것을 m이라 하자. 이때 $M-m$의 값을 구하시오.

창의융합 (수학+사회)
19 다음은 어느 회사의 5일 동안의 주가 변동 상황을 전날 대비 오르면 ▲, 떨어지면 ▼를 사용하여 나타낸 것이다. 예를 들어 13일의 종가는 12일의 종가보다 300원만큼 떨어졌음을 나타낸다. 12일의 종가가 27500원이었을 때, 17일의 종가는 얼마인지 구하시오.
(단, 종가는 그날의 마지막 가격이다.)

날짜	13일	14일	15일	16일	17일
등락(원)	▼300	▲600	▼500	▲400	▲200

20 a는 홀수, b는 짝수일 때, 다음을 계산하면?

$$(-1)^{3\times a}+(-1)^{b+1}-(-1)^{a+3}-(-1)^{5\times b}$$

① 4 ② 2 ③ 0
④ -2 ⑤ -4

21 다음 조건을 모두 만족시키는 서로 다른 세 수 a, b, c를 큰 수부터 차례대로 나열하시오.

> (가) a, b는 음수이다.
> (나) $|a|<|b|$
> (다) b의 절댓값은 5의 절댓값과 같다.
> (라) c는 -5보다 작다.

잘 나오는 서술형 집중 연습

▶ 해답 25쪽

22 x는 $-\frac{1}{4}$ 초과이고 $\frac{7}{6}$보다 크지 않을 때, 다음 물음에 답하시오.

(1) x의 범위를 부등호를 사용하여 나타내시오.

풀이

(2) x의 값 중 정수가 아니면서 기약분수로 나타낼 때 분모가 12인 유리수의 개수를 구하시오.

풀이

답

check list
- □ 초과, 미만의 의미를 이해하고 있는가? ↻ 43쪽
- □ 주어진 범위에서 정수가 아닌 유리수를 찾을 수 있는가? ↻ 39쪽

23 -5보다 $-\frac{9}{5}$만큼 작은 수를 a, 3보다 -1만큼 큰 수를 b라 할 때, 다음 물음에 답하시오.

(1) a, b의 값을 구하시오.

풀이

(2) $a < x \le b$를 만족시키는 정수 x를 모두 구하시오.

풀이

답

check list
- □ a보다 b만큼 큰 수 또는 작은 수의 의미를 알고 있는가? ↻ 52쪽
- □ 부등호로 나타낸 범위에 속하는 정수를 찾을 수 있는가? ↻ 46쪽

★중요 24 어떤 수를 $-\frac{3}{4}$으로 나누어야 할 것을 잘못하여 더하였더니 $\frac{3}{8}$이 되었다. 바르게 계산한 답을 구하시오.

풀이

답

check list
- □ 덧셈과 뺄셈의 관계를 이해하고 있는가? ↻ 52쪽
- □ 유리수의 나눗셈을 할 수 있는가? ↻ 61쪽

25 네 수 $-\frac{7}{3}$, $-\frac{5}{9}$, $\frac{5}{2}$, -6 중 서로 다른 세 수를 뽑아 곱한 값 중 가장 큰 수를 a, 가장 작은 수를 b라 할 때, $a \div b$의 값을 구하시오.

풀이

답

check list
- □ 세 수 이상의 곱셈을 할 수 있는가? ↻ 56쪽
- □ 유리수의 나눗셈을 할 수 있는가? ↻ 61쪽

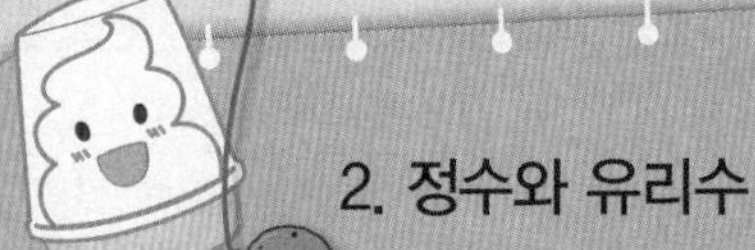

핵심 키워드 다시 보기

핵심 키워드 양수, 음수, 양의 정수, 음의 정수, 정수, 수직선, 양의 유리수, 음의 유리수, 유리수, 절댓값, 교환법칙, 결합법칙, 분배법칙, 역수, 양의 부호(+), 음의 부호(−), | |, ≤, ≥

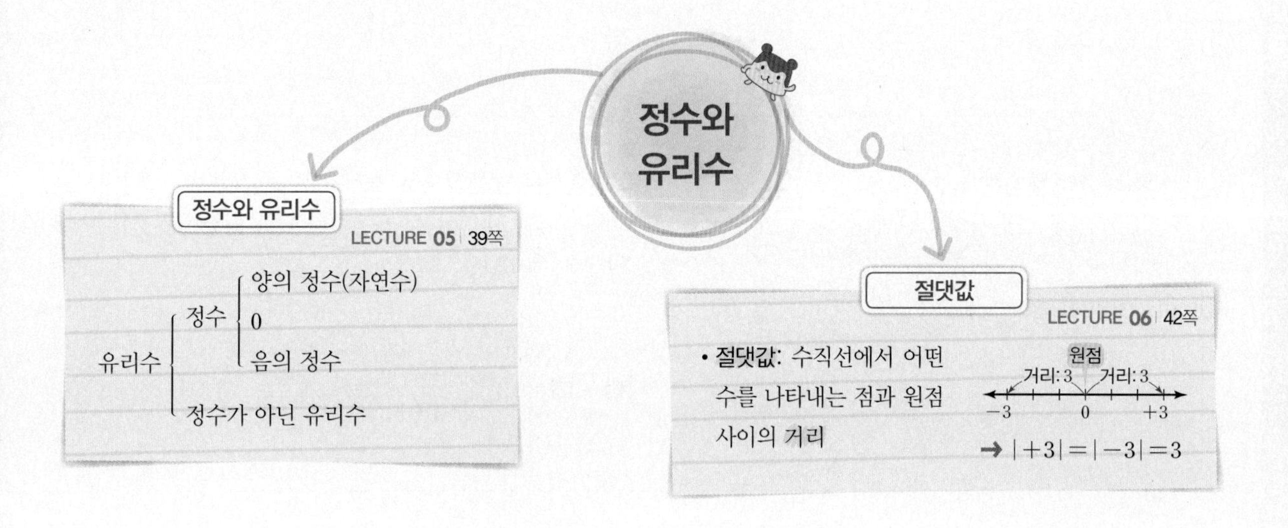

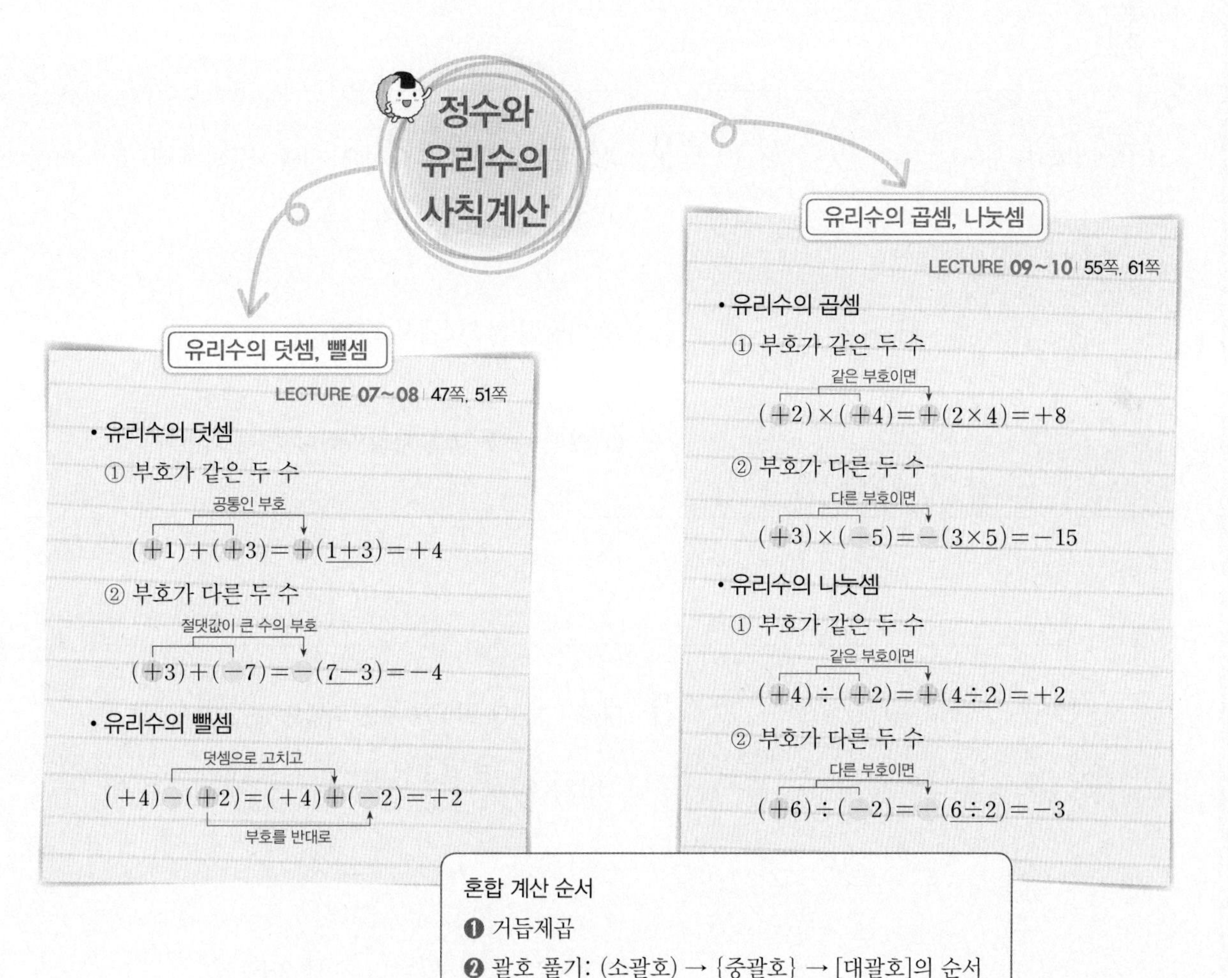

혼합 계산 순서

❶ 거듭제곱

❷ 괄호 풀기: (소괄호) → {중괄호} → [대괄호]의 순서

❸ 곱셈, 나눗셈

❹ 덧셈, 뺄셈

덧셈과 뺄셈
- 두 자리 수의 덧셈과 뺄셈
- 덧셈과 뺄셈의 관계

초 2

덧셈, 뺄셈, 곱셈
- □를 사용하여 덧셈식과 뺄셈식으로 나타내기
- 곱셈식으로 나타내기

초 2

정수와 유리수
- 정수와 유리수의 덧셈과 뺄셈
- 정수와 유리수의 곱셈과 나눗셈

중 1

▶ 해답 26쪽

초 2

- 덧셈과 뺄셈의 관계

예 (1) $56+7=63$ → $63-56=7$, $63-7=56$

(2) $22-10=12$ → $12+10=22$, $10+12=22$

1 다음 덧셈식은 뺄셈식으로, 뺄셈식은 덧셈식으로 나타내시오.

(1) $24+38=62$ → $\square-24=\square$, $\square-38=\square$

(2) $28-15=13$ → $13+\square=\square$, $15+\square=\square$

초 2

- 식 만들기
주어진 상황에서 모르는 어떤 수를 □라 하고 식을 만든다.
예 어떤 수의 2배와 5의 합
→ $2\times\square+5$

2 다음 문장을 어떤 수 대신에 □를 사용하여 식으로 나타내시오.

(1) 어떤 수보다 5만큼 큰 수

(2) 어떤 수의 3배에서 2를 뺀 수

(3) 어떤 수에 28을 더하였더니 43이 되었다.

중 1

- 분배법칙
세 수 a, b, c에 대하여

(1) $a\times(b+c)=\underset{❶}{\underline{a\times b}}+\underset{❷}{\underline{a\times c}}$

(2) $(a+b)\times c=\underset{❶}{\underline{a\times c}}+\underset{❷}{\underline{b\times c}}$

3 다음 □ 안에 알맞은 수를 써넣으시오.

(1) $12\times\left(-\frac{3}{4}+\frac{5}{6}\right)=\square\times\left(-\frac{3}{4}\right)+\square\times\frac{5}{6}$
$=\square+\square$
$=\square$

(2) $4\times7.2+4\times2.8=\square\times(7.2+2.8)$
$=\square\times10$
$=\square$

1 문자와 식

문자와 식
- 문자의 사용과 식의 값
- 일차식과 수의 곱셈, 나눗셈
- 일차식의 덧셈과 뺄셈

중 1

LECTURE 13 일차식의 덧셈과 뺄셈

유형 5 □ 안에 알맞은 식 구하기

$-4x+5+\square=x-2$일 때, □ 안에 알맞은 식은?

① $-3x-3$ ② $-3x+3$ ③ $5x-7$
④ $5x+3$ ⑤ $5x+7$

LECTURE 11 문자의 사용과 식의 값

유형 3 문자를 사용한 식

다음을 기호 ×, ÷를 생략한 식으로 나타내시오.

(1) 가로의 길이가 x cm, 세로의 길이가 y cm인 직사각형의 둘레의 길이

(2) x km를 시속 3 km로 걸은 후에 y km를 시속 2 km로 걸었을 때 걸리는 시간

(3) 농도가 a %인 소금물 200 g과 농도가 b %인 소금물 500 g을 섞은 소금물에 녹아 있는 소금의 양

LECTURE 12 일차식과 수의 곱셈, 나눗셈

유형 3 일차식과 수의 곱셈, 나눗셈

다음 중 옳지 않은 것을 모두 고르면? (정답 2개)

① $9x\times(-6)=54x$
② $(-25a)\div(-5)=5a$
③ $(16x-12)\div(-4)=-4x+3$
④ $-7\left(\frac{1}{14}-2b\right)=-\frac{1}{2}+14b$
⑤ $(-6x+5)\div\frac{1}{2}=-3x+\frac{5}{2}$

학습계획표

학습 내용	쪽수	학습일	성취도
LECTURE 11 문자의 사용과 식의 값	74~79쪽	월 일	○ △ ×
LECTURE 12 일차식과 수의 곱셈, 나눗셈	80~83쪽	월 일	○ △ ×
LECTURE 13 일차식의 덧셈과 뺄셈	84~88쪽	월 일	○ △ ×
학교 시험 미리 보기	89~92쪽	월 일	○ △ ×
핵심 키워드 다시 보기	93쪽	월 일	○ △ ×

문자의 사용과 식의 값

개념 1 문자의 사용

(1) 문자를 사용한 식

문자를 사용하면 수량 사이의 관계를 간단한 식으로 나타낼 수 있다.

참고 수량을 나타내는 문자로 보통 $a, b, c, x, y, z, \cdots$를 사용한다.

(2) 문자를 사용하여 식 세우기

문자를 사용하여 식을 나타내는 순서는 다음과 같다.

❶ 문제의 뜻을 파악하여 그에 맞는 규칙을 찾는다.

❷ 문자를 사용하여 ❶의 규칙에 맞도록 식을 세운다.

예 200원짜리 사탕 a개의 가격 → $(200\times a)$원❶

주의 문자를 사용하여 식을 세울 때는 단위를 빠뜨리지 않도록 한다.

배운 내용 다시 보기

• 규칙을 찾아 식으로 나타내기 초6

규칙이 있는 두 수 ●, ▲ 사이의 대응 관계를 식으로 나타낼 수 있다.

예 ●는 ▲의 2배이다.
→ ●=▲×2

❶

개수	가격
1개	(200×1)원
2개	(200×2)원
⋮	⋮
a개	$(200\times a)$원

문자를 사용한 식에서 자주 쓰이는 수량 사이의 관계는 어떤 것이 있을까?

① (물건의 총 가격)=(물건 1개의 가격)×(물건의 개수)

(거스름돈)=(지불 금액)−(물건의 총 가격)

② (거리)=(속력)×(시간), $(속력)=\frac{(거리)}{(시간)}$, $(시간)=\frac{(거리)}{(속력)}$

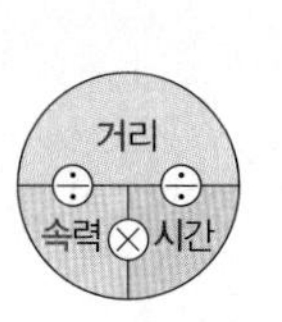

③ $(소금물의 농도)=\frac{(소금의 양)}{(소금물의 양)}\times 100\ (\%)$

$(소금의 양)=\frac{(소금물의 농도)}{100}\times(소금물의 양)$

수량 사이의 관계를 식으로 나타내는 것은 아주 중요해. 특히 LECTURE 16~17에서 배울 일차방정식의 활용 문제를 풀 때 기본이 되니까 꼭 알아두도록 하자~.

▶ 워크북 35쪽 | 해답 26쪽

개념 다지기

문자를 사용한 식 **1** 다음 □ 안에 알맞은 것을 써넣으시오.

(1) 한 개에 800원인 빵 x개를 사고 5000원을 냈을 때의 거스름돈
→ (거스름돈)=(지불 금액)−(빵 □개의 가격)=□−□(원)

(2) 시속 a km로 달리는 자동차가 3시간 동안 달린 거리
→ (거리)=(속력)×(□)=□×□ (km)

문자를 사용한 식 **2** 다음을 문자를 사용한 식으로 나타내시오.

(1) 현재 x세인 지수의 10년 후의 나이

(2) 한 변의 길이가 x cm인 정사각형의 둘레의 길이

(3) 소금 x g이 녹아 있는 소금물 200 g의 농도

tip (3) 소금물의 농도는 $\frac{(소금의 양)}{(소금물의 양)}\times 100\ (\%)$

문자를 사용하여 식을 나타내면? 수량 사이의 관계를 간단히 나타낼 수 있다.

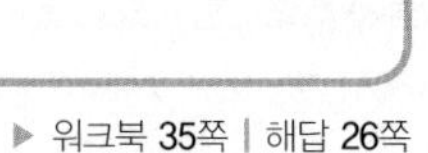

개념 2 곱셈 기호와 나눗셈 기호의 생략

(1) 곱셈 기호의 생략

① (수)×(문자): 수를 문자 앞에 쓴다.[1] 예 $x\times2=2x$

② 1×(문자) 또는 (-1)×(문자): 1을 생략한다.[2] 예 $1\times a=a$, $(-1)\times a=-a$

③ (문자)×(문자): 알파벳 순서로 쓴다. 예 $x\times a\times y=axy$

④ 같은 문자의 곱: 거듭제곱의 꼴로 나타낸다. 예 $a\times a\times a=a^3$

⑤ 괄호가 있는 식과 수의 곱: 수를 괄호 앞에 쓴다. 예 $(x+y)\times3=3(x+y)$

(2) 나눗셈 기호의 생략

[방법 1] 나눗셈 기호 ÷를 생략하고 분수 꼴로 나타낸다.

[방법 2] 나눗셈을 역수의 곱셈으로 고친 후 곱셈 기호 ×를 생략한다.

$a\div3$ → 분수 꼴 → $\frac{a}{3}$

$a\div3$ → 역수의 곱셈 → $a\times\frac{1}{3}=\frac{a}{3}$

예 $a\div1=\frac{a}{1}=a$, $a\div(-3)=\frac{a}{-3}=-\frac{a}{3}$, $(a+1)\div2=\frac{a+1}{2}$

배운 내용 다시 보기

• **역수** (LECTURE 10)
어떤 두 수의 곱이 1일 때, 한 수를 다른 수의 역수라 한다.

[1] $x\times\frac{1}{2}$은 $\frac{1}{2}x$ 또는 $\frac{x}{2}$로 나타낸다.

[2] 0.1, 0.01 등과 같은 소수와 문자의 곱에서는 1을 생략하지 않는다.
→ $0.1\times a=0.a$ (×), $0.1\times a=0.1a$ (○)

곱셈 기호와 나눗셈 기호가 섞여 있을 때, 기호는 어떻게 생략할까?

곱셈 기호와 나눗셈 기호가 섞여 있을 때는 앞에서부터 순서대로 기호를 생략하여 간단히 한다.

예 $a\div b\times c$에서 기호 ×, ÷를 생략할 때

→ $a\div b\times c=a\div bc=\frac{a}{bc}$ (×), $a\div b\times c=a\times\frac{1}{b}\times c=\frac{a}{b}\times c=\frac{ac}{b}$ (○)

계산 순서에 따라 결과가 다르다.

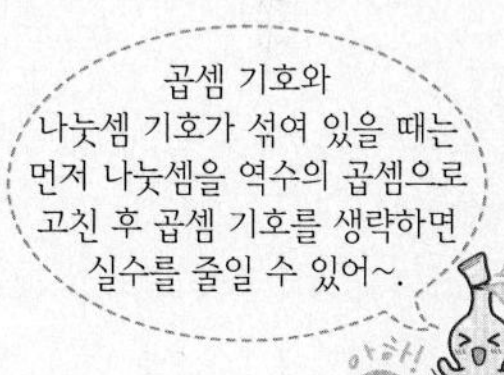

곱셈 기호와
나눗셈 기호가 섞여 있을 때는
먼저 나눗셈을 역수의 곱셈으로
고친 후 곱셈 기호를 생략하면
실수를 줄일 수 있어~.
꿀tip

▶ 워크북 35쪽 | 해답 26쪽

개념 다지기

3 곱셈 기호의 생략

다음 식을 곱셈 기호 ×를 생략하여 나타내시오.

(1) $a\times(-2)$ (2) $x\times3\times y$ (3) $2\times y\times x\times a\times x$

(4) $0.2\times x$ (5) $(a-2b)\times(-4)$ (6) $3\times a\times b-2\times b$

4 나눗셈 기호의 생략

다음 식을 나눗셈 기호 ÷를 생략하여 나타내시오.

(1) $a\div(-4)$ (2) $2x\div y$ (3) $(a+b)\div5$

(4) $x\div(a+b)$ (5) $a\div2+b\div7$ (6) $x\div y\div z$

5 곱셈과 나눗셈 기호의 생략 – 혼합 계산

tip 곱셈, 나눗셈 기호 ×, ÷는 앞에서부터 차례대로 생략한다.

다음 식을 기호 ×, ÷를 생략하여 나타내시오.

(1) $a\times4\div b$ (2) $x\div(-2)\times y$ (3) $a\times a\times a-3\div y$

덧셈, 뺄셈, 곱셈, 나눗셈 기호 중 생략할 수 있는 것은? 곱셈과 나눗셈 기호이다.

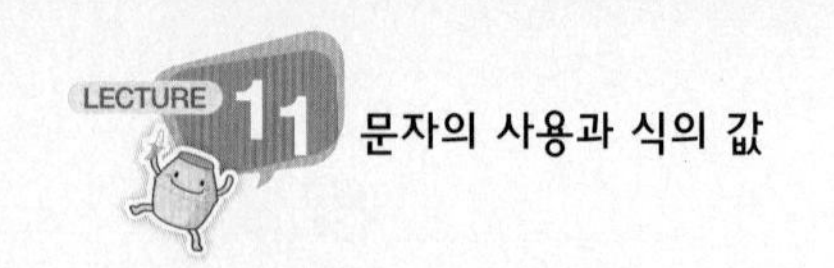

개념 3 대입과 식의 값

(1) **대입**: 문자를 사용한 식에서 문자에 어떤 수를 바꾸어 넣는 것

(2) **식의 값**: 문자를 사용한 식에서 문자에 어떤 수를 대입하여 계산한 결과

$2x-1$ (x에 3을 대입)
$=2\times3-1$
$=5$ ← 식의 값

(3) **식의 값을 구하는 방법**

❶ 문자에 수를 대입할 때는 생략된 곱셈 기호를 다시 쓴다.

❷ 문자에 주어진 수를 대입하여 계산한다.[1]

참고 분모에 분수를 대입할 때는 생략된 나눗셈 기호를 다시 쓴다.

→ $x=\frac{1}{2}$일 때, $\frac{3}{x}=3\div x=3\div\frac{1}{2}=3\times2=6$

❶ 문자에 음수를 대입할 때는 반드시 괄호를 사용한다.

• **대입**(代 대신하다, 入 넣다) 문자 대신 수를 넣는 것

대입하는 수가 음수일 때, 식의 값은 어떻게 구할까?

대입하는 수가 음수인 경우 식의 값을 구할 때는 반드시 괄호를 사용한다.

① $x=-2$일 때, $2x-3$의 값

$2x-3=2\times x-3$ ← 생략된 곱셈 기호 다시 쓰기
$=2\times(-2)-3$ ← x에 -2를 대입 (괄호 사용)
$=-7$ ← 식의 값

② $x=-2$일 때, $3x^2-2$의 값

$3x^2-2=3\times x^2-2$ ← 생략된 곱셈 기호 다시 쓰기
$=3\times(-2)^2-2$ ← x에 -2를 대입 (괄호 사용)
$=10$ ← 식의 값

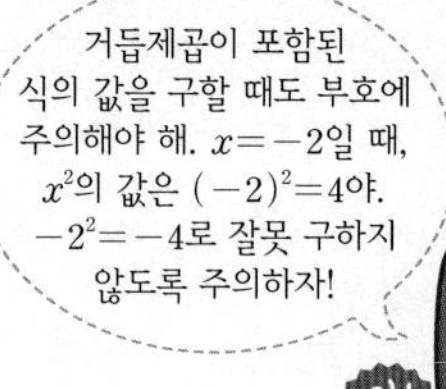

거듭제곱이 포함된 식의 값을 구할 때도 부호에 주의해야 해. $x=-2$일 때, x^2의 값은 $(-2)^2=4$야. $-2^2=-4$로 잘못 구하지 않도록 주의하자!
앗! 주의

▶ 워크북 35쪽 | 해답 26쪽

개념 다지기

식의 값 – 문자가 1개

6 $x=3$일 때, 다음 식의 값을 구하시오.

(1) $-2x+4$ (2) $\frac{6}{x}$ (3) x^2-x

식의 값 – 음수를 대입

문자에 음수를 대입할 때는 반드시 괄호를 사용한다.

7 $a=-2$일 때, 다음 식의 값을 구하시오.

(1) $5a+3$ (2) $1-a^2$ (3) $\frac{4}{a}+3a^2$

식의 값 – 문자가 2개

8 $x=3$, $y=-2$일 때, 다음 식의 값을 구하시오.

(1) $3x+y$ (2) $5xy$ (3) $-2x+y^2$

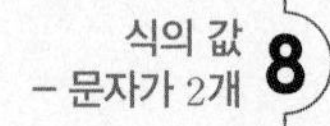

식의 값은? 문자를 사용한 식에서 문자에 어떤 수를 대입하여 계산한 결과이다.

교과서 **핵심 유형 익히기**

▶ 워크북 36쪽 | 해답 27쪽

유형 1 곱셈 기호와 나눗셈 기호의 생략

다음 중 기호 ×, ÷를 생략하여 나타낸 것으로 옳지 않은 것을 모두 고르면? (정답 2개)

① $b\times2\times a=2ab$　② $b\times a\times b=ab^2$
③ $b\times2\times a\times3\times a=23a^2b$　④ $a\div(-1)=-a$
⑤ $a\div\frac{2}{3}\div b=\frac{3ab}{2}$

해결 키워드
- 곱셈 기호의 생략: (수)×(문자), (문자)×(문자)에서 곱셈 기호를 생략할 수 있다.
- 나눗셈 기호의 생략: $a\div b=a\times\frac{1}{b}=\frac{a}{b}\ (b\neq0)$ (역수의 곱셈으로)

1-1 다음 〈보기〉 중 기호 ×, ÷를 생략하여 나타낸 것으로 옳은 것을 모두 고르시오.

보기
ㄱ. $y\times(-1)\times x=-xy$
ㄴ. $y\times x\times0.1\times x=0.x^2y$
ㄷ. $(x+y)\div\frac{1}{2}=2(x+y)$
ㄹ. $x\div2\div y=\frac{xy}{2}$

유형 2 곱셈 기호와 나눗셈 기호의 생략–혼합 계산

다음 중 기호 ×, ÷를 생략하여 나타낸 식이 나머지 넷과 다른 하나는?

① $x\div y\times z$　② $x\times z\div y$
③ $x\div(y\div z)$　④ $x\times(y\div z)$
⑤ $z\div(y\div x)$

해결 키워드 기호 ×, ÷가 섞여 있는 경우에는
→ 앞에서부터 차례대로 기호를 생략한다.
→ 괄호가 있을 때는 괄호 안을 먼저 간단히 한다.

2-1 다음 중 기호 ×, ÷를 생략하여 나타낸 식이 $\frac{ab}{c}$와 같은 것은?

① $a\times b\times c$　② $a\div b\div c$
③ $a\div b\times c$　④ $a\times c\div b$
⑤ $a\times b\div c$

유형 3 문자를 사용한 식

다음을 기호 ×, ÷를 생략한 식으로 나타내시오.

(1) 가로의 길이가 x cm, 세로의 길이가 y cm인 직사각형의 둘레의 길이
(2) x km를 시속 3 km로 걸은 후에 y km를 시속 2 km로 걸었을 때 걸리는 시간
(3) 농도가 a %인 소금물 200 g과 농도가 b %인 소금물 500 g을 섞은 소금물에 녹아 있는 소금의 양

해결 키워드 $(\text{소금의 양})=\frac{(\text{소금물의 농도})}{100}\times(\text{소금물의 양})$

3-1 다음을 기호 ×, ÷를 생략한 식으로 나타내시오.

(1) 300원짜리 연필 x자루와 200원짜리 지우개 y개의 값
(2) 한 모서리의 길이가 a cm인 정육면체의 부피
(3) 소금물 x g에 8 g의 소금이 녹아 있을 때, 소금물의 농도

유형 4 식의 값 (1)

$x=4$, $y=-1$일 때, 다음 중 식의 값이 가장 작은 것은?

① $3x+y$ ② $-\frac{1}{2}x+2y$ ③ $x+xy$

④ $2x-y^2$ ⑤ $\frac{4}{x}-3y$

해결 키워드 식의 값을 구할 때, 대입하는 수가 음수이면 반드시 괄호를 사용한다.

4-1 $a=\frac{1}{5}$, $b=-2$일 때, $10ab-2b^2$의 값을 구하시오.

유형 5 식의 값 (2)

$x=\frac{2}{3}$, $y=-\frac{1}{5}$일 때, $\frac{4}{x}+\frac{1}{y}$의 값은?

① -11 ② -1 ③ $-\frac{1}{30}$

④ 1 ⑤ 11

해결 키워드 $\frac{4}{x}+\frac{1}{y}=4\div x+1\div y=4\div\frac{2}{3}+1\div\left(-\frac{1}{5}\right)$

나눗셈 기호 살리기

5-1 $x=2$, $y=-\frac{1}{3}$일 때, $\frac{4}{x}-\frac{2}{y}$의 값을 구하시오.

유형 6 식의 값의 활용

기온이 x ℃일 때, 소리는 1초에 $(331+0.6x)$ m를 움직인다고 한다. 기온이 10 ℃일 때, 소리는 1초에 몇 m를 움직이는가?

① 337 m ② 339 m ③ 347 m

④ 381 m ⑤ 391 m

해결 키워드 기온이 10 ℃일 때, 소리가 1초에 움직인 거리는 $x=10$을 대입하여 구한다.

6-1 섭씨온도 x ℃는 화씨온도 $\left(\frac{9}{5}x+32\right)$ °F이다.

섭씨온도 25 ℃는 화씨온도 몇 °F인지 구하시오.

1 다음 중 옳은 것을 모두 고르면? (정답 2개)

① $x\times(-6)=6x$

② $-2\times y\times a\div b=-2y+\frac{a}{b}$

③ $(x-y)\div(-9)=-\frac{x-y}{9}$

④ $(7-x)\div(a+b)=\frac{7-x}{a+b}$

⑤ $2\times a+4\times b\div c=2a+\frac{4}{bc}$

다음 중 옳은 것은?

① x원의 10 % ➜ $10x$원

② a점과 b점의 평균 ➜ $\frac{2}{a+b}$점

③ 한 개에 a원인 사과 7개를 사고 b원을 냈을 때의 거스름돈 ➜ $(b-7a)$원

④ 500 g의 설탕물에 x g의 설탕이 녹아 있을 때, 설탕물의 농도 ➜ $\frac{x}{500}$ %

⑤ 십의 자리의 숫자가 3, 일의 자리의 숫자가 a인 두 자리의 자연수 ➜ $3a$

3 진희는 지점 A에서 출발하여 시속 3 km로 걸어서 지점 B까지 가는데 도중에 20분간 휴식을 취하였다. 지점 A에서 지점 B까지의 거리가 x km일 때, 지점 B에 도착할 때까지 걸린 시간을 식으로 나타내면?

① $\left(\frac{3}{x}+\frac{1}{3}\right)$시간 ② $\left(\frac{3}{x}+20\right)$시간

③ $\frac{x+1}{3}$시간 ④ $\left(\frac{x}{3}+20\right)$시간

⑤ $\frac{x}{3}$시간

4 $a=-2$일 때, 다음 중 식의 값이 가장 작은 것은?

① a^2 ② $-a^2$ ③ $2a$

④ $-2a$ ⑤ $3a$

5 $a=-\frac{1}{3}$, $b=-\frac{1}{4}$, $c=\frac{1}{5}$일 때, $\frac{9}{a}-\frac{8}{b}+\frac{10}{c}$의 값은?

① -9 ② -3 ③ 1

④ 45 ⑤ 55

창의융합 (수학+과학)

6 빨리 걷기는 좋은 유산소 운동이다. 나이가 x세인 사람이 빨리 걷기 운동을 한 후 1분 동안 잰 맥박 수는 $0.6(220-x)$회라 한다. 15세인 사람이 빨리 걷기 운동을 한 후 1분 동안 잰 맥박 수는?

① 120회 ② 121회 ③ 122회

④ 123회 ⑤ 124회

서술형

오른쪽 그림과 같이 윗변의 길이가 a cm, 아랫변의 길이가 b cm, 높이가 h cm인 사다리꼴이 있다. 이 사다리꼴의 넓이를 S cm²라 할 때, 다음 물음에 답하시오.

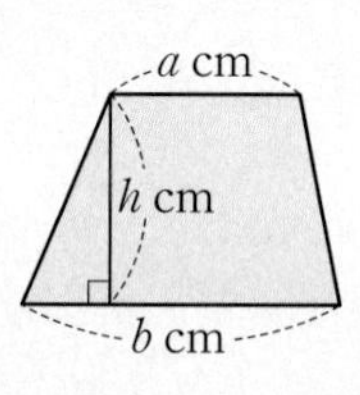

(1) S를 a, b, h를 사용한 식으로 나타내시오.

(2) $a=3$, $b=10$, $h=4$일 때, S의 값을 구하시오.

1단계 (1) S를 a, b, h를 사용한 식으로 나타내기

풀이

2단계 (2) $a=3$, $b=10$, $h=4$일 때, S의 값 구하기

풀이

답

일차식과 수의 곱셈, 나눗셈

개념 1 다항식과 일차식

(1) 다항식

① 항: 수 또는 문자의 곱으로 이루어진 식

② 상수항: 문자 없이 수로만 이루어진 항[1]

③ 계수: 수와 문자의 곱으로 이루어진 항에서 문자 앞에 곱해진 수

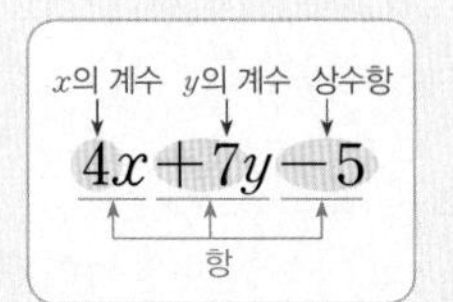

④ 다항식: 한 개 또는 두 개 이상의 항의 합으로 이루어진 식[2]

⑤ 단항식: 다항식 중 한 개의 항으로만 이루어진 식[3]

(2) 일차식

① 차수: 어떤 항에서 곱해진 문자의 개수

$5x^3$ ← 차수

예 $6x^2$의 차수는 2, $-7y^3$의 차수는 3이다.

참고 상수항은 문자가 없으므로 상수항의 차수는 0이다.

② 다항식의 차수: 다항식에서 차수가 가장 큰 항의 차수

예 $7x^2-5x+3$에서 차수가 가장 큰 항은 $7x^2$이고, 그 차수는 2이므로 다항식 $7x^2-5x+3$의 차수는 2이다.

③ 일차식: 차수가 1인 다항식

예 $-2x+1$, $\frac{2}{7}x$, $3y-4$

[1] 상수항이 없을 때는 상수항이 0인 것으로 생각한다.

[2] $\frac{1}{x}$과 같이 분모에 문자가 있는 식은 다항식이 아니다.

[3] 단항식도 다항식이다.
예 $5x+2$, $x+y+1$, $2x$, -4, … → 다항식 ($2x$, -4는 단항식)

용어 쏙
- **다항식**(多 많다, 項 항, 式 식) 항이 많은 식
- **단항식**(單 홑, 項 항, 式 식) 항이 한 개인 식

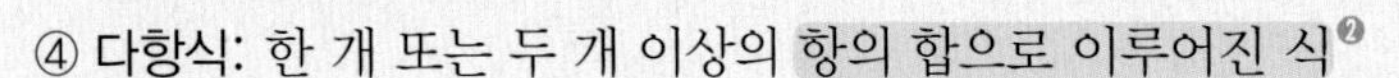
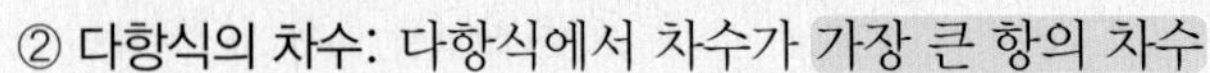
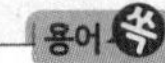

다항식에서 항, 상수항, 계수를 어떻게 파악할까?

다항식은 항의 합으로 이루어진 식이므로 뺄셈으로 된 식은 덧셈 꼴로 고친 후에 항, 상수항, 계수를 구한다.

예 $3x-2y-1=3x+(-2y)+(-1)$

항	x의 계수	y의 계수	상수항
$3x$, $-2y$, -1	3	-2	-1

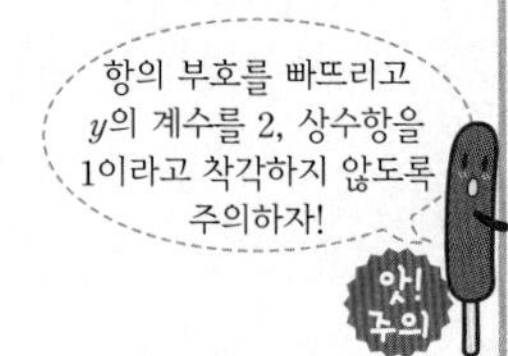

항의 부호를 빠뜨리고 y의 계수를 2, 상수항을 1이라고 착각하지 않도록 주의하자!
앗! 주의

▶ 워크북 39쪽 | 해답 28쪽

개념 다지기

다항식의 항과 계수

1 다항식 $-2x+3y-4$에서 다음을 구하시오.

(1) 항

(2) 상수항

(3) x의 계수

(4) y의 계수

다항식과 차수

tip 다항식에 포함된 문자가 한 종류인 경우 문자의 차수 중 가장 큰 것이 다항식의 차수이다.

2 다음 다항식의 차수를 구하고, 일차식인지 말하시오.

(1) $-3x+2$

(2) x^2-3x+2

(3) $\frac{y}{3}$

(4) $-y^3+y+4$

일차식은? 차수가 1인 다항식이다.

개념 2 일차식과 수의 곱셈, 나눗셈

(1) 단항식과 수의 곱셈, 나눗셈

① (수)×(단항식), (단항식)×(수): 곱셈의 교환법칙과 결합법칙을 이용하여 수끼리 곱한 후 문자 앞에 쓴다.

예 $4x\times3=4\times x\times3=\underline{4\times3\times x}=12x$
 └ 수끼리의 곱에 문자를 곱한다.

② (단항식)÷(수): 나누는 수의 역수를 단항식에 곱한다.

예 $(-6x)\div3=(-6x)\times\frac{1}{3}=(-6)\times x\times\frac{1}{3}=(-6)\times\frac{1}{3}\times x=-2x$
 역수를 곱한다.

(2) 일차식과 수의 곱셈, 나눗셈

① (수)×(일차식), (일차식)×(수): 분배법칙을 이용하여 일차식의 각 항에 수를 곱한다.

② (일차식)÷(수): 나누는 수의 역수를 곱하여 계산한다.

- **분배법칙** Lecture 09
 세 수 a, b, c에 대하여
 $a\times(b+c)=a\times b+a\times c$
 $(a+b)\times c=a\times c+b\times c$
- **역수** Lecture 10
 어떤 두 수의 곱이 1일 때, 한 수를 다른 수의 역수라 한다.

일차식과 수의 곱셈, 나눗셈에서 분배법칙을 어떻게 이용할까?

① 일차식과 수의 곱셈

$-3(5x-2)=\underset{❶}{\underline{-3\times5x}}+\underset{❷}{\underline{(-3)\times(-2)}}=-15x+6$

② 일차식과 수의 나눗셈

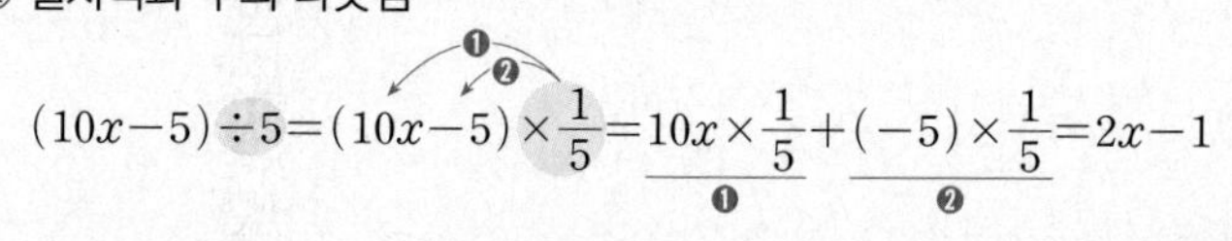

$(10x-5)\div5=(10x-5)\times\frac{1}{5}=\underset{❶}{\underline{10x\times\frac{1}{5}}}+\underset{❷}{\underline{(-5)\times\frac{1}{5}}}=2x-1$

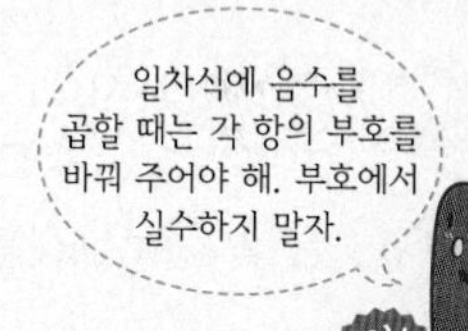

일차식에 음수를
곱할 때는 각 항의 부호를
바꿔 주어야 해. 부호에서
실수하지 말자.
아! 주의

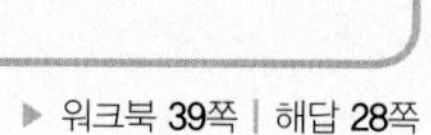
▶ 워크북 39쪽 | 해답 28쪽

개념 다지기

3 단항식과 수의 곱셈, 나눗셈

tip 수끼리 계산한 후 문자 앞에 쓴다.

다음 식을 간단히 하시오.

(1) $4x\times5$

(2) $(-3)\times2a$

(3) $8x\div4$

(4) $12y\div(-4)$

4 일차식과 수의 곱셈, 나눗셈

다음 식을 간단히 하시오.

(1) $3(2x-3)$

(2) $-4(2a-1)$

(3) $\frac{1}{5}(10y+5)$

(4) $(9x-6)\div3$

(5) $(8a-12)\div(-4)$

(6) $(3y+5)\div\frac{1}{2}$

일차식과 수의 곱셈은? 분배법칙을 이용하여 일차식의 각 항에 수를 곱한다. 활동한 한줄 point

교과서 핵심 유형 익히기

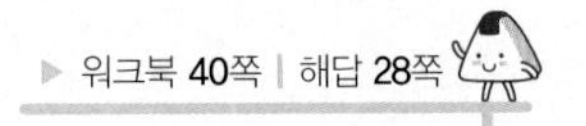

유형 1 다항식

다음 중 옳은 것은?

① $2x+1$은 단항식이다.
② a^2+a-1의 상수항은 1이다.
③ $\frac{x}{3}+1$의 x의 계수는 3이다.
④ $3x^2+2$의 차수는 2이다.
⑤ $ab+1$의 항은 3개이다.

해결 키워드 $4x^2$ (x^2의 계수) $-2x$ (x의 계수) $+3$ (상수항) → 다항식의 차수: 2 (항)

1-1 다음 〈보기〉 중 다항식 $-3x^2+x-1$에 대한 설명으로 옳은 것을 모두 고르시오.

보기
ㄱ. 항은 3개이다.
ㄴ. x^2의 계수는 -3이다.
ㄷ. 다항식의 차수는 3이다.
ㄹ. x의 계수와 상수항의 합은 2이다.

유형 2 일차식

다음 중 일차식인 것을 모두 고르면? (정답 2개)

① x^2-4x-x^2
② 20
③ $\frac{6}{x}-1$
④ $x^2\times0-5x$
⑤ $\frac{x}{5}-x^2$

해결 키워드
- 일차식: 차수가 1인 다항식
- $\frac{1}{x}$과 같이 분모에 문자가 있는 식은 다항식이 아니므로 일차식이 아니다.

2-1 다음 중 일차식이 아닌 것은?

① $\frac{x}{2}$
② $0.2x+1$
③ $3-x$
④ $\frac{2}{x}$
⑤ $-x+\frac{1}{5}$

유형 3 일차식과 수의 곱셈, 나눗셈

다음 중 옳지 않은 것을 모두 고르면? (정답 2개)

① $9x\times(-6)=54x$
② $(-25a)\div(-5)=5a$
③ $(16x-12)\div(-4)=-4x+3$
④ $-7\left(\frac{1}{14}-2b\right)=-\frac{1}{2}+14b$
⑤ $(-6x+5)\div\frac{1}{2}=-3x+\frac{5}{2}$

해결 키워드
- $(■x+▲)\times●=(■\times●)x+▲\times●$
- $(■x+▲)\div●=(■x+▲)\times\frac{1}{●}=\frac{■}{●}x+\frac{▲}{●}$

3-1 $\left(6x-\frac{1}{3}\right)\times(-3)=ax+b$일 때, 상수 a, b에 대하여 ab의 값을 구하시오.

기출로 실전 문제 익히기

▶ 워크북 41쪽 | 해답 29쪽

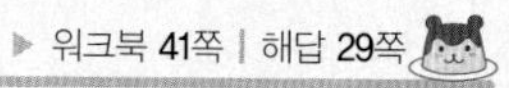

1 다음 중 단항식인 것을 모두 고르면? (정답 2개)

① -7 ② x^2-3 ③ xy^2

④ $\frac{1}{x}$ ⑤ $a+b$

2 다음 중 다항식 $5x^2-4x-\frac{1}{4}$에 대한 설명으로 옳지 않은 것을 모두 고르면? (정답 2개)

① 항은 3개이다.

② 상수항은 $\frac{1}{4}$이다.

③ x^2의 계수는 5이다.

④ x의 계수는 5와 -4이다.

⑤ 다항식의 차수는 2이다.

3 다음 중 일차식의 개수를 구하시오.

x	$\frac{1}{y}$	$0.7x-3$	$5x^2-0.4$
$0\times x-5$	$y-y^2$	$10-y$	$\frac{x}{9}$

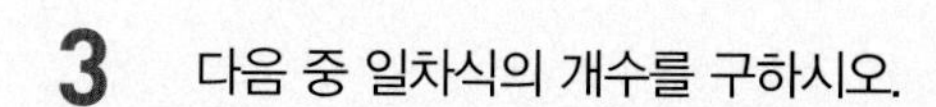

4 다항식 $(a-2)x^2-3x+5$가 x에 대한 일차식이 되도록 하는 상수 a의 값을 구하시오.

5 다음 〈보기〉 중 옳은 것을 모두 고르시오.

보기

ㄱ. $-3a\times(-3)=-9a$

ㄴ. $9x\div\left(-\frac{3}{5}\right)=-15x$

ㄷ. $-4\left(2-\frac{1}{6}a\right)=-8-\frac{2}{3}a$

ㄹ. $(5x+2)\div\frac{1}{3}=15x+6$

6 다음 중 간단히 한 결과가 $-2x-1$인 것은?

① $2(4x-2)$ ② $\frac{1}{2}(-4x+2)$

③ $(4x-2)\times\frac{1}{2}$ ④ $(4x+2)\div(-2)$

⑤ $(4x-2)\div\left(-\frac{1}{2}\right)$

서술형

7 다항식 $\frac{x^2+5x-1}{2}$에서 상수항을 a, x의 계수를 b, 차수를 c라 할 때, abc의 값을 구하시오.

1단계 다항식을 항의 합의 꼴로 나타내기

풀이

2단계 a, b, c의 값 구하기

풀이

3단계 abc의 값 구하기

풀이

답

LECTURE 13

일차식의 덧셈과 뺄셈

개념 1 동류항

(1) **동류항**: 다항식에서 문자와 차수가 각각 같은 항

참고 상수항끼리는 모두 동류항이다.

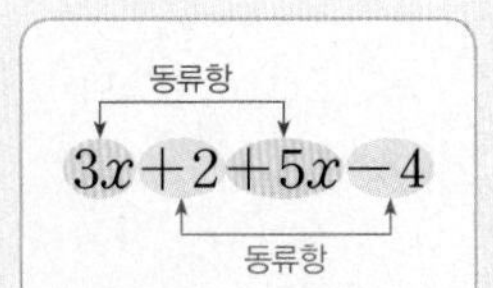

동류항
$3x+2+5x-4$
동류항

(2) **동류항의 계산**: 동류항끼리 모은 후 분배법칙을 이용하여 간단히 한다.

예 $7x-8-5x+4$

$=7x-5x-8+4$

$=(7-5)x+(-8+4)$

$=2x-4$

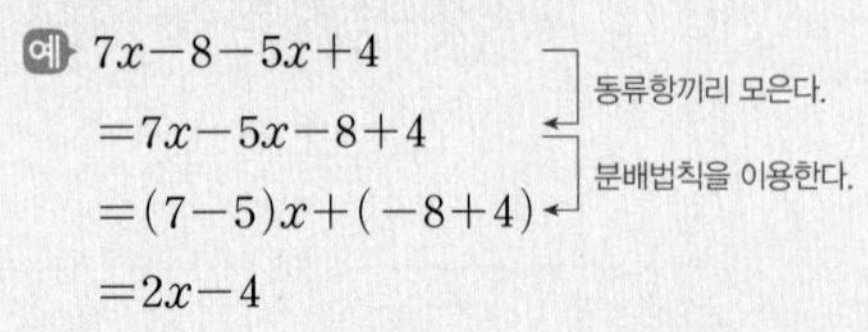

동류항끼리 모은다.
분배법칙을 이용한다.

주의 • $3x+2=5x$ (×) → 문자의 계수와 상수항은 계산할 수 없다.

• $2x-y=x$ (×) → $2x$와 y는 동류항이 아니므로 더 이상 간단히 할 수 없다.

배운 내용 다시 보기

• **분배법칙** (Lecture 09)

세 수 a, b, c에 대하여

$a\times(b+c)=a\times b+a\times c$

$(a+b)\times c=a\times c+b\times c$

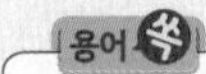

용어

• **동류항**(同 같다, 類 무리, 項 항) 같은 종류의 항

개념note

동류항인지 아닌지 어떻게 판별할까?

① $2x$, $4x$ → 문자와 차수가 각각 같다. → 동류항이다.

② $3a$, $6b$ → 차수는 같으나 문자가 다르다. → 동류항이 아니다.

③ $3x^2$, $2a^2$ → 차수는 같으나 문자가 다르다. → 동류항이 아니다.

④ $3a^3$, $4a^2$ → 문자는 같으나 차수가 다르다. → 동류항이 아니다.

⑤ 2, -5 → 상수항은 모두 동류항이다.

문자와 차수 중
어느 하나라도 다르면
동류항이 아니야! 문자만
비교하지 말고 차수도
꼭 확인하자!
앗! 주의

▶ 워크북 42쪽 | 해답 29쪽

개념 다지기

1 동류항

tip 동류항을 찾을 때는 문자와 차수가 모두 같은지 확인한다.

다음 중 동류항끼리 짝지어진 것은 ○표, 동류항이 아닌 것끼리 짝지어진 것은 ×표를 하시오.

(1) $2a$, $-a$ ( )

(2) $-x$, $-y$ ( )

(3) 2, $-\frac{3}{2}$ ( )

(4) $3a$, $\frac{3}{a}$ ( )

(5) x^2, $5x$ ( )

(6) $2x^2$, $\frac{x^2}{2}$ ( )

2 동류항의 계산

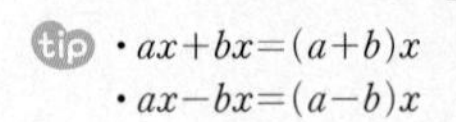

tip

• $ax+bx=(a+b)x$

• $ax-bx=(a-b)x$

다음 식을 간단히 하시오.

(1) $3x+5x$

(2) $5y-8y$

(3) $\frac{1}{2}b+\frac{2}{3}b$

(4) $x-\frac{3}{4}x$

(5) $2a+3a-4a$

(6) $-a+2b-4a-6b$

한줄 point

동류항은? 다항식에서 문자와 차수가 각각 같은 항이다.

개념 2 일차식의 덧셈과 뺄셈

일차식의 덧셈과 뺄셈은 다음과 같은 순서로 계산한다.

❶ 괄호가 있으면 분배법칙을 이용하여 괄호를 푼다.[1]

❷ 동류항끼리 모아서 계산한다.

주의 • 괄호 앞에 +가 있으면 괄호 안의 각 항의 부호를 그대로 → $A+(B-C)=A+B-C$

• 괄호 앞에 −가 있으면 괄호 안의 각 항의 부호를 반대로 → $A-(B-C)=A-B+C$

예 • 일차식의 덧셈

$(6x+3)+2(2x-1)$ ← 분배법칙을 이용하여 괄호를 푼다.

$=6x+3+4x-2$ ← 동류항끼리 모은다.

$=6x+4x+3-2$ ← 동류항끼리 계산한다.

$=10x+1$

• 일차식의 뺄셈

$2(3x+2)-3(x-3)$ ← 분배법칙을 이용하여 괄호를 푼다.

$=6x+4-3x+9$ ← 동류항끼리 모은다.

$=6x-3x+4+9$ ← 동류항끼리 계산한다.

$=3x+13$

[1] 괄호는 (소괄호) → {중괄호} → [대괄호]의 순서로 푼다.

월등한
개념note

계수가 분수인 일차식의 덧셈과 뺄셈은 어떻게 계산할까?

계수가 분수인 일차식의 덧셈과 뺄셈은 분모의 최소공배수로 통분한 후 동류항끼리 모아서 계산한다.

통분할 때는 반드시 분자에 괄호를 한다.

① $\frac{a-2}{3}+\frac{a+3}{6}=\frac{2(a-2)}{6}+\frac{a+3}{6}=\frac{2(a-2)+(a+3)}{6}=\frac{3a-1}{6}=\frac{1}{2}a-\frac{1}{6}$

3과 6의 최소공배수

② $\frac{a-3}{4}-\frac{a-1}{6}=\frac{3(a-3)}{12}-\frac{2(a-1)}{12}=\frac{3(a-3)-2(a-1)}{12}=\frac{a-7}{12}=\frac{1}{12}a-\frac{7}{12}$

4와 6의 최소공배수

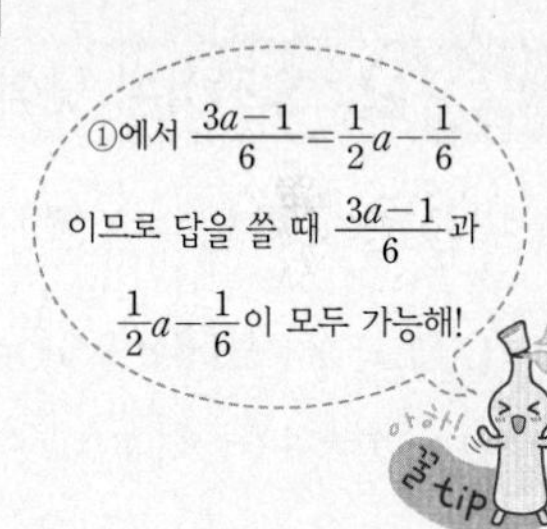
①에서 $\frac{3a-1}{6}=\frac{1}{2}a-\frac{1}{6}$
이므로 답을 쓸 때 $\frac{3a-1}{6}$과
$\frac{1}{2}a-\frac{1}{6}$이 모두 가능해!
야금! 꿀 tip

▶ 워크북 42쪽 | 해답 30쪽

개념 다지기

3 일차식의 덧셈과 뺄셈

다음 식을 간단히 하시오.

(1) $(x+2)+(2x-3)$

(2) $(3a+1)-(2a-4)$

(3) $(-2y+3)+(3y-4)$

(4) $(5b+3)-(-4b-2)$

tip 괄호 앞에 − 부호가 있으면 괄호 안의 모든 항의 부호를 바꾸어서 괄호를 푼다.

4 일차식의 덧셈과 뺄셈

다음 식을 간단히 하시오.

(1) $2(x+1)+3(2x-1)$

(2) $3(y+3)-\frac{1}{2}(2y-4)$

(3) $3(-2a+1)-2(a+5)$

(4) $\frac{2}{3}(6b+2)+\frac{1}{2}(4b-3)$

월등한 한줄 point 일차식의 덧셈과 뺄셈은? 괄호를 풀고 동류항끼리 계산한다.

교과서 핵심 유형 익히기

유형 1 동류항

다음 〈보기〉 중 동류항끼리 짝지어진 것을 모두 고르시오.

보기

ㄱ. x, x^2 ㄴ. $4x$, $-x$ ㄷ. -3, $\frac{2}{5}$

ㄹ. $5x$, y ㅁ. a, $\frac{1}{a}$ ㅂ. $-a^2$, $3a^2$

해결 키워드 문자와 차수가 각각 같아야 동류항이다.

1-1 다음 중 $3a$와 동류항인 것은?

① 3 ② $3b$ ③ $\frac{1}{3a}$

④ $-\frac{a}{4}$ ⑤ $3a^2$

유형 2 일차식의 덧셈과 뺄셈

다음 중 옳지 않은 것은?

① $(2-x)+(6x+5)=5x+7$

② $4(x+4)-6(x-7)=-2x+58$

③ $-2(2x-1)+5(3x+2)=11x+12$

④ $-(4x+3)-2(3x+7)=-10x+11$

⑤ $\frac{1}{2}(4x-2)-\frac{1}{3}(9x+3)=-x-2$

해결 키워드

- $A+(B-C)=A+B-C$ (각 항의 부호 그대로)
- $A-(B-C)=A-B+C$ (각 항의 부호 반대로)

2-1 $3(6x-1)+\frac{1}{3}(2-9x)$를 간단히 하였을 때, x의 계수는?

① 11 ② 12 ③ 13

④ 14 ⑤ 15

유형 3 복잡한 일차식의 덧셈과 뺄셈 (1)

다음 식을 간단히 하면?

$$2x-[3x-\{1-(5x-4)\}]$$

① $-6x-5$ ② $-6x+5$ ③ -3

④ $6x-5$ ⑤ $6x+5$

해결 키워드 괄호는 (소괄호) → {중괄호} → [대괄호]의 순서로 푼다.

3-1 $3x-\{x+5-(2x-2)\}=ax+b$일 때, 상수 a, b에 대하여 $a-b$의 값을 구하시오.

유형 4 복잡한 일차식의 덧셈과 뺄셈 (2)

다음을 만족시키는 상수 a, b에 대하여 $a-b$의 값은?

$$\frac{3x-2}{5}-\frac{3-x}{2}=ax+b$$

① 1 ② 2 ③ 3
④ 4 ⑤ 5

해결키워드 계수가 분수인 일차식의 덧셈과 뺄셈은
→ 분모의 최소공배수로 통분한 후 동류항끼리 계산한다.
→ 통분할 때는 반드시 분자에 괄호를 한다.

4-1 $\frac{x+3}{8}+\frac{-3x+5}{2}$를 간단히 하시오.

유형 5 □ 안에 알맞은 식 구하기

$-4x+5+$□$=x-2$일 때, □ 안에 알맞은 식은?

① $-3x-3$ ② $-3x+3$ ③ $5x-7$
④ $5x+3$ ⑤ $5x+7$

해결키워드 어떤 다항식을 □라 할 때, $A+$□$=B$ → □$=B-A$, □$-A=B$ → □$=B+A$

5-1 □$-(4x-7)=-2x+3$일 때, □ 안에 알맞은 식을 구하시오.

유형 6 바르게 계산한 식 구하기

어떤 다항식에서 $4x-3$을 빼어야 할 것을 잘못하여 더하였더니 $5x+2$가 되었을 때, 다음 물음에 답하시오.

(1) 어떤 다항식을 구하시오.

(2) 바르게 계산한 식을 구하시오.

해결키워드 (어떤 다항식)$+A=B$ → (어떤 다항식)$=B-A$

6-1 어떤 다항식에 $x-2$를 더하여야 할 것을 잘못하여 빼었더니 $x+3$이 되었다. 이때 바르게 계산한 식을 구하시오.

기출로 실전 문제 익히기

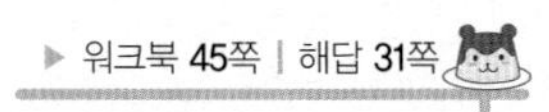
▶ 워크북 45쪽 | 해답 31쪽

1 다음 중 동류항끼리 짝지어진 것은?

① $-2x$, x^2 ② $5y$, 5 ③ a^2, b^2
④ $-\frac{k}{3}$, k ⑤ $4x$, $4y$

2 $2(x+5)-5(x-3)$을 간단히 하면?

① $-3x-25$ ② $-3x-5$
③ $-3x+25$ ④ $3x-5$
⑤ $3x+25$

3 $3-[4x-5-\{5x-6(-2x+3)\}]=ax-b$일 때, 상수 a, b에 대하여 $a+b$의 값은?

① -23 ② -10 ③ 10
④ 13 ⑤ 23

★중요 **4** $\frac{2x+5}{3}-\frac{3-2x}{2}$를 간단히 하시오.

5 $A=5x-6y$, $B=-3x+2y$일 때, $2A-B$를 간단히 하면?

① $7x-10y$ ② $7x+10y$
③ $-13x-14y$ ④ $13x-14y$
⑤ $13x+14y$

6 오른쪽 그림과 같은 도형의 둘레의 길이를 문자를 사용한 식으로 나타내시오.

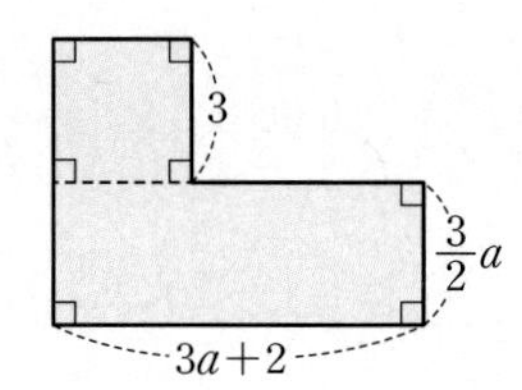

★중요 **7** 서술형

어떤 다항식에 $5x-4$를 더하여야 할 것을 잘못하여 빼었더니 $-2x+1$이 되었다. 이때 바르게 계산한 식을 구하시오.

1단계 잘못 계산한 식 세우기
풀이

2단계 어떤 다항식 구하기
풀이

3단계 바르게 계산한 식 구하기
풀이

답

▶ 워크북 80쪽 | 해답 31쪽

A 탄탄! 기본 점검하기

01 다음 중 옳지 않은 것을 모두 고르면? (정답 2개)

① $a\div(-8)=-\dfrac{a}{8}$

② $a\div b\div c=\dfrac{a}{bc}$

③ $2-x\times5\times y=2-5xy$

④ $0.01\times x\times y=0.0xy$

⑤ $(x-y)\times z\div3=\dfrac{x-y}{3z}$

02 다음 중 일차식인 것을 모두 고르면? (정답 2개)

① $-x^2+2$　② $4x+1$　③ $6-y$
④ $\dfrac{1}{x}-3$　⑤ $2y-y^2$

03 $(20x-15)\times\dfrac{1}{5}$을 간단히 하면?

① $4x-3$　② $4x+3$　③ $5x-3$
④ $5x+3$　⑤ $5x-4$

04 다음 중 동류항끼리 짝지어진 것은?

① $2y,\ y^2$　② $4x,\ -x$
③ $6a^2,\ 5b^2$　④ $4b,\ a$
⑤ $a^2b,\ ab$

B 쑥쑥! 실전 감각 익히기

★중요

05 다음 중 옳지 않은 것을 모두 고르면? (정답 2개)

① 2000원의 a %는 $200a$원이다.
② 백의 자리의 숫자가 a, 십의 자리의 숫자가 b, 일의 자리의 숫자가 c인 세 자리의 자연수는 $100a+10b+c$이다.
③ 7자루에 a원인 연필 한 자루의 가격은 $7a$원이다.
④ 밑변의 길이가 8 cm, 높이가 h cm인 삼각형의 넓이는 $4h$ cm^{2}이다.
⑤ x km를 시속 4 km로 걸을 때 걸리는 시간은 $\dfrac{x}{4}$시간이다.

06 정가가 a원인 신발을 10 % 할인하여 샀을 때, 지불한 금액을 문자를 사용한 식으로 나타내시오.

빈출 유형

07 $a=-2$, $b=3$일 때, 다음 중 식의 값이 가장 작은 것은?

① $a+b$　② $a-b$　③ $2a-b$
④ a^2-b^2　⑤ $\dfrac{ab}{a-2b}$

08 $x=-2$, $y=6$, $z=-5$일 때, $\frac{y}{xz}-\frac{x^2+y}{z}$의 값을 구하시오.

09 가로의 길이가 a cm, 세로의 길이가 b cm, 높이가 c cm인 직육면체의 부피를 V cm^3라 하자. 이때 V를 a, b, c를 사용하여 나타낸 식과 $a=4$, $b=8$, $c=5$일 때의 V의 값을 차례대로 구한 것은?

① $V=a+b+c$, 17 ② $V=ab+c$, 37
③ $V=abc$, 160 ④ $V=\frac{ab}{c}$, $\frac{32}{5}$
⑤ $V=\frac{1}{abc}$, $\frac{1}{160}$

10 다음 중 단항식인 것은?

① $x-1$ ② $\frac{3}{x}$ ③ $-5x-6$
④ $\frac{x}{2}-y$ ⑤ $-x^2y$

★중요 **11** 다음 〈보기〉 중 식 $5x^2-6x-2$에 대한 설명으로 옳은 것을 모두 고른 것은?

보기
ㄱ. 일차식이다.
ㄴ. 다항식이다.
ㄷ. 항은 모두 4개이다.
ㄹ. 상수항은 -2이다.
ㅁ. x의 계수는 6이다.
ㅂ. x^2의 계수는 5이다.

① ㄱ, ㄷ ② ㄴ, ㄷ, ㄹ
③ ㄴ, ㄹ, ㅁ ④ ㄴ, ㄹ, ㅂ
⑤ ㄴ, ㄹ, ㅁ, ㅂ

빈출 유형 **12** $\frac{2}{3}(3x-9)-(15x+20)\div5$를 간단히 하였을 때, x의 계수를 a, 상수항을 b라 하자. 이때 $a-b$의 값은?

① -11 ② -9 ③ -7
④ 9 ⑤ 11

13 $4x-y-\{5x-3y-(7x+6y)\}$를 간단히 하면?

① $-6x-8y$ ② $2x-10y$
③ $2x+10y$ ④ $6x-8y$
⑤ $6x+8y$

14 다음 식을 간단히 하면?

$$\frac{3x-2}{5}-\frac{x-7}{4}$$

① $-\frac{7}{20}x-\frac{27}{20}$ ② $-\frac{7}{20}x+\frac{27}{20}$
③ $\frac{7}{20}x-\frac{17}{20}$ ④ $\frac{7}{20}x+1$
⑤ $\frac{7}{20}x+\frac{27}{20}$

▶ 해답 32쪽

15 $A=x-\frac{1}{2}y$, $B=-2x+3y$일 때,
$-A-3B+2(A+B)$를 간단히 하시오.

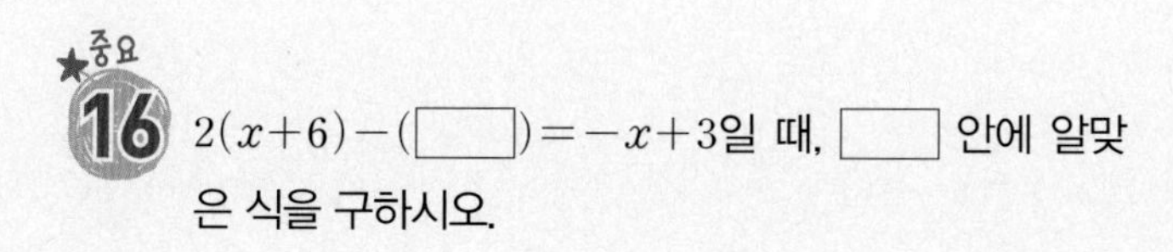

★중요 **16** $2(x+6)-(\square)=-x+3$일 때, $\square$ 안에 알맞은 식을 구하시오.

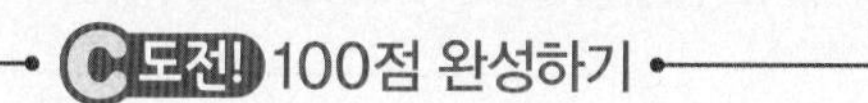

C 도전! 100점 완성하기

기출 유사

17 오른쪽 그림과 같은 도형의 넓이를 문자를 사용한 식으로 나타내시오.

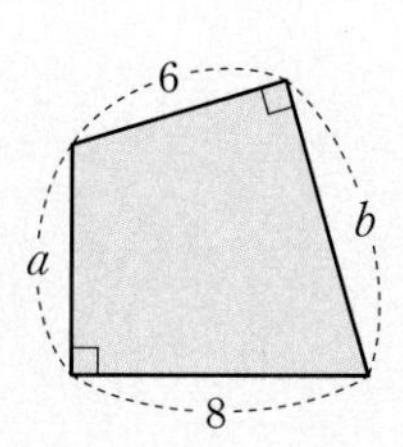

18 $a=\frac{1}{2}$, $b=-\frac{1}{5}$, $c=\frac{1}{4}$일 때, $-\frac{3}{a}+\frac{2}{b}+\frac{7}{c}$의 값을 구하시오.

19 지훈이의 모둠은 남학생이 6명, 여학생이 x명이다. 모둠의 수학 시험 점수에서 남학생의 평균 점수가 y점, 여학생의 평균 점수가 80점일 때, 다음 물음에 답하시오.

(1) 모둠 전체 학생의 평균 점수를 x, y를 사용한 식으로 나타내시오.

(2) $x=4$, $y=70$일 때, 모둠 전체 학생의 평균 점수를 구하시오.

20 다음 조건을 모두 만족시키는 두 다항식 A, B에 대하여 $A-2B$를 간단히 하시오.

(가) $A-2(5x-2)=x+3$
(나) $3(2-x)-B=-5x+4$

21 오른쪽 그림과 같은 직사각형에서 색칠한 부분의 넓이를 x를 사용한 식으로 나타내시오.

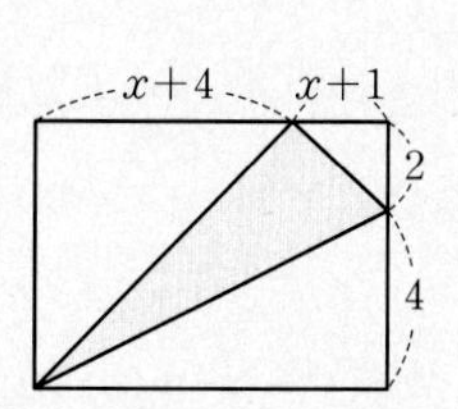

잘 나오는 서술형 집중 연습

▶ 해답 33쪽

22 다음 식에 대하여 물음에 답하시오.

$$-2x+9-[5x-\{6x+2-(4x+3)\}]$$

(1) 식을 간단히 하시오.

풀이

(2) 간단히 한 식에서 x의 계수와 상수항의 합을 구하시오.

풀이

답

check list
□ 복잡한 일차식의 덧셈과 뺄셈을 할 수 있는가? ↻ 86쪽
□ 다항식에서 x의 계수와 상수항을 구할 수 있는가? ↻ 80쪽

23 다음은 성인이 되었을 때의 최종 키를 예측하는 방법 중 하나이다. 물음에 답하시오.

부모의 키의 합을 2로 나눈 다음, 남자이면 6.5 cm를 더하고 여자이면 6.5 cm를 뺀다.

(1) 아버지의 키가 x cm, 어머니의 키가 y cm인 딸의 최종 키를 예측하려고 할 때, 이를 x, y를 사용한 식으로 나타내시오.

풀이

(2) 아버지의 키가 180 cm, 어머니의 키가 162 cm인 여학생 현주의 최종 키를 예측하면 몇 cm인지 구하시오.

풀이

답

check list
□ 주어진 상황을 문자를 사용한 식으로 나타낼 수 있는가? ↻ 74쪽
□ 식의 값을 구할 수 있는가? ↻ 76쪽

24 어떤 다항식에 $4x-9$를 더하여야 할 것을 잘못하여 빼었더니 $x-1$이 되었다. 바르게 계산한 식을 구하시오.

풀이

답

check list
□ 덧셈과 뺄셈 사이의 관계를 이용하여 어떤 다항식을 구할 수 있는가? ↻ 87쪽
□ 일차식의 덧셈과 뺄셈을 할 수 있는가? ↻ 85쪽

25 다음 표의 가로, 세로, 대각선에 놓인 세 일차식의 합이 모두 같을 때, $2A+B$를 구하시오.

$3x+5$		B
	$2x-1$	
A	$7x+7$	$x-7$

풀이

답

check list
□ 덧셈과 뺄셈 사이의 관계를 이용하여 어떤 다항식을 구할 수 있는가? ↻ 87쪽
□ 일차식과 수의 곱셈, 일차식의 덧셈과 뺄셈을 할 수 있는가? ↻ 85쪽

핵심 키워드 다시 보기

핵심 키워드 대입, 다항식, 항, 단항식, 상수항, 계수, 차수, 일차식, 동류항

문자의 사용과 식의 값

곱셈 기호와 나눗셈 기호의 생략

LECTURE 11 | 75쪽

- 곱셈 기호의 생략
  ① $b\times2\times a=2ab$ ← 수는 문자 앞에, 문자끼리는 알파벳 순서로
  ② $(-1)\times x\times a\times x=-ax^2$ ← 문자 앞의 1은 생략, 같은 문자는 거듭제곱으로
  ③ $(x+y)\times3=3(x+y)$ ← 수는 괄호 앞에
- 나눗셈 기호의 생략
  [방법 1] $a\div3=\frac{a}{3}$ ← 분수 꼴로 고치기
  [방법 2] $a\div3=a\times\frac{1}{3}=\frac{a}{3}$ ← 역수의 곱셈으로 고친 후 곱셈 기호 생략

대입과 식의 값

LECTURE 11 | 76쪽

- **대입**: 문자에 어떤 수를 바꾸어 넣는 것
- **식의 값**: 문자에 어떤 수를 대입하여 계산한 결과

$2x-1$
↓ x에 3을 대입
$=2\times3-1$
$=5$ ← 식의 값

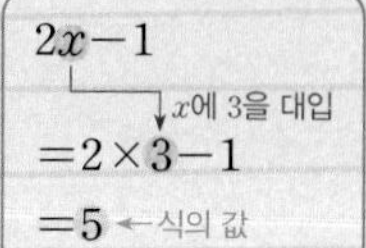

일차식의 계산

다항식과 일차식

LECTURE 12 | 80쪽

- **다항식**: 한 개 또는 두 개 이상의 항의 합으로 이루어진 식
- **일차식**: 차수가 1인 다항식
  예 $-2x+1$, $3y-2$, y

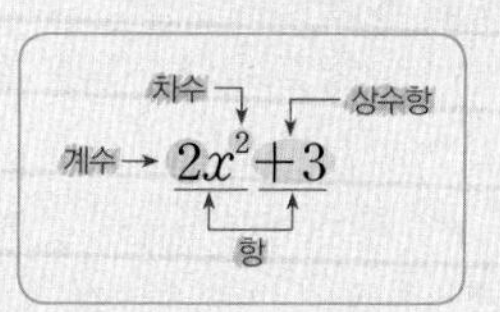

- 다항식이 일차식이기 위한 조건
  ax^2+bx+c (a, b, c는 상수) 꼴이 x에 대한 일차식이려면 $a=0$, $b\neq0$

일차식과 수의 곱셈, 나눗셈

LECTURE 12 | 81쪽

- 일차식과 수의 곱셈: 분배법칙 이용
  예 $-3(5x-2)=-3\times5x+(-3)\times(-2)$
  $=-15x+6$
- 일차식과 수의 나눗셈: 나누는 수의 역수 곱하기
  예 $(10x-5)\div5=(10x-5)\times\frac{1}{5}$
  $=10x\times\frac{1}{5}+(-5)\times\frac{1}{5}$
  $=2x-1$

일차식의 덧셈, 뺄셈

LECTURE 13 | 84쪽

- **동류항**: 다항식에서 문자와 차수가 각각 같은 항

동류항
$3x+2+5x-4$
동류항

- 일차식의 덧셈과 뺄셈의 계산 순서
  ❶ 분배법칙을 이용하여 괄호를 푼다.
  ❷ 동류항끼리 모아서 계산한다.

$2(3x+2)-3(x-3)$ ❶
$=6x+4-3x+9$ ❷
$=3x+13$

초 6	중 1	중 1
비례식과 비례배분 • 비례식 • 비의 성질 • 비례식의 성질 • 비례배분	**문자와 식** • 문자의 사용 • 곱셈 기호와 나눗셈 기호의 생략	**일차식의 계산** • 일차식과 수의 곱셈, 나눗셈 • 일차식의 덧셈과 뺄셈

▶ 해답 34쪽

단원 계통 잇기

초 6

• 비례식
비율이 같은 두 비를 등호를 사용하여 나타낸 식

• 비례식의 성질
외항의 곱과 내항의 곱이 같다.

예 $2:3=18:27 \rightarrow 2\times27=3\times18$ (외항: 2, 27 / 내항: 3, 18)

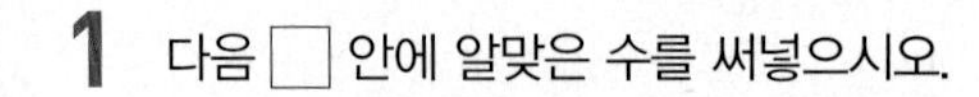

1 다음 □ 안에 알맞은 수를 써넣으시오.

(1) $7:★=5:10 \rightarrow 7\times\square=★\times5 \rightarrow ★=\square$

(2) $★:65=6:13 \rightarrow ★\times13=\square\times6 \rightarrow ★=\square$

(3) $\frac{3}{4}:\frac{2}{5}=★:8 \rightarrow \frac{3}{4}\times\square=\frac{2}{5}\times★ \rightarrow ★=\square$

중 1

• 문자를 사용하여 식 세우기
문자를 사용하면 수량 사이의 관계를 간단한 식으로 나타낼 수 있다.
❶ 문제의 뜻을 파악하여 그에 맞는 규칙을 찾는다.
❷ 문자를 사용하여 ❶의 규칙에 맞도록 식을 세운다.
예 한 개에 200원인 사탕 a개의 가격
→ $200a$원

2 다음을 문자를 사용한 식으로 나타내시오.

(1) 현재 x세인 민현이의 10년 후의 나이

(2) 한 변의 길이가 x cm인 정삼각형의 둘레의 길이

(3) 혜영이가 x km를 시속 2 km로 걸은 후에 y km를 시속 3 km로 걸었을 때 걸리는 시간

중 1

• 일차식과 수의 곱셈, 나눗셈
분배법칙을 이용하여 계산한다.
예 $-3(2x+1)=-3\times2x+(-3)\times1$
$=-6x-3$

• 일차식의 덧셈과 뺄셈
❶ 괄호가 있으면 분배법칙을 이용하여 괄호를 푼다.
❷ 동류항끼리 모아서 계산한다.
예 $(6x+3)+2(2x-1)$
$=6x+3+4x-2$ (분배법칙)
$=6x+4x+3-2$ (동류항끼리)
$=10x+1$

3 다음 식을 간단히 하시오.

(1) $\left(-\frac{2}{3}\right)\times(6x-3)$

(2) $(15x-9)\div\frac{3}{5}$

(3) $2(2x-1)+\frac{1}{3}(3x+6)$

(4) $4(x-2)-3(2x+1)$

중 1

일차방정식

- 방정식과 그 해
- 일차방정식의 풀이
- 일차방정식의 활용

2 일차방정식

LECTURE 15 일차방정식의 풀이

4 비례식 $(2x+1):5=(x-1):4$를 만족시키는 x의 값은?

① -3 ② -1 ③ 0 ④ 3 ⑤ 5

LECTURE 16 일차방정식의 활용 (1)

유형 3 나이에 대한 문제

현재 현수의 삼촌의 나이는 32세, 현수의 나이는 15세이다. 삼촌의 나이가 현수의 나이의 2배가 되는 것은 몇 년 후인지 구하시오.

LECTURE 15 일차방정식의 풀이

유형 3 복잡한 일차방정식의 풀이(1)

일차방정식 $1-2(x-5)=-3(2x+3)$을 풀면?

① $x=-6$ ② $x=-5$ ③ $x=-3$ ④ $x=5$ ⑤ $x=6$

학습계획표

학습 내용	쪽수	학습일	성취도
LECTURE 14 방정식과 그 해	96~100쪽	월 일	○ △ ×
LECTURE 15 일차방정식의 풀이	101~105쪽	월 일	○ △ ×
LECTURE 16 일차방정식의 활용 (1)	106~109쪽	월 일	○ △ ×
LECTURE 17 일차방정식의 활용 (2)	110~114쪽	월 일	○ △ ×
학교 시험 미리 보기	115~118쪽	월 일	○ △ ×
핵심 키워드 다시 보기	119쪽	월 일	○ △ ×

LECTURE 14

방정식과 그 해

개념 1 등식

(1) **등식**: 등호(=)를 사용하여 수 또는 식이 서로 같음을 나타낸 식

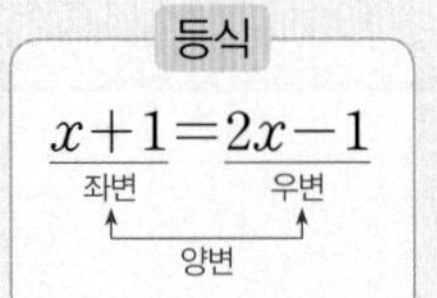

① **좌변**: 등식에서 등호의 왼쪽 부분

② **우변**: 등식에서 등호의 오른쪽 부분

③ **양변**: 등식에서 등호의 양쪽 부분

예 • $2\times(4+2)=12$, $x+5=9$ → 등식이다. • $2+7>8$, $5x-6$ → 등식이 아니다.

(2) **방정식**: 미지수의 값에 따라 참이 되기도 하고 거짓이 되기도 하는 등식

① **미지수**: 방정식에 있는 문자

② **방정식의 해(근)**: 방정식을 참이 되게 하는 미지수의 값

③ **방정식을 푼다**: 방정식의 해를 구하는 것

(3) **항등식**: 미지수에 어떤 수를 대입하여도 항상 참이 되는 등식[1]

[1] 항등식을 나타내는 표현에는
• x에 대한 항등식
• x의 값에 관계없이 항상 성립
• 모든 x에 대하여 항상 참
등이 있다.

• **등식**(等 같다, 式 식) 같음을 나타낸 식
• **미지수**(未 아니다, 知 알다, 數 수) 알지 못하는 수
• **항등식**(恒 항상, 等 같다, 式 식) 항상 같은 식

방정식과 항등식은 어떻게 구분할까?

등식에서 ┌ x의 값에 따라 거짓인 경우가 있으면? → 방정식이다!
└ x의 값에 관계없이 항상 참이면? → 항등식이다!

예 ① 등식 $2x+1=5$에서

x의 값	좌변	우변	참/거짓
1	3	5	거짓
2	5	5	참
3	7	5	거짓

→ 등식 $2x+1=5$는 방정식이다.

② 등식 $2x+3x=5x$에서

x의 값	좌변	우변	참/거짓
1	5	5	참
2	10	10	참
3	15	15	참

→ 등식 $2x+3x=5x$는 항등식이다.

먼저 등식의 좌변과 우변을 각각 간단히 해 봐. 이때 (좌변)=(우변)이면 항등식이야.

▶ 워크북 46쪽 | 해답 34쪽

개념 다지기

1 등식 찾기

다음 중 등식인 것은 ○표, 등식이 아닌 것은 ×표를 하시오.

(1) $3+4=7$ ( ) (2) $5-2=2$ ( ) (3) $x+3$ ( )

(4) $6<9$ ( ) (5) $x-5=4x$ ( ) (6) $x-2\geq 3$ ( )

2 방정식의 해

tip 방정식에 주어진 해를 대입하여 참이 되는 것을 찾는다.

다음 방정식 중 $x=2$가 해인 것을 모두 고르시오.

(1) $x-1=2$ (2) $5-x=3$ (3) $3x+2=x+6$ (4) $2(4-x)=2x-1$

3 방정식과 항등식 구분하기

tip 좌변과 우변을 각각 간단히 하였을 때 (좌변)=(우변)이면 항등식이다.

다음 등식 중 방정식인 것은 '방', 항등식인 것은 '항'을 써넣으시오.

(1) $2x-5=x$ ( ) (2) $4x-x=3x$ ( )

(3) $5x-3=-3+5x$ ( ) (4) $2(x+4)=8$ ( )

항등식은? 미지수에 어떤 수를 대입하여도 항상 참이 되는 등식이다.

개념 2 등식의 성질

(1) 등식의 성질

① 등식의 양변에 같은 수를 더하여도 등식은 성립한다.

→ $a=b$이면 $a+c=b+c$

② 등식의 양변에서 같은 수를 빼어도 등식은 성립한다.

→ $a=b$이면 $a-c=b-c$ [1]

③ 등식의 양변에 같은 수를 곱하여도 등식은 성립한다.

→ $a=b$이면 $ac=bc$

④ 등식의 양변을 0이 아닌 같은 수로 나누어도 등식은 성립한다.

→ $a=b$이면 $\frac{a}{c}=\frac{b}{c}$ (단, $c\neq 0$) [2]

(2) 등식의 성질을 이용한 방정식의 풀이

등식의 성질을 이용하여 $x=$(수) 꼴로 고쳐서 방정식의 해를 구할 수 있다.

예 $2x+5=11$ $\xrightarrow[\text{등식의 성질 ②}]{\text{양변에서 5를 뺀다.}}$ $2x=6$ $\xrightarrow[\text{등식의 성질 ④}]{\text{양변을 2로 나눈다.}}$ $x=3$

[1] 양변에서 c를 빼는 것은 양변에 $-c$를 더하는 것과 같다.

[2] 양변을 c로 나누는 것은 양변에 $\frac{1}{c}$을 곱하는 것과 같다.

개념note

등식의 성질에는 어떤 원리가 있을까?

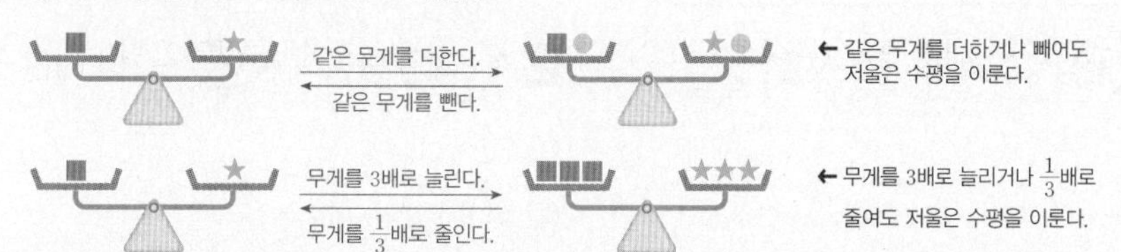
같은 무게를 더한다.
같은 무게를 뺀다.
← 같은 무게를 더하거나 빼어도 저울은 수평을 이룬다.
무게를 3배로 늘린다.
무게를 1/3배로 줄인다.
← 무게를 3배로 늘리거나 1/3배로 줄여도 저울은 수평을 이룬다.

→ 저울이 수평을 이루는 것은 양쪽의 무게가 같음을 뜻하므로 양변이 같음을 나타내는 등식에서도 이와 같은 등식의 성질이 성립한다.

▶ 워크북 46쪽 | 해답 34쪽

개념 다지기

등식의 성질 **4**

tip $a=b$이면
- $a+c=b+c$
- $a-c=b-c$
- $ac=bc$
- $\frac{a}{c}=\frac{b}{c}(c\neq 0)$

$a=b$일 때, 다음 등식이 성립하도록 □ 안에 알맞은 수를 써넣으시오.

(1) $a+4=b+\square$ (2) $a-5=b-\square$

(3) $a\times 7=b\times\square$ (4) $\frac{a}{6}=\frac{b}{\square}$

등식의 성질을 이용하여 방정식 풀기 **5**

tip 등식의 성질을 이용하여 좌변에 x만 남도록 만든다.

다음은 등식의 성질을 이용하여 방정식의 해를 구하는 과정이다. □ 안에 알맞은 수를 써넣으시오.

(1) $2x-7=-1$
양변에 □을 더한다.
$2x=\square$
양변을 □로 나눈다.
$x=\square$

(2) $\frac{x}{3}+2=5$
양변에서 □를 뺀다.
$\frac{x}{3}=\square$
양변에 □을 곱한다.
$x=\square$

한줄 point 등식의 양변을 같은 수로 나눌 때는? (나누는 수)$\neq 0$인 조건이 반드시 필요하다.

교과서 핵심 유형 익히기

유형 1 문장을 등식으로 나타내기

다음 문장을 등식으로 나타내시오.

(1) 어떤 수 x에 1을 더하여 2배한 값은 20이다.

(2) 가로의 길이가 x cm, 세로의 길이가 4 cm인 직사각형의 넓이는 24 cm^2이다.

(3) 시속 60 km로 x시간 동안 이동한 거리는 180 km이다.

해결 키워드 문장을 등식으로 나타낼 때는 '~은 / ~이다.'와 같이 주어진 문장을 둘로 끊어서 좌변과 우변이 되는 식을 각각 세운다.

1-1 다음 문장을 등식으로 나타내시오.

(1) 어떤 수 x에 7을 더한 수의 2배는 15에서 x를 뺀 수와 같다.

(2) 한 변의 길이가 x cm인 정오각형의 둘레의 길이는 25 cm이다.

(3) 한 개에 x원인 사과 3개와 한 개에 y원인 귤 5개의 값이 5000원이다.

유형 2 방정식의 해

다음 중 [ ] 안의 수가 주어진 방정식의 해가 아닌 것은?

① $3x-5=4$ [3]
② $4x-1=7x+2$ [-1]
③ $2(x+1)=3x$ [2]
④ $-x+5=x-3$ [4]
⑤ $\frac{1}{2}(4x+3)=x-\frac{9}{2}$ [-2]

해결 키워드 주어진 방정식에 [ ] 안의 수를 각각 대입하여 참이 되는지 확인한다.

2-1 다음 방정식 중 $x=-1$이 해인 것은?

① $7x-3=4$
② $5(2-x)=4x-8$
③ $7-2(x+2)=4x$
④ $4x+5=6x+7$
⑤ $-3(2-3x)=2x+1$

유형 3 항등식

다음 중 x의 값에 관계없이 항상 참인 등식은?

① $6x-x=5x+1$
② $4x=x+3$
③ $2(x-1)=2x-1$
④ $2+x=3x$
⑤ $5x-1=7x-1-2x$

해결 키워드 항등식을 찾을 때는 등식의 양변을 각각 정리하여 (좌변)=(우변)인지 확인한다.

3-1 다음 〈보기〉 중 항등식인 것을 모두 고르시오.

보기
ㄱ. $2x=3x-1$
ㄴ. $x+5=2x$
ㄷ. $4x=3x+1$
ㄹ. $3x-1=-1+3x$
ㅁ. $2(x+4)=2x+8$

유형 4 항등식이 될 조건

등식 $ax+10=3x-5b$가 x에 대한 항등식일 때, 상수 a, b에 대하여 $a-b$의 값을 구하시오.

해결 키워드 $ax+b=cx+d$가 x에 대한 항등식이면 → $a=c$, $b=d$ (x의 계수끼리, 상수항끼리)

4-1 다음 등식이 x에 대한 항등식일 때, □ 안에 알맞은 수를 써넣으시오.

$$3(x+4)-6=3x+\square$$

유형 5 등식의 성질

다음 중 옳지 않은 것은?

① $a+9=b+9$이면 $-2a=-2b$이다.
② $ac=bc$이면 $a=b$이다.
③ $a-5=b-3$이면 $a+3=b+5$이다.
④ $\frac{a}{6}=b$이면 $a=6b$이다.
⑤ $5a-2=5b-2$이면 $a=b$이다.

해결 키워드 '$a=b$이면 $\frac{a}{c}=\frac{b}{c}$이다.'가 참이려면 $c\neq0$인 조건이 반드시 필요하다.

5-1 $a=b$일 때, 다음 〈보기〉 중 옳은 것을 모두 고르시오.

보기
ㄱ. $a+c=b+c$　　ㄴ. $ac=bc$
ㄷ. $a-2c=b-2c$　　ㄹ. $a-1=1-b$
ㅁ. $\frac{a}{c}=\frac{b}{c}$　　ㅂ. $\frac{1}{3}a=\frac{1}{3}b$

유형 6 등식의 성질을 이용한 방정식의 풀이

오른쪽은 등식의 성질을 이용하여 방정식 $\frac{x-2}{3}=2$의 해를 구하는 과정이다. (가), (나)에서 이용한 등식의 성질을 〈보기〉에서 고르시오.

(단, $a=b$이고 c는 자연수이다.)

$\frac{x-2}{3}=2$
(가)
$x-2=6$
(나)
$\therefore x=8$

보기
ㄱ. $a+c=b+c$　　ㄴ. $a-c=b-c$
ㄷ. $ac=bc$　　ㄹ. $\frac{a}{c}=\frac{b}{c}$

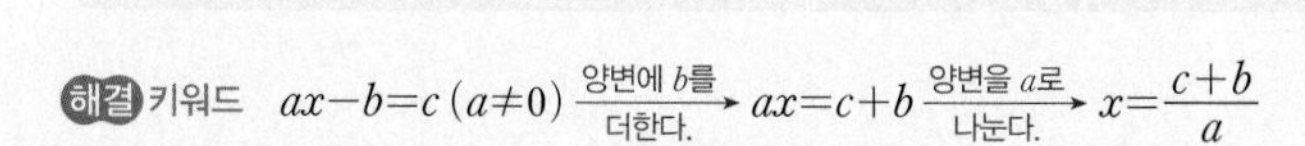
해결 키워드 $ax-b=c\ (a\neq0)$ $\xrightarrow{\text{양변에 } b\text{를 더한다.}}$ $ax=c+b$ $\xrightarrow{\text{양변을 } a\text{로 나눈다.}}$ $x=\frac{c+b}{a}$

6-1 오른쪽은 등식의 성질을 이용하여 방정식 $\frac{x}{4}+5=\frac{1}{2}$의 해를 구하는 과정이다. (가), (나) 중 다음 그림에서 설명하는 등식의 성질을 이용한 곳을 고르시오.

$\frac{x}{4}+5=\frac{1}{2}$
(가)
$x+20=2$
(나)
$\therefore x=-18$

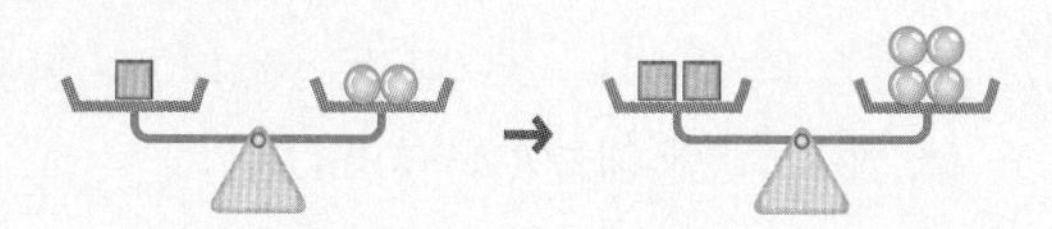

기출로 실전 문제 익히기

1 다음 중 등식이 아닌 것을 모두 고르면? (정답 2개)

① $-3x+9$ ② $2+9=11$
③ $3<5$ ④ $3x=2x$
⑤ $8+x=2x$

2 다음 중 문장을 등식으로 나타낸 것으로 옳지 않은 것은?

① 어떤 수 x의 3배에 2를 더하면 7이다.
→ $3x+2=7$
② 사탕 30개를 4명에게 x개씩 나누어 주었더니 2개가 남았다. → $30-4x=2$
③ x원인 책을 10 % 할인한 가격은 18000원이다.
→ $0.9x=18000$
④ 한 변의 길이가 x cm인 정사각형 모양의 종이 두 장을 가로로 이어 붙였더니 가로의 길이가 36 cm가 되었다. → $x^2=36$
⑤ 17을 5로 나눈 몫은 x이고 나머지는 2이다.
→ $17=5x+2$

3 다음 〈보기〉 중 항등식인 것의 개수를 구하시오.

보기
ㄱ. $x-5=5-x$ ㄴ. $6-2x=2(-x+3)$
ㄷ. $4x+2-3(x+1)$ ㄹ. $x-3-2x=4$
ㅁ. $3x+1=3\left(x+\frac{1}{3}\right)$ ㅂ. $4x-3x=x$

등식 $2ax+9=4x-3b$가 모든 x에 대하여 항상 참일 때, 상수 a, b에 대하여 $a+b$의 값은?

① -1 ② 0 ③ 1
④ 2 ⑤ 3

5 다음 중 [ ] 안의 수가 주어진 방정식의 해인 것은?

① $-x+4=3+x$ [-3]
② $2x+3=7$ [-2]
③ $\frac{9+2x}{3}=3x-4$ [3]
④ $6(x+1)-5=7$ [0]
⑤ $2(3-x)=5x+2$ [1]

6 (중요) 다음 중 옳지 않은 것을 모두 고르면? (정답 2개)

① $-2a=b$이면 $7-2a=7+b$이다.
② $5a=3b$이면 $\frac{a}{3}=\frac{b}{5}$이다.
③ $4a+5=4b+5$이면 $a=b+1$이다.
④ $\frac{a}{2}=\frac{b}{3}$이면 $3a-7=2b-7$이다.
⑤ $a=3b$이면 $a-8=3(b-8)$이다.

7 오른쪽은 등식의 성질을 이용하여 방정식 $0.3x+0.6=2.1$의 해를 구하는 과정이다. ㉠, ㉡, ㉢에 알맞은 수를 구하고, (가), (나), (다)에서 이용한 등식의 성질을 쓰시오.

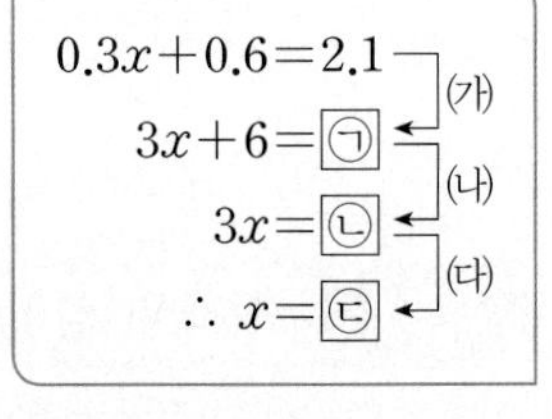

1단계 ㉠의 값을 구하고 (가)에서 이용한 등식의 성질 쓰기
풀이

2단계 ㉡의 값을 구하고 (나)에서 이용한 등식의 성질 쓰기
풀이

3단계 ㉢의 값을 구하고 (다)에서 이용한 등식의 성질 쓰기
풀이

답

LECTURE 15

일차방정식의 풀이

개념 1 일차방정식

(1) 이항

등식의 성질을 이용하여 등식의 한 변에 있는 항을 부호를 바꾸어 다른 변으로 옮기는 것[1]

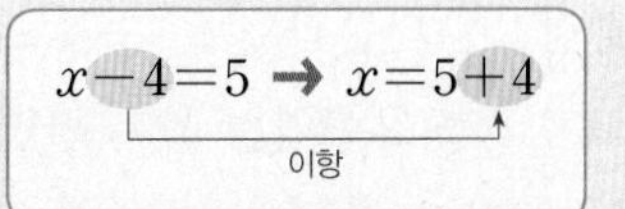

참고 $+a$를 이항하면 → $-a$, $-a$를 이항하면 → $+a$

(2) 일차방정식

방정식의 모든 항을 좌변으로 이항하여 정리한 식이

$(x$에 대한 일차식$)=0$, 즉 $ax+b=0\,(a\neq0)$

꼴로 나타나는 방정식을 x에 대한 일차방정식이라 한다.

예 $3x+2=4$에서 $3x-2=0$ → x에 대한 일차방정식이다.

$x=-x^2+2$에서 $x^2+x-2=0$ → x에 대한 일차방정식이 아니다.

참고 일차방정식에서 미지수 x 대신 다른 문자를 쓸 수도 있다.

예 $3a-2=0$ → a에 대한 일차방정식이다.

[1] 이항은 등식의 성질 중 '등식의 양변에 같은 수를 더하거나 빼어도 등식은 성립한다.'를 이용한 것이다.

$x-4=5$
$x-4+4=5+4$ ← 양변에 4를 더한다.

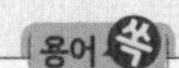

용어

• 이항(移 옮기다, 項 항목) 항을 옮긴다.

개념note

이항을 하면 왜 부호가 바뀔까?

오른쪽과 같이 부호가 반대인 항을 양변에 더하여야(㉠) 필요 없는 항을 없앨 수 있다. 이 과정을 간단히 나타낸 것이(㉡) 이항이다.

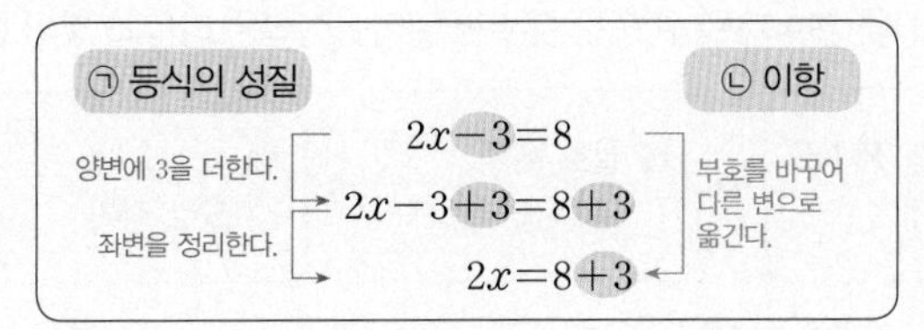

㉠ 등식의 성질
㉡ 이항
$2x-3=8$
양변에 3을 더한다.
$2x-3+3=8+3$
좌변을 정리한다.
$2x=8+3$
부호를 바꾸어 다른 변으로 옮긴다.

이항을 이용하면 등식을 간편하게 정리할 수 있어. 특히, 102쪽에서 배우는 방정식의 해를 구하는 데 아주 유용해~.

꿀tip

▶ 워크북 50쪽 | 해답 36쪽

개념 다지기

이항 **1** 다음은 밑줄 친 항을 이항한 것이다. □ 안에 $+$, $-$ 중 알맞은 것을 써넣으시오.

(1) $2x\underline{+1}=4 \rightarrow 2x=4\,\square\,1$

(2) $x\underline{-3}=5 \rightarrow x=5\,\square\,3$

(3) $3x=\underline{x}-1 \rightarrow 3x\,\square\,x=-1$

(4) $x\underline{-2}=3\underline{+4x} \rightarrow x\,\square\,4x=3\,\square\,2$

이항 **2** 다음 방정식에서 밑줄 친 항을 이항하시오.

(1) $2x\underline{-7}=3$

(2) $7x\underline{+4}=3$

(3) $x=\underline{-3x}+4$

(4) $5x\underline{-6}=\underline{3x}+1$

일차방정식 찾기 **3** 다음 중 일차방정식인 것은 ○표, 일차방정식이 아닌 것은 ×표를 하시오.

tip 우변의 항을 모두 좌변으로 이항하여 식을 간단히 한 후 좌변의 식이 일차식인지 확인한다.

(1) $8x=1$ (   )

(2) $6+2=8$ (   )

(3) $x+7>0$ (   )

(4) $x^2+3x=x^2+6$ (   )

한줄 point

일차방정식은? 모든 항을 좌변으로 이항하여 정리한 식이 (일차식)$=0$ 꼴로 나타나는 방정식이다.

개념 2 일차방정식의 풀이

(1) 일차방정식의 풀이

일차방정식은 다음과 같은 순서로 푼다.

❶ 미지수 x를 포함하는 항은 좌변으로, 상수항은 우변으로 이항한다.

❷ 양변을 정리하여 $ax=b\,(a\neq0)$ 꼴로 나타낸다.

❸ 양변을 x의 계수 a로 나누어 해를 구한다.

(2) 복잡한 일차방정식의 풀이

① 괄호가 있으면 분배법칙을 이용하여 괄호를 풀고 정리한 후 방정식을 푼다.

② 계수가 소수 또는 분수이면 양변에 적당한 수를 곱하여 계수를 정수로 고쳐서 푼다.[1]

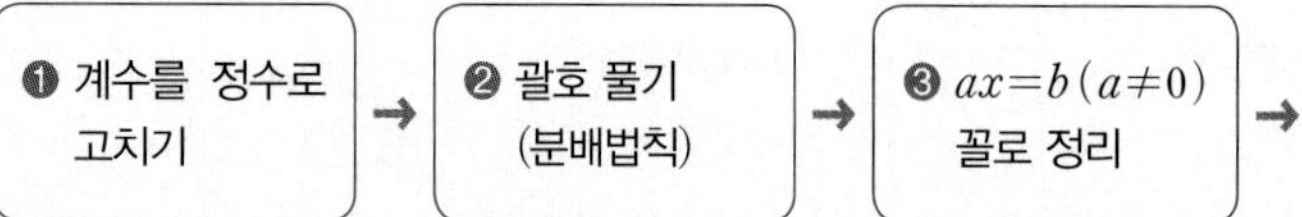

→ 계수가 소수인 경우: 양변에 10, 100, 1000, … 중 적당한 수를 곱한다.
계수가 분수인 경우: 양변에 분모의 최소공배수를 곱한다.

배운 내용 다시 보기
- **분배법칙** (Lecture 09)
$a\times(b+c)=a\times b+a\times c$

❶ 양변에 적당한 수를 곱하여 계수를 정수로 고칠 때, 모든 항에 빠뜨리지 않고 같은 수를 곱해 주어야 한다.
예 $0.02x+1=0.12x$
→ $2x+1=12x$ (×)
$2x+100=12x$ (○)

복잡한 일차방정식은 어떻게 풀까?

괄호가 있거나 계수가 소수 또는 분수인 일차방정식은 다음과 같이 푼다.

❶ 계수를 정수로 고치기 → ❷ 괄호 풀기 (분배법칙) → ❸ $ax=b\,(a\neq0)$ 꼴로 정리 → ❹ 해 구하기 $\left(x=\dfrac{b}{a}\right)$

예 $x-1=\dfrac{1}{3}(x+1)$ $\xrightarrow[\times3]{❶}$ $3(x-1)=x+1$ $\xrightarrow[\text{분배법칙}]{❷}$ $3x-3=x+1$ $\xrightarrow[ax=b]{❸}$ $2x=4$ $\xrightarrow[x=\frac{b}{a}]{❹}$ $x=2$

$x-1=\dfrac{1}{3}(x+1)$에서 양변에 3을 곱하면 $3(x-1)=x+1$은 맞고 $3x-1=x+1$은 틀려. 모든 항에 3을 빠짐없이 곱해 주어야 해!

▶ 워크북 50쪽 | 해답 36쪽

개념 다지기

일차방정식의 풀이

4 다음 일차방정식을 푸시오.

(1) $2x+5=9$

(2) $-3x=x-4$

(3) $2-3x=7+2x$

(4) $3x-10=-5x+14$

복잡한 일차방정식의 풀이

tip 계수가 소수 또는 분수일 때는 먼저 계수를 정수로 고쳐서 푼다.

5 다음 일차방정식을 푸시오.

(1) $0.2x-0.6=-0.1x+1.2$

(2) $0.3(x+2)=1.5$

(3) $\dfrac{x-3}{4}=\dfrac{6-x}{2}$

(4) $\dfrac{x}{2}+\dfrac{2x+4}{5}=-1$

계수가 소수 또는 분수인 일차방정식을 풀 때는? 양변에 적당한 수를 곱하여 계수를 정수로 고쳐서 푼다.

교과서 핵심 유형 익히기

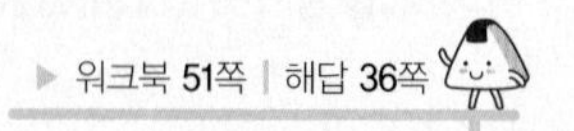
▶ 워크북 51쪽 | 해답 36쪽

유형 1 이항

다음 중 밑줄 친 항을 이항한 것으로 옳지 않은 것은?

① $5x\underline{-4}=1 \rightarrow 5x=1+4$
② $6x=2\underline{+4x} \rightarrow 6x-4x=2$
③ $-x\underline{+3}=9 \rightarrow -x=9+3$
④ $5x\underline{-1}=\underline{4x}+7 \rightarrow 5x-4x=7+1$
⑤ $-2x\underline{+4}=\underline{3x}-6 \rightarrow -2x-3x=-6-4$

해결 키워드 $+a$를 이항하면 → $-a$, $-a$를 이항하면 → $+a$

1-1 다음 중 밑줄 친 항을 이항한 것으로 옳은 것을 모두 고르면? (정답 2개)

① $3x\underline{+2}=2 \rightarrow 3x=2-2$
② $9x=-15\underline{+6x} \rightarrow 9x+6x=-15$
③ $7x\underline{+2}=\underline{9x} \rightarrow 7x+9x=2$
④ $x\underline{+4}=\underline{6x}+6 \rightarrow x-6x=6+4$
⑤ $\underline{5}-x=\underline{2x}-4 \rightarrow -x-2x=-4-5$

유형 2 일차방정식의 뜻

다음 중 일차방정식이 아닌 것을 모두 고르면? (정답 2개)

① $6x-5$　② $x=0$
③ $2x-8=10$　④ $3x-1=-1+3x$
⑤ $x^2-5x+6=x^2$

해결 키워드 모든 항을 좌변으로 이항하여 간단히 정리한 식이 $ax+b=0(a\neq0)$ 꼴인지 확인한다.

2-1 다음 중 일차방정식인 것은?

① $x^2-1=3$　② $3x+8=3x$
③ $x-x^2=2-x^2$　④ $2x+1=2(x+1)$
⑤ $x-7+2x$

유형 3 복잡한 일차방정식의 풀이 (1)

일차방정식 $1-2(x-5)=-3(2x+3)$을 풀면?

① $x=-6$　② $x=-5$　③ $x=-3$
④ $x=5$　⑤ $x=6$

해결 키워드 괄호가 있는 일차방정식은 분배법칙을 이용하여 괄호를 풀고 동류항끼리 정리하여 $ax=b(a\neq0)$ 꼴로 만든다.

3-1 일차방정식 $7(x+1)=2(2x-3)+1$을 풀면?

① $x=-7$　② $x=-6$　③ $x=-5$
④ $x=-4$　⑤ $x=-3$

유형 4 복잡한 일차방정식의 풀이(2)

일차방정식 $\frac{x}{5}-2=\frac{x}{2}+1$을 풀면?

① $x=-10$ ② $x=-1$ ③ $x=1$
④ $x=10$ ⑤ $x=20$

해결 키워드 계수가 { 분수이면 → 양변에 분모의 최소공배수를 곱한다.
소수이면 → 양변에 10의 거듭제곱을 곱한다.

4-1 일차방정식 $0.2(x-3)=\frac{3x+4}{5}$를 풀면?

① $x=-7$ ② $x=-\frac{7}{2}$ ③ $x=-\frac{7}{4}$
④ $x=\frac{7}{2}$ ⑤ $x=7$

유형 5 일차방정식의 해가 주어진 경우

일차방정식 $a(x-1)+3=3x-4$의 해가 $x=3$일 때, 상수 a의 값은?

① 1 ② 2 ③ 3
④ 4 ⑤ 5

해결 키워드 주어진 해를 일차방정식에 대입하면 등식이 성립한다.

5-1 일차방정식 $ax+9=-2x+1$의 해가 $x=-1$일 때, 상수 a의 값을 구하시오.

유형 6 두 일차방정식의 해가 같은 경우

두 일차방정식 $4x-2=5x$, $3x+a=-x+5$의 해가 같을 때, 상수 a의 값은?

① 7 ② 9 ③ 11
④ 13 ⑤ 15

해결 키워드 해가 같은 두 일차방정식이 주어진 경우에는
❶ x 이외의 미지수가 없는 일차방정식의 해를 구한다.
❷ 구한 해를 나머지 일차방정식에 대입한다.

6-1 두 일차방정식 $8x-5=6x-3$, $13x+4=6+ax$의 해가 같을 때, 상수 a의 값을 구하시오.

기출로 실전 문제 익히기

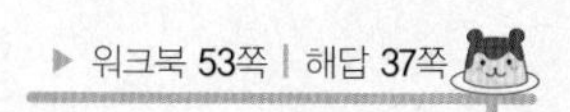

1 다음 중 일차방정식인 것을 모두 고르면? (정답 2개)

① $x^2-x-3=x^2+2$　② $\frac{1}{6}x-7$

③ $1+9x=9x$　④ $8x-4x=1$

⑤ $4x-5>3$

2 다음 중 일차방정식 $-3x+2=4(x-3)$과 해가 같은 것은?

① $2(3x-4)=x$

② $3x-1=2(x+5)-1$

③ $\frac{1}{4}(8x+1)=1$

④ $0.3x+0.7=0.6x+0.1$

⑤ $\frac{2x+3}{4}=2$

★중요 **3** 일차방정식 $0.2(x+4)=\frac{-x+12}{3}$의 해가 $x=a$일 때, a보다 작은 자연수의 개수는?

① 2개　② 3개　③ 4개

④ 5개　⑤ 6개

4 비례식 $(2x+1):5=(x-1):4$를 만족시키는 x의 값은?

① -3　② -1　③ 0

④ 3　⑤ 5

5 일차방정식 $2x+a-4=6x$의 해가 $x=\frac{1}{2}$일 때, 상수 a의 값은?

① -12　② -6　③ $-\frac{1}{2}$

④ 6　⑤ 12

★중요 **6** 일차방정식 $ax+10=3a+2$의 해가 $x=-1$일 때, 일차방정식 $\frac{1}{4}ax+1=\frac{2}{3}$의 해를 구하시오.

(단, a는 상수이다.)

서술형 **7** 두 일차방정식 $0.01x+0.12=0.17x-0.2$, $\frac{8+ax}{2}=\frac{2x+5}{3}$의 해가 같을 때, 상수 a의 값을 구하시오.

1단계 $0.01x+0.12=0.17x-0.2$의 해 구하기

풀이

2단계 a의 값 구하기

풀이

답

LECTURE 16 일차방정식의 활용 (1)

개념 1 일차방정식의 활용

일차방정식의 활용 문제는 다음과 같은 순서로 푼다.

❶ 미지수 정하기: 문제의 뜻을 파악하고 구하려는 값을 미지수 x로 놓는다.

❷ 방정식 세우기: 문제의 뜻에 맞게 x에 대한 일차방정식을 세운다.

❸ 방정식 풀기: 일차방정식을 풀어 해를 구한다.

❹ 확인하기: 구한 해가 문제의 뜻에 맞는지 확인한다.❶

❶ 문제의 답을 구할 때는 반드시 단위를 함께 쓴다.

일차방정식의 활용으로 어떤 문제가 자주 나올까?

(1) 연속하는 수에 대한 문제: 미지수를 다음과 같이 정한다.

① 연속하는 두 정수 → x, $x+1$ (또는 $x-1$, x)

② 연속하는 세 정수 → $x-1$, x, $x+1$ (또는 x, $x+1$, $x+2$)

③ 연속하는 두 홀수(짝수) → x, $x+2$ (또는 $x-2$, x)

④ 연속하는 세 홀수(짝수) → $x-2$, x, $x+2$ (또는 x, $x+2$, $x+4$)

(2) 자릿수에 대한 문제

십의 자리의 숫자가 a, 일의 자리의 숫자가 b인 두 자리의 자연수 → $10a+b$

(3) 나이에 대한 문제

① (x년 후의 나이)=(현재 나이)$+x$(세) ② (x년 전의 나이)=(현재 나이)$-x$(세)

(4) 과부족에 대한 문제: 물건을 나누어 주는 방법에 관계없이 물건의 전체 개수는 일정함을 이용한다.

(5) 일에 대한 문제: 전체 일의 양을 1로 놓고, (하루에 하는 일의 양)$=\dfrac{1}{(\text{일한 날수})}$임을 이용한다.

연속하는 수에 대한 문제는 어떤 수를 미지수로 정해도 상관없지만 답을 구할 때는 문제에서 구하라는 수가 무엇인지 꼭 확인해야 돼~.

앗! 주의

▶ 워크북 54쪽 | 해답 38쪽

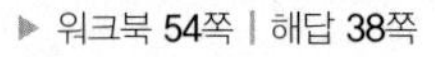

개념 다지기

일차방정식의 활용 문제 해결

1 어떤 수의 6배에서 1을 뺀 수는 어떤 수의 4배보다 1만큼 클 때, 다음은 어떤 수를 구하는 과정이다. □ 안에 알맞은 것을 써넣으시오.

❶ 미지수 정하기	어떤 수를 x라 하자.
❷ 방정식 세우기	어떤 수의 6배에서 1을 뺀 수는 $6x-1$이고 어떤 수의 4배보다 1만큼 큰 수는 □이므로 방정식을 세우면 $6x-1=$□
❸ 방정식 풀기	방정식을 풀면 $x=$□ 따라서 어떤 수는 □이다.
❹ 확인하기	어떤 수의 6배에서 1을 뺀 수는 $6\times$□$-1=$□ 어떤 수의 4배보다 1만큼 큰 수는 $4\times$□$+1=$□ 이때 위의 두 값이 같으므로 구한 해는 문제의 뜻에 맞는다.

한줄 point 일차방정식의 활용 문제를 풀 때는? 구하려는 값을 x로 놓고 방정식을 세운다.

교과서 핵심 유형 익히기

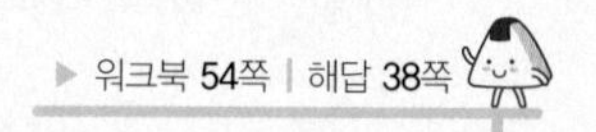
▶ 워크북 54쪽 | 해답 38쪽

유형 1 연속하는 수에 대한 문제

연속하는 세 홀수 중 작은 두 수의 합이 가장 큰 수보다 1만큼 작을 때, 가장 작은 수는?

① 1 ② 3 ③ 5 ④ 7 ⑤ 9

해결 키워드 연속하는 세 홀수는 x, $x+2$, $x+4$ 또는 $x-2$, x, $x+2$로 놓고 방정식을 세운다.

1-1 연속하는 세 자연수의 합이 93일 때, 세 자연수 중 가장 작은 수는?

① 28 ② 29 ③ 30 ④ 31 ⑤ 32

유형 2 자릿수에 대한 문제

십의 자리의 숫자가 5인 두 자리의 자연수가 있다. 이 자연수의 십의 자리의 숫자와 일의 자리의 숫자를 바꾼 수는 처음 수보다 9만큼 작다고 할 때, 처음 수를 구하시오.

해결 키워드 십의 자리의 숫자가 a, 일의 자리의 숫자가 b인 두 자리의 자연수는
→ $10a+b$

2-1 십의 자리의 숫자가 3인 두 자리의 자연수가 있다. 이 자연수는 각 자리의 숫자의 합의 4배와 같을 때, 이 자연수를 구하시오.

유형 3 나이에 대한 문제

현재 현수의 삼촌의 나이는 32세, 현수의 나이는 15세이다. 삼촌의 나이가 현수의 나이의 2배가 되는 것은 몇 년 후인지 구하시오.

해결 키워드
- 현재 나이가 a세이면 x년 후의 나이 → $(a+x)$세
- x년 후의 삼촌의 나이와 현수의 나이는 x세만큼 똑같이 증가한다.

3-1 은수의 14년 후의 나이는 현재 나이의 4배보다 10세 적다고 할 때, 현재 은수의 나이는?

① 12세 ② 11세 ③ 10세 ④ 9세 ⑤ 8세

유형 4 도형에 대한 문제

가로의 길이가 6 cm, 세로의 길이가 9 cm인 직사각형에서 가로의 길이를 3 cm, 세로의 길이를 x cm만큼 늘였더니 넓이가 처음 넓이의 2배가 되었다. 이때 x의 값을 구하시오.

해결 키워드
- (직사각형의 넓이)=(가로의 길이)×(세로의 길이)
- (직사각형의 둘레의 길이)=2×{(가로의 길이)+(세로의 길이)}

4-1 길이가 34 cm인 철사를 겹치는 부분 없이 구부려 가로의 길이가 세로의 길이보다 3 cm 더 짧은 직사각형을 만들려고 한다. 이 직사각형의 세로의 길이를 구하시오.

유형 5 과부족에 대한 문제

학생들에게 공책을 나누어 주는데 한 학생에게 3권씩 나누어 주면 4권이 남고, 4권씩 나누어 주면 2권이 부족하다고 한다. 다음을 구하시오.

(1) 학생 수

(2) 공책의 수

해결 키워드 나누어 주는 방법에 관계없이 공책의 수는 일정함을 이용하여 방정식을 세운다.

5-1 학생들에게 초콜릿을 나누어 주는데 한 학생에게 7개씩 나누어 주면 3개가 부족하고, 5개씩 나누어 주면 7개가 남는다고 한다. 이때 학생 수를 구하시오.

유형 6 일에 대한 문제

어떤 일을 완성하는 데 A 기계는 10시간, B 기계는 15시간이 걸린다고 한다. 다음 물음에 답하시오.

(1) 전체 일의 양을 1이라 할 때, 두 기계 A, B가 1시간 동안 할 수 있는 일의 양을 각각 구하시오.

(2) A, B 두 기계를 모두 사용하여 일을 완성했을 때, 걸린 시간을 구하시오.

해결 키워드 전체 일의 양을 1이라 하면
→ (1시간 동안 하는 일의 양) $=\dfrac{1}{(\text{일한 시간})}$

6-1 어떤 일을 완성하는 데 A가 혼자서 하면 12일이 걸리고, B가 혼자서 하면 4일이 걸린다고 한다. 이 일을 A와 B가 같이 하여 완성하려면 며칠이 걸리는지 구하시오.

기출로 실전 문제 익히기

▶ 워크북 56쪽 | 해답 39쪽

1 어떤 자연수에 5를 더한 후 2배한 것은 그 자연수를 3배 한 것과 같을 때, 어떤 자연수는?

① 5 ② 8 ③ 10
④ 15 ⑤ 20

★중요 **2** 일의 자리의 숫자가 7인 두 자리의 자연수가 있다. 이 자연수는 각 자리의 숫자의 합의 4배보다 3만큼 크다고 할 때, 이 자연수를 구하시오.

3 현재 할아버지의 나이는 손자의 나이의 8배이다. 6년 후에는 할아버지의 나이가 손자의 나이의 5배가 된다고 할 때, 현재 손자의 나이는?

① 6세 ② 7세 ③ 8세
④ 9세 ⑤ 10세

창의융합 (수학+미술)

이탈리아 화가 레오나르도 다 빈치의 작품 '모나리자'는 직사각형 모양의 목판 위에 그려졌으며 그 둘레의 길이는 260 cm이다. '모나리자' 그림의 세로의 길이가 가로의 길이보다 24 cm 더 길 때, 이 그림의 세로의 길이를 구하시오.

5 어떤 제품에 원가의 20 %를 붙여서 정가를 정하였는데 정가에서 500원 할인하여 팔았더니 원가에 대하여 1000원의 이익을 얻었다고 한다. 이 제품의 원가를 구하시오.

6 어떤 일을 완성하는 데 형은 12일, 동생은 18일이 걸린다. 형이 며칠 동안 일을 하다가 쉬고 동생이 나머지 일을 완성하였는데 동생이 형보다 3일을 더 일했다고 한다. 이 일을 마치는 데 총 며칠이 걸렸는가?

① 13일 ② 14일 ③ 15일
④ 16일 ⑤ 17일

7 연극동아리 학생들이 연극 관람을 위해 소극장의 긴 의자에 앉으려고 한다. 한 의자에 7명씩 앉으면 마지막 의자에는 5명이 앉고, 4명씩 앉으면 16명이 앉을 수 없을 때, 학생 수를 구하시오.

1단계 의자의 개수를 x개로 놓고 x에 대한 방정식 세우기
풀이

2단계 의자의 개수 구하기
풀이

3단계 학생 수 구하기
풀이

답 ....

LECTURE 17

일차방정식의 활용 (2)

개념 1 거리, 속력, 시간에 대한 일차방정식의 활용

거리, 속력, 시간에 대한 문제는 다음 관계를 이용하여 방정식을 세운다.[1]

① (거리)=(속력)×(시간) ② (속력)$=\dfrac{(\text{거리})}{(\text{시간})}$ ③ (시간)$=\dfrac{(\text{거리})}{(\text{속력})}$

주의 거리, 속력, 시간에 대한 문제를 풀 때는 방정식을 세우기 전에 단위를 통일하도록 한다.

→ 1 km=1000 m, 1시간=60분, 1분$=\dfrac{1}{60}$시간

❶ 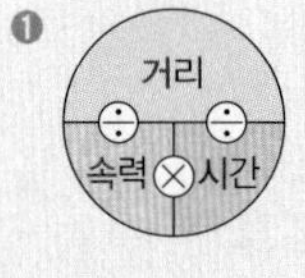

거리, 속력, 시간에 대한 문제에서 방정식은 어떻게 세울까?

거리, 속력, 시간에 대한 문제는 주어진 상황에 맞게 그림을 그리거나, 표를 만들어 생각하면 쉽게 이해할 수 있다.

지점 A에서 2 km 만큼 떨어진 지점 B까지 가는데 처음에는 분속 60 m로 걷다가 중간부터 분속 180 m로 달려서 모두 20분이 걸렸다고 한다. 분속 60 m로 걸은 거리를 구하시오.

단위는 문제에서 주어진 속력을 기준으로 통일하면 돼. 즉, '시속 x km'가 주어지면 '시간', 'km'로, '분속 x m'가 주어지면 '분', 'm'로 통일해서 식을 세우자~.

→ 분속 60 m로 걸은 거리를 x m라 하자.

→ [방법 1] 그림으로 나타내기

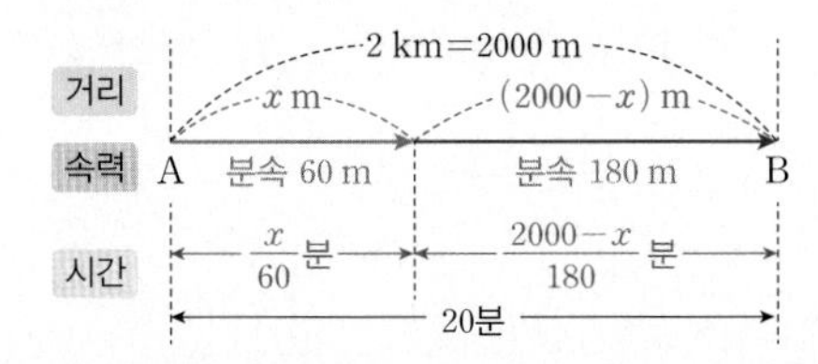

[방법 2] 표로 나타내기

	걸을 때	달릴 때
속력(m/min)	60	180
거리(m)	x	$2000-x$
시간(분)	$\frac{x}{60}$	$\frac{2000-x}{180}$

→ 걸린 시간이 모두 20분이므로 걸린 시간을 이용하여 방정식을 세우면

$$\frac{x}{60}+\frac{2000-x}{180}=20$$

▶ 워크북 57쪽 | 해답 39쪽

개념 다지기

거리, 속력, 시간에 대한 문제

tip 표로 나타내면 다음과 같다.

	갈 때	올 때
속력(km/h)	3	6
거리(km)	x	x
시간(시간)	$\frac{x}{3}$	$\frac{x}{6}$

1 두 지점 A, B 사이를 왕복하는데 갈 때는 시속 3 km로 걷고, 올 때는 시속 6 km로 뛰었더니 모두 1시간 30분이 걸렸다. 다음은 두 지점 A, B 사이의 거리를 구하는 과정이다. □ 안에 알맞은 것을 써넣으시오.

❶ 미지수 정하기	두 지점 사이의 거리를 x km라 하자.
❷ 방정식 세우기	갈 때 걸린 시간은 $\frac{x}{3}$시간, 올 때 걸린 시간은 □시간이다. 이때 (갈 때 걸린 시간)+(올 때 걸린 시간)=(총 걸린 시간)이고, 1시간 30분은 □시간이므로 방정식을 세우면 $\frac{x}{3}+$□$=$□
❸ 방정식을 풀어 답 구하기	방정식을 풀면 $x=$□ 따라서 두 지점 사이의 거리는 □km이다.

거리, 속력, 시간에 대한 문제를 풀 때는? (거리)=(속력)×(시간), (속력)$=\dfrac{(\text{거리})}{(\text{시간})}$, (시간)$=\dfrac{(\text{거리})}{(\text{속력})}$임을 이용하여 방정식을 세워서 푼다.

개념 2 농도에 대한 일차방정식의 활용

소금물의 농도에 대한 문제는 다음 관계를 이용하여 방정식을 세운다.

① $(\text{소금물의 농도})=\dfrac{(\text{소금의 양})}{(\text{소금물의 양})}\times 100\ (\%)$[1]

예 소금물 200 g에 들어 있는 소금의 양이 10 g일 때, 농도는 $\dfrac{10}{200}\times 100=5\ (\%)$이다.

② $(\text{소금의 양})=\dfrac{(\text{소금물의 농도})}{100}\times(\text{소금물의 양})$

예 농도가 12 %인 소금물 500 g에 녹아 있는 소금의 양은 $\dfrac{12}{100}\times 500=60\ (\text{g})$이다.

[1] 농도는 어떤 물질이 물에 녹아 있는 정도를 수치로 나타낸 것이다.

농도에 대한 문제에서 방정식은 어떻게 세울까?

소금물에 물을 더 넣거나 물을 증발시키면 소금물의 양과 농도는 변하지만 소금의 양은 변하지 않는다. 소금물의 농도 문제에서는 소금의 양이 변하지 않음을 이용하여 방정식을 세우는 경우가 많다.

소금물의 농도 문제의 해결 포인트는 바로 변하지 않는 소금의 양! 소금의 양을 이용하여 방정식을 세우는 것이 핵심이야.

아하! 꿀 tip

예 5 % 소금물 200 g에 물을 더 넣었더니 농도가 3 %인 소금물이 되었다. 더 넣은 물의 양을 구하시오.

→ 더 넣은 물의 양을 x g이라 하자.

→ [방법 1] 그림으로 나타내기

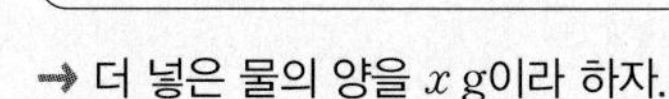

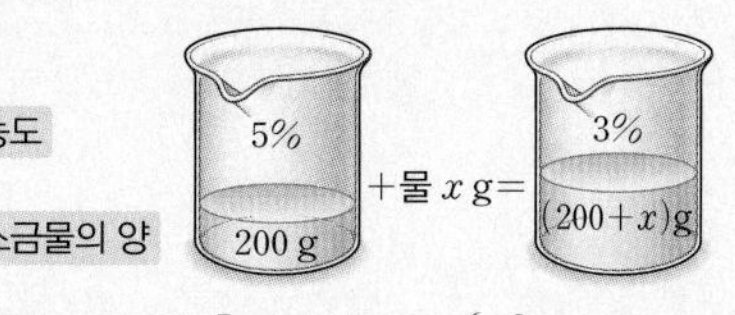

[방법 2] 표로 나타내기

	물을 넣기 전	물을 넣은 후
농도 (%)	5	3
소금물의 양(g)	200	$200+x$
소금의 양(g)	$\dfrac{5}{100}\times 200$	$\dfrac{3}{100}\times(200+x)$

→ 소금의 양은 변하지 않음을 이용하여 방정식을 세우면

$$\frac{5}{100}\times 200=\frac{3}{100}\times(200+x)$$

▶ 워크북 57쪽 | 해답 39쪽

개념 다지기

농도에 대한 문제 **2** 농도가 10 %인 소금물 400 g에 물을 더 넣었더니 농도가 8 %인 소금물이 되었다고 할 때, 다음은 더 넣은 물의 양을 구하는 과정이다. □ 안에 알맞은 것을 써넣으시오.

tip 표로 나타내면 다음과 같다.

	처음 소금물	나중 소금물
농도 (%)	10	8
소금물의 양(g)	400	$400+x$
소금의 양(g)	$\dfrac{10}{100}\times 400$	$\dfrac{8}{100}\times(400+x)$

❶ 미지수 정하기	더 넣은 물의 양을 x g이라 하자.
❷ 방정식 세우기	물을 더 넣은 후 소금물의 양은 (□) g이고 (물을 넣기 전 소금의 양)=(물을 넣은 후 소금의 양) 이므로 방정식을 세우면 $\dfrac{10}{100}\times\square=\dfrac{8}{100}\times(\square)$
❸ 방정식을 풀어 답 구하기	방정식을 풀면 $x=\square$ 따라서 더 넣은 물의 양은 □ g이다.

월등한 한줄 point 소금물의 농도에 대한 문제를 풀 때는? 소금의 양은 일정함을 이용하여 방정식을 세워서 푼다.

교과서 **핵심 유형** 익히기

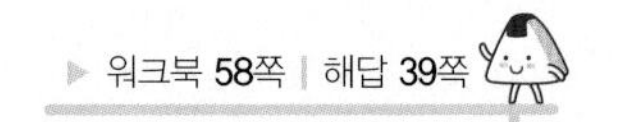

유형 1 거리, 속력, 시간에 대한 문제(1)

두 지점 A, B 사이를 자동차로 왕복하는데 갈 때는 시속 60 km로 달리고 올 때는 시속 80 km로 달렸더니 모두 40분이 걸렸다. 두 지점 A, B 사이의 거리를 구하시오.

해결 키워드 각 구간을 다른 속력으로 이동할 때 걸린 전체 시간이 주어지면
➜ (갈 때 걸린 시간)+(올 때 걸린 시간)=(전체 시간)

1-1 두 지점 A, B 사이를 왕복하는데 갈 때는 시속 4 km로 걷고, 올 때는 시속 3 km로 걸어서 모두 3시간 30분이 걸렸다. 두 지점 A, B 사이의 거리를 구하시오.

유형 2 거리, 속력, 시간에 대한 문제(2) go! 집중 학습 113쪽

둘레의 길이가 2.8 km인 호수의 같은 지점에서 주영이와 일록이가 동시에 출발하여 서로 반대 방향으로 걸어갔다. 주영이는 분속 60 m로, 일록이는 분속 80 m로 걸을 때, 두 사람은 출발한 지 몇 분 후에 처음으로 만나게 되는지 구하시오.

해결 키워드 두 사람이 반대 방향으로 걷다가 처음으로 만나는 경우
➜ (두 사람이 걸은 거리의 합)=(호수의 둘레의 길이)

2-1 준영이와 세은이의 집 사이의 거리는 2 km이다. 준영이는 분속 30 m로, 세은이는 분속 50 m로 각자의 집에서 상대방의 집을 향해 동시에 출발하였다. 두 사람은 출발한 지 몇 분 후에 만나게 되는지 구하시오.

유형 3 농도에 대한 문제(1) go! 집중 학습 113쪽

12 %의 소금물 200 g에서 물을 몇 g 증발시키면 20 %의 소금물이 되는지 구하시오.

해결 키워드 소금물에 물을 더 넣거나 물을 증발시켜도 소금의 양은 변하지 않는다.
➜ (물을 넣거나 증발시키기 전 소금의 양)
=(물을 넣거나 증발시킨 후 소금의 양)

3-1 10 %의 설탕물 100 g에 물을 몇 g 더 넣으면 8 %의 설탕물이 되는지 구하시오.

유형 4 농도에 대한 문제(2)

6 %의 소금물 200 g과 12 %의 소금물을 섞어서 10 %의 소금물을 만들려고 한다. 이때 12 %의 소금물을 몇 g 섞어야 하는지 구하시오.

해결 키워드 농도가 다른 두 소금물을 섞을 때
➜ (섞기 전 두 소금물의 소금의 양의 합)=(섞은 후 소금물의 소금의 양)

4-1 15 %의 소금물 100 g에 8 %의 소금물을 섞었더니 9 %의 소금물이 되었다. 이때 8 %의 소금물은 몇 g 섞어야 하는가?

① 300 g ② 400 g ③ 500 g
④ 600 g ⑤ 700 g

일차방정식의 활용 문제, 방정식 세우기가 핵심이다!

특강 note **거리, 속력, 시간에 대한 문제, 농도에 대한 문제에서 방정식은 어떻게 세울까?**

(1) 거리, 속력, 시간에 대한 문제

① 다른 속력으로 달렸을 때, 걸린 시간이 차이가 나는 경우

(느린 속력으로 이동한 시간) − (빠른 속력으로 이동한 시간) = (걸린 시간 차)

② 마주 보고 걷다가 만나는 경우: (두 사람의 이동 거리의 합) = (두 지점 사이의 거리)

③ 호수 둘레를
- 반대 방향으로 돌아 만나는 경우: (두 사람의 이동 거리의 합) = (호수 둘레의 길이)
- 같은 방향으로 돌아 만나는 경우: (두 사람의 이동 거리의 차) = (호수 둘레의 길이)

(2) 소금물의 농도에 대한 문제

① 소금물에서
- 물을 넣는 경우: (물을 넣기 전 소금의 양) = (물을 넣은 후 소금의 양)
- 물을 증발시키는 경우: (물을 증발시키기 전 소금의 양) = (물을 증발시킨 후 소금의 양)

② 소금물에 소금을 더 넣는 경우: (처음 소금물의 소금의 양) + (더 넣는 소금의 양) = (나중 소금물의 소금의 양)

▶ 해답 40쪽

1 다음 표를 완성하고, x에 대한 방정식을 세우시오.

(1) 지점 A에서 출발하여 x m만큼 떨어진 지점 B까지 가는데 민희는 분속 60 m, 은지는 분속 80 m로 걸었더니 민희가 은지보다 5분이 더 걸렸다.

	민희	은지
속력(m/min)	60	
거리(m)	x	
걸린 시간(분)		

→ 방정식을 세우면 ....

(2) 둘레의 길이가 900 m인 호수의 같은 지점에서 A, B 두 사람이 동시에 출발하여 같은 방향으로 도는데 A는 분속 50 m, B는 분속 80 m로 갈 때, 두 사람은 출발한 지 x분 후에 처음으로 만난다.

	A	B
속력(m/min)	50	
걸린 시간(분)	x	
거리(m)		

→ 방정식을 세우면 ....

2 다음 표를 완성하고, x에 대한 방정식을 세우시오.

(1) x %의 소금물 250 g에 물 50 g을 더 넣었더니 10 %의 소금물이 되었다.

	물을 넣기 전	물을 넣은 후
농도(%)	x	
소금물의 양(g)	250	
소금의 양(g)		

→ 방정식을 세우면 ....

(2) 4 %의 소금물 300 g에 소금 x g을 더 넣었더니 10 %의 소금물이 되었다.

	섞기 전		섞은 후
농도(%)	4		
소금물의 양(g)	300		
소금의 양(g)		x	

→ 방정식을 세우면 ....

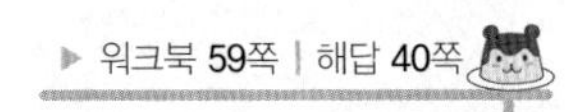

1 지원이는 집에서 3 km 떨어진 학교까지 가는데 시속 6 km로 뛰어가다가 도중에 친구를 만나 시속 4 km로 걸어서 학교에 도착하였다. 오전 8시에 집에서 출발하여 오전 8시 40분에 학교에 도착했을 때, 시속 6 km로 이동한 거리는?

① 1 km ② 1.2 km ③ 1.5 km
④ 1.8 km ⑤ 2 km

2 진경이는 집과 도서관 사이를 왕복하는데 갈 때는 시속 3 km로 걸어가고, 올 때는 시속 5 km로 뛰어왔더니 갈 때는 올 때보다 20분 더 걸렸다. 이때 집과 도서관 사이의 거리를 구하시오.

3 학교에서 문구점까지 가는데 보라는 분속 60 m로 걸어갔다. 보라가 출발한 지 9분 후에 수인이가 학교에서 출발하여 분속 240 m로 자전거를 타고 보라를 따라간다면 몇 분 후에 보라를 만날 수 있는가?

① 11분 후 ② 9분 후 ③ 7분 후
④ 5분 후 ⑤ 3분 후

4 소금물 200 g에 물 50 g을 넣었더니 농도가 12 %인 소금물이 되었다. 처음 소금물의 농도를 구하시오.

15 %의 소금물과 10 %의 소금물을 섞어서 12 %의 소금물 500 g을 만들려고 한다. 15 %의 소금물을 몇 g 섞어야 하는가?

① 50 g ② 100 g ③ 150 g
④ 200 g ⑤ 250 g

6 16 % 소금물 300 g에서 물을 72 g 증발시킨 후 소금을 더 넣었더니 25 %의 소금물이 되었다. 소금을 몇 g 더 넣었는지 구하시오.

서술형

선주와 소라는 둘레의 길이가 3.6 km인 호수의 둘레를 따라 걷는데 선주는 분속 90 m, 소라는 분속 60 m로 같은 지점에서 출발하여 반대 방향으로 돌려고 한다. 오전 8시 20분에 동시에 출발한 후 두 번째로 다시 만나는 시각은 몇 시 몇 분인지 구하시오.

1단계 두 사람이 걸은 거리의 관계에 대한 방정식 세우기
풀이

2단계 두 사람이 몇 분 후 첫 번째로 다시 만나는지 구하기
풀이

3단계 두 사람이 두 번째로 다시 만나는 시각 구하기
풀이

답 ____________

A 탄탄! 기본 점검하기

01 다음 중 문장을 등식으로 나타낸 것으로 옳지 않은 것은?

① 어떤 수 x에서 2를 빼면 5와 같다. → $x-2=5$
② 연필 60자루를 x명에게 7자루씩 나누어 주었더니 4자루가 남았다. → $60-7x=4$
③ 한 변의 길이가 x인 정육각형의 둘레의 길이는 36 cm이다. → $6x=36$
④ 한 개에 x원인 지우개 2개를 사고 1000원을 냈을 때의 거스름돈이 200원이다.
→ $2x-1000=200$
⑤ x에서 4를 뺀 수에 3배를 하면 15와 같다.
→ $3(x-4)=15$

02 다음 중 [ ] 안의 수가 주어진 방정식의 해인 것은?

① $4x=5-x$ [-1]
② $2(x-3)=6$ [0]
③ $10+x=7x-2$ [2]
④ $6x-5=-(6-5x)$ [1]
⑤ $4(2-x)=3(x-2)$ [-2]

빈출 유형

03 다음 중 x의 값에 관계없이 항상 참인 등식은?

① $5x-7=6$
② $1-5x=7x+1$
③ $-4x+5=5+4x$
④ $2(x+3)=2x-6$
⑤ $-10x+6=-2(-3+5x)$

04 다음 중 방정식을 변형하는 과정에서 이용한 등식의 성질이 나머지 넷과 다른 하나는?

① $4x-9=3$ → $4x=12$
② $4x=12$ → $x=3$
③ $5x=8-3x$ → $8x=8$
④ $-x=-2x+9$ → $x=9$
⑤ $3x+5=-x+6$ → $4x+5=6$

★중요

05 등식 $ax-5=bx^2+2$가 x에 대한 일차방정식이 되기 위한 조건으로 알맞은 것은?

① $a=0$
② $a=0,\ b=0$
③ $a\neq0,\ b=0$
④ $a=0,\ b\neq0$
⑤ $a\neq0,\ b\neq0$

B 쑥쑥! 실전 감각 익히기

빈출 유형

06 등식 $8x+6=a(2x+1)-b$가 모든 x에 대하여 항상 참일 때, 상수 a, b에 대하여 ab의 값을 구하시오.

07 오른쪽은 등식의 성질을 이용하여 방정식 $5(x+2)=35$의 해를 구하는 과정이다. 이때 (가), (나)에서 이용한 등식의 성질을 〈보기〉에서 골라 차례대로 나열한 것은? (단, $a=b$이고 c는 자연수이다.)

$5(x+2)=35$
↓ (가)
$x+2=7$
↓ (나)
$x=5$

보기

ㄱ. $a+c=b+c$
ㄴ. $a-c=b-c$
ㄷ. $ac=bc$
ㄹ. $\frac{a}{c}=\frac{b}{c}$

① ㄴ, ㄷ
② ㄷ, ㄱ
③ ㄷ, ㄴ
④ ㄹ, ㄱ
⑤ ㄹ, ㄴ

08 다음 중 일차방정식의 해가 나머지 넷과 다른 하나는?

① $2x+5=11$
② $3x+5=7(x-1)$
③ $4-x=2x+13$
④ $-2x+5=8-3x$
⑤ $5(1-x)=-(x+7)$

09 일차방정식 $\frac{1}{2}x+0.2(x-6)=\frac{1}{5}$의 해가 $x=a$일 때, a^2-3a의 값은?

① -10　② -6　③ -2
④ 2　⑤ 6

기출 유사

10 비례식 $\frac{1}{5}(x+5):4=0.4(2x-3):3$을 만족시키는 x의 값은?

① 3　② 4　③ 5
④ 6　⑤ 7

★중요

11 두 일차방정식 $6-5x=a(3x-4)$, $x-10=b(5x-2)$의 해가 모두 $x=2$일 때, 상수 a, b에 대하여 $a-3b$의 값을 구하시오.

12 경수의 나이는 아버지의 나이의 $\frac{1}{3}$보다 2세가 적고, 아버지의 나이는 경수의 나이의 4배보다 5세가 적을 때, 경수의 나이를 구하시오.

13 오형이는 과학 실험에 사용할 리트머스 종이와 집게를 구입하려고 한다. 한 묶음에 1200원인 리트머스 종이와 한 묶음에 500원인 집게를 합하여 10묶음을 사고 7800원을 지불하였을 때, 구입한 리트머스 종이는 몇 묶음인가?

① 3묶음　② 4묶음　③ 5묶음
④ 6묶음　⑤ 7묶음

14 오른쪽 그림과 같이 가로의 길이가 9 m, 세로의 길이가 8 m인 직사각형 모양의 꽃밭에 폭이 3 m, x m인 직선 도로를 내었더니 도로를 제외한 꽃밭의 넓이가 처음 꽃밭의 넓이의 $\frac{1}{2}$이 되었다고 한다. 이때 x의 값을 구하시오.

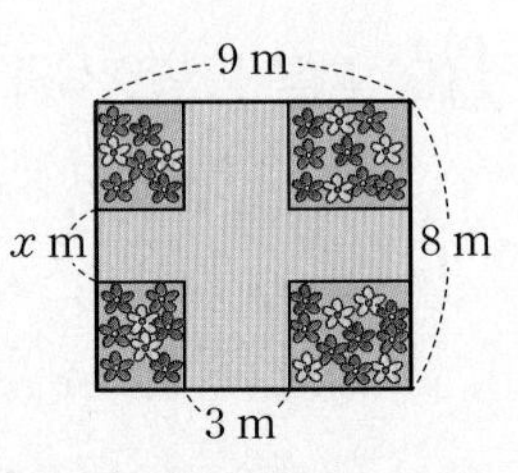

▶ 해답 42쪽

15 어떤 가방의 원가에 30 %의 이익을 붙여서 정가를 정한 후 정가에서 2500원을 할인하여 팔았더니 원가의 20 %의 이익이 생겼다. 이 가방의 원가를 구하시오.

빈출 유형

16 어떤 물통에 물을 가득 채우는 데 A 호스로는 30분, B 호스로는 20분이 걸린다고 한다. A 호스로만 15분 동안 물을 받다가 A, B 호스를 모두 사용하여 물을 받으려고 한다. 이 물통에 물을 가득 채우려면 A, B 호스를 모두 사용하여 몇 분을 더 받아야 하는가?

① 5분 ② 6분 ③ 7분
④ 8분 ⑤ 9분

17 5 %의 소금물 100 g과 8 %의 소금물 200 g을 섞은 후 소금을 더 넣었더니 10 %의 소금물이 되었다고 할 때, 더 넣은 소금의 양을 구하시오.

C 도전! 100점 완성하기

18 x에 대한 일차방정식 $9x-26=7x-4a$의 해가 자연수가 되도록 하는 자연수 a의 개수는?

① 4개 ② 5개 ③ 6개
④ 7개 ⑤ 8개

★중요

19 일차방정식 $3x-9=11$에서 x의 계수 3을 잘못 보고 풀었더니 해가 $x=4$이었다. 3을 어떤 수로 잘못 보았는지 구하시오.

20 일차방정식 $ax-3=11-ax$의 해가 일차방정식 $5(x-5)=8(x+1)-30$의 해의 2배일 때, 상수 a의 값을 구하시오.

기출 유사

21 일정한 속력으로 달리는 열차가 800 m 길이의 철교를 완전히 통과하는 데 40초가 걸리고, 1100 m 길이의 터널을 완전히 통과하는 데 50초가 걸린다. 이때 열차의 길이는?

① 200 m ② 250 m ③ 300 m
④ 350 m ⑤ 400 m

잘 나오는 서술형 집중 연습

▶ 해답 43쪽

22 두 일차방정식 $2-\frac{1}{2}x=\frac{1}{3}(-x+7)$, $ax+6=a$의 해가 같을 때, 다음 물음에 답하시오.

(1) 일차방정식 $2-\frac{1}{2}x=\frac{1}{3}(-x+7)$의 해를 구하시오.

풀이

(2) 상수 a의 값을 구하시오.

풀이

답 ....

check list
- □ 계수가 분수인 일차방정식의 해를 구할 수 있는가? ↻ 102쪽
- □ 방정식의 해를 알 때, 미지수의 값을 구할 수 있는가? ↻ 104쪽

창의융합 (수학+역사)

23 다음은 세종 대왕의 일생을 간단히 정리한 것이다. 물음에 답하시오.

> 세종 대왕은 태종의 셋째 아들로 태어나 일생의 $\frac{7}{18}$이 지난 후 조선의 제4대 임금으로 등극하였고, 임금이 된 지 2년 후 집현전을 설치하였다. 그 후로부터 일생의 $\frac{4}{9}$가 지난 후에 한글을 창제하였고, 한글 창제 3년 후 한글을 반포함으로써 백성들이 쉽게 뜻을 전하고 이해할 수 있게 하였다. 세종 대왕은 한글 반포 4년 후에 승하하였다.

(1) 세종 대왕의 일생을 x년이라 하고 방정식을 세우시오.

풀이

(2) 세종 대왕의 일생이 몇 년이었는지 구하시오.

풀이

답 ....

check list
- □ 문제의 상황을 이해하여 방정식을 세울 수 있는가? ↻ 106쪽
- □ 계수가 분수인 일차방정식의 해를 구할 수 있는가? ↻ 102쪽

24 일차방정식 $a(x+1)=-2$의 해가 $x=1$일 때, 일차방정식 $4x+a(x-2)=1$의 해를 구하시오.
(단, a는 상수이다.)

풀이

답 ....

check list
- □ 방정식의 해를 알 때, 미지수의 값을 구할 수 있는가? ↻ 104쪽
- □ 괄호가 있는 일차방정식의 해를 구할 수 있는가? ↻ 102쪽

25 은비는 집에서 출발하여 동물원까지 가는데 시속 60 km로 달리는 버스를 타고 가면 시속 18 km로 자전거를 타고 갈 때보다 56분 더 일찍 도착한다고 한다. 이때 집과 동물원 사이의 거리를 구하시오.

풀이

답 ....

check list
- □ 거리, 속력, 시간 사이의 관계를 이용하여 방정식을 세울 수 있는가? ↻ 110쪽
- □ 계수가 분수인 일차방정식의 해를 구할 수 있는가? ↻ 102쪽

핵심 키워드 다시 보기

핵심 키워드 등식, 방정식, 미지수, 해(근), 항등식, 이항, 일차방정식

방정식과 그 해

방정식과 항등식

LECTURE 14 | 96쪽

등식 ┌ 방정식: 미지수의 값에 따라 참, 거짓이 결정되는 등식
　　 └ 항등식: 미지수에 어떤 수를 대입하여도 항상 참인 등식

예 • $x+2=5$ —($x=3$일 때만 성립 ← 방정식의 해(근))→ 방정식

• $x+2x=3x$ —(모든 x에 대하여 성립)→ 항등식

• 항등식의 여러 가지 표현
① x에 대한 항등식
② x의 값에 관계없이 항상 성립
③ 모든 x에 대하여 항상 참

등식의 성질

LECTURE 14 | 97쪽

$a=b$이면 → $a+c=b+c$, $a-c=b-c$, $ac=bc$, $\frac{a}{c}=\frac{b}{c}$ (단, $c\neq0$)

일차방정식

일차방정식의 풀이

LECTURE 15 | 101쪽

• x에 대한 일차방정식: 방정식의 모든 항을 좌변으로 이항하여 정리한 식이
$ax+b=0\ (a\neq0)$ ← (x에 대한 일차식)$=0$
꼴이 되는 방정식

• 복잡한 일차방정식의 풀이 순서
❶ 계수를 정수로 고치기
❷ 괄호 풀기 (분배법칙)
❸ $ax=b$ 꼴로 정리 (이항)
❹ 해 구하기 $\left(x=\frac{b}{a}\right)$

$x-1=\frac{1}{3}(x+1)$
❶ $3(x-1)=x+1$
❷ $3x-3=x+1$
❸ $2x=4$
❹ $x=2$

일차방정식의 활용

LECTURE 16~17 | 106쪽, 110쪽

• 수에 대한 문제
① 연속하는 세 정수
→ $x-1$, x, $x+1$ (또는 x, $x+1$, $x+2$)
② 연속하는 세 홀수 (짝수)
→ $x-2$, x, $x+2$ (또는 x, $x+2$, $x+4$)

• 거리, 속력, 시간에 대한 문제
① (거리)=(속력)×(시간)
② (속력)$=\frac{(\text{거리})}{(\text{시간})}$　③ (시간)$=\frac{(\text{거리})}{(\text{속력})}$

• 소금물의 농도에 대한 문제
① (소금물의 농도)$=\frac{(\text{소금의 양})}{(\text{소금물의 양})}\times100$ (%)
② (소금의 양)$=\frac{(\text{소금물의 농도})}{100}\times$(소금물의 양)

꺾은선그래프	규칙과 대응	정수와 유리수
• 꺾은선그래프 그리기 • 꺾은선그래프 해석하기	• 규칙이 있는 두 수 사이의 대응 관계 • 규칙을 찾아 식으로 나타내기	• 정수와 유리수 • 수의 대소 관계 • 정수와 유리수의 계산
초 4	초 6	중 1

▶ 해답 44쪽

단원 계통 잇기

초 4

• 꺾은선그래프

연속적으로 변화하는 양을 점으로 찍고 그 점들을 선분으로 연결하여 나타낸 그래프

예

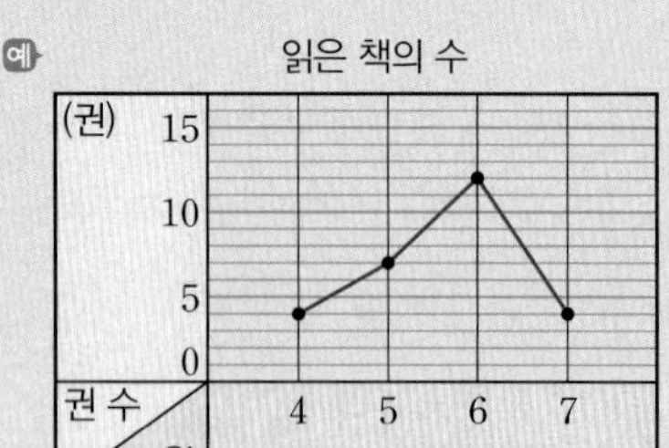

➜ 5월에 읽은 책은 7권이다.

➜ 책을 가장 많이 읽은 달은 6월이다.

1 다음은 어느 마을의 연도별 쌀 생산량을 조사하여 나타낸 꺾은선그래프이다. 알맞은 말에 ○표를 하시오.

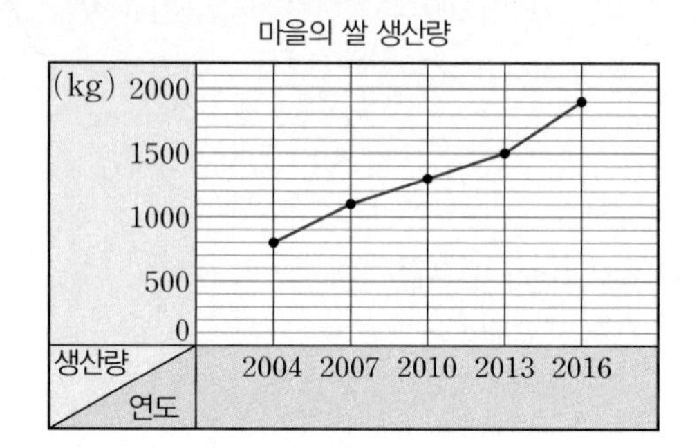

(1) 쌀 생산량은 계속 (감소, 증가)하고 있다.

(2) 쌀 생산량의 변화가 가장 큰 때는
(2010년과 2013년, 2013년과 2016년) 사이이다.

초 6

• 규칙을 찾아 식으로 나타내기

자동차 수	1	2	3	4	⋯
바퀴 수	4	8	12	16	⋯

➜ 바퀴 수는 자동차 수의 4배이다.

➜ 자동차 수를 □, 바퀴 수를 △라 하고 □와 △ 사이의 대응 관계를 식으로 나타내면 △=□×4이다.

2 다음 표를 보고 □와 △ 사이의 대응 관계를 식으로 나타내시오.

□	1	2	3	4	5
△	7	14	21	28	35

중 1

• 수직선

원점 O의 오른쪽에는 양수, 왼쪽에는 음수를 나타낸 직선

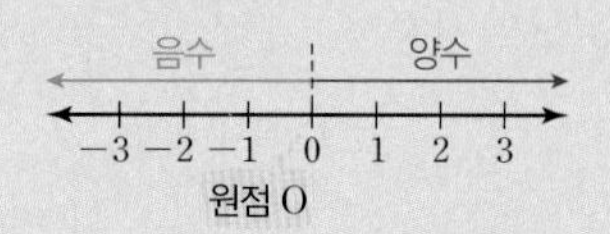

3 다음 수직선에서 세 점 A, B, C가 나타내는 수를 각각 구하시오.

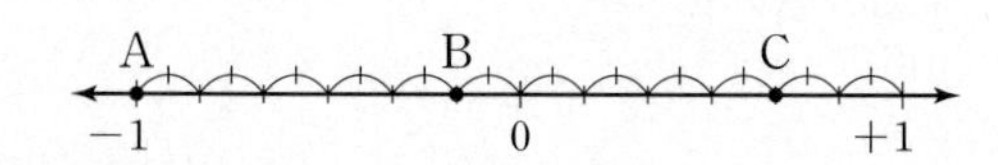

좌표평면과 그래프
- 순서쌍과 좌표
- 그래프의 이해
- 정비례 관계와 그 그래프
- 반비례 관계와 그 그래프

중 1

1

좌표평면과 그래프

LECTURE 19 그래프의 이해

유형 2 그래프의 해석

다음 그래프는 지석이가 집에서 2 km 떨어진 도서관에 다녀올 때, 지석이가 집에서 떨어진 거리를 시간에 따라 나타낸 것이다. 물음에 답하시오.

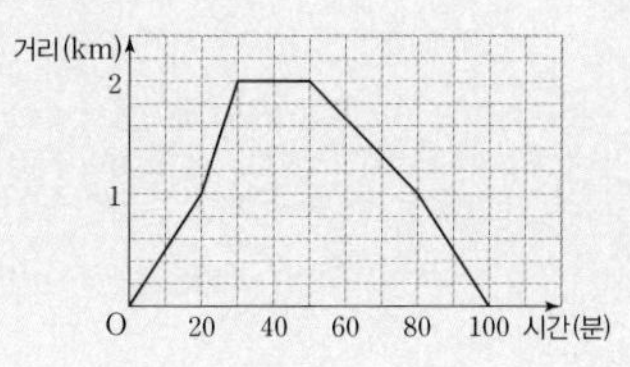

(1) 지석이는 출발한 지 몇 분 후에 도서관에 도착하였는지 구하시오.

(2) 지석이가 도서관에 다녀오는 데 걸린 시간을 구하시오.

LECTURE 20 정비례 관계와 그 그래프

유형 6 정비례 관계의 활용

높이가 72 cm인 원기둥 모양의 물통에 수면의 높이가 매분 4 cm씩 올라가도록 물을 넣는다고 한다. 물을 넣기 시작한 지 x분 후의 수면의 높이를 y cm라 할 때, 다음 물음에 답하시오.

(1) x와 y 사이의 관계식을 구하시오.

(2) 물이 가득 차는 데 걸리는 시간은 몇 분인지 구하시오.

LECTURE 18 순서쌍과 좌표

유형 1 좌표평면 위의 점의 좌표

다음 중 오른쪽 좌표평면 위의 점의 좌표를 나타낸 것으로 옳지 않은 것은?

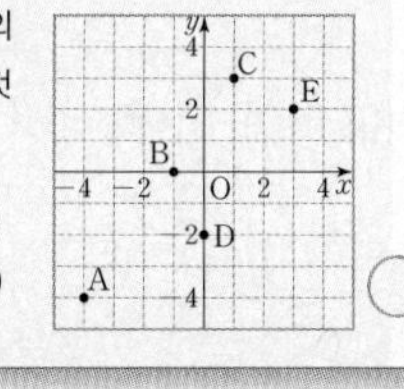

① A(−4, −4) ② B(0, −1)
③ C(1, 3) ④ D(0, −2)
⑤ E(3, 2)

학습계획표

학습 내용	쪽수	학습일	성취도
LECTURE 18 순서쌍과 좌표	122~125쪽	월 일	○ △ ×
LECTURE 19 그래프의 이해	126~128쪽	월 일	○ △ ×
LECTURE 20 정비례 관계와 그 그래프	129~133쪽	월 일	○ △ ×
LECTURE 21 반비례 관계와 그 그래프	134~138쪽	월 일	○ △ ×
학교 시험 미리 보기	139~142쪽	월 일	○ △ ×
핵심 키워드 다시 보기	143쪽	월 일	○ △ ×

순서쌍과 좌표

개념 1 순서쌍과 좌표

(1) 수직선 위의 점의 좌표

① 좌표: 수직선 위의 한 점에 대응하는 수

기호 점 P의 좌표가 a일 때, $\mathrm{P}(a)$

② 원점: 좌표가 0인 점 O → O는 영어 Origin의 첫 글자이다.

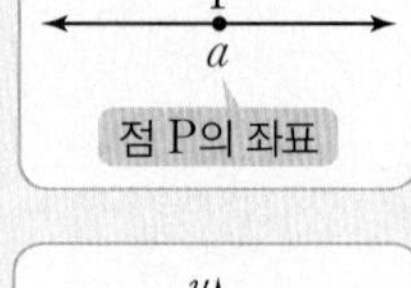

(2) 좌표평면: 두 수직선이 점 O에서 서로 수직으로 만날 때

① x축: 가로의 수직선
y축: 세로의 수직선 → 좌표축

② 원점: 두 좌표축이 만나는 점 O

③ 좌표평면: 좌표축이 정해져 있는 평면

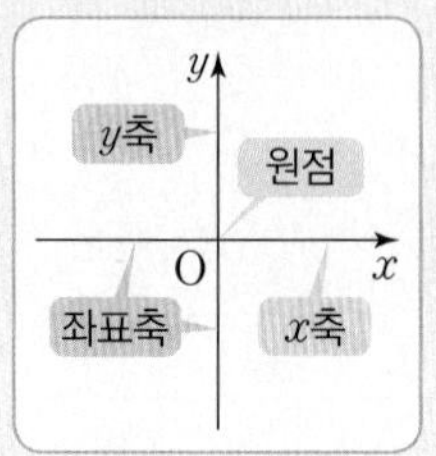

(3) 좌표평면 위의 점의 좌표

① 순서쌍: 두 수의 순서를 정하여 짝지어 나타낸 것[1] 예 (1, 5), (−2, 3)

② 좌표평면 위의 점의 좌표: 좌표평면 위의 한 점 P에서 x축, y축에 각각 수선을 긋고 이 수선이 x축, y축과 만나는 점에 대응하는 수를 각각 a, b라 할 때, 순서쌍 (a, b)를 점 P의 좌표라 한다.[2]

이때 a를 점 P의 x좌표, b를 점 P의 y좌표라 한다.

기호 점 P의 좌표가 (a, b)일 때, $\mathrm{P}(a, b)$

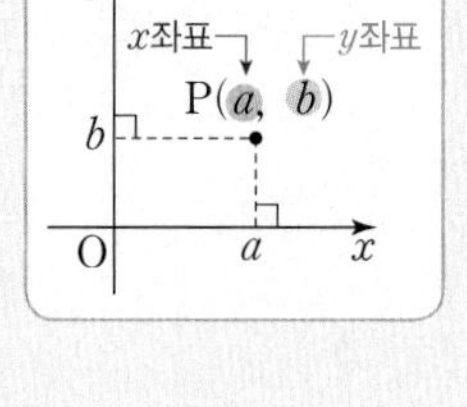

배운 내용 다시보기

• 수직선 (LECTURE 05)
수직선 위에 점을 나타낼 때, 양수는 0의 오른쪽에, 음수는 0의 왼쪽에 나타낸다.

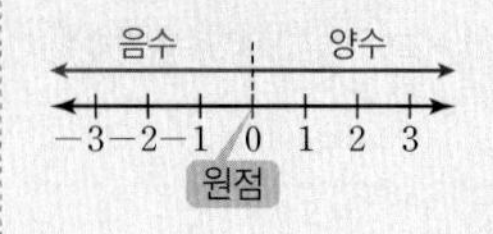

[1] $a \neq b$일 때, 순서쌍 (a, b)와 (b, a)는 서로 다르다.

[2] 원점의 좌표는 (0, 0)이다.

용어 쏙

• **좌표**(座 자리, 標 표시하다) 점의 자리, 즉 수나 수의 짝으로 나타낸 점의 위치

• **좌표평면**(座 자리, 標 표시하다, 平 평평하다, 面 면) 좌표, 즉 점의 위치를 나타낼 수 있는 평면

x축과 y축 위의 점의 좌표는 어떻게 나타내어질까?

① x축 위의 점의 좌표 → y좌표가 항상 0이다. → (x좌표, 0)

② y축 위의 점의 좌표 → x좌표가 항상 0이다. → (0, y좌표)

▶ 워크북 60쪽 | 해답 44쪽

개념 다지기

수직선 위의 점의 좌표

1 오른쪽 수직선을 보고 다음 물음에 답하시오.

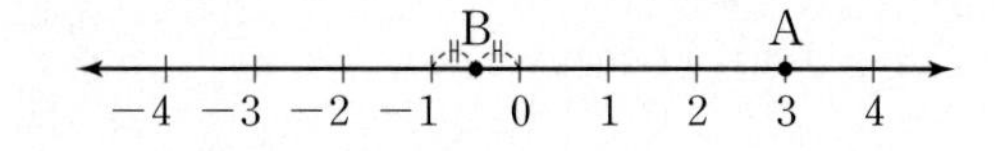

(1) 두 점 A, B의 좌표를 기호로 나타내시오.

(2) 두 점 $\mathrm{C}(-2)$, $\mathrm{D}\left(\frac{3}{2}\right)$을 위의 수직선 위에 나타내시오.

좌표평면 위의 점의 좌표

2 오른쪽 좌표평면을 보고 다음 물음에 답하시오.

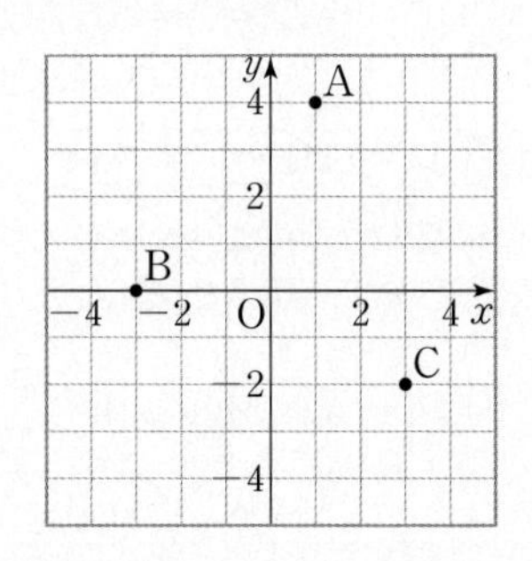

(1) 세 점 A, B, C의 좌표를 기호로 나타내시오.

(2) 세 점 $\mathrm{D}(-2, 3)$, $\mathrm{E}(-1, -4)$, $\mathrm{F}(0, 3)$을 오른쪽 좌표평면 위에 나타내시오.

좌표평면 위의 점 $\mathrm{P}(a, b)$는? x좌표가 a, y좌표가 b인 점을 나타낸다.

개념 2 사분면

(1) **사분면**: 좌표축에 의하여 네 부분으로 나누어지는 좌표평면의 각 부분을 제1사분면, 제2사분면, 제3사분면, 제4사분면이라 한다.

주의 좌표축 위의 점은 어느 사분면에도 속하지 않는다.
└→ x축 위의 점, y축 위의 점, 원점

(2) **각 사분면 위의 점의 좌표의 부호**

	제1사분면	제2사분면	제3사분면	제4사분면
x좌표의 부호	$+$	$-$	$-$	$+$
y좌표의 부호	$+$	$+$	$-$	$-$

(3) **대칭인 점의 좌표**[1]: 점 $P(a, b)$와

① x축에 대하여 대칭인 점의 좌표는

$(a, -b)$ ← y좌표의 부호만 반대

② y축에 대하여 대칭인 점의 좌표는

$(-a, b)$ ← x좌표의 부호만 반대

③ 원점에 대하여 대칭인 점의 좌표는[2]

$(-a, -b)$ ← x좌표, y좌표의 부호가 모두 반대

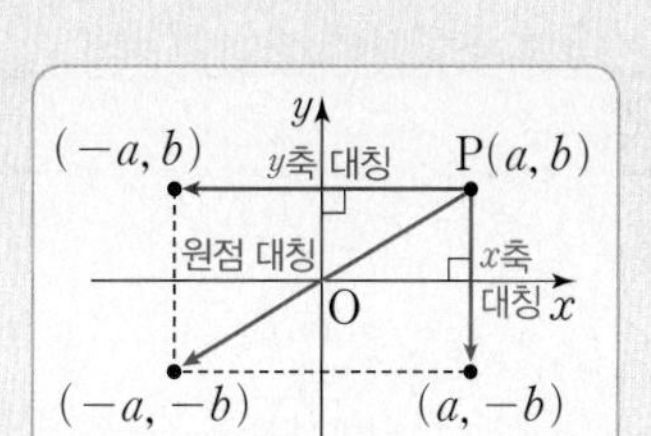

[1] 어떤 것을 기준으로 접었을 때, 완전하게 겹쳐지는 것을 대칭이라 한다. x축 또는 y축에 대하여 대칭인 두 점은 x축 또는 y축을 기준으로 서로 반대 방향으로 같은 거리에 있으므로 각각 y좌표 또는 x좌표의 부호만 서로 반대이다.

[2] 원점 대칭은 x축 대칭 후 y축 대칭시키거나, y축 대칭 후 x축 대칭시킨 것과 같다.

용어 쏙
- **사분면**(四 4, 分 나누다, 面 면) 4개로 나누어진 면

점이 속하는 사분면은 어떻게 판별할까?

좌표평면 위의 점이 속하는 사분면은 그 점의 x좌표와 y좌표의 부호를 조사하여 판별한다.

① 점 $(2, 1)$ → $(x좌표)>0$, $(y좌표)>0$ → 제1사분면

② 점 $(-3, -5)$ → $(x좌표)<0$, $(y좌표)<0$ → 제3사분면

③ 점 $(4, 0)$ → $(y좌표)=0$ → 어느 사분면에도 속하지 않는다.
└→ x축 위의 점

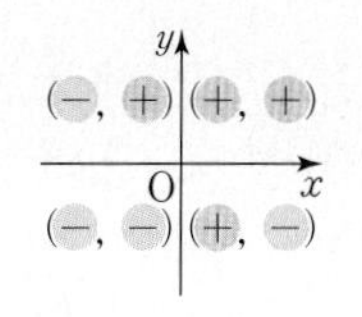

▶ 워크북 60쪽 | 해답 44쪽

개념 다지기

사분면 위의 점 3

tip 각 점의 x좌표와 y좌표의 부호를 조사하여 본다.

다음 점은 제몇 사분면 위의 점인지 구하시오.

(1) $A(-2, 5)$ (2) $B(1, -9)$ (3) $C(8, 6)$ (4) $D(-4, -5)$

대칭인 점의 좌표 4

tip
- x축 대칭 → y좌표 부호 반대
- y축 대칭 → x좌표 부호 반대
- 원점 대칭 → x좌표, y좌표 부호 모두 반대

점 $P(3, 2)$에 대하여 다음 점의 좌표를 구하고 오른쪽 좌표평면 위에 나타내시오.

(1) 점 P와 x축에 대하여 대칭인 점 Q

(2) 점 P와 y축에 대하여 대칭인 점 R

(3) 점 P와 원점에 대하여 대칭인 점 S

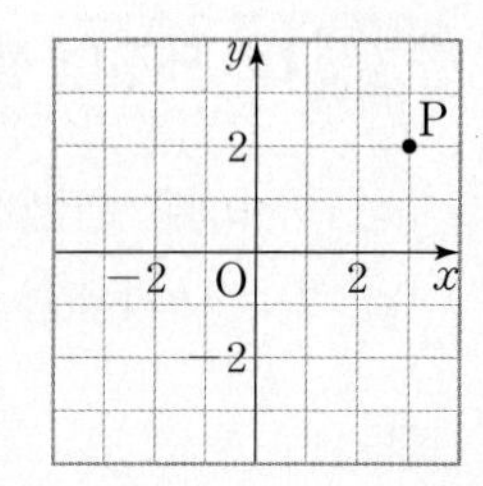

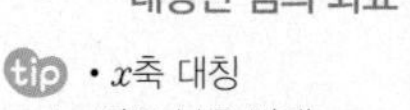

x축 또는 y축 위의 점이 속하는 사분면은? 좌표축 위의 점은 어느 사분면에도 속하지 않는다.

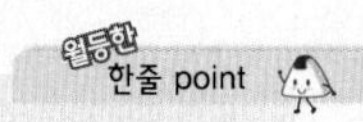

교과서 핵심 유형 익히기

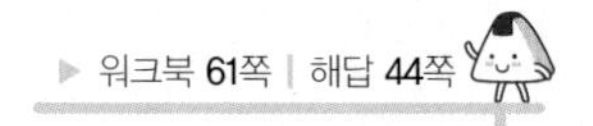
▶ 워크북 61쪽 | 해답 44쪽

유형 1 좌표평면 위의 점의 좌표

다음 중 오른쪽 좌표평면 위의 점의 좌표를 나타낸 것으로 옳지 않은 것은?

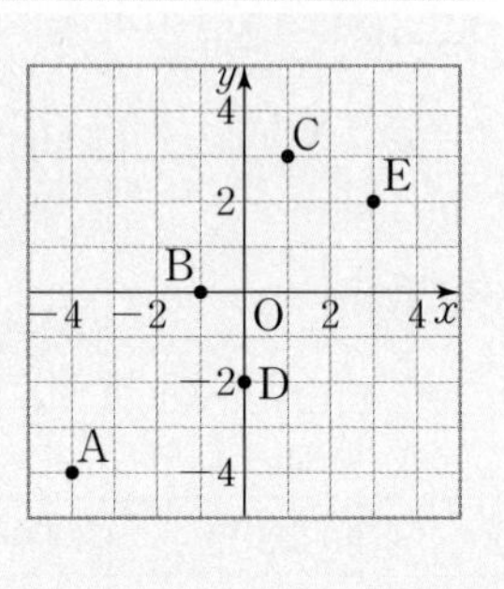

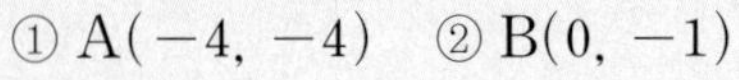

① A(−4, −4) ② B(0, −1)
③ C(1, 3) ④ D(0, −2)
⑤ E(3, 2)

해결 키워드 x좌표가 a, y좌표가 b인 점 P를 기호로 나타내면 → P(a, b)

1-1 다음 점의 좌표를 구하시오.

(1) x좌표가 5이고, y좌표가 -3인 점

(2) x좌표가 -3이고, y좌표가 2인 점

(3) x축 위에 있고, x좌표가 4인 점

(4) y축 위에 있고, y좌표가 -1인 점

유형 2 사분면 위의 점

다음 중 옳지 않은 것은?

① 점 A(3, 7)은 제1사분면 위에 있다.
② 점 B(−5, 0)은 제2사분면 위에 있다.
③ 원점의 좌표는 (0, 0)이다.
④ 두 점 (−2, 9)와 (−1, 6)은 같은 사분면 위에 있다.
⑤ 점 (0, 1)은 y축 위에 있다.

해결 키워드
- (+, +) → 제1사분면
- (−, +) → 제2사분면
- (−, −) → 제3사분면
- (+, −) → 제4사분면

2-1 다음 중 점이 속하는 사분면이 옳지 않은 것은?

① (3, 7) → 제1사분면
② (0, −8) → 제4사분면
③ (−4, −9) → 제3사분면
④ (−6, 6) → 제2사분면
⑤ (7, −8) → 제4사분면

유형 3 점이 속한 사분면이 주어진 경우

점 P(a, b)가 제2사분면 위의 점일 때, 다음 점은 제몇 사분면 위의 점인지 구하시오.

(1) (b, a) (2) $(-a, b)$ (3) $(a-b, ab)$

해결 키워드 P(a, b)가 제2사분면 위의 점 → $a<0$, $b>0$

3-1 점 P(a, b)가 제3사분면 위의 점일 때, 다음 점은 제몇 사분면 위의 점인지 구하시오.

(1) $(a+b, a)$ (2) $(ab, -b)$

유형 4 대칭인 점의 좌표

점 $(a, 10)$과 원점에 대하여 대칭인 점의 좌표가 $(-3, b+1)$일 때, $a+b$의 값을 구하시오.

해결 키워드 점 (p, q) —원점에 대하여 대칭→ 점 $(-p, -q)$
(x좌표, y좌표의 부호가 모두 반대)

4-1 점 $(-5, a)$와 x축에 대하여 대칭인 점의 좌표가 $(b, -2)$일 때, a, b의 값을 구하시오.

STEP 2 기출로 실전 문제 익히기

▶ 워크북 63쪽 | 해답 44쪽

1 두 순서쌍 $(a-4,\ 5-b)$, $(3a-8,\ 2-2b)$가 서로 같을 때, $a+b$의 값은?

① -5 ② -1 ③ 0
④ 1 ⑤ 5

2 점 $(a-6,\ b+1)$이 x축 위에 있고, 점 $(a+3,\ 2-b)$가 y축 위에 있을 때, ab의 값은?

① -3 ② -1 ③ 1
④ 2 ⑤ 3

3 (중요) 다음 〈보기〉 중 오른쪽 좌표평면 위의 점에 대한 설명으로 옳은 것을 모두 고른 것은?

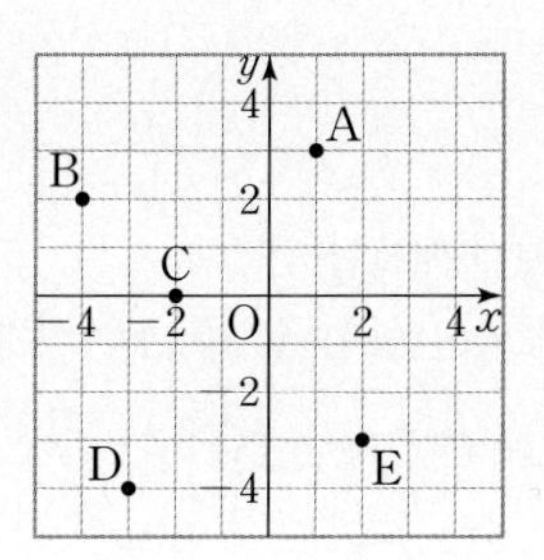

보기
ㄱ. 점 A의 y좌표는 3이다.
ㄴ. 점 D의 좌표는 $(-4,\ -3)$이다.
ㄷ. 점 E는 제4사분면 위의 점이다.
ㄹ. 제2사분면 위의 점은 B, C이다.

① ㄱ, ㄴ ② ㄱ, ㄷ ③ ㄷ, ㄹ
④ ㄱ, ㄴ, ㄹ ⑤ ㄴ, ㄷ, ㄹ

4 점 $(-a,\ b)$가 제3사분면 위의 점일 때, 다음 중 제2사분면 위의 점은?

① $(a,\ b)$ ② $(a,\ -b)$ ③ $(-a,\ -b)$
④ $\left(\dfrac{a}{b},\ b-a\right)$ ⑤ $(-ab,\ a-b)$

5 $a<b$, $ab<0$일 때, $\mathrm{P}\left(a-b,\ \dfrac{ab}{2}\right)$는 제몇 사분면 위의 점인가?

① 제1사분면 ② 제2사분면
③ 제3사분면 ④ 제4사분면
⑤ 어느 사분면에도 속하지 않는다.

6 점 $(a-5,\ 5)$와 y축에 대하여 대칭인 점의 좌표가 $(-4,\ b-2)$일 때, $a-b$의 값은?

① -2 ② -1 ③ 1
④ 2 ⑤ 3

7 (중요) 서술형

세 점 $\mathrm{A}(-2,\ 3)$, $\mathrm{B}(2,\ 3)$, $\mathrm{C}(-2,\ -2)$에 대하여 다음 물음에 답하시오.

(1) 세 점 A, B, C를 꼭짓점으로 하는 삼각형 ABC를 좌표평면 위에 나타내시오.

(2) 삼각형 ABC의 넓이를 구하시오.

1단계 (1) 좌표평면 위에 삼각형 ABC 나타내기
풀이

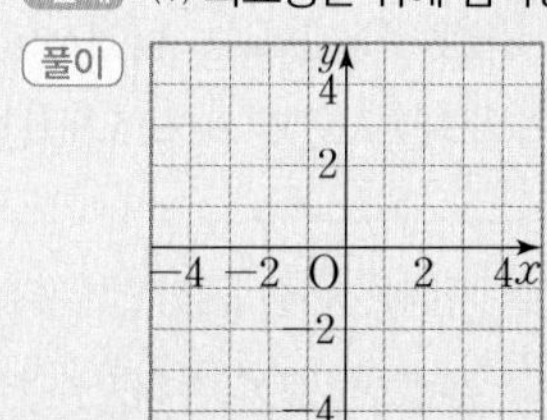

2단계 (2) 삼각형 ABC의 넓이 구하기
풀이

답

그래프의 이해

개념 1 그래프와 그 해석

(1) **그래프**

① 변수: x, y와 같이 여러 가지로 변하는 값을 나타내는 문자[1]

② 그래프: 두 변수 x, y 사이의 관계를 좌표평면 위에 나타낸 것[2]

예 다음 표는 어떤 자동차가 x L의 연료로 갈 수 있는 거리 y km를 나타낸 것이다.

x	1	2	3	4	5
y	12	24	36	48	60

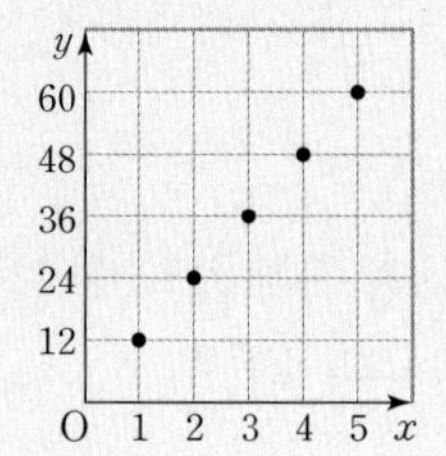

❶ 위의 표에서 두 변수 x, y의 순서쌍 (x, y)를 구하면
$(1, 12)$, $(2, 24)$, $(3, 36)$, $(4, 48)$, $(5, 60)$

❷ 순서쌍 (x, y)를 좌표평면 위에 나타내면 오른쪽 그림과 같다.

(2) **그래프의 이해**: 두 양 사이의 관계를 좌표평면 위에 그래프로 나타내면 두 양 사이의 변화 관계를 알아보기 쉽다.[3]

예 오른쪽 그림은 x의 값에 따른 y의 값의 변화를 그래프로 나타낸 것이다. 이 그래프에서 다음을 알 수 있다.

㉠: x의 값이 증가함에 따라 y의 값도 증가한다.

㉡: x의 값이 증가하여도 y의 값은 변하지 않는다.

㉢: x의 값이 증가함에 따라 y의 값은 감소한다.

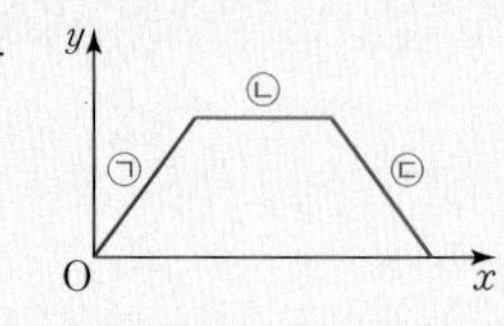

[1] 변수와 달리 일정한 값을 갖는 수나 문자를 상수라 한다.

[2] 그래프는 여러 가지 상황을 분석하여 그 변화를 한 눈에 알아볼 수 있게 하며, 점, 직선, 곡선 등으로 표현된다.

[3] 그래프의 모양에 따라 증가 또는 감소하는 정도를 알 수 있다.

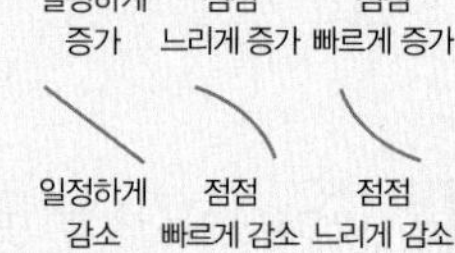

그래프의 모양에 따른 두 양 사이의 변화 관계는 어떻게 해석할까?

다음은 시간에 따른 이동 거리의 변화를 나타낸 그래프이다. 이 그래프를 해석하면 아래와 같다.

① 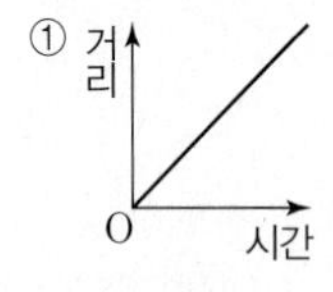
→ 일정하게 증가한다.

② 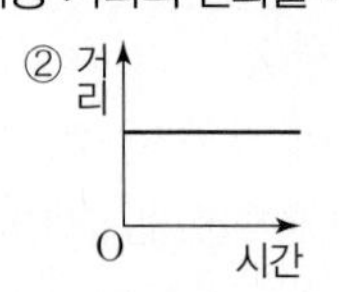
→ 변하지 않는다. 즉, 멈춰 있다.

③ 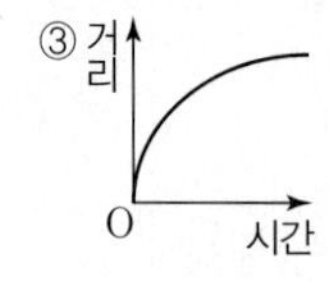
→ 점점 느리게 증가한다.

④ 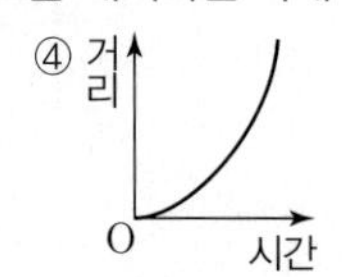
→ 점점 빠르게 증가한다.

⑤ 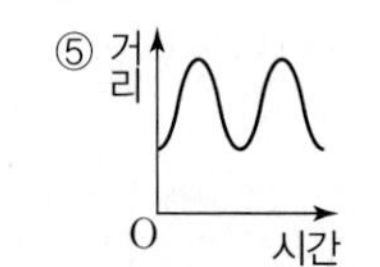
→ 증가와 감소를 반복한다.

▶ 워크북 64쪽 | 해답 45쪽

개념 다지기

상황과 그래프 **1** 가영이와 준호는 집에서 출발하여 학교까지 가는데 다음과 같이 이동하였다. 가영이와 준호가 움직인 거리를 시간에 따라 나타낸 그래프로 알맞은 것을 〈보기〉에서 각각 고르시오.

가영: 집에서 출발하여 일정한 속력으로 학교까지 갔다.
준호: 일정한 속력으로 자전거를 타고 가다가 중간에 서점에 들러 책을 산 후 걸어서 학교까지 갔다.

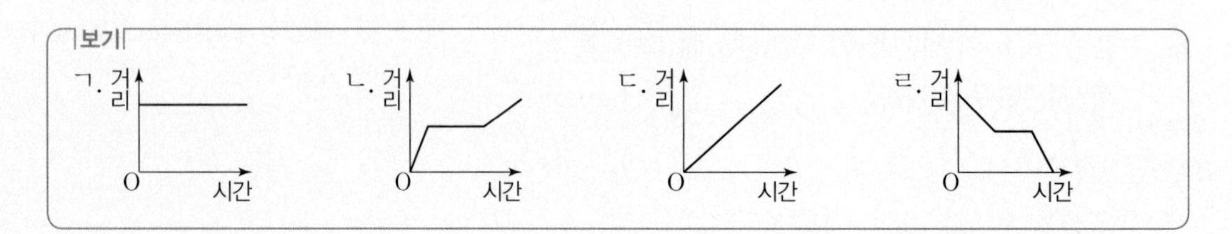

그래프는? 두 변수 x, y 사이의 관계를 좌표평면 위에 나타낸 것이다.

교과서 핵심 유형 익히기

유형 1 상황을 그래프로 나타내기

다음 그림과 같이 부피가 같고 모양이 다른 두 그릇에 일정한 속력으로 물을 채울 때, 물의 높이를 시간에 따라 나타낸 그래프로 알맞은 것을 〈보기〉에서 고르시오.

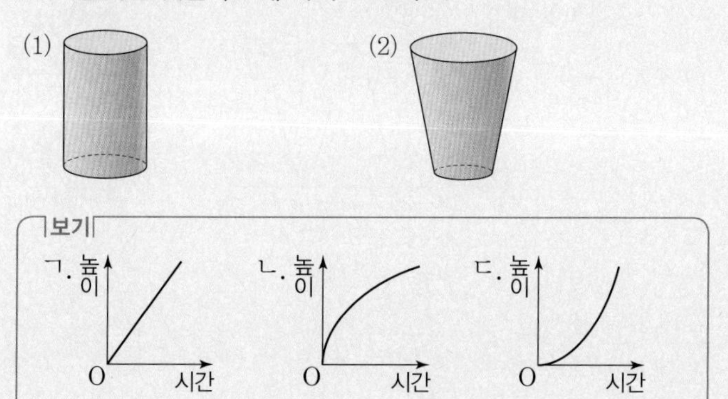

해결 키워드 수면의 반지름의 길이가

→ 일정하면 → 물의 높이는 일정하게 증가한다. →
길어지면 → 물의 높이는 점점 느리게 증가한다. →
짧아지면 → 물의 높이는 점점 빠르게 증가한다. →

1-1 다음 그림과 같이 부피가 같고 모양이 다른 두 그릇에 일정한 속력으로 물을 넣는다고 하자. 물을 넣은 시간 x초와 물의 높이 y cm 사이의 관계를 나타낸 그래프로 알맞은 것을 〈보기〉에서 고르시오.

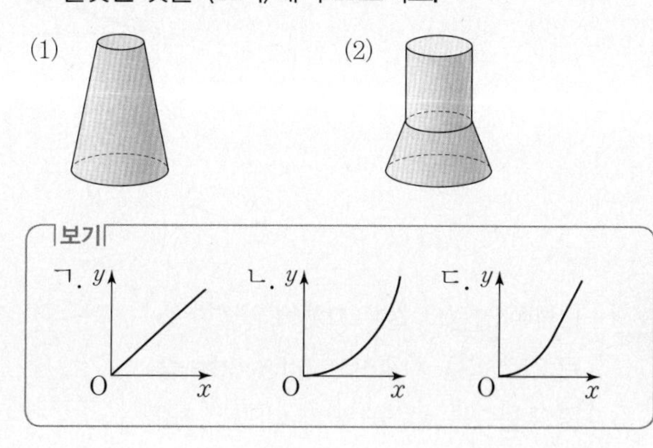

유형 2 그래프의 해석

다음 그래프는 지석이가 집에서 2 km 떨어진 도서관에 다녀올 때, 지석이가 집에서 떨어진 거리를 시간에 따라 나타낸 것이다. 물음에 답하시오.

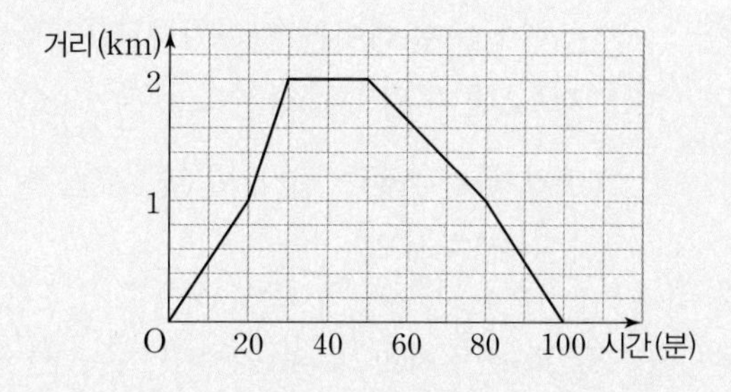

(1) 지석이는 출발한 지 몇 분 후에 도서관에 도착하였는지 구하시오.

(2) 지석이가 도서관에 다녀오는 데 걸린 시간을 구하시오.

(3) 지석이가 도서관에 머무른 시간을 구하시오.

해결 키워드 그래프의 모양에 따른 집에서 떨어진 거리의 변화

→

그래프 모양			
집에서 떨어진 거리	멀어진다.	변함없다.	가까워진다.

2-1 다음 그래프는 주영이가 드론을 작동한 지 x분 후의 드론의 지면으로부터의 높이를 y m라 할 때, x와 y 사이의 관계를 나타낸 것이다. 물음에 답하시오.

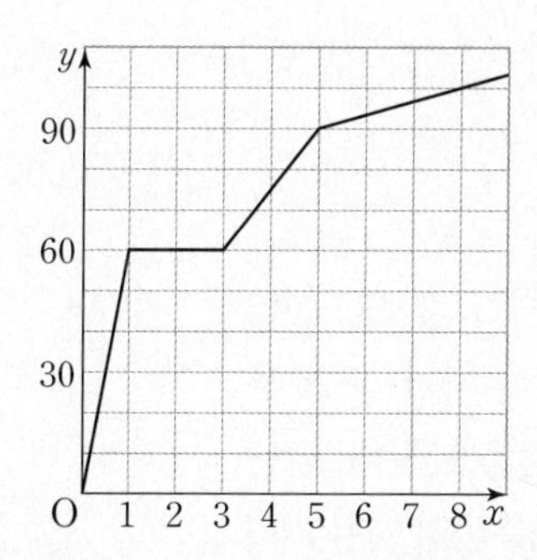

(1) 드론이 지면으로부터 90 m의 높이에 있을 때는 드론을 작동한 지 몇 분 후인지 구하시오.

(2) 드론이 지면으로부터 60 m 높이에 머무른 시간은 몇 분인지 구하시오.

기출로 실전 문제 익히기

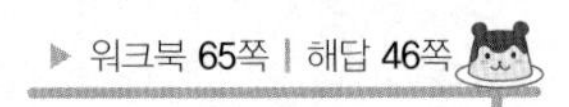

1 다음 상황에서 강수량의 변화를 시간에 따라 나타낸 그래프로 알맞은 것을 ㉠, ㉡, ㉢ 중 고르시오.

비가 오전에는 일정한 양으로 조금씩 내리다가 오후에는 일정한 양으로 많이 내렸다. →

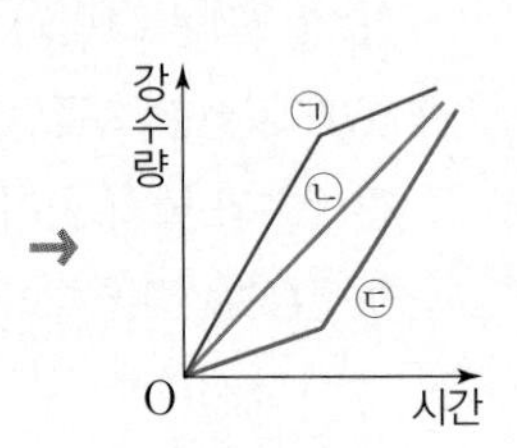

오른쪽 그림과 같은 그릇에 일정한 속력으로 물을 채우려고 한다. 다음 중 물의 높이를 시간에 따라 나타낸 그래프로 알맞은 것은?

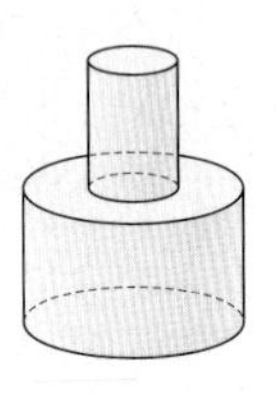

① 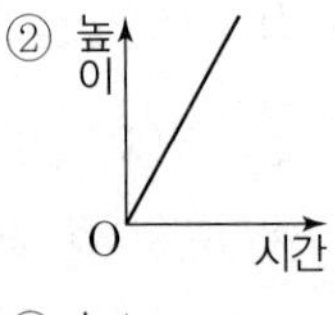
② 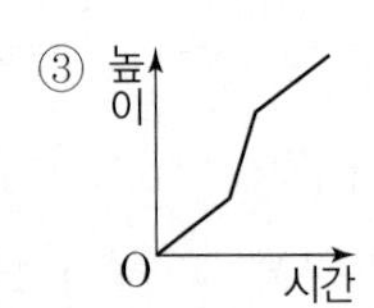
③
④ 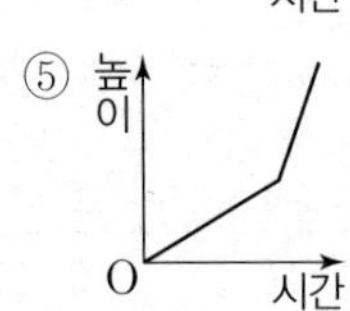
⑤

오른쪽 그래프는 장난감 자동차가 35초 동안 작동했을 때, 장난감 자동차의 이동 거리를 작동 시간에 따라 나타낸 것이다. 〈보기〉 중 옳은 것을 모두 고르시오.

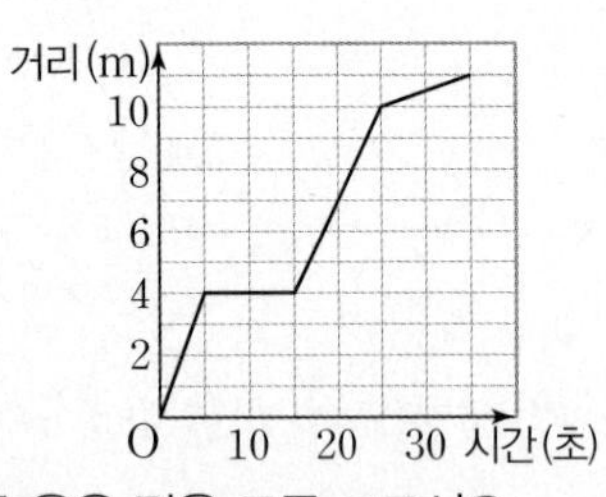

보기
ㄱ. 작동 시간이 25초일 때, 이동 거리는 10 m이다.
ㄴ. 작동 시간 동안 총 이동 거리는 16 m이다.
ㄷ. 작동 시간 동안 이동하지 않고 머물러 있는 시간은 10초이다.

4 다음 그래프는 일정한 빠르기로 회전하는 대관람차의 A칸의 높이를 시간에 따라 나타낸 것이다. 대관람차를 1시간 20분 동안 운행하였을 때, A칸이 관람차의 꼭대기에 올라간 횟수를 구하시오.

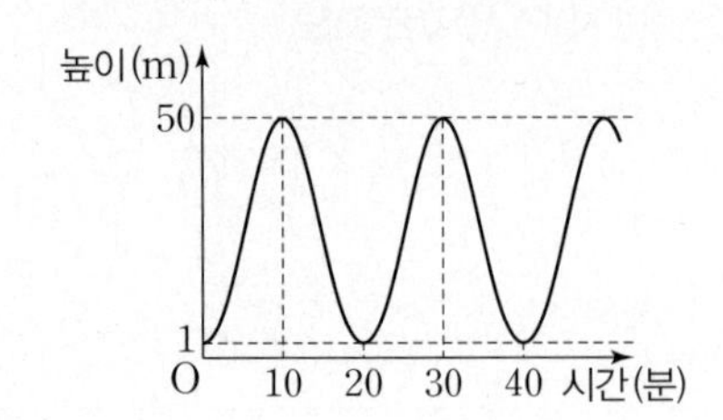

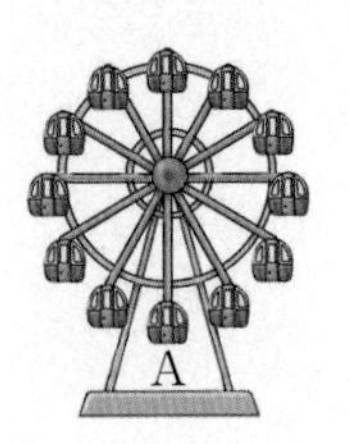

서술형

5 다음 그래프는 종현이와 준혁이가 200 m 달리기를 했을 때, 두 사람이 달린 거리를 시간에 따라 나타낸 것이다. 물음에 답하시오.

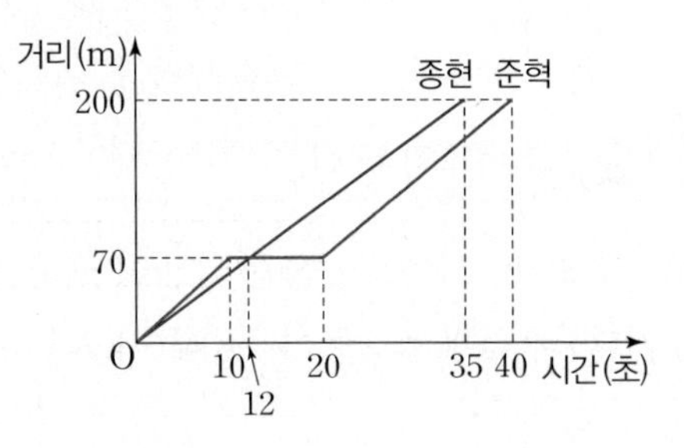

(1) 종현이가 준혁이를 앞서기 시작한 것은 출발한 지 몇 초 후인지 구하시오.

(2) 종현이와 준혁이 중 누가 몇 초 더 빨리 완주했는지 구하시오.

1단계 (1) 두 사람이 만나는 때 알기
풀이

2단계 (1) 종현이가 앞서기 시작한 때 구하기
풀이

3단계 (2) 누가 몇 초 더 빨리 완주했는지 구하기
풀이

답

LECTURE 20

정비례 관계와 그 그래프

개념 1 정비례 관계

(1) **정비례**: 두 변수 x, y에 대하여 x의 값이 2배, 3배, 4배, …로 변함에 따라 y의 값도 2배, 3배, 4배, …로 변하는 관계에 있을 때, y는 x에 정비례한다고 한다.

(2) **정비례 관계식**: 일반적으로 y가 x에 정비례할 때, x와 y 사이의 관계식은

$y=ax\,(a\neq0)$

로 나타낼 수 있다.

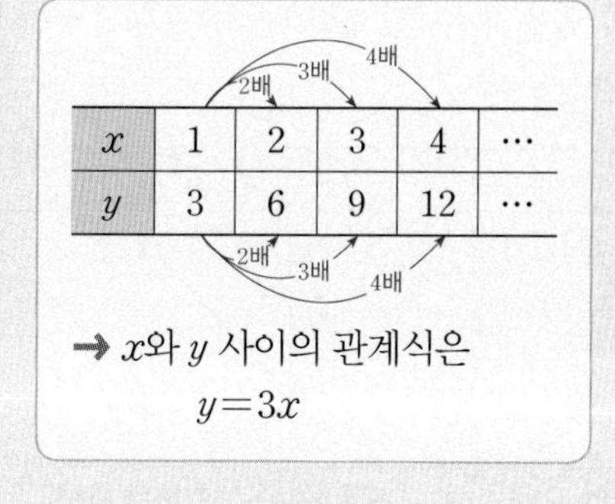

x	1	2	3	4	…
y	3	6	9	12	…

→ x와 y 사이의 관계식은 $y=3x$

배운 내용 다시보기

• **변수** (Lecture 19) 여러 가지로 변하는 값을 나타내는 문자

용어 쏙

• **정비례**(正 바르다, 比 비교하다, 例 규칙) 두 양이 같은 비율로 늘거나 줄어드는 관계

정비례 관계를 나타내는 표현에는 어떤 것이 있을까?

① 표로 나타내기 예

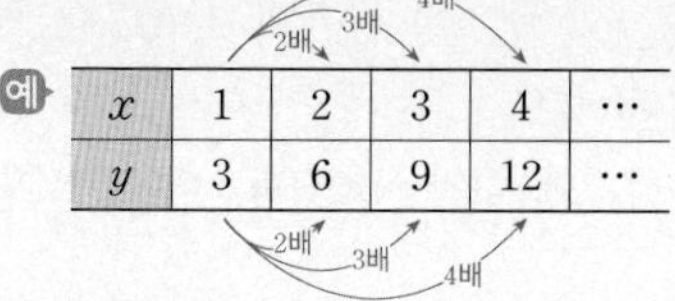

x	1	2	3	4	…
y	3	6	9	12	…

② 식으로 나타내기 예

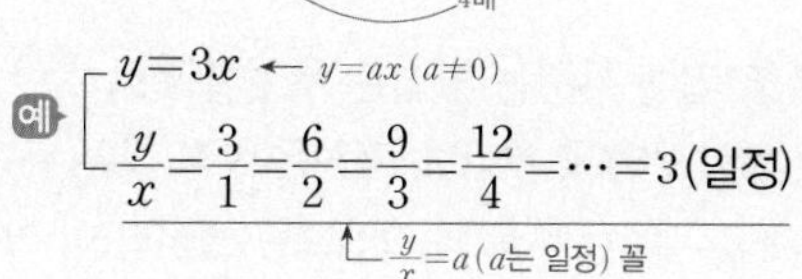

$y=3x$ ← $y=ax\,(a\neq0)$

$\frac{y}{x}=\frac{3}{1}=\frac{6}{2}=\frac{9}{3}=\frac{12}{4}=\cdots=3$(일정)

↑ $\frac{y}{x}=a$(a는 일정) 꼴

→ 정비례 관계!

정비례 관계를 나타내는 식으로 $y=ax\,(a\neq0)$ 꼴이 대표적인데, 이 식과 함께 $\frac{y}{x}=a$(a는 일정) 꼴에도 익숙해지도록 하자!

꿀tip

▶ 워크북 66쪽 | 해답 46쪽

개념 다지기

정비례 관계 **1** 물통에 1분마다 4 L의 물을 받을 때, x분 동안 받은 물의 양을 y L라 하자. 다음 물음에 답하시오.

tip x의 값이 2배, 3배, 4배, …로 변할 때, y의 값도 2배, 3배, 4배, …로 변하는 관계에 있으면 y는 x에 정비례한다.

(1) 아래 표를 완성하시오.

x(분)	1	2	3	4	…
y(L)	4				…

(2) y가 x에 정비례하는지 말하시오.

(3) x와 y 사이의 관계식을 구하시오.

정비례 관계식 **2** 다음 중 y가 x에 정비례하는 것은 ○표, 정비례하지 않는 것은 ×표를 하시오.

tip 정비례 관계식은 $y=ax\,(a\neq0)$ 또는 $\frac{y}{x}=a$(a는 일정) 꼴로 나타난다.

(1) $y=2x$ (　　)

(2) $y=\frac{1}{3}x$ (　　)

(3) $y=x+8$ (　　)

(4) $\frac{y}{x}=10$ (　　)

y가 x에 정비례하면? $y=ax\,(a\neq0)$ 또는 $\frac{y}{x}=a$(a는 일정) 꼴로 나타낼 수 있다. 월등한 한줄 point

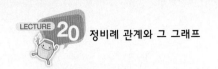

개념 2 정비례 관계 $y=ax\,(a\neq0)$의 그래프

x의 값의 범위가 수 전체일 때,[1] 정비례 관계 $y=ax\,(a\neq0)$의 그래프는 원점을 지나는 직선이다.

	$a>0$	$a<0$
그래프		
그래프의 모양	오른쪽 위로 향하는 직선	오른쪽 아래로 향하는 직선
지나는 사분면	제1사분면, 제3사분면	제2사분면, 제4사분면
증가, 감소	x의 값이 증가하면 y의 값도 증가	x의 값이 증가하면 y의 값은 감소

참고 정비례 관계 $y=ax\,(a\neq0)$의 그래프는

① a의 값에 관계없이 항상 점 $(1,\ a)$를 지난다.

② a의 절댓값이 클수록 y축에 가깝고, a의 절댓값이 작을수록 x축에 가깝다.[2]

배운 내용 다시 보기

- **그래프** (Lecture 19) 두 변수 x, y 사이의 관계를 좌표평면 위에 나타낸 것

[1] 특별한 말이 없으면 정비례 관계 $y=ax\,(a\neq0)$에서 x의 값의 범위는 수 전체로 생각한다.

[2]

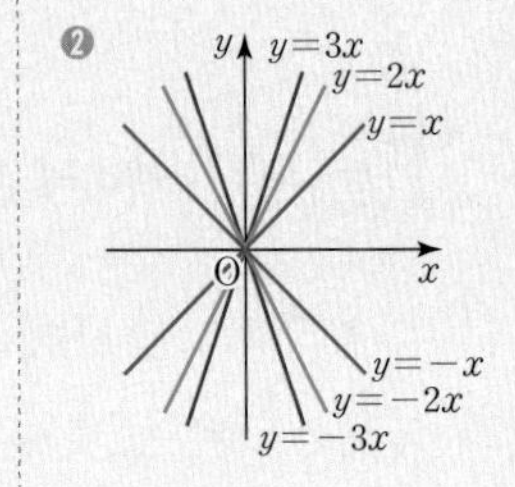

정비례 관계 $y=ax\,(a\neq0)$의 그래프를 쉽게 그리는 방법은 무엇일까?

정비례 관계 $y=ax\,(a\neq0)$의 그래프는 항상 원점을 지나고, 직선은 서로 다른 두 점을 곧게 이어서 그릴 수 있다. 따라서 정비례 관계 $y=ax\,(a\neq0)$의 그래프는 원점과 이 그래프가 지나는 다른 한 점을 찾아 직선으로 이으면 쉽게 그릴 수 있다.

예 정비례 관계 $y=2x$의 그래프 그리기

→ $x=1$일 때, $y=2$이다.

→ 점 $(1,\ 2)$를 지난다.

→ 원점 $(0,\ 0)$과 점 $(1,\ 2)$를 직선으로 연결한다.

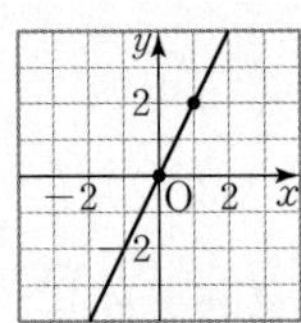

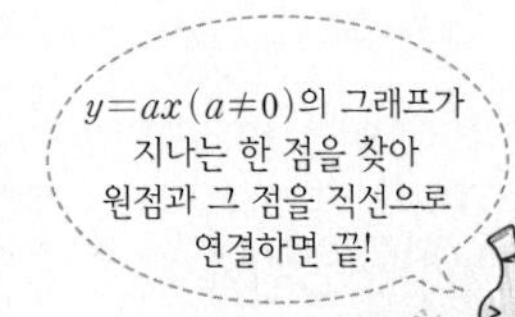

▶ 워크북 66쪽 | 해답 46쪽

개념 다지기

정비례 관계의 그래프

3 정비례 관계 $y=-2x$의 그래프에 대하여 다음 물음에 답하시오.

(1) 아래 표를 완성하고, 점 $(x,\ y)$를 오른쪽 좌표평면 위에 나타내시오.

x	-2	-1	0	1	2
y					

(2) x의 값이 수 전체일 때, 정비례 관계 $y=-2x$의 그래프를 오른쪽 좌표평면 위에 그리시오.

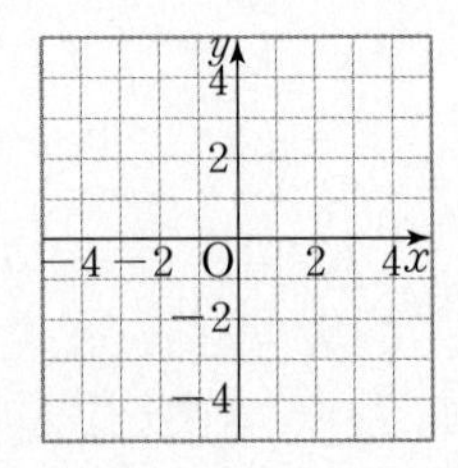

정비례 관계의 그래프

4 다음 정비례 관계의 그래프를 오른쪽 좌표평면 위에 그리시오.

tip 그래프가 지나는 한 점을 찾아 원점과 그 점을 직선으로 연결한다.

(1) $y=\frac{1}{2}x$ (2) $y=-3x$

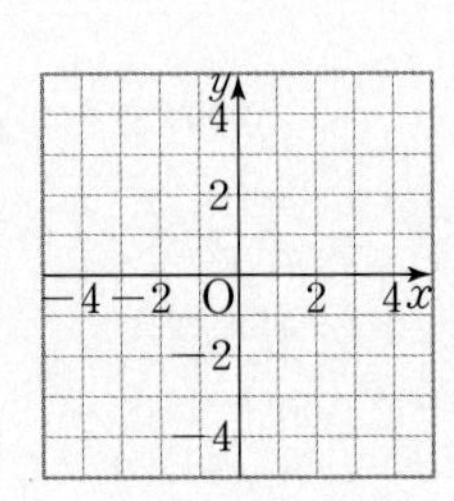

정비례 관계 $y=ax\,(a\neq0)$의 그래프는? 원점을 지나는 직선이다.

교과서 핵심 유형 익히기

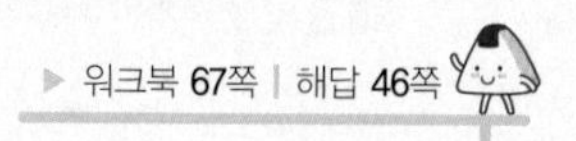
▶ 워크북 67쪽 | 해답 46쪽

유형 1 정비례 관계의 이해

다음 중 y가 x에 정비례하지 않는 것을 모두 고르면? (정답 2개)

① x보다 10만큼 큰 수 y
② 한 개에 300원인 지우개 x개의 가격 y원
③ 시속 70 km로 x시간 동안 간 거리 y km
④ 한 변의 길이가 x cm인 정삼각형의 둘레의 길이 y cm
⑤ 1000원짜리 물건을 사고 x원을 냈을 때의 거스름돈 y원

해결 키워드 x와 y 사이의 관계식이 $y=ax\,(a\neq0)$ 꼴 → y는 x에 정비례한다.

1-1 다음 〈보기〉 중 y가 x에 정비례하는 것을 모두 고르시오.

보기
ㄱ. 밑변의 길이가 x cm, 높이가 4 cm인 삼각형의 넓이 $y\text{ cm}^2$
ㄴ. 분속 x m로 100 m를 가는 데 걸리는 시간 y분
ㄷ. 300개의 객석이 있는 극장의 입장객 수 x명과 빈 객석 수 y개

유형 2 정비례 관계 $y=ax\,(a\neq0)$의 그래프

다음 중 정비례 관계 $y=\frac{3}{4}x$의 그래프는?

①
②
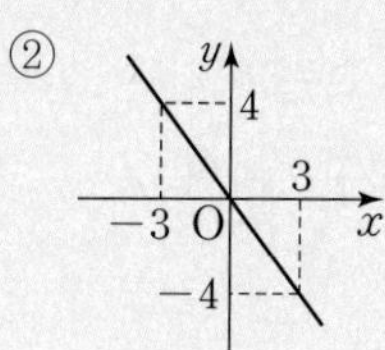
③
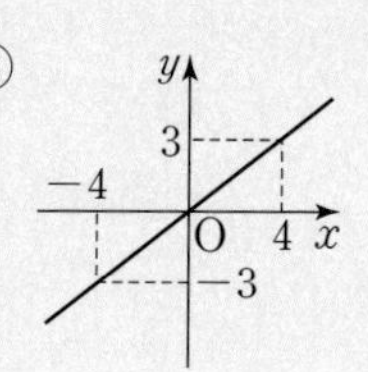
④
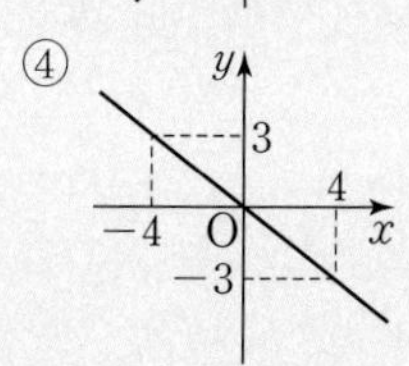
⑤
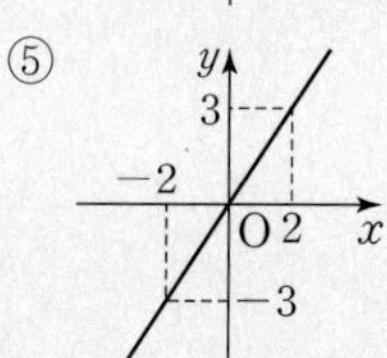

해결 키워드 그래프가 지나는 한 점을 찾을 때는 y의 값이 정수가 되도록 하는 정수 x의 값을 대입하는 것이 편리하다.
→ $y=\frac{3}{4}x$에서 $x=4$일 때 y의 값을 구한다.

2-1 x의 값이 -4, -2, 0, 2, 4일 때, 다음 중 정비례 관계 $y=-\frac{1}{2}x$의 그래프는?

① ② ③
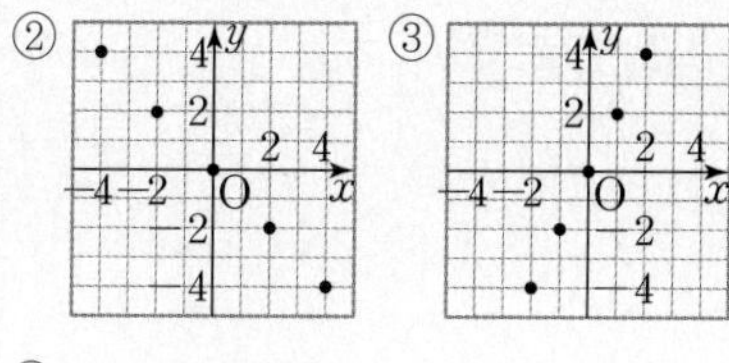
④
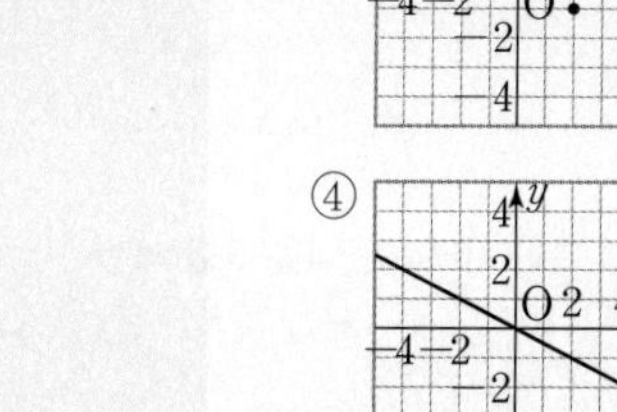
⑤
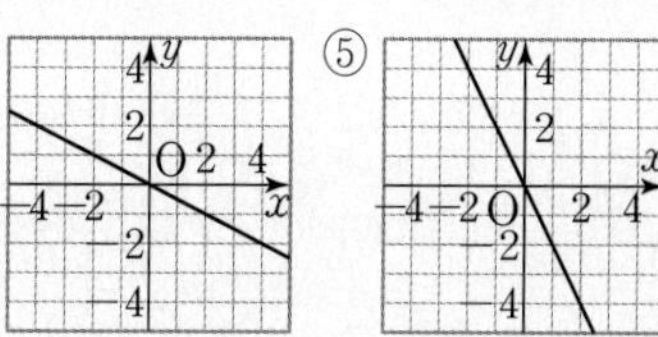

유형 3 정비례 관계 $y=ax\,(a\neq0)$의 그래프 위의 점

정비례 관계 $y=\frac{9}{2}x$의 그래프가 점 $(a,\ -18)$을 지날 때, a의 값을 구하시오.

해결 키워드 점 $(p,\ q)$가 정비례 관계 $y=ax\,(a\neq0)$의 그래프 위의 점일 때
→ $y=ax$에 $x=p$, $y=q$를 대입하면 등식이 성립한다.

3-1 다음 중 정비례 관계 $y=2x$의 그래프 위의 점이 아닌 것은?

① $(-2,\ -4)$ ② $(-1,\ -2)$ ③ $(1,\ 2)$
④ $(3,\ 6)$ ⑤ $(4,\ -8)$

유형 4 정비례 관계 $y=ax\,(a\neq0)$의 그래프의 성질

다음 중 정비례 관계 $y=\frac{1}{5}x$의 그래프에 대한 설명으로 옳지 않은 것은?

① 원점을 지나는 직선이다.
② 오른쪽 위로 향하는 직선이다.
③ 제1사분면과 제3사분면을 지난다.
④ 점 $(15,\ 3)$을 지난다.
⑤ x의 값이 증가하면 y의 값은 감소한다.

해결 키워드 정비례 관계 $y=ax\,(a\neq0)$의 그래프는
→ $a>0$이면 오른쪽 위로 향하는 직선으로, 제1, 3사분면을 지난다.
$a<0$이면 오른쪽 아래로 향하는 직선으로, 제2, 4사분면을 지난다.

4-1 다음 〈보기〉 중 정비례 관계 $y=-3x$의 그래프에 대한 설명으로 옳은 것을 모두 고르시오.

보기
ㄱ. 원점을 지나지 않는다.
ㄴ. 제1사분면과 제3사분면을 지난다.
ㄷ. x의 값이 증가하면 y의 값은 감소한다.
ㄹ. 정비례 관계 $y=-5x$의 그래프보다 x축에 더 가깝다.

유형 5 정비례 관계 $y=ax\,(a\neq0)$의 그래프의 식 구하기

오른쪽 그림과 같은 그래프가 나타내는 식을 구하시오.

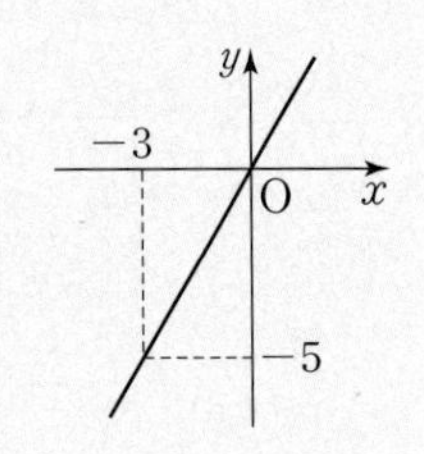

해결 키워드 원점과 점 $(p,\ q)$를 지나는 직선인 그래프가 나타내는 식을 구할 때는
❶ 구하는 식을 $y=ax\,(a\neq0)$로 놓는다.
❷ $y=ax$에 $x=p$, $y=q$를 대입하여 a의 값을 구한다.

5-1 오른쪽 그림과 같은 그래프가 나타내는 식을 구하시오.

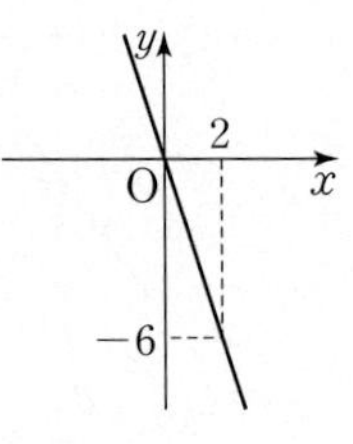

유형 6 정비례 관계의 활용

높이가 72 cm인 원기둥 모양의 물통에 수면의 높이가 매분 4 cm씩 올라가도록 물을 넣는다고 한다. 물을 넣기 시작한 지 x분 후의 수면의 높이를 y cm라 할 때, 다음 물음에 답하시오.

(1) x와 y 사이의 관계식을 구하시오.

(2) 물이 가득 차는 데 걸리는 시간은 몇 분인지 구하시오.

해결 키워드 y가 x에 정비례한다.
→ x와 y 사이의 관계식은 $y=ax\,(a\neq0)$ 꼴이다.

6-1 준영이의 맥박 수는 1분에 80회이다. x분 동안 준영이의 맥박 수를 y회라 할 때, 다음 물음에 답하시오.

(1) x와 y 사이의 관계식을 구하시오.

(2) 5분 동안의 준영이의 맥박 수를 구하시오.

기출로 실전 문제 익히기

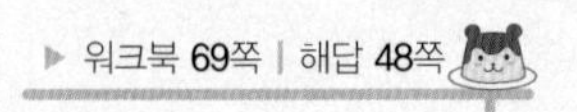
▶ 워크북 69쪽 | 해답 48쪽

1 y가 x에 정비례하고 $x=-3$일 때 $y=6$이다. 이때 x와 y 사이의 관계식은?

① $y=-12x$ ② $y=-2x$ ③ $y=-\frac{1}{2}x$
④ $y=\frac{1}{2}x$ ⑤ $y=2x$

2 다음 중 정비례 관계 $y=-\frac{5}{8}x$의 그래프 위의 점은?

① $(-8, -5)$ ② $(-5, -8)$ ③ $(4, -5)$
④ $(5, -8)$ ⑤ $(8, -5)$

★중요 **3** 다음 중 정비례 관계 $y=ax\,(a\neq0)$의 그래프에 대한 설명으로 옳지 않은 것은?

① 원점을 지나는 직선이다.
② $a>0$이면 제1사분면과 제3사분면을 지난다.
③ $a<0$이면 제2사분면과 제4사분면을 지난다.
④ 점 $(a, 1)$을 지난다.
⑤ a의 절댓값이 클수록 y축에 가까워진다.

4 정비례 관계 $y=ax$의 그래프가 두 점 $(2, 6)$, $(-3, b)$를 지날 때, b의 값은? (단, a는 상수이다.)

① -9 ② -3 ③ -1
④ 1 ⑤ 3

★중요 **5** 다음 중 오른쪽 그림과 같은 그래프 위의 점이 아닌 것은?

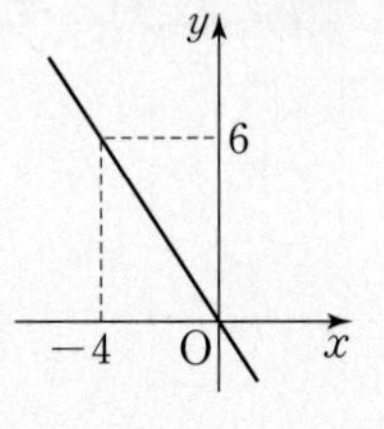

① $(-10, 15)$ ② $(-6, 9)$
③ $(-2, -3)$ ④ $(4, -6)$
⑤ $(6, -9)$

창의융합 (수학+과학)

6 달에서의 무게는 지구에서의 무게에 정비례한다. 지구에서 30 kg인 어떤 물체의 달에서의 무게가 5 kg이었을 때, 지구에서 48 kg인 사람의 달에서의 무게는 몇 kg인지 구하시오.

서술형

7 오른쪽 그림과 같은 그래프가 점 $(k, 10)$을 지날 때, k의 값을 구하시오.

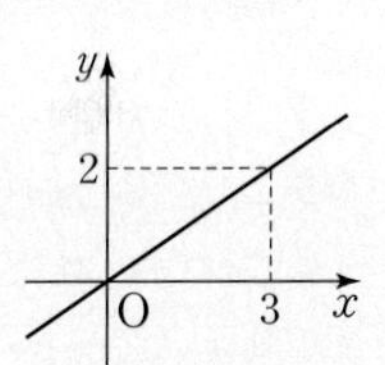

1단계 그래프가 나타내는 식의 꼴 알기
풀이

2단계 그래프가 나타내는 식 구하기
풀이

3단계 k의 값 구하기
풀이

답

반비례 관계와 그 그래프

개념 1 반비례 관계

(1) **반비례**: 두 변수 x, y에 대하여 x의 값이 2배, 3배, 4배, …로 변함에 따라 y의 값은 $\frac{1}{2}$배, $\frac{1}{3}$배, $\frac{1}{4}$배, …로 변하는 관계에 있을 때, y는 x에 반비례한다고 한다.

(2) **반비례 관계식**: 일반적으로 y가 x에 반비례할 때, x와 y 사이의 관계식은

$$y=\frac{a}{x}\ (a\neq0)$$ ❶

로 나타낼 수 있다.

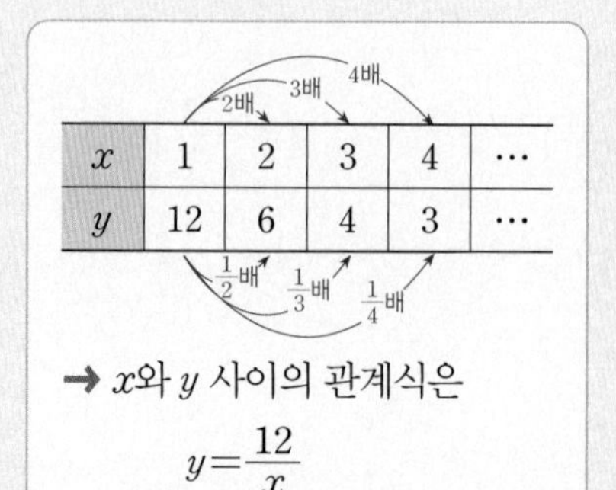

x	1	2	3	4	…
y	12	6	4	3	…

→ x와 y 사이의 관계식은 $y=\frac{12}{x}$

❶ $y=\frac{a}{x}$에서 분모는 0이 될 수 없으므로 반비례 관계에서 $x=0$인 경우는 생각하지 않는다.

용어
• **반비례**(反 돌이키다, 比 비교하다, 例 규칙)
두 양이 반대로 변화하는 관계

반비례 관계를 나타내는 표현에는 어떤 것이 있을까?

① 표로 나타내기 예

x	1	2	3	4	…
y	12	6	4	3	…

② 식으로 나타내기 예

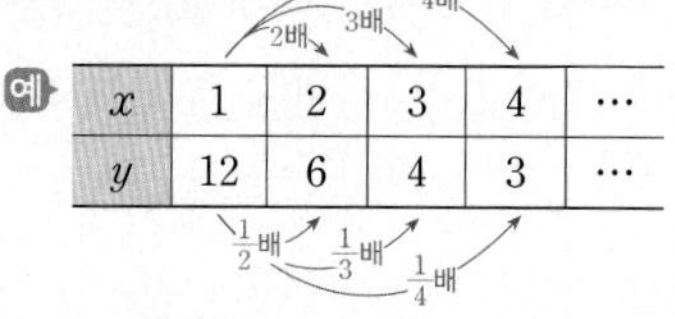

$y=\frac{12}{x}$ ← $y=\frac{a}{x}(a\neq0)$ 꼴

$xy=1\times12=2\times6=\cdots=12$ (일정)

↑ $xy=a$ (a는 일정) 꼴

→ 반비례 관계!

꿀tip: 반비례 관계를 나타내는 식으로 $y=\frac{a}{x}(a\neq0)$ 꼴이 대표적인데, 이 식과 함께 $xy=a$ (a는 일정) 꼴에도 익숙해지도록 하자!

▶ 워크북 70쪽 | 해답 48쪽

개념 다지기

1 반비례 관계

tip x의 값이 2배, 3배, 4배, …로 변할 때, y의 값은 $\frac{1}{2}$배, $\frac{1}{3}$배, $\frac{1}{4}$배, …로 변하는 관계에 있으면 y는 x에 반비례한다.

300 mL의 주스를 x명이 똑같이 나누어 마실 때, 1명이 마시는 주스의 양을 y mL라 하자. 다음 물음에 답하시오.

(1) 아래 표를 완성하시오.

x(명)	1	2	3	4	…
y(mL)					…

(2) y가 x에 반비례하는지 말하시오.

(3) x와 y 사이의 관계식을 구하시오.

2 반비례 관계식

tip 반비례 관계식은 $y=\frac{a}{x}(a\neq0)$ 또는 $xy=a$ (a는 일정) 꼴로 나타난다.

다음 중 y가 x에 반비례하는 것은 ○표, 반비례하지 않는 것은 ×표를 하시오.

(1) $y=-3x$ (　　)

(2) $y=-\frac{8}{x}$ (　　)

(3) $\frac{y}{x}=5$ (　　)

(4) $xy=10$ (　　)

y가 x에 반비례하면? $y=\frac{a}{x}(a\neq0)$ 또는 $xy=a$ (a는 일정) 꼴로 나타낼 수 있다.

개념 2 반비례 관계 $y=\frac{a}{x}(a\neq0)$의 그래프

x의 값의 범위가 0이 아닌 수 전체일 때,❶ 반비례 관계 $y=\frac{a}{x}(a\neq0)$의 그래프는 좌표축에 한없이 가까워지는 한 쌍의 매끄러운 곡선이다.

❶ 특별한 말이 없으면 반비례 관계 $y=\frac{a}{x}(a\neq0)$에서 x의 값의 범위는 0이 아닌 수 전체로 생각한다.

	$a>0$	$a<0$
그래프	$y=\frac{a}{x}$, $(1, a)$	$y=\frac{a}{x}$, $(1, a)$
지나는 사분면	제1사분면, 제3사분면	제2사분면, 제4사분면
증가, 감소	각 사분면에서 x의 값이 증가하면 y의 값은 감소	각 사분면에서 x의 값이 증가하면 y의 값도 증가

참고 반비례 관계 $y=\frac{a}{x}(a\neq0)$의 그래프는

① a의 값에 관계없이 항상 점 $(1, a)$를 지난다.

② a의 절댓값이 작을수록 원점에 가깝고, a의 절댓값이 클수록 원점에서 멀다.❷

❷ $y=\frac{4}{x}$, $y=\frac{2}{x}$, $y=\frac{1}{x}$, $y=-\frac{4}{x}$, $y=-\frac{2}{x}$, $y=-\frac{1}{x}$

반비례 관계 $y=\frac{a}{x}(a\neq0)$의 그래프를 쉽게 그리는 방법은 무엇일까?

$y=\frac{a}{x}(a\neq0)$의 그래프가 지나는 점 중에서 x좌표와 y좌표가 모두 정수인 점을 찾아 매끄러운 곡선으로 연결하면 쉽게 그릴 수 있다. ← 같은 사분면 위에 있는 점끼리 곡선으로 연결하여 그린다.

예 반비례 관계 $y=\frac{4}{x}$의 그래프 그리기

→ x좌표와 y좌표가 모두 정수인 점을 찾으면

$(1, 4), (2, 2), (4, 1),$

$(-1, -4), (-2, -2), (-4, -1)$

→ 위의 점들을 나타낸 후 매끄러운 곡선으로 연결한다.

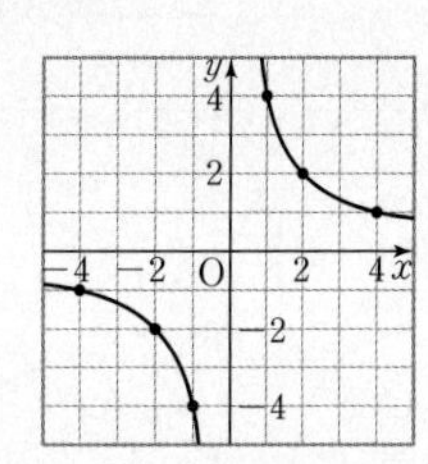

x좌표와 y좌표가 모두 정수인 점을 찾을 때는 $y=\frac{a}{x}$를 $xy=a$로 고쳐서 곱하여 a가 되는 두 정수 x, y의 값을 찾으면 쉬워!

▶ 워크북 70쪽 | 해답 48쪽

개념 다지기

반비례 관계의 그래프

tip x좌표와 y좌표가 모두 정수인 점을 찾아 매끄러운 곡선으로 연결한다.

3 반비례 관계 $y=-\frac{4}{x}$의 그래프에 대하여 다음 물음에 답하시오.

(1) 아래 표를 완성하고, 점 (x, y)를 오른쪽 좌표평면 위에 나타내시오.

x	-4	-2	-1	1	2	4
y						

(2) x의 값이 0이 아닌 수 전체일 때, 반비례 관계 $y=-\frac{4}{x}$의 그래프를 오른쪽 좌표평면 위에 그리시오.

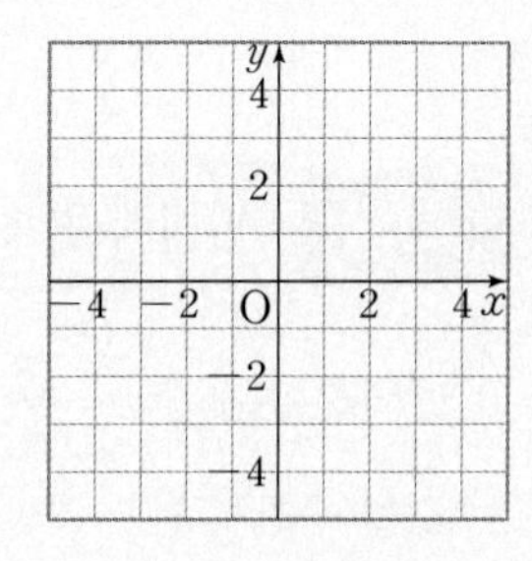

반비례 관계 $y=\frac{a}{x}(a\neq0)$의 그래프는? 좌표축에 한없이 가까워지는 한 쌍의 매끄러운 곡선이다. 한줄 point

교과서 핵심 유형 익히기

유형 1 반비례 관계의 이해

다음 중 y가 x에 반비례하지 않는 것은?

① 곱이 100인 두 수 x와 y
② 시속 x km로 30 km를 갈 때, 걸린 시간 y시간
③ 길이가 50 cm인 끈을 똑같이 x조각으로 나누었을 때, 한 조각의 길이 y cm
④ 둘레의 길이가 56 cm인 직사각형의 가로의 길이 x cm와 세로의 길이 y cm
⑤ 전체 쪽수가 160쪽인 소설책을 하루에 x쪽씩 읽을 때, 다 읽을 때까지 걸리는 일수 y일

해결 키워드 x와 y 사이의 관계식이 $y=\frac{a}{x}\,(a\neq0)$ 꼴 → y는 x에 반비례한다.

1-1 다음 〈보기〉 중 y가 x에 반비례하는 것을 모두 고르시오.

보기
ㄱ. 매일 x시간씩 총 40시간의 봉사 활동을 했을 때, 봉사한 일수 y일
ㄴ. x시간을 분으로 고친 시간 y분
ㄷ. 30 L 들이 물통에 매분 x L씩 물을 넣을 때, 물이 가득 찰 때까지 걸리는 시간 y분

유형 2 반비례 관계 $y=\frac{a}{x}\,(a\neq0)$의 그래프

다음 〈보기〉 중 반비례 관계 $y=\frac{10}{x}$의 그래프를 고르시오.

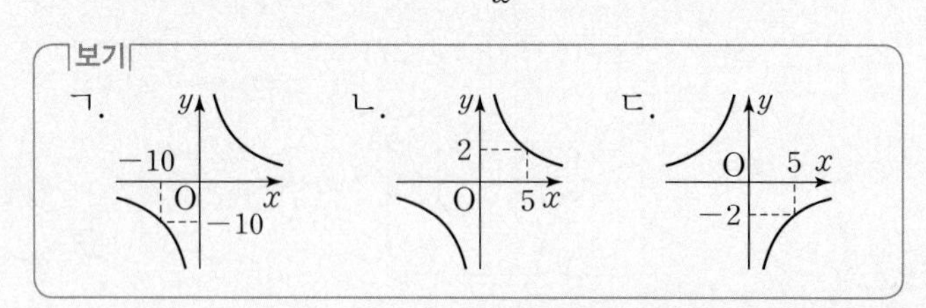

해결 키워드 $y=\frac{a}{x}\,(a\neq0)$의 그래프는 $a>0$이면 제1사분면과 제3사분면을 지난다. $a<0$이면 제2사분면과 제4사분면을 지난다.

2-1 다음 중 반비례 관계 $y=-\frac{6}{x}$의 그래프는?

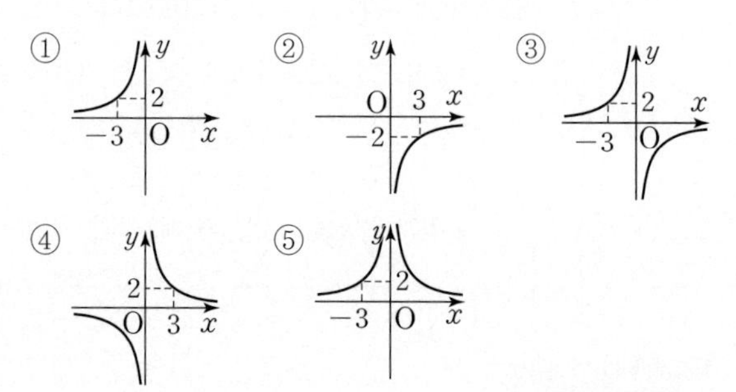

유형 3 반비례 관계 $y=\frac{a}{x}\,(a\neq0)$의 그래프 위의 점

반비례 관계 $y=-\frac{18}{x}$의 그래프가 점 $(a,\ -9)$를 지날 때, a의 값을 구하시오.

해결 키워드 점 $(p,\ q)$가 반비례 관계 $y=\frac{a}{x}\,(a\neq0)$의 그래프 위의 점일 때
→ $y=\frac{a}{x}$에 $x=p$, $y=q$를 대입하면 등식이 성립한다.

3-1 반비례 관계 $y=\frac{a}{x}$의 그래프가 점 $(-2,\ 7)$을 지날 때, 상수 a의 값을 구하시오.

유형 4 반비례 관계 $y=\frac{a}{x}(a\neq0)$의 그래프의 성질

다음 중 반비례 관계 $y=\frac{12}{x}$의 그래프에 대한 설명으로 옳지 않은 것은?

① 원점을 지나지 않는 한 쌍의 매끄러운 곡선이다.
② 제1사분면과 제3사분면을 지난다.
③ 점 $(-3, -4)$를 지난다.
④ $x>0$일 때, x의 값이 증가하면 y의 값은 감소한다.
⑤ 좌표축과 만난다.

해결키워드 반비례 관계 $y=\frac{a}{x}(a\neq0)$의 그래프는 원점을 지나지 않는 한 쌍의 곡선으로 $\begin{cases} a>0\text{이면 제1사분면과 제3사분면을 지난다.} \\ a<0\text{이면 제2사분면과 제4사분면을 지난다.}\end{cases}$

4-1 다음 〈보기〉 중 반비례 관계 $y=-\frac{9}{x}$의 그래프에 대한 설명으로 옳은 것을 모두 고르시오.

보기
ㄱ. 원점을 지나는 곡선이다.
ㄴ. 반비례 관계 $y=\frac{2}{x}$의 그래프보다 원점에서 더 멀리 떨어져 있다.
ㄷ. 제2사분면과 제4사분면을 지난다.
ㄹ. $x<0$일 때, x의 값이 증가하면 y의 값은 감소한다.

유형 5 반비례 관계 $y=\frac{a}{x}(a\neq0)$의 그래프의 식 구하기

오른쪽 그림과 같은 그래프가 나타내는 식을 구하시오.

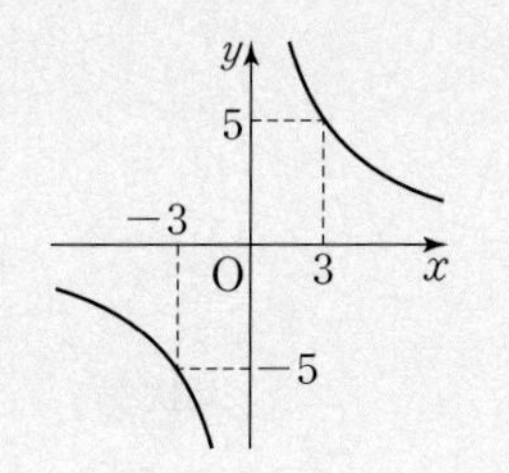

해결키워드 점 (p, q)를 지나고 좌표축에 한없이 가까워지는 매끄러운 곡선인 그래프가 나타내는 식을 구할 때는
❶ 구하는 식을 $y=\frac{a}{x}(a\neq0)$로 놓는다.
❷ $y=\frac{a}{x}$에 $x=p$, $y=q$를 대입하여 a의 값을 구한다.

5-1 오른쪽 그림과 같은 그래프가 나타내는 식을 구하시오.

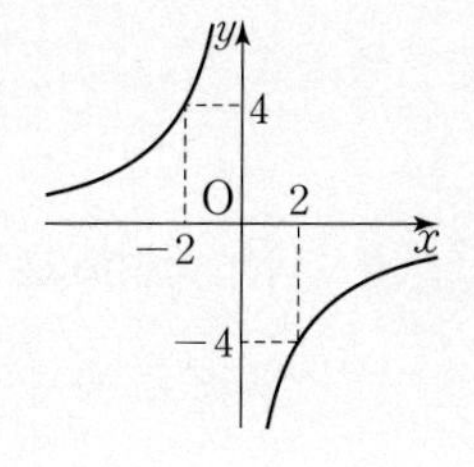

유형 6 반비례 관계의 활용

두 톱니바퀴 A, B가 서로 맞물려 돌아가고 있다. 톱니바퀴 A는 톱니가 30개이고 1분 동안 20바퀴 회전한다. 톱니바퀴 B는 톱니가 x개이고 1분 동안 y바퀴 회전할 때, 다음 물음에 답하시오.

(1) x와 y 사이의 관계식을 구하시오.

(2) 톱니바퀴 B의 톱니가 40개일 때, 톱니바퀴 B는 1분 동안 몇 바퀴 회전하는지 구하시오.

해결키워드 두 톱니바퀴 A, B가 1분 동안 회전할 때, 맞물린 톱니의 개수는 같다.
➜ (A의 톱니 개수)×(A의 회전수)=(B의 톱니 개수)×(B의 회전수)

6-1 넓이가 12 cm^2인 삼각형의 밑변의 길이를 x cm, 높이를 y cm라 할 때, 다음 물음에 답하시오.

(1) x와 y 사이의 관계식을 구하시오.

(2) 밑변의 길이가 3 cm일 때, 높이를 구하시오.

기출로 실전 문제 익히기

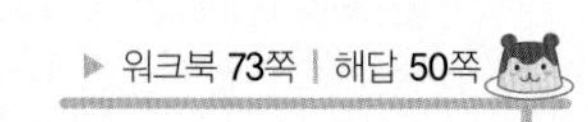
▶ 워크북 73쪽 | 해답 50쪽

1 y가 x에 반비례하고 $x=-3$일 때 $y=4$이다. $x=2$일 때, y의 값은?

① -6 ② -3 ③ 3
④ 6 ⑤ 8

2 다음 중 반비례 관계 $y=\frac{16}{x}$의 그래프 위의 점은?

① $(-8,\ -4)$ ② $(-4,\ 4)$ ③ $(2,\ -8)$
④ $(8,\ 2)$ ⑤ $(16,\ -1)$

★중요 **3** 다음 중 반비례 관계 $y=\frac{a}{x}\ (a\neq0)$의 그래프에 대한 설명으로 옳지 않은 것을 모두 고르면? (정답 2개)

① x의 값이 2배, 3배, 4배, …가 되면 y의 값도 2배, 3배, 4배, …가 된다.
② $a>0$이면 제1사분면과 제3사분면을 지난다.
③ $a<0$이면 제2사분면과 제4사분면을 지난다.
④ 점 $(1,\ a)$를 지난다.
⑤ a의 절댓값이 클수록 원점에 가깝다.

4 반비례 관계 $y=\frac{a}{x}$의 그래프가 두 점 $(-4,\ 5)$, $(2,\ b)$를 지날 때, b의 값은? (단, a는 상수이다.)

① -20 ② -10 ③ -5
④ 10 ⑤ 20

★중요 **5** 다음 중 오른쪽 그림과 같은 그래프 위의 점이 아닌 것은?

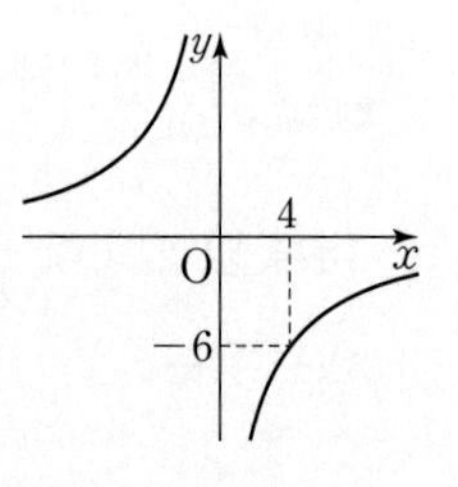

① $(-12,\ 2)$ ② $(-3,\ 8)$
③ $(6,\ 4)$ ④ $\left(9,\ -\frac{8}{3}\right)$
⑤ $(24,\ -1)$

창의융합 (수학+과학)

6 일정한 온도에서 기체의 부피는 압력에 반비례한다. 어떤 기체의 압력이 x기압일 때의 부피를 y L라 할 때, 오른쪽 그래프는 x와 y 사이의 관계를 나타낸 것이다. 부피가 9 L일 때, 이 기체의 압력을 구하시오.

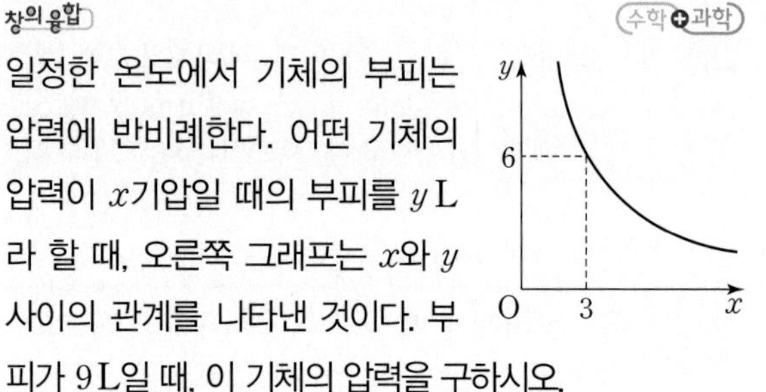

7 오른쪽 그림과 같은 그래프가 점 $(-3,\ k)$를 지날 때, k의 값을 구하시오.

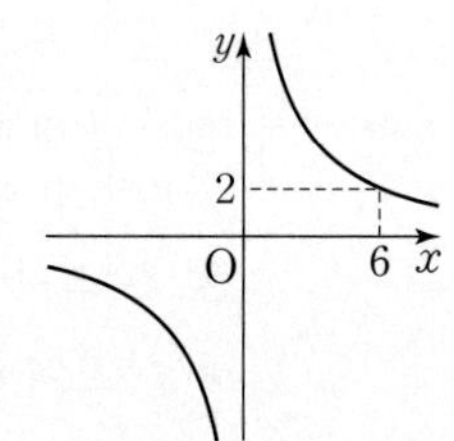

1단계 그래프가 나타내는 식의 꼴 알기
풀이

2단계 그래프가 나타내는 식 구하기
풀이

3단계 k의 값 구하기
풀이

답

A 탄탄! 기본 점검하기

01 두 순서쌍 $(-3a-1,\ b+5)$, $(a+3,\ -2b-1)$이 서로 같을 때, ab의 값을 구하시오.

02 다음 중 오른쪽 좌표평면 위의 점의 좌표를 나타낸 것으로 옳지 않은 것은?

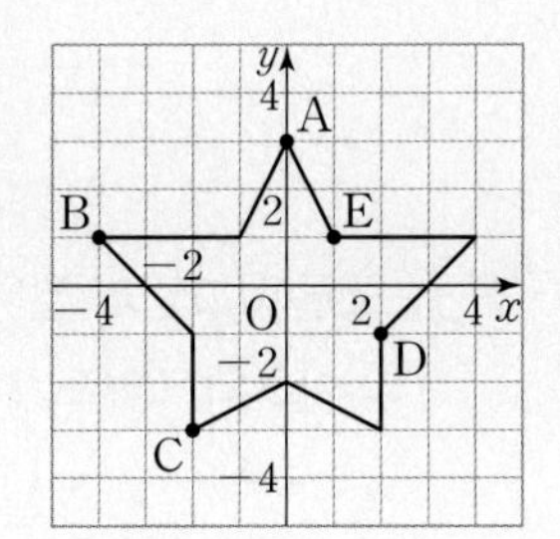

① $A(0,\ 3)$
② $B(-4,\ 1)$
③ $C(-3,\ -2)$
④ $D(2,\ -1)$
⑤ $E(1,\ 1)$

03 다음 상황에 맞는 그래프를 〈보기〉에서 고르시오.

> 오전에는 기온이 일정하게 오르다가 오후에는 변화가 없었다. 그런데 해가 진 후에 비가 오면서 기온이 급격히 떨어져 추워졌다.

보기

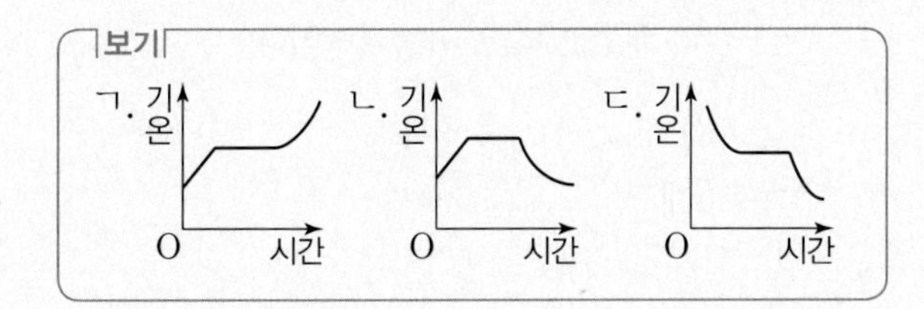

04 다음 중 y가 x에 반비례하는 것을 모두 고르면? (정답 2개)

① $y=\frac{1}{10}x$ ② $xy=-2$ ③ $y=-x$
④ $y=\frac{3}{x}$ ⑤ $y=\frac{1}{x}+2$

05 다음 중 정비례 관계 $y=\frac{6}{5}x$의 그래프는?

①
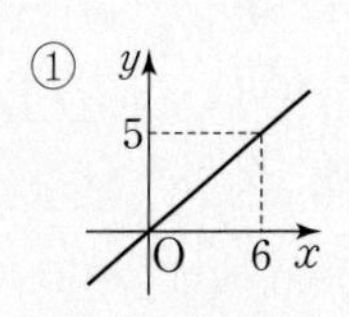

②
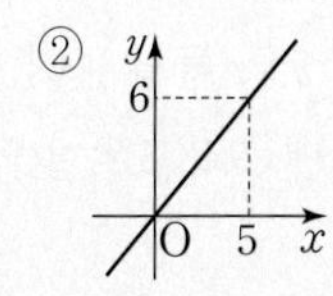

③
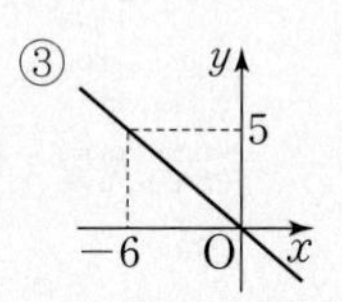

④
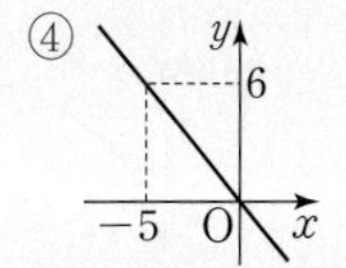

⑤
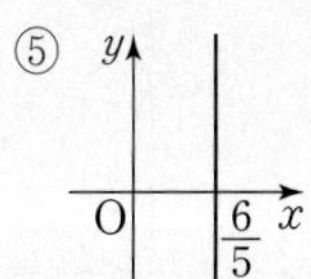

B 쑥쑥! 실전 감각 익히기

중요

06 다음 중 옳지 않은 것은?

① y축 위에 있고 y좌표가 -2인 점은 점 $(0,\ -2)$이다.
② x축 위의 점은 y좌표가 0이다.
③ 점 $(8,\ 0)$은 어느 사분면에도 속하지 않는다.
④ 점 $(-3,\ 2)$와 점 $(2,\ -3)$은 같은 사분면 위에 있다.
⑤ 점 $(5,\ -2)$와 x축에 대하여 대칭인 점의 좌표는 $(5,\ 2)$이다.

07 네 점 $A(-1,\ 2)$, $B(-1,\ -2)$, $C(3,\ -2)$, $D(3,\ 2)$를 꼭짓점으로 하는 사각형 ABCD의 넓이를 구하시오.

빈출 유형

08 점 $P(a,\ b)$가 제2사분면 위의 점일 때, 다음 중 제4사분면 위의 점은?

① $(a,\ -b)$ ② $(-a,\ b)$ ③ $(-a,\ -b)$
④ $(a-b,\ b)$ ⑤ $(ab,\ b-a)$

09 오른쪽 그림과 같은 모양의 물병에 일정한 속력으로 물을 넣을 때, 다음 중 물을 넣는 시간 x와 물의 높이 y 사이의 관계를 나타낸 그래프로 알맞은 것은?

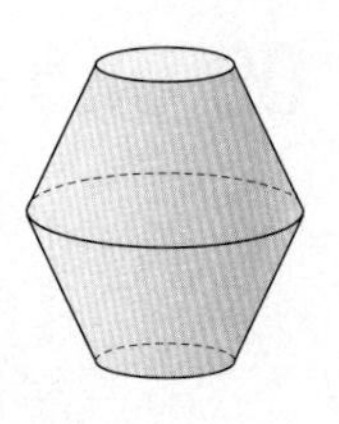

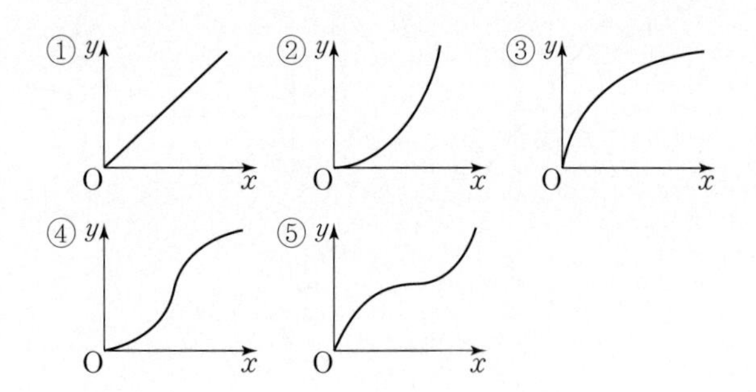

10 ★중요

다음 그래프는 자동차를 타고 갈 때, 자동차의 속력을 시간에 따라 나타낸 것이다. 〈보기〉 중 옳은 것을 모두 고르시오.

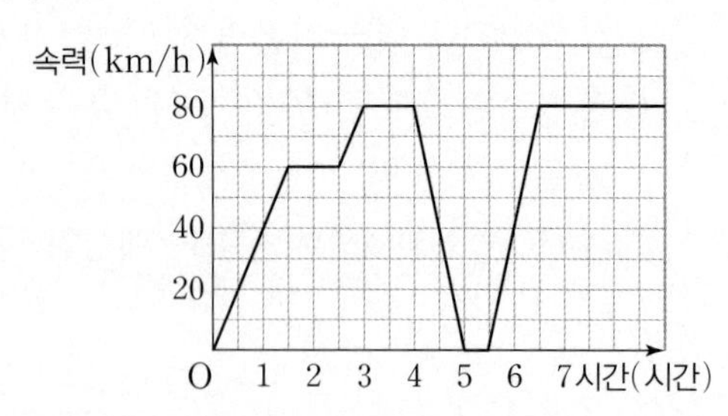

보기
ㄱ. 자동차는 한 번 정지해 있었다.
ㄴ. 자동차는 출발해서 1시간 동안 일정한 속력으로 달렸다.
ㄷ. 자동차가 가장 빨리 달릴 때의 속력은 시속 80 km이다.

11 y가 x에 정비례하고, $x=2$일 때 $y=27$이다. $x=-\frac{4}{9}$일 때, y의 값을 구하시오.

12 오른쪽 그림은 정비례 관계 $y=ax$의 그래프이다. ㉠~㉤ 중 a의 값이 가장 작은 것은? (단, a는 상수이다.)

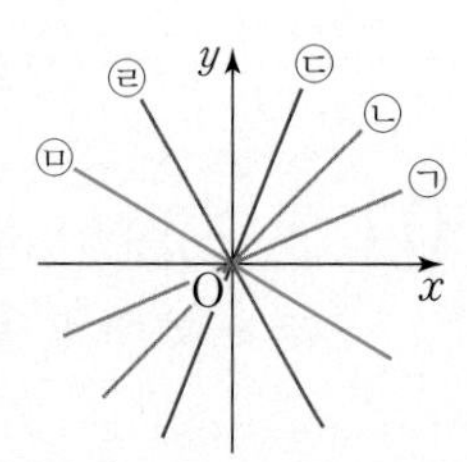

① ㉠ ② ㉡ ③ ㉢ ④ ㉣ ⑤ ㉤

13 오른쪽 그림과 같은 정비례 관계 $y=ax$의 그래프가 두 점 $(-4, b)$, $(c, -1)$을 지날 때, abc의 값은? (단, a는 상수이다.)

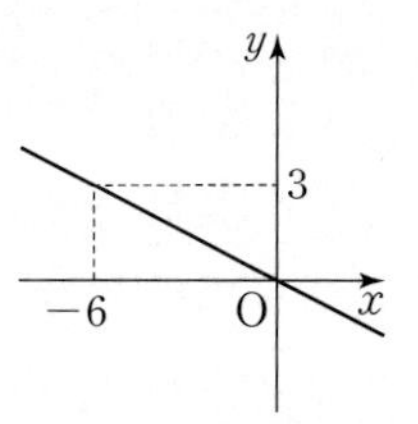

① -2 ② -1 ③ 1 ④ 2 ⑤ 3

기출 유사

14 반비례 관계 $y=\frac{a}{x}$의 그래프가 점 $(-2, 8)$을 지날 때, 이 그래프 위의 점 중 x좌표와 y좌표가 모두 정수인 점의 개수는? (단, a는 상수이다.)

① 4개 ② 6개 ③ 8개 ④ 10개 ⑤ 12개

빈출 유형

15 오른쪽 그림과 같이 정비례 관계 $y=2x$의 그래프와 반비례 관계 $y=\frac{a}{x}$의 그래프가 만나는 점 A의 x좌표가 2일 때, 상수 a의 값을 구하시오.

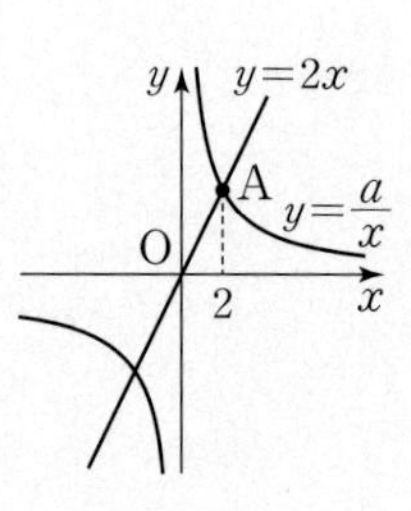

▶ 해답 51쪽

16 오른쪽 그림은 반비례 관계 $y=\frac{a}{x}\,(x<0)$의 그래프이다. 점 A의 좌표가 $(-4,\ 0)$이고, 직사각형 PAOB의 넓이가 5일 때, 상수 a의 값을 구하시오.

(단, O는 원점이다.)

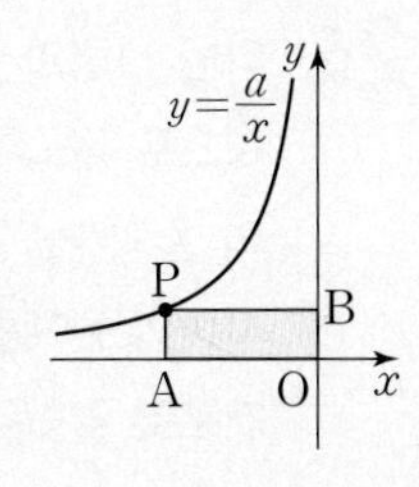

★중요

17 용량이 일정한 빈 물탱크에 매분 x L씩 일정한 속력으로 물을 채우고 있다. 이 물탱크에 물을 가득 채울 때까지 걸리는 시간을 y분이라 할 때, x와 y 사이의 관계를 그래프로 나타내면 위의 그림과 같다. 다음 중 옳지 않은 것을 모두 고르면? (정답 2개)

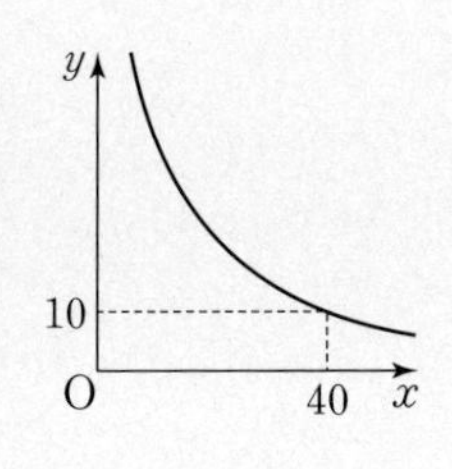

① 물탱크의 용량은 400 L이다.

② 물을 매분 50 L씩 채우면 물을 가득 채우는 데 8분이 걸린다.

③ 20분 만에 물을 가득 채우려면 물을 매분 15 L씩 채워야 한다.

④ x와 y 사이의 관계식은 $y=\frac{400}{x}$이다.

⑤ x의 값이 2배가 되면 y의 값도 2배가 된다.

C 도전! 100점 완성하기

18 210 L 들이의 물통에 두 호스 A, B로 물을 넣기 시작하여 20분이 지난 후에는 A 호스로만 물을 넣었다. 물을 넣기 시작한 지 x분 후의 물의 양을 y L라 할 때, x와 y 사이의 관계를 그래프로 나타내면 위의 그림과 같다. 처음부터 B 호스만 사용하여 이 물통을 가득 채우는 데 걸리는 시간을 구하시오.

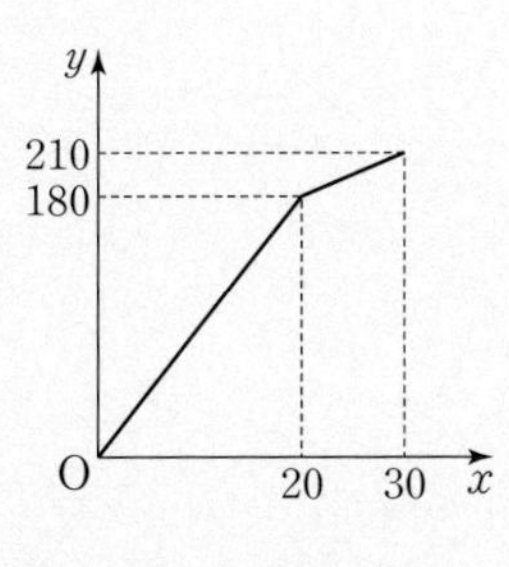

19 오른쪽 그림에서 두 점 A, C는 각각 두 정비례 관계 $y=2x$, $y=\frac{1}{2}x$의 그래프 위의 점이고, 사각형 ABCD는 한 변의 길이가 2인 정사각형일 때, 점 D의 좌표를 구하시오. (단, 두 점 A, B의 x좌표는 같다.)

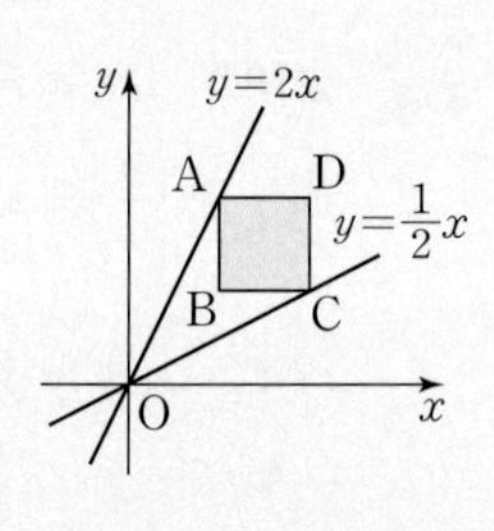

기출 유사

20 오른쪽 그림과 같이 정비례 관계 $y=\frac{5}{6}x$의 그래프 위의 한 점 A에서 x축에 내린 수선과 x축 위의 점 B(6, 0)이 만난다. 정비례 관계 $y=ax$의 그래프가 삼각형 AOB의 넓이를 이등분할 때, 상수 a의 값을 구하시오. (단, O는 원점이다.)

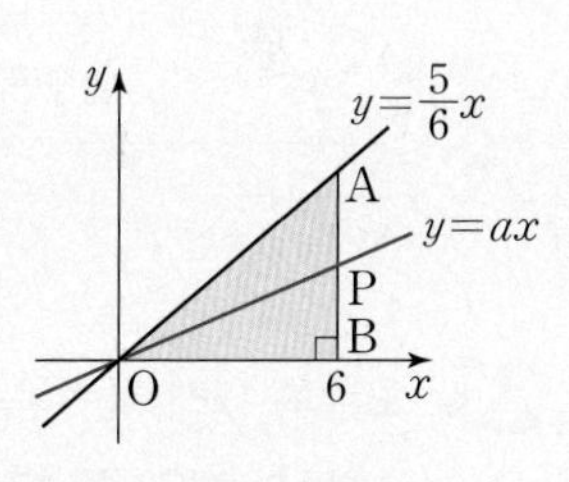

21 오른쪽 그림과 같이 반비례 관계 $y=\frac{24}{x}\,(x>0)$의 그래프는 두 점 $A(p,\ 4)$, $B(8,\ 3)$을 지난다. 정비례 관계 $y=ax$의 그래프가 선분 AB와 한 점에서 만날 때, 상수 a의 값의 범위를 구하시오.

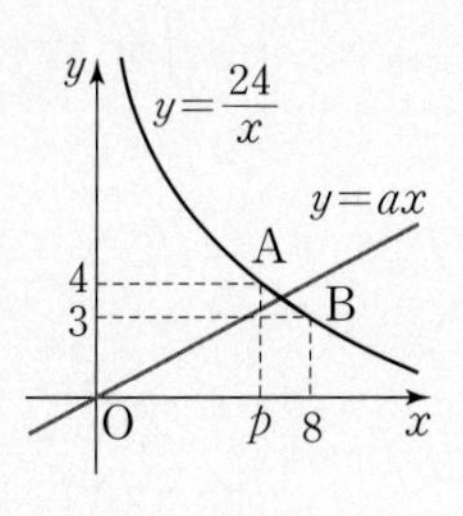

잘 나오는 서술형 집중 연습

▶ 해답 53쪽

22 점 A$(-ab,\ a+b)$가 제2사분면 위의 점일 때, 점 B$\left(-b,\ \frac{b}{a}\right)$에 대하여 다음 물음에 답하시오.

(1) a, b의 부호를 각각 구하시오.

풀이

(2) $-b$, $\frac{b}{a}$의 부호를 각각 구하시오.

풀이

(3) 점 B가 제몇 사분면 위의 점인지 구하시오.

풀이

답

check list
- □ 사분면에서의 점의 좌표의 부호를 판별할 수 있는가? ↻ 123쪽
- □ 점이 속하는 사분면을 구할 수 있는가? ↻ 123쪽

23 오른쪽 그래프는 은서가 테니스를 칠 때와 줄넘기를 할 때의 운동 시간 x시간과 소모되는 열량 y kcal 사이의 관계를 나타낸 것이다. 다음 물음에 답하시오.

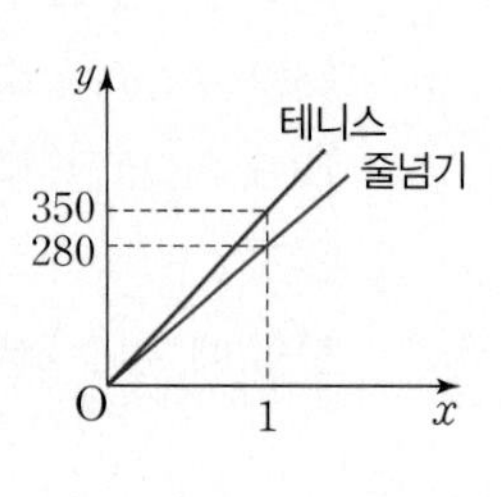

(1) 테니스를 칠 때와 줄넘기를 할 때의 x와 y 사이의 관계식을 각각 구하시오.

풀이

(2) 1400 kcal의 열량을 소모하기 위해 테니스를 쳐야 하는 시간과 줄넘기를 해야 하는 시간의 차를 구하시오.

풀이

답

check list
- □ 정비례 관계의 그래프가 나타내는 식을 구할 수 있는가? ↻ 132쪽
- □ 정비례 관계를 활용하여 문제를 해결할 수 있는가? ↻ 132쪽

24 다음 그림과 같이 세 용기 A, B, C에 매분 일정한 속력으로 물을 채우려고 한다. 물을 x분 동안 채웠을 때의 물의 높이를 y cm라 할 때, 아래 그래프는 x와 y 사이의 관계를 나타낸 것이다. 각 용기에 해당하는 그래프로 알맞은 것을 ㉠, ㉡, ㉢ 중에서 고르고, 그 이유를 설명하시오.

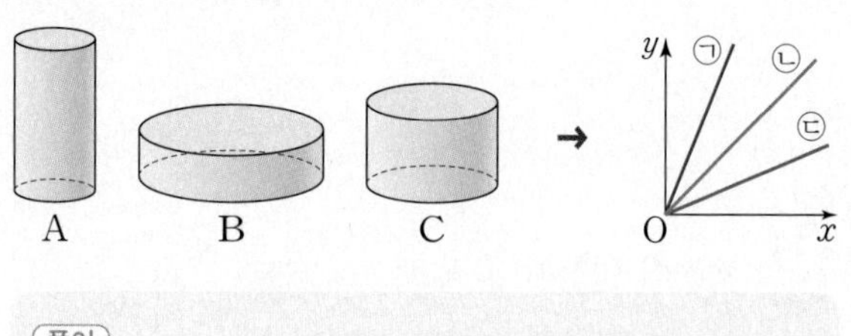

풀이

답

check list
- □ 상황을 이해하여 그래프로 나타낼 수 있는가? ↻ 126쪽
- □ 일정하게 증가하는 양을 나타낸 여러 그래프의 차이를 파악할 수 있는가? ↻ 127쪽

25 오른쪽 그림과 같이 정비례 관계 $y=2x$, $y=\frac{1}{2}x$의 그래프가 x축 위의 점 P$(6,\ 0)$을 지나고 y축에 평행한 직선과 만나는 점을 각각 Q, R라 할 때, 삼각형 ORQ의 넓이를 구하시오. (단, O는 원점이다.)

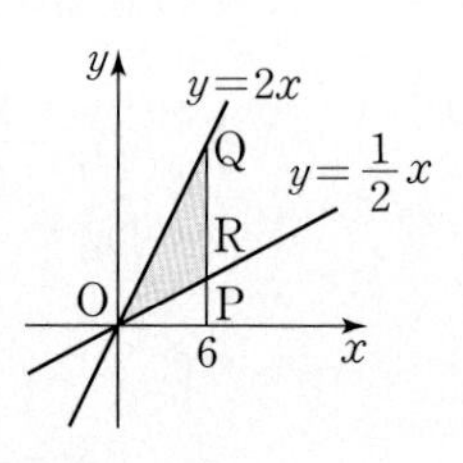

풀이

답

check list
- □ 정비례 관계의 그래프 위의 점의 좌표를 구할 수 있는가? ↻ 131쪽
- □ 좌표평면 위의 도형의 넓이를 구할 수 있는가? ↻ 125쪽

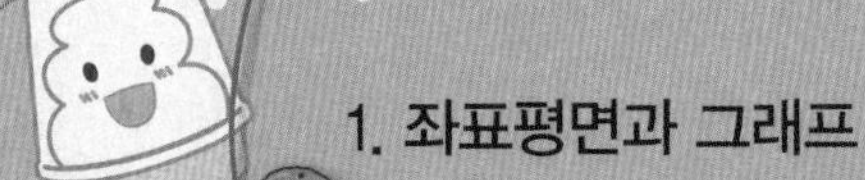

1. 좌표평면과 그래프

핵심 키워드 다시 보기

핵심 키워드 변수, 좌표, 순서쌍, x좌표, y좌표, 원점, 좌표축, x축, y축, 좌표평면, 제1사분면, 제2사분면, 제3사분면, 제4사분면, 그래프, 정비례, 반비례

좌표평면과 그래프

순서쌍과 좌표

LECTURE 18 | 122쪽

- **좌표평면**: 좌표축이 정해져 있는 평면
- **순서쌍**: 두 수의 순서를 정하여 짝지어 나타낸 것

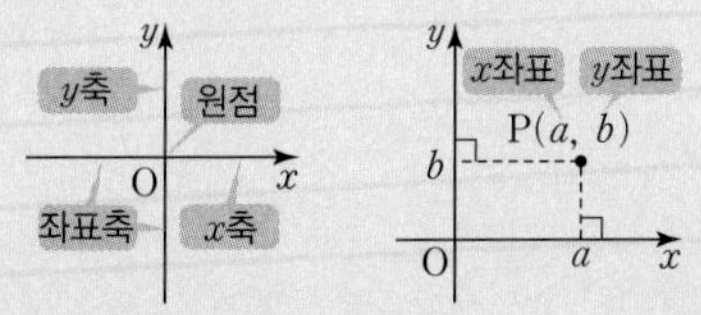

- **사분면**: 좌표축에 의하여 네 부분으로 나누어지는 좌표평면의 각 부분

그래프의 이해

LECTURE 19 | 126쪽

- **변수**: 여러 가지로 변하는 값을 나타내는 문자
- **그래프**: 두 변수 사이의 관계를 좌표평면 위에 나타낸 것
- 그래프의 이해

그래프의 모양				
변화 상태	일정하게 증가	점점 느리게 증가	점점 빠르게 증가	변하지 않음
그래프의 모양				
변화 상태	일정하게 감소	점점 빠르게 감소	점점 느리게 감소	증가, 감소를 반복

정비례와 반비례

정비례 관계

LECTURE 20 | 129쪽

- **정비례**: x의 값이 2배, 3배, 4배, …로 변함에 따라 y의 값도 2배, 3배, 4배, …로 변하는 관계
  → $y=ax(a\neq0)$ 또는 $\frac{y}{x}=a$(a는 일정)
- 정비례 관계 $y=ax(a\neq0)$의 그래프
  원점과 점 $(1, a)$를 지나는 직선이다.

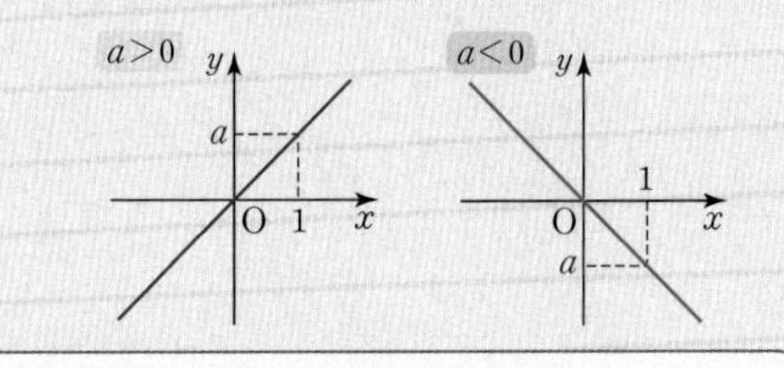

- $y=ax(a\neq0)$의 그래프 그리기
  그래프가 지나는 한 점을 찾아 원점과 그 점을 직선으로 연결한다.

반비례 관계

LECTURE 21 | 134쪽

- **반비례**: x의 값이 2배, 3배, 4배, …로 변함에 따라 y의 값은 $\frac{1}{2}$배, $\frac{1}{3}$배, $\frac{1}{4}$배, …로 변하는 관계
  → $y=\frac{a}{x}(a\neq0)$ 또는 $xy=a$(a는 일정)
- 반비례 관계 $y=\frac{a}{x}(a\neq0)$의 그래프
  점 $(1, a)$를 지나고 좌표축에 한없이 가까워지는 한 쌍의 매끄러운 곡선이다.

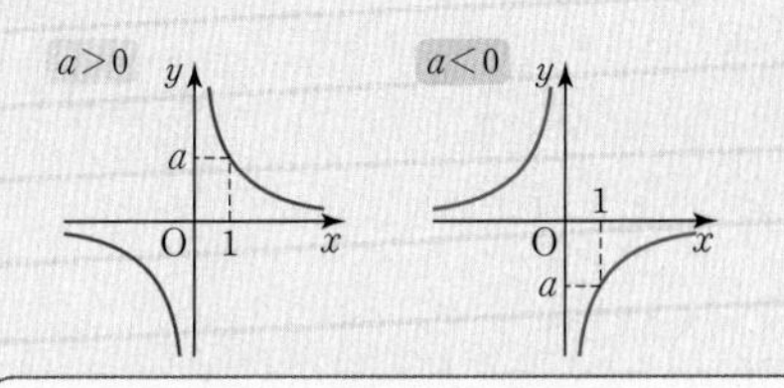

- $y=\frac{a}{x}(a\neq0)$의 그래프 그리기
  그래프 위의 x좌표와 y좌표가 모두 정수인 점을 찾아 그 점들을 매끄러운 곡선으로 연결한다.

MEMO

NE 능률

우월등한 개념수학

계통으로 수학이 쉬워지는
새로운 개념기본서

www.nebooks.co.kr ▼

초등 시리즈 초등학생을 위한 학기별 기본서 / 초3~6

초등 3

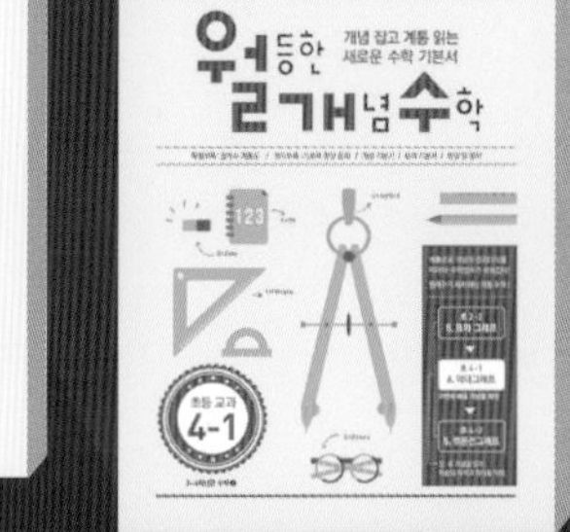
초등 4

초등 5

초등 6

중등 시리즈 중학생을 위한 학기별 기본서 / 중1~3

중등 1

중등 2

중등 3

지은이	능률수학교육연구소	펴낸이	황도순
선임연구원	이종현	펴낸곳	서울시 마포구 월드컵북로 396 ㈜능률교육 (우편번호 03925)
연구원	장미선, 김은빛, 권민휘	펴낸날	2018년 1월 1일
맥편집	㈜이츠북스	전화	02 2014 7114
디자인	표지 : 디자인싹, 내지 : 디자인디오	팩스	02 337 4956
영업	김정원, 윤태철, 한기영, 주성탁, 박인규, 장순용	홈페이지	www.nebooks.co.kr
마케팅	원선경, 김슬아	등록번호	제1-68호
제작	김민중, 황인경, 장선진, 심현보		

고객센터
교재 내용 문의 (contact.nebooks.co.kr) / 제품 구매, 교환, 불량, 반품 문의 (02-2014-7114)
☎ 전화문의는 본사 업무시간 중에만 가능합니다.

우등한 개념수학

계통으로 수학이 쉬워지는
새로운 개념기본서

- 전후 개념의 연결고리를 만들어 주는 **계통 학습**
- 문제 풀이의 핵심을 짚어주는 **키워드 학습**
- 개념북에서 익히고 워크북에서 확인하는 **1:1 매칭 학습**

NE 능률

2015 개정 교육과정

계통으로 수학이 쉬워지는
새로운 개념기본서

우월등한 개념수학

중등수학 1-1

워크북

- 필수 개념 확인 문제로 계산력 향상 & 개념 이해 강화
- 개념북과 1:1 매칭, 완벽한 복습을 통한 적용력 향상

지은이 | 능률수학교육연구소 장미선 김은빛 권민휘

www.neungyule.com

중고등 영어교과서

영어독해 리딩튜터

영어어휘 능률보카

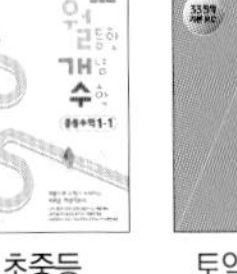

초중등 수학교재

토익 수험서 33토익

ELT 원서형 코스북

유아 독서 상상수프

초중등 영어 프랜차이즈

초등교과 체험수학

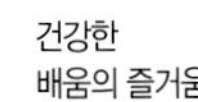

우등한 개념 수학

계통으로 수학이 쉬워지는 새로운 개념기본서

중등수학 1-1

Contents 차례

워크북

소수와 합성수

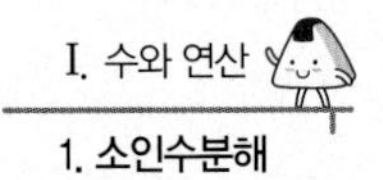

개념 다지기

▶ 개념북 10쪽 | 해답 55쪽

확인 개념 키워드

❶ ☐: 1보다 큰 자연수 중 1과 자기 자신만을 약수로 가지는 수로 약수의 개수가 ☐개이다.

❷ ☐: 같은 수나 문자를 거듭하여 곱한 것을 간단히 나타낸 것

개념 1 소수와 합성수

1 다음 수가 소수이면 '소', 합성수이면 '합'을 (　) 안에 써넣으시오.

(1) 9 (　)　　(2) 17 (　)

(3) 61 (　)　　(4) 91 (　)

2 아래에서 다음 수를 모두 고르시오.

1	5	9	11	15
29	31	49	55	87

(1) 소수

(2) 합성수

(3) 소수도 아니고 합성수도 아닌 수

3 다음 중 소수와 합성수에 대한 설명으로 옳은 것은 ○표, 옳지 않은 것은 ×표를 하시오.

(1) 51은 합성수이다. (　)

(2) 소수 중 짝수는 2뿐이다. (　)

(3) 가장 작은 합성수는 1이다. (　)

(4) 소수를 제외한 모든 자연수는 합성수이다. (　)

개념 2 거듭제곱

4 다음 거듭제곱의 밑과 지수를 구하시오.

(1) 2^6 → 밑: ____, 지수: ____

(2) 13^4 → 밑: ____, 지수: ____

(3) $\left(\frac{2}{3}\right)^5$ → 밑: ____, 지수: ____

(4) $\left(\frac{5}{4}\right)^7$ → 밑: ____, 지수: ____

5 다음을 거듭제곱을 이용하여 나타내시오.

(1) $3\times3\times3\times3$

(2) $2\times2\times5\times5\times5\times13$

(3) $\frac{1}{3}\times\frac{1}{3}\times\frac{1}{3}\times\frac{2}{7}\times\frac{2}{7}$

(4) $\frac{1}{2\times5\times5\times11\times11}$

6 다음 수를 [ ] 안의 수의 거듭제곱으로 나타내시오.

(1) 27 [3]

(2) 32 [2]

(3) 216 [6]

(4) 256 [4]

핵심 유형 익히기

▶ 개념북 12쪽 | 해답 55쪽

유형 1 소수와 합성수

해결 키워드 자연수는 약수의 개수에 따라 다음과 같이 분류할 수 있다.

→ 약수의 개수가
- 1개: 1
- 2개: 소수
- 3개 이상: 합성수

하중상

1 다음 중 소수인 것을 모두 고르면? (정답 2개)

① 18 ② 23 ③ 39
④ 48 ⑤ 53

하중상

2 다음 중 소수의 개수를 a개, 합성수의 개수를 b개라 할 때, $b-a$의 값은?

1 4 7 19 33 41 59 119 121

① 0 ② 1 ③ 2
④ 3 ⑤ 4

하중상

3 10 이상 30 미만의 자연수 중 합성수의 개수는?

① 10개 ② 11개 ③ 12개
④ 13개 ⑤ 14개

유형 2 소수와 합성수의 성질

해결 키워드 ① 2는 가장 작은 소수이면서 유일하게 짝수인 소수이다.
② 1은 소수도 아니고 합성수도 아니다.

하중상

4 다음 중 옳은 것은?

① 1을 제외한 모든 홀수는 소수이다.
② 짝수 중 소수는 2뿐이다.
③ 합성수는 약수의 개수가 4개 이상인 수이다.
④ 7의 배수는 3개 이상의 약수를 갖는다.
⑤ 자연수는 소수와 합성수로 분류할 수 있다.

하중상

5 다음 중 옳지 않은 것은?

① 1은 모든 자연수의 약수이다.
② 소수는 약수를 2개만 갖는다.
③ 2의 배수 중 소수는 1개뿐이다.
④ 가장 작은 합성수는 4이다.
⑤ 소수가 아닌 수는 모두 약수의 개수가 3개 이상이다.

하중상

6 다음 〈보기〉 중 옳은 것을 모두 고른 것은?

보기
ㄱ. 1은 합성수이다.
ㄴ. 모든 소수는 약수의 개수가 짝수이다.
ㄷ. 짝수 중에는 소수가 없다.
ㄹ. 10 미만의 합성수는 모두 4개이다.

① ㄱ ② ㄴ ③ ㄴ, ㄷ
④ ㄴ, ㄹ ⑤ ㄱ, ㄴ, ㄹ

▶ 해답 55쪽

유형 3 거듭제곱으로 나타내기

해결 키워드
① $\underbrace{3\times3\times3\times3}_{4번}=3^4$ (4: 지수, 3: 밑)
② $\underbrace{3\times3\times3\times3}_{4번}\times\underbrace{5\times5}_{2번}=3^4\times5^2$

7 하중상

다음 중 옳은 것은?

① $2\times2\times2=3^2$
② $4+4=4^2$
③ $9\times9\times9=9\times3$
④ $2\times2\times2\times3=2^3$
⑤ $5\times5\times5\times5\times5=5^5$

8 하중상

$\frac{1}{5}\times\frac{1}{7}\times\frac{1}{5}\times\frac{1}{7}\times\frac{1}{5}=\left(\frac{1}{5}\right)^a\times\left(\frac{1}{7}\right)^b$일 때, 자연수 a, b에 대하여 $a-b$의 값은?

① 1 ② 2 ③ 3
④ 4 ⑤ 5

9 하중상

$2^4=x$, $3^y=243$을 만족시키는 자연수 x, y에 대하여 $x\times y$의 값은?

① 70 ② 75 ③ 80
④ 85 ⑤ 90

RE 실전 문제 익히기

1 개념북 13쪽 3번 하중상

다음 중 옳은 것은?

① 1은 소수이다.
② 모든 짝수는 합성수이다.
③ 일의 자리의 숫자가 1인 두 자리의 자연수 중 소수는 모두 6개이다.
④ 모든 자연수는 적어도 2개 이상의 약수를 갖는다.
⑤ 1보다 큰 자연수는 소수와 합성수로 이루어져 있다.

2 개념북 13쪽 6번 하중상

페이스트리는 넓게 편 밀가루 반죽 하나에 버터를 바르고 반을 접은 후 다시 버터를 바르고 반으로 접는 과정을 반복하여 여러 개의 겹을 내 구운 빵이다. 128겹의 페이스트리를 만들려면 반죽을 몇 번 접어야 하는가?

① 4번 ② 5번 ③ 6번
④ 7번 ⑤ 8번

서술형 **3** 개념북 13쪽 7번 하중상

$121\times343\times11$을 $7^x\times11^y$으로 나타낼 때, 자연수 x, y에 대하여 $x\div y$의 값을 구하시오.

풀이

답

소인수분해

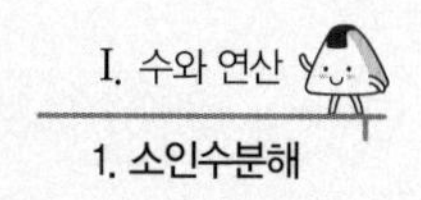

개념 다지기

▶ 개념북 14쪽 | 해답 56쪽

확인 개념 키워드

❶ [ ] : 인수 중 소수인 것

❷ [ ] : 자연수를 소인수들만의 곱으로 나타내는 것

개념 1 소인수분해

1 다음 수를 소인수분해하고, 소인수를 모두 구하시오.

(1) 28

(2) 40

(3) 72

(4) 180

개념 2 소인수분해를 이용하여 약수 구하기

2 다음 표를 완성하고, 이를 이용하여 각 수의 약수를 모두 구하시오.

(1) $2^2\times3^2$

×	1	3	3^2
1			
2			
2^2			

(2) $3^3\times7$

×	1	
1		

3 다음 수의 약수의 개수를 구하시오.

(1) $2^3\times7$

(2) $3^2\times5^3$

(3) 36

(4) 216

핵심 유형 익히기

▶ 개념북 16쪽 | 해답 56쪽

유형 1 소인수분해하기

해결 키워드
① 소인수분해한 결과는 소인수들만의 곱으로 나타낸다.
예 $72=8\times9$ (×), $72=2^3\times3^2$ (○)
② 같은 소인수의 곱은 거듭제곱으로 나타낸다.

하중상

1 다음 중 소인수분해한 것으로 옳은 것은?

① $18=2^2\times3$　② $45=3\times5^2$
③ $54=2\times3\times9$　④ $60=2^2\times3\times5$
⑤ $64=4^3$

하중상

2 56의 소인수를 모두 구하면?

① 2, 7　② 1, 2, 7　③ 2, 3, 7
④ 2^3, 7　⑤ 1, 2^3, 7

하중상

3 다음 중 소인수가 나머지 넷과 다른 하나는?

① 48　② 108　③ 128
④ 144　⑤ 162

하중상

4 360을 소인수분해하면 $a^3\times b^2\times c$일 때, 소수 a, b, c에 대하여 $a+b-c$의 값을 구하시오.

유형 2 제곱인 수 만들기

해결 키워드
❶ 주어진 자연수를 소인수분해한다.
❷ 지수가 홀수인 소인수를 찾는다.
❸ 모든 소인수의 지수가 짝수가 되도록 적당한 수를 곱하거나 나눈다.

하중상

5 250에 자연수를 곱하여 어떤 자연수의 제곱이 되게 하려고 할 때, 곱할 수 있는 가장 작은 자연수는?

① 2 ② 5 ③ 10
④ 20 ⑤ 25

하중상

6 288을 자연수 a로 나누어 어떤 자연수의 제곱이 되게 하려고 한다. 다음 중 자연수 a의 값이 될 수 없는 것은?

① 2 ② 4 ③ 8
④ 18 ⑤ 72

하중상

7 60에 자연수를 곱하여 어떤 자연수의 제곱이 되게 하려고 할 때, 곱할 수 있는 자연수 중 두 번째로 작은 자연수는?

① 3 ② 5 ③ 15
④ 30 ⑤ 60

유형 3 약수 구하기

해결 키워드
자연수 A가
$A=a^m \times b^n$ (a, b는 서로 다른 소수, m, n은 자연수)
으로 소인수분해될 때
A의 약수 → (a^m의 약수)×(b^n의 약수)

하중상

8 다음 중 $2^3 \times 3 \times 5^2$의 약수가 아닌 것은?

① 4 ② 6 ③ 8
④ 9 ⑤ 10

하중상

9 다음 중 540의 약수인 것은?

① 2^3 ② 5^2 ③ $2^2 \times 3^2$
④ $3^2 \times 5^2$ ⑤ $2^3 \times 3 \times 5$

하중상

10 $2^3 \times 3^2 \times 7$의 약수 중 두 번째로 큰 수를 구하시오.

▶ 해답 56쪽

유형 4 약수의 개수 구하기

해결 키워드 자연수 A가
$A=a^m\times b^n$ (a, b는 서로 다른 소수, m, n은 자연수)
으로 소인수분해될 때
A의 약수의 개수 ➜ $(m+1)\times(n+1)$(개)

하중상

11 다음 중 약수의 개수가 200의 약수의 개수와 같은 것을 모두 고르면? (정답 2개)

① $2^5\times3$ ② $2^4\times3^3$ ③ $3^2\times5^2$
④ $2^2\times3\times5$ ⑤ $2\times3\times5\times7$

하중상

12 3×5^4의 약수의 개수를 a개, 100의 약수의 개수를 b개라 할 때, $a+b$의 값을 구하시오.

하중상

13 $3^x\times7^3$의 약수의 개수가 24개일 때, 자연수 x의 값은?

① 3 ② 4 ③ 5
④ 6 ⑤ 7

하중상

14 520의 약수의 개수와 $3^a\times19$의 약수의 개수가 같을 때, 자연수 a의 값은?

① 6 ② 7 ③ 8
④ 9 ⑤ 10

RE 실전 문제 익히기

개념북 18쪽 1번 하중상

1 392를 소인수분해하면 $a^b\times c^d$일 때, 자연수 a, b, c, d에 대하여 $a+b+c+d$의 값은? (단, a, c는 소수이다.)

① 10 ② 12 ③ 14
④ 16 ⑤ 18

개념북 18쪽 6번 하중상

2 자연수 $a\times5^3$의 약수의 개수가 16개일 때, 다음 중 a가 될 수 있는 수는?

① 4 ② 16 ③ 27
④ 49 ⑤ 125

서술형 개념북 18쪽 7번 하중상

3 자연수 198을 가장 작은 자연수 a로 나누어 자연수 b의 제곱이 되게 하려고 할 때, $a-b$의 값을 구하시오.

풀이

답 ....

최대공약수와 그 활용

RE 개념 다지기

▶ 개념북 19쪽 | 해답 57쪽

확인 개념 키워드

❶ □: 두 개 이상의 자연수의 공통인 약수

❷ □: 공약수 중 가장 큰 수

❸ 최대공약수의 성질: 두 개 이상의 자연수의 공약수는 최대공약수의 □이다.

❹ □: 최대공약수가 1인 두 자연수

개념 1 최대공약수

1 두 자연수의 최대공약수가 다음과 같을 때, 두 수의 공약수를 모두 구하시오.

(1) 20　　(2) 39

2 다음 두 수가 서로소인 것은 ○표, 서로소가 아닌 것은 ×표를 하시오.

(1) 7, 10 (　　)　　(2) 12, 16 (　　)

(3) 14, 19 (　　)　　(4) 20, 25 (　　)

개념 2 최대공약수 구하기

3 다음 수들의 최대공약수를 소인수의 곱으로 나타내시오.

(1) 3×5^2, $2\times3^2\times5$

(2) $2^2\times3\times7$, $2\times3^2\times5$

(3) $2^2\times5$, $2\times3^3\times5\times7$, $2^2\times5^2\times7$

(4) $2\times3^3\times7$, $3^2\times5\times7^2$, $3^2\times5^2\times7$

4 다음 수들의 최대공약수를 구하시오.

(1) 30, 45

(2) 32, 52

(3) 14, 21, 28

(4) 24, 42, 72

개념 3 최대공약수의 활용

5 사과 40개와 배 24개를 가능한 한 많은 학생들에게 남김없이 똑같이 나누어 주려고 한다. 다음 □ 안에 알맞은 것을 써넣으시오.

(1) 사과를 나누어 줄 수 있는 학생 수는 □의 약수이고, 배를 나누어 줄 수 있는 학생 수는 □의 약수이다.

(2) 사과와 배를 나누어 줄 수 있는 가능한 한 많은 학생 수는 40과 24의 □인 □명이다.

6 가로의 길이가 120 cm, 세로의 길이가 100 cm인 직사각형을 빈틈없이 같은 크기의 가능한 한 큰 정사각형으로 채우려고 한다. 다음 □ 안에 알맞은 것을 써넣으시오.

(1) 직사각형의 가로를 채울 수 있는 정사각형의 한 변의 길이는 □의 약수이고, 세로를 채울 수 있는 정사각형의 한 변의 길이는 □의 약수이다.

(2) 직사각형의 가로와 세로 모두 빈틈없이 채울 수 있는 가능한 한 큰 정사각형의 한 변의 길이는 120과 100의 □인 □ cm이다.

유형 1 서로소

해결 키워드 서로소: 최대공약수가 1인 두 자연수
예 3과 5, 2와 7

하중상

1 다음 중 두 수가 서로소인 것은?

① 3, 21 ② 4, 18 ③ 5, 24
④ 6, 27 ⑤ 7, 35

하중상

2 5보다 크고 20보다 작은 자연수 중 9와 서로소인 수의 개수는?

① 5개 ② 6개 ③ 7개
④ 8개 ⑤ 9개

유형 2 최대공약수 구하기

해결 키워드

[방법 1] 소인수분해 이용

$$\begin{array}{rl} & 2\times3\times5 \\ & 2^2\times3^2 \\ \hline (\text{최대공약수})= & 2\times3=6 \end{array}$$

[방법 2] 나눗셈 이용

$$\begin{array}{r|rr} 2 & 30 & 36 \\ 3 & 15 & 18 \\ \hline & 5 & 6 \end{array}$$

→ 최대공약수: $2\times3=6$

하중상

3 두 수 $2^3\times5^2$, $2^2\times5^3\times7$의 최대공약수는?

① 2×5 ② $2^2\times5^2$ ③ $2^3\times5^3$
④ $2\times5\times7$ ⑤ $2^2\times5^2\times7$

하중상

4 세 수 $2^3\times3\times5$, $2^3\times3^2\times5$, 540의 최대공약수를 구하시오.

하중상

5 다음 중 최대공약수가 가장 큰 것은?

① 42, 54 ② 44, 68
③ $2^3\times3$, $2^4\times5$ ④ 3×5, $3^2\times5$
⑤ $2\times3\times7$, $2^4\times5^2\times7$

유형 3 공약수와 최대공약수

해결 키워드 두 개 이상의 자연수의 공약수는 그 수들의 최대공약수의 약수이다.

하중상

6 두 자연수의 최대공약수가 40일 때, 다음 중 두 수의 공약수가 아닌 것은?

① 2 ② 4 ③ 5
④ 8 ⑤ 15

하중상

7 다음 중 두 수 $2\times3^2\times5$, $2^2\times3^3\times5$의 공약수가 아닌 것은?

① 2×3 ② 2×3^2 ③ $2^2\times3^2$
④ $2\times3\times5$ ⑤ $2\times3^2\times5$

하중상

8 세 수 84, 108, 132의 공약수의 개수는?

① 6개 ② 8개 ③ 10개
④ 12개 ⑤ 14개

유형 4 최대공약수가 주어질 때 미지수 구하기

해결 키워드 주어진 수들과 최대공약수를 소인수분해하여 소인수가 같은 것끼리 지수를 비교한다.
→ 최대공약수는 소인수의 지수가 다르면 작은 것을 택한다.

하중상

9 두 수 $3^4\times5^a$, $3^b\times5^3\times7^2$의 최대공약수가 135일 때, 자연수 a, b에 대하여 $a+b$의 값은?

① 2　② 3　③ 4
④ 5　⑤ 6

하중상

10 세 수 $3^3\times5^2\times11^4$, $3^5\times5^a\times11^2$, $3^2\times5^3\times11^b$의 최대공약수가 $3^c\times5\times11$일 때, 자연수 a, b, c에 대하여 $a+b+c$의 값을 구하시오.

하중상

11 두 수 $6\times\square$, $2^2\times3^3\times5^3$의 최대공약수가 90일 때, $\square$ 안에 들어갈 수 있는 수는?

① 12　② 15　③ 25
④ 30　⑤ 42

유형 5 일정한 양을 나누어 주기

해결 키워드 [가능한 한 많은 / 되도록 많은] + 남김없이 똑같이 나누어 주기
→ 최대공약수 이용

하중상

12 복숭아 54개와 자두 72개를 되도록 많은 사람들에게 남김없이 똑같이 나누어 주려고 할 때, 나누어 줄 수 있는 사람 수는?

① 9명　② 10명　③ 12명
④ 15명　⑤ 18명

하중상

13 색종이 90장, 수수깡 84개, 종이컵 78개를 가능한 한 많은 학생들에게 똑같이 나누어 주려고 한다. 이때 나누어 줄 수 있는 학생 수를 구하시오.

하중상

14 검은색 볼펜 105자루, 빨간색 볼펜 75자루, 파란색 볼펜 60자루를 가능한 한 많은 학생들에게 남김없이 똑같이 나누어 주려고 한다. 한 학생이 받을 수 있는 볼펜은 총 몇 자루인가?

① 13자루　② 14자루　③ 15자루
④ 16자루　⑤ 17자루

유형 6 직사각형, 직육면체 채우기

해결 키워드 [직사각형을 / 직육면체를] + 가능한 한 큰 + [정사각형으로 / 정육면체로] + 빈틈없이 채우기
→ 최대공약수 이용

하중상

15 가로의 길이가 132 cm, 세로의 길이가 96 cm인 직사각형 모양의 탁자가 있다. 이 탁자를 같은 크기의 가능한 한 큰 정사각형 모양의 타일로 겹치지 않게 빈틈없이 채우려고 할 때, 정사각형 모양의 타일의 한 변의 길이는?

① 6 cm　② 9 cm　③ 12 cm
④ 15 cm　⑤ 18 cm

실전 문제 익히기

하중상

16 오른쪽 그림과 같이 같은 크기의 정육면체 모양의 벽돌을 빈틈없이 쌓아서 가로의 길이, 세로의 길이, 높이가 각각 98 cm, 70 cm, 84 cm인 직육면체를 만들려고 한다. 정육면체 모양의 벽돌의 크기를 가능한 한 크게 할 때, 필요한 벽돌의 수는?

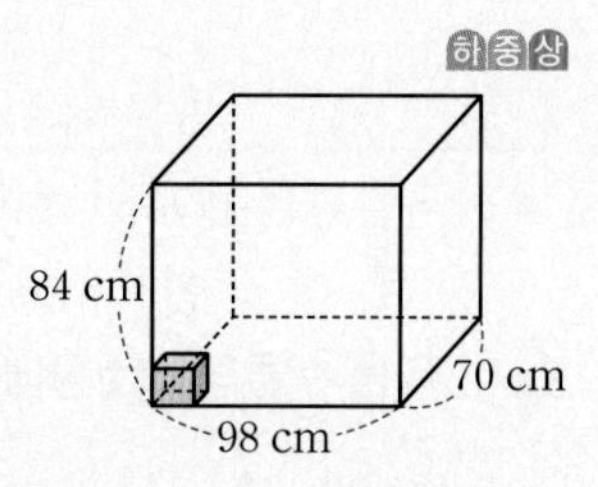

① 200장　② 210장　③ 220장
④ 230장　⑤ 240장

유형 7 자연수로 나누기

해결 키워드
① a를 b로 나누면 r가 남는다.
→ $a-r$를 b로 나누면 나누어떨어진다.
② a를 b로 나누면 r가 부족하다.
→ $a+r$를 b로 나누면 나누어떨어진다.

하중상

17 어떤 자연수로 75를 나누면 3이 남고, 62를 나누면 2가 부족하다고 한다. 이러한 자연수 중 가장 큰 수는?

① 4　② 5　③ 7
④ 8　⑤ 10

하중상

18 어떤 자연수로 133을 나누면 1이 남고, 160을 나누면 4가 남는다고 한다. 이러한 자연수를 모두 구하시오.

개념북 24쪽 4번　하중상

1 두 수 $3^3\times7^4$, $3^2\times7^5\times\square$의 최대공약수가 $3^2\times7^4$일 때, 다음 중 $\square$ 안에 들어갈 수 없는 수는?

① 8　② 12　③ 20
④ 28　⑤ 44

개념북 24쪽 5번　하중상

2 세 분수 $\frac{108}{n}$, $\frac{90}{n}$, $\frac{54}{n}$를 모두 자연수가 되도록 하는 자연수 n의 값의 개수는?

① 2개　② 3개　③ 6개
④ 9개　⑤ 12개

서술형

개념북 24쪽 7번　하중상

3 쿠키 79개, 방울토마토 92개, 요구르트 44개를 수연이네 모둠 학생들에게 똑같이 나누어 주려고 하였더니 쿠키와 방울토마토는 각각 4개, 2개가 남고, 요구르트는 1개가 부족하였다. 수연이네 모둠 학생들이 10명보다 적을 때, 한 학생에게 나누어 주려고 했던 방울토마토의 개수를 구하시오.

풀이

답

최소공배수와 그 활용

RE 개념 다지기

▶ 개념북 25쪽 | 해답 60쪽

확인 개념 키워드

❶ ☐: 두 개 이상의 자연수의 공통인 배수

❷ ☐: 공배수 중 가장 작은 수

❸ 최소공배수의 성질: 두 개 이상의 자연수의 공배수는 최소공배수의 ☐이다.

개념 1 최소공배수

1 두 자연수의 최소공배수가 다음과 같을 때, 두 수의 공배수를 작은 수부터 차례대로 3개씩 구하시오.

(1) 21　　(2) 40

2 다음 두 수가 서로소인지 아닌지 말하고, 두 수의 최소공배수를 구하시오.

(1) 4, 9　　(2) 6, 10

개념 2 최소공배수 구하기

3 다음 수들의 최소공배수를 소인수의 곱으로 나타내시오.

(1) $3^2\times5$, $2^2\times3$

(2) 2×7, $2^2\times3\times7$

(3) $2^2\times3$, $3^2\times5\times7$, $2\times5^2\times7$

(4) $2\times3^2\times11$, $3^2\times7$, $3\times7^2\times11$

4 다음 수들의 최소공배수를 구하시오.

(1) 27, 45　　(2) 20, 28

(3) 15, 18, 24　　(4) 16, 20, 25

5 두 자연수 20과 A의 최대공약수가 5이고 최소공배수가 180일 때, A의 값을 구하시오.

개념 3 최소공배수의 활용

6 어느 실험실에서 두 시료 A, B의 변화를 측정하는데 시료 A는 15분마다, 시료 B는 18분마다 그 변화를 측정한다고 한다. 오전 10시에 두 시료를 동시에 측정하였을 때, 다음 ☐ 안에 알맞은 것을 써넣으시오.

(1) 시료 A를 다시 측정하는 데 걸리는 시간은 ☐의 배수이고, 시료 B를 다시 측정하는 데 걸리는 시간은 ☐의 배수이다.

(2) 시료 A와 B를 처음으로 다시 동시에 측정하게 되는 시각은 15와 18의 ☐인 ☐분 후이므로 오전 ☐시 ☐분이다.

7 가로의 길이가 12 cm, 세로의 길이가 9 cm인 직사각형 모양의 색종이를 같은 방향으로 겹치지 않게 빈틈없이 붙여서 가장 작은 정사각형을 만들려고 한다. 다음 ☐ 안에 알맞은 것을 써넣으시오.

(1) 정사각형의 가로의 길이는 ☐의 배수이고, 정사각형의 세로의 길이는 ☐의 배수이다.

(2) 가장 작은 정사각형이어야 하므로 정사각형의 한 변의 길이는 12와 9의 ☐인 ☐ cm이다.

유형 1 최소공배수 구하기

해결 키워드 [방법1] 소인수분해 이용

$2\times3\times5$
$2^2\times3^2$
(최소공배수)$=2^2\times3^2\times5$
$=180$

[방법2] 나눗셈 이용

$2\,)\,30\quad36$
$3\,)\,15\quad18$
$\quad\ 5\quad 6$

→ 최소공배수: $2\times3\times5\times6=180$

하중상

1 세 수 $2^2\times3\times5^2\times7$, $2^2\times5\times7$, $2\times3\times5^3$의 최소공배수는?

① $2^2\times3\times5\times7$　② $2^2\times3\times5^2\times7$
③ $2^2\times3\times5^3\times7$　④ $2^3\times3\times5\times7$
⑤ $2^3\times3\times5^2\times7$

하중상

2 두 수 176, $2^2\times5\times11$의 최대공약수를 A, 최소공배수를 B라 할 때, $B-A$의 값을 구하시오.

유형 2 공배수와 최소공배수

해결 키워드 두 개 이상의 자연수의 공배수는 그 수들의 최소공배수의 배수이다.

하중상

3 다음 중 두 수 3×7^2, $2\times3^2\times7$의 공배수가 아닌 것은?

① $2\times3^2\times7^2$　② $2\times3^3\times7^2$
③ $2\times3^2\times7^3$　④ $2^2\times3^2\times7$
⑤ $2\times3^2\times7^2\times11$

하중상

4 200 이하의 자연수 중 세 수 2^2, $2^3\times3$, $2^2\times3^2$의 공배수의 개수를 구하시오.

하중상

5 세 수 6, 15, 21의 공배수 중 1000에 가장 가까운 수를 구하시오.

유형 3 최소공배수가 주어질 때 미지수 구하기

해결 키워드 주어진 수들과 최소공배수를 소인수분해하여 소인수가 같은 것끼리 지수를 비교한다.
→ 최소공배수는 소인수의 지수가 다르면 큰 것을 택한다.

하중상

6 두 수 $2^2\times3^a\times7$, $2^b\times3$의 최소공배수가 $2^3\times3^2\times7$일 때, 자연수 a, b에 대하여 $a+b$의 값을 구하시오.

하중상

7 두 수 $2^a\times3^4$, $2\times3^b\times5$의 최대공약수가 2×3^3, 최소공배수가 $2^3\times3^4\times5$일 때, 자연수 a, b에 대하여 $a+b$의 값은?

① 3　② 4　③ 5
④ 6　⑤ 7

하중상

8 두 수 □와 45의 최소공배수가 $2\times3^2\times5$일 때, 다음 중 □ 안에 들어갈 수 없는 수는?

① 6　② 10　③ 15
④ 18　⑤ 30

유형 4 동시에 시작해서 다시 만나는 경우

해결 키워드 처음으로 다시 동시에 출발하는 경우
→ 최소공배수 이용

9 톱니의 개수가 각각 28개, 63개인 두 톱니바퀴 A, B가 서로 맞물려 돌아가고 있다. 두 톱니바퀴가 회전하기 시작하여 같은 톱니에서 처음으로 다시 맞물리는 것은 톱니바퀴 A가 몇 바퀴 회전한 후인가?

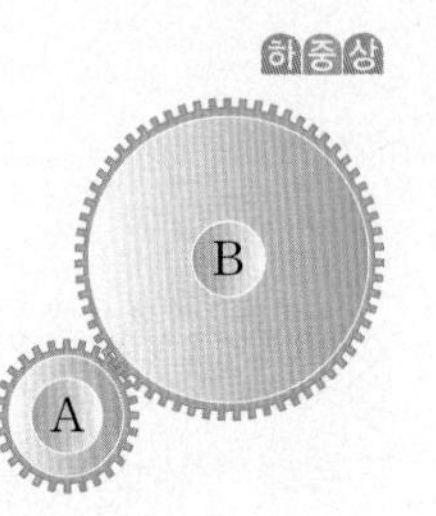

① 4바퀴 ② 7바퀴 ③ 9바퀴
④ 11바퀴 ⑤ 13바퀴

10 매일 문을 여는 도서관에 진영이는 3일마다 오고, 민수는 2일마다 오는데 이번 주 목요일에 도서관에서 서로 만났다고 한다. 이 두 학생이 다음에 다시 만나게 되는 첫 번째 목요일은 며칠 후인가?

① 6일 ② 7일 ③ 36일
④ 42일 ⑤ 49일

11 어느 버스 터미널에서 A행 버스는 15분, B행 버스는 25분, C행 버스는 30분 간격으로 출발한다. 세 도시로 가는 첫 차가 모두 오전 6시 40분에 출발하였을 때, 오전 중에 세 도시로 가는 버스가 동시에 출발하는 것은 첫 차를 포함하여 몇 번인지 구하시오.

유형 5 정사각형, 정육면체 만들기

해결 키워드 [직사각형으로 / 직육면체로] + 가능한 한 작은 + [정사각형 / 정육면체] + 만들기
→ 최소공배수 이용

12 오른쪽 그림과 같이 가로, 세로의 길이가 각각 10 cm, 14 cm인 직사각형 모양의 카드를 같은 방향으로 겹치지 않게 빈틈없이 늘어놓아 가장 작은 정사각형을 만들려고 할 때, 정사각형의 한 변의 길이를 구하시오.

13 가로, 세로의 길이와 높이가 각각 12 cm, 15 cm, 8 cm인 직육면체 모양의 벽돌을 같은 방향으로 빈틈없이 쌓아서 가장 작은 정육면체를 만들려고 한다. 이때 필요한 벽돌의 수는?

① 720장 ② 840장 ③ 960장
④ 1080장 ⑤ 1200장

유형 6 자연수를 나누기

해결 키워드
① a로 나누었을 때의 나머지가 r인 수
→ (a의 배수)$+r$
② a, b, c로 나누었을 때의 나머지가 모두 r인 수
→ (a, b, c의 공배수)$+r$

14 두 자연수 4, 6 중 어느 것으로 나누어도 나머지가 3인 자연수 중 가장 작은 수를 구하시오.

▶ 해답 61쪽

하중상

15 세 자연수 4, 7, 8 중 어느 것으로 나누어도 3이 남는 세 자리의 자연수 중 가장 작은 수를 구하시오.

유형 7 두 분수를 자연수로 만들기

해결 키워드 두 분수 중 어느 것에 곱하여도 그 결과가 자연수가 되는 가장 작은 분수

→ $\frac{(\text{분모의 최소공배수})}{(\text{분자의 최대공약수})}$

하중상

16 두 분수 $\frac{n}{15}$, $\frac{n}{20}$을 모두 자연수가 되도록 하는 n의 값 중 250 이하의 자연수의 개수는?

① 2개 ② 3개 ③ 4개
④ 5개 ⑤ 6개

하중상

17 두 분수 $\frac{16}{9}$, $\frac{28}{15}$의 어느 것에 곱하여도 그 결과가 자연수가 되는 가장 작은 기약분수를 구하시오.

개념북 30쪽 6번 하중상

1 5로 나누면 2가 남고, 6으로 나누면 3이 남고, 7로 나누면 4가 남는 자연수 중 가장 작은 자연수를 구하시오.

개념북 30쪽 7번 하중상

2 두 자리의 자연수 A, B의 곱이 336, 최대공약수가 4일 때, $A+B$의 값을 구하시오.

서술형 개념북 30쪽 8번 하중상

3 세 분수 $\frac{6}{7}$, $\frac{15}{14}$, $\frac{33}{28}$의 어느 것에 곱하여도 그 결과가 자연수가 되는 가장 작은 기약분수를 $\frac{a}{b}$라 할 때, $a+b$의 값을 구하시오.

풀이

답

Part I 유형 Training

정수와 유리수

개념 다지기

▶ 개념북 38쪽 | 해답 62쪽

확인 개념 키워드

❶ ☐: 0보다 큰 수로 양의 부호 +를 붙인 수

❷ ☐: 0보다 작은 수로 음의 부호 −를 붙인 수

❸ ☐: 양의 정수, 0, 음의 정수

❹ ☐: 양의 유리수, 0, 음의 유리수

개념 1 정수

1 다음을 부호 + 또는 −를 사용하여 나타내시오.

(1) { 지상 3층 / 지하 2층

(2) { 30 % 인상 / 10 % 인하

(3) { 10시간 후 / 5시간 전

(4) { 해발 1000 m / 해저 700 m

2 다음 수를 부호 + 또는 −를 사용하여 나타내고, 양수와 음수로 구분하시오.

(1) 0보다 7만큼 큰 수

(2) 0보다 4만큼 작은 수

(3) 0보다 $\frac{8}{5}$만큼 작은 수

(4) 0보다 2.5만큼 큰 수

3 아래에서 다음 수를 모두 고르시오.

-2	$+3.5$	$+7$	$\frac{8}{9}$	-5
-1.2	$+15$	$-\frac{11}{3}$	0	12

(1) 양의 정수

(2) 음의 정수

(3) 정수

개념 2 유리수

4 아래에서 다음 수를 모두 고르시오.

$+0.8$	$-\frac{5}{7}$	0	$+30$	$\frac{10}{2}$
$+\frac{1}{3}$	-3	9	$-\frac{16}{4}$	-6.3

(1) 양의 유리수

(2) 음의 유리수

(3) 정수가 아닌 유리수

5 다음 수직선 위의 다섯 점 A, B, C, D, E가 나타내는 수를 구하시오.

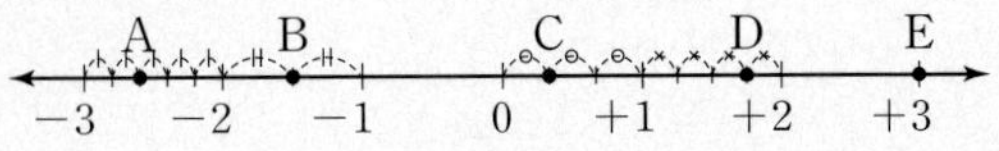

(수직선: A, B, C, D, E / −3, −2, −1, 0, +1, +2, +3)

핵심 유형 익히기

▶ 개념북 40쪽 | 해답 62쪽

유형 1 부호를 사용하여 나타내기

해결 키워드

+	영상	이익	증가	수입	해발	~후
−	영하	손해	감소	지출	해저	~전

하중상

1 다음 중 부호 + 또는 −를 사용하여 나타낸 것으로 옳지 않은 것은?

① 2만 원 입금 ➜ −2만 원
② 해발 150 m ➜ +150 m
③ 출발 2일 전 ➜ −2일
④ 1000원 손해 ➜ −1000원
⑤ 5점 상승 ➜ +5점

하중상

2 다음 중 밑줄 친 부분을 부호 + 또는 −를 사용하여 나타낸 것으로 옳은 것은?

① 내일 최저 기온이 영상 2 ℃이다. ➜ −2 ℃
② 체중이 1 kg 감소하였다. ➜ +1 kg
③ 포인트를 1000점 사용하였다. ➜ −1000점
④ 약속 시간 10분 전이다. ➜ +10분
⑤ 가격이 30 % 인상되었다. ➜ −30 %

유형 2 유리수의 분류

해결 키워드

유리수
- 정수
  - 양의 정수(자연수): 1, 2, 3, ⋯
  - 0
  - 음의 정수: −1, −2, −3, ⋯
- 정수가 아닌 유리수: $+\frac{1}{2}$, $-\frac{2}{3}$, +0.2, −1.6, ⋯

하중상

3 다음 중 자연수가 아닌 정수를 모두 고르면? (정답 2개)

① 12.5 ② −0.2 ③ 0
④ 3 ⑤ $-\frac{20}{10}$

하중상

4 다음 중 양의 정수를 모두 고르시오.

19 −7 $+\frac{100}{4}$ $-\frac{2}{5}$ +23 0

하중상

5 다음 중 정수가 아닌 유리수로만 짝지어진 것은?

① $-4,\ 0,\ -\frac{6}{2}$ ② 2, 1, −5
③ $-\frac{1}{3},\ -\frac{5}{2},\ 2.8$ ④ $\frac{9}{2},\ 0.4,\ \frac{9}{3}$
⑤ $-\frac{18}{9},\ \frac{2}{7},\ -2.1$

하중상

6 다음 중 아래 수에 대한 설명으로 옳지 않은 것은?

6 $-\frac{2}{3}$ 0 +3.3 $-\frac{10}{5}$
−9.9 $\frac{18}{6}$ +1 $+\frac{7}{8}$ −30

① 음수는 4개이다.
② 양의 유리수는 5개이다.
③ 음의 정수는 2개이다.
④ 양의 정수는 2개이다.
⑤ 정수가 아닌 유리수는 4개이다.

하중상

7 다음 중 옳은 것을 모두 고르면? (정답 2개)

① 모든 양수는 양의 정수이다.
② 유리수 중 정수가 아닌 것도 있다.
③ 양의 부호와 음의 부호는 생략할 수 있다.
④ 모든 유리수는 $\frac{(\text{자연수})}{(\text{자연수})}$ 꼴로 나타낼 수 있다.
⑤ 양의 정수 중 가장 작은 수는 1이다.

▶ 해답 62쪽

실전 문제 익히기

유형 3 유리수와 수직선

해결 키워드: 원점의 왼쪽 / 0을 나타내는 점 / 원점의 오른쪽

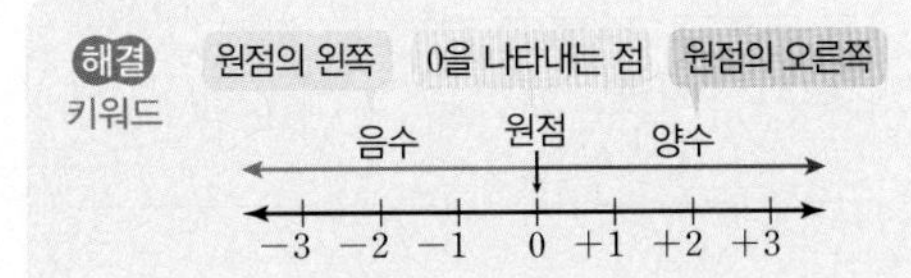

하중상

8 다음 수직선 위의 다섯 점 A, B, C, D, E가 나타내는 수로 옳지 않은 것은?

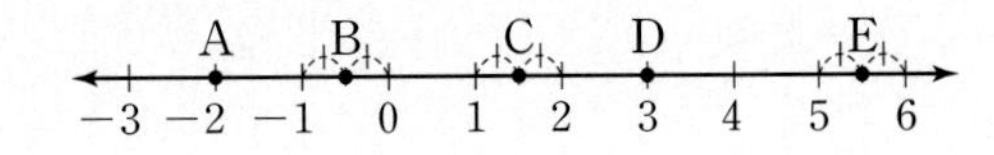

① A: -2　② B: $-\frac{1}{2}$　③ C: $\frac{5}{2}$

④ D: 3　⑤ E: $\frac{11}{2}$

하중상

9 다음 수를 수직선 위에 나타낼 때, 왼쪽에서 두 번째에 있는 수는?

① 0보다 1만큼 작은 수

② 0

③ 0보다 $\frac{1}{2}$만큼 작은 수

④ 0보다 $\frac{1}{3}$만큼 큰 수

⑤ 0보다 1만큼 큰 수

하중상

10 수직선에서 -3과 5를 각각 나타내는 두 점의 한가운데에 있는 점이 나타내는 수는?

① 0　② 1　③ 2

④ 3　⑤ 4

개념북 41쪽 3번 하중상

1 다음 〈보기〉 중 옳은 것을 모두 고르시오.

보기
ㄱ. 0은 유리수가 아니다.
ㄴ. 음의 정수 중 가장 큰 수는 -1이다.
ㄷ. 정수 중에는 유리수가 아닌 수도 있다.
ㄹ. 유리수는 정수와 정수가 아닌 유리수로 나누어진다.

개념북 41쪽 5번 하중상

2 수직선에서 $\frac{7}{3}$에 가장 가까운 정수를 a, $-\frac{3}{4}$에 가장 가까운 정수를 b라 할 때, a, b의 값을 구하시오.

서술형 개념북 41쪽 6번 하중상

3 다음 중 양의 정수의 개수를 a개, 음의 유리수의 개수를 b개, 정수가 아닌 유리수의 개수를 c개라 할 때, $a+b+c$의 값을 구하시오.

$+\frac{7}{9}$　0　-5　$+16$　$\frac{20}{4}$　-4.5　$-\frac{7}{2}$

풀이

답 ____________

수의 대소 관계

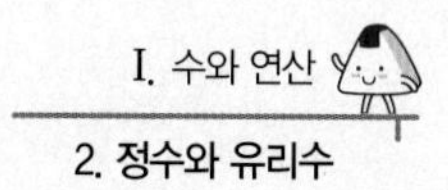

RE 개념 다지기

▶ 개념북 42쪽 | 해답 63쪽

확인 개념 키워드

❶ [ ]: 수직선에서 어떤 수를 나타내는 점과 원점 사이의 거리

❷ 양수는 음수보다 [ ].

❸ 양수끼리는 절댓값이 큰 수가 더 [ ].

❹ 음수끼리는 절댓값이 큰 수가 더 [ ].

개념 1 절댓값

1 다음을 구하시오.

(1) -6의 절댓값 (2) $+\frac{5}{7}$의 절댓값

(3) $|+2.8|$ (4) $\left|-\frac{11}{10}\right|$

(5) 절댓값이 20인 수 (6) 절댓값이 $\frac{3}{8}$인 수

개념 2 수의 대소 관계

2 다음 [ ] 안에 알맞은 부등호를 써넣으시오.

(1) 0 [ ] $+\frac{1}{10}$ (2) -2 [ ] $+1.4$

(3) $\frac{3}{8}$ [ ] $\frac{1}{6}$ (4) -1.7 [ ] -0.9

(5) -2.5 [ ] $-\frac{10}{3}$ (6) 1 [ ] $-\frac{3}{2}$

3 다음을 부등호를 사용하여 나타내시오.

(1) a는 $-\frac{1}{2}$보다 크고 $\frac{4}{3}$보다 크지 않다.

(2) a는 -5 이상이고 7 미만이다.

(3) a는 6보다 작지 않고 10 이하이다.

RE 핵심 유형 익히기

▶ 개념북 44쪽 | 해답 63쪽

유형 1 절댓값

해결 키워드 $a>0$일 때
① $+a$, $-a$의 절댓값 → $|+a|=|-a|=a$
② 절댓값이 a인 수 → $+a$, $-a$

하중상

1 $+\frac{7}{8}$의 절댓값을 a, $-\frac{3}{4}$의 절댓값을 b라 할 때, $a-b$의 값은?

① $\frac{1}{8}$ ② $\frac{1}{4}$ ③ $\frac{3}{8}$
④ $\frac{1}{2}$ ⑤ $\frac{5}{8}$

하중상

2 수직선에서 절댓값이 6인 수를 나타내는 두 점 사이의 거리를 구하시오.

유형 2 절댓값의 성질

해결 키워드
① 0의 절댓값은 0이다.
② 절댓값은 항상 0 또는 양수이다.
③ 수직선에서 원점으로부터 멀리 떨어질수록 절댓값이 커진다.

하중상

3 다음 <보기> 중 옳지 않은 것을 모두 고르시오.

보기
ㄱ. 절댓값이 1.7인 수는 1.7과 -1.7이다.
ㄴ. a가 음수이면 $|a|=a$이다.
ㄷ. -4의 절댓값이 $+1$의 절댓값보다 크다.
ㄹ. 수직선에서 원점으로부터 멀리 떨어질수록 절댓값이 작아진다.

하중상

4 다음 중 옳은 것을 모두 고르면? (정답 2개)

① 절댓값이 가장 작은 정수는 0이다.
② $a>b$이면 $|a|>|b|$이다.
③ 음수의 절댓값은 0보다 작다.
④ 절댓값이 1인 수는 2개이다.
⑤ 수직선에서 오른쪽에 있는 수가 왼쪽에 있는 수보다 절댓값이 크다.

유형 3 절댓값의 대소 관계

해결 키워드 ① 절댓값이 가장 작은 수는 0이다.
② 수직선에서 원점으로부터 멀리 떨어질수록 절댓값이 크다.

하중상

5 다음 수를 수직선 위에 나타낼 때, 원점에서 가장 먼 것은?

① -4 ② -1 ③ -0.5
④ $+3$ ⑤ $\frac{9}{2}$

하중상

6 다음 수를 절댓값이 작은 수부터 차례대로 나열할 때, 세 번째에 오는 수는?

① -7 ② $\frac{7}{4}$ ③ 2
④ 0 ⑤ -3.5

하중상

7 절댓값이 $\frac{5}{2}$보다 작은 정수의 개수는?

① 2개 ② 3개 ③ 4개
④ 5개 ⑤ 6개

유형 4 절댓값이 같고 부호가 다른 수

해결 키워드 절댓값이 같은 수를 나타내는 두 점 사이의 거리가 a일 때, 이 두 점이 나타내는 수는

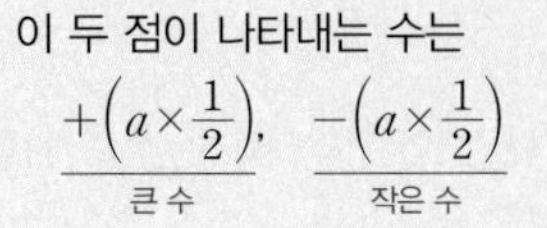

$+\left(a\times\frac{1}{2}\right)$ (큰 수), $-\left(a\times\frac{1}{2}\right)$ (작은 수)

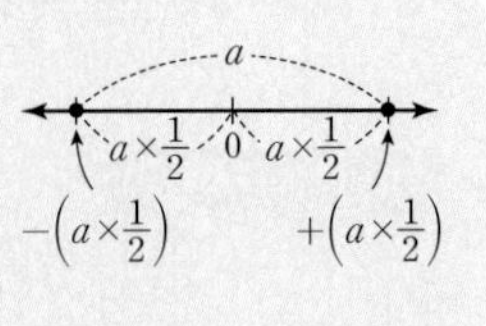

하중상

8 절댓값이 같고 부호가 반대인 두 수를 수직선 위에 나타내었더니 두 점 사이의 거리가 $\frac{20}{7}$이었다. 두 수 중 큰 수를 구하시오.

하중상

9 절댓값이 같고 부호가 반대인 두 수 x, y를 수직선 위에 나타내었을 때, x가 y보다 14만큼 오른쪽에 있는 점을 나타낸다. 이때 x, y의 값을 구하시오.

유형 5 수의 대소 관계

해결 키워드 ① (음수)$<0<$(양수)
② 양수끼리는 절댓값이 클수록 크다.
③ 음수끼리는 절댓값이 클수록 작다.

하중상

10 다음 중 ◯ 안에 알맞은 부등호의 방향이 나머지 넷과 다른 하나는?

① -3 ◯ -5 ② 4 ◯ -5
③ 0 ◯ -2 ④ $|-2.3|$ ◯ 1.6
⑤ $-\frac{3}{2}$ ◯ $-\frac{4}{3}$

▸ 해답 63쪽

하중상

11 다음 수를 작은 수부터 차례대로 나열할 때, 오른쪽에서 두 번째에 오는 수를 구하시오.

$-\frac{4}{5}$ 3 -3.2 $\frac{1}{2}$ $|-1.3|$ 0

유형 6 부등호의 사용

해결 키워드
① (크다.)=(초과이다.)
② (작다.)=(미만이다.)
③ (작지 않다.)=(크거나 같다.)=(이상이다.)
④ (크지 않다.)=(작거나 같다.)=(이하이다.)

하중상

12 'x는 -2보다 작지 않고 5 미만이다.'를 부등호를 사용하여 바르게 나타낸 것은?

① $-2<x<5$ ② $-2\le x<5$
③ $-2<x\le 5$ ④ $-2\le x\le 5$
⑤ $x<5$

하중상

13 다음 중 부등호를 사용하여 나타낸 것으로 옳지 <u>않은</u> 것은?

① x는 4 이하이다. ➜ $x\le 4$
② x는 -3 초과이다. ➜ $x>-3$
③ x는 2 이상 3 이하이다. ➜ $2\le x\le 3$
④ x는 -5보다 작지 않고 2보다 작다. ➜ $-5\le x<2$
⑤ x는 -1보다 크거나 같고 0 이하이다. ➜ $-1<x\le 0$

하중상

14 -4.6보다 작지 않고 $\frac{9}{4}$보다 작은 정수 a의 개수를 구하시오.

RE 실전 문제 익히기

개념북 46쪽 3번 하중상

1 다음 조건을 모두 만족시키는 A, B의 값을 구하시오.

(가) $|A|=A$
(나) A와 B의 절댓값은 같다.
(다) 두 수 A, B를 수직선 위에 점으로 나타내었을 때, 두 점 사이의 거리는 $\frac{8}{3}$이다.

개념북 46쪽 5번 하중상

2 두 유리수 $-\frac{3}{8}$과 $\frac{1}{6}$ 사이에 있는 정수가 아닌 유리수 중 기약분수로 나타내었을 때 분모가 24인 유리수의 개수는?

① 3개 ② 4개 ③ 5개
④ 6개 ⑤ 7개

서술형 개념북 46쪽 7번 하중상

3 $|a|=\frac{10}{3}$, $|b|=6$이고 $a<0<b$일 때, 두 수 a, b 사이에 있는 정수의 개수를 구하시오.

풀이

답

정수와 유리수의 덧셈

RE 개념 다지기

▶ 개념북 47쪽 | 해답 64쪽

확인 개념 키워드

세 수 a, b, c에 대하여
❶ 덧셈의 ☐ 법칙: $a+b=b+a$
❷ 덧셈의 ☐ 법칙: $(a+b)+c=a+(b+c)$

개념 1 유리수의 덧셈

1 수직선을 이용하여 다음 ☐ 안에 알맞은 수를 써넣으시오.

(1)

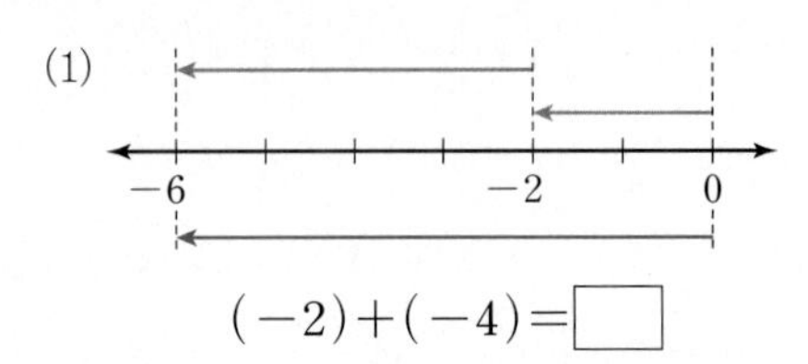

$(-2)+(-4)=$ ☐

(2)

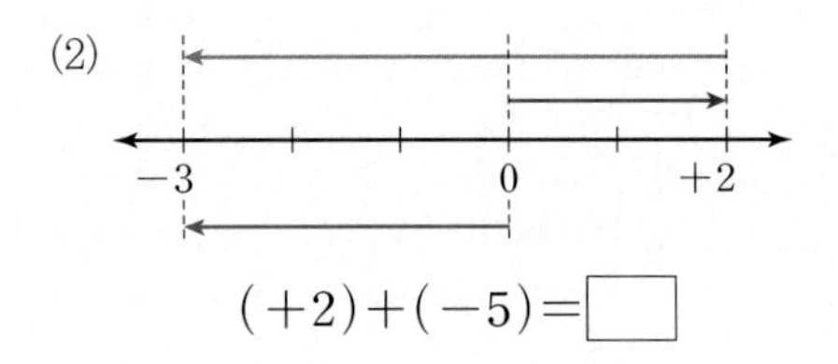

$(+2)+(-5)=$ ☐

2 다음을 계산하시오.

(1) $(+6)+(+3)$

(2) $(-5)+(-7)$

(3) $(-8)+(+15)$

(4) $(-24)+(+7)$

(5) $(+2)+(-11)$

(6) $(+20)+(-9)$

3 다음을 계산하시오.

(1) $(+3.9)+(+1.4)$

(2) $(+4.2)+(-2.8)$

(3) $(-5)+(+1.3)$

(4) $\left(-\frac{2}{3}\right)+(-2)$

(5) $\left(+\frac{2}{7}\right)+\left(-\frac{2}{3}\right)$

(6) $\left(-\frac{5}{2}\right)+(+3.1)$

개념 2 덧셈의 계산 법칙

4 다음 계산 과정에서 ㉠, ㉡에 이용된 덧셈의 계산 법칙을 구하시오.

$$\begin{aligned}&\left(-\frac{3}{7}\right)+(+5)+\left(-\frac{4}{7}\right)\\&=(+5)+\left(-\frac{3}{7}\right)+\left(-\frac{4}{7}\right) \quad ㉠\\&=(+5)+\left\{\left(-\frac{3}{7}\right)+\left(-\frac{4}{7}\right)\right\} \quad ㉡\\&=(+5)+(-1)=+4\end{aligned}$$

5 다음을 계산하시오.

(1) $(-2)+(-6)+(-8)$

(2) $\left(+\frac{1}{2}\right)+(-1.5)+\left(-\frac{1}{4}\right)$

(3) $\left(+\frac{3}{4}\right)+\left(-\frac{2}{3}\right)+\left(+\frac{1}{4}\right)$

(4) $(-2.5)+(-1.8)+(+4.5)$

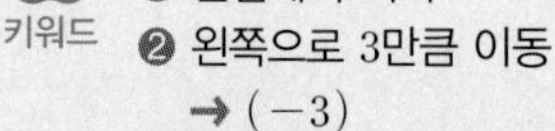
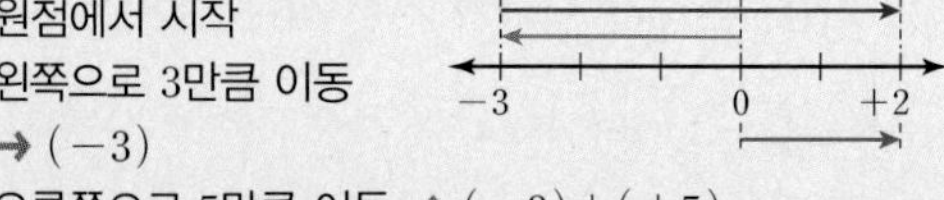

유형 1 수직선을 이용한 정수의 덧셈

해결 키워드
❶ 원점에서 시작
❷ 왼쪽으로 3만큼 이동 → (-3)
❸ 오른쪽으로 5만큼 이동 → $(-3)+(+5)$

하중상

1 다음 수직선으로 설명할 수 있는 덧셈식은?

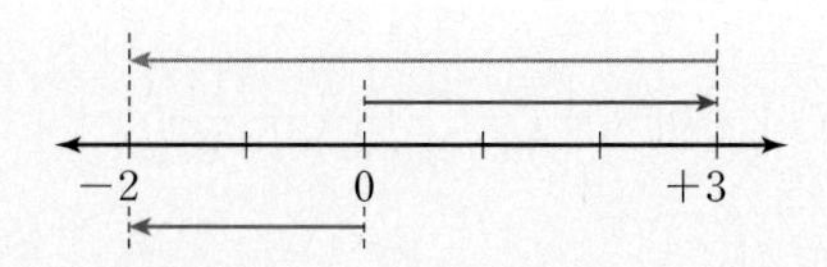

① $(+2)+(+3)=+5$
② $(+2)+(+5)=+7$
③ $(+3)+(-5)=-2$
④ $(-2)+(+3)=+1$
⑤ $(-2)+(-5)=-7$

하중상

2 다음 수직선으로 설명할 수 있는 덧셈식을 구하시오.

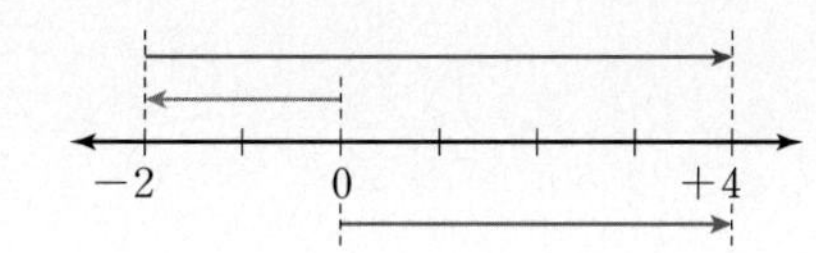

유형 2 유리수의 덧셈

해결 키워드
① 부호가 같으면
→ 절댓값의 합에 공통인 부호를 붙인다.
② 부호가 다르면
→ 절댓값의 차에 절댓값이 큰 수의 부호를 붙인다.

하중상

3 다음 중 계산 결과가 나머지 넷과 다른 하나는?

① $(-3)+(+8)$ ② $(+10)+(-5)$
③ $(+2)+(+3)$ ④ $0+(+5)$
⑤ $(-9)+(+4)$

하중상

4 다음 중 계산 결과가 옳은 것은?

① $(+7)+(-9)=-16$
② $(-1.2)+(+0.3)=-0.9$
③ $(-2)+\left(-\frac{1}{2}\right)=-\frac{3}{2}$
④ $\left(+\frac{2}{3}\right)+\left(+\frac{1}{2}\right)=-\frac{7}{6}$
⑤ $\left(+\frac{1}{5}\right)+\left(-\frac{9}{10}\right)=-\frac{4}{5}$

하중상

5 다음 〈보기〉 중 계산 결과가 음수인 것을 모두 고른 것은?

보기
ㄱ. $(-6)+(+3)$　　ㄴ. $(+5.7)+(-4.9)$
ㄷ. $\left(+\frac{3}{5}\right)+\left(-\frac{3}{4}\right)$　　ㄹ. $\left(-\frac{1}{2}\right)+(-3.6)$

① ㄱ, ㄴ ② ㄱ, ㄷ ③ ㄷ, ㄹ
④ ㄱ, ㄷ, ㄹ ⑤ ㄴ, ㄷ, ㄹ

하중상

6 다음 중 계산 결과가 가장 큰 것은?

① $(+1)+(-3)$ ② $(-1.5)+(+2.8)$
③ $(-0.8)+(-0.3)$ ④ $(-1)+\left(+\frac{3}{5}\right)$
⑤ $\left(-\frac{1}{4}\right)+\left(+\frac{7}{3}\right)$

▶ 해답 65쪽

유형 3 덧셈의 계산 법칙

해결 키워드 세 수 a, b, c에 대하여
① 덧셈의 교환법칙: $a+b=b+a$
② 덧셈의 결합법칙: $(a+b)+c=a+(b+c)$

하중상
7 다음 계산 과정에서 □ 안에 알맞은 수를 써넣고, ㉠, ㉡에 이용된 덧셈의 계산 법칙을 구하시오.

$$\left(-\frac{1}{4}\right)+\left(+\frac{5}{3}\right)+\left(-\frac{3}{4}\right)$$
$$=\left(-\frac{1}{4}\right)+(\square)+\left(+\frac{5}{3}\right) \quad ㉠$$
$$=\left\{\left(-\frac{1}{4}\right)+(\square)\right\}+(\square) \quad ㉡$$
$$=(\square)+\left(+\frac{5}{3}\right)=\square$$

하중상
8 다음 계산 과정에서 덧셈의 교환법칙이 이용된 곳을 고르시오.

$$(-9)+(+16)+(-11)$$
$$=(-9)+(-11)+(+16) \quad ㉠$$
$$=\{(-9)+(-11)\}+(+16) \quad ㉡$$
$$=(-20)+(+16) \quad ㉢$$
$$=-4$$

하중상
9 $\left(-\frac{3}{4}\right)+(-3.2)+\left(+\frac{7}{4}\right)$을 계산하면?

① -1.5 ② -2 ③ -2.15
④ -2.2 ⑤ -2.5

실전 문제 익히기

개념북 50쪽 2번 하중상
1 다음 중 계산 결과가 가장 작은 것은?

① $(-3)+(+6)$
② $(+2.4)+(-1.6)$
③ $\left(+\frac{2}{5}\right)+\left(+\frac{1}{3}\right)$
④ $\left(-\frac{1}{4}\right)+\left(+\frac{3}{5}\right)+\left(-\frac{3}{10}\right)$
⑤ $(+0.5)+\left(-\frac{5}{3}\right)+\left(+\frac{11}{6}\right)$

개념북 50쪽 5번 하중상
2 다음을 계산하시오.

$$\left(+\frac{7}{3}\right)+\left(-\frac{3}{2}\right)+\left(-\frac{5}{4}\right)+\left(+\frac{2}{3}\right)$$

서술형
개념북 50쪽 6번 하중상
3 다음 중 절댓값이 가장 큰 수와 절댓값이 가장 작은 수의 합을 구하시오.

$-\frac{11}{6}$ $+2.7$ $+\frac{25}{8}$ -2 -1.5

풀이

답

정수와 유리수의 뺄셈

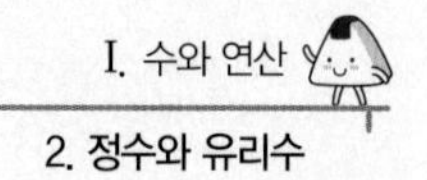

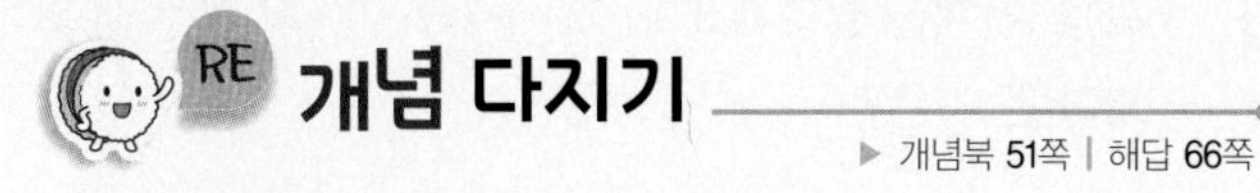

RE 개념 다지기

▶ 개념북 51쪽 | 해답 66쪽

확인 개념 키워드

❶ 유리수의 뺄셈은 빼는 수의 ☐를 바꾸어 ☐으로 고쳐서 계산한다.

❷ 부호가 생략된 수는 ☐의 부호를 살려서 계산한다.

개념 1 유리수의 뺄셈

1 다음을 계산하시오.

(1) $(-6)-(+15)$

(2) $(-13)-(-17)$

(3) $(+3.47)-(+9.15)$

(4) $\left(+\frac{7}{5}\right)-\left(-\frac{3}{2}\right)$

2 다음을 계산하시오.

(1) $(+9)-(-7)+(-15)$

(2) $(-1.35)+(-2.7)-(+4.25)$

(3) $\left(-\frac{5}{4}\right)-(-4)+\left(-\frac{3}{4}\right)$

(4) $\left(+\frac{4}{3}\right)+(-1.8)-\left(+\frac{6}{5}\right)$

3 다음을 계산하시오.

(1) $-4-8+11$

(2) $2.78-5+1.22$

(3) $\frac{5}{6}-\frac{4}{3}+\frac{7}{4}$

(4) $-2.5+\frac{3}{5}-\frac{5}{4}$

RE 핵심 유형 익히기

▶ 개념북 52쪽 | 해답 67쪽

유형 1 유리수의 뺄셈

해결 키워드 빼는 수의 부호를 바꾸어 덧셈으로 고쳐서 계산한다.
① ●−(+▲)=●+(−▲)
② ●−(−▲)=●+(+▲)

하중상

1 다음 중 계산 결과가 옳지 않은 것은?

① $\left(+\frac{5}{4}\right)-(+1)=+\frac{1}{4}$

② $(-2.5)-(-1.7)=-0.8$

③ $\left(-\frac{3}{5}\right)-\left(-\frac{3}{5}\right)=0$

④ $\left(-\frac{4}{3}\right)-\left(+\frac{7}{6}\right)=-\frac{11}{6}$

⑤ $(-1)-\left(+\frac{1}{3}\right)=-\frac{4}{3}$

하중상

2 $|a|=\frac{15}{2}$, $|b|=4$인 음의 유리수 a, b에 대하여 $a-b$의 값을 구하시오.

하중상

3 다음 중 가장 작은 수를 a, 가장 큰 수를 b라 할 때, $a-b$의 값을 구하시오.

-3	$+1.6$	$-\frac{5}{2}$	$+\frac{5}{4}$	-1.5

유형 2 덧셈과 뺄셈의 혼합 계산

해결 키워드
① 덧셈과 뺄셈의 혼합 계산
❶ 뺄셈을 덧셈으로 바꾼다.
❷ 덧셈의 계산 법칙을 이용하여 계산하기 편리하도록 순서를 적당히 바꾸어 계산한다.
② 부호가 생략된 경우: 양의 부호 $+$와 괄호를 살려서 계산한다.

하중상

4 다음 중 계산 결과가 옳지 않은 것은?

① $(-3)+(+5)-(+8)=-6$
② $(+7)-(-4)+(-11)=0$
③ $(+2.8)-(+5.3)-(-4.4)=+1.9$
④ $\left(-\frac{1}{4}\right)-\left(+\frac{1}{3}\right)+\left(-\frac{7}{12}\right)=-\frac{7}{3}$
⑤ $\left(-\frac{2}{3}\right)+\left(-\frac{5}{6}\right)-\left(+\frac{1}{2}\right)=-2$

하중상

5 $\left(-\frac{9}{25}\right)-\left(+\frac{1}{5}\right)+(+1)$의 계산 결과를 기약분수로 나타내면 $\frac{b}{a}$이다. 이때 $a+b$의 값을 구하시오.

하중상

6 다음 계산 과정에서 처음으로 잘못된 부분을 찾아 기호를 쓰고, 바르게 계산한 답을 구하시오.

$$\frac{9}{8}-\frac{3}{2}+\frac{1}{8}$$
$$=\left(+\frac{9}{8}\right)-\left(+\frac{3}{2}\right)+\left(+\frac{1}{8}\right) \quad ㉠$$
$$=\left(+\frac{3}{2}\right)-\left(+\frac{9}{8}\right)+\left(+\frac{1}{8}\right) \quad ㉡$$
$$=\left(+\frac{3}{2}\right)+\left(-\frac{9}{8}\right)+\left(+\frac{1}{8}\right) \quad ㉢$$
$$=\left(+\frac{3}{2}\right)+(-1) \quad ㉣$$
$$=\frac{1}{2} \quad ㉤$$

하중상

7 다음 중 계산 결과가 $3.2-4.1+7.6-5.5$의 계산 결과보다 큰 것은?

① $-10+13-5$
② $-\frac{2}{3}-\frac{1}{2}+\frac{5}{4}$
③ $\frac{2}{5}-3+\frac{8}{3}$
④ $1-2.8+\frac{3}{2}$
⑤ $\frac{1}{2}-1.5+\frac{7}{3}+0.5$

유형 3 a보다 b만큼 큰 수 또는 작은 수

해결 키워드
① a보다 b만큼 큰 수 → $a+b$
② a보다 b만큼 작은 수 → $a-b$

하중상

8 $-\frac{2}{7}$보다 $-\frac{5}{14}$만큼 큰 수는?

① $-\frac{9}{14}$ ② $-\frac{1}{2}$ ③ $\frac{1}{14}$
④ $\frac{1}{2}$ ⑤ $\frac{9}{14}$

하중상

9 1보다 -5만큼 큰 수를 a, a보다 $-\frac{2}{3}$만큼 작은 수를 b라 할 때, $a+b$의 값을 구하시오.

하중상

10 -4보다 2만큼 작은 수를 a, -2보다 $-\frac{9}{4}$만큼 작은 수를 b라 할 때, a와 b 사이에 있는 모든 정수의 합은?

① -20 ② -15 ③ -10
④ -5 ⑤ 5

유형 4 덧셈과 뺄셈의 관계

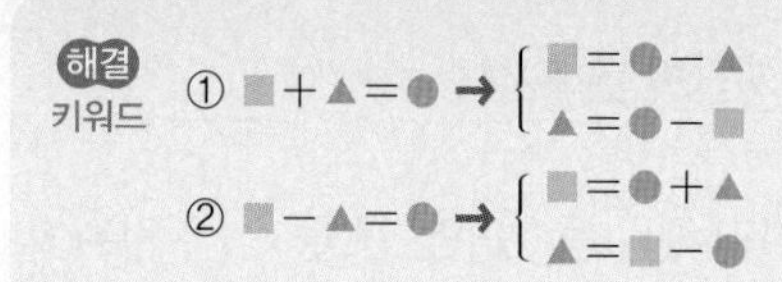

하중상

11 다음 □ 안에 알맞은 수를 구하시오.

$$(-4)-\square=-12$$

하중상

12 다음 두 식을 만족시키는 유리수 a, b에 대하여 $a+b$의 값을 구하시오.

$$\left(-\frac{7}{12}\right)+a=\frac{1}{6},\quad 1.75-b=\frac{3}{2}$$

RE 실전 문제 익히기

개념북 54쪽 4번 하중상

1 $a=2-4+5-7$, $b=-\frac{1}{3}+\frac{1}{2}-\frac{7}{6}$일 때, $a-b$의 값은?

① -2 ② $-\frac{5}{2}$ ③ -3
④ $-\frac{7}{2}$ ⑤ -4

개념북 54쪽 6번 

2 다음 중 가장 작은 수는?

① $-\frac{1}{2}$보다 -2만큼 큰 수
② 1보다 $-\frac{3}{2}$만큼 작은 수
③ $\frac{5}{3}$보다 $|-2|$만큼 작은 수
④ $-\frac{11}{5}$보다 -1만큼 작은 수
⑤ $|-3|$보다 $-\frac{7}{4}$만큼 큰 수

개념북 54쪽 7번 하중상

3 어떤 수에서 $-\frac{3}{5}$을 빼어야 할 것을 잘못하여 더하였더니 $-\frac{2}{3}$가 되었다. 바르게 계산한 답을 구하시오.

풀이

답

정수와 유리수의 곱셈

RE 개념 다지기

▶ 개념북 55쪽 | 해답 69쪽

확인 개념 키워드

세 수 a, b, c에 대하여

❶ 곱셈의 [ ] 법칙: $a\times b=b\times a$

❷ 곱셈의 [ ] 법칙: $(a\times b)\times c=a\times(b\times c)$

❸ [ ] 법칙: $a\times(b+c)=a\times b+a\times c$
$(a+b)\times c=a\times c+b\times c$

개념 1 유리수의 곱셈

1 다음을 계산하시오.

(1) $(+5)\times(+8)$

(2) $(-6)\times(+9)$

(3) $(-11)\times 0$

(4) $\left(+\frac{3}{4}\right)\times\left(-\frac{2}{9}\right)$

(5) $\left(-\frac{11}{6}\right)\times(+8)$

(6) $(-3.5)\times\left(-\frac{20}{7}\right)$

개념 2 곱셈의 계산 법칙

2 다음 계산 과정에서 ㉠, ㉡에 이용된 곱셈의 계산 법칙을 구하시오.

$(-2)\times(+7)\times(-5)$
$=(+7)\times(-2)\times(-5)$ ← ㉠
$=(+7)\times\{(-2)\times(-5)\}$ ← ㉡
$=(+7)\times(+10)$
$=+70$

3 다음을 계산하시오.

(1) $(-4)\times(+5)\times(-7)$

(2) $6\times\left(-\frac{5}{9}\right)\times\frac{3}{10}$

(3) $\left(-\frac{4}{7}\right)\times\left(-\frac{14}{15}\right)\times\left(-\frac{5}{8}\right)$

개념 3 거듭제곱의 계산과 분배법칙

4 다음 수가 양수이면 '양', 음수이면 '음'을 ( ) 안에 써넣으시오.

(1) $(-2)^{15}$ ( ) (2) $(+2.4)^{10}$ ( )

(3) $\left(-\frac{1}{3}\right)^{30}$ ( ) (4) $\left(-\frac{1}{5}\right)^{25}$ ( )

5 다음을 계산하시오.

(1) $(-5)^2$ (2) -2^4

(3) $\left(-\frac{2}{3}\right)^3$ (4) $-\left(-\frac{1}{2}\right)^3$

6 분배법칙을 이용하여 다음을 계산하시오.

(1) $28\times\left(\frac{2}{7}-\frac{1}{2}\right)$

(2) $2.4\times 4+2.4\times 6$

핵심 유형 익히기

▶ 개념북 58쪽 | 해답 69쪽

유형 1 유리수의 곱셈

해결 키워드
① 부호가 같은 두 수의 곱셈의 부호
→ $(+)\times(+)=(+)$, $(-)\times(-)=(+)$
② 부호가 다른 두 수의 곱셈의 부호
→ $(+)\times(-)=(-)$, $(-)\times(+)=(-)$

하중상

1 다음 중 계산 결과가 옳지 않은 것은?

① $\left(+\frac{2}{5}\right)\times\left(-\frac{25}{4}\right)=-\frac{5}{2}$

② $(-21)\times\left(+\frac{9}{14}\right)=-\frac{27}{2}$

③ $(-6)\times(+3)=-18$

④ $(-0.9)\times\left(-\frac{4}{9}\right)=-\frac{2}{5}$

⑤ $(-6)\times\frac{7}{2}=-21$

하중상

2 $a=(-4)\times(-3)$, $b=\left(-\frac{6}{5}\right)\times\left(+\frac{15}{8}\right)$일 때, $a\times b$의 값을 구하시오.

유형 2 곱셈의 계산 법칙

해결 키워드
세 수 a, b, c에 대하여
① 곱셈의 교환법칙: $a\times b=b\times a$
② 곱셈의 결합법칙: $(a\times b)\times c=a\times(b\times c)$

하중상

3 다음 계산 과정에서 □ 안에 알맞은 수를 써넣고, 곱셈의 결합법칙이 이용된 곳을 고르시오.

$(-5)\times2.15\times(-4)$
$=2.15\times(\square)\times(-4)$ ← ㉠
$=2.15\times\{(\square)\times(-4)\}$ ← ㉡
$=2.15\times\square$ ← ㉢
$=\square$

유형 3 세 수 이상의 곱셈

해결 키워드
① $\underbrace{(-)\times(-)\times(-)\times\cdots\times(-)}_{\text{짝수 개}}=(+)$
② $\underbrace{(-)\times(-)\times\cdots\times(-)}_{\text{홀수 개}}=(-)$

하중상

4 다음 〈보기〉 중 계산 결과가 옳은 것을 모두 고르시오.

보기
ㄱ. $(-2)\times\frac{5}{6}\times\left(+\frac{3}{10}\right)=+\frac{1}{2}$
ㄴ. $\left(-\frac{7}{4}\right)\times\left(-\frac{8}{3}\right)\times(+0.6)=+\frac{14}{5}$
ㄷ. $(-2.2)\times\left(-\frac{5}{7}\right)\times\left(-\frac{4}{11}\right)=-\frac{4}{7}$

하중상

5 다음을 계산하시오.

$$\frac{11}{10}\times\left(-\frac{12}{11}\right)\times\frac{13}{12}\times\left(-\frac{14}{13}\right)\times\cdots\times\frac{101}{100}$$

유형 4 거듭제곱의 계산

해결 키워드
① $\begin{cases}(\text{양수})^{(\text{홀수})} \to +\\ (\text{양수})^{(\text{짝수})} \to +\end{cases}$ ② $\begin{cases}(\text{음수})^{(\text{홀수})} \to -\\ (\text{음수})^{(\text{짝수})} \to +\end{cases}$

하중상

6 다음 중 계산 결과가 가장 큰 것은?

① $(-2)^5$ ② $-(-2)^3$ ③ $-(-2^4)$
④ $(-3)^2$ ⑤ $-(-3)^3$

하중상

7 다음 중 계산 결과가 나머지 넷과 다른 하나는?

① $(-1)^5$ ② $(-1)^{10}$ ③ $(-1)^{20}$
④ $-(-1)^{33}$ ⑤ $-(-1^{50})$

▶ 해답 70쪽

유형 5 분배법칙 (1)

해결 키워드 ① 괄호 풀기
$3\times(20-1)=3\times20-3\times1=60-3=57$
② 괄호로 묶기
$59\times3+41\times3=(59+41)\times3=100\times3=300$

하중상

8 분배법칙을 이용하여 다음을 계산하시오.

$$(-40)\times\left\{\left(-\frac{3}{5}\right)+\left(+\frac{5}{8}\right)\right\}$$

하중상

9 다음 식을 만족시키는 두 수 a, b에 대하여 $a+b$의 값을 구하시오.

$$(-1.5)\times43+(-1.5)\times57=(-1.5)\times a=b$$

하중상

10 분배법칙을 이용하여 55×999를 계산하시오.

유형 6 분배법칙 (2)

해결 키워드 세 수 a, b, c에 대하여
① $a\times(b+c)=a\times b+a\times c$
② $(a+b)\times c=a\times c+b\times c$

하중상

11 세 수 a, b, c에 대하여 $a\times b=-7$, $a\times(b+c)=3$일 때, $a\times c$의 값은?

① -21 ② -10 ③ -4
④ 10 ⑤ 21

실전 문제 익히기

개념북 60쪽 4번 하중상

1 다음을 계산하면?

$$(-1)+(-1)^2+(-1)^3+\cdots+(-1)^{49}+(-1)^{50}$$

① 50 ② 25 ③ 0
④ -25 ⑤ -50

개념북 60쪽 6번 하중상

2 세 수 a, b, c에 대하여 $a+b=9$, $a\times c=39$, $b\times c=15$일 때, c의 값을 구하시오.

개념북 60쪽 7번 하중상

3 다음 네 수 중 서로 다른 세 수를 뽑아 곱한 값 중 가장 큰 수를 a, 가장 작은 수를 b라 할 때, $a+b$의 값을 구하시오.

$$-7 \quad \frac{10}{9} \quad \frac{9}{14} \quad -\frac{3}{5}$$

풀이

답

정수와 유리수의 나눗셈

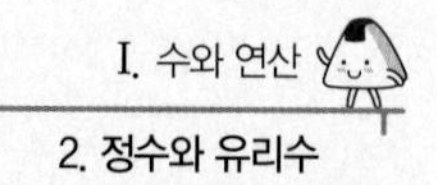

개념 다지기

▶ 개념북 61쪽 | 해답 71쪽

확인 개념 키워드

❶ 두 수의 곱이 1이 될 때, 한 수를 다른 수의 ☐라 한다.

❷ 덧셈, 뺄셈, 곱셈, 나눗셈의 혼합 계산은
거듭제곱 → 괄호 풀기 → ☐, 나눗셈 → 덧셈, ☐
의 순서로 계산한다.

개념 1 유리수의 나눗셈

1 다음을 계산하시오.

(1) $(+28)\div(-7)$

(2) $(-48)\div(-3)$

(3) $(+72)\div(+4)$

(4) $(-5.4)\div(+6)$

(5) $(-7.5)\div(-5)$

(6) $(+6.3)\div(+0.9)$

2 다음 수의 역수를 구하시오.

(1) $\frac{6}{7}$

(2) -8

(3) 4.5

(4) $-3\frac{3}{4}$

3 다음을 계산하시오.

(1) $(+8)\div\left(+\frac{4}{9}\right)$

(2) $\left(+\frac{6}{7}\right)\div(-9)$

(3) $\left(-\frac{9}{20}\right)\div\left(-\frac{12}{5}\right)$

(4) $\left(-\frac{10}{3}\right)\div\left(+\frac{5}{6}\right)$

개념 2 혼합 계산

4 다음을 계산하시오.

(1) $(+20)\div\left(-\frac{15}{8}\right)\times\left(-\frac{9}{2}\right)$

(2) $\left(-\frac{5}{8}\right)\times\left(-\frac{3}{10}\right)\div\left(+\frac{5}{4}\right)$

(3) $\left(-\frac{1}{3}\right)\div\left(-\frac{7}{12}\right)\times\left(-\frac{21}{5}\right)$

5 다음 식의 계산 순서를 차례대로 나열하시오.

$$3-\{4\times(-3)+2\}\div\frac{5}{3}$$

↑ ㉠(−) ↑ ㉡(×) ↑ ㉢(+) ↑ ㉣(÷)

6 $100+\{-9-(-2)^5\div(-1)^{99}\}\times2$를 계산하시오.

핵심 유형 익히기

유형 1 역수

해결 키워드 ① $\frac{●}{■}$의 역수 → $\frac{■}{●}$
② 정수는 분모가 1인 분수로, 대분수는 가분수로, 소수는 분수로 고친 후 역수를 구한다.

하중상

1 다음 중 두 수가 서로 역수 관계가 아닌 것은?

① $1,\ 1$ ② $\frac{3}{2},\ -\frac{2}{3}$ ③ $-\frac{1}{6},\ -6$
④ $0.5,\ 2$ ⑤ $-2\frac{1}{3},\ -\frac{3}{7}$

하중상

2 $\frac{a}{6}$의 역수가 6일 때, a의 값을 구하시오.

하중상

3 a의 역수가 -5이고, 1.25의 역수가 b일 때, $a-b$의 값을 구하시오.

유형 2 유리수의 나눗셈

해결 키워드 ① $\div\frac{●}{■} \rightarrow \times\frac{■}{●}$
② 두 수의 부호가 같으면 → +(절댓값의 나눗셈의 몫)
　　　　　　　　다르면 → −(절댓값의 나눗셈의 몫)

하중상

4 다음 중 계산 결과가 $(-25)\div(+5)$와 같은 것은?

① $(-20)\div(-4)$ ② $(+10)\div(+2)$
③ $(-35)\div(+5)$ ④ $(+45)\div(-9)$
⑤ $(+40)\div(-10)$

하중상

5 다음 중 계산 결과가 옳은 것은?

① $(-15)\div\left(+\frac{10}{3}\right)=+\frac{9}{2}$
② $\left(+\frac{2}{3}\right)\div\left(-\frac{5}{6}\right)=-\frac{5}{9}$
③ $\left(-\frac{8}{5}\right)\div\left(-\frac{16}{7}\right)=+\frac{7}{10}$
④ $(+4)\div(-10)=-\frac{5}{2}$
⑤ $\left(-\frac{13}{4}\right)\div(-39)=-\frac{1}{12}$

하중상

6 $-\frac{3}{2}$보다 4만큼 큰 수를 a, $\frac{5}{3}$보다 5만큼 작은 수를 b라 할 때, $a\div b$의 값을 구하시오.

유형 3 곱셈과 나눗셈의 혼합 계산

해결 키워드 ❶ 거듭제곱을 먼저 계산한다.
❷ 나눗셈은 역수를 이용하여 곱셈으로 바꾼다.
❸ 절댓값의 곱에 부호를 붙인다.
→ 음수가 짝수 개 → +
　　　　홀수 개 → −

하중상

7 $\left(-\frac{9}{10}\right)\times5\div\left(-\frac{3}{2}\right)^2$을 계산하면?

① -3 ② -2 ③ -1
④ 2 ⑤ 3

하중상

8 두 수 a, b가 다음과 같을 때, $a\div b\times\left(-\frac{1}{3}\right)$의 값을 구하시오.

$$a=(-4)\div(-3),\ b=(-16)\div9$$

하중상

9 다음 〈보기〉 중 계산 결과가 큰 것부터 차례대로 나열하시오.

> 보기
> ㄱ. $\left(-\frac{1}{3}\right)^2 \div (-5) \times 9$
> ㄴ. $(-8) \times (-6) \div (-1.2)$
> ㄷ. $0.2 \times (-1.6) \div \frac{1}{5}$

유형 4 곱셈과 나눗셈의 관계

해결 키워드
① ■×▲=● → { ■=●÷▲, ▲=●÷■ }
② ■÷▲=● → { ■=●×▲, ▲=■÷● }

하중상

10 유리수 a에 대하여 $a \div \left(-\frac{7}{3}\right) = 12$일 때, a의 값은?

① -4　② -7　③ -14
④ -21　⑤ -28

하중상

11 두 수 a, b에 대하여 $a \times 4 = -\frac{1}{3}$, $\left(-\frac{3}{2}\right) \div b = -6$일 때, $a+b$의 값을 구하시오.

하중상

12 다음 □ 안에 알맞은 수를 구하시오.

$$\frac{3}{5} \div \square \times \left(-\frac{4}{3}\right) = \frac{9}{10}$$

하중상

13 $\left(-\frac{6}{5}\right) \div \left(-\frac{3}{5}\right)^2 \times \square = -20$일 때, □ 안에 알맞은 수는?

① -6　② $-\frac{1}{6}$　③ $\frac{1}{6}$
④ 1　⑤ 6

유형 5 덧셈, 뺄셈, 곱셈, 나눗셈의 혼합 계산

해결 키워드
❶ 거듭제곱을 먼저 계산한다.
❷ (소괄호) → {중괄호} → [대괄호]의 순서로 계산한다.
❸ 곱셈과 나눗셈을 계산한다.
❹ 덧셈과 뺄셈을 계산한다.

하중상

14 다음 식의 계산 순서를 차례대로 나열하면?

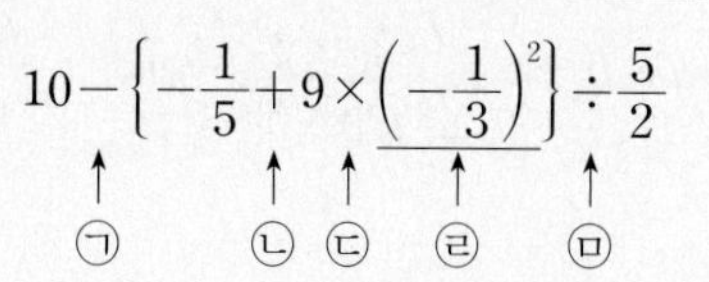

$$10-\left\{-\frac{1}{5}+9\times\left(-\frac{1}{3}\right)^2\right\}\div\frac{5}{2}$$

① ㉠, ㉡, ㉢, ㉣, ㉤　② ㉠, ㉣, ㉢, ㉡, ㉤
③ ㉣, ㉡, ㉢, ㉤, ㉠　④ ㉣, ㉢, ㉡, ㉤, ㉠
⑤ ㉤, ㉣, ㉢, ㉡, ㉠

하중상

15 다음 식의 계산 순서를 차례대로 나열하고, 계산하시오.

$$-3-(-2)\times\{(-2)^2\div(-4)+(-3)\}$$
㉠ ㉡ ㉢ ㉣ ㉤

하중상

16 $\frac{4}{15}\times\left[\left\{\left(-\frac{4}{3}\right)+\frac{3}{2}\right\}\div\frac{5}{12}-(-1)^{10}\right]$을 계산하시오.

▶ 해답 72쪽

유형 6 유리수의 부호

해결 키워드 ① $-$(양수)$=$(음수), $-$(음수)$=$(양수)
② (양수)$-$(음수)$=$(양수), (음수)$-$(양수)$=$(음수)

하중상

17 두 수 a, b에 대하여 $a>0$, $b<0$일 때, 다음 중 항상 양수인 것은?

① $a+b$ ② $a-b$ ③ $b-a$
④ $a\times b$ ⑤ $a\div b$

하중상

18 세 수 a, b, c에 대하여 $a<0$, $b<0$, $c>0$일 때, 다음 중 항상 음수인 것은?

① $a+c$ ② $c-b$ ③ $a\times b\times c$
④ $a\times b-c$ ⑤ $b\times c+a$

하중상

19 두 수 a, b에 대하여 $a\times b<0$, $a>b$일 때, 다음 중 옳지 않은 것을 모두 고르면? (정답 2개)

① $-a<0$ ② $\frac{1}{b}>0$ ③ $b\div a<0$
④ $a-b<0$ ⑤ $b-a<0$

하중상

20 $-1<a<0$일 때, 다음 중 가장 작은 수는?

① a ② $-a$ ③ $-\frac{1}{a}$
④ $-a^2$ ⑤ $\left(-\frac{1}{a}\right)^2$

RE 실전 문제 익히기

개념북 66쪽 3번 하중상

1 $\left(-\frac{2}{3}\right)^3\div\square\times\left(-\frac{9}{10}\right)=\frac{8}{25}$일 때, $\square$ 안에 알맞은 수를 구하시오.

개념북 66쪽 5번 하중상

2 세 수 a, b, c에 대하여 $b\div a>0$, $b\times\frac{1}{c}<0$, $b-c>0$일 때, 다음 중 옳은 것은?

① $a>0$, $b>0$, $c>0$ ② $a>0$, $b>0$, $c<0$
③ $a>0$, $b<0$, $c>0$ ④ $a<0$, $b<0$, $c>0$
⑤ $a<0$, $b<0$, $c<0$

개념북 66쪽 7번 하중상

3 오른쪽 그림과 같은 정육면체에서 마주 보는 면에 적힌 두 수의 곱은 1이다. 이때 보이지 않는 세 면에 적힌 수의 합을 구하시오.

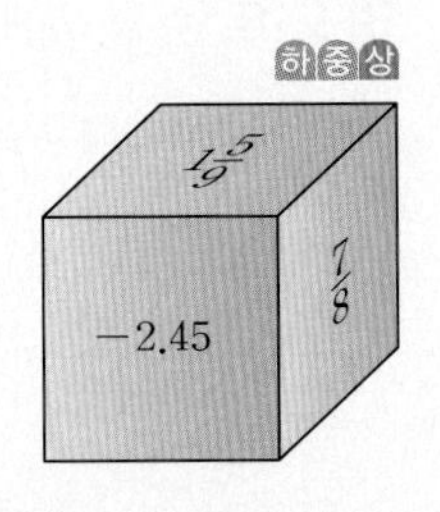

풀이

답

문자의 사용과 식의 값

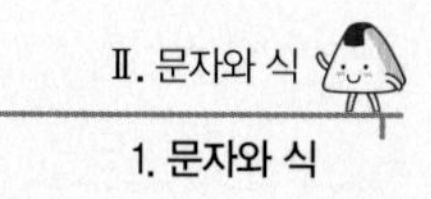

Part Ⅰ 유형 Training

RE 개념 다지기

▶ 개념북 74쪽 | 해답 73쪽

확인 개념 키워드

❶ ☐: 문자를 사용한 식에서 문자에 어떤 수를 바꾸어 넣는 것

❷ ☐: 문자를 사용한 식에서 문자에 어떤 수를 대입하여 계산한 결과

개념 1 문자의 사용

1 다음을 문자를 사용한 식으로 나타내시오.

(1) 한 자루에 400원인 연필 a자루의 가격

→ (연필의 총 가격)

=(연필 1자루의 가격)×(연필의 수)

=☐×☐(원)

(2) 한 변의 길이가 x cm인 정삼각형의 둘레의 길이

→ (정삼각형의 둘레의 길이)

=(한 변의 길이)×☐=☐×☐(cm)

(3) 시속 70 km로 x시간 동안 달린 거리

(4) x %의 소금물 200 g에 녹아 있는 소금의 양

개념 2 곱셈 기호와 나눗셈 기호의 생략

2 다음 식을 기호 ×, ÷를 생략하여 나타내시오.

(1) $a\times8\times b$

(2) $y\times x\times y\times y\times x$

(3) $0.01\times a$

(4) $(x-y)\times(-2)$

(5) $x\div y$

(6) $x\div(4+y)$

(7) $a\times(-3)+b\div2$

(8) $a\div b\div c$

개념 3 대입과 식의 값

3 다음을 구하시오.

(1) $x=4$일 때, $5x$의 값

(2) $x=-2$일 때, $3x$의 값

(3) $x=6$일 때, $2x-7$의 값

(4) $x=-3$일 때, $-2x+3$의 값

(5) $x=5$일 때, $\frac{10}{x}+1$의 값

(6) $x=-2$일 때, $3x^2-x$의 값

4 다음을 구하시오.

(1) $x=3$, $y=2$일 때, $2x+4y$의 값

(2) $x=-1$, $y=3$일 때, $x-y$의 값

(3) $x=5$, $y=-2$일 때, $-2x+y$의 값

(4) $x=-6$, $y=-1$일 때, $-2x+3y^2$의 값

(5) $x=-8$, $y=-2$일 때, $\frac{3}{4}xy$의 값

핵심 유형 익히기

유형 1 곱셈 기호와 나눗셈 기호의 생략

해결 키워드 ① 곱셈 기호의 생략

수는 문자 앞에 / 같은 문자의 곱은 거듭제곱 꼴로

$b\times(-3)\times a\times b=-3ab^2$

문자는 알파벳 순서로

② 나눗셈 기호의 생략

$a\div3=a\times\frac{1}{3}=\frac{a}{3}$

역수의 곱셈으로

하중상

1 다음 중 옳은 것을 모두 고르면? (정답 2개)

① $y\times(-1)\times x=x-y$

② $a\times a\times0.1\times a=0.a^3$

③ $(x+y)\div\frac{1}{3}=3(x+y)$

④ $(2-x)\div(y+1)=\frac{2-x}{y+1}$

⑤ $a\div b\div5=\frac{5a}{b}$

하중상

2 다음 중 옳지 않은 것을 모두 고르면? (정답 2개)

① $a\times(-1)=-a$

② $0.01\times b\times a=0.0ab$

③ $(x+y)\div5=\frac{x+y}{5}$

④ $6\div(a-b)=\frac{a-b}{6}$

⑤ $y\times(-7)\times x\times z\times y\times x\times y=-7x^2y^3z$

유형 2 곱셈 기호와 나눗셈 기호의 생략 – 혼합 계산

해결 키워드

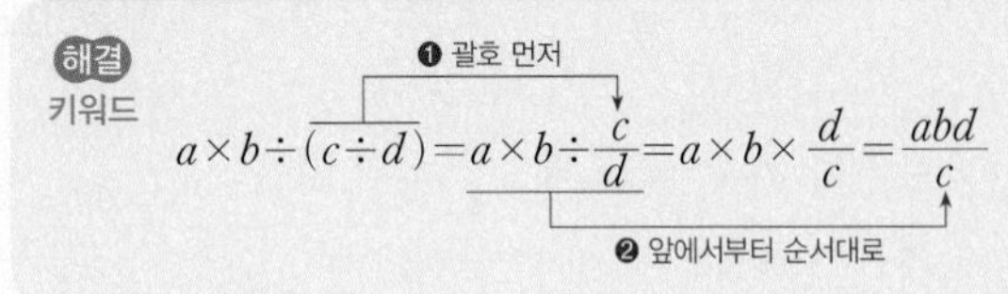

❶ 괄호 먼저
$a\times b\div(c\div d)=a\times b\div\frac{c}{d}=a\times b\times\frac{d}{c}=\frac{abd}{c}$
❷ 앞에서부터 순서대로

하중상

3 $x\div(y\times z)$를 기호 $\times$, $\div$를 생략하여 나타내시오.

하중상

4 $x\div(2\div y)\times x$를 기호 $\times$, $\div$를 생략하여 나타내면?

① $\frac{2}{y}$ ② $\frac{x^2}{2y}$ ③ $\frac{y}{2x^2}$

④ $\frac{2y}{x^2}$ ⑤ $\frac{x^2y}{2}$

하중상

5 다음 중 기호 $\times$, $\div$를 생략하여 나타낸 식이 $a\div b\times c$와 같은 것은?

① $a\times b\div c$ ② $a\div b\div c$

③ $a\times(b\div c)$ ④ $a\div(b\div c)$

⑤ $a\div(b\times c)$

유형 3 문자를 사용한 식

해결 키워드 ① (거리)=(속력)×(시간), (시간)=$\frac{(거리)}{(속력)}$, (속력)=$\frac{(거리)}{(시간)}$

② (소금물의 농도)=$\frac{(소금의 양)}{(소금물의 양)}\times100$ (%)

(소금의 양)=$\frac{(소금물의 농도)}{100}\times$(소금물의 양)

하중상

6 전체 240쪽인 책을 하루에 15쪽씩 a일 동안 읽었을 때, 남은 쪽수를 a를 사용한 식으로 나타내시오.

하중상

7 다음 〈보기〉 중 옳은 것을 모두 고르시오.

보기
ㄱ. 음료수 200 mL를 x명에게 똑같이 나누어 줄 때, 한 사람이 받는 음료수의 양 ➜ $200x$ mL
ㄴ. 밑변의 길이가 a cm, 높이가 h cm인 삼각형의 넓이 ➜ ah cm^2
ㄷ. 십의 자리의 숫자가 a, 일의 자리의 숫자가 b인 두 자리의 자연수 ➜ ab
ㄹ. 시속 30 km로 자동차를 타고 t시간 동안 이동한 거리 ➜ $30t$ km

하중상

8 다음 중 문자를 사용하여 나타낸 식으로 옳지 않은 것은?

① 한 변의 길이가 a cm인 정육각형의 둘레의 길이 ➜ $6a$ cm
② a명의 4 % ➜ $\frac{1}{25}a$명
③ y km를 시속 60 km로 달리는 데 걸린 시간 ➜ $\frac{y}{60}$시간
④ x %의 설탕물 300 g에 녹아 있는 설탕의 양 ➜ $300x$ g
⑤ 100 km 떨어진 지점을 시속 80 km로 x시간 동안 갔을 때의 남은 거리 ➜ $(100-80x)$ km

유형 4 식의 값 (1)

해결 키워드 $x=-3$일 때, $2x+3$의 값은
생략된 곱셈 기호 다시 쓰기
$2x+3=2\times(-3)+3=-6+3=-3$
음수를 대입할 때는 반드시 괄호 사용

하중상

9 $a=-1$일 때, 다음 중 식의 값이 나머지 넷과 다른 하나는?

① $-a$ ② $-a^2$ ③ a^3
④ $-(-a)^2$ ⑤ $-a^4$

하중상

10 $x=-3$, $y=5$일 때, x^2-2xy의 값은?

① -39 ② -36 ③ -21
④ 24 ⑤ 39

하중상

11 $x=4$, $y=-\frac{1}{2}$일 때, 다음 중 식의 값이 가장 큰 것은?

① $x+y$ ② $-xy$ ③ $x-2y$
④ xy^2 ⑤ $-x+2y^2$

유형 5 식의 값 (2)

해결 키워드 $x=\frac{1}{2}$일 때, $\frac{4}{x}$의 값은 ← 분수를 분모에 대입할 때
나눗셈 기호 살리기
➜ [방법 1] $\frac{4}{x}=4\div x=4\div\frac{1}{2}=4\times2=8$
[방법 2] $\frac{4}{x}=4\times\frac{1}{x}=4\times2=8$
역수 곱하기

하중상

12 $a=\frac{1}{2}$일 때, 다음 중 식의 값이 가장 작은 것은?

① a ② $2a$ ③ a^2
④ $\frac{1}{a}$ ⑤ $\frac{1}{a^2}$

하중상

13 $x=4$, $y=\frac{1}{7}$일 때, $\frac{8}{x}-\frac{3}{y}$의 값은?

① -23 ② -21 ③ -19
④ -17 ⑤ -15

▶ 해답 74쪽

하중상

14 $a=-\frac{1}{2}$, $b=\frac{1}{4}$, $c=\frac{1}{3}$일 때, $\frac{1}{a}-\frac{3}{b}+\frac{4}{c}$의 값은?

① -2　② -1　③ 0
④ 1　⑤ 2

유형 6 식의 값의 활용

해결 키워드 실생활에 관련된 상황에서 문자를 사용한 식이 주어지고 특정한 값을 구할 때는 문자 대신 수를 대입하여 식의 값을 구한다.

하중상

15 지면에서 초속 30 m로 똑바로 위로 던져 올린 물체의 t초 후의 높이는 $(30t-5t^2)$ m라 한다. 이 물체의 4초 후의 높이는?

① 80 m　② 60 m　③ 40 m
④ 20 m　⑤ 10 m

하중상

16 신체질량지수(BMI)는 비만을 판정하는 방법의 하나로 체중이 x kg, 키가 y m인 사람의 신체질량지수는 $\frac{x}{y^2}$이다. 체중이 81 kg, 키가 180 cm인 사람의 신체질량지수를 구하시오.

개념북 79쪽 3번
하중상

1 시속 60 km로 달리며 한 정류장마다 x분간 머무르는 버스가 있다. 이 버스가 차고지에서 출발하여 3개의 정류장을 지나 A 정류장에 도착하였다. 차고지에서 A 정류장까지의 거리가 y km일 때, A 정류장에 도착할 때까지 걸린 시간을 식으로 나타내면?

① $\left(\frac{x}{20}+\frac{y}{60}\right)$시간　② $\left(\frac{x}{30}+\frac{y}{60}\right)$시간
③ $\left(\frac{x}{60}+\frac{y}{20}\right)$시간　④ $\left(\frac{x}{60}+\frac{y}{30}\right)$시간
⑤ $\left(\frac{x}{60}+\frac{y}{60}\right)$시간

개념북 79쪽 5번
하중상

2 $x=\frac{2}{3}$, $y=-3$, $z=-\frac{1}{2}$일 때, $\frac{z^2}{xy}+\frac{3x+y}{z}$의 값을 구하시오.

서술형
개념북 79쪽 7번
하중상

3 오른쪽 그림과 같이 가로의 길이가 a cm, 세로의 길이가 b cm, 높이가 c cm인 직육면체가 있다. 이 직육면체의 겉넓이를 S cm²라 할 때, 다음 물음에 답하시오.

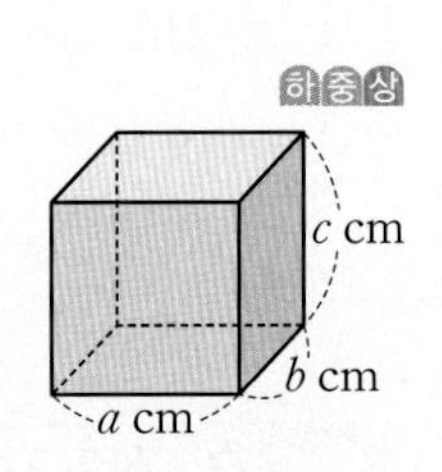

(1) S를 a, b, c를 사용한 식으로 나타내시오.

(2) $a=3$, $b=2$, $c=7$일 때, S의 값을 구하시오.

풀이

답

일차식과 수의 곱셈, 나눗셈

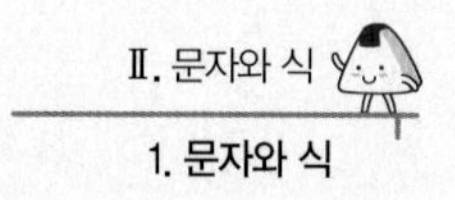

개념 다지기

▶ 개념북 80쪽 | 해답 75쪽

확인 개념 키워드

❶ ☐: 한 개 또는 두 개 이상의 항의 합으로 이루어진 식

❷ ☐: 어떤 항에서 곱해진 문자의 개수

❸ ☐: 차수가 1인 다항식

개념 1 다항식과 일차식

1 다항식 $-3x-5y+4$에서 다음을 구하시오.

(1) 항 (2) 상수항

(3) x의 계수 (4) y의 계수

2 다음 다항식의 차수를 구하시오.

(1) $4x-3$ (2) $-x^2-x+2$

(3) $\frac{1}{3}y-7$ (4) $-2y^2-y-5$

3 다음 중 일차식인 것은 ○표, 일차식이 아닌 것은 ×표를 하시오.

(1) $-x+2$ ( )

(2) $\frac{2y+3}{7}$ ( )

(3) $\frac{1}{x}+1$ ( )

(4) y^2+y+1 ( )

개념 2 일차식과 수의 곱셈, 나눗셈

4 다음 식을 간단히 하시오.

(1) $2x\times2$

(2) $7x\times(-3)$

(3) $(-4x)\times\frac{1}{2}$

5 다음 식을 간단히 하시오.

(1) $15a\div3$

(2) $5x\div\frac{1}{4}$

(3) $18y\div\left(-\frac{9}{2}\right)$

6 다음 식을 간단히 하시오.

(1) $5(3x+2)$

(2) $-2(3a+4)$

(3) $(9x+2)\times\frac{1}{3}$

7 다음 식을 간단히 하시오.

(1) $(6a+3)\div3$

(2) $(-8x+6)\div(-2)$

(3) $(4b-3)\div\frac{1}{2}$

핵심 유형 익히기

유형 1 다항식

해결 키워드 x^2-2x+3에서

항	x^2의 계수	x의 계수	상수항	차수
x^2, $-2x$, 3	1	-2	3	2

하중상

1 다음 중 단항식은 모두 몇 개인지 구하시오.

$-7y^2$ $\quad -x+y$ $\quad 4x-9$ $\quad -\frac{1}{7}ab$ $\quad 9x^2y$

하중상

2 다항식 $\frac{y^2}{4}-\frac{y}{2}-1$의 차수를 a, y의 계수를 b, 상수항을 c라 할 때, $4abc$의 값은?

① -8 ② -4 ③ 1
④ 4 ⑤ 8

하중상

3 다음 <보기> 중 옳은 것을 모두 고른 것은?

보기
ㄱ. x^2-1의 항은 3개이다.
ㄴ. y^2+3y-3의 차수는 2이다.
ㄷ. $-x+y-4$의 x의 계수는 1, 상수항은 -4이다.
ㄹ. $3a^2+5a-1$의 a^2의 계수는 3이다.

① ㄴ ② ㄷ ③ ㄱ, ㄹ
④ ㄴ, ㄹ ⑤ ㄱ, ㄴ, ㄹ

유형 2 일차식

해결 키워드 일차식: 차수가 1인 다항식
→ $ax+b$ (a, b는 상수, $a\neq0$) 꼴

하중상

4 다음 중 일차식인 것을 모두 고르면? (정답 2개)

① x ② -5 ③ $-6x+4$
④ x^2 ⑤ $\frac{3}{x}$

하중상

5 다항식 $(a+3)x^2+(2-a)x-5$가 x에 대한 일차식이 되도록 하는 상수 a의 값을 구하시오.

하중상

6 다음 중 일차식에 대한 설명으로 옳은 것을 모두 고르면? (정답 2개)

① 단항식이다.
② 항은 항상 2개이다.
③ 차수가 1인 항의 계수는 항상 1이다.
④ 차수가 1인 다항식이다.
⑤ $ax+b$ (a, b는 상수, $a\neq0$) 꼴이면 x에 대한 일차식이다.

유형 3 일차식과 수의 곱셈, 나눗셈

해결 키워드 ① (수)×(일차식): 분배법칙을 이용하여 계산한다.

예 $3(5x-2)=3\times5x+3\times(-2)=15x-6$ (분배법칙)

② (일차식)÷(수): 역수의 곱셈으로 바꾸어 계산한다.

예 $(10x-5)\div5=(10x-5)\times\frac{1}{5}$ (역수의 곱셈)

$=10x\times\frac{1}{5}+(-5)\times\frac{1}{5}$

$=2x-1$

7 하중상

다음 중 옳지 않은 것은?

① $(-2x)\times2=-4x$

② $(-10x)\div(-2)=5x$

③ $2(x-8)=2x-16$

④ $-\frac{2}{3}(6x-3)=-4x-2$

⑤ $(3x+2)\div\left(-\frac{1}{2}\right)=-6x-4$

8 하중상

$(2-0.6x)\times5$를 계산한 식에서 x의 계수와 상수항을 차례대로 구하시오.

9 하중상

$6(-2x+3)$과 $(5x+4)\div\frac{1}{2}$을 각각 간단히 하였을 때, 두 식의 상수항의 합은?

① 25 ② 26 ③ 27 ④ 28 ⑤ 29

RE 실전 문제 익히기

▶ 해답 76쪽

개념북 83쪽 2번 하중상

1 다음 식에 대한 설명으로 옳은 것을 〈보기〉에서 모두 고르시오.

$\frac{1}{2}x-2$ $1+x^2$

$0.1x-2y+1$ x^2+y^2-x+1

보기

ㄱ. 모두 다항식이다.

ㄴ. 항이 2개인 식은 3개이다.

ㄷ. 상수항이 1인 식은 2개이다.

ㄹ. 일차식은 2개이다.

개념북 83쪽 6번 하중상

2 다음 중 간단히 한 결과가 $-2(4x+1)$과 같은 것은?

① $(-4x+1)\times2$ ② $-2(4x-1)$

③ $(4x+1)\div(-2)$ ④ $\left(-x-\frac{1}{4}\right)\div\frac{1}{2}$

⑤ $\left(x+\frac{1}{4}\right)\div\left(-\frac{1}{8}\right)$

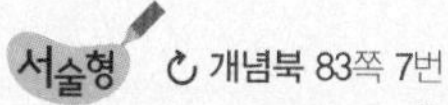

서술형 개념북 83쪽 7번 하중상

3 다항식 $\frac{-x^2+3x-6}{4}$에서 상수항을 a, x^2의 계수를 b, 차수를 c라 할 때, $a+b+c$의 값을 구하시오.

풀이

답

Part I 유형 Training

일차식의 덧셈과 뺄셈

RE 개념 다지기

▶ 개념북 84쪽 | 해답 76쪽

확인 개념 키워드

❶ [ ]: 다항식에서 문자와 차수가 각각 같은 항

❷ 일차식의 덧셈과 뺄셈: 다음과 같은 순서로 계산한다.
(i) 괄호가 있으면 [ ]을 이용하여 괄호를 푼다.
(ii) [ ]끼리 모아서 계산한다.

개념 1 동류항

1 다음 중 동류항끼리 짝지어진 것은 ○표, 동류항이 아닌 것끼리 짝지어진 것은 ×표를 하시오.

(1) $-4,\ 6$ ( )

(2) $2a,\ 2b$ ( )

(3) $\frac{1}{4}x,\ -3x$ ( )

(4) $2x^2,\ 3a$ ( )

(5) $4xy^2,\ 3x^2y$ ( )

2 다음 식을 간단히 하시오.

(1) $2x+x$

(2) $-6a+4a$

(3) $5y-2y$

(4) $\frac{1}{2}x+\frac{1}{3}x$

개념 2 일차식의 덧셈과 뺄셈

3 다음 식을 간단히 하시오.

(1) $(x+3)+(2x+1)$

(2) $(2-a)+(7a-3)$

(3) $(3x+2)-(4x-5)$

(4) $(-3a+4)-(-2a+11)$

4 다음 식을 간단히 하시오.

(1) $3x+2(x+5)$

(2) $(3a-1)+2(2-a)$

(3) $-3(-2a+1)+2(2-5a)$

(4) $2(4-y)-(4y+3)$

5 다음 식을 간단히 하시오.

(1) $\frac{3}{4}(8x-12)+\frac{2}{3}(3x+6)$

(2) $\frac{1}{3}(6x-9)-\frac{1}{2}(10x-4)$

(3) $\frac{3x-5}{4}+\frac{2-x}{3}$

(4) $\frac{x+2}{7}-\frac{2x-1}{2}$

핵심 유형 익히기

▶ 개념북 86쪽 | 해답 77쪽

유형 1 동류항

해결 키워드 동류항: 다항식에서 문자와 차수가 각각 같은 항

예 $5x+3+2x-6$ (동류항: $5x$, $2x$ / 동류항: 3, -6)

하중상

1 다음 중 $-\frac{2}{5}a$와 동류항인 것은?

① b　② $-\frac{2}{5}$　③ $\frac{2}{a}$
④ $2a^2$　⑤ $0.5a$

하중상

2 다음 〈보기〉 중 동류항끼리 짝지어진 것을 모두 고른 것은?

보기
ㄱ. 9, -1　ㄴ. a, b
ㄷ. x, $3x^2$　ㄹ. $\frac{5}{a}$, $-\frac{2}{a}$
ㅁ. $3b^2$, $-b^2$　ㅂ. $-4b$, a^2b

① ㄱ, ㄴ　② ㄱ, ㅁ　③ ㄴ, ㅂ
④ ㄱ, ㄹ, ㅁ　⑤ ㄷ, ㅁ, ㅂ

하중상

3 다음 중 옳지 않은 것은?

① $4x-3x-1=x-1$
② $0.3y-0.7y+0.2y=-0.2y$
③ $5a+9a-3a-2=11a-2$
④ $1.5x+0.3+0.4x-1=1.9x-0.7$
⑤ $\frac{1}{2}b-1+\frac{1}{3}b+2=\frac{5}{6}b-1$

유형 2 일차식의 덧셈과 뺄셈

해결 키워드 ❶ 괄호가 있으면 분배법칙을 이용하여 괄호를 푼다.
❷ 동류항끼리 모아서 계산한다.

하중상

4 $6\left(2x+\frac{1}{3}\right)+(30x-24)\div 6$을 간단히 하였을 때, x의 계수를 구하시오.

하중상

5 다음 중 옳지 않은 것은?

① $-(15x+7)+(13x+5)=-2x-2$
② $3(2-3x)-4\left(x-\frac{1}{2}\right)=-13x+8$
③ $-4(a+2)-3(2a-3)=-10a+1$
④ $\frac{2}{3}(3x+6)+2(-5x+1)=-8x+6$
⑤ $-2(5-2x)-\frac{4}{5}(10x-1)=4x-9$

하중상

6 $A=5x-6$, $B=3x+1$일 때, $A-3B$를 간단히 하면?

① $-14x-9$　② $-14x-3$
③ $-4x-9$　④ $4x+9$
⑤ $14x-9$

하중상

7 가로의 길이가 $(7x-3)$ cm, 세로의 길이가 $(5+2x)$ cm인 직사각형의 둘레의 길이는?

① $(9x+2)$ cm ② $(9x+16)$ cm
③ $(18x+2)$ cm ④ $(18x+3)$ cm
⑤ $(18x+4)$ cm

유형 3 복잡한 일차식의 덧셈과 뺄셈 (1)

해결 키워드 괄호가 있는 일차식의 덧셈과 뺄셈
→ 괄호는 ( ) → { } → [ ]의 순서로 푼다.

하중상

8 $-(4x-3)-\{0.5(6x+8)-5\}=ax+b$일 때, 상수 a, b에 대하여 $a-b$의 값은?

① -13 ② -11 ③ -3
④ 11 ⑤ 13

하중상

9 다음 식을 간단히 하시오.

$$11x-[4x-\{2-2(3-x)\}]$$

유형 4 복잡한 일차식의 덧셈과 뺄셈 (2)

해결 키워드 계수가 분수인 일차식의 덧셈과 뺄셈
→ 분모의 최소공배수로 통분한 다음 동류항끼리 모아서 계산한다.

하중상

10 $\frac{3x+1}{2}-\frac{5x-1}{3}=ax+b$일 때, 상수 a, b에 대하여 $3(a+b)$의 값을 구하시오.

하중상

11 $\frac{x+1}{4}+\frac{x-1}{5}-\frac{x+1}{2}$을 간단히 하였을 때, x의 계수와 상수항의 합은?

① -1 ② $-\frac{1}{2}$ ③ $-\frac{1}{4}$
④ $\frac{1}{4}$ ⑤ $\frac{1}{2}$

유형 5 □ 안에 알맞은 식 구하기

해결 키워드
① □$+A=B$ → □$=B-A$
② □$-A=B$ → □$=B+A$
③ $A-$□$=B$ → □$=A-B$

하중상

12 $5(x-3)+($ □ $)=2x+1$일 때, □ 안에 알맞은 식은?

① $-7x-4$ ② $-7x+14$
③ $-3x-14$ ④ $-3x-16$
⑤ $-3x+16$

▶ 해답 77쪽

하중상

13 어떤 다항식에 $4x-9$를 더하였더니 $-2x-1$이 되었다. 이때 어떤 다항식을 구하시오.

유형 6 바르게 계산한 식 구하기

해결 키워드
❶ 어떤 다항식을 □라 하고 주어진 조건에 따라 식을 세운다.
❷ □에 알맞은 식을 구한다.
❸ 바르게 계산한 식을 구한다.

하중상

14 어떤 다항식에서 $x-3$을 빼어야 할 것을 잘못하여 더하였더니 $3x+1$이 되었다. 바르게 계산한 식을 구하시오.

하중상

15 어떤 다항식에 $4x-3$을 더하여야 할 것을 잘못하여 빼었더니 $6x+5$가 되었다. 바르게 계산한 식은?

① $6x-5$　② $10x+2$
③ $14x-5$　④ $14x-1$
⑤ $14x+5$

RE 실전 문제 익히기

개념북 88쪽 3번 하중상

1 $3x-[x+2\{-x-4(2-5x)\}]$를 간단히 하면?

① $-39x+16$　② $-36x-16$
③ $-36x+16$　④ $36x-16$
⑤ $39x-16$

개념북 88쪽 5번 하중상

2 $A=-2x+3$, $B=4x-3$일 때, $3A-B-(2A+3B)$를 간단히 하시오.

서술형 개념북 88쪽 7번 하중상

3 어떤 다항식에 $4x-6$을 $\frac{1}{2}$배 하여 더하여야 할 것을 잘못하여 2배 하여 더하였더니 $9x-5$가 되었다. 이때 바르게 계산한 식을 구하시오.

풀이

답

방정식과 그 해

개념 다지기

▶ 개념북 96쪽 | 해답 78쪽

확인 개념 키워드

❶ ☐: 등호(=)를 사용하여 수 또는 식이 서로 같음을 나타낸 식

❷ ☐: 미지수의 값에 따라 참이 되기도 하고 거짓이 되기도 하는 등식

❸ ☐: 미지수에 어떤 수를 대입하여도 항상 참이 되는 등식

개념 1 등식

1 다음 중 등식인 것은 ○표, 등식이 아닌 것은 ×표를 하시오.

(1) $32-5=27$ ( )

(2) $x-6$ ( )

(3) $8-2x<5$ ( )

(4) $\frac{1}{3}x=2$ ( )

2 다음 등식에서 좌변과 우변을 각각 구하시오.

(1) $3x+3=-4$

(2) $2(3-x)+4=3x$

(3) $7=\frac{1}{2}x+9$

3 다음 등식 중 방정식인 것은 '방', 항등식인 것은 '항'을 써넣으시오.

(1) $2x-3=3-2x$ ( )

(2) $x+3x=5x-x$ ( )

(3) $-(2-7x)=7x-2$ ( )

4 x의 값이 0, 1, 2일 때, 방정식 $2x-5=-1$에 대하여 다음 표를 완성하고 이 방정식의 해를 구하시오.

x의 값	좌변의 값	우변의 값	참, 거짓
0	$2\times0-5=-5$	-1	거짓
1			
2			

→ 따라서 해는 $x=$☐이다.

개념 2 등식의 성질

5 다음 중 옳은 것은 ○표, 옳지 않은 것은 ×표를 하시오.

(1) $a=b$이면 $a+\frac{1}{5}=b+\frac{1}{5}$이다. ( )

(2) $a=2b$이면 $a+2=2(b+2)$이다. ( )

(3) $a-6=b-3$이면 $a=b+3$이다. ( )

(4) $\frac{a}{4}=\frac{b}{3}$이면 $4a=3b$이다. ( )

6 다음 각 경우에서 이용한 등식의 성질을 〈보기〉에서 고르시오. (단, c는 자연수이다.)

보기
ㄱ. $a=b$이면 $a+c=b+c$이다.
ㄴ. $a=b$이면 $a-c=b-c$이다.
ㄷ. $a=b$이면 $ac=bc$이다.
ㄹ. $a=b$이면 $\frac{a}{c}=\frac{b}{c}$이다.

(1) $x+2=9$ → $x=7$ ( )

(2) $3x=21$ → $x=7$ ( )

(3) $3x-2=-1$ → $3x=1$ ( )

(4) $\frac{1}{4}x=3$ → $x=12$ ( )

핵심 유형 익히기

유형 1 문장을 등식으로 나타내기

해결 키워드 문장을 등식으로 나타낼 때는 문장을 둘로 끊어서 좌변과 우변이 되는 식을 각각 세운 후 등호를 써 준다.

하중상

1 다음 문장을 등식으로 나타내시오.

> 어떤 수 x의 5배에서 2를 뺀 수는 어떤 수의 3배와 같다.

하중상

2 다음 중 문장을 등식으로 나타낸 것으로 옳지 않은 것은?

① 7에서 x를 뺀 것은 x의 2배와 같다.
→ $7-x=2x$

② 시속 x km로 2시간 동안 달린 거리는 100 km 이다. → $\frac{x}{2}=100$

③ 200원짜리 사탕 x개와 500원짜리 초콜릿 y개의 가격은 모두 5000원이다.
→ $200x+500y=5000$

④ x와 60의 평균은 70이다. → $\frac{x+60}{2}=70$

⑤ 800원짜리 볼펜 x자루를 사고 3000원을 냈더니 거스름돈이 600원이었다.
→ $3000-800x=600$

유형 2 방정식의 해

해결 키워드 $x=a$가 방정식의 해일 때
→ $x=a$를 방정식에 대입하면 등식이 성립한다.

하중상

3 다음 방정식 중 $x=-1$이 해인 것은?

① $x+3=4$ ② $3x=6$
③ $x-6=2x-6$ ④ $-2(x+3)=-4$
⑤ $\frac{x-2}{3}=2$

하중상

4 다음 방정식 중 $x=3$이 해가 아닌 것은?

① $-4x+10=-2$ ② $5-2x=x-4$
③ $6-2x=0$ ④ $x-5=3x-11$
⑤ $\frac{1}{3}x-4=1$

하중상

5 다음 중 [ ] 안의 수가 주어진 방정식의 해가 아닌 것은?

① $x+3=4$ [1]
② $x-2=3x+2$ [−2]
③ $5x-7=3$ [2]
④ $-\frac{1}{3}(8x+1)=-2x-1$ $\left[\frac{1}{2}\right]$
⑤ $2(x+1)=5(x+1)$ [−1]

유형 3 항등식

해결 키워드 등식의 좌변과 우변을 각각 정리하였을 때, (좌변)=(우변)이면 항등식이다.

하중상

6 다음 〈보기〉 중 항등식인 것을 모두 고르시오.

보기
ㄱ. $2x+6+4y$ ㄴ. $x+5=5+x$
ㄷ. $4x-3>5$ ㄹ. $6x+7=2x-1$
ㅁ. $3(x+1)+2x=5x+3$

하중상

7 다음 중 x의 값에 관계없이 항상 참인 등식은?

① $x-2x=0$ ② $5x-9x+2$
③ $3(x-2)=-6+3x$ ④ $6x+1<1$
⑤ $4x+1=5(x+1)$

유형 4 항등식이 될 조건

해결 키워드 $ax+b=cx+d$가 x에 대한 항등식이면
→ $a=c$, $b=d$

하중상

8 등식 $4x-6=ax+2b$가 x에 대한 항등식일 때, 상수 a, b에 대하여 $a+b$의 값은?

① -7 ② -1 ③ 1
④ 7 ⑤ 10

하중상

9 등식 $(3a-1)x-a=5x+2b$가 모든 x에 대하여 항상 성립할 때, 상수 a, b에 대하여 $a-b$의 값은?

① 0 ② 1 ③ 2
④ 3 ⑤ 4

하중상

10 등식 $2(x-1)=-x+$□가 x에 대한 항등식일 때, □ 안에 알맞은 식은?

① $3x-2$ ② $3x+2$
③ $2x-2$ ④ $2x+2$
⑤ $x-2$

유형 5 등식의 성질

해결 키워드 $a=b$이면
① $a+c=b+c$ ② $a-c=b-c$
③ $ac=bc$ ④ $\frac{a}{c}=\frac{b}{c}$ (단, $c\neq0$)

하중상

11 다음 〈보기〉 중 옳은 것을 모두 고른 것은?

보기
ㄱ. $a=b$이면 $a+b=2b$이다.
ㄴ. $a+c=b+c$이면 $a=b$이다.
ㄷ. $a=3$이면 $\frac{a}{6}=1$이다.
ㄹ. $ac=bc$이면 $a=b$이다.

① ㄱ, ㄴ ② ㄱ, ㄷ ③ ㄴ, ㄷ
④ ㄴ, ㄹ ⑤ ㄷ, ㄹ

하중상

12 다음 중 옳지 않은 것은?

① $4a=8b$이면 $a=2b$이다.
② $-a=b$이면 $4a=-4b$이다.
③ $\frac{a}{5}=\frac{b}{2}$이면 $2a=5b$이다.
④ $4a=-3b$이면 $4a+5=-3b-5$이다.
⑤ $a+7=-b+3$이면 $a=-b-4$이다.

13 $5a+3=2$일 때, 다음 중 옳지 않은 것은? (하중상)

① $5a=-1$　② $5a+5=4$　③ $15a+9=8$　④ $\frac{5}{2}a+\frac{3}{2}=1$　⑤ $a+\frac{3}{5}=\frac{2}{5}$

유형 6 등식의 성질을 이용한 방정식의 풀이

해결 키워드: 등식의 성질을 이용하여 '$x=$(수)' 꼴로 변형하여 해를 구한다.

14 오른쪽은 등식의 성질을 이용하여 방정식 $\frac{x+3}{2}=3$의 해를 구하는 과정이다. 이때 (가), (나)에서 이용한 등식의 성질을 〈보기〉에서 고르시오. (단, $a=b$이고 c는 자연수이다.) (하중상)

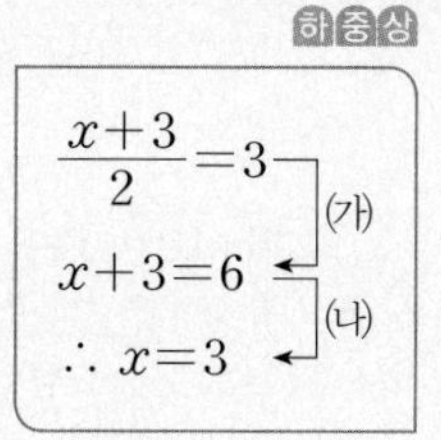

〈보기〉

ㄱ. $a+c=b+c$　ㄴ. $a-c=b-c$

ㄷ. $ac=bc$　ㄹ. $\frac{a}{c}=\frac{b}{c}$

15 다음 중 방정식을 변형하는 과정에서 이용한 등식의 성질이 나머지 넷과 다른 하나는? (하중상)

① $2x-3=5$ → $2x=8$

② $5x-4=-3x$ → $8x-4=0$

③ $-4x=-x-5$ → $-3x=-5$

④ $2(x-1)=2$ → $x-1=1$

⑤ $4x-5=0$ → $4x=5$

RE 실전 문제 익히기

개념북 100쪽 4번

1 등식 $7x-3=-a(x+3)+bx$가 x의 값에 관계없이 항상 성립할 때, 상수 a, b에 대하여 ab의 값은? (하중상)

① 2　② 4　③ 6　④ 8　⑤ 10

개념북 100쪽 6번

2 다음 중 □ 안에 들어갈 수가 가장 큰 것은? (하중상)

① $4a=8$이면 $4a-3=$□이다.

② $-3x=7$이면 $-3x+5=$□이다.

③ $\frac{a}{3}=3$이면 $a=$□이다.

④ $2a=10$이면 $a=$□이다.

⑤ $\frac{3}{5}a=-6$이면 $a=$□이다.

서술형

개념북 100쪽 7번

3 오른쪽은 등식의 성질을 이용하여 방정식 $\frac{2}{3}x-\frac{1}{2}=\frac{5}{6}$의 해를 구하는 과정이다. ㉠, ㉡, ㉢에 알맞은 수를 구하고, (가), (나), (다)에서 이용한 등식의 성질을 쓰시오. (하중상)

(단, 등식의 성질을 이용할 때, 양변에 더하거나 빼거나 곱하거나 나누는 수는 자연수로 생각한다.)

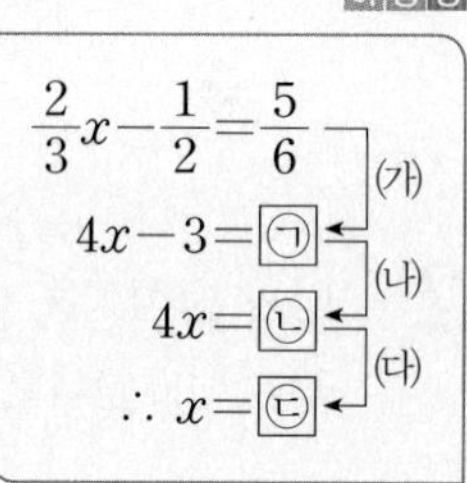

풀이

답

일차방정식의 풀이

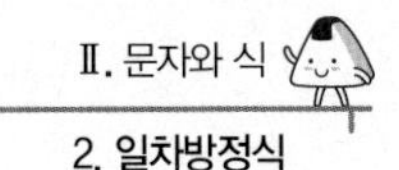

RE 개념 다지기

▶ 개념북 101쪽 | 해답 80쪽

확인 개념 키워드

❶ [ ]: 등식의 성질을 이용하여 등식의 한 변에 있는 항을 부호를 바꾸어 다른 변으로 옮기는 것

❷ [ ]: 방정식의 모든 항을 좌변으로 이항하여 정리한 식이 (일차식)=0 꼴로 나타나는 방정식

개념 1 일차방정식

1 다음 방정식에서 밑줄 친 항을 이항하시오.

(1) $2x\underline{+3}=5$

(2) $x+1=\underline{-2}$

(3) $6x=\underline{4x}-3$

(4) $3x\underline{+7}=\underline{-x}+6$

2 다음 방정식을 이항만을 이용하여 $ax=b\ (a\neq0)$의 꼴로 나타내시오. (단, a, b는 상수이다.)

(1) $x-5=-7$

(2) $3x=4x+9$

(3) $x+2=6x$

(4) $-2x+1=3x-4$

3 다음 중 일차방정식인 것은 ○표, 일차방정식이 아닌 것은 ×표를 하시오.

(1) $3x-3=2$ ( )

(2) $x+7=2(x-1)$ ( )

(3) $2x-1=x^2-2$ ( )

(4) $x^2+x=x(x-1)$ ( )

(5) $x+2x+3$ ( )

(6) $3x-2=-2+3x$ ( )

개념 2 일차방정식의 풀이

4 다음 일차방정식을 푸시오.

(1) $4x+9=x$

(2) $4x-1=-2x-7$

(3) $3(x+1)=18-2x$

(4) $0.5x+1.6=0.3x+0.8$

(5) $\frac{2-x}{3}+\frac{2x+5}{15}=\frac{2}{5}$

(6) $0.6x-0.9=\frac{2}{5}x-\frac{3}{2}$

핵심 유형 익히기

유형 1 이항

해결 키워드 이항을 하면 부호가 바뀐다.
+■를 이항하면 → -■
-●를 이항하면 → +●

하중상

1 다음 중 방정식 $4x-5=7$에서 좌변의 -5를 이항한 것과 같은 것은?

① 양변에 -5를 더한다.
② 양변에 5를 더한다.
③ 양변에서 5를 뺀다.
④ 양변에 5를 곱한다.
⑤ 양변을 5로 나눈다.

하중상

2 다음 중 이항한 것으로 옳은 것을 모두 고르면? (정답 2개)

① $-x+3=1 \rightarrow x=1-3$
② $5x=2x+6 \rightarrow 5x-2x=6$
③ $4-x=x \rightarrow 4-2x=0$
④ $-x+2=2x+3 \rightarrow -x-2x=3+2$
⑤ $5x+3=3x+3 \rightarrow 5x+3x=3-3$

하중상

3 등식 $6x+5=3x-1$을 이항만을 이용하여 $ax=b\,(a>0)$의 꼴로 나타낼 때, 상수 a, b에 대하여 $a+b$의 값을 구하시오.

유형 2 일차방정식의 뜻

해결 키워드 ① x에 대한 일차방정식 → $ax+b=0\,(a\neq0)$
② $ax+b=0$이 x에 대한 일차방정식이려면 → $a\neq0$

하중상

4 다음 중 일차방정식인 것은?

① $x+x^2=1$
② $x^2-x+9=-x$
③ $2x+10=2(x+5)$
④ $8x+x^2=x^2$
⑤ $8-7x$

하중상

5 방정식 $x+6=2-ax$가 x에 대한 일차방정식이 되도록 하는 상수 a의 조건을 구하시오.

유형 3 복잡한 일차방정식의 풀이 (1)

해결 키워드 괄호가 있는 일차방정식은 분배법칙을 이용하여 괄호를 푼다.
→ $a\times(b+c)=a\times b+a\times c$

하중상

6 일차방정식 $2(x+3)=4+3(x+1)$을 풀면?

① $x=-2$
② $x=-1$
③ $x=1$
④ $x=2$
⑤ $x=3$

Part Ⅰ 유형 Training

하중상

7 다음 중 일차방정식 $5(x-1)=2(x+2)$와 해가 같은 것을 모두 고르면? (정답 2개)

① $x+3=0$ ② $2x-3=3$
③ $3x-1=2(x+1)$ ④ $3(x-1)=2x+1$
⑤ $x-5=4x+1$

하중상

8 일차방정식 $3x-2=8(x+1)$의 해가 $x=a$이고 일차방정식 $-(2x+5)=3x+15$의 해가 $x=b$일 때, $a-b$의 값을 구하시오.

유형 4 복잡한 일차방정식의 풀이 (2)

해결 키워드 계수가 소수 또는 분수인 일차방정식은 양변에 적당한 수를 곱하여 계수를 정수로 고친다.
① 계수가 소수인 경우: 양변에 10, 100, 1000, ⋯ 중 적당한 수를 곱한다.
② 계수가 분수인 경우: 양변에 분모의 최소공배수를 곱한다.

하중상

9 일차방정식 $0.3(x+4)=0.4x+0.9$를 풀면?

① $x=1$ ② $x=2$ ③ $x=3$
④ $x=4$ ⑤ $x=5$

하중상

10 일차방정식 $\frac{x}{4}-2=\frac{x}{3}-1$을 풀면?

① $x=-12$ ② $x=-6$ ③ $x=-3$
④ $x=9$ ⑤ $x=12$

하중상

11 다음 일차방정식 중 해가 가장 큰 것은?

① $0.02x=0.04(x-1)$
② $\frac{x}{2}+1=\frac{1}{6}-x$
③ $\frac{2-x}{2}=-1$
④ $0.3(x-1)=0.4x+0.8$
⑤ $\frac{1}{5}x-0.6=0.4x$

유형 5 일차방정식의 해가 주어진 경우

해결 키워드 일차방정식의 해가 $x=k$
→ $x=k$를 주어진 일차방정식에 대입하면 등식이 성립한다.

하중상

12 일차방정식 $ax-3=3x+\frac{1}{2}$의 해가 $x=-1$일 때, 상수 a의 값은?

① $\frac{1}{2}$ ② $\frac{1}{3}$ ③ $\frac{1}{6}$
④ $-\frac{1}{3}$ ⑤ $-\frac{1}{2}$

▶ 해답 81쪽

RE 실전 문제 익히기

하중상

13 일차방정식 $\frac{ax-5}{7}-0.5(x-a)=2$의 해가 $x=-8$일 때, 상수 a에 대하여 a^2-a+1의 값을 구하시오.

하중상

14 일차방정식 $a(x+3)=21$의 해가 $x=4$일 때, 일차방정식 $5x-a(x+3)=-11$의 해를 구하시오.
(단, a는 상수이다.)

유형 6 두 일차방정식의 해가 같은 경우

해결 키워드 두 일차방정식의 해가 같으면
→ x 이외의 미지수가 없는 일차방정식에서 해를 구하여 다른 일차방정식에 대입하면 등식이 성립한다.

하중상

15 두 일차방정식 $4(x-3)=2(x+1)$, $-x+a=-2x$의 해가 같을 때, 상수 a의 값을 구하시오.

하중상

16 두 일차방정식 $\frac{x}{5}+7=\frac{2}{3}x$, $ax+10=a$의 해가 같을 때, 상수 a의 값을 구하시오.

↻ 개념북 105쪽 4번 하중상

1 비례식 $0.3(x+4):\frac{1}{2}=\frac{2}{5}(2x+3):3$을 만족시키는 x의 값을 구하시오.

↻ 개념북 105쪽 5번 하중상

2 일차방정식 $\frac{1}{4}x-\frac{1}{2}a=-x+\frac{1}{2}(1-3a)$의 해가 $x=-6$일 때, 상수 a의 값은?

① -4 ② -2 ③ 4
④ 6 ⑤ 8

서술형 ↻ 개념북 105쪽 7번 하중상

3 두 일차방정식 $0.9x-0.5=0.7x+0.1$, $\frac{5-x}{2}=\frac{2}{3}(x-a)$의 해가 같을 때, 상수 a의 값을 구하시오.

일차방정식의 활용 (1)

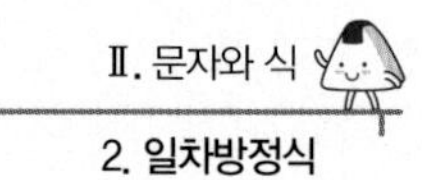

개념 다지기

▶ 개념북 106쪽 | 해답 82쪽

확인 개념 키워드

❶ 연속하는 세 홀수(짝수): x, □, □ 또는 □, x, □

❷ 십의 자리의 숫자가 a, 일의 자리의 숫자가 b인 두 자리의 자연수: □

❸ 현재 a세일 때, x년 후의 나이: (□)세

❹ 물건을 x명에게 5개씩 나누어 주면 3개가 남을 때, 물건의 전체 개수: (□)개

❺ 물건을 x명에게 7개씩 나누어 주면 2개가 부족할 때, 물건의 전체 개수: (□)개

개념 1 일차방정식의 활용

1 어떤 수에서 6을 뺀 수는 어떤 수의 2배와 같을 때, 어떤 수를 구하려고 한다. □ 안에 알맞은 것을 써넣으시오.

(1) 어떤 수를 x라 하고 방정식을 세우면
→ □

(2) 일차방정식을 풀면 $x=$□

(3) 따라서 어떤 수는 □이다.

2 높이가 8 cm인 삼각형의 넓이가 24 cm^2일 때, 이 삼각형의 밑변의 길이를 구하려고 한다. 다음 □ 안에 알맞은 것을 써넣으시오.

(1) 밑변의 길이를 x cm라 하고 방정식을 세우면
→ $\frac{1}{2}\times$□$\times$□$=$□

(2) 일차방정식을 풀면 $x=$□

(3) 따라서 밑변의 길이는 □ cm이다.

핵심 유형 익히기

유형 1 연속하는 수에 대한 문제

해결 키워드
① 연속하는 세 자연수
→ $x-1$, x, $x+1$ 또는 x, $x+1$, $x+2$
② 연속하는 세 홀수 또는 짝수
→ $x-2$, x, $x+2$ 또는 x, $x+2$, $x+4$

하중상

1 연속하는 두 짝수의 합이 26일 때, 두 수 중 큰 수는?

① 8 ② 10 ③ 12
④ 14 ⑤ 16

하중상

2 연속하는 세 자연수 중 가운데 수의 3배는 나머지 두 수의 합보다 13만큼 크다고 한다. 이때 세 자연수의 합을 구하시오.

유형 2 자릿수에 대한 문제

해결 키워드 십의 자리의 숫자가 a, 일의 자리의 숫자가 b인 두 자리의 자연수 → $10a+b$

하중상

3 일의 자리의 숫자가 1인 두 자리의 자연수가 있다. 이 자연수는 각 자리의 숫자의 합의 9배와 같을 때, 이 자연수를 구하시오.

하중상

4 일의 자리의 숫자가 6인 두 자리의 자연수가 있다. 이 자연수의 십의 자리의 숫자와 일의 자리의 숫자를 바꾼 수는 처음 수보다 9만큼 크다고 할 때, 처음 수를 구하시오.

유형 3 나이에 대한 문제

해결 키워드
① (x년 후의 나이)=(현재 나이)$+x$(세)
② 아버지와 아들의 나이의 차가 a세일 때
→ 아들의 나이가 x세이면 아버지의 나이는 $(x+a)$세

하중상

5 승민이의 9년 후의 나이는 현재 나이의 3배보다 11세 적다. 현재 승민이의 나이를 구하시오.

하중상

6 나이가 6세 차이가 나는 형과 동생이 있다. 3년 후의 형과 동생의 나이의 합이 42세일 때, 현재 형의 나이를 구하시오.

하중상

7 2020년에 할머니의 나이는 63세이고 손녀의 나이는 13세이다. 할머니의 나이가 손녀의 나이의 3배보다 2세가 더 많아지는 해는?

① 2028년 ② 2029년 ③ 2030년
④ 2031년 ⑤ 2032년

유형 4 도형에 대한 문제

키워드
❶ 도형의 변의 길이를 미지수를 포함한 식으로 놓는다.
❷ 도형의 둘레의 길이 또는 넓이를 구하는 공식을 이용하여 방정식을 세운다.
❸ 방정식을 풀어 해를 구한다.

하중상

8 윗변의 길이가 7 cm, 아랫변의 길이가 10 cm, 높이가 6 cm인 사다리꼴에서 아랫변의 길이를 x cm만큼 늘였더니 넓이가 처음 넓이보다 12 cm^2만큼 늘어났다. 이때 x의 값을 구하시오.

하중상

9 길이가 160 cm인 끈으로 직사각형을 만드는데 가로의 길이와 세로의 길이의 비가 3 : 1이 되도록 하려고 한다. 이때 이 직사각형의 가로의 길이를 구하시오.

유형 5 과부족에 대한 문제

키워드
나누는 방법에 관계없이 물건의 전체 개수가 일정함을 이용한다.
① 사람들에게 나누어 줄 때
→ 사람의 수를 x명으로 놓는다.
② 사람들을 몇 명씩 묶을 때
→ 묶음의 수를 x개로 놓는다.

하중상

10 학생들에게 귤을 나누어 주는데 한 학생에게 5개씩 나누어 주면 8개가 남고, 7개씩 나누어 주면 4개가 부족하다고 한다. 이때 귤의 개수를 구하시오.

▶ 해답 83쪽

하중상

11 어느 학급 학생들이 줄을 서는데 한 줄에 6명씩 서면 2명이 남고, 한 줄에 7명씩 서면 3명이 남는다고 한다. 7명씩 서면 6명씩 설 때보다 줄이 한 줄 줄어든다고 할 때, 이 학급의 학생 수를 구하시오.

유형 6 일에 대한 문제

해결 키워드 어떤 일을 혼자서 완성하는 데 x일이 걸릴 때
→ 전체 일의 양을 1이라 하면 하루 동안 하는 일의 양은 $\frac{1}{x}$이다.

하중상

12 어떤 일을 완성하는 데 A가 혼자하면 4일, B가 혼자하면 8일이 걸린다고 한다. 이 일을 A가 혼자 하루 동안 한 후 나머지는 A와 B가 함께 하여 완성하였다. A와 B가 함께 일한 기간은 며칠인지 구하시오.

하중상

13 어떤 로봇을 조립하는 데 태우는 10일, 준수는 20일이 걸린다고 한다. 이 로봇을 둘이 함께 조립하다가 도중에 태우는 쉬고 준수가 혼자서 5일 동안 조립하여 완성하였다. 두 사람이 함께 조립한 기간은 며칠인가?

① 4일 ② 5일 ③ 6일
④ 7일 ⑤ 8일

개념북 109쪽 5번 하중상

1 어떤 모자에 원가의 25 %를 붙여서 정가를 정하였다가 정가에서 1500원을 할인하여 팔았더니 원가의 10 %의 이익을 얻었다고 한다. 이 모자의 원가를 구하시오.

개념북 109쪽 6번 하중상

2 어떤 일을 끝내는 데 형은 12일, 동생은 15일이 걸린다고 한다. 처음에 형이 혼자 일하다가 나머지는 형과 동생이 함께 하여 이 일을 끝냈는데 형이 혼자 일한 날보다 형과 동생이 함께 일한 날이 이틀 더 많다고 한다. 형이 일한 날은 총 며칠인지 구하시오.

개념북 109쪽 7번 하중상

3 강당의 긴 의자에 학생들이 앉는데 한 의자에 4명씩 앉으면 9명이 앉지 못하고, 한 의자에 6명씩 앉으면 마지막 의자에는 1명이 앉는다고 한다. 이때 의자의 개수와 학생 수를 각각 구하시오.

풀이

답

일차방정식의 활용 (2)

개념 다지기

▶ 개념북 110쪽 | 해답 84쪽

확인 개념 키워드

❶ (거리)=(속력)×(□)

❷ (소금물의 농도)=$\dfrac{(\square\text{의 양})}{(\square\text{의 양})}\times 100\,(\%)$

개념 1 거리, 속력, 시간에 대한 일차방정식의 활용

1 다음 □ 안에 알맞은 것을 써넣으시오.

(1) 시속 x km로 4시간 동안 달린 거리

➜ (거리)=(속력)×(시간)

$=x\times\square=\square\,(\text{km})$

(2) x km를 시속 6 km로 달릴 때 걸리는 시간

➜ (시간)=$\dfrac{(\text{거리})}{(\text{속력})}=\dfrac{\square}{\square}$(시간)

2 두 지점 A, B 사이를 왕복하는데 갈 때는 시속 3 km로 걷고, 올 때는 시속 2 km로 걸었더니 모두 5시간이 걸렸다. 두 지점 A, B 사이의 거리를 구하려고 할 때, 다음 표를 완성하고, □ 안에 알맞은 것을 써넣으시오.

(1) 두 지점 A, B 사이의 거리를 x km라 하면

	갈 때	올 때
속력(km/h)	3	2
거리(km)	x	x
시간(시간)		

(2) 방정식을 세우면 □

(3) 방정식을 풀면 $x=\square$

(4) 따라서 두 지점 A, B 사이의 거리는 □ km이다.

개념 2 농도에 대한 일차방정식의 활용

3 다음 □ 안에 알맞은 것을 써넣으시오.

(1) 소금물 500 g에 소금 x g이 녹아 있을 때, 소금물의 농도

➜ (소금물의 농도)=$\dfrac{(\text{소금의 양})}{(\text{소금물의 양})}\times 100$

$=\dfrac{x}{\square}\times 100$

$=\dfrac{1}{\square}x\,(\%)$

(2) 8 %의 소금물 400 g에 녹아 있는 소금의 양

➜ (소금의 양)

$=\dfrac{(\text{소금물의 농도})}{100}\times(\text{소금물의 양})$

$=\dfrac{\square}{100}\times\square=\square\,(\text{g})$

4 12 %의 소금물 200 g에 몇 g의 물을 더 넣으면 8 %의 소금물이 되는지 구하려고 한다. 다음 표를 완성하고, □ 안에 알맞은 것을 써넣으시오.

(1) 더 넣을 물의 양을 x g이라 하면

	물을 넣기 전	물을 넣은 후
농도(%)	12	
소금물의 양(g)	200	
소금의 양(g)	$\dfrac{12}{100}\times 200$	

(2) 방정식을 세우면 □

(3) 방정식을 풀면 $x=\square$

(4) 따라서 더 넣을 물의 양은 □ g이다.

핵심 유형 익히기

유형 1 거리, 속력, 시간에 대한 문제 (1)

해결 키워드 ① 시간의 합이 주어진 경우
→ (각 구간에서 걸린 시간의 합)=(총 걸린 시간)
② 시간의 차가 주어진 경우
→ 이동한 거리가 서로 같음을 이용하여 방정식을 세운다.

하중상

1 두 지점 A, B 사이를 자동차로 왕복하는데 갈 때는 시속 80 km로 달리고 올 때는 시속 120 km로 달렸더니 모두 40분이 걸렸다. 두 지점 A, B 사이의 거리를 구하시오.

하중상

2 A 지점에서 B 지점까지 가는데 윤서는 시속 6 km로 가고, 현준이는 시속 5 km로 갔더니 윤서가 현준이보다 10분 먼저 도착했다. 이때 두 지점 A, B 사이의 거리를 구하시오.

하중상

3 일정한 속력으로 달리는 열차가 500 m 길이의 철교를 완전히 통과하는 데 24초가 걸리고, 900 m 길이의 터널을 완전히 통과하는 데 40초가 걸린다. 이때 열차의 길이는?

① 50 m ② 100 m ③ 200 m
④ 400 m ⑤ 800 m

유형 2 거리, 속력, 시간에 대한 문제 (2)

해결 키워드 ① 마주 보고 걷는 경우
→ (두 사람의 이동 거리의 합)=(두 지점 사이의 거리)
② 호수의 둘레를 반대 방향으로 도는 경우
→ (두 사람의 이동 거리의 합)=(호수의 둘레의 길이)

하중상

4 민정이와 정은이의 집 사이의 거리는 3 km이다. 민정이는 걸어서 분속 40 m로, 정은이는 자전거를 타고 분속 210 m로 각자의 집에서 상대방의 집을 향해 동시에 출발하였다. 두 사람은 출발한 지 몇 분 후에 만나게 되는가?

① 6분 후 ② 8분 후 ③ 10분 후
④ 12분 후 ⑤ 14분 후

하중상

5 둘레의 길이가 3300 m인 공원의 같은 지점에 승원이와 민기가 서 있다. 승원이가 분속 70 m로 걷기 시작한 지 10분 후에 민기가 반대 방향으로 분속 60 m로 걷는다면 민기는 출발한 지 몇 분 후에 처음으로 승원이를 만나는지 구하시오.

유형 3 농도에 대한 문제 (1)

해결 키워드 물을 넣거나 증발시켜도 소금의 양은 변하지 않는다는 것을 이용하여 방정식을 세운다.

하중상

6 15 %의 설탕물 200 g에 물을 몇 g 더 넣으면 10 %의 설탕물이 되는지 구하시오.

▶ 개념북 112쪽 | 해답 84쪽

하중상

7 15 %의 소금물 200 g이 있다. 여기에 몇 g의 소금을 더 넣으면 20 %의 소금물이 되는지 구하시오.

유형 4 농도에 대한 문제 (2)

해결 키워드 두 소금물 A, B를 섞어서 소금물 C를 만드는 경우
→ (A에 들어 있는 소금의 양)+(B에 들어 있는 소금의 양)
=(C에 들어 있는 소금의 양)

하중상

8 15 %의 소금물 400 g과 10 %의 소금물을 섞어서 12 %의 소금물을 만들려고 한다. 10 %의 소금물을 몇 g 섞어야 하는가?

① 400 g ② 500 g ③ 600 g
④ 700 g ⑤ 800 g

하중상

9 4 %의 소금물과 19 %의 소금물을 섞어서 10 %의 소금물 500 g을 만들려고 한다. 4 %의 소금물과 19 %의 소금물을 각각 몇 g씩 섞어야 하는지 구하시오.

실전 문제 익히기

▶ 해답 85쪽

개념북 114쪽 2번 하중상

1 영현이가 등산을 하는데 올라갈 때는 시속 3 km로 걷고, 내려올 때는 1 km 더 짧은 길을 시속 4 km로 걸었더니 올라갈 때는 내려올 때보다 1시간 10분이 더 걸렸다. 이때 올라간 거리를 구하시오.

개념북 114쪽 6번 하중상

2 10 %의 소금물 200 g이 있다. 이 소금물에 100 g의 물을 넣은 후 몇 g의 소금을 더 넣으면 20 %의 소금물이 되는지 구하시오.

서술형 개념북 114쪽 7번 하중상

3 혜성이와 현주는 둘레의 길이가 750 m인 운동장의 트랙을 따라 걷는데 혜성이는 분속 55 m, 현주는 분속 70 m로 같은 지점에서 출발하여 반대 방향으로 돌려고 한다. 오후 5시에 동시에 출발할 때, 그 이후부터 오후 5시 35분까지 두 사람이 몇 번 만나는지 구하시오.

풀이

답

순서쌍과 좌표

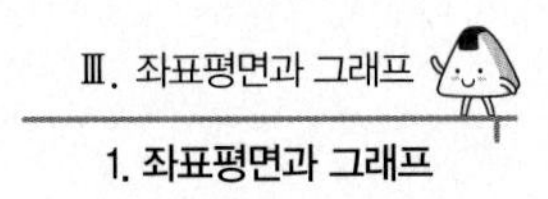

RE 개념 다지기

▶ 개념북 122쪽 | 해답 85쪽

확인 개념 키워드

❶ [ ]: 수직선 또는 좌표평면 위의 한 점에 대응하는 수

❷ 좌표평면: 좌표축이 정해져 있는 평면

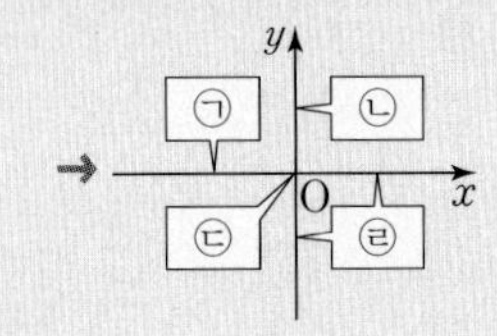

❸ [ ]: 두 수의 순서를 정하여 짝지어 나타낸 것

❹ [ ]: 좌표축에 의하여 네 부분으로 나누어지는 좌표평면의 각 부분

개념 1 순서쌍과 좌표

1 다음 네 점 P, Q, R, S를 수직선 위에 나타내시오.

$$P\left(-\frac{3}{2}\right),\ Q(-4),\ R(2),\ S(0)$$

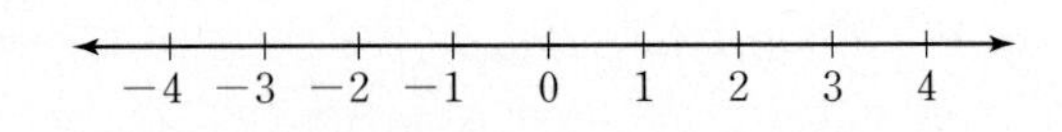

2 다음 좌표평면을 보고 물음에 답하시오.

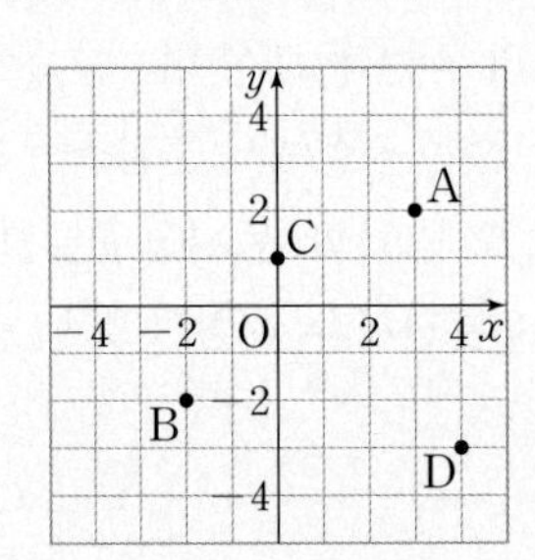

(1) 네 점 A, B, C, D의 좌표를 기호로 나타내시오.

(2) 세 점 E$(-3,\ 1)$, F$(2,\ 0)$, G$(1,\ -4)$를 주어진 좌표평면 위에 나타내시오.

3 다음 점의 좌표를 구하시오.

(1) x좌표가 -2이고, y좌표가 3인 점

(2) x좌표가 8이고, y좌표가 -5인 점

(3) x축 위에 있고, x좌표가 -1인 점

(4) y축 위에 있고, y좌표가 4인 점

개념 2 사분면

4 다음 〈보기〉의 점에 대하여 물음에 답하시오.

보기

ㄱ. $(4,\ 1)$　　ㄴ. $(0,\ -2)$

ㄷ. $(5,\ 0)$　　ㄹ. $(-1,\ -7)$

ㅁ. $(-4,\ 6)$　　ㅂ. $(-2,\ -6)$

ㅅ. $(-3,\ 2)$　　ㅇ. $(8,\ -5)$

(1) 제2사분면 위의 점을 모두 고르시오.

(2) 제3사분면 위의 점을 모두 고르시오.

(3) 어느 사분면에도 속하지 않는 점을 모두 고르시오.

5 점 A$(-6,\ 3)$에 대하여 다음 점의 좌표를 구하시오.

(1) 점 A와 x축에 대하여 대칭인 점

(2) 점 A와 y축에 대하여 대칭인 점

(3) 점 A와 원점에 대하여 대칭인 점

유형 1 좌표평면 위의 점의 좌표

해결 키워드
(1) x좌표가 a이고, y좌표가 b인 점 P의 좌표는
→ $P(a, b)$
(2) x축 위에 있는 점은 y좌표가 0이고, y축 위에 있는 점은 x좌표가 0이다.

하중상

1 다음 중 오른쪽 좌표평면 위의 점의 좌표를 나타낸 것으로 옳지 않은 것은?

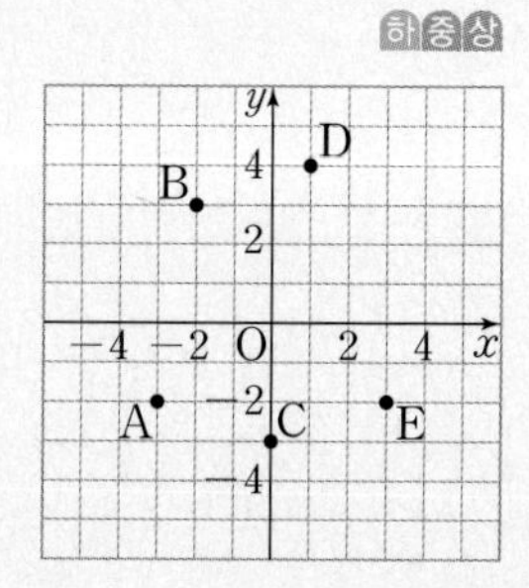

① $A(-3, -2)$
② $B(-2, 3)$
③ $C(0, -3)$
④ $D(1, -4)$
⑤ $E(3, -2)$

하중상

2 두 순서쌍 $(-2a+3, b+2)$, $(-a+4, -2b+5)$가 서로 같을 때, $a-b$의 값을 구하시오.

하중상

3 y축 위에 있고, y좌표가 7인 점의 좌표는?

① $(0, 7)$ ② $(0, -7)$
③ $(7, 0)$ ④ $(-7, 0)$
⑤ $(7, 7)$

하중상

4 점 $(6-a, b+3)$이 x축 위에 있고, 점 $(2a+10, -b+4)$가 y축 위에 있을 때, 점 (a, b)의 좌표는?

① $(-5, -3)$ ② $(-5, 3)$
③ $(-3, -5)$ ④ $(6, -4)$
⑤ $(6, 4)$

하중상

5 원점이 아닌 점 (a, b)가 x축 위에 있을 때, 다음 중 옳은 것은?

① $a\neq0, b\neq0$ ② $a=0, b\neq0$
③ $a\neq0, b=0$ ④ $a=0, b=0$
⑤ $a\neq0, b<0$

유형 2 사분면 위의 점

해결 키워드 각 사분면 위의 점의 좌표의 부호

	제1사분면	제2사분면	제3사분면	제4사분면
x좌표의 부호	+	−	−	+
y좌표의 부호	+	+	−	−

하중상

6 점 $(-3, -8)$은 제몇 사분면 위의 점인가?

① 제1사분면 ② 제2사분면
③ 제3사분면 ④ 제4사분면
⑤ 어느 사분면에도 속하지 않는다.

하중상

7 다음 중 제4사분면 위의 점은?

① $(3,\ 9)$　② $(6,\ -8)$
③ $(-9,\ 8)$　④ $(0,\ 6)$
⑤ $(-6,\ -5)$

하중상

8 다음 중 옳은 것을 모두 고르면? (정답 2개)

① 점 $(4,\ -6)$은 제2사분면 위에 있다.
② 점 $(-8,\ -8)$은 제3사분면 위에 있다.
③ 점 $(-7,\ 0)$은 어느 사분면에도 속하지 않는다.
④ 점 $(0,\ 9)$는 제3사분면 위에 있다.
⑤ 원점은 제1사분면 위에 있다.

유형 3 점이 속한 사분면이 주어진 경우

해결 키워드 점의 x좌표와 y좌표의 부호를 판별할 때 자주 이용되는 성질은 다음과 같다.
① $a>0 \rightarrow -a<0$
$a<0 \rightarrow -a>0$
② $ab>0 \rightarrow$ 두 수 a, b의 부호는 같다.
$ab<0 \rightarrow$ 두 수 a, b의 부호는 다르다.
③ $a>0,\ b<0 \rightarrow a-b>0$
$a<0,\ b>0 \rightarrow a-b<0$

하중상

9 $a<0$, $b<0$일 때, 다음 점은 제몇 사분면 위의 점인지 구하시오.

(1) $(a,\ b)$

(2) $(a,\ -b)$

(3) $(-a,\ -b)$

(4) $(a,\ ab)$

하중상

10 점 $(a,\ b)$가 제2사분면 위의 점일 때, 다음 중 제3사분면 위의 점은?

① $(b,\ a)$　② $(-a,\ b)$
③ $(a,\ -b)$　④ $(b,\ -a)$
⑤ $(-b,\ -a)$

하중상

11 $a+b>0$, $ab>0$일 때, 점 $(-a,\ -b)$는 제몇 사분면 위의 점인가?

① 제1사분면　② 제2사분면
③ 제3사분면　④ 제4사분면
⑤ 어느 사분면에도 속하지 않는다.

하중상

12 점 $(ab,\ a+b)$가 제4사분면 위의 점일 때, 점 $(a,\ -b)$는 제몇 사분면 위의 점인지 구하시오.

▶ 해답 86쪽

유형 4 대칭인 점의 좌표

해결 키워드 점 (a, b)와
① x축에 대하여 대칭인 점의 좌표 → $(a, -b)$
② y축에 대하여 대칭인 점의 좌표 → $(-a, b)$
③ 원점에 대하여 대칭인 점의 좌표 → $(-a, -b)$

하중상
13 점 $(-8, 7)$과 x축에 대하여 대칭인 점의 좌표는?

① $(8, 7)$　② $(8, -7)$
③ $(-8, 7)$　④ $(-8, -7)$
⑤ $(7, -8)$

하중상
14 점 $(1, -4)$와 원점에 대하여 대칭인 점의 좌표가 (a, b)일 때, $2a-b$의 값을 구하시오.

하중상
15 점 $\mathrm{A}(-3, 4)$와 y축에 대하여 대칭인 점이 점 $\mathrm{B}(a+6, b-2)$일 때, $a+b$의 값은?

① -6　② -3　③ 3
④ 6　⑤ 9

개념북 125쪽 5번 하중상
1 $ab<0$, $a-b>0$일 때, 점 $\left(-\frac{a}{b}, b-a\right)$는 제몇 사분면 위의 점인지 구하시오.

개념북 125쪽 6번 하중상
2 두 점 $(a-5, -3)$, $(-2, b+4)$가 y축에 대하여 대칭일 때, $a+b$의 값을 구하시오.

개념북 125쪽 7번 하중상
3 네 점 $\mathrm{A}(0, 4)$, $\mathrm{B}(-2, -3)$, $\mathrm{C}(5, -3)$, $\mathrm{D}(5, 4)$를 꼭짓점으로 하는 사각형 ABCD의 넓이를 구하시오.

풀이

답 ....

그래프의 이해

RE 개념 다지기

▶ 개념북 126쪽 | 해답 87쪽

확인 개념 키워드

❶ [   ] : x, y와 같이 여러 가지로 변하는 값을 나타내는 문자

❷ [   ] : 두 변수 x, y 사이의 관계를 좌표평면 위에 나타낸 것

개념 1 그래프와 그 해석

1 불을 붙이면 1분에 4 cm씩 길이가 짧아지는 초가 있다. 다음은 초에 불을 붙인 지 x분 후의 초의 길이 y cm를 나타낸 표이다. 물음에 답하시오.

x(분)	1	2	3	4	5	6
y(cm)	20	16	12	8	4	0

(1) 순서쌍 $(x,\ y)$를 모두 구하시오.

(2) 순서쌍 $(x,\ y)$를 좌표로 하는 점을 오른쪽 좌표평면 위에 나타내시오.

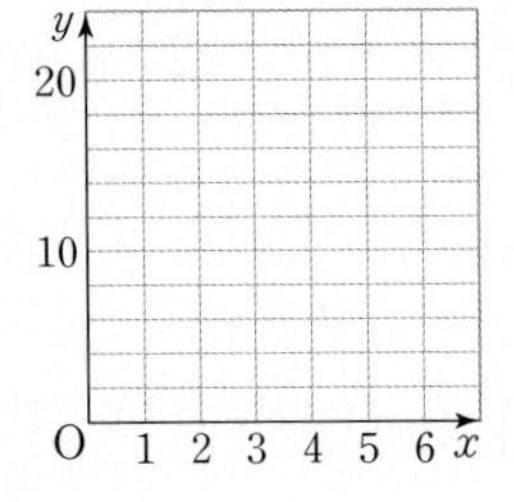

2 다음 상황을 읽고 경화가 집에서 떨어진 거리를 시간에 따라 나타낸 그래프로 알맞은 것을 〈보기〉에서 고르시오.

> 경화는 집에서 출발하여 산책하다가 공원에서 잠시 휴식을 취한 후 집으로 돌아왔다.

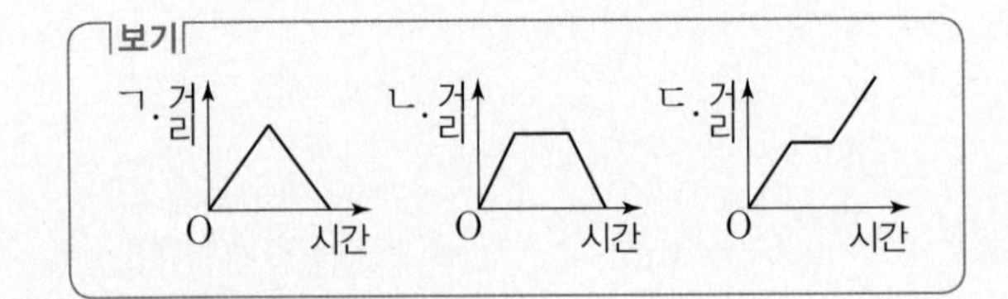

RE 핵심 유형 익히기

유형 1 상황을 그래프로 나타내기

해결 키워드 시간에 따른 높이의 변화를 나타낸 그래프

일정하게 증가	점점 느리게 증가	점점 빠르게 증가
높이 / O / 시간	높이 / O / 시간	높이 / O / 시간

하중상

1 끓인 물을 컵에 담아 놓고 물의 온도를 측정하였더니 물의 온도는 시간이 지남에 따라 서서히 낮아지다가 어느 순간부터는 공기 중의 온도와 같아져서 온도의 변화가 없었다. 다음 〈보기〉에서 물의 온도를 시간에 따라 나타낸 그래프로 알맞은 것을 고르시오.

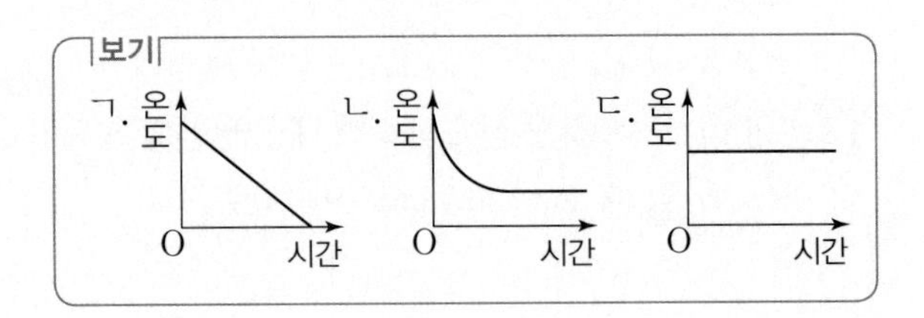

하중상

2 오른쪽 그림과 같은 빈 병에 일정한 속력으로 주스를 넣을 때, 주스를 넣는 시간을 x초, 주스의 높이를 y cm라 하자. 다음 중 x와 y 사이의 관계를 나타내는 그래프로 알맞은 것은?

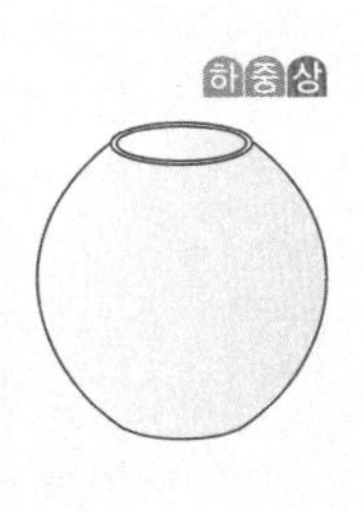

① 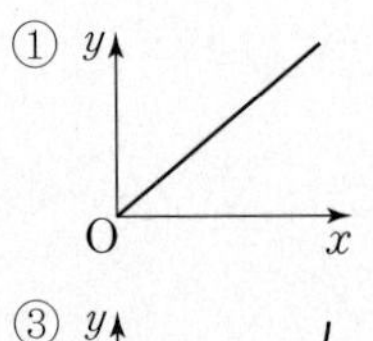

② 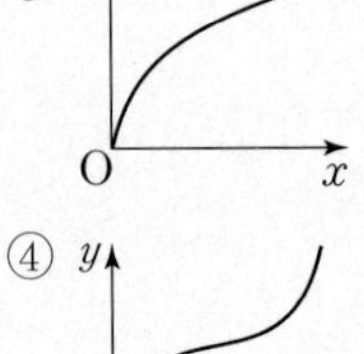

③ 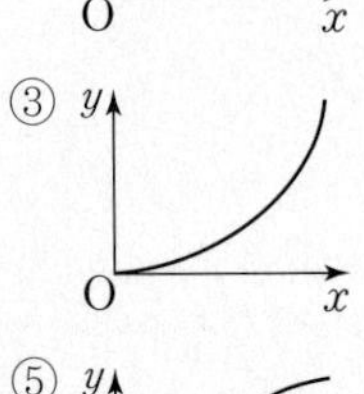

④

⑤ 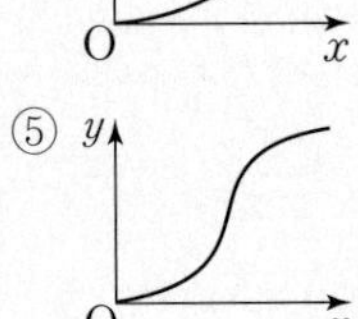

유형 2 그래프의 해석

해결 키워드 그래프의 모양에 따른 출발 지점에서 떨어진 거리의 변화

그래프 모양	／	—	＼
출발 지점에서 떨어진 거리	멀어진다.	변함없다.	가까워진다.

[3~4] 다음 그래프는 정민이가 집에서 출발하여 친구네 집에 들러 친구와 함께 우체국까지 갈 때, 정민이가 집에서 떨어진 거리를 이동 시간에 따라 나타낸 것이다. 물음에 답하시오.

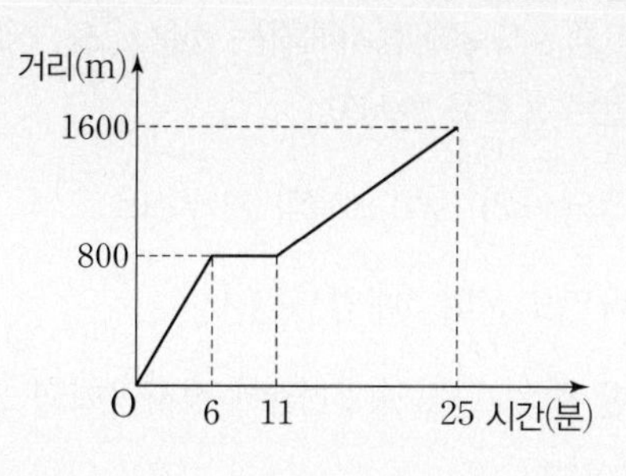

하중상

3 정민이의 집에서 친구네 집까지의 거리를 구하시오.

하중상

4 정민이가 친구네 집에서 친구를 기다린 시간은 몇 분인지 구하시오.

하중상

5 오른쪽 그래프는 규빈이가 집에서 1200 m 떨어진 공원까지 가는 데 걸어갈 때와 자전거로 갈 때의 이동 거리를 시간에 따라 나타낸 것이다. 집에서 공원까지 걸어갈 때 걸리는 시간과 자전거를 타고 갈 때 걸리는 시간의 차를 구하시오.

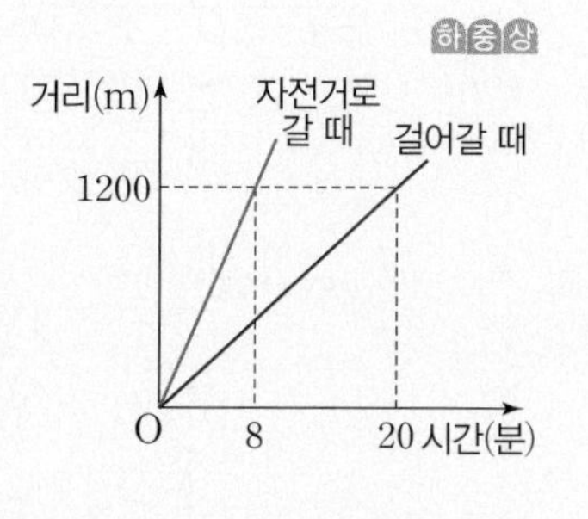

RE 실전 문제 익히기

▶ 해답 87쪽

개념북 128쪽 3번 하중상

1 오른쪽 그래프는 혜미가 집에서 문구점을 향해 출발한 지 x분 후의 집에서부터의 거리를 y m라 할 때, x와 y 사이의 관계를 나타낸 것이다. 다음 〈보기〉 중 이 그래프에 대한 설명으로 옳은 것을 고르시오.

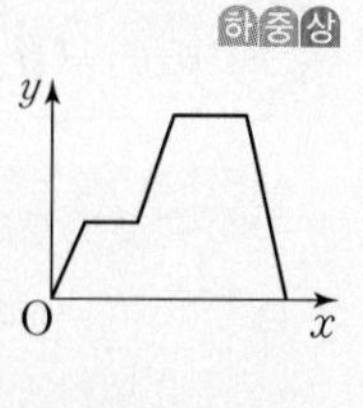

보기
ㄱ. 혜미는 집에서 문구점까지만 이동했고, 중간에 1번 멈추어 있었다.
ㄴ. 혜미는 집에서 문구점까지 갔다가 다시 집에 왔고, 중간에 2번 멈추어 있었다.
ㄷ. 혜미는 집에서 문구점까지 갔다가 다시 집에 왔고, 중간에 3번 멈추어 있었다.

개념북 128쪽 4번 하중상

2 오른쪽 그래프는 대관람차의 어느 한 칸의 높이를 시간에 따라 나타낸 것이다. 어떤 사람이 이 대관람차에 탑승하여 출발한 지 몇 분 후에 3바퀴를 돌아 처음 위치로 돌아오는지 구하시오.

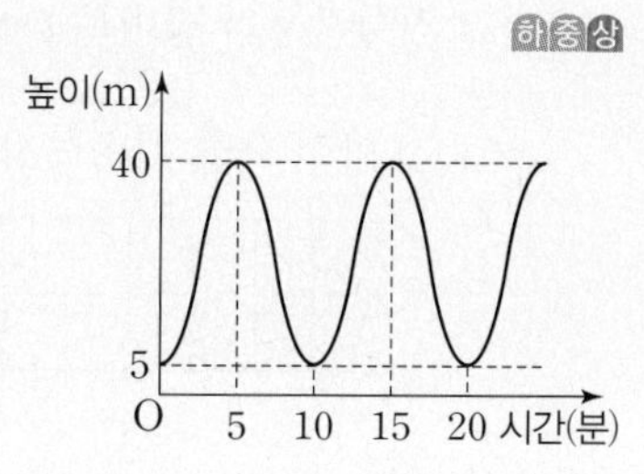

서술형 개념북 128쪽 5번 하중상

3 오른쪽 그래프는 형과 동생이 집에서 출발하여 같은 길로 갈 때, 이동 거리를 시간에 따라 나타낸 것이다. 형과 동생이 두 번째로 만나는 것은 출발한 지 몇 분 후인지 구하시오.

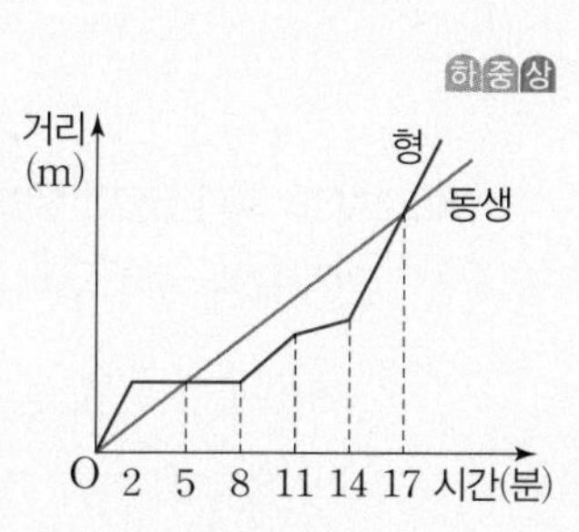

풀이

답

정비례 관계와 그 그래프

RE 개념 다지기

▶ 개념북 129쪽 | 해답 87쪽

확인 개념 키워드

❶ ☐: 두 변수 x, y에 대하여 x의 값이 2배, 3배, 4배, …로 변함에 따라 y의 값도 2배, 3배, 4배, …로 변하는 관계

❷ 정비례 관계식: y가 x에 정비례할 때, x와 y 사이의 관계식은 ☐$(a\neq0)$ 꼴이다.

❸ 정비례 관계의 그래프: x의 값의 범위가 수 전체일 때, 정비례 관계 $y=ax(a\neq0)$의 그래프는 원점을 지나는 ☐이다.

개념 1 정비례 관계

1 x와 y가 다음과 같을 때, 물음에 답하시오.

(1) 가로의 길이가 6 cm, 세로의 길이가 x cm인 직사각형의 넓이는 y cm^2이다.

① 아래 표를 완성하시오.

x	1	2	3	4	5	…
y	6					…

② y가 x에 정비례하는지 말하시오.

③ x와 y 사이의 관계식을 구하시오.

(2) 시속 50 km로 달리는 자동차가 x시간 동안 달린 거리는 y km이다.

① 아래 표를 완성하시오.

x	1	2	3	4	5	…
y						…

② y가 x에 정비례하는지 말하시오.

③ x와 y 사이의 관계식을 구하시오.

2 다음 중 y가 x에 정비례하는 것은 ○표, 정비례하지 않는 것은 ×표를 하시오.

(1) $y=x+2$ (　　)　(2) $\frac{y}{x}=-3$ (　　)

(3) $y=\frac{1}{5}x$ (　　)　(4) $xy=1$ (　　)

3 다음 중 y가 x에 정비례하는 것은 ○표, 정비례하지 않는 것은 ×표를 하시오.

(1) 주영이의 나이 x세와 키 y cm (　　)

(2) 자연수 x의 3배인 수 y (　　)

(3) 한 변의 길이가 x cm인 정사각형의 둘레의 길이 y cm (　　)

개념 2 정비례 관계 $y=ax\ (a\neq0)$의 그래프

4 다음 정비례 관계의 그래프를 좌표평면 위에 그리시오.

(1) $y=2x$　(2) 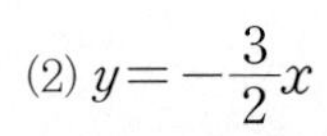

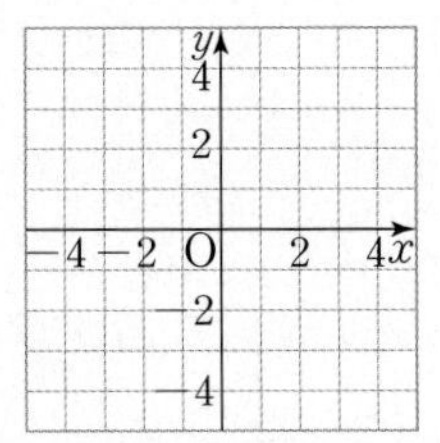

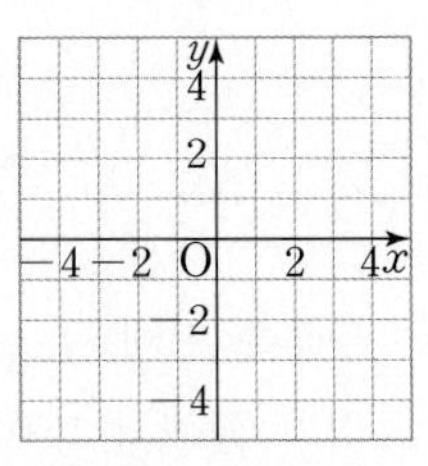

(3) $y=-3x$　(4) 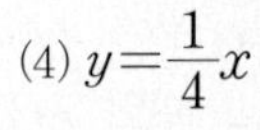

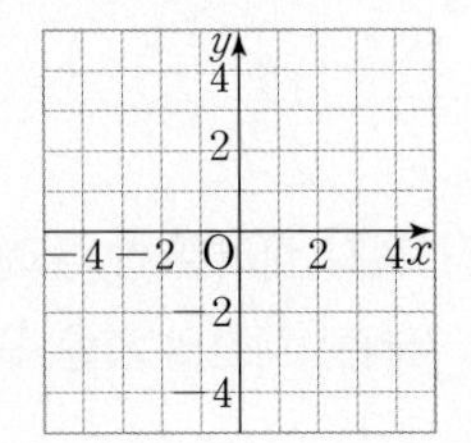

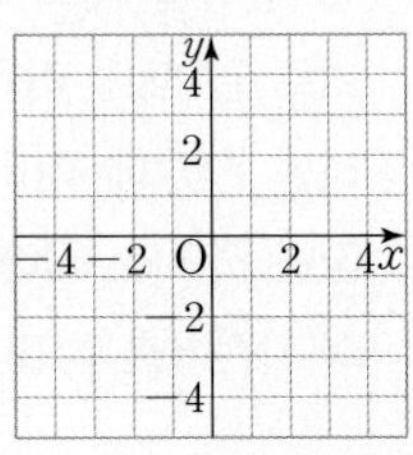

유형 1 정비례 관계의 이해

해결 키워드 y가 x에 정비례하면
→ 관계식은 $y=ax\,(a\neq0)$ 꼴이다.
→ $\frac{y}{x}$의 값이 a로 일정하다.

하중상

1 x와 y 사이의 관계식이 $y=-\frac{x}{5}$일 때, 다음 〈보기〉 중 옳은 것을 모두 고르시오.

보기
ㄱ. x와 y는 정비례 관계이다.
ㄴ. x의 값이 100일 때, y의 값은 -20이다.
ㄷ. x의 값이 2배가 되면 y의 값은 $\frac{1}{2}$배가 된다.

하중상

2 x와 y 사이의 관계가 다음과 같을 때, x와 y 사이의 관계식을 구하시오.

(1) y가 x에 정비례하고, $x=3$일 때 $y=15$이다.

(2) y가 x에 정비례하고, $x=-2$일 때 $y=18$이다.

하중상

3 다음 〈보기〉 중 y가 x에 정비례하는 것을 모두 고르시오.

보기
ㄱ. 고양이 x마리의 다리의 개수 y개
ㄴ. 매일 1000원씩 x일 동안 저금한 총액 y원
ㄷ. 300쪽짜리 책을 x쪽 읽고 남은 쪽수 y쪽
ㄹ. 밑변의 길이가 8 cm, 높이가 x cm인 평행사변형의 넓이 $y\text{ cm}^2$

유형 2 정비례 관계 $y=ax\,(a\neq0)$의 그래프

해결 키워드 정비례 관계 $y=ax\,(a\neq0)$의 그래프를 그릴 때는
→ 그래프가 지나는 원점이 아닌 한 점을 찾아 원점과 그 점을 직선으로 연결한다.

하중상

4 다음 중 정비례 관계 $y=\frac{7}{4}x$의 그래프는?

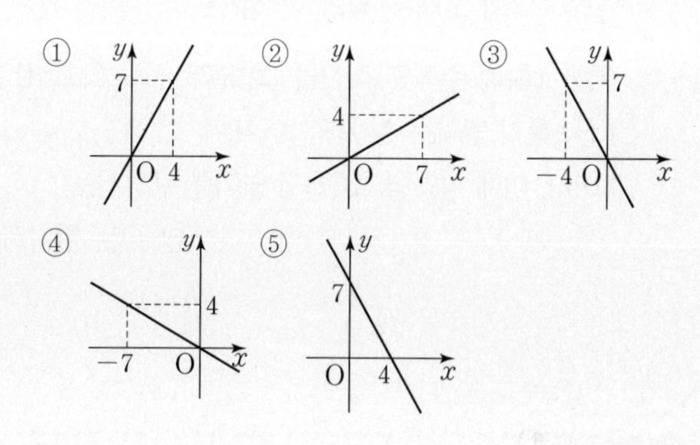

하중상

5 다음 〈보기〉의 정비례 관계의 그래프 중 옳지 않은 것을 모두 고르시오.

보기
ㄱ. $y=x$ ㄴ. $y=-\frac{5}{2}x$ ㄷ. $y=\frac{1}{3}x$

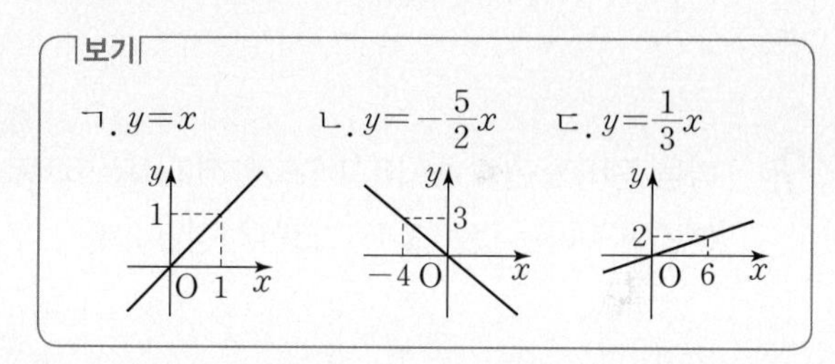

유형 3 정비례 관계 $y=ax\,(a\neq0)$의 그래프 위의 점

해결 키워드 점 $(p,\ q)$가 정비례 관계 $y=ax\,(x\neq0)$의 그래프 위에 있다.
→ $y=ax$에 $x=p$, $y=q$를 대입하면 등식이 성립한다.

하중상

6 다음 중 정비례 관계 $y=\frac{4}{5}x$의 그래프 위의 점이 아닌 것은?

① $\left(-1,\ -\frac{4}{5}\right)$ ② $\left(-2,\ -\frac{8}{5}\right)$ ③ $(0,\ 0)$
④ $\left(\frac{1}{2},\ \frac{8}{5}\right)$ ⑤ $(10,\ 8)$

하중상

7 정비례 관계 $y=ax$의 그래프가 두 점 $(6, -4)$, $(-9, b)$를 지날 때, ab의 값을 구하시오. (단, a는 상수이다.)

하중상

8 오른쪽 그림과 같이 정비례 관계 $y=\frac{3}{4}x$의 그래프 위의 한 점 A에서 x축에 수직인 직선을 그었을 때, x축과 만나는 점 B의 x좌표가 8이다. 이때 삼각형 AOB의 넓이를 구하시오. (단, O는 원점이다.)

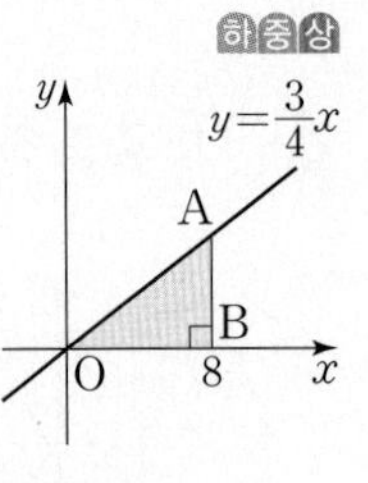

유형 4 정비례 관계 $y=ax\ (a\neq0)$의 그래프의 성질

해결 키워드 정비례 관계 $y=ax\ (a\neq0)$의 그래프는
① $a>0$이면 제1사분면과 제3사분면을 지난다.
$a<0$이면 제2사분면과 제4사분면을 지난다.
② a의 절댓값이 클수록 y축에 가깝다.

하중상

9 다음 정비례 관계 중 그 그래프가 제2사분면과 제4사분면을 지나는 것을 모두 고르면? (정답 2개)

① $y=x$　② $y=\frac{5}{9}x$　③ $y=-\frac{2}{5}x$
④ $y=-4x$　⑤ $y=2x$

하중상

10 다음 중 정비례 관계 $y=-\frac{5}{6}x$의 그래프에 대한 설명으로 옳지 않은 것을 모두 고르면? (정답 2개)

① 원점을 지나는 직선이다.
② x의 값이 증가하면 y의 값도 증가한다.
③ 제2사분면과 제4사분면을 지난다.
④ 점 $(12, -10)$을 지난다.
⑤ 오른쪽 위로 향하는 직선이다.

하중상

11 다음 정비례 관계 중 그 그래프가 y축에 가장 가까운 것은?

① $y=x$　② $y=\frac{4}{9}x$　③ $y=-\frac{7}{4}x$
④ $y=4x$　⑤ $y=-5x$

유형 5 정비례 관계 $y=ax\ (a\neq0)$의 그래프의 식 구하기

해결 키워드 그래프가 원점을 지나는 직선이면
❶ 그래프가 나타내는 식을 $y=ax\ (a\neq0)$로 놓는다.
❷ $y=ax$에 원점이 아닌 직선 위의 한 점의 좌표를 대입하여 a의 값을 구한다.

하중상

12 오른쪽 그림과 같은 그래프가 나타내는 식을 구하시오.

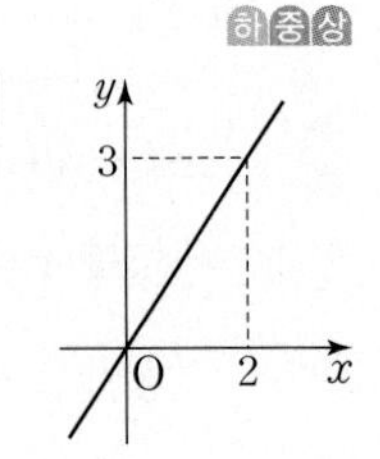

하중상

13 정비례 관계 $y=ax$의 그래프가 오른쪽 그림과 같을 때, $a+b$의 값을 구하시오.
(단, a는 상수이다.)

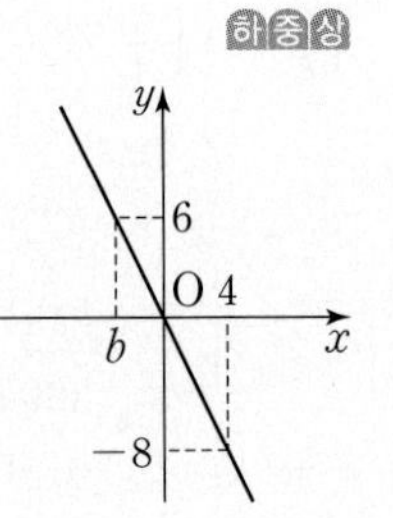

▶ 해답 88쪽

14 다음 중 오른쪽 그림과 같은 그래프 위의 점이 아닌 것은? 하중상

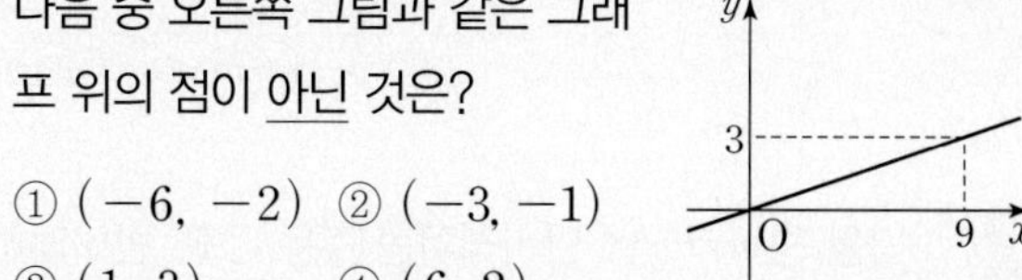

① $(-6,\ -2)$ ② $(-3,\ -1)$
③ $(1,\ 3)$ ④ $(6,\ 2)$
⑤ $(12,\ 4)$

유형 6 정비례 관계의 활용

해결 키워드 변하는 두 양 x, y에 대하여
① y가 x에 정비례하는 경우 ② $\frac{y}{x}$의 값이 일정한 경우
→ x와 y 사이의 관계식을 $y=ax\,(a\neq0)$로 놓는다.

15 늘어나는 용수철의 길이가 추의 무게에 정비례하는 용수철 저울에 무게가 3 g인 추를 달면 용수철의 길이가 6 cm 늘어난다고 한다. 이 용수철 저울에 x g의 추를 달면 용수철의 길이가 y cm 늘어난다고 할 때, 다음 물음에 답하시오. 하중상

(1) x와 y 사이의 관계식을 구하시오.

(2) 무게가 15 g인 추를 달았을 때 늘어나는 용수철의 길이를 구하시오.

16 톱니가 각각 20개, 15개인 두 톱니바퀴 A, B가 서로 맞물려 돌아가고 있다. 톱니바퀴 A가 x바퀴 회전할 때 톱니바퀴 B는 y바퀴 회전한다고 할 때, 다음 물음에 답하시오. 하중상

(1) x와 y 사이의 관계식을 구하시오.

(2) 톱니바퀴 A가 12바퀴 회전할 때, 톱니바퀴 B는 몇 바퀴 회전하는지 구하시오.

RE 실전 문제 익히기

개념북 133쪽 3번

1 다음 〈보기〉 중 정비례 관계 $y=ax\,(a\neq0)$의 그래프에 대한 설명으로 옳은 것을 모두 고르시오. 하중상

보기
ㄱ. a의 값에 관계없이 항상 원점을 지난다.
ㄴ. 점 $(1,\ 1)$을 지난다.
ㄷ. $a<0$이면 x의 값이 증가할 때 y의 값은 감소한다.
ㄹ. a의 값이 클수록 y축에 가깝다.

개념북 133쪽 6번

2 어느 자동차 회사에서 개발한 친환경 전기자동차의 주행 거리는 배터리의 충전 시간에 정비례한다. 배터리를 2시간 충전하면 150 km를 주행할 수 있을 때, 이 자동차가 600 km를 주행하기 위해서는 배터리를 최소한 몇 시간 충전해야 하는지 구하시오. 하중상

서술형
개념북 133쪽 7번

3 오른쪽 그림과 같은 그래프가 두 점 $(4,\ k)$, $(l,\ -15)$를 지날 때, kl의 값을 구하시오. 하중상

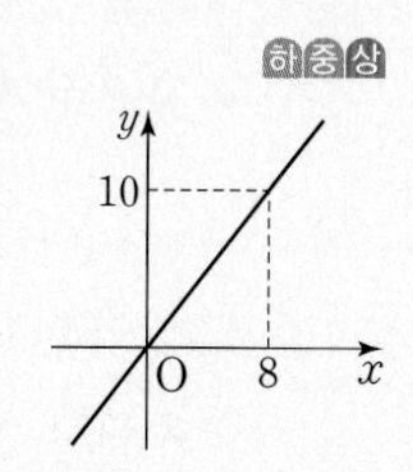

풀이

답

반비례 관계와 그 그래프

개념 다지기

▶ 개념북 134쪽 | 해답 90쪽

확인 개념 키워드

❶ ☐: 두 변수 x, y에 대하여 x의 값이 2배, 3배, 4배, …로 변함에 따라 y의 값은 $\frac{1}{2}$배, $\frac{1}{3}$배, $\frac{1}{4}$배, …로 변하는 관계

❷ 반비례 관계식: y가 x에 반비례할 때, x와 y 사이의 관계식은 ☐$(a\neq0)$ 꼴이다.

❸ 반비례 관계의 그래프: x의 값의 범위가 0이 아닌 수 전체일 때, 반비례 관계 $y=\frac{a}{x}\,(a\neq0)$의 그래프는 좌표축에 한없이 가까워지는 한 쌍의 매끄러운 ☐이다.

개념 1 반비례 관계

1 x와 y가 다음과 같을 때, 물음에 답하시오.

(1) 물을 한 시간에 x L씩 사용할 때, 물 48 L를 사용하는 데 걸리는 시간은 y시간이다.

① 아래 표를 완성하시오.

x	1	2	3	4	…
y	48				…

② y가 x에 반비례하는지 말하시오.

③ x와 y 사이의 관계식을 구하시오.

(2) 넓이가 10 cm^2인 직사각형의 가로의 길이는 x cm, 세로의 길이는 y cm이다.

① 아래 표를 완성하시오.

x	1	2	3	4	…
y					…

② y가 x에 반비례하는지 말하시오.

③ x와 y 사이의 관계식을 말하시오.

2 다음 중 y가 x에 반비례하는 것은 ○표, 반비례하지 않는 것은 ×표를 하시오.

(1) $y=\frac{2}{x}$ (　　)　(2) $\frac{y}{x}=10$ (　　)

(3) $y=\frac{1}{2}x$ (　　)　(4) $xy=32$ (　　)

3 다음 중 y가 x에 반비례하는 것은 ○표, 반비례하지 않는 것은 ×표를 하시오.

(1) 합이 10인 두 수 x와 y (　　)

(2) 500 km의 거리를 시속 x km로 달린 시간 y시간 (　　)

(3) 둘레의 길이가 x cm인 정삼각형의 한 변의 길이 y cm (　　)

개념 2 반비례 관계 $y=\frac{a}{x}\,(a\neq0)$의 그래프

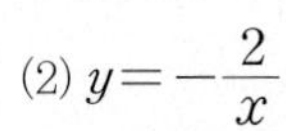

4 다음 반비례 관계의 그래프를 좌표평면 위에 그리시오.

(1) $y=\frac{3}{x}$

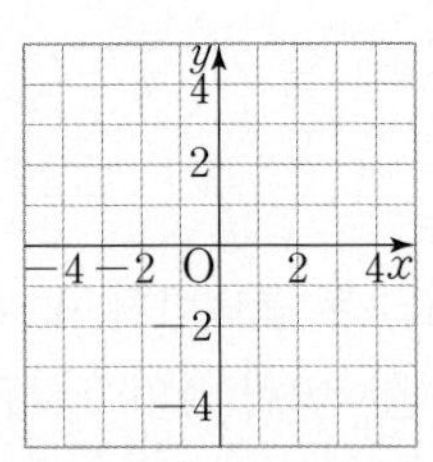

(2) $y=-\frac{2}{x}$

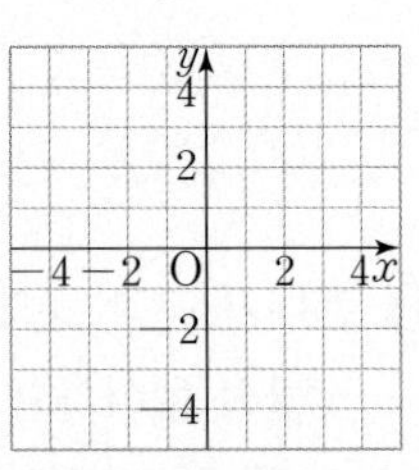

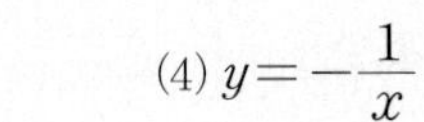

(3) $y=\frac{8}{x}$

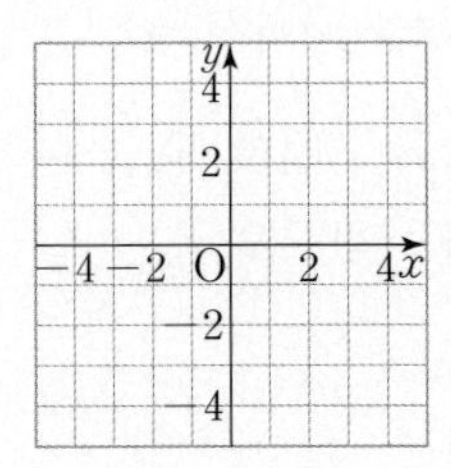

(4) $y=-\frac{1}{x}$

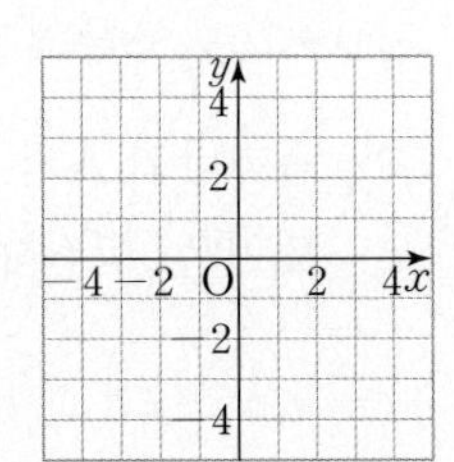

핵심 유형 익히기

▶ 개념북 136쪽 | 해답 90쪽

유형 1 반비례 관계의 이해

해결 키워드 y가 x에 반비례하면
→ 관계식은 $y=\frac{a}{x}\ (a\neq0)$ 꼴이다.
→ xy의 값이 a로 일정하다.

하중상

1 x와 y 사이에 $xy=-18$인 관계가 성립할 때, 다음 〈보기〉 중 옳은 것을 모두 고르시오.

보기
ㄱ. x와 y는 반비례 관계이다.
ㄴ. x의 값이 -9일 때, y의 값은 -2이다.
ㄷ. x의 값이 2배가 되면 y의 값은 $\frac{1}{2}$배가 된다.

하중상

2 x와 y 사이의 관계가 다음과 같을 때, x와 y 사이의 관계식을 구하시오.

(1) y가 x에 반비례하고, $x=2$일 때 $y=5$이다.

(2) y가 x에 반비례하고, $x=-3$일 때 $y=9$이다.

하중상

3 다음 〈보기〉 중 y가 x에 반비례하는 것을 모두 고르시오.

보기
ㄱ. 하루 24시간 중 낮의 길이 x시간과 밤의 길이 y시간
ㄴ. 60 L 들이의 물통에 매분 x L씩 물을 부어서 가득 채우는 데 걸리는 시간 y시간
ㄷ. 학생 80명을 똑같은 인원수의 x개의 모둠으로 나눌 때, 한 모둠의 학생 수 y명
ㄹ. 넓이가 24 cm^2인 삼각형의 밑변의 길이 x cm와 높이 y cm

유형 2 반비례 관계 $y=\frac{a}{x}\ (a\neq0)$의 그래프

해결 키워드 반비례 관계 $y=\frac{a}{x}\ (a\neq0)$의 그래프를 그릴 때는
→ x좌표와 y좌표가 모두 정수인 점을 찾아 매끄러운 곡선으로 연결한다.

하중상

4 다음 중 반비례 관계 $y=-\frac{5}{x}$의 그래프는?

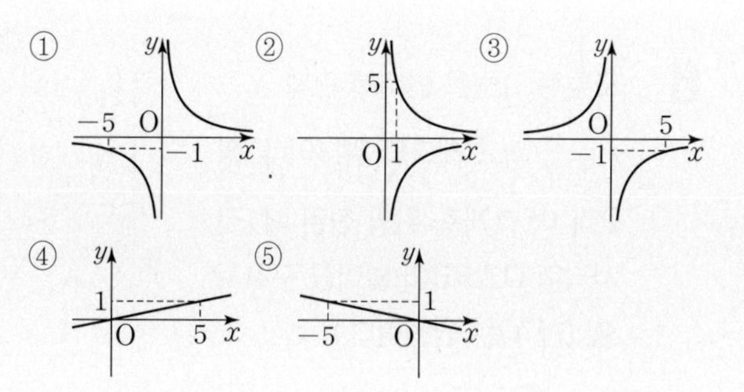

하중상

5 다음 〈보기〉의 반비례 관계의 그래프 중 옳지 않은 것을 모두 고르시오.

보기
ㄱ. $y=-\frac{3}{x}$ ㄴ. $y=-\frac{12}{x}$ ㄷ. $y=\frac{8}{x}$

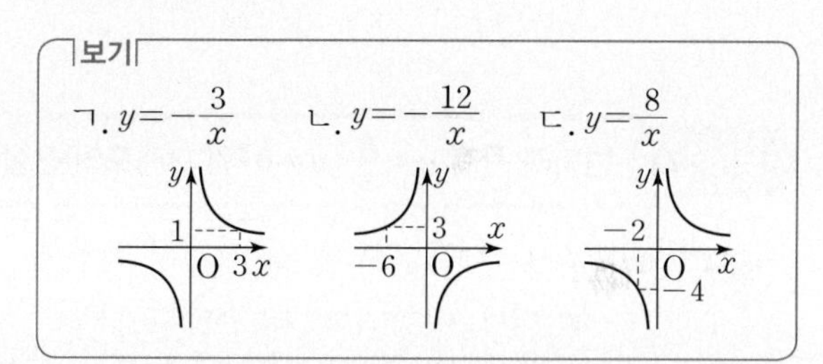

유형 3 반비례 관계 $y=\frac{a}{x}\ (a\neq0)$의 그래프 위의 점

해결 키워드 점 (p, q)가 반비례 관계 $y=\frac{a}{x}\ (a\neq0)$의 그래프 위에 있다.
→ $y=\frac{a}{x}$에 $x=p$, $y=q$를 대입하면 등식이 성립한다.

하중상

6 다음 중 반비례 관계 $y=\frac{8}{x}$의 그래프 위의 점이 아닌 것을 모두 고르면? (정답 2개)

① $(-8, -1)$ ② $(-4, 2)$ ③ $(-2, -4)$
④ $(2, 4)$ ⑤ $(8, -1)$

하중상

7 반비례 관계 $y=\frac{a}{x}$의 그래프가 두 점 $(8, 6)$, $(-4, b)$를 지날 때, $a+b$의 값을 구하시오. (단, a는 상수이다.)

하중상

8 오른쪽 그림은 반비례 관계 $y=\frac{12}{x}$의 그래프의 일부이다. 점 P가 이 그래프 위의 점일 때, 직사각형 OAPB의 넓이를 구하시오. (단, O는 원점이다.)

유형 4 반비례 관계 $y=\frac{a}{x}\,(a\neq 0)$의 그래프의 성질

해결 키워드 반비례 관계 $y=\frac{a}{x}\,(a\neq 0)$의 그래프는

① $a>0$이면 제1사분면과 제3사분면을 지난다.
$a<0$이면 제2사분면과 제4사분면을 지난다.

② a의 절댓값이 클수록 원점에서 멀다.

하중상

9 다음 중 그 그래프가 제2사분면을 지나는 것을 모두 고르면? (정답 2개)

① $y=-0.5x$　② $y=6x$　③ $y=-\frac{14}{x}$

④ $y=\frac{13}{x}$　⑤ $y=\frac{1}{2x}$

하중상

10 다음 중 반비례 관계 $y=\frac{28}{x}$의 그래프에 대한 설명으로 옳지 않은 것을 모두 고르면? (정답 2개)

① 좌표축에 한없이 가까워지는 한 쌍의 매끄러운 곡선이다.

② 점 $(-4, -7)$을 지난다.

③ 그래프가 존재하는 각 사분면에서 x의 값이 증가하면 y의 값도 증가한다.

④ 제1사분면과 제3사분면을 지난다.

⑤ 반비례 관계 $y=-\frac{30}{x}$의 그래프보다 원점에서 더 멀리 떨어져 있다.

하중상

11 다음 반비례 관계 중 그 그래프가 원점에서 가장 멀리 떨어져 있는 것은?

① $y=-\frac{1}{x}$　② $y=-\frac{5}{x}$　③ $y=-\frac{13}{x}$

④ $y=\frac{4}{x}$　⑤ $y=\frac{12}{x}$

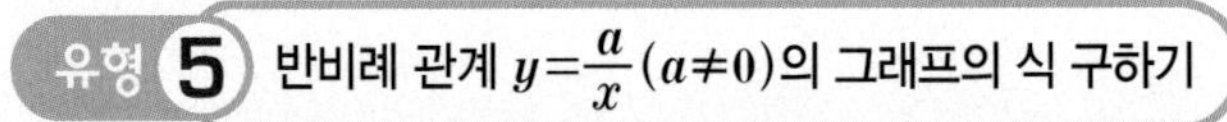

유형 5 반비례 관계 $y=\frac{a}{x}\,(a\neq 0)$의 그래프의 식 구하기

해결 키워드 그래프가 좌표축에 한없이 가까워지는 매끄러운 한 쌍의 곡선이면

❶ 그래프가 나타내는 식을 $y=\frac{a}{x}\,(a\neq 0)$로 놓는다.

❷ $y=\frac{a}{x}$에 곡선 위의 한 점의 좌표를 대입하여 a의 값을 구한다.

하중상

12 오른쪽 그림과 같은 그래프가 나타내는 식을 구하시오.

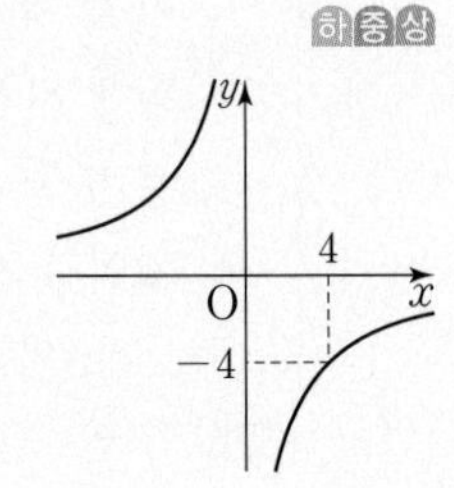

하중상

13 오른쪽 그림과 같은 그래프에서 k의 값을 구하시오.

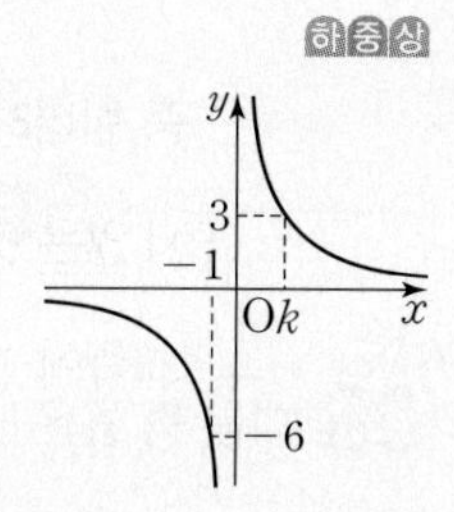

유형 6 반비례 관계의 활용

해결 키워드 변하는 두 양 x, y에 대하여
① y가 x에 반비례하는 경우 ② xy의 값이 일정한 경우
→ x와 y 사이의 관계식을 $y=\frac{a}{x}\,(a\neq0)$로 놓는다.

하중상

14 전체가 240쪽인 소설책이 있다. 이 소설책을 x일 동안 매일 y쪽씩 읽으면 모두 읽을 수 있다고 할 때, 다음 물음에 답하시오.

(1) x와 y 사이의 관계식을 구하시오.

(2) 이 소설책을 12일 만에 모두 읽으려면 매일 몇 쪽씩 읽어야 하는지 구하시오.

하중상

15 어느 공장에서 똑같은 기계 5대를 동시에 가동하여 12시간 동안 작업하면 끝낼 수 있는 일을 기계 x대를 동시에 가동하여 y시간 만에 끝낸다고 할 때, 다음 물음에 답하시오.

(1) x와 y 사이의 관계식을 구하시오.

(2) 일을 6시간 만에 끝내려면 몇 대의 기계를 동시에 가동해야 하는지 구하시오.

개념북 138쪽 3번 하중상

1 다음 <보기> 중 반비례 관계 $y=\frac{a}{x}\,(a\neq0)$의 그래프에 대한 설명으로 옳은 것을 모두 고르시오.

보기
ㄱ. 원점에 대하여 대칭인 한 쌍의 곡선이다.
ㄴ. $a>0$이면 제2사분면과 제4사분면을 지난다.
ㄷ. a의 절댓값이 클수록 좌표축에서 멀다.
ㄹ. x의 값이 2배, 3배, 4배, …가 되면 y의 값도 2배, 3배, 4배, …가 된다.

개념북 138쪽 6번 하중상

2 우리나라에서 1800 km 떨어진 지점에서 발생한 태풍이 시속 x km로 이동하여 우리나라로 오는 데 y시간이 걸린다고 한다. 태풍이 시속 120 km로 이동한다면 우리나라에 몇 시간 만에 도착하겠는지 구하시오.

서술형 개념북 138쪽 7번 하중상

3 오른쪽 그림과 같은 그래프 위의 점 중에서 x좌표, y좌표가 모두 정수인 점의 개수를 구하시오.

풀이

답

1. 소인수분해 학교 시험 미리보기

A 탄탄! 기본 점검하기

01 다음 중 합성수로만 짝지어진 것은?

① 1, 4, 9 ② 2, 3, 5
③ 6, 10, 14 ④ 7, 8, 13
⑤ 12, 15, 17

02 72를 소인수분해하면?

① 1×72 ② $2\times3\times12$ ③ $2^2\times18$
④ $2^3\times3^2$ ⑤ 4×3^3

03 다음 중 두 수가 서로소인 것은?

① 5, 15 ② 12, 22 ③ 18, 27
④ 20, 21 ⑤ 28, 30

빈출 유형

04 두 수 60, 2×3^3의 최대공약수와 최소공배수를 차례대로 구하면?

① 2×3, $2\times3\times5$
② 2×3, $2^2\times3^3$
③ 2×3, $2^2\times3^3\times5$
④ $2^2\times3^3$, $2^2\times3\times5$
⑤ $2^2\times3^3$, $2^2\times3^3\times5$

B 쑥쑥! 실전 감각 익히기

★중요

05 다음 중 옳은 것을 모두 고르면? (정답 2개)

① 소수 중 가장 작은 수는 1이다.
② 두 소수의 합은 항상 짝수이다.
③ 21의 배수 중 소수는 21뿐이다.
④ 10보다 작은 합성수는 4개이다.
⑤ 소수이면서 합성수인 자연수는 없다.

06 $5\times4\times2\times9\times5\times2=2^a\times3^b\times5^c$일 때, 자연수 a, b, c에 대하여 $a+b+c$의 값은?

① 5 ② 6 ③ 7
④ 8 ⑤ 9

07 24의 모든 소인수의 합을 a, 165의 모든 소인수의 합을 b라 할 때, $b-a$의 값은?

① 12 ② 13 ③ 14
④ 15 ⑤ 16

★중요

08 288에 자연수를 곱하여 어떤 자연수의 제곱이 되게 하려고 할 때, 곱할 수 있는 자연수 중 가장 작은 수는?

① 2 ② 3 ③ 4
④ 6 ⑤ 9

09 다음 중 약수의 개수가 나머지 넷과 다른 하나는?

① $2^3\times7^2$　② $3^2\times5\times7$　③ 90
④ 135　⑤ 200

10 세 수 $2^4\times3\times5^3$, $2^3\times5^2\times7$, 900의 공약수의 개수를 구하시오.

11 가로, 세로의 길이가 각각 60 cm, 84 cm인 직사각형 모양의 종이 2장을 각각 크기가 같은 정사각형으로 남김없이 잘라 학생들에게 한 장씩 나누어 주려고 한다. 최대한 큰 정사각형으로 자르려고 할 때, 정사각형 모양의 종이를 받는 학생 수를 구하시오.

기출 유사

12 가로, 세로의 길이가 각각 154 m, 112 m인 직사각형 모양의 목장이 있다. 목장의 가장자리를 따라 일정한 간격으로 가능한 한 적게 말뚝을 박아 울타리를 만들려고 한다. 네 모퉁이에는 말뚝을 반드시 박을 때, 필요한 말뚝의 개수는?

① 14개　② 19개　③ 28개
④ 38개　⑤ 42개

13 세 자연수의 비가 2 : 5 : 3이고 최소공배수가 210일 때, 세 자연수의 합은?

① 60　② 70　③ 80
④ 90　⑤ 100

14 3으로 나누면 2가 남고, 2로 나누면 1이 남고, 5로 나누면 4가 남는 자연수 중 두 번째로 작은 수는?

① 29　② 31　③ 39
④ 59　⑤ 61

★중요

15 세 분수 $\frac{81}{14}$, $\frac{27}{28}$, $\frac{36}{49}$의 어느 것에 곱하여도 그 결과가 자연수가 되는 가장 작은 기약분수를 $\frac{a}{b}$라 할 때, $a-b$의 값은?

① 175　② 178　③ 181
④ 184　⑤ 187

Part Ⅱ 단원 Test

도전! 100점 완성하기

16 30 이상 70 이하의 자연수를 모두 곱하여 소인수분해하였을 때, 소인수 7의 지수는?

① 7 ② 8 ③ 9
④ 10 ⑤ 11

17 A 마트는 5일 동안 열고 하루 쉬고, B 마트는 6일 동안 열고 하루 쉰다. 두 마트 모두 올해 1월 1일부터 열기 시작하였다고 할 때, 두 마트 A, B가 올해 함께 쉬는 날은 총 며칠인지 구하시오.

(단, 1년은 365일로 계산한다.)

18 어떤 두 자연수의 최대공약수가 20이고 최소공배수가 $2^3 \times 5^2$이다. 다음 중 이 두 수의 합이 될 수 있는 수를 모두 고르면? (정답 2개)

① 120 ② 140 ③ 220
④ 240 ⑤ 360

19 90의 약수의 개수와 $2^a \times 3^b$의 약수의 개수가 같을 때, 자연수 a, b에 대하여 $a+b$의 값이 될 수 있는 수를 모두 구하려고 한다. 다음 물음에 답하시오.

(1) 90의 약수의 개수를 구하시오.

풀이

(2) $a+b$의 값이 될 수 있는 수를 모두 구하시오.

풀이

답 ....

20 사과 15개, 배 37개, 감 38개를 되도록 많은 학생들에게 똑같이 나누어 주려고 하였더니 사과는 3개가 부족하고, 배는 1개가 남고, 감은 4개가 부족하였다. 이때 한 학생에게 나누어 주려고 했던 배의 개수를 구하시오.

풀이

답 ....

학교 시험 미리보기

▶ 개념북 67쪽 | 해답 94쪽

A 탄탄! 기본 점검하기

01 다음 밑줄 친 부분을 부호 + 또는 −를 사용하여 나타낼 때, 사용되는 부호가 나머지 넷과 다른 하나는?

① 용돈이 작년보다 10 % 올랐다.
② 어제의 최저 기온은 영상 5 ℃였다.
③ 몸무게가 2 kg 증가하였다.
④ 이번 시합에서 4점을 실점하였다.
⑤ 영주네 반 교실은 지상 3층에 있다.

02 다음 중 $-7<a\le 3$을 나타내는 것을 모두 고르면? (정답 2개)

① a는 −7 초과 3 이하이다.
② a는 −7보다 크고 3보다 작다.
③ a는 −7보다 작지 않고 3 미만이다.
④ a는 −7보다 크고 3보다 크지 않다.
⑤ a는 −7보다 작지 않고 3보다 크지 않다.

03 다음 중 계산 결과가 −5인 것은?

① $-8+4-5+3$　② $7-5-9+2$
③ $-9+10-8+6$　④ $2-6-10+7$
⑤ $-3+4-7+9$

04 −3의 역수를 a, $\frac{1}{6}$의 역수를 b라 할 때, $a\times b$의 값은?

① 2　② $\frac{1}{2}$　③ $-\frac{1}{18}$
④ $-\frac{1}{2}$　⑤ −2

B 쑥쑥! 실전 감각 익히기

★중요 **05** 다음 중 자연수의 개수를 a개, 음의 유리수의 개수를 b개, 정수가 아닌 유리수의 개수를 c개라 할 때, $a\times b\times c$의 값을 구하시오.

$$-\frac{1}{8}\quad +3.2\quad 0\quad +12\quad -0.27\quad -\frac{16}{4}\quad \frac{3}{5}$$

기출 유사 **06** 다음 중 수직선 위의 네 점 A, B, C, D가 나타내는 수에 대한 설명으로 옳은 것을 모두 고르면? (정답 2개)

(수직선: −6, −4, −2, 0, 2, 4, 6 눈금 위에 점 A, B, C, D)

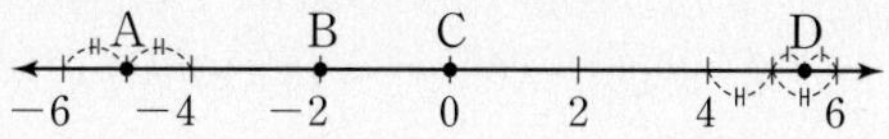

① 양의 정수는 1개이다.
② 음의 정수는 2개이다.
③ 유리수는 3개이다.
④ 점 D가 나타내는 수는 $\frac{19}{4}$이다.
⑤ 절댓값이 가장 큰 수를 나타내는 점은 D이다.

07 수직선에서 절댓값이 같고 $a<b$인 두 수 a, b를 나타내는 두 점 사이의 거리가 $\frac{10}{3}$일 때, a의 값을 구하시오.

기출 유사

08 다음 중 아래 수에 대한 설명으로 옳지 않은 것은?

-1	$\frac{7}{4}$	0	-4	$+2$	$-\frac{9}{2}$

① -1보다 작은 수는 2개이다.
② 가장 큰 수는 $+2$이다.
③ 가장 작은 수는 $-\frac{9}{2}$이다.
④ 절댓값이 가장 큰 수는 -4이다.
⑤ 절댓값이 가장 작은 수는 0이다.

09 다음 계산 과정에서 ①~⑤에 들어갈 것으로 알맞지 않은 것을 모두 고르면? (정답 2개)

$(-3)+(+10)+(-6)+(+7)$
$=(-3)+(-6)+(+10)+(+7)$ ⟵ ①
$=\{(-3)+(-6)\}+\{(+10)+(+7)\}$ ⟵ ②
$=(\boxed{③})+(\boxed{④})=\boxed{⑤}$

① 덧셈의 결합법칙
② 덧셈의 교환법칙
③ -9
④ $+17$
⑤ $+8$

빈출 유형

10 오른쪽 그림과 같은 정육면체의 전개도에서 마주 보는 면에 적힌 두 수의 합은 $-\frac{1}{2}$이다. 이때 $a-b-c$의 값을 구하시오.

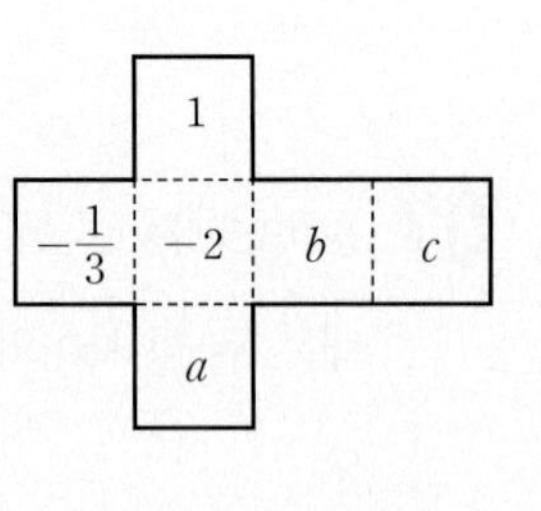

11 다음 중 $\left(-\frac{3}{2}\right)^9$과 같은 수를 모두 고르면? (정답 2개)

① $-\frac{3^9}{2^9}$
② $\frac{3^9}{2^9}$
③ $\left(\frac{3}{2}\right)^9$
④ $-\left(\frac{3}{2}\right)^9$
⑤ $\left(-\frac{2}{3}\right)^9$

12 분배법칙을 이용하여 다음을 계산하시오.

$$1.35\times101$$

13 두 유리수 a, b에 대하여 a에 $-\frac{4}{3}$를 곱하면 -8이 되고, b를 $\frac{1}{2}$로 나누면 $-\frac{12}{5}$가 될 때, $a\div b$의 값은?

① -5
② $-\frac{3}{5}$
③ $-\frac{1}{5}$
④ $\frac{1}{5}$
⑤ $\frac{3}{5}$

14 다음 계산의 결과보다 큰 음의 정수의 개수를 구하시오.

$$\frac{4}{3}-\left\{\frac{3}{4}-\frac{1}{4}\times(-1)^5+(-2)^4\right\}$$

▶ 해답 95쪽

15 두 수 a, b에 대하여 $a \times b > 0$이고 $|a| = \frac{3}{4}$, $|b| = \frac{5}{2}$일 때, $a \div b$의 값을 구하시오.

C 도전! 100점 완성하기

16 x의 절댓값은 3이고 y의 절댓값은 7일 때, $x+y$의 값 중 가장 큰 값은?

① -7 ② -4 ③ 4
④ 10 ⑤ 14

17 다음 표는 1월의 어느 날 네 도시 A, B, C, D의 기온을 측정하여 얻은 결과이다. 일교차가 가장 큰 도시는 어느 도시인지 구하시오. (단, 일교차는 하루 중 최고 기온과 최저 기온의 차이다.)

도시	A	B	C	D
최고 기온(℃)	3	-1	0	4
최저 기온(℃)	-5	-6	-4	-3

18 다음 조건을 모두 만족시키는 서로 다른 세 유리수 a, b, c의 대소 관계를 부등호를 사용하여 나타내시오.

> (가) $a > 1$
> (나) $b < c$이고 b와 c의 절댓값이 같다.
> (다) 수직선에서 b와 c를 나타내는 두 점 사이의 거리는 $\frac{5}{3}$이다.

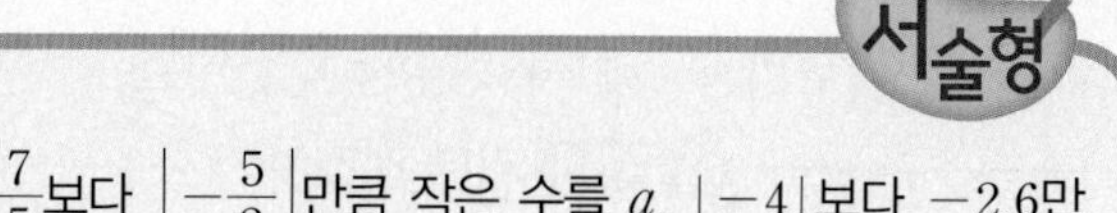

19 $\frac{7}{5}$보다 $\left|-\frac{5}{2}\right|$만큼 작은 수를 a, $|-4|$보다 -2.6만큼 큰 수를 b라 할 때, 다음 물음에 답하시오.

(1) a의 값을 구하시오.

풀이

(2) b의 값을 구하시오.

풀이

(3) $a+b$의 값을 구하시오.

풀이

답 ....

20 어떤 수에서 $-\frac{8}{5}$을 빼어야 할 것을 잘못하여 곱하였더니 4가 되었다. 바르게 계산한 답을 구하시오.

풀이

답 ....

1. 문자와 식

학교 시험 미리보기

A 탄탄! 기본 점검하기

01 다음 〈보기〉 중 옳은 것을 모두 고르시오.

보기
ㄱ. $y\times(-2)\times x=-2xy$
ㄴ. $b\times a\times 0.1\times b=0.ab^2$
ㄷ. $(x+y)\div\frac{1}{3}=3(x+y)$
ㄹ. $b\times a\times 4+3\times b\div a=4ab+\frac{3b}{a}$

02 다음 중 일차식인 것을 모두 고르면? (정답 2개)

① $-x+6$ ② x^3 ③ $\frac{x}{3}$
④ $5x^2-2$ ⑤ $\frac{7}{x}$

03 $(6x-9)\div\left(-\frac{3}{2}\right)=ax+b$일 때, 상수 a, b에 대하여 $a-b$의 값은?

① -14 ② -12 ③ -10
④ -8 ⑤ -6

04 다음 중 $4b$와 동류항인 것의 개수를 구하시오.

b 4 b^2 $\frac{b}{6}$ $\frac{4}{b}$ $10b$

B 쑥쑥! 실전 감각 익히기

05 쿠키를 5명에게 a개씩 나누어 주고 3개가 남았을 때, 나누어 주기 전의 쿠키의 수는?

① $5(a+3)$개 ② $5(a-1)$개
③ $5(a-3)$개 ④ $(5a+3)$개
⑤ $(5a-3)$개

★중요
06 다음 중 옳지 않은 것을 모두 고르면? (정답 2개)

① 한 조각에 a원인 케이크 3조각의 가격 → $3a$원
② 한 변의 길이가 x cm인 정오각형의 둘레의 길이 → $5x$ cm
③ 2권에 a원인 공책 한 권의 가격 → $2a$원
④ 500원짜리 빵 x개와 600원짜리 주스 y개의 가격 → $1100xy$원
⑤ 시속 70 km로 달리는 자동차를 타고 t시간 동안 이동한 거리 → $70t$ km

07 $x=-\frac{1}{2}$일 때, 다음 중 식의 값이 가장 작은 것은?

① $-x$ ② x^2 ③ $-x^2$
④ $\frac{1}{x}$ ⑤ $-\frac{1}{x}$

▶ 개념북 89쪽 | 해답 96쪽

08 $x=\frac{2}{3}$, $y=-\frac{1}{5}$일 때, $\frac{2}{x}-\frac{5}{y}$의 값은?

① 30　② 28　③ 26　④ 24　⑤ 22

09 화씨온도 p °F는 섭씨온도 $\frac{5}{9}(p-32)$ °C이다. 화씨온도 68 °F는 섭씨온도 몇 °C인지 구하시오.

★중요

10 다음 중 다항식 $6y-x^2+4$에 대한 설명으로 옳지 않은 것은?

① 항은 $6y$, $-x^2$, 4이다.
② y의 계수는 6이다.
③ x^2의 계수는 1이다.
④ 상수항은 4이다.
⑤ 다항식의 차수는 2이다.

기출 유사

11 $\frac{5}{3}(2-x)-(3x+5)\div\frac{1}{2}$을 간단히 하면 $ax+b$일 때, 상수 a, b에 대하여 $a-b$의 값을 구하시오.

12 $-a-[3-a-\{2-(4-a)\}]$를 간단히 하면?

① $-3a-5$　② $a-5$　③ $a+5$　④ $3a-5$　⑤ $3a+5$

13 $\frac{5x+2}{4}-\frac{3x-4}{2}=ax+b$일 때, 상수 a, b에 대하여 $8ab$의 값을 구하시오.

★중요

14 $A=x+4y$, $B=-3x+2y$일 때, $3A-B-(4A-2B)$를 간단히 하면?

① $4x+6y$　② $4x-2y$　③ $-4x+6y$　④ $-4x-2y$　⑤ $-4x-6y$

C 도전! 100점 완성하기

기출 유사

15 오른쪽 그림과 같은 도형의 넓이를 문자를 사용한 식으로 나타내시오.

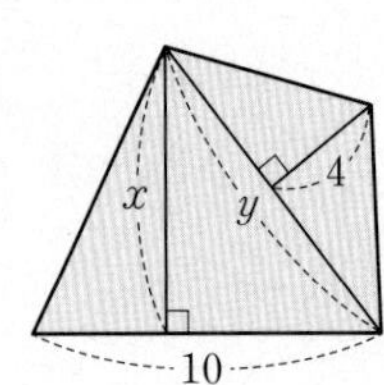

16 공기 중에서 소리의 속력은 기온이 x ℃일 때, 초속 $(331+0.6x)$ m라 한다. 기온이 10 ℃인 어느 날 에밀레 종을 친다고 할 때, 에밀레 종에서 1685 m 떨어진 곳에서는 종을 친 지 몇 초 후에 종소리를 들을 수 있는지 구하시오.

17 다음 조건을 모두 만족시키는 두 다항식 A, B에 대하여 $3A+B$를 간단히 하시오.

> (가) $A-3(x-4)=2x+1$
> (나) $2(5-3x)-B=4x+6$

18 하루 24시간은 사용하는 내용에 따라 다음과 같이 나타낼 수 있다.

> (24시간)＝(생리적 생활시간)＋(노동 생활시간)＋(여가 생활시간)

지윤이의 노동 생활시간은 $\left(\frac{2}{5}x-1\right)$시간, 여가 생활시간은 $\left(\frac{1}{10}x+7\right)$시간일 때, 생리적 생활시간을 x에 대한 식으로 나타내시오.

19 어떤 다항식에 $6x-4$를 더하여야 할 것을 잘못하여 빼었더니 $-2x+4$가 되었다. 다음 물음에 답하시오.

(1) 어떤 다항식을 구하시오.

풀이

(2) 바르게 계산한 식을 구하시오.

풀이

답

20 다음 표의 가로, 세로, 대각선에 놓인 세 일차식의 합이 모두 같을 때, $2A+B$를 간단히 하시오.

	A	
$5x-4$	$2x$	$-x+4$
$-2x-2$	B	$x-6$

풀이

답

학교 시험 미리보기

▶ 개념북 115쪽 | 해답 98쪽

A 탄탄! 기본 점검하기

01 '귤 20개를 x명의 학생에게 2개씩 나누어 주었더니 4개가 남았다.'를 등식으로 나타내면?

① $2x-20=4$　② $20+\frac{x}{2}=4$
③ $20+2x=4$　④ $20-2x=4$
⑤ $\frac{20}{x}=4$

02 다음 중 [ ] 안의 수가 주어진 방정식의 해가 아닌 것은?

① $5x=6-x$ [1]
② $x-7=2(1-x)$ [3]
③ $3+2x=-(2x-3)$ [0]
④ $4(2+x)=3x+7$ [-1]
⑤ $8x-15=12x+1$ [2]

03 다음 〈보기〉 중 항등식인 것을 모두 고르시오.

보기
ㄱ. $4x-1$　ㄴ. $x+7=2$
ㄷ. $2(x-3)=4$　ㄹ. $6x-2x=4x$
ㅁ. $4-3x=-(3x-4)$　ㅂ. $5x+2>0$

04 다음 중 방정식을 변형할 때, 등식의 성질 '$a=b$이면 $ac=bc$이다. (c는 자연수)'를 이용한 것은?

① $5x=10 \rightarrow x=2$
② $\frac{1}{2}x=3 \rightarrow x=6$
③ $x+8=12 \rightarrow x=4$
④ $7-x=3 \rightarrow -x=-4$
⑤ $-2-x=3 \rightarrow -x=5$

★중요
05 등식 $(a-1)x^2-x=bx+5$가 x에 대한 일차방정식이 되기 위한 조건으로 알맞은 것은?

① $a\neq1$, $b=-1$　② $a=1$, $b\neq-1$
③ $a\neq1$, $b=1$　④ $a=1$, $b\neq1$
⑤ $a=1$, $b\neq0$

B 쑥쑥! 실전 감각 익히기

빈출 유형
06 등식 $ax-2=6x+4b$가 x에 대한 항등식일 때, 상수 a, b에 대하여 ab의 값은?

① -3　② -2　③ 2
④ 3　⑤ 6

07 오른쪽은 등식의 성질을 이용하여 방정식 $\frac{x-8}{3}=2x-1$의 해를 구하는 과정이다. ㉠에서 등식의 성질 '$a=b$이면 $ac=bc$이다.'를 이용하였을 때, 상수 c의 값을 구하시오.

$$\frac{x-8}{3}=2x-1$$
$$x-8=6x-3 \quad (㉠)$$
$$x-6x=-3+8$$
$$-5x=5$$
$$\therefore x=-1$$

Part Ⅱ 단원 Test

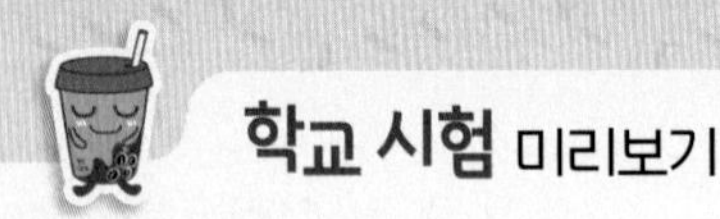

08 일차방정식 $x-(3-5x)=3(x+1)$의 해가 $x=a$이고, 일차방정식 $\frac{2x-3}{3}=\frac{3(x+1)}{2}$의 해가 $x=b$일 때, $a+b$의 값은?

① -5 ② -3 ③ -2
④ -1 ⑤ 1

기출 유사

09 비례식 $\frac{1}{6}(x-4):2=\frac{2}{3}(x+3):1$을 만족시키는 x의 값은?

① -10 ② -7 ③ -4
④ 7 ⑤ 10

★중요

10 두 일차방정식 $ax+2=-(7-2x)$, $3x+b-1=4(x+1)$의 해가 모두 $x=-3$일 때, 상수 a, b에 대하여 $a+b$의 값을 구하시오.

11 소미의 12년 후의 나이는 현재 나이의 3배보다 4세 적을 때, 현재 소미의 나이를 구하시오.

12 저금통에 100원짜리 동전과 500원짜리 동전을 합하여 20개가 들어 있다. 저금통에 들어 있는 동전의 전체 금액이 7200원일 때, 100원짜리 동전의 개수는?

① 5개 ② 7개 ③ 9개
④ 11개 ⑤ 13개

13 오른쪽 그림과 같이 한 변의 길이가 12 m인 정사각형 모양의 밭에 폭이 x m, 2 m인 직선 도로를 내었더니 도로를 제외한 밭의 넓이가 처음 밭의 넓이의 $\frac{5}{9}$가 되었다고 한다. 이때 x의 값을 구하시오.

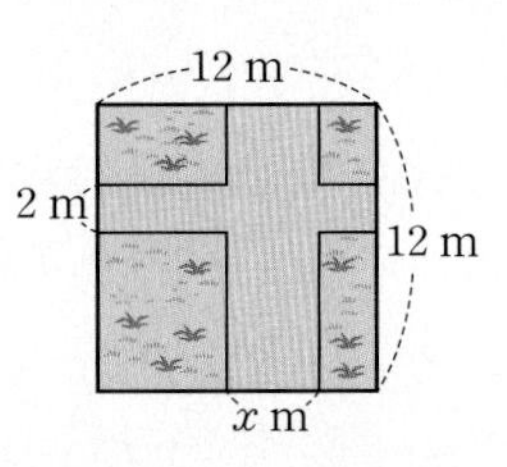

14 어느 인형 가게에서 어떤 인형을 원가에 10 %의 이익을 붙여서 정가를 정하였는데 팔리지 않아 정가에서 2000원을 할인하여 팔았더니 1500원의 이익이 생겼다. 이 인형의 원가를 구하시오.

▶ 해답 99쪽

15 3 % 소금물 120 g과 6 % 소금물 180 g을 섞은 후 물을 증발시켰더니 8 %의 소금물이 되었다고 할 때, 증발시킨 물의 양은?

① 80 g ② 90 g ③ 100 g
④ 110 g ⑤ 120 g

C 도전! 100점 완성하기

16 x에 대한 일차방정식 $2x+a=11-x$의 해가 자연수가 되도록 하는 자연수 a의 개수는?

① 1개 ② 2개 ③ 3개
④ 4개 ⑤ 5개

17 일차방정식 $\frac{2x+5}{3}=\frac{x-2}{4}$에서 좌변의 5를 잘못 보고 풀었더니 $x=-2$를 얻었다. 5를 어떤 수로 잘못 보았는지 구하시오.

기출 유사

18 일정한 속력으로 달리는 열차가 길이가 800 m인 철교를 완전히 통과하는 데 50초가 걸리고, 길이가 1000 m인 터널을 완전히 통과하는 데 1분이 걸린다. 이때 열차의 길이를 구하시오.

19 x에 대한 세 일차방정식 $3x-4=-x-8$, $2x+5=ax-3$, $\frac{bx-2}{3}=1-x$의 해가 모두 같을 때, 다음 물음에 답하시오.

(1) $3x-4=-x-8$의 해를 구하시오.

풀이

(2) 상수 a, b의 값을 구하시오.

풀이

(3) $a-b$의 값을 구하시오.

풀이

답

20 혜원이는 집에서 약속 장소까지 가는데 시속 5 km로 걸어가면 약속 시각보다 13분 늦게 도착하고, 버스를 타고 시속 60 km로 가면 약속 시각보다 20분 일찍 도착한다고 한다. 집에서 약속 장소까지의 거리를 구하시오.

풀이

답

1. 좌표평면과 그래프 학교 시험 미리보기

A 탄탄! 기본 점검하기

01 다음 중 오른쪽 좌표평면 위의 점 A, B, C, D, E의 좌표를 나타낸 것으로 옳지 않은 것은?

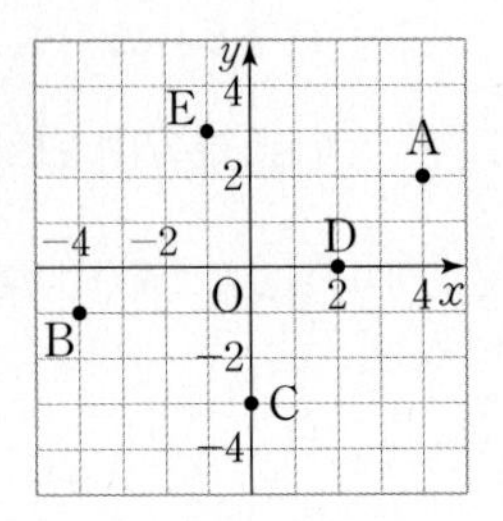

① A(4, 2)
② B(−4, −1)
③ C(0, −3)
④ D(2, 0)
⑤ E(−3, 1)

02 점 $(a+2, 3-a)$는 x축 위의 점이고, 점 $(2b-4, b+1)$은 y축 위의 점일 때, $a+b$의 값을 구하시오.

03 다음 중 x의 값이 2배, 3배, 4배, …로 변할 때, y의 값도 2배, 3배, 4배로 변하는 것을 모두 고르면? (정답 2개)

① $y=-x+2$ ② $y=\frac{1}{3}x$ ③ $xy=1$
④ $y=\frac{5}{x}$ ⑤ $\frac{y}{x}=-6$

04 다음 중 반비례 관계 $y=-\frac{12}{x}$의 그래프는?

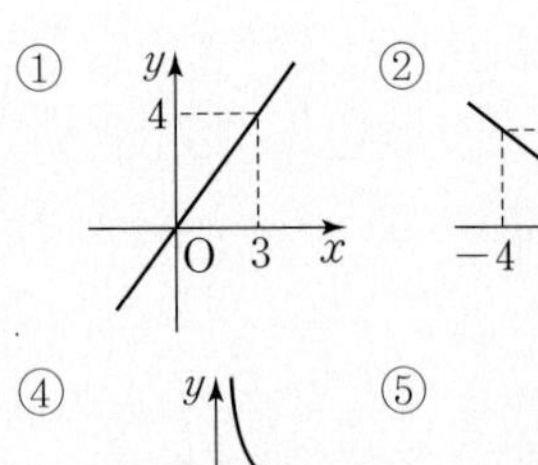
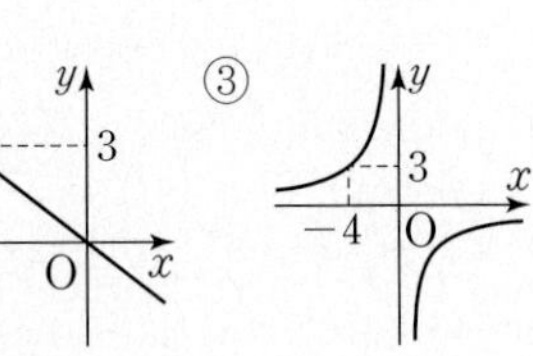
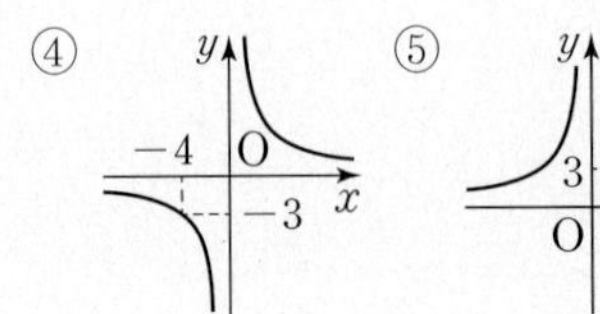

B 쑥쑥! 실전 감각 익히기

05 점 A$(4, -6)$과 x축에 대하여 대칭인 점을 B, y축에 대하여 대칭인 점을 C, 원점에 대하여 대칭인 점을 D라 할 때, 사각형 ABDC의 넓이를 구하시오.

빈출 유형

06 점 (a, b)는 제3사분면 위에 있고, 점 (c, d)는 제2사분면 위에 있을 때, 점 $(ac, b-d)$는 제몇 사분면 위의 점인가?

① 제1사분면 ② 제2사분면
③ 제3사분면 ④ 제4사분면
⑤ 어느 사분면에도 속하지 않는다.

07 오른쪽 그림과 같은 모양의 물병에 일정한 속력으로 물을 넣을 때, 물을 넣는 시간 x와 물의 높이 y 사이의 관계를 나타낸 그래프로 알맞은 것은?

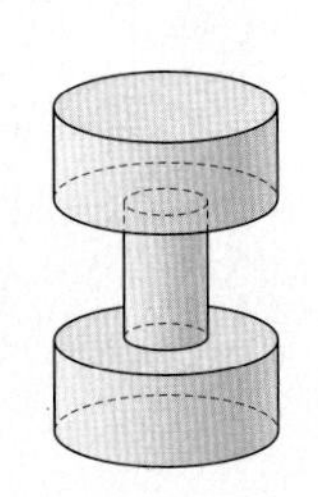

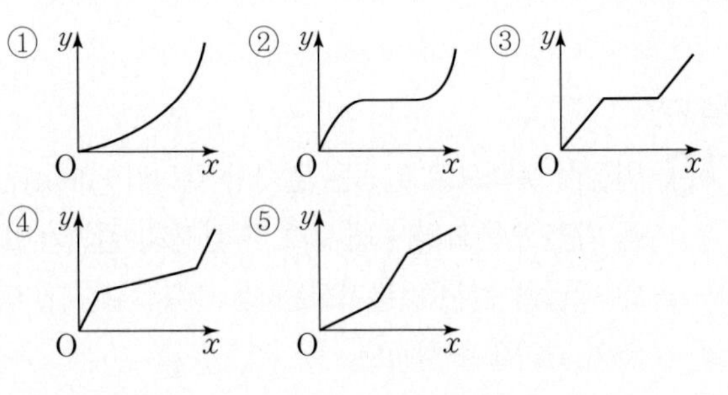

08 오른쪽 그래프는 수현이가 집에서 3.5 km 떨어진 도서관에 자전거를 타고 가서 책을 빌려 집으로 돌아왔을 때, 집에서 떨어진 거리를 시간에 따라 나타낸 것이다. 다음 〈보기〉 중 옳은 것을 모두 고르시오.

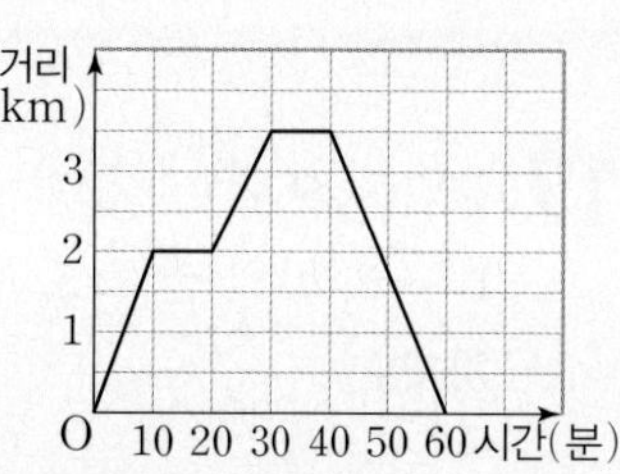

> **보기**
> ㄱ. 출발한 지 30분 후에 도서관에 도착하였다.
> ㄴ. 도서관에 가는 도중에 한 번도 멈추지 않았다.
> ㄷ. 도서관에서 집으로 돌아올 때는 일정한 속력으로 달렸다.
> ㄹ. 도서관에서 책을 고르는 데 걸린 시간은 40분이다.

09 y가 x에 반비례하고, $x=12$일 때 $y=-\frac{7}{6}$이다. $x=-3$일 때, y의 값을 구하시오.

기출 유사

10 정비례 관계 $y=ax$의 그래프가 두 점 $(-4, 10)$, $(8, b)$를 지날 때, ab의 값을 구하시오.
(단, a는 상수이다.)

11 정비례 관계 $y=ax$의 그래프가 오른쪽 그림과 같을 때, 상수 a의 값의 범위는?

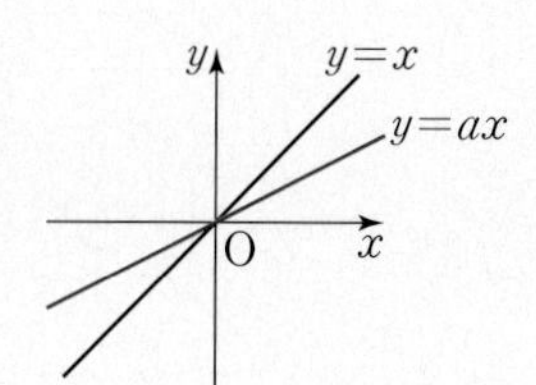

① $a<-1$ ② $a>-1$
③ $0<a<1$ ④ $a<1$
⑤ $a>1$

12 반비례 관계 $y=\frac{a}{x}$의 그래프가 점 $(-4, 6)$을 지날 때, 이 그래프 위의 점 중 x좌표와 y좌표가 모두 정수인 점의 개수를 구하시오. (단, a는 상수이다.)

빈출 유형

13 오른쪽 그림과 같이 정비례 관계 $y=-3x$의 그래프와 반비례 관계 $y=\frac{a}{x}$ $(x<0)$의 그래프가 점 $(-2, b)$에서 만날 때, $a+b$의 값을 구하시오.
(단, a는 상수이다.)

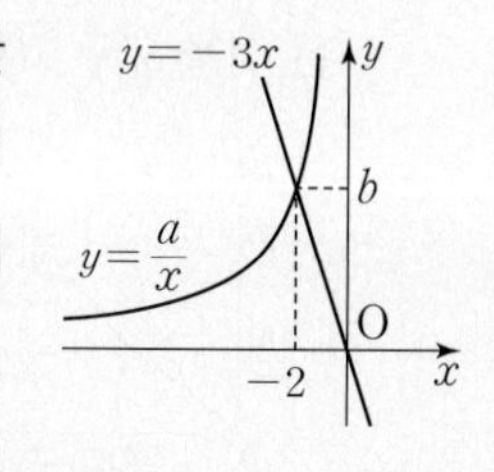

14 오른쪽 그림은 반비례 관계 $y=\frac{a}{x}$의 그래프이고 점 A, C는 이 그래프 위의 점이다. 이때 네 변이 x축 또는 y축에 평행한 직사각형 ABCD의 넓이를 구하시오. (단, a는 상수이다.)

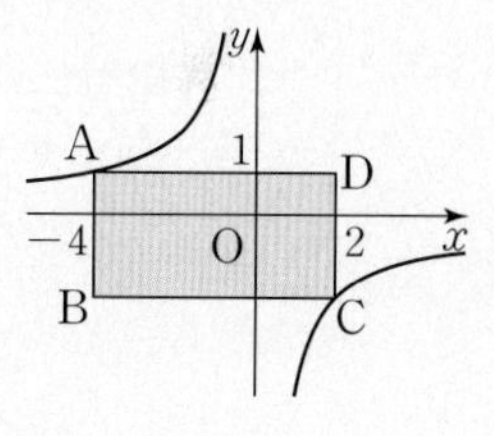

★중요

15 톱니가 각각 27개, 18개인 두 톱니바퀴 A, B가 서로 맞물려 회전하고 있다. 톱니바퀴 A가 x바퀴 회전할 때, 톱니바퀴 B는 y바퀴 회전한다고 한다. 다음 중 옳은 것을 모두 고르면? (정답 2개)

① 톱니바퀴 A가 12바퀴 회전할 때, 톱니바퀴 B는 6바퀴 회전한다.
② 톱니바퀴 B가 30바퀴 회전할 때, 톱니바퀴 A는 45바퀴 회전한다.
③ x와 y 사이의 관계식은 $y=\frac{3}{2}x$이다.
④ x의 값이 2배, 3배, 4배, …가 되면 y의 값은 $\frac{1}{2}$배, $\frac{1}{3}$배, $\frac{1}{4}$배, …가 된다.
⑤ x에 대한 y의 비율은 일정하다.

C 도전! 100점 완성하기

16 세 학생 A, B, C가 출발점에서 동시에 출발하여 반환점을 거쳐 다시 같은 길을 따라 출발점으로 돌아오는 경기를 하고 있다. 다음 그래프는 세 학생의 이동 거리 y m를 시간 x초에 따라 나타낸 것이다. 〈보기〉 중 옳은 것을 모두 고른 것은?

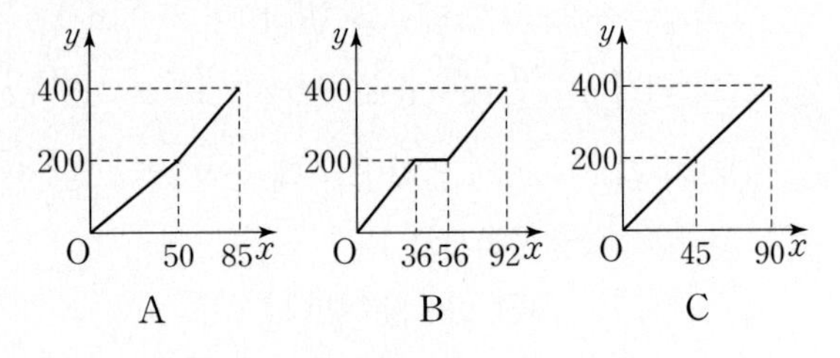

보기
ㄱ. 반환점은 출발점에서 200 m 떨어져 있다.
ㄴ. 반환점에 도착한 순서는 B, C, A이다.
ㄷ. 출발점으로 가장 먼저 돌아온 학생은 C이다.

① ㄱ ② ㄴ ③ ㄱ, ㄴ
④ ㄴ, ㄷ ⑤ ㄱ, ㄴ, ㄷ

17 오른쪽 그림과 같이 세 점 O(0, 0), A(−4, 10), B(−4, 0)을 꼭짓점으로 하는 삼각형 OAB의 넓이를 정비례 관계 $y=ax$의 그래프가 이등분할 때, 상수 a의 값을 구하시오.

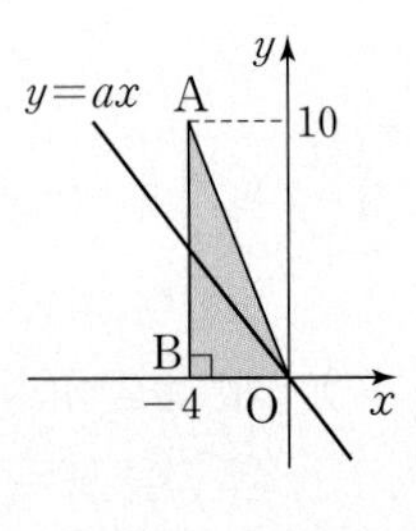

18 오른쪽 그림에서 반비례 관계 $y=\frac{12}{x}$ $(x>0)$의 그래프는 두 점 A(3, 4), B(6, k)를 지난다. 정비례 관계 $y=ax$의 그래프가 선분 AB와 한 점에서 만날 때, 상수 a의 값의 범위를 구하시오.

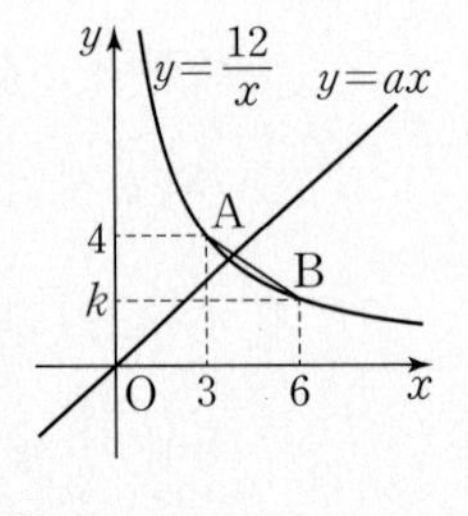

19 정비례 관계 $y=2x$의 그래프 위의 두 점 A(5, a), B(−2, b)와 점 C(5, −4)에 대하여 다음 물음에 답하시오.

(1) a, b의 값을 구하시오.

풀이

(2) 세 점 A, B, C를 꼭짓점으로 하는 삼각형 ABC의 넓이를 구하시오.

풀이

답 ……………………

20 어떤 일을 완성하는 데 12명이 함께 하면 10일이 걸린다고 한다. 이 일을 6일 만에 완성하려면 몇 명이 함께 일을 해야 하는지 구하시오.

(단, 한 사람이 하루에 하는 일의 양은 모두 같다.)

풀이

답 ……………………

월등한 개념 수학

계통으로 수학이 쉬워지는 새로운 개념기본서

중등수학 1-1

해설집

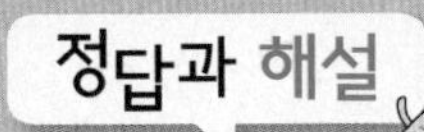

1 소인수분해

단원 계통 잇기
본문 8쪽

1 답 (1) **2, 3, 4, 6, 12** (2) **약수**

2 답 (1) **1, 2, 3, 6, 9, 18** (2) **1, 3, 9, 27** (3) **1, 3, 9** (4) **9**

3 답 (1) **4, 8, 12, 16, 20, ⋯** (2) **6, 12, 18, 24, ⋯**
(3) **12, 24, 36, ⋯** (4) **12**

LECTURE 01 소수와 합성수

개념 다지기
본문 10~11쪽

1 답 **2, 3, 5, 7, 11, 13, 17, 19, 23, 29**

~~1~~	②	③	~~4~~	⑤	~~6~~
⑦	~~8~~	~~9~~	~~10~~	⑪	~~12~~
⑬	~~14~~	~~15~~	~~16~~	⑰	~~18~~
⑲	~~20~~	~~21~~	~~22~~	㉓	~~24~~
~~25~~	~~26~~	~~27~~	~~28~~	㉙	~~30~~

2 답 (1) **2, 13, 23, 31** (2) **6, 9, 27, 42, 57** (3) **1**

3 답 (1) **3, 10** (2) **10, 2** (3) $\frac{1}{2}$, **8** (4) $\frac{4}{3}$, **3**

4 답 (1) 5^3 (2) $3^4\times7^2$ (3) $\left(\frac{1}{2}\right)^3\times\frac{1}{5}$ (4) $\frac{1}{3^2\times11^3}$

5 답 (1) 7^2 (2) 2^6 (3) 3^4 (4) 5^3
(1) $49=7\times7=7^2$ (2) $64=2\times2\times2\times2\times2\times2=2^6$
(3) $81=3\times3\times3\times3=3^4$ (4) $125=5\times5\times5=5^3$

STEP 1 교과서 핵심 유형 익히기
본문 12쪽

1 답 ②
소수는 3, 5, 19의 3개이다.

1-1 답 ①, ④
① 21의 약수는 1, 3, 7, 21의 4개이므로 합성수이다.
④ 49의 약수는 1, 7, 49의 3개이므로 합성수이다.

2 답 ①, ③
① 10의 약수는 1, 2, 5, 10의 4개이므로 합성수이다.
② 2는 소수이지만 짝수이다.
③ 소수의 약수는 1과 자기 자신의 2개이다.
④ 합성수의 약수의 개수는 3개 이상이다.
⑤ 5의 배수 5, 10, 15, ⋯ 중 5는 소수이다.

2-1 답 (1) × (2) × (3) ○ (4) ×
(1) 9는 합성수이지만 홀수이다.
(2) 2는 짝수인 소수이다.
(4) 33, 63, 93은 일의 자리의 숫자가 3이지만 합성수이다.

3 답 ④
① $4^2=4\times4=16$ ② $2+2+2+2=2\times4=8=2^3$
③ $5\times5\times5=5^3$ ⑤ $1000=10\times10\times10=10^3$

3-1 답 ④
$128=2\times2\times2\times2\times2\times2\times2=2^7$이므로 $a=7$

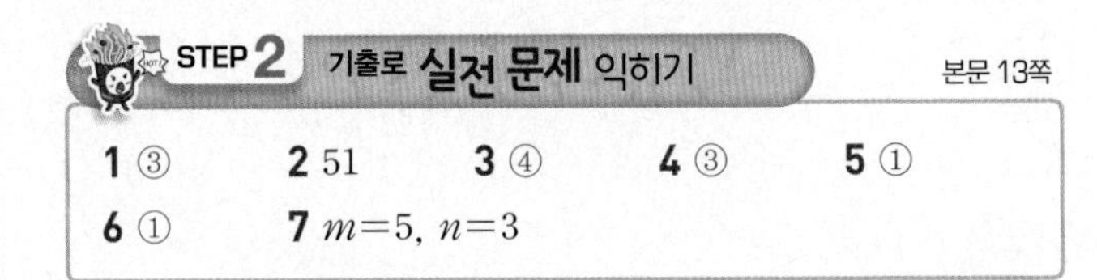
STEP 2 기출로 실전 문제 익히기
본문 13쪽

1 ③ **2** 51 **3** ④ **4** ③ **5** ①
6 ① **7** $m=5$, $n=3$

1 ① 1은 소수도 아니고 합성수도 아니다.
② 9는 합성수이다.
④ 25는 합성수이다.
⑤ 33은 합성수이다. 답 ③

2 합성수는 8, 20, 39, 51, 69이고, 소수는 3, 17, 43이므로 가장 작은 합성수는 8이고, 가장 큰 소수는 43이다.
따라서 구하는 합은 $8+43=51$ 답 51

3 ㄱ. 가장 작은 소수는 2이다.
ㄷ. 자연수는 1, 소수, 합성수로 이루어져 있다.
따라서 옳은 것은 ㄴ, ㄹ이다. 답 ④

4 ① $13^3=13\times13\times13$
② $4\times4\times4\times4\times4=4^5$
④ $\frac{1}{10}+\frac{1}{10}+\frac{1}{10}=\frac{1}{10}\times3$
⑤ $5\times5\times3\times3\times3=5^2\times3^3$ 답 ③

5 $2\times2\times3\times5\times3\times2=2^3\times3^2\times5^1$이므로
$x=3$, $y=2$, $z=1$
$\therefore x+y-z=3+2-1=4$ 답 ①

6 $2=2^1$, $4=2\times2=2^2$, $8=2\times2\times2=2^3$, ⋯이므로 배양한 지 n일 후의 세포의 개수는 2^n개이다.
따라서 배양한 지 20일 후의 세포의 개수는 2^{20}개이므로
$a=20$ 답 ①

7 1단계 $32=2\times2\times2\times2\times2=2^5$ ◀ 40 %
2단계 $125=5\times5\times5=5^3$ ◀ 40 %
3단계 $32\times125=2^5\times5^3$이므로 $m=5$, $n=3$ ◀ 20 %
답 $m=5$, $n=3$

LECTURE 02 소인수분해

개념 다지기

본문 14~15쪽

1 답 (1) **2, 2, 2, 2, 3** (2) **2, 3, 3, 2, 3, 2**

2 답 (1) $2^2\times3^2$, **소인수: 2, 3**
(2) 2×5^2, **소인수: 2, 5**
(3) $3^2\times7$, **소인수: 3, 7**
(4) $2\times5\times7$, **소인수: 2, 5, 7**
(5) $2^3\times3\times5$, **소인수: 2, 3, 5**
(6) $2^2\times3^2\times7$, **소인수: 2, 3, 7**

(1) 2) 36
2) 18
3) 9
3

(2) 2) 50
5) 25
5

(3) 3) 63
3) 21
7

(4) 2) 70
5) 35
7

(5) 2) 120
2) 60
2) 30
3) 15
5

(6) 2) 252
2) 126
3) 63
3) 21
7

3 답 (1) 3×5^2

(2)

×	1	5	5^2
1	1	5	25
3	3	15	75

약수: 1, 3, 5, 15, 25, 75

(1) 3) 75
5) 25
5　　$\therefore 75=3\times5^2$

4 답 (1)

×	1	7
1	1	7
3	3	21
3^2	9	63

약수: 1, 3, 7, 9, 21, 63

(2)

×	1	5	5^2
1	1	5	25
2	2	10	50
2^2	4	20	100

약수: 1, 2, 4, 5, 10, 20, 25, 50, 100

5 답 (1) **6개** (2) **15개** (3) **6개** (4) **12개**

(1) $(2+1)\times(1+1)=3\times2=6$(개)
(2) $(4+1)\times(2+1)=5\times3=15$(개)
(3) $98=2\times7^2$이므로
$(1+1)\times(2+1)=2\times3=6$(개)
(4) $500=2^2\times5^3$이므로
$(2+1)\times(3+1)=3\times4=12$(개)

STEP 1 교과서 핵심 유형 익히기

본문 16쪽

1 답 ③

③ 3) 81
3) 27
3) 9
3　　$\therefore 81=3^4$

1-1 답 **5**

$150=2\times3\times5^2$이므로
$a=2,\ b=1,\ c=2$
$\therefore a+b+c=2+1+2=5$

2) 150
3) 75
5) 25
5

2 답 (1) $3^2\times5$ (2) **5** (3) **5**

(3) 어떤 자연수의 제곱이 되기 위해서는 소인수의 지수가 모두 짝수이어야 하므로 곱할 수 있는 자연수는 $5\times$(자연수)^2 꼴이다.
따라서 곱할 수 있는 가장 작은 자연수는 5이다.

2-1 답 **2**

$72=2^3\times3^2$에서 2의 지수가 짝수가 되어야 하므로 곱할 수 있는 자연수는 $2\times$(자연수)^2 꼴이다.
따라서 곱할 수 있는 가장 작은 자연수는 2이다.

3 답 ⑤

$108=2^2\times3^3$이므로 108의 약수는 2^2의 약수 1, 2, 2^2과 3^3의 약수 1, 3, 3^2, 3^3의 곱이다.
따라서 108의 약수가 아닌 것은 ⑤이다.

3-1 답 ㄱ, ㄴ, ㅁ

$3^2\times5^2$의 약수는 3^2의 약수 1, 3, 3^2과 5^2의 약수 1, 5, 5^2의 곱이다. 따라서 $3^2\times5^2$의 약수인 것은 ㄱ, ㄴ, ㅁ이다.

4 답 ⑤

① $(2+1)\times(1+1)=3\times2=6$(개)
② $(1+1)\times(2+1)=2\times3=6$(개)
③ $45=3^2\times5$이므로 $(2+1)\times(1+1)=3\times2=6$(개)
④ $50=2\times5^2$이므로 $(1+1)\times(2+1)=2\times3=6$(개)
⑤ $65=5\times13$이므로 $(1+1)\times(1+1)=2\times2=4$(개)
따라서 약수의 개수가 나머지 넷과 다른 하나는 ⑤이다.

4-1 답 ②

① $(3+1)\times(1+1)=4\times2=8$(개)
② $(4+1)\times(1+1)=5\times2=10$(개)
③ $64=2^6$이므로 $6+1=7$(개)
④ $100=2^2\times5^2$이므로 $(2+1)\times(2+1)=3\times3=9$(개)
⑤ $169=13^2$이므로 $2+1=3$(개)
따라서 약수의 개수가 가장 많은 것은 ②이다.

월등한 특강 본문 17쪽

1 답 (1) × (2) ○ (3) × (4) ○

2 답 (1) **2** (2) **21** (3) **15** (4) **42**

(1) 2의 지수가 짝수가 되어야 하므로 곱할 수 있는 가장 작은 자연수는 2이다.

(2) 3과 7의 지수가 짝수가 되어야 하므로 곱할 수 있는 가장 작은 자연수는 $3\times7=21$

(3) $60=2^2\times3\times5$에서 3과 5의 지수가 짝수가 되어야 하므로 곱할 수 있는 가장 작은 자연수는 $3\times5=15$

(4) $168=2^3\times3\times7$에서 2, 3, 7의 지수가 짝수가 되어야 하므로 곱할 수 있는 가장 작은 자연수는 $2\times3\times7=42$

3 답 (1) **3, 3, 3, 3** (2) **7** (3) **10** (4) **14** (5) **35** (6) **5**

(2) 지수가 홀수인 소인수는 7이므로 나눌 수 있는 가장 작은 자연수는 7이다.

(3) 지수가 홀수인 소인수는 2와 5이므로 나눌 수 있는 가장 작은 자연수는 $2\times5=10$

(4) $56=2^3\times7$에서 지수가 홀수인 소인수는 2와 7이므로 나눌 수 있는 가장 작은 자연수는 $2\times7=14$

(5) $315=3^2\times5\times7$에서 지수가 홀수인 소인수는 5와 7이므로 나눌 수 있는 가장 작은 자연수는 $5\times7=35$

(6) $605=5\times11^2$에서 지수가 홀수인 소인수는 5이므로 나눌 수 있는 가장 작은 자연수는 5이다.

STEP 2 기출로 실전 문제 익히기 본문 18쪽

1 ③	2 ③	3 ④	4 ③	5 ㄷ, ㄱ, ㄴ
6 ③	7 10			

1
```
2 ) 180
2 )  90
3 )  45
3 )  15
      5
```
$\therefore 180=2^2\times3^2\times5$ 답 ③

2 $300=2^2\times3\times5^2$이므로 300의 소인수는 2, 3, 5이다.
따라서 300의 모든 소인수의 합은
$2+3+5=10$ 답 ③

3 $108\times x=2^2\times3^3\times x$에서 x는 $3\times(\text{자연수})^2$ 꼴이어야 한다.
① $3=3\times1^2$ ② $12=3\times2^2$ ③ $27=3\times3^2$
④ $24=3\times2^3$ ⑤ $48=3\times4^2$
따라서 x가 될 수 없는 수는 ④이다. 답 ④

4 $504=2^3\times3^2\times7$의 약수는 2^3의 약수 1, 2, 2^2, 2^3과 3^2의 약수 1, 3, 3^2과 7의 약수 1, 7의 곱이다.
따라서 504의 약수가 아닌 것은 ③이다. 답 ③

5 ㄱ. $(2+1)\times(1+1)\times(1+1)=3\times2\times2=12$(개)
ㄴ. $10+1=11$(개)
ㄷ. $(3+1)\times(3+1)=4\times4=16$(개)
따라서 약수의 개수가 많은 것부터 차례대로 나열하면 ㄷ, ㄱ, ㄴ이다. 답 ㄷ, ㄱ, ㄴ

6 $360=2^3\times3^2\times5$이므로 약수의 개수는
$(3+1)\times(2+1)\times(1+1)=4\times3\times2=24$(개)
$2^5\times7^a$의 약수의 개수는
$(5+1)\times(a+1)=6\times(a+1)$(개)
따라서 $6\times(a+1)=24=6\times4$이므로
$a+1=4$ $\therefore a=3$ 답 ③

7 1단계 96을 소인수분해하면 $96=2^5\times3$ ◀ 30 %
2단계 어떤 수의 제곱이 되려면 소인수의 지수가 모두 짝수가 되어야 한다.
지수가 홀수인 소인수는 2와 3이므로 나눌 수 있는 가장 작은 자연수 a는
$a=2\times3=6$ ◀ 30 %
3단계 $96\div6=16=4^2$ $\therefore b=4$ ◀ 30 %
4단계 $a+b=6+4=10$ ◀ 10 %
답 10

LECTURE 03 최대공약수와 그 활용

개념 다지기 본문 19~21쪽

1 답 (1) **1, 2, 4, 8, 16** (2) **1, 2, 3, 4, 6, 8, 12, 24** (3) **1, 2, 4, 8** (4) **8** (5) **1, 2, 4, 8**

2 답 **1, 3, 5, 15**
두 자연수의 공약수는 최대공약수인 15의 약수이므로 1, 3, 5, 15이다.

3 답 (1) ○ (2) × (3) × (4) ○
(1) 3과 7의 최대공약수는 1이므로 서로소이다.
(2) 9와 15의 최대공약수는 3이므로 서로소가 아니다.
(3) 10과 24의 최대공약수는 2이므로 서로소가 아니다.
(4) 12와 35의 최대공약수는 1이므로 서로소이다.

4 답 (1) 2×7 (2) 3×5 (3) 2^2 (4) 2×3
(1)
$$\begin{array}{r} 2\times3\times7^2 \\ 2^2\quad\times7 \\ \hline (\text{최대공약수})=2\quad\times7 \end{array}$$

(2)
$$\begin{array}{r} 2\times3\times5 \\ 3^2\times5 \\ \hline (\text{최대공약수})=\ 3\times5 \end{array}$$

(3)
$$\begin{array}{l} 2^2\times3^3\times11 \\ 2^3\quad\times11^2 \\ 2^2\times3\quad\times13 \\ \hline (\text{최대공약수})=2^2 \end{array}$$

(4)
$$\begin{array}{l} 2^2\times3\times5 \\ 2\times3^2\times5 \\ 2\times3^2\quad\times7 \\ \hline (\text{최대공약수})=2\times3 \end{array}$$

5 답 **(1) 4 (2) 7 (3) 3 (4) 18**

(1) 2) 24 28 / 2) 12 14 / 6 7
→ 최대공약수: $2\times2=4$

(2) 7) 35 42 / 5 6
→ 최대공약수: 7

(3) 3) 36 60 63 / 12 20 21
→ 최대공약수: 3

(4) 2) 54 72 108 / 3) 27 36 54 / 3) 9 12 18 / 3 4 6
→ 최대공약수: $2\times3\times3=18$

6 답 **(1) 12 (2) 18 (3) 최대공약수, 6**

(3) 2) 12 18 / 3) 6 9 / 2 3 → 최대공약수: $2\times3=6$

7 답 **(1) 45 (2) 30 (3) 최대공약수, 15**

(3) 3) 45 30 / 5) 15 10 / 3 2 → 최대공약수: $3\times5=15$

STEP 1 교과서 핵심 유형 익히기

본문 22~23쪽

1 답 ③

주어진 두 수의 최대공약수를 구하면 다음과 같다.

① 5 ② 3 ③ 1 ④ 4 ⑤ 7

따라서 두 수가 서로소인 것은 ③이다.

1-1 답 ②

② 15와 24의 최대공약수는 3이므로 서로소가 아니다.

2 답 ④

$$\begin{array}{l} 2^2\times3^2\times5 \\ 2^3\times3^2 \\ 2^4\times3^4\times5^3 \\ \hline (\text{최대공약수})=2^2\times3^2\quad=36 \end{array}$$

2-1 답 ③

$180=2^2\times3^2\times5$이므로

$$\begin{array}{r} 3\times5^2 \\ 2\times3\times5^2 \\ 2^2\times3^2\times5 \\ \hline (\text{최대공약수})=\quad 3\times5=15 \end{array}$$

3 답 ④

주어진 두 수의 공약수는 두 수의 최대공약수인 $2^2\times3\times7^2$의 약수이다. 따라서 두 수의 공약수가 아닌 것은 ④이다.

참고 두 수의 공약수는 최대공약수의 약수이므로 두 수의 최대공약수를 먼저 구한다.

3-1 답 ⑤

주어진 두 수의 공약수의 개수는 두 수의 최대공약수인 $5^2\times11$의 약수의 개수와 같으므로

$(2+1)\times(1+1)=3\times2=6$(개)

4 답 ③

$2^a\times5\times11^2$, $2^4\times5^3\times11^b$의 최대공약수가 $2^3\times5\times11$이므로 두 수의 공통인 소인수 2의 지수 a와 4 중 작은 것이 3이다.

$\therefore a=3$

또, 두 수의 공통인 소인수 11의 지수 2와 b 중 작은 것이 1이므로 $b=1$

$\therefore a+b=3+1=4$

4-1 답 ②

$2^2\times3^2\times5^a$, $3^b\times5^3$의 최대공약수가 3×5^2이므로 두 수의 공통인 소인수 3의 지수 2와 b 중 작은 것이 1이다.

$\therefore b=1$

또, 두 수의 공통인 소인수 5의 지수 a와 3 중 작은 것이 2이므로 $a=2$

$\therefore a+b=2+1=3$

5 답 **(1) 7명 (2) 공책: 12권, 연필: 14자루, 지우개: 9개**

(1) 가능한 한 많은 학생들에게 똑같이 나누어 주려면 학생 수는 84, 98, 63의 최대공약수이어야 하므로 7명이다.

7) 84 98 63 / 12 14 9

(2) 한 학생에게 나누어 줄 수 있는 공책, 연필, 지우개의 수는 각각 다음과 같다.

공책: $84\div7=12$(권), 연필: $98\div7=14$(자루),

지우개: $63\div7=9$(개)

5-1 답 **14명**

되도록 많은 사람들에게 똑같이 나누어 주려면 사람 수는 56, 70의 최대공약수이어야 하므로 $2\times7=14$(명)

2) 56 70 / 7) 28 35 / 4 5

6

답 (1) **24 cm** (2) **35개**

(1) 그림을 되도록 적게 붙이려면 그림의 크기가 가능한 한 커야 하므로 그림의 한 변의 길이는 168과 120의 최대공약수이어야 한다.

$$\begin{array}{r|rr} 2 & 168 & 120 \\ 2 & 84 & 60 \\ 2 & 42 & 30 \\ 3 & 21 & 15 \\ \hline & 7 & 5 \end{array}$$

$\therefore 2\times2\times2\times3=24(\text{cm})$

(2) 가로, 세로에 필요한 그림의 개수는 각각 다음과 같다.
가로: $168\div24=7$(개), 세로: $120\div24=5$(개)
따라서 필요한 그림의 개수는 $7\times5=35$(개)

6-1

답 **42개**

가능한 한 큰 정사각형 모양의 색종이의 한 변의 길이는 36과 42의 최대공약수이어야 하므로 $2\times3=6(\text{cm})$

$$\begin{array}{r|rr} 2 & 36 & 42 \\ 3 & 18 & 21 \\ \hline & 6 & 7 \end{array}$$

이때 가로, 세로에 나누어지는 정사각형 모양의 색종이의 장수는 각각 다음과 같다.
가로: $36\div6=6$(장), 세로: $42\div6=7$(장)
따라서 잘라 나누어진 정사각형 모양의 색종이는 $6\times7=42$(장)
이므로 접을 수 있는 장미꽃의 개수는 42개이다.

7

답 (1) **3** (2) **3** (3) **75, 45, 15**

(1) 어떤 자연수로 78을 나누면 3이 남는다.
→ 어떤 자연수로 $(78-3)$을 나누면 나누어떨어진다.
→ 어떤 자연수는 75의 약수이다.

(2) 어떤 자연수로 42를 나누면 3이 부족하다.
→ 어떤 자연수로 $(42+3)$을 나누면 나누어떨어진다.
→ 어떤 자연수는 45의 약수이다.

(3) 75, 45의 최대공약수는 $3\times5=15$

$$\begin{array}{r|rr} 3 & 75 & 45 \\ 5 & 25 & 15 \\ \hline & 5 & 3 \end{array}$$

7-1

답 **18**

어떤 자연수는 $74-2$, $56-2$, 즉 72, 54의 공약수이다. 이러한 자연수 중 가장 큰 수는 72와 54의 최대공약수이므로 $2\times3\times3=18$

$$\begin{array}{r|rr} 2 & 72 & 54 \\ 3 & 36 & 27 \\ 3 & 12 & 9 \\ \hline & 4 & 3 \end{array}$$

STEP 2 기출로 실전 문제 익히기

본문 24쪽

1 ①, ④	**2** ⑤	**3** 30	**4** ②	**5** 16
6 ③	**7** 7, 14			

1 주어진 수와 15의 최대공약수를 구하면 다음과 같다.
① 1 ② 3 ③ 5 ④ 1 ⑤ 3
따라서 15와 서로소인 수는 ①, ④이다. 답 ①, ④

2 두 수 $2^3\times3^2\times5$, $2^2\times3\times5^2$의 최대공약수는 $2^2\times3\times5$
두 수의 공약수의 개수는 두 수의 최대공약수의 약수의 개수와 같으므로
$(2+1)\times(1+1)\times(1+1)=3\times2\times2=12$(개) 답 ⑤

3 $120=2^3\times3\times5$이므로 주어진 세 수의 최대공약수는 $2^2\times3\times5$
따라서 세 수의 공약수는 $2^2\times3\times5$의 약수이므로 두 번째로 큰 공약수는 $2\times3\times5=30$ 답 30

4 $2^4\times5^3$, $2^3\times3^2\times5^a$, $2^b\times5^2\times13$의 최대공약수가 $20=2^2\times5$이므로 세 수의 공통인 소인수 2의 지수 4, 3, b 중 가장 작은 것이 2이다.
$\therefore b=2$
또, 세 수의 공통인 소인수 5의 지수 3, a, 2 중 가장 작은 것이 1이므로 $a=1$
$\therefore a+b=1+2=3$ 답 ②

5 구하는 n의 값은 80과 96의 공약수이다. 따라서 n의 값 중 가장 큰 수는 80과 96의 최대공약수이므로
$2\times2\times2\times2=16$

$$\begin{array}{r|rr} 2 & 80 & 96 \\ 2 & 40 & 48 \\ 2 & 20 & 24 \\ 2 & 10 & 12 \\ \hline & 5 & 6 \end{array}$$

답 16

6 가능한 한 큰 상자를 실으려면 상자의 한 모서리의 길이는 450, 360, 270의 최대공약수이어야 하므로 $2\times3\times3\times5=90(\text{cm})$

$$\begin{array}{r|rrr} 2 & 450 & 360 & 270 \\ 3 & 225 & 180 & 135 \\ 3 & 75 & 60 & 45 \\ 5 & 25 & 20 & 15 \\ \hline & 5 & 4 & 3 \end{array}$$

이때 컨테이너의 가로, 세로와 높이에 실을 수 있는 상자의 개수는 각각 다음과 같다.
가로: $450\div90=5$(개), 세로: $360\div90=4$(개),
높이: $270\div90=3$(개)
따라서 컨테이너에 실을 수 있는 상자의 개수는
$5\times4\times3=60$(개) 답 ③

7 1단계 어떤 자연수로 100, 60을 나누면 나머지가 각각 2, 4이므로 어떤 자연수로 $100-2=98$, $60-4=56$을 나누면 나누어떨어진다.
즉, 어떤 자연수는 98과 56의 공약수이다. ◂ 40 %

2단계 98과 56의 최대공약수는 $2\times7=14$이므로 두 수의 공약수는 1, 2, 7, 14이다. ◂ 30 %

$$\begin{array}{r|rr} 2 & 98 & 56 \\ 7 & 49 & 28 \\ \hline & 7 & 4 \end{array}$$

3단계 이때 나머지가 2, 4이므로 어떤 자연수는 4보다 커야 한다. 따라서 어떤 자연수가 될 수 있는 수는 7, 14이다. ◂ 30 %

답 7, 14

LECTURE 04 최소공배수와 그 활용

개념 다지기

본문 25~27쪽

1 답 (1) **6, 12, 18, 24, 30, 36, 42, 48, 54, ⋯**
(2) **9, 18, 27, 36, 45, 54, 63, 72, ⋯**
(3) **18, 36, 54, ⋯** (4) **18** (5) **18, 36, 54, ⋯**

2 답 (1) **14, 28, 42** (2) **30, 60, 90**

3 답 (1) **서로소이다., 21** (2) **서로소이다., 60**
(3) **서로소가 아니다., 30**
(3) 10과 15의 최대공약수가 5이므로 서로소가 아니다.
10의 배수는 10, 20, 30, ⋯이고 15의 배수는 15, 30, 45, ⋯이므로 10과 15의 최소공배수는 30이다.

4 답 (1) $\mathbf{3\times5\times7}$ (2) $\mathbf{2^2\times3\times5}$
(3) $\mathbf{2\times3^2\times5\times7}$ (4) $\mathbf{2^3\times3^2\times5}$

(1)
$$\begin{array}{l} 3\times5 \\ 3\quad\times7 \\ \hline (\text{최소공배수})=3\times5\times7 \end{array}$$

(2)
$$\begin{array}{l} 2^2\times3 \\ 2^2\quad\times5 \\ \hline (\text{최소공배수})=2^2\times3\times5 \end{array}$$

(3)
$$\begin{array}{l} 2\times3\times5 \\ \quad 3^2\quad\times7 \\ 2\times3\quad\times7 \\ \hline (\text{최소공배수})=2\times3^2\times5\times7 \end{array}$$

(4)
$$\begin{array}{l} 2^3\times3 \\ 2^2\times3\times5 \\ 2^3\times3^2 \\ \hline (\text{최소공배수})=2^3\times3^2\times5 \end{array}$$

5 답 (1) **126** (2) **175** (3) **120** (4) **540**

(1)
$$\begin{array}{r|rr} 2 & 18 & 42 \\ 3 & 9 & 21 \\ \hline & 3 & 7 \end{array}$$
→ 최소공배수: $2\times3\times3\times7=126$

(2)
$$\begin{array}{r|rr} 5 & 25 & 35 \\ \hline & 5 & 7 \end{array}$$
→ 최소공배수: $5\times5\times7=175$

(3)
$$\begin{array}{r|rrr} 2 & 8 & 15 & 40 \\ 2 & 4 & 15 & 20 \\ 2 & 2 & 15 & 10 \\ 5 & 1 & 15 & 5 \\ \hline & 1 & 3 & 1 \end{array}$$
→ 최소공배수: $2\times2\times2\times5\times1\times3\times1=120$

(4)
$$\begin{array}{r|rrr} 2 & 30 & 36 & 54 \\ 3 & 15 & 18 & 27 \\ 3 & 5 & 6 & 9 \\ \hline & 5 & 2 & 3 \end{array}$$
→ 최소공배수: $2\times3\times3\times5\times2\times3=540$

6 답 **24**
$18\times A=6\times72$이므로 $A=24$

7 답 (1) **30** (2) **45** (3) **최소공배수, 90, 11, 30**

(3)
$$\begin{array}{r|rr} 3 & 30 & 45 \\ 5 & 10 & 15 \\ \hline & 2 & 3 \end{array}$$
→ 최소공배수: $3\times5\times2\times3=90$

8 답 (1) **8** (2) **12** (3) **최소공배수, 24**

(3)
$$\begin{array}{r|rr} 2 & 8 & 12 \\ 2 & 4 & 6 \\ \hline & 2 & 3 \end{array}$$
→ 최소공배수: $2\times2\times2\times3=24$

STEP 1 교과서 핵심 유형 익히기

본문 28~29쪽

1 답 ⑤
$$\begin{array}{l} 2^3\times3 \\ 2^2\times3^2\times5 \\ 2^2\qquad\times5^2 \\ \hline (\text{최소공배수})=2^3\times3^2\times5^2 \end{array}$$

1-1 답 **180**
$90=2\times3^2\times5$이므로
$$\begin{array}{l} 2^2\times3 \\ 2^2\quad\times5 \\ 2\times3^2\times5 \\ \hline (\text{최소공배수})=2^2\times3^2\times5=180 \end{array}$$

2 답 ①, ④
주어진 두 수의 공배수는 두 수의 최소공배수인 $2^3\times3\times5$의 배수이다. 따라서 두 수의 공배수가 아닌 것은 ①, ④이다.

2-1 답 ①
두 수 $16=2^4$, $44=2^2\times11$의 최소공배수는 $2^4\times11=176$
따라서 500 이하의 공배수는 176, 352의 2개이다.

3 답 **5**
$2^2\times5$, $2^a\times3\times5^2$의 최소공배수가 $2^3\times3\times5^b$이므로 두 수의 공통인 소인수 2의 지수 2와 a 중 큰 것이 3이다.
$\therefore a=3$
또, 두 수의 공통인 소인수 5의 지수 1과 2 중 큰 것이 b이므로 $b=2$
$\therefore a+b=3+2=5$

3-1 답 ②

$2^a\times3$, $2^2\times3\times7^b$, 2×3^c의 최소공배수가 $2^3\times3^2\times7$이므로 $b=1$

세 수의 공통인 소인수 2의 지수 a, 2, 1 중 가장 큰 것이 3이므로 $a=3$

또, 세 수의 공통인 소인수 3의 지수 1, 1, c 중 가장 큰 것이 2이므로 $c=2$

$\therefore a+b+c=3+1+2=6$

4 답 **오전 10시 30분**

열차 A와 열차 B가 처음으로 다시 동시에 출발할 때까지 걸리는 시간은 25와 30의 최소공배수이므로

$$\begin{array}{r|rr} 5 & 25 & 30 \\ \hline & 5 & 6 \end{array}$$

$5\times5\times6=150$

따라서 처음으로 다시 두 열차가 동시에 출발하는 시각은 오전 8시로부터 150분, 즉 2시간 30분 후인 오전 10시 30분이다.

4-1 답 **72개**

두 톱니바퀴가 같은 톱니에서 처음으로 다시 맞물릴 때까지 움직인 톱니바퀴 A의 톱니의 개수는 18과 24의 최소공배수이므로

$$\begin{array}{r|rr} 2 & 18 & 24 \\ \hline 3 & 9 & 12 \\ \hline & 3 & 4 \end{array}$$

$2\times3\times3\times4=72$(개)

5 답 (1) **72 cm** (2) **216개**

(1) 되도록 작은 정육면체를 만들려면 정육면체의 한 모서리의 길이는 18, 4, 24의 최소공배수이어야 하므로 $2\times2\times3\times3\times1\times2=72$(cm)

$$\begin{array}{r|rrr} 2 & 18 & 4 & 24 \\ \hline 2 & 9 & 2 & 12 \\ \hline 3 & 9 & 1 & 6 \\ \hline & 3 & 1 & 2 \end{array}$$

(2) 가로, 세로, 높이에 필요한 상자의 개수는 각각 다음과 같다.

가로: $72\div18=4$(개), 세로: $72\div4=18$(개),

높이: $72\div24=3$(개)

따라서 필요한 직육면체 모양의 상자의 개수는

$4\times18\times3=216$(개)

5-1 답 **140 cm**

만들어지는 가장 작은 정사각형의 한 변의 길이는 28과 35의 최소공배수이어야 하므로 $7\times4\times5=140$(cm)

$$\begin{array}{r|rr} 7 & 28 & 35 \\ \hline & 4 & 5 \end{array}$$

6 답 (1) **3** (2) **3** (3) **6, 14, 3, 42, 3, 45**

(3) 6, 14 중 어느 것으로 나누어도 3이 남는 수는 (6, 14의 공배수)$+3$이다.

6, 14의 최소공배수는 $2\times3\times7=42$

$$\begin{array}{r|rr} 2 & 6 & 14 \\ \hline & 3 & 7 \end{array}$$

따라서 구하는 가장 작은 수는

$42+3=45$

6-1 답 **41**

9, 12 중 어느 것으로 나누어도 5가 남는 수는 (9, 12의 공배수)$+5$이다.

9, 12의 최소공배수는 $3\times3\times4=36$

$$\begin{array}{r|rr} 3 & 9 & 12 \\ \hline & 3 & 4 \end{array}$$

따라서 구하는 가장 작은 수는 $36+5=41$

7 답 $\dfrac{42}{5}$

구하는 분수를 $\dfrac{a}{b}$라 하면 a는 14와 21의 최소공배수이므로 $a=7\times2\times3=42$

$$\begin{array}{r|rr} 7 & 14 & 21 \\ \hline & 2 & 3 \end{array}$$

b는 15와 5의 최대공약수이므로 $b=5$

$$\begin{array}{r|rr} 5 & 15 & 5 \\ \hline & 3 & 1 \end{array}$$

따라서 구하는 분수는 $\dfrac{42}{5}$이다.

7-1 답 $\dfrac{50}{3}$

구하는 분수를 $\dfrac{a}{b}$라 하면 a는 25와 10의 최소공배수이므로

$$\begin{array}{r|rr} 5 & 25 & 10 \\ \hline & 5 & 2 \end{array}$$

$a=5\times5\times2=50$

b는 12와 9의 최대공약수이므로 $b=3$

$$\begin{array}{r|rr} 3 & 12 & 9 \\ \hline & 4 & 3 \end{array}$$

따라서 구하는 분수는 $\dfrac{50}{3}$이다.

STEP 2 기출로 실전 문제 익히기

본문 30쪽

1 ⑤	**2** 1080	**3** ④	**4** 2221년	**5** 240개
6 178	**7** ①	**8** 600		

1

$$\begin{array}{r} 2^5 \\ 2^4\times3 \\ 2^2\times3^2\times5 \\ \hline (\text{최소공배수})=2^5\times3^2\times5 \end{array}$$

답 ⑤

2 두 수 $2^2\times3\times5$, 2×3^2의 최소공배수는 $2^2\times3^2\times5=180$

따라서 두 수의 공배수는 180, 360, 540, 720, 900, 1080, …이므로 1000에 가장 가까운 수는 1080이다. 답 1080

3 $2^a\times5^3\times b$, $2^3\times3^c\times5$의 최대공약수가 $2^2\times5$이므로 두 수의 공통인 소인수 2의 지수 a와 3 중 작은 것이 2이다.

$\therefore a=2$

또, 최소공배수가 $2^3\times3^2\times5^3\times7$이고 b는 소수이므로 $b=7$, $c=2$

$\therefore a+b-c=2+7-2=7$

답 ④

4 13과 17은 서로소이므로 두 수의 최소공배수는 $13\times17=221$

따라서 두 종류의 매미는 2000년으로부터 221년 후인 2221년에 처음으로 다시 동시에 나타난다. 답 2221년

5 가능한 한 작은 정육면체를 만들려면 정육면체의 한 모서리의 길이는 24, 20, 15의 최소공배수이어야 하므로

$2\times2\times3\times5\times2\times1\times1=120$(mm)

```
2) 24  20  15
2) 12  10  15
3)  6   5  15
5)  2   5   5
    2   1   1
```

이때 가로, 세로, 높이에 필요한 블록의 개수는 각각 다음과 같다.

가로: $120\div24=5$(개), 세로: $120\div20=6$(개),

높이: $120\div15=8$(개)

따라서 필요한 블록의 개수는

$5\times6\times8=240$(개)

답 240개

6 5, 6, 9로 나누어떨어지기 위해서는 모두 2가 부족하므로 구하는 수는 (5, 6, 9의 공배수)-2이다.

5, 6, 9의 최소공배수는

```
3) 5  6  9
   5  2  3
```

$3\times5\times2\times3=90$

따라서 세 자리의 자연수 중 가장 작은 수는

$90\times2-2=180-2=178$

답 178

7 두 수의 최대공약수가 20이므로 두 수를

$20\times a$, $20\times b$ (a, b는 서로소, $a<b$)

라 하자.

두 수의 최소공배수가 140이므로

$20\times a\times b=140$ $\therefore a\times b=7$

이때 a, b는 서로소이고 $a<b$이므로 $a=1$, $b=7$

따라서 두 수는

$20\times a=20\times1=20$, $20\times b=20\times7=140$

이므로 두 수의 차는 $140-20=120$

답 ①

월등한 개념

최대공약수가 G, 최소공배수가 L인 두 수 A, B를 구할 때

❶ $A=a\times G$, $B=b\times G$ (a, b는 서로소)로 놓는다.

❷ $a\times b\times G=L$임을 이용하여 a, b의 값을 구한다.

8 1단계 곱할 수 있는 자연수는 세 분수 $\frac{1}{12}$, $\frac{1}{20}$, $\frac{1}{25}$의 분모 12, 20, 25의 공배수이다. ◂20%

2단계 12, 20, 25의 최소공배수는

```
2) 12  20  25
2)  6  10  25
5)  3   5  25
    3   1   5
```

$2\times2\times5\times3\times1\times5=300$

이므로 세 분수에 곱할 수 있는 자연수는

300, 600, 900, 1200, ⋯

이 중 가장 큰 세 자리의 자연수는 900, 가장 작은 세 자리의 자연수는 300이다. ◂60%

3단계 따라서 가장 큰 세 자리의 자연수와 가장 작은 세 자리의 자연수의 차는

$900-300=600$ ◂20%

답 600

STEP 3 학교 시험 미리보기

본문 31~34쪽

01 ②	02 ④	03 ②	04 ③	05 ⑤
06 ③	07 ③	08 125	09 ②	10 ②
11 ④	12 ②	13 ③	14 ③	15 38명
16 ④	17 ②	18 ①	19 29	
20 오후 7시 12분		21 ④		
22 (1) $a=15$, $b=45$ (2) $c=26$, $d=2$				
23 (1) 17명 (2) 3자루		24 $a=1$, $b=2$		25 300

01 소수는 2, 5, 19의 3개이다.

답 ②

02 ④

```
2) 48
2) 24
2) 12
2)  6
    3
```

$\therefore 48=2^4\times3$

답 ④

03 ② 15와 39는 최대공약수가 3이므로 서로소가 아니다.

답 ②

04

$2^4\times3^2$

$2^5\times3^2\times7$

$2^4\times3^3\times7^2$

(최대공약수)$=2^4\times3^2$

(최소공배수)$=2^5\times3^3\times7^2$

답 ③

05 ① 가장 작은 합성수는 4이다.

② 한 자리의 자연수 중 합성수는 4, 6, 8, 9의 4개이다.

③ 3의 배수 중 소수는 3 하나뿐이다.

④ 4, 9는 모두 합성수이지만 서로소이다.

답 ⑤

06 $256=2\times2\times2\times2\times2\times2\times2\times2=2^8=2^a$

$243=3\times3\times3\times3\times3=3^5=3^b$

따라서 $a=8$, $b=5$이므로 $a-b=8-5=3$

답 ③

07 840을 소인수분해하면 $840=2^3\times3\times5\times7$

따라서 840의 소인수는 2, 3, 5, 7의 4개이다.

답 ③

08 $45=3^2\times5$에서 5의 지수가 짝수가 되어야 하므로 곱할 수 있는 자연수는 $5\times$(자연수)^2 꼴이다.

따라서 곱할 수 있는 자연수는

$5\times1^2=5$, $5\times2^2=20$, $5\times3^2=45$, $5\times4^2=80$,

$5\times5^2=125$, $5\times6^2=180$, ⋯

이므로 이 중 가장 작은 세 자리의 자연수는 125이다.

답 125

09 ① $9\times2=2\times3^2$의 약수의 개수는

$(1+1)\times(2+1)=2\times3=6$(개)

② $9\times3=3^3$의 약수의 개수는 $3+1=4$(개)

③ $9\times5=3^2\times5$의 약수의 개수는
$(2+1)\times(1+1)=3\times2=6$(개)
④ $9\times7=3^2\times7$의 약수의 개수는
$(2+1)\times(1+1)=3\times2=6$(개)
⑤ $9\times11=3^2\times11$의 약수의 개수는
$(2+1)\times(1+1)=3\times2=6$(개)
따라서 □ 안에 들어갈 수 없는 수는 ②이다. 답 ②

10 주어진 두 수의 공약수는 두 수의 최대공약수인 4의 약수이므로 1, 2, 4이다.
따라서 모든 공약수의 합은 $1+2+4=7$

2) 136 196
2) 68 98
34 49

답 ②

11 태양전지의 개수를 최소로 하려면 태양전지의 크기는 최대로 하여야 한다.
태양전지의 한 변의 길이는 105와 75의 최대공약수이므로 $3\times5=15$(cm)
따라서 태양전지 한 개의 넓이는
$15\times15=225(\text{cm}^2)$

3) 105 75
5) 35 25
7 5

답 ④

12 가능한 한 나무를 적게 심으려면 나무 사이의 간격은 최대로 하여야 한다.
나무 사이의 간격은 105, 84, 63의 최대공약수이므로 $3\times7=21$(m)이고 $105\div21=5$, $84\div21=4$, $63\div21=3$
따라서 필요한 나무의 수는 $5+4+3=12$(그루)

3) 105 84 63
7) 35 28 21
5 4 3

답 ②

13 $9\times a=3^2\times a$, $12\times a=2^2\times3\times a$이고 최소공배수가 108이므로 $2^2\times3^2\times a=108=2^2\times3^3$ $\therefore a=3$
따라서 두 수는
$9\times a=3^2\times3=3^3$, $12\times a=2^2\times3\times3=2^2\times3^2$
이므로 3^3, $2^2\times3^2$의 최대공약수는 $3^2=9$ 답 ③

14 두 톱니바퀴가 같은 톱니에서 처음으로 다시 맞물릴 때까지 회전한 톱니의 개수는 30과 54의 최소공배수이므로
$2\times3\times5\times9=270$(개)

2) 30 54
3) 15 27
5 9

따라서 두 톱니바퀴가 같은 톱니에서 처음으로 다시 맞물리는 것은 톱니바퀴 B가 $270\div54=5$(바퀴) 회전한 후이다. 답 ③

15 준서네 반 학생 수가 4, 5, 8로 나누어떨어지기 위해서는 모두 2가 부족하므로 준서네 반 학생 수는
{(4, 5, 8의 공배수)-2}명이다.
4, 5, 8의 최소공배수는
$2\times2\times1\times5\times2=40$(명)
이고 준서네 반 학생 수는 50명보다 적으므로 준서네 반 학생 수는 $40-2=38$(명)

2) 4 5 8
2) 2 5 4
1 5 2

답 38명

16 a는 세 분수의 분모인 15, 25, 45의 최소공배수이므로
$a=5\times3\times1\times5\times3=225$

5) 15 25 45
3) 3 5 9
1 5 3

b는 세 분수의 분자인 16, 24, 32의 최대공약수이므로
$b=2\times2\times2=8$
$\therefore a+b=225+8=233$

2) 16 24 32
2) 8 12 16
2) 4 6 8
2 3 4

답 ④

17 1부터 10까지의 자연수 중 3을 인수로 가지는 수는 3, 6, 9이므로
$3\times6\times9=3\times(2\times3)\times3^2=2\times3^4$ $\therefore a=4$
또, 1부터 10까지의 자연수 중 5를 인수로 가지는 수는 5, 10이므로
$5\times10=5\times(2\times5)=2\times5^2$ $\therefore b=2$
$\therefore a+b=4+2=6$ 답 ②
참고 $1\times2\times3\times\cdots\times10=2^8\times3^4\times5^2\times7$

18 800을 소인수분해하면 $800=2^5\times5^2$이므로 800의 약수 중 어떤 자연수의 제곱이 되는 수는
1, 2^2, $2^4=4^2$, 5^2, $2^2\times5^2=10^2$, $2^4\times5^2=20^2$
의 6개이다. 답 ①

19 (가), (다)에서 20 이상의 소수는 23, 29, 31, 37, ⋯이다.
(나)에서 $92=2^2\times23$과 서로소인 수 중 (가), (다)를 만족시키는 가장 작은 수는 29이다. 답 29

20 세 분수는 각각 $10+6=16$(초), $15+5=20$(초), $20+10=30$(초)마다 다시 켜진다.
세 분수가 동시에 켜진 후 그 다음 동시에 켜질 때까지 걸리는 시간은 16, 20, 30의 최소공배수이므로
$2\times2\times5\times4\times1\times3=240$(초)

2) 16 20 30
2) 8 10 15
5) 4 5 15
4 1 3

따라서 세 번째로 다시 동시에 켜질 때까지 걸리는 시간은 $240\times3=720$(초)이므로 구하는 시각은 오후 7시로부터 $720\div60=12$(분) 후인 오후 7시 12분이다.
답 오후 7시 12분

21 두 수의 최대공약수가 12이므로 두 수를
$A=12\times a$, $B=12\times b$ (a, b는 서로소, $a<b$)
라 하자. 두 수의 최소공배수가 180이므로
$12\times a\times b=180$ $\therefore a\times b=15$
(i) $a=1$, $b=15$일 때
$A=12$, $B=180$ $\therefore A+B=12+180=192$
(ii) $a=3$, $b=5$일 때
$A=36$, $B=60$ $\therefore A+B=36+60=96$
두 수의 합이 96이므로 두 수는 36과 60이다.
따라서 두 수의 차는 $60-36=24$ 답 ④

22 (1) 135를 소인수분해하면

$135=3^3\times5$

(가)에서 $135\times a=3^3\times5\times a$가 어떤 자연수의 제곱이 되려면 각 소인수의 지수가 모두 짝수가 되어야 하므로 $a=3\times5=15$ … ❶

$135\times15=2025=45^2$

$\therefore b=45$ … ❷

(2) 104를 소인수분해하면

$104=2^3\times13$

(나)에서 $\frac{104}{c}=\frac{2^3\times13}{c}$이 어떤 자연수의 제곱이 되려면 각 소인수의 지수가 모두 짝수가 되어야 하므로

$c=2\times13=26$ … ❸

$\frac{104}{26}=2^2$ $\therefore d=2$ … ❹

답 (1) $a=15$, $b=45$ (2) $c=26$, $d=2$

단계	채점 기준	배점
❶	a의 값 구하기	25 %
❷	b의 값 구하기	25 %
❸	c의 값 구하기	25 %
❹	d의 값 구하기	25 %

23 (1) 학생들에게 똑같이 나누어 줄 때 필요한 공책은 $31+3=34$(권), 연필은 $63+5=68$(자루), 볼펜은 $55-4=51$(자루) … ❶

이므로 학생 수는 34, 68, 51의 공약수이다.

34, 68, 51의 최대공약수는 17이므로 구하는 학생 수는 17명이다. … ❷

$$\begin{array}{r|rrr} 17 & 34 & 68 & 51 \\ \hline & 2 & 4 & 3 \end{array}$$

(2) 따라서 구하는 볼펜의 수는

$51\div17=3$(자루) … ❸

답 (1) 17명 (2) 3자루

단계	채점 기준	배점
❶	학생들에게 똑같이 나누어 줄 때 필요한 공책, 연필, 볼펜의 수 구하기	30 %
❷	학생 수 구하기	40 %
❸	볼펜의 수 구하기	30 %

24 $420=2^2\times3\times5\times7$이므로 약수의 개수는

$(2+1)\times(1+1)\times(1+1)\times(1+1)$

$=3\times2\times2\times2$

$=24$(개) … ❶

$3^3\times7^a\times11^b$의 약수의 개수는

$(3+1)\times(a+1)\times(b+1)$(개) … ❷

따라서 $4\times(a+1)\times(b+1)=24$이므로

$(a+1)\times(b+1)=6=2\times3$

이때 $a<b$이므로 $a+1=2$, $b+1=3$

$\therefore a=1$, $b=2$ … ❸

답 $a=1$, $b=2$

단계	채점 기준	배점
❶	420의 약수의 개수 구하기	30 %
❷	$3^3\times7^a\times11^b$의 약수의 개수를 a, b를 이용하여 나타내기	30 %
❸	a, b의 값 구하기	40 %

25 세 수의 최대공약수가 15이므로 $A=15\times a$라 하자. … ❶

이때 $15=15\times1$, $45=15\times3$이고 세 수의 최소공배수가 $225=15\times3\times5$이므로 a의 값이 될 수 있는 수는

5, $3\times5=15$

A의 값이 될 수 있는 수는

$15\times5=75$, $15\times15=225$ … ❷

따라서 A의 값이 될 수 있는 모든 자연수의 합은

$75+225=300$ … ❸

답 300

단계	채점 기준	배점
❶	A를 최대공약수를 이용하여 나타내기	30 %
❷	A의 값이 될 수 있는 모든 자연수 구하기	50 %
❸	❷에서 구한 모든 자연수의 합 구하기	20 %

I. 수와 연산

2 정수와 유리수

단원 계통 잇기

본문 36쪽

1 답 (1) **9, 8, >** (2) **25, 26, <** (3) **80, 79, >**

2 답 (1) **3** (2) **11**

3 답 (1) $\frac{19}{15}$ (2) $\frac{17}{36}$ (3) $\frac{14}{39}$ (4) $\frac{3}{4}$ (5) $\frac{2}{5}$ (6) $\frac{7}{3}$

LECTURE 05 정수와 유리수

개념 다지기

본문 38~39쪽

1 답 (1) **+5 ℃, −11 ℃** (2) **+3 kg, −7 kg**

2 답 (1) **+2, 양수** (2) **−5, 음수** (3) $+\frac{2}{3}$, **양수** (4) **−7.9, 음수**

3 답 (1) $+1$, 10 (2) -6, -9 (3) $+1$, 0, -6, 10, -9

4 답 (1) $+2$, 11, $+1.7$, $\frac{9}{3}$ (2) $-\frac{3}{5}$, -3.6, -8

(3) $-\frac{3}{5}$, -3.6, $+1.7$

5 답 (1) A: -3, B: $-\frac{1}{2}$, C: $\frac{10}{3}$

(2)
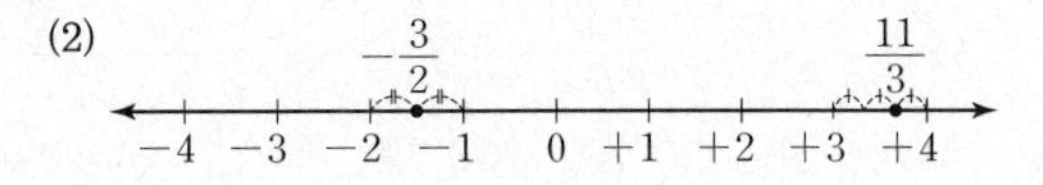

STEP 1 교과서 핵심 유형 익히기

본문 40쪽

1 답 ③

③ '~ 후'는 $+$로 나타낸다. → $+30$분

1-1 답 ②, ④

① 출금은 $-$로 나타낸다. → -5만 원

③ 지하는 $-$로 나타낸다. → -2층

⑤ 상승은 $+$로 나타낸다. → $+10$ ℃

2 답 ④

① 양수는 $+\frac{1}{2}$, $+\frac{15}{5}$, 2.1의 3개이다.

② 음의 유리수는 -3, -6.9, $-\frac{7}{3}$의 3개이다.

③ 양의 정수는 $+\frac{15}{5}=+3$의 1개이다.

④ 정수는 -3, 0, $+\frac{15}{5}=+3$의 3개이다.

⑤ 정수가 아닌 유리수는 $+\frac{1}{2}$, -6.9, $-\frac{7}{3}$, 2.1의 4개이다.

2-1 답 (1) ○ (2) × (3) ○ (4) ×

(2) $\frac{12}{2}=6$은 양의 정수이다.

(4) 유리수는 양의 유리수, 0, 음의 유리수로 이루어져 있다.

3 답 ⑤

⑤ $+1$과 $+2$를 나타내는 점 사이를 3등분하였으므로 한 칸은 $\frac{1}{3}$이고, $+1$을 나타내는 점에서 오른쪽으로 2칸 갔으므로 점 E가 나타내는 수는 $+\frac{5}{3}$이다.

3-1 답

A C B
-1 0 $+1$

A: $-\frac{1}{2}=-\frac{3}{6}$이므로 -1과 0을 나타내는 점 사이를 6등분했을 때 0을 나타내는 점에서 왼쪽으로 3칸 간 점이 나타내는 수이다.

C: $\frac{2}{3}=\frac{4}{6}$이므로 0과 $+1$을 나타내는 점 사이를 6등분 했을 때 0을 나타내는 점에서 오른쪽으로 4칸 간 점이 나타내는 수이다.

STEP 2 기출로 실전 문제 익히기

본문 41쪽

1 ㉠ $+0.8$℃ ㉡ -2.7% ㉢ -7.4%			**2** ②, ⑤
3 ④	**4** ②, ④	**5** $a=-2$, $b=3$	**6** 4

1 ㉠ '올라가다.'는 $+$로 나타내므로 $+0.8$ ℃이다.

㉡ '줄어들다.'는 $-$로 나타내므로 -2.7 %이다.

㉢ '감소하다.'는 $-$로 나타내므로 -7.4 %이다.

답 ㉠ $+0.8$℃ ㉡ -2.7% ㉢ -7.4%

2 ① 2.5는 정수가 아니다.

② $\frac{9}{3}=3$이므로 모두 정수이다.

③ -1.2는 정수가 아니다.

④ $-\frac{4}{2}=-2$, $\frac{6}{2}=3$, $\frac{8}{4}=2$로 정수이지만 $\frac{9}{6}=\frac{3}{2}$이므로 정수가 아니다.

답 ②, ⑤

3 ④ 0과 1 사이에는 무수히 많은 유리수가 있다. 답 ④

4 A: -2.5, B: -2, C: $-\frac{8}{5}=-1.6$, D: $+\frac{4}{3}$, E: $+3$

③ 정수는 -2, $+3$의 2개이다.

④ 음수는 -2.5, -2, -1.6의 3개이다.

⑤ 모두 유리수이므로 유리수는 5개이다.

답 ②, ④

5

$-\frac{9}{4}$ $\frac{14}{5}$
-3 -2 -1 0 1 2 3

$-\frac{9}{4}$에 가장 가까운 정수는 -2이므로 $a=-2$

$\frac{14}{5}$에 가장 가까운 정수는 3이므로 $b=3$

답 $a=-2$, $b=3$

6 1단계 양의 유리수는 $+\frac{3}{5}$, $\frac{8}{2}$, $+2.9$의 3개이므로 $a=3$ ◀30 %

2단계 음의 정수는 -7, $-\frac{15}{3}=-5$의 2개이므로 $b=2$ ◀30 %

3단계 정수가 아닌 유리수는 $+\frac{3}{5}$, $-\frac{8}{6}$, $+2.9$의 3개이므로 $c=3$ ◀30 %

4단계 $a-b+c=3-2+3=4$ ◀10 %

답 4

LECTURE 06 수의 대소 관계

개념 다지기

본문 42~43쪽

1 답 (1) **7** (2) $\frac{4}{5}$ (3) **11** (4) $\frac{3}{7}$

(5) $+\frac{9}{8}$, $-\frac{9}{8}$ (6) **+1.2, −1.2**

2 답 (1) **양수** (2) **0** (3) **커진다**

3 답 (1) $<$ (2) $>$ (3) $<$ (4) $<$ (5) $>$ (6) $>$

4 답 (1) $>$ (2) $\le$ (3) $\le$, $<$ (4) $<$, $\le$

STEP 1 교과서 핵심 유형 익히기

본문 44~45쪽

1 답 $a=\frac{3}{5}$, $b=-3$

$-\frac{3}{5}$의 절댓값은 $\frac{3}{5}$이므로 $a=\frac{3}{5}$

절댓값이 3인 수는 $+3$, -3이고 이 중 음수는 -3이므로 $b=-3$

1-1 답 ③

$+3$의 절댓값은 3이므로 $a=3$

원점으로부터 거리가 10인 점이 나타내는 양수는 10이므로 $b=10$

$\therefore a+b=3+10=13$

2 답 ㄱ, ㄷ

ㄴ. 원점으로부터 거리가 3인 점이 나타내는 수는 3과 -3이다.

ㄹ. 절댓값은 0 또는 양수이다.

따라서 옳은 것은 ㄱ, ㄷ이다.

2-1 답 (1) ○ (2) × (3) ○ (4) ×

(2) 절댓값이 0인 수는 0뿐이다.

(4) 절댓값이 1 이하인 정수는 -1, 0, 1의 3개이다.

3 답 ③

① $|1.2|=1.2$ ② $\left|\frac{5}{3}\right|=\frac{5}{3}\left(=1\frac{2}{3}\right)$

③ $\left|-\frac{5}{2}\right|=\frac{5}{2}\left(=2\frac{1}{2}\right)$ ④ $|-2|=2$

⑤ $|0|=0$

따라서 $|0|<|1.2|<\left|\frac{5}{3}\right|<|-2|<\left|-\frac{5}{2}\right|$이므로 절댓값이 가장 큰 수는 ③이다.

3-1 답 -2, $+\frac{4}{3}$, $-\frac{5}{4}$, 1, $\frac{6}{7}$

$\left|-\frac{5}{4}\right|=\frac{5}{4}\left(=1\frac{1}{4}\right)$, $|1|=1$, $\left|+\frac{4}{3}\right|=\frac{4}{3}\left(=1\frac{1}{3}\right)$,

$\left|\frac{6}{7}\right|=\frac{6}{7}$, $|-2|=2$

따라서 절댓값이 큰 수부터 차례대로 나열하면

-2, $+\frac{4}{3}$, $-\frac{5}{4}$, 1, $\frac{6}{7}$

4 답 **+4, −4**

두 점은 원점으로부터 서로 반대 방향으로 각각 $8\times\frac{1}{2}=4$만큼 떨어져 있으므로 두 수는 $+4$, -4이다.

4-1 답 ②

두 점은 원점으로부터 서로 반대 방향으로 각각 $12\times\frac{1}{2}=6$만큼 떨어져 있다.

따라서 두 수는 $+6$, -6이고, 이 중 작은 수는 -6이다.

5 답 $-\frac{9}{11}$

$|-3|>|-1.8|>\left|-\frac{9}{11}\right|$이므로 $-3<-1.8<-\frac{9}{11}$

또, (음수)$<0<$(양수)이므로

$-3<-1.8<-\frac{9}{11}<0<\frac{6}{5}\left(=1\frac{1}{5}\right)<2.4$

따라서 세 번째로 작은 수는 $-\frac{9}{11}$이다.

5-1 답 ④

① $\left|-\frac{2}{7}\right|=\frac{2}{7}$이므로 $0<\left|-\frac{2}{7}\right|$

② (양수)>(음수)이므로 $\frac{1}{2}>-\frac{4}{3}$

③ $\frac{9}{5}=1\frac{4}{5}$이므로 $\frac{9}{5}<2.1$

④ $|-1|>\left|-\frac{3}{4}\right|$이므로 $-1<-\frac{3}{4}$

⑤ $|-3|=3$, $|-4|=4$이므로 $|-3|<|-4|$

주의 절댓값 기호가 있으면 부호를 떼고 크기를 비교해야 함에 주의한다.

6 답 ①

x는 $-\frac{7}{3}$보다 크고 $\frac{8}{9}$보다 작거나 같으므로

$-\frac{7}{3}<x\le\frac{8}{9}$

6-1 답 (1) $-\frac{3}{11}<a\le\frac{6}{7}$ (2) $\frac{1}{2}\le a\le 2$ (3) $-4\le a<0.3$

(3) a는 -4보다 크거나 같고 0.3보다 작으므로

$-4\le a<0.3$

STEP 2 기출로 실전 문제 익히기

본문 46쪽

1 ⑤	2 $-\frac{10}{3}$, $+1.75$	3 -9	4 ③
5 ④	6 시리우스, 데네브	7 7개	

1 ⑤ 음수는 절댓값이 클수록 작다. 답 ⑤

2 $|-2.05|=2.05$, $|+1.75|=1.75$, $|-3|=3$,

$\left|+\frac{5}{2}\right|=\frac{5}{2}$, $\left|-\frac{10}{3}\right|=\frac{10}{3}$

즉, $|+1.75|<|-2.05|<\left|+\frac{5}{2}\right|<|-3|<\left|-\frac{10}{3}\right|$이므로 절댓값이 가장 큰 수는 $-\frac{10}{3}$, 원점에서 가장 가까운 수, 즉 절댓값이 가장 작은 수는 $+1.75$이다.

답 $-\frac{10}{3}$, $+1.75$

3 두 수 A, B를 나타내는 두 점은 원점으로부터 서로 반대 방향으로 각각 $18\times\frac{1}{2}=9$만큼 떨어져 있다.

이때 $A>B$이므로 $A=9$, $B=-9$ 답 -9

4 ③ x는 0보다 크고 1보다 작거나 같으므로

$0<x\leq1$ 답 ③

5 -2, -1, 0, 1, 2의 5개이다. 답 ④

6 $-1.5<1.3<2$이므로 별의 겉보기등급은 시리우스가 가장 낮다.

또, $-7.2<-4.5<1.5$이므로 별의 절대등급은 데네브가 가장 낮다.

따라서 가장 밝게 보이는 별은 시리우스이고, 실제로 가장 밝은 별은 데네브이다. 답 시리우스, 데네브

7 1단계 절댓값이 5인 수는

$+5$, -5 ◀20 %

2단계 절댓값이 $\frac{7}{3}$인 수는

$+\frac{7}{3}$, $-\frac{7}{3}$ ◀20 %

3단계 $A<0<B$이므로

$A=-5$, $B=+\frac{7}{3}$ ◀20 %

4단계 따라서 -5와 $+\frac{7}{3}$ 사이에 있는 정수는

-4, -3, -2, -1, 0, $+1$, $+2$

의 7개이다. ◀40 %

답 7개

LECTURE 07 정수와 유리수의 덧셈

개념 다지기

본문 47~48쪽

1 답 (1) $+$, 2, 7, $+$, 9 (2) $-$, 4, 3, $-$, 7

(3) $+$, 5, 3, $+$, 2 (4) $-$, 6, 4, $-$, 2

2 답 (1) -5 (2) -2

3 답 (1) $+9$ (2) $+3$ (3) -0.8

(4) $-\frac{5}{6}$ (5) $+\frac{3}{4}$ (6) -1.2

(1) $(+4)+(+5)=+(4+5)=+9$

(2) $(+9)+(-6)=+(9-6)=+3$

(3) $(-2.7)+(+1.9)=-(2.7-1.9)=-0.8$

(4) $\left(-\frac{1}{2}\right)+\left(-\frac{1}{3}\right)=\left(-\frac{3}{6}\right)+\left(-\frac{2}{6}\right)$

$=-\left(\frac{3}{6}+\frac{2}{6}\right)=-\frac{5}{6}$

(5) $\left(+\frac{3}{20}\right)+\left(+\frac{3}{5}\right)=\left(+\frac{3}{20}\right)+\left(+\frac{12}{20}\right)$

$=+\left(\frac{3}{20}+\frac{12}{20}\right)=+\frac{15}{20}=+\frac{3}{4}$

(6) $(-2.5)+(+1.3)=-(2.5-1.3)=-1.2$

4 답 ㉠ 덧셈의 교환법칙 ㉡ 덧셈의 결합법칙

5 답 $+9$, -2, $+9$, -10, $+9$, -1

6 답 (1) $+12$ (2) $+2$ (3) $-\frac{2}{3}$ (4) -0.5

(1) $(+20)+(-5)+(-3)$

$=(+20)+\{(-5)+(-3)\}=(+20)+\{-(5+3)\}$

$=(+20)+(-8)=+(20-8)=+12$

(2) $\left(-\frac{2}{3}\right)+(+4)+\left(-\frac{4}{3}\right)$

$=\left\{\left(-\frac{2}{3}\right)+\left(-\frac{4}{3}\right)\right\}+(+4)$

$=\left\{-\left(\frac{2}{3}+\frac{4}{3}\right)\right\}+(+4)$

$=(-2)+(+4)=+(4-2)=+2$

(3) $\left(+\frac{1}{5}\right)+\left(+\frac{1}{3}\right)+\left(-\frac{6}{5}\right)$

$=\left\{\left(+\frac{1}{5}\right)+\left(-\frac{6}{5}\right)\right\}+\left(+\frac{1}{3}\right)$

$=\left\{-\left(\frac{6}{5}-\frac{1}{5}\right)\right\}+\left(+\frac{1}{3}\right)$

$=(-1)+\left(+\frac{1}{3}\right)=-\left(1-\frac{1}{3}\right)=-\frac{2}{3}$

(4) $(+3.8)+(-2.4)+(-1.9)$

$=(+3.8)+\{(-2.4)+(-1.9)\}$

$=(+3.8)+\{-(2.4+1.9)\}=-(4.3-3.8)=-0.5$

STEP 1 교과서 핵심 유형 익히기

본문 49쪽

1 답 $(-5)+(+8)=+3$

수직선의 원점에서 왼쪽으로 5만큼 간 후, 다시 오른쪽으로 8만큼 간 것이 원점에서 오른쪽으로 3만큼 간 것과 같으므로 덧셈식은 $(-5)+(+8)=+3$이다.

1-1 답 ④

수직선의 원점에서 왼쪽으로 4만큼 간 후, 다시 왼쪽으로 5만큼 간 것은 원점에서 왼쪽으로 9만큼 간 것과 같으므로 덧셈식은 $(-4)+(-5)=-9$이다.

2 답 ⑤

① $(-8)+(+10)=+(10-8)=+2$

② $(-4)+(-3)=-(4+3)=-7$

③ $(+3.7)+(+6.3)=+(3.7+6.3)=+10$

④ $\left(+\frac{7}{10}\right)+\left(-\frac{3}{4}\right)=\left(+\frac{14}{20}\right)+\left(-\frac{15}{20}\right)$
$=-\left(\frac{15}{20}-\frac{14}{20}\right)=-\frac{1}{20}$

⑤ $\left(-\frac{3}{5}\right)+(+1.5)=(-0.6)+(+1.5)$
$=+(1.5-0.6)=+0.9$

2-1 답 ㄱ

ㄱ. $(-2)+\left(+\frac{4}{5}\right)=-\left(\frac{10}{5}-\frac{4}{5}\right)=-\frac{6}{5}$

ㄴ. $(+0.6)+(-1.4)=-(1.4-0.6)=-0.8$

ㄷ. $\left(-\frac{3}{4}\right)+\left(-\frac{2}{3}\right)=-\left(\frac{9}{12}+\frac{8}{12}\right)=-\frac{17}{12}$

따라서 옳은 것은 ㄱ뿐이다.

3 답 $-\frac{2}{3}$, $-\frac{2}{3}$, 0, $+\frac{5}{2}$,
㉠ 덧셈의 교환법칙 ㉡ 덧셈의 결합법칙

3-1 답 $+1.5$, $+1.5$, -2, -8,
㉠ 덧셈의 교환법칙 ㉡ 덧셈의 결합법칙

STEP 2 기출로 실전 문제 익히기

본문 50쪽

1 ④	2 ⑤	3 ②	4 ㄴ, ㄷ, ㄱ
5 ③	6 $-\frac{1}{4}$		

1 수직선의 원점에서 오른쪽으로 6만큼 간 후, 다시 왼쪽으로 8만큼 간 것이 원점에서 왼쪽으로 2만큼 간 것과 같으므로 덧셈식은 $(+6)+(-8)=-2$이다. 답 ④

2 ① $(-7)+(+7)=0$

② $(-1.5)+(+1.8)=+(1.8-1.5)=+0.3$

③ $(-9.5)+(+7.5)=-(9.5-7.5)=-2$

④ $(+2)+\left(-\frac{17}{4}\right)=-\left(\frac{17}{4}-\frac{8}{4}\right)=-\frac{9}{4}$

⑤ $\left(-\frac{2}{3}\right)+\left(+\frac{1}{4}\right)=-\left(\frac{8}{12}-\frac{3}{12}\right)=-\frac{5}{12}$ 답 ⑤

3 ② 덧셈의 교환법칙 ③ 덧셈의 결합법칙 답 ②

참고 분수가 포함된 계산에서 덧셈의 교환법칙과 결합법칙을 이용하여 분모가 같은 것끼리 모아서 계산하면 편리하다.

4 ㄱ. $(+1)+\left(-\frac{4}{5}\right)+\left(-\frac{2}{5}\right)$
$=(+1)+\left\{\left(-\frac{4}{5}\right)+\left(-\frac{2}{5}\right)\right\}$
$=(+1)+\left\{-\left(\frac{4}{5}+\frac{2}{5}\right)\right\}$
$=(+1)+\left(-\frac{6}{5}\right)=-\left(\frac{6}{5}-\frac{5}{5}\right)=-\frac{1}{5}$

ㄴ. $(+1.5)+\left(-\frac{1}{4}\right)+(-0.5)$
$=(+1.5)+(-0.5)+\left(-\frac{1}{4}\right)$
$=\{(+1.5)+(-0.5)\}+\left(-\frac{1}{4}\right)$
$=\{+(1.5-0.5)\}+\left(-\frac{1}{4}\right)$
$=(+1)+\left(-\frac{1}{4}\right)=+\left(\frac{4}{4}-\frac{1}{4}\right)=+\frac{3}{4}$

ㄷ. $(-1)+\left(+\frac{11}{5}\right)+\left(-\frac{3}{5}\right)$
$=(-1)+\left\{\left(+\frac{11}{5}\right)+\left(-\frac{3}{5}\right)\right\}$
$=(-1)+\left\{+\left(\frac{11}{5}-\frac{3}{5}\right)\right\}$
$=(-1)+\left(+\frac{8}{5}\right)=+\left(\frac{8}{5}-\frac{5}{5}\right)=+\frac{3}{5}$

$-\frac{1}{5}<+\frac{3}{5}<+\frac{3}{4}$이므로 계산 결과가 큰 것부터 차례대로 나열하면 ㄴ, ㄷ, ㄱ이다. 답 ㄴ, ㄷ, ㄱ

5 $(-7)+\left(-\frac{3}{4}\right)+(+0.45)+(+2)$
$=(-7)+(-0.75)+(+0.45)+(+2)$
$=\{(-7)+(+2)\}+\{(-0.75)+(+0.45)\}$
$=\{-(7-2)\}+\{-(0.75-0.45)\}$
$=(-5)+(-0.3)=-(5+0.3)=-5.3$ 답 ③

참고 세 개 이상의 수의 덧셈을 할 때 덧셈의 계산 법칙을 이용하면 편리하다.

6 1단계 $|-3|=3$, $|+1.5|=1.5$, $\left|-\frac{7}{4}\right|=\frac{7}{4}$,
$\left|+\frac{5}{6}\right|=\frac{5}{6}$ ◀ 30 %

2단계 $\left|+\frac{5}{6}\right|<|+1.5|<\left|-\frac{7}{4}\right|<|-3|$이므로 절댓값이 가장 큰 수는 -3이고 절댓값이 가장 작은 수는 $+\frac{5}{6}$이다. ◀ 30 %

3단계 따라서 나머지 두 수의 합은

$$(+1.5)+\left(-\frac{7}{4}\right)=\left(+\frac{3}{2}\right)+\left(-\frac{7}{4}\right)$$
$$=\left(+\frac{6}{4}\right)+\left(-\frac{7}{4}\right)$$
$$=-\left(\frac{7}{4}-\frac{6}{4}\right)=-\frac{1}{4}$$ ◀ 40 %

답 $-\frac{1}{4}$

LECTURE 08 정수와 유리수의 뺄셈

개념 다지기 본문 51쪽

1 답 (1) -4 (2) -22 (3) $+1.2$ (4) $-\frac{1}{12}$

(1) $(+7)-(+11)=(+7)+(-11)=-4$

(2) $(-9)-(+13)=(-9)+(-13)=-22$

(3) $(+0.5)-(-0.7)=(+0.5)+(+0.7)=+1.2$

(4) $\left(-\frac{3}{4}\right)-\left(-\frac{2}{3}\right)=\left(-\frac{3}{4}\right)+\left(+\frac{2}{3}\right)$
$=\left(-\frac{9}{12}\right)+\left(+\frac{8}{12}\right)=-\frac{1}{12}$

2 답 (1) $+11$ (2) $+7$ (3) -1.7 (4) $-\frac{3}{5}$

(1) $(+8)+(-4)-(-7)=(+8)+(-4)+(+7)$
$=\{(+8)+(+7)\}+(-4)$
$=(+15)+(-4)=+11$

(2) $(-2)-(-3)+(+6)=(-2)+(+3)+(+6)$
$=(-2)+\{(+3)+(+6)\}$
$=(-2)+(+9)=+7$

(3) $(+0.3)-(+1.2)+(-0.8)$
$=(+0.3)+(-1.2)+(-0.8)$
$=(+0.3)+\{(-1.2)+(-0.8)\}$
$=(+0.3)+(-2)=-1.7$

(4) $\left(-\frac{1}{2}\right)+\left(-\frac{2}{5}\right)-\left(-\frac{3}{10}\right)$
$=\left(-\frac{1}{2}\right)+\left(-\frac{2}{5}\right)+\left(+\frac{3}{10}\right)$
$=\left\{\left(-\frac{1}{2}\right)+\left(-\frac{2}{5}\right)\right\}+\left(+\frac{3}{10}\right)$
$=\left\{\left(-\frac{5}{10}\right)+\left(-\frac{4}{10}\right)\right\}+\left(+\frac{3}{10}\right)$
$=\left(-\frac{9}{10}\right)+\left(+\frac{3}{10}\right)=-\frac{6}{10}=-\frac{3}{5}$

3 답 (1) 8 (2) -6 (3) -1.3 (4) $-\frac{11}{12}$

(1) $3-5+10=(+3)-(+5)+(+10)$
$=(+3)+(-5)+(+10)$
$=\{(+3)+(+10)\}+(-5)$
$=(+13)+(-5)=8$

(2) $-4+7-9=(-4)+(+7)-(+9)$
$=(-4)+(+7)+(-9)$
$=\{(-4)+(-9)\}+(+7)$
$=(-13)+(+7)=-6$

(3) $3.6-7.8+2.9=(+3.6)-(+7.8)+(+2.9)$
$=(+3.6)+(-7.8)+(+2.9)$
$=\{(+3.6)+(+2.9)\}+(-7.8)$
$=(+6.5)+(-7.8)=-1.3$

(4) $\frac{5}{6}-\frac{3}{2}-\frac{1}{4}=\left(+\frac{5}{6}\right)-\left(+\frac{3}{2}\right)-\left(+\frac{1}{4}\right)$
$=\left(+\frac{5}{6}\right)+\left(-\frac{3}{2}\right)+\left(-\frac{1}{4}\right)$
$=\left(+\frac{5}{6}\right)+\left\{\left(-\frac{3}{2}\right)+\left(-\frac{1}{4}\right)\right\}$
$=\left(+\frac{5}{6}\right)+\left\{\left(-\frac{6}{4}\right)+\left(-\frac{1}{4}\right)\right\}$
$=\left(+\frac{5}{6}\right)+\left(-\frac{7}{4}\right)$
$=\left(+\frac{10}{12}\right)+\left(-\frac{21}{12}\right)=-\frac{11}{12}$

STEP 1 교과서 핵심 유형 익히기 본문 52쪽

1 답 ④

① $(+3)-(+6)=(+3)+(-6)=-3$

② $(-5)-(-7)=(-5)+(+7)=+2$

③ $(+5.7)-(-3.2)=(+5.7)+(+3.2)=+8.9$

④ $\left(+\frac{5}{3}\right)-\left(-\frac{3}{2}\right)=\left(+\frac{5}{3}\right)+\left(+\frac{3}{2}\right)$
$=\left(+\frac{10}{6}\right)+\left(+\frac{9}{6}\right)=+\frac{19}{6}$

⑤ $(-2)-\left(+\frac{7}{4}\right)=(-2)+\left(-\frac{7}{4}\right)$
$=\left(-\frac{8}{4}\right)+\left(-\frac{7}{4}\right)=-\frac{15}{4}$

1-1 답 ②

② $(+0.6)-(+1.7)=(+0.6)+(-1.7)$

2 답 $\frac{7}{12}$

$8+\frac{1}{3}-\frac{3}{4}-7$
$=(+8)+\left(+\frac{1}{3}\right)-\left(+\frac{3}{4}\right)-(+7)$

$=(+8)+\left(+\frac{1}{3}\right)+\left(-\frac{3}{4}\right)+(-7)$

$=\{(+8)+(-7)\}+\left\{\left(+\frac{1}{3}\right)+\left(-\frac{3}{4}\right)\right\}$

$=(+1)+\left\{\left(+\frac{4}{12}\right)+\left(-\frac{9}{12}\right)\right\}=(+1)+\left(-\frac{5}{12}\right)$

$=\left(+\frac{12}{12}\right)+\left(-\frac{5}{12}\right)=\frac{7}{12}$

2-1 답 (1) $+\frac{1}{4}$ (2) -6

(1) $\left(+\frac{1}{6}\right)-\left(-\frac{3}{4}\right)+\left(-\frac{2}{3}\right)$

$=\left(+\frac{1}{6}\right)+\left(+\frac{3}{4}\right)+\left(-\frac{2}{3}\right)$

$=\left\{\left(+\frac{2}{12}\right)+\left(+\frac{9}{12}\right)\right\}+\left(-\frac{2}{3}\right)=\left(+\frac{11}{12}\right)+\left(-\frac{2}{3}\right)$

$=\left(+\frac{11}{12}\right)+\left(-\frac{8}{12}\right)=+\frac{3}{12}=+\frac{1}{4}$

(2) $-3-7+6-2$

$=(-3)-(+7)+(+6)-(+2)$

$=(-3)+(-7)+(+6)+(-2)$

$=\{(-3)+(-7)+(-2)\}+(+6)$

$=(-12)+(+6)=-6$

주의 뺄셈은 결합법칙이 성립하지 않으므로 (1)에서

$\left(+\frac{1}{6}\right)-\left(-\frac{3}{4}\right)+\left(-\frac{2}{3}\right)=\left(+\frac{1}{6}\right)-\left\{\left(-\frac{3}{4}\right)+\left(-\frac{2}{3}\right)\right\}$

$=\left(+\frac{1}{6}\right)-\left(-\frac{17}{12}\right)=+\frac{19}{12}$

와 같이 계산하면 안 된다.

3 답 ④

① $5-7=(+5)-(+7)=(+5)+(-7)=-2$

② $-3+1=(-3)+(+1)=-2$

③ $-6-(-4)=(-6)+(+4)=-2$

④ $2-(-2)=(+2)+(+2)=4$

⑤ $2+(-4)=(+2)+(-4)=-2$

따라서 나머지 넷과 다른 하나는 ④이다.

3-1 답 (1) -4 (2) $\frac{1}{14}$ (3) $-\frac{7}{3}$

(1) $2+(-6)=(+2)+(-6)=-4$

(2) $\frac{4}{7}-\frac{1}{2}=\left(+\frac{4}{7}\right)-\left(+\frac{1}{2}\right)=\left(+\frac{4}{7}\right)+\left(-\frac{1}{2}\right)$

$=\left(+\frac{8}{14}\right)+\left(-\frac{7}{14}\right)=\frac{1}{14}$

(3) $-1+\left(-\frac{4}{3}\right)=\left(-\frac{3}{3}\right)+\left(-\frac{4}{3}\right)=-\frac{7}{3}$

4 답 $-\frac{13}{12}$

$\square=\left(-\frac{1}{3}\right)+\left(-\frac{3}{4}\right)=\left(-\frac{4}{12}\right)+\left(-\frac{9}{12}\right)=-\frac{13}{12}$

4-1 답 (1) -11 (2) $-\frac{3}{2}$

(1) $\square=(-3)+(-8)=-11$

(2) $\square=\left(-\frac{5}{6}\right)-\left(+\frac{2}{3}\right)=\left(-\frac{5}{6}\right)+\left(-\frac{2}{3}\right)$

$=\left(-\frac{5}{6}\right)+\left(-\frac{4}{6}\right)=-\frac{9}{6}=-\frac{3}{2}$

월등한 특강

본문 53쪽

1 답 (1) $+5$ (2) -40 (3) $+\frac{1}{5}$ (4) -4.5

(5) $+\frac{61}{24}$ (6) -1.1 $\left(\text{또는 } -\frac{11}{10}\right)$

(1) $(+14)+(-9)=+(14-9)=+5$

(2) $(-23)+(-17)=-(23+17)=-40$

(3) $(-2)+\left(+\frac{11}{5}\right)=+\left(\frac{11}{5}-\frac{10}{5}\right)=+\frac{1}{5}$

(4) $(-9.2)+(+4.7)=-(9.2-4.7)=-4.5$

(5) $\left(+\frac{5}{3}\right)+\left(+\frac{7}{8}\right)=+\left(\frac{40}{24}+\frac{21}{24}\right)=+\frac{61}{24}$

(6) $\left(-\frac{7}{2}\right)+(+2.4)=(-3.5)+(+2.4)$

$=-(3.5-2.4)=-1.1$

2 답 (1) -12 (2) $+2$ (3) -6.9 (4) $-\frac{2}{5}$

(1) $(-13)+(+8)+(-7)$

$=\{(-13)+(-7)\}+(+8)$

$=(-20)+(+8)=-12$

(2) $(-5)+(+8.5)+(-1.5)$

$=(-5)+\{(+8.5)+(-1.5)\}$

$=(-5)+(+7)=+2$

(3) $\left(+\frac{5}{7}\right)+(-6.9)+\left(-\frac{5}{7}\right)$

$=\left\{\left(+\frac{5}{7}\right)+\left(-\frac{5}{7}\right)\right\}+(-6.9)=-6.9$

(4) $\left(-\frac{2}{3}\right)+\left(+\frac{8}{5}\right)+\left(-\frac{4}{3}\right)$

$=\left\{\left(-\frac{2}{3}\right)+\left(-\frac{4}{3}\right)\right\}+\left(+\frac{8}{5}\right)$

$=(-2)+\left(+\frac{8}{5}\right)=-\frac{2}{5}$

3 답 (1) -19 (2) $+30$ (3) $+\frac{7}{4}$ (4) $-\frac{1}{2}$

(5) -6.1 (6) $+\frac{35}{8}$

(1) $(-12)-(+7)=(-12)+(-7)=-19$

(2) $(+11)-(-19)=(+11)+(+19)=+30$

(3) $\left(-\frac{5}{4}\right)-(-3)=\left(-\frac{5}{4}\right)+(+3)$

$=\left(-\frac{5}{4}\right)+\left(+\frac{12}{4}\right)=+\frac{7}{4}$

(4) $\left(+\frac{4}{3}\right)-\left(+\frac{11}{6}\right)=\left(+\frac{4}{3}\right)+\left(-\frac{11}{6}\right)$

$=\left(+\frac{8}{6}\right)+\left(-\frac{11}{6}\right)=-\frac{3}{6}=-\frac{1}{2}$

(5) $(-3.2)-(+2.9)=(-3.2)+(-2.9)=-6.1$

(6) $(+2.5)-\left(-\frac{15}{8}\right)=\left(+\frac{5}{2}\right)+\left(+\frac{15}{8}\right)$

$=\left(+\frac{20}{8}\right)+\left(+\frac{15}{8}\right)=+\frac{35}{8}$

4 답 **(1) -3 (2) $-\frac{5}{24}$ (3) 1 (4) $\frac{7}{30}$**

(1) $(-3.5)-(+1.9)+(+2.4)$

$=(-3.5)+(-1.9)+(+2.4)$

$=\{(-3.5)+(-1.9)\}+(+2.4)$

$=(-5.4)+(+2.4)=-3$

(2) $\left(+\frac{7}{6}\right)-\left(+\frac{5}{8}\right)+\left(-\frac{3}{4}\right)$

$=\left(+\frac{7}{6}\right)+\left(-\frac{5}{8}\right)+\left(-\frac{3}{4}\right)$

$=\left(+\frac{7}{6}\right)+\left\{\left(-\frac{5}{8}\right)+\left(-\frac{6}{8}\right)\right\}$

$=\left(+\frac{7}{6}\right)+\left(-\frac{11}{8}\right)=\left(+\frac{28}{24}\right)+\left(-\frac{33}{24}\right)=-\frac{5}{24}$

(3) $-5-8+20-6$

$=(-5)-(+8)+(+20)-(+6)$

$=(-5)+(-8)+(+20)+(-6)$

$=\{(-5)+(-8)+(-6)\}+(+20)$

$=(-19)+(+20)=1$

(4) $-\frac{1}{3}+\frac{7}{5}-\frac{13}{6}+\frac{4}{3}$

$=\left(-\frac{1}{3}\right)+\left(+\frac{7}{5}\right)-\left(+\frac{13}{6}\right)+\left(+\frac{4}{3}\right)$

$=\left(-\frac{1}{3}\right)+\left(+\frac{7}{5}\right)+\left(-\frac{13}{6}\right)+\left(+\frac{4}{3}\right)$

$=\left\{\left(-\frac{1}{3}\right)+\left(+\frac{4}{3}\right)\right\}+\left\{\left(+\frac{7}{5}\right)+\left(-\frac{13}{6}\right)\right\}$

$=(+1)+\left\{\left(+\frac{42}{30}\right)+\left(-\frac{65}{30}\right)\right\}=(+1)+\left(-\frac{23}{30}\right)$

$=\left(+\frac{30}{30}\right)+\left(-\frac{23}{30}\right)=\frac{7}{30}$

STEP 2 기출로 실전 문제 익히기

본문 54쪽

1 ④	2 베이징	3 -13	4 $+\frac{17}{4}$	5 ㉡, 9
6 ㄹ	7 $+\frac{13}{12}$			

1 ① $(+6)-(+7)=(+6)+(-7)=-1$

② $(-5)-(-8)=(-5)+(+8)=+3$

③ $\left(-\frac{4}{3}\right)-\left(-\frac{4}{3}\right)=\left(-\frac{4}{3}\right)+\left(+\frac{4}{3}\right)=0$

④ $\left(+\frac{9}{7}\right)-\left(-\frac{5}{7}\right)=\left(+\frac{9}{7}\right)+\left(+\frac{5}{7}\right)=+\frac{14}{7}=+2$

⑤ $\left(+\frac{5}{2}\right)-\left(+\frac{3}{4}\right)=\left(+\frac{5}{2}\right)+\left(-\frac{3}{4}\right)$

$=\left(+\frac{10}{4}\right)+\left(-\frac{3}{4}\right)=+\frac{7}{4}$

따라서 계산 결과가 $+2$인 것은 ④이다. 답 ④

2 뉴욕: $3.1-(-3.9)=(+3.1)+(+3.9)=7$(℃)

파리: $6.9-2.5=4.4$(℃)

모스크바:

$-6.3-(-12.3)=(-6.3)+(+12.3)=6$(℃)

베이징: $1.6-(-9.4)=(+1.6)+(+9.4)=11$(℃)

시드니: $25.8-18.6=7.2$(℃)

따라서 일교차가 가장 큰 도시는 베이징이다. 답 베이징

3 $\left(+\frac{1}{4}\right)-\left(-\frac{4}{5}\right)+\left(-\frac{7}{10}\right)-(+2)$

$=\left(+\frac{1}{4}\right)+\left(+\frac{4}{5}\right)+\left(-\frac{7}{10}\right)+(-2)$

$=\left\{\left(+\frac{5}{20}\right)+\left(+\frac{16}{20}\right)\right\}+\left\{\left(-\frac{7}{10}\right)+\left(-\frac{20}{10}\right)\right\}$

$=\left(+\frac{21}{20}\right)+\left(-\frac{27}{10}\right)$

$=\left(+\frac{21}{20}\right)+\left(-\frac{54}{20}\right)=-\frac{33}{20}$

따라서 $-\frac{b}{a}=-\frac{33}{20}$이므로 $a=20$, $b=33$

$\therefore a-b=20-33=(+20)-(+33)$

$=(+20)+(-33)=-13$ 답 -13

4 $a=\left(-\frac{1}{6}\right)+\left(-\frac{2}{3}\right)-\left(+\frac{7}{6}\right)$

$=\left(-\frac{1}{6}\right)+\left(-\frac{2}{3}\right)+\left(-\frac{7}{6}\right)$

$=\left\{\left(-\frac{1}{6}\right)+\left(-\frac{7}{6}\right)\right\}+\left(-\frac{2}{3}\right)$

$=\left(-\frac{8}{6}\right)+\left(-\frac{2}{3}\right)=\left(-\frac{4}{3}\right)+\left(-\frac{2}{3}\right)=-\frac{6}{3}=-2$

$b=(+2)-\left(-\frac{3}{4}\right)+\left(-\frac{1}{2}\right)$

$=(+2)+\left(+\frac{3}{4}\right)+\left(-\frac{1}{2}\right)$

$=(+2)+\left\{\left(+\frac{3}{4}\right)+\left(-\frac{2}{4}\right)\right\}$

$=(+2)+\left(+\frac{1}{4}\right)=\left(+\frac{8}{4}\right)+\left(+\frac{1}{4}\right)=+\frac{9}{4}$

$\therefore b-a=\left(+\frac{9}{4}\right)-(-2)=\left(+\frac{9}{4}\right)+(+2)$

$=\left(+\frac{9}{4}\right)+\left(+\frac{8}{4}\right)=+\frac{17}{4}$ 답 $+\frac{17}{4}$

5 뺄셈에서는 결합법칙이 성립하지 않으므로 처음으로 잘못된 부분은 ㉡이다. 바르게 계산하면

$5-7+8+3=(+5)-(+7)+(+8)+(+3)$

$=(+5)+(-7)+(+8)+(+3)$

$=\{(+5)+(+8)+(+3)\}+(-7)$

$=(+16)+(-7)=9$ 답 ㉡, 9

6 ㄱ. $7-(-3)=(+7)+(+3)=10$

ㄴ. $11+(-6)=(+11)+(-6)=5$

ㄷ. $(-1)-(-4)=(-1)+(+4)=3$

ㄹ. $(-3)+\frac{19}{2}=\left(-\frac{6}{2}\right)+\left(+\frac{19}{2}\right)=\frac{13}{2}$

따라서 $3<5<\frac{13}{2}\left(=6\frac{1}{2}\right)<10$이므로 두 번째로 큰 수는 ㄹ이다. 답 ㄹ

7 1단계 어떤 수를 □라 하면

$\square+\left(-\frac{7}{6}\right)=-\frac{5}{4}$ ◀ 30 %

2단계 $\therefore \square=\left(-\frac{5}{4}\right)-\left(-\frac{7}{6}\right)=\left(-\frac{5}{4}\right)+\left(+\frac{7}{6}\right)$

$=\left(-\frac{15}{12}\right)+\left(+\frac{14}{12}\right)=-\frac{1}{12}$ ◀ 30 %

3단계 따라서 바르게 계산하면

$\left(-\frac{1}{12}\right)-\left(-\frac{7}{6}\right)=\left(-\frac{1}{12}\right)+\left(+\frac{7}{6}\right)$

$=\left(-\frac{1}{12}\right)+\left(+\frac{14}{12}\right)$

$=\frac{13}{12}$ ◀ 40 %

답 $\frac{13}{12}$

LECTURE 09 정수와 유리수의 곱셈

개념 다지기 본문 55~57쪽

1 답 (1) **+, 9, +, 27** (2) **+, 5, +, 35**

(3) **$-, \frac{3}{4}, -, \frac{1}{2}$** (4) **−, 8, −, 4**

2 답 (1) **+24** (2) **−56** (3) **0**

(4) **$+\frac{1}{4}$** (5) **$-\frac{21}{2}$** (6) **$-\frac{5}{3}$**

(1) $(+4)\times(+6)=+(4\times6)=+24$

(2) $(-7)\times(+8)=-(7\times8)=-56$

(4) $\left(-\frac{5}{6}\right)\times\left(-\frac{3}{10}\right)=+\left(\frac{5}{6}\times\frac{3}{10}\right)=+\frac{1}{4}$

(5) $(-6)\times\left(+\frac{7}{4}\right)=-\left(6\times\frac{7}{4}\right)=-\frac{21}{2}$

(6) $\left(+\frac{10}{9}\right)\times(-1.5)=-\left(\frac{10}{9}\times\frac{3}{2}\right)=-\frac{5}{3}$

3 답 **㉠ 곱셈의 교환법칙 ㉡ 곱셈의 결합법칙**

4 답 (1) **−, −, 30** (2) **$+, +, \frac{15}{4}$**

5 답 (1) **−100** (2) **−42** (3) **$+\frac{5}{6}$** (4) **$+\frac{1}{10}$**

(1) $(+2)\times(+5)\times(-10)=-(2\times5\times10)=-100$

(2) $(-3)\times(-2)\times(-7)=-(3\times2\times7)=-42$

(3) $(+2)\times\left(+\frac{5}{3}\right)\times\left(+\frac{1}{4}\right)=+\left(2\times\frac{5}{3}\times\frac{1}{4}\right)=+\frac{5}{6}$

(4) $(-2)\times(+0.3)\times\left(-\frac{1}{6}\right)=+\left(2\times\frac{3}{10}\times\frac{1}{6}\right)$

$=+\frac{1}{10}$

6 답 (1) **−64** (2) **+81** (3) **−1** (4) **+1**

(5) **−25** (6) **$+\frac{4}{9}$**

7 답 (1) **45, 45, −10, 36, 26** (2) **5, 5, 55**

8 답 (1) **2** (2) **20**

(1) $12\times\left(-\frac{1}{2}+\frac{2}{3}\right)=12\times\left(-\frac{1}{2}\right)+12\times\frac{2}{3}$

$=-6+8=2$

(2) $\frac{2}{3}\times38+\frac{2}{3}\times(-8)=\frac{2}{3}\times(38-8)$

$=\frac{2}{3}\times30=20$

STEP 1 교과서 핵심 유형 익히기 본문 58~59쪽

1 답 ①

① $\left(-\frac{5}{8}\right)\times(-0.8)=\left(-\frac{5}{8}\right)\times\left(-\frac{4}{5}\right)$

$=+\left(\frac{5}{8}\times\frac{4}{5}\right)=+\frac{1}{2}$

② $\left(+\frac{9}{2}\right)\times\left(+\frac{4}{27}\right)=+\left(\frac{9}{2}\times\frac{4}{27}\right)=+\frac{2}{3}$

③ $\left(+\frac{1}{4}\right)\times\left(-\frac{2}{9}\right)=-\left(\frac{1}{4}\times\frac{2}{9}\right)=-\frac{1}{18}$

⑤ $(-0.2)\times(+0.7)=-(0.2\times0.7)=-0.14$

1-1 답 <

$\left(-\frac{2}{5}\right)\times\left(+\frac{15}{8}\right)=-\left(\frac{2}{5}\times\frac{15}{8}\right)=-\frac{3}{4}$

$\left(+\frac{3}{4}\right)\times\left(-\frac{7}{15}\right)=-\left(\frac{3}{4}\times\frac{7}{15}\right)=-\frac{7}{20}$

따라서 $-\frac{3}{4}=-\frac{15}{20}$이고 $-\frac{15}{20}<-\frac{7}{20}$이므로

$-\frac{3}{4}<-\frac{7}{20}$

2 답 **$+\frac{1}{6}$, $+\frac{1}{6}$, $+4$, -20,**

㉠ 곱셈의 교환법칙 ㉡ 곱셈의 결합법칙

2-1 답 **-6, -6, $+18$, $+144$,**

㉠ 곱셈의 교환법칙 ㉡ 곱셈의 결합법칙

3 답 **-10**

$\left(+\frac{3}{5}\right)\times(-100)\times\left(+\frac{1}{6}\right)=-\left(\frac{3}{5}\times100\times\frac{1}{6}\right)=-10$

3-1 답 **(1) $+18$ (2) $-\frac{1}{12}$**

(1) $(-6)\times(+3)\times(-1)=+(6\times3\times1)=+18$

(2) $\left(-\frac{5}{9}\right)\times\left(+\frac{6}{25}\right)\times\left(+\frac{5}{8}\right)=-\left(\frac{5}{9}\times\frac{6}{25}\times\frac{5}{8}\right)$

$=-\frac{1}{12}$

4 답 ⑤

① $(-4)^2=(-4)\times(-4)=+(4\times4)=16$

② $(-2)^5=(-2)\times(-2)\times(-2)\times(-2)\times(-2)$

$=-(2\times2\times2\times2\times2)=-32$

③ $-\left(\frac{1}{3}\right)^2=-\left(\frac{1}{3}\times\frac{1}{3}\right)=-\frac{1}{9}$

④ $\left(-\frac{1}{2}\right)^3=\left(-\frac{1}{2}\right)\times\left(-\frac{1}{2}\right)\times\left(-\frac{1}{2}\right)$

$=-\left(\frac{1}{2}\times\frac{1}{2}\times\frac{1}{2}\right)=-\frac{1}{8}$

⑤ $-\left(-\frac{3}{2}\right)^3=-\left\{\left(-\frac{3}{2}\right)\times\left(-\frac{3}{2}\right)\times\left(-\frac{3}{2}\right)\right\}$

$=-\left\{-\left(\frac{3}{2}\times\frac{3}{2}\times\frac{3}{2}\right)\right\}$

$=-\left(-\frac{27}{8}\right)=\frac{27}{8}$

4-1 답 ④

① $-3^3=-(3\times3\times3)=-27$

② $(-3)^3=(-3)\times(-3)\times(-3)$

$=-(3\times3\times3)=-27$

③ $-(-3)^2=-\{(-3)\times(-3)\}$

$=-\{+(3\times3)\}=-9$

④ $(-3)^2=(-3)\times(-3)=+(3\times3)=9$

⑤ $-3^2\times3=-(3\times3)\times3=(-9)\times3$

$=-(9\times3)=-27$

따라서 가장 큰 수는 ④이다.

다른 풀이 각 계산의 부호는 ①, ②, ③, ⑤는 $-$, ④는 $+$이고 (음수)<(양수)이므로 가장 큰 수는 ④이다.

5 답 **-175**

$(-1.75)\times125+(-1.75)\times(-25)$

$=(-1.75)\times\{125+(-25)\}$

$=(-1.75)\times100=-175$

5-1 답 **100, 100, 3900, 78, 3978**

6 답 ③

$(a+b)\times c=a\times c+b\times c$에서

$78=24+b\times c$ $\quad\therefore b\times c=78-24=54$

6-1 답 ③

$(a+b)\times c=a\times c+b\times c=5+(-3)=2$

STEP 2 기출로 실전 문제 익히기

본문 60쪽

1 ⑤	2 ㉠ 곱셈의 교환법칙 ㉡ 곱셈의 결합법칙			
3 ①	4 ②	5 ④	6 ⑤	7 $\frac{5}{2}$

1 ① $(-7)\times(+9)=-(7\times9)=-63$

② $\left(-\frac{1}{2}\right)\times(-4)=+\left(\frac{1}{2}\times4\right)=+2$

③ $(+12)\times\left(-\frac{9}{4}\right)=-\left(12\times\frac{9}{4}\right)=-27$

④ $(-11)\times(-2)=+(11\times2)=+22$

⑤ $\left(+\frac{1}{5}\right)\times\left(+\frac{5}{3}\right)=+\left(\frac{1}{5}\times\frac{5}{3}\right)=+\frac{1}{3}$ 답 ⑤

3 ① $-\left(\frac{1}{2}\right)^2=-\left(\frac{1}{2}\times\frac{1}{2}\right)=-\frac{1}{4}$

② $-\left(-\frac{1}{2}\right)^5=-\left\{-\left(\frac{1}{2}\times\frac{1}{2}\times\frac{1}{2}\times\frac{1}{2}\times\frac{1}{2}\right)\right\}=\frac{1}{32}$

③ $\frac{1}{(-2)^5}=\frac{1}{-(2\times2\times2\times2\times2)}=-\frac{1}{32}$

④ $\left(-\frac{1}{2}\right)^2=+\left(\frac{1}{2}\times\frac{1}{2}\right)=\frac{1}{4}$

⑤ $\left(-\frac{1}{2}\right)^3=-\left(\frac{1}{2}\times\frac{1}{2}\times\frac{1}{2}\right)=-\frac{1}{8}$

이때 $-\frac{1}{4}<-\frac{1}{8}<-\frac{1}{32}<\frac{1}{32}<\frac{1}{4}$이므로 가장 작은 수는 ①이다. 답 ①

4 $(-1)^{10}=1$, $(-1)^{15}=-1$, $(-1)^{9}=-1$이므로

$$\begin{aligned}(-1)^{10}+(-1)^{15}-(-1)^{9}&=1+(-1)-(-1)\\&=1+(-1)+(+1)\\&=1\end{aligned}$$

답 ②

5 $(-7)\times8+(-7)\times(-5)+3\times17$
$=(-7)\times(8-5)+3\times17=(-7)\times3+3\times17$
$=3\times(-7+17)=3\times10=30$ 답 ④

6 $a\times(b-c)=a\times b-a\times c$에서
$17=22-a\times c$ $\quad\therefore a\times c=22-17=5$ 답 ⑤

7 1단계 네 수 중 서로 다른 세 수를 뽑아 곱한 값이 가장 크기 위해서는 곱의 결과가 양수이어야 한다. 따라서 음수 2개는 모두 뽑고, 양수 2개 중에는 절댓값이 큰 수를 뽑아야 하므로 뽑을 세 수는 $-\frac{4}{3}$, 6, $-\frac{5}{16}$이다. ◀ 50 %

2단계 따라서 가장 큰 수는

$$\left(-\frac{4}{3}\right)\times6\times\left(-\frac{5}{16}\right)=+\left(\frac{4}{3}\times6\times\frac{5}{16}\right)=\frac{5}{2}$$ ◀ 50 %

답 $\frac{5}{2}$

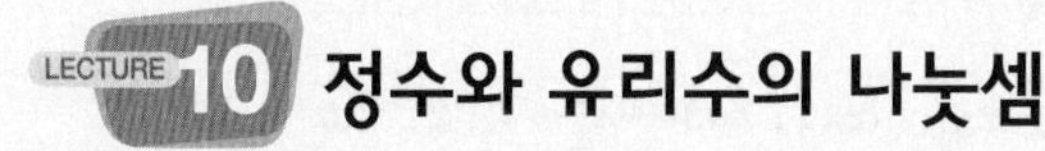

월등한 개념
네 수 중 서로 다른 세 수를 뽑아 곱한 값이
① 가장 크려면
→ 음수를 짝수 개, 곱의 절댓값이 가장 크도록 뽑는다.
② 가장 작으려면
→ 음수를 홀수 개, 곱의 절댓값이 가장 크도록 뽑는다.

LECTURE 10 정수와 유리수의 나눗셈

개념 다지기

본문 61~62쪽

1 답 (1) $+5$ (2) -7 (3) -2.4 (4) $+4$

(1) $(+20)\div(+4)=+(20\div4)=+5$
(2) $(-21)\div(+3)=-(21\div3)=-7$
(3) $(+4.8)\div(-2)=-(4.8\div2)=-2.4$
(4) $(-2.8)\div(-0.7)=+(2.8\div0.7)=+4$

2 답 (1) $\frac{3}{2}$ (2) $-\frac{1}{5}$ (3) $-\frac{5}{6}$ (4) $\frac{7}{10}$

(3) $-1.2=-\frac{6}{5}$이므로 역수는 $-\frac{5}{6}$이다.
(4) $1\frac{3}{7}=\frac{10}{7}$이므로 역수는 $\frac{7}{10}$이다.

3 답 (1) $+14$ (2) $-\frac{1}{6}$ (3) $-\frac{3}{2}$ (4) $+\frac{1}{12}$

(1) $(+6)\div\left(+\frac{3}{7}\right)=(+6)\times\left(+\frac{7}{3}\right)=+14$
(2) $\left(-\frac{4}{3}\right)\div(+8)=\left(-\frac{4}{3}\right)\times\left(+\frac{1}{8}\right)=-\frac{1}{6}$
(3) $\left(+\frac{9}{8}\right)\div\left(-\frac{3}{4}\right)=\left(+\frac{9}{8}\right)\times\left(-\frac{4}{3}\right)=-\frac{3}{2}$
(4) $\left(-\frac{5}{9}\right)\div\left(-\frac{20}{3}\right)=\left(-\frac{5}{9}\right)\times\left(-\frac{3}{20}\right)=+\frac{1}{12}$

4 답 (1) $-\frac{21}{2}$ (2) $+1$

(1) $(-9)\times\left(-\frac{7}{10}\right)\div\left(-\frac{3}{5}\right)$
$=(-9)\times\left(-\frac{7}{10}\right)\times\left(-\frac{5}{3}\right)=-\frac{21}{2}$

(2) $\left(-\frac{3}{2}\right)\div\left(+\frac{5}{6}\right)\times\left(-\frac{5}{9}\right)$
$=\left(-\frac{3}{2}\right)\times\left(+\frac{6}{5}\right)\times\left(-\frac{5}{9}\right)=+1$

5 답 1, 3, -5, -3, 12

6 답 (1) -7 (2) $\frac{20}{9}$

(1) $5-4\times\{2-(-1)^3\}=5-4\times\{2-(-1)\}$
$=5-4\times(2+1)$
$=5-4\times3=5-12=-7$

(2) $2-\left\{\frac{70}{9}-\frac{4}{5}\times(-2)^2\div\frac{2}{5}\right\}$
$=2-\left(\frac{70}{9}-\frac{4}{5}\times4\div\frac{2}{5}\right)=2-\left(\frac{70}{9}-\frac{4}{5}\times4\times\frac{5}{2}\right)$
$=2-\left(\frac{70}{9}-8\right)=2-\left(-\frac{2}{9}\right)=\frac{18}{9}+\frac{2}{9}=\frac{20}{9}$

STEP 1 교과서 핵심 유형 익히기

본문 63~64쪽

1 답 ②

$3\frac{1}{3}=\frac{10}{3}$이므로 $a=\frac{3}{10}$
$-0.6=-\frac{3}{5}$이므로 $b=-\frac{5}{3}$
$\therefore a\times b=\frac{3}{10}\times\left(-\frac{5}{3}\right)=-\frac{1}{2}$

주의 역수를 구할 때, 부호를 바꾸지 않도록 주의한다.

1-1 답 ④

① $1\times(-1)=-1$
② $0.5\times\frac{3}{10}=\frac{1}{2}\times\frac{3}{10}=\frac{3}{20}$
③ $\left(-\frac{1}{3}\right)\times3=-1$

④ $\left(-1\frac{1}{2}\right)\times\left(-\frac{2}{3}\right)=\left(-\frac{3}{2}\right)\times\left(-\frac{2}{3}\right)=1$

⑤ $(-0.2)\times\frac{1}{5}=\left(-\frac{1}{5}\right)\times\frac{1}{5}=-\frac{1}{25}$

두 수가 서로 역수 관계에 있는 것은 두 수의 곱이 1일 때이므로 ④이다.

2 답 ③

① $(+15)\div\left(+\frac{5}{3}\right)=(+15)\times\left(+\frac{3}{5}\right)=+9$

② $\left(+\frac{8}{9}\right)\div\left(-\frac{4}{3}\right)=\left(+\frac{8}{9}\right)\times\left(-\frac{3}{4}\right)=-\frac{2}{3}$

③ $\left(-\frac{2}{5}\right)\div\left(-\frac{2}{5}\right)=\left(-\frac{2}{5}\right)\times\left(-\frac{5}{2}\right)=+1$

④ $\left(-\frac{9}{4}\right)\div(+36)=\left(-\frac{9}{4}\right)\times\left(+\frac{1}{36}\right)=-\frac{1}{16}$

⑤ $\left(+\frac{5}{3}\right)\div\left(-\frac{5}{6}\right)=\left(+\frac{5}{3}\right)\times\left(-\frac{6}{5}\right)=-2$

2-1 답 **+36**

$a=(-24)\div(-3)=+(24\div3)=+8$

$b=\left(-\frac{4}{15}\right)\div\left(-\frac{6}{5}\right)=\left(-\frac{4}{15}\right)\times\left(-\frac{5}{6}\right)=+\frac{2}{9}$

$\therefore a\div b=(+8)\div\left(+\frac{2}{9}\right)=(+8)\times\left(+\frac{9}{2}\right)=+36$

3 답 ①

$(-0.45)\times\left(-\frac{2}{3}\right)^2\div0.7=\left(-\frac{9}{20}\right)\times\frac{4}{9}\div\frac{7}{10}$

$=\left(-\frac{9}{20}\right)\times\frac{4}{9}\times\frac{10}{7}=-\frac{2}{7}$

3-1 답 **−24**

$\left(-\frac{3}{10}\right)\div0.2\times(-4)^2=\left(-\frac{3}{10}\right)\div\frac{1}{5}\times16$

$=\left(-\frac{3}{10}\right)\times5\times16=-24$

4 답 $\frac{4}{3}$

$\left(-\frac{1}{4}\right)\times\square\div\left(-\frac{3}{2}\right)=\frac{2}{9}$에서 $\left(-\frac{1}{4}\right)\times\square\times\left(-\frac{2}{3}\right)=\frac{2}{9}$

$\left(-\frac{1}{4}\right)\times\left(-\frac{2}{3}\right)\times\square=\frac{2}{9}$, $\frac{1}{6}\times\square=\frac{2}{9}$

$\therefore \square=\frac{2}{9}\div\frac{1}{6}=\frac{2}{9}\times6=\frac{4}{3}$

4-1 답 ⑤

$\left(-\frac{2}{5}\right)\div\frac{3}{10}\times\square=-8$에서 $\left(-\frac{2}{5}\right)\times\frac{10}{3}\times\square=-8$

$\left(-\frac{4}{3}\right)\times\square=-8$

$\therefore \square=(-8)\div\left(-\frac{4}{3}\right)=(-8)\times\left(-\frac{3}{4}\right)=6$

5 답 ④

$-3^3+\left\{\left(-\frac{1}{2}\right)^2+\left(-\frac{21}{2}\right)\div2\right\}\times(-6)$

$=-27+\left\{\frac{1}{4}+\left(-\frac{21}{2}\right)\div2\right\}\times(-6)$

$=-27+\left\{\frac{1}{4}+\left(-\frac{21}{2}\right)\times\frac{1}{2}\right\}\times(-6)$

$=-27+\left\{\frac{1}{4}+\left(-\frac{21}{4}\right)\right\}\times(-6)$

$=-27+(-5)\times(-6)$

$=-27+30=3$

5-1 답 **−14**

$\frac{7}{3}\times\left[2-\frac{4}{5}\times\left\{(-2)^2\div\frac{2}{3}+4\right\}\right]$

$=\frac{7}{3}\times\left\{2-\frac{4}{5}\times\left(4\times\frac{3}{2}+4\right)\right\}$

$=\frac{7}{3}\times\left\{2-\frac{4}{5}\times(6+4)\right\}$

$=\frac{7}{3}\times\left(2-\frac{4}{5}\times10\right)$

$=\frac{7}{3}\times(2-8)=\frac{7}{3}\times(-6)=-14$

6 답 ③

① $\frac{1}{a}>0$　② $b^2>0$　③ $a\div b<0$

④ $a+b$의 부호는 알 수 없다.　⑤ $a-b>0$

따라서 항상 음수인 것은 ③이다.

6-1 답 ②

② $a+b$의 부호는 알 수 없다.

월등한 특강

본문 65쪽

1 답 (1) $-\frac{2}{5}$ (2) **17** (3) $-\frac{1}{4}$ (4) **21** (5) $-\frac{3}{2}$

(1) $0.2-(-3)^2\div15=\frac{1}{5}-9\times\frac{1}{15}=\frac{1}{5}-\frac{3}{5}=-\frac{2}{5}$

(2) $5-(-16)\div(-2)^2\times3=5-(-16)\div4\times3$

$=5-(-4)\times3$

$=5-(-12)=5+12=17$

(3) $\frac{7}{12}\div\frac{7}{3}+\frac{1}{16}\times(-2)^3=\frac{7}{12}\times\frac{3}{7}+\frac{1}{16}\times(-8)$

$=\frac{1}{4}+\left(-\frac{1}{2}\right)=-\frac{1}{4}$

(4) $(-5)\div\frac{5}{6}-\left(-\frac{3}{2}\right)^3\times8$

$=(-5)\times\frac{6}{5}-\left(-\frac{27}{8}\right)\times8$

$=-6-(-27)=-6+27=21$

(5) $\frac{9}{2}+(-12)\times\frac{5}{18}-(-4)^2\div6$

$=\frac{9}{2}+(-12)\times\frac{5}{18}-16\times\frac{1}{6}$

$=\frac{9}{2}+\left(-\frac{10}{3}\right)-\frac{8}{3}$

$=\frac{9}{2}+\left\{\left(-\frac{10}{3}\right)+\left(-\frac{8}{3}\right)\right\}$

$=\frac{9}{2}+(-6)=-\frac{3}{2}$

2 답 (1) **15** (2) **-10** (3) **$-\frac{21}{4}$** (4) **-1** (5) **12**

(1) $8-\left[10-\left\{5+27\div\left(\frac{3}{2}\right)^2\right\}\right]$

$=8-\left\{10-\left(5+27\div\frac{9}{4}\right)\right\}=8-\left\{10-\left(5+27\times\frac{4}{9}\right)\right\}$

$=8-\{10-(5+12)\}=8-(10-17)$

$=8-(-7)=8+7=15$

(2) $5+[6-\{5\times2^2-7-(-8)\}]$

$=5+\{6-(5\times4-7+8)\}$

$=5+\{6-(20-7+8)\}$

$=5+(6-21)=5+(-15)=-10$

(3) $\frac{3}{4}-\frac{1}{2}\div\left\{3\times\frac{5}{4}-4-\left(-\frac{1}{3}\right)\right\}$

$=\frac{3}{4}-\frac{1}{2}\div\left(\frac{15}{4}-4+\frac{1}{3}\right)$

$=\frac{3}{4}-\frac{1}{2}\div\frac{1}{12}=\frac{3}{4}-\frac{1}{2}\times12$

$=\frac{3}{4}-6=-\frac{21}{4}$

(4) $12\div\left\{\left(20-3^2\div\frac{1}{4}\right)\times\left(-\frac{3}{10}\right)\right\}-\frac{7}{2}$

$=12\div\left\{(20-9\times4)\times\left(-\frac{3}{10}\right)\right\}-\frac{7}{2}$

$=12\div\left\{(20-36)\times\left(-\frac{3}{10}\right)\right\}-\frac{7}{2}$

$=12\div\left\{(-16)\times\left(-\frac{3}{10}\right)\right\}-\frac{7}{2}$

$=12\div\frac{24}{5}-\frac{7}{2}=12\times\frac{5}{24}-\frac{7}{2}=\frac{5}{2}-\frac{7}{2}=-1$

(5) $-3-\left[\left\{4+16\div\left(-\frac{2}{3}\right)^3\right\}\div(-10)-8\right]\times5$

$=-3-\left[\left\{4+16\div\left(-\frac{8}{27}\right)\right\}\div(-10)-8\right]\times5$

$=-3-\left[\left\{4+16\times\left(-\frac{27}{8}\right)\right\}\div(-10)-8\right]\times5$

$=-3-[\{4+(-54)\}\div(-10)-8]\times5$

$=-3-\{(-50)\div(-10)-8\}\times5$

$=-3-(5-8)\times5=-3-(-3)\times5$

$=-3-(-15)=-3+15=12$

STEP 2 기출로 실전 문제 익히기

본문 66쪽

1 ④	**2** ①	**3** $\frac{5}{6}$	**4** ㉡, $-\frac{10}{3}$
5 ④	**6** $\frac{23}{8}$배	**7** $-\frac{9}{4}$	

1 $\frac{2}{9}$의 역수는 $\frac{9}{2}$이므로 $-\frac{a}{2}=\frac{9}{2}$

$\therefore a=-9$

답 ④

2 ① $(-2)^4\times3\div(-12)=16\times3\div(-12)$

$=48\div(-12)=-4$

② $-2^3\times5\div(-10)=(-8)\times5\div(-10)$

$=(-40)\div(-10)=4$

③ $(-2)\times(-18)\div(-3)^2=(-2)\times(-18)\div9$

$=36\div9=4$

④ $-3^3\div(-3)^3\times(-2)^2=(-27)\div(-27)\times4$

$=1\times4=4$

⑤ $(-2)^4\div(-2)^3\times(-2)=16\div(-8)\times(-2)$

$=(-2)\times(-2)=4$

따라서 계산 결과가 나머지 넷과 다른 하나는 ①이다.

답 ①

3 $\left(-\frac{4}{9}\right)\div\square\times\left(-\frac{5}{2}\right)^2=-\frac{10}{3}$에서

$\left(-\frac{4}{9}\right)\times\frac{1}{\square}\times\frac{25}{4}=-\frac{10}{3}$

$\left(-\frac{4}{9}\right)\times\frac{25}{4}\times\frac{1}{\square}=-\frac{10}{3}$, $\left(-\frac{25}{9}\right)\times\frac{1}{\square}=-\frac{10}{3}$

$\frac{1}{\square}=\left(-\frac{10}{3}\right)\div\left(-\frac{25}{9}\right)=\left(-\frac{10}{3}\right)\times\left(-\frac{9}{25}\right)=\frac{6}{5}$

$\square$는 $\frac{6}{5}$의 역수이므로 $\square=\frac{5}{6}$

답 $\frac{5}{6}$

4 계산 순서대로 나열하면 ㉢, ㉣, ㉤, ㉡, ㉠이므로 네 번째로 계산해야 하는 것은 ㉡이다.

$-\frac{1}{3}+\frac{4}{5}\times\left\{\left(\frac{1}{3}-\frac{3}{2}\right)\div\frac{2}{3}-2\right\}$

$=-\frac{1}{3}+\frac{4}{5}\times\left\{\left(-\frac{7}{6}\right)\times\frac{3}{2}-2\right\}$

$=-\frac{1}{3}+\frac{4}{5}\times\left(-\frac{7}{4}-2\right)=-\frac{1}{3}+\frac{4}{5}\times\left(-\frac{15}{4}\right)$

$=-\frac{1}{3}+(-3)=-\frac{10}{3}$

답 ㉡, $-\frac{10}{3}$

5 $b\div c<0$이므로 b, c는 서로 다른 부호이다.

이때 $b<c$이므로 $b<0$, $c>0$

$a\times b>0$이므로 a, b는 서로 같은 부호이다.

이때 $b<0$이므로 $a<0$

$\therefore a<0$, $b<0$, $c>0$

답 ④

6 $\frac{4}{5}<\frac{9}{10}<1<\frac{23}{10}$이므로 가장 무거운 행성에서의 무게가 가장 가벼운 행성에서의 무게가 몇 배인지 구하면

$\frac{23}{10}\div\frac{4}{5}=\frac{23}{10}\times\frac{5}{4}=\frac{23}{8}$(배) 답 $\frac{23}{8}$배

7 1단계 a가 적힌 면과 마주 보는 면에 적힌 수가 $3.5=\frac{7}{2}$이므로 $a=\frac{2}{7}$ ◀ 20 %

2단계 b가 적힌 면과 마주 보는 면에 적힌 수가 $1\frac{3}{4}=\frac{7}{4}$이므로 $b=\frac{4}{7}$ ◀ 30 %

3단계 c가 적힌 면과 마주 보는 면에 적힌 수가 $-\frac{2}{9}$이므로 $c=-\frac{9}{2}$ ◀ 20 %

4단계 $a\div b\times c=\frac{2}{7}\div\frac{4}{7}\times\left(-\frac{9}{2}\right)$

$=\frac{2}{7}\times\frac{7}{4}\times\left(-\frac{9}{2}\right)=-\frac{9}{4}$ ◀ 30 %

답 $-\frac{9}{4}$

STEP 3 학교 시험 미리보기 본문 67~70쪽

01 ⑤	02 ⑤	03 ③	04 ④	05 ⑤
06 ⑤	07 15	08 ③	09 −1	10 ①
11 ③	12 ③	13 ②	14 $\frac{28}{5}$	15 2
16 $-\frac{3}{5}$	17 16	18 $\frac{38}{15}$	19 27900원	
20 ⑤	21 a, b, c	22 (1) $-\frac{1}{4}<x\le\frac{7}{6}$ (2) 6개		
23 (1) $a=-\frac{16}{5}$, $b=2$ (2) −3, −2, −1, 0, 1, 2				
24 $-\frac{3}{2}$	25 $-\frac{9}{2}$			

01 ① −2만 원 ② −3층 ③ −5 ℃ ④ −5 % ⑤ +25 m

따라서 나머지 넷과 부호가 다른 하나는 ⑤이다. 답 ⑤

02 ① $-2<x<2$ ② $-1<x<3$ ③ $-3\le x\le -1$ ④ $-1\le x<2$

따라서 부등호를 사용하여 바르게 나타낸 것은 ⑤이다. 답 ⑤

03 ① $(-7)+(+5)+(+2)=(-7)+\{(+5)+(+2)\}$

$=(-7)+(+7)=0$

② $\left(-\frac{5}{2}\right)-\left(-\frac{5}{2}\right)=\left(-\frac{5}{2}\right)+\left(+\frac{5}{2}\right)=0$

③ $\frac{2}{3}-\frac{5}{4}+\frac{4}{3}=\left(+\frac{2}{3}\right)+\left(-\frac{5}{4}\right)+\left(+\frac{4}{3}\right)$

$=\left\{\left(+\frac{2}{3}\right)+\left(+\frac{4}{3}\right)\right\}+\left(-\frac{5}{4}\right)$

$=(+2)+\left(-\frac{5}{4}\right)=\frac{3}{4}$

④ $7-9+4-1$

$=(+7)+(-9)+(+4)+(-1)$

$=\{(+7)+(+4)\}+\{(-9)+(-1)\}$

$=(+11)+(-10)=1$

⑤ $-\frac{1}{2}+\frac{7}{5}+\frac{3}{2}-\frac{4}{5}$

$=\left(-\frac{1}{2}\right)+\left(+\frac{7}{5}\right)+\left(+\frac{3}{2}\right)+\left(-\frac{4}{5}\right)$

$=\left\{\left(-\frac{1}{2}\right)+\left(+\frac{3}{2}\right)\right\}+\left\{\left(+\frac{7}{5}\right)+\left(-\frac{4}{5}\right)\right\}$

$=(+1)+\left(+\frac{3}{5}\right)=\frac{8}{5}$ 답 ③

04 ④ $0.5\times2=\frac{1}{2}\times2=1$

따라서 두 수가 서로 역수 관계인 것은 ④이다. 답 ④

05 ① 정수는 2, 4, $-\frac{8}{4}=-2$, +1, −3의 5개이다.

② 자연수는 2, 4, +1의 3개이다.

③ 음의 정수는 $-\frac{8}{4}=-2$, −3의 2개이다.

④ 양의 정수는 2, 4, +1의 3개이다.

⑤ 정수가 아닌 유리수는 −1.7의 1개이다. 답 ⑤

06 ⑤ E: $\frac{7}{4}$ 답 ⑤

07 두 수 x, y가 나타내는 두 점 사이의 거리는 30이므로 두 점은 원점으로부터 서로 반대 방향으로 각각

$30\times\frac{1}{2}=15$만큼 떨어져 있다.

따라서 두 수는 −15, 15이고 $x>y$이므로 $x=15$ 답 15

08 ③ $0>-2.3$ 답 ③

09 $(-1)+(-5)+3+2=(-6)+5=-1$이므로

$(-1)+a+(-2)+1=-1$에서

$a+(-1)+1+(-2)=-1$, $a+(-2)=-1$

$\therefore a=-1-(-2)=-1+2=1$

$1+b+(-6)+2=-1$에서

$b+1+2+(-6)=-1$, $b+(-3)=-1$

$\therefore b=-1-(-3)=-1+3=2$

$\therefore a-b=1-2=-1$ 답 −1

10 $a=\left(-\frac{18}{5}\right)\times\frac{10}{3}=-12$

$b=\left(-\frac{7}{6}\right)\div\left(-\frac{7}{9}\right)=\left(-\frac{7}{6}\right)\times\left(-\frac{9}{7}\right)=\frac{3}{2}$

$\therefore a\div b=(-12)\div\frac{3}{2}=(-12)\times\frac{2}{3}=-8$ 답 ①

11 $12\times96=12\times(\boxed{100}-4)=12\times\boxed{100}-12\times4$

$=1200-48=1152$

따라서 □ 안에 공통으로 들어갈 수는 100이다. 답 ③

13 $\left(-\frac{1}{2}\right)^2=\frac{1}{4}$, $-\frac{1}{2}$, $-\left(-\frac{1}{2}\right)^3=-\left(-\frac{1}{8}\right)=\frac{1}{8}$,

$-\left(-\frac{1}{2}\right)^4=-\frac{1}{16}$

따라서 가장 큰 수는 $\frac{1}{4}$, 가장 작은 수는 $-\frac{1}{2}$이므로 이 두 수의 곱은 $\frac{1}{4}\times\left(-\frac{1}{2}\right)=-\frac{1}{8}$ 답 ②

14 $a=\left(-\frac{63}{5}\right)\div\left(-\frac{9}{4}\right)$

$=\left(-\frac{63}{5}\right)\times\left(-\frac{4}{9}\right)=\frac{28}{5}$ 답 $\frac{28}{5}$

15 $a=\left(-\frac{1}{2}\right)^4\div\left(-\frac{1}{2}\right)^2-3\div\left\{3\times\left(-\frac{1}{2}\right)\right\}$

$=\frac{1}{16}\div\frac{1}{4}-3\div\left(-\frac{3}{2}\right)=\frac{1}{16}\times4-3\times\left(-\frac{2}{3}\right)$

$=\frac{1}{4}-(-2)=\frac{1}{4}+2=\frac{9}{4}$

따라서 $a=\frac{9}{4}=2.25$이므로 2.25에 가장 가까운 자연수는 2이다. 답 2

16 $a\times b<0$에서 a, b는 서로 다른 부호이므로 $a\div b<0$

$\therefore a\div b=-\left(\frac{1}{8}\div\frac{5}{24}\right)=-\left(\frac{1}{8}\times\frac{24}{5}\right)=-\frac{3}{5}$ 답 $-\frac{3}{5}$

17 절댓값이 0인 수는 0이다.

절댓값이 1인 수는 -1, 1이다.

절댓값이 2인 수는 -2, 2이다.

⋮

절댓값이 a인 수는 $-a$, a이다.

절댓값이 a 이하인 정수가 33개이므로 이 중 0을 제외한 정수는 32개이다.

$\therefore a=\frac{32}{2}=16$ 답 16

> 월등한 **개념**
> 절댓값이 a $(a>0)$ 이하인 수
> → 원점으로부터의 거리가 a보다 작거나 같다.

18 $x=-\frac{2}{3}$ 또는 $x=\frac{2}{3}$이고 $y=-\frac{3}{5}$ 또는 $y=\frac{3}{5}$

$x-y$의 값 중 가장 큰 것은 $x=\frac{2}{3}$, $y=-\frac{3}{5}$인 경우이므로

$M=\frac{2}{3}-\left(-\frac{3}{5}\right)=\frac{10}{15}+\frac{9}{15}=\frac{19}{15}$

$x-y$의 값 중에서 가장 작은 것은 $x=-\frac{2}{3}$, $y=\frac{3}{5}$인 경우이므로

$m=-\frac{2}{3}-\frac{3}{5}=-\frac{10}{15}-\frac{9}{15}=-\frac{19}{15}$

$\therefore M-m=\frac{19}{15}-\left(-\frac{19}{15}\right)$

$=\frac{19}{15}+\frac{19}{15}=\frac{38}{15}$ 답 $\frac{38}{15}$

19 13일부터 17일까지의 주가 변화는

$(-300)+(+600)+(-500)+(+400)+(+200)$

$=\{(-300)+(-500)\}$

$+\{(+600)+(+400)+(+200)\}$

$=(-800)+(+1200)=+400$(원)

따라서 17일의 종가는

$27500+(+400)=27900$(원) 답 27900원

다른 풀이 차례대로 계산하면

13일: $27500-300=27200$(원)

14일: $27200+600=27800$(원)

15일: $27800-500=27300$(원)

16일: $27300+400=27700$(원)

17일: $27700+200=27900$(원)

20 a는 홀수, b는 짝수이므로 $3\times a$는 홀수, $b+1$은 홀수, $a+3$은 짝수, $5\times b$는 짝수이다.

$(-1)^{3\times a}=-1$, $(-1)^{b+1}=-1$, $(-1)^{a+3}=1$, $(-1)^{5\times b}=1$이므로

$(-1)^{3\times a}+(-1)^{b+1}-(-1)^{a+3}-(-1)^{5\times b}$

$=(-1)+(-1)-(+1)-(+1)=-4$ 답 ⑤

21 (가)에서 $a<0$, $b<0$이고 (나)에서 $|a|<|b|$이므로 $a>b$

(다)에서 $|b|=|5|=5$이고 $b<0$이므로 $b=-5$

(라)에서 $c<-5$이므로 $b>c$

따라서 $a>b>c$이므로 큰 수부터 차례대로 나열하면 a, b, c이다. 답 a, b, c

22 (1) $-\frac{1}{4}<x\leq\frac{7}{6}$ … ❶

(2) $-\frac{1}{4}=-\frac{3}{12}$보다 크고 $\frac{7}{6}=\frac{14}{12}$보다 작거나 같은 정

수가 아닌 유리수 중 기약분수로 나타낼 때 분모가 12인 것은 $-\frac{1}{12}$, $\frac{1}{12}$, $\frac{5}{12}$, $\frac{7}{12}$, $\frac{11}{12}$, $\frac{13}{12}$의 6개이다. … ❷

답 (1) $-\frac{1}{4}<x\le\frac{7}{6}$ (2) 6개

단계	채점 기준	배점
❶	부등호를 사용하여 x의 값의 범위 나타내기	30%
❷	조건에 맞는 수의 개수 구하기	70%

23 (1) $a=-5-\left(-\frac{9}{5}\right)=\left(-\frac{25}{5}\right)+\left(+\frac{9}{5}\right)=-\frac{16}{5}$ … ❶

$b=3+(-1)=2$ … ❷

(2) $-\frac{16}{5}=-3.2$이므로 $-\frac{16}{5}<x\le2$를 만족시키는 정수 x는 -3, -2, -1, 0, 1, 2이다. … ❸

답 (1) $a=-\frac{16}{5}$, $b=2$ (2) -3, -2, -1, 0, 1, 2

단계	채점 기준	배점
❶	a의 값 구하기	30%
❷	b의 값 구하기	20%
❸	$a<x\le b$를 만족시키는 정수 x 구하기	50%

24 어떤 수를 □라 하면 $\square+\left(-\frac{3}{4}\right)=\frac{3}{8}$ … ❶

$\therefore \square=\frac{3}{8}-\left(-\frac{3}{4}\right)=\frac{3}{8}+\frac{3}{4}=\frac{3}{8}+\frac{6}{8}=\frac{9}{8}$ … ❷

따라서 바르게 계산하면

$\frac{9}{8}\div\left(-\frac{3}{4}\right)=\frac{9}{8}\times\left(-\frac{4}{3}\right)=-\frac{3}{2}$ … ❸

답 $-\frac{3}{2}$

단계	채점 기준	배점
❶	잘못 계산한 식 세우기	30%
❷	어떤 수 구하기	30%
❸	바르게 계산한 답 구하기	40%

25 네 수 중 서로 다른 세 수를 뽑아 곱한 값이 가장 크려면 양수 1개와 절댓값이 큰 음수 2개를 뽑아 곱해야 하므로

$a=\left(-\frac{7}{3}\right)\times\frac{5}{2}\times(-6)=35$ … ❶

또, 네 수 중 서로 다른 세 수를 뽑아 곱한 값이 가장 작으려면 음수 3개를 뽑아 곱해야 하므로

$b=\left(-\frac{7}{3}\right)\times\left(-\frac{5}{9}\right)\times(-6)=-\frac{70}{9}$ … ❷

$\therefore a\div b=35\div\left(-\frac{70}{9}\right)=35\times\left(-\frac{9}{70}\right)=-\frac{9}{2}$ … ❸

답 $-\frac{9}{2}$

단계	채점 기준	배점
❶	a의 값 구하기	40%
❷	b의 값 구하기	40%
❸	$a\div b$의 값 구하기	20%

1 문자와 식

단원 계통 잇기

본문 72쪽

1 답 (1) **62, 38, 62, 24** (2) **15, 28, 13, 28**

2 답 (1) **□+5** (2) **3×□−2** (3) **□+28=43**

3 답 (1) **12, 12, −9, 10, 1** (2) **4, 4, 40**

LECTURE 11 문자의 사용과 식의 값

개념 다지기

본문 74~76쪽

1 답 (1) x, **5000**, $800\times x$ (2) **시간**, a, **3**

2 답 (1) $(x+10)$**세** (2) $(4\times x)$ **cm** (3) $\frac{x}{2}$ **%**

(3) $\frac{x}{200}\times100=\frac{x}{2}$ (%)

3 답 (1) $-2a$ (2) $3xy$ (3) $2ax^2y$ (4) $0.2x$ (5) $-4(a-2b)$ (6) $3ab-2b$

4 답 (1) $-\frac{a}{4}$ (2) $\frac{2x}{y}$ (3) $\frac{a+b}{5}$ (4) $\frac{x}{a+b}$ (5) $\frac{a}{2}+\frac{b}{7}$ (6) $\frac{x}{yz}$

(6) $x\div y\div z=x\times\frac{1}{y}\times\frac{1}{z}=\frac{x}{yz}$

5 답 (1) $\frac{4a}{b}$ (2) $-\frac{xy}{2}$ (3) $a^3-\frac{3}{y}$

(2) $x\div(-2)\times y=x\times\left(-\frac{1}{2}\right)\times y=-\frac{xy}{2}$

6 답 (1) **−2** (2) **2** (3) **6**

(1) $-2x+4=-2\times3+4=-6+4=-2$

(2) $\frac{6}{x}=\frac{6}{3}=2$

(3) $x^2-x=3^2-3=9-3=6$

7 답 (1) **−7** (2) **−3** (3) **10**

(1) $5a+3=5\times(-2)+3=-10+3=-7$

(2) $1-a^2=1-(-2)^2=1-4=-3$

(3) $\frac{4}{a}+3a^2=\frac{4}{-2}+3\times(-2)^2=-2+12=10$

8 답 (1) **7** (2) **−30** (3) **−2**

(1) $3x+y=3\times3+(-2)=9-2=7$

(2) $5xy=5\times3\times(-2)=-30$

(3) $-2x+y^2=-2\times3+(-2)^2$
$=-6+4=-2$

STEP 1 교과서 핵심 유형 익히기

본문 77~78쪽

1 답 ③, ⑤

③ $b\times2\times a\times3\times a=6a^2b$

⑤ $a\div\frac{2}{3}\div b=a\times\frac{3}{2}\times\frac{1}{b}=\frac{3a}{2b}$

1-1 답 ㄱ, ㄷ

ㄴ. $y\times x\times0.1\times x=0.1x^2y$

ㄹ. $x\div2\div y=x\times\frac{1}{2}\times\frac{1}{y}=\frac{x}{2y}$

따라서 옳은 것은 ㄱ, ㄷ이다.

2 답 ④

① $x\div y\times z=x\times\frac{1}{y}\times z=\frac{xz}{y}$

② $x\times z\div y=x\times z\times\frac{1}{y}=\frac{xz}{y}$

③ $x\div(y\div z)=x\div\frac{y}{z}=x\times\frac{z}{y}=\frac{xz}{y}$

④ $x\times(y\div z)=x\times\frac{y}{z}=\frac{xy}{z}$

⑤ $z\div(y\div x)=z\div\frac{y}{x}=z\times\frac{x}{y}=\frac{xz}{y}$

따라서 나머지 넷과 다른 하나는 ④이다.

2-1 답 ⑤

① $a\times b\times c=abc$

② $a\div b\div c=a\times\frac{1}{b}\times\frac{1}{c}=\frac{a}{bc}$

③ $a\div b\times c=a\times\frac{1}{b}\times c=\frac{ac}{b}$

④ $a\times c\div b=a\times c\times\frac{1}{b}=\frac{ac}{b}$

⑤ $a\times b\div c=a\times b\times\frac{1}{c}=\frac{ab}{c}$

따라서 $\frac{ab}{c}$와 같은 것은 ⑤이다.

3 답 (1) **$(2x+2y)$ cm** (2) **$\left(\frac{x}{3}+\frac{y}{2}\right)$시간** (3) **$(2a+5b)$ g**

(1) (직사각형의 둘레의 길이)
$=2\times$(가로의 길이)$+2\times$(세로의 길이)
$=2\times x+2\times y=2x+2y$ (cm)

(2) (시간)$=\frac{(거리)}{(속력)}$이므로 구하는 시간은
$\left(\frac{x}{3}+\frac{y}{2}\right)$시간

(3) (소금의 양)$=\frac{(소금물의 농도)}{100}\times$(소금물의 양)이므로
$\frac{a}{100}\times200+\frac{b}{100}\times500=2a+5b$ (g)

3-1 답 (1) **$(300x+200y)$원** (2) **a^3 cm^3** (3) **$\frac{800}{x}$ %**

(2) (정육면체의 부피)$=$(한 모서리의 길이)$^3=a^3$ (cm^3)

(3) (소금물의 농도)$=\frac{(소금의 양)}{(소금물의 양)}\times100$ (%)이므로
$\frac{8}{x}\times100=\frac{800}{x}$ (%)

4 답 ②

① $3x+y=3\times4+(-1)=12-1=11$

② $-\frac{1}{2}x+2y=-\frac{1}{2}\times4+2\times(-1)=-2-2=-4$

③ $x+xy=4+4\times(-1)=4-4=0$

④ $2x-y^2=2\times4-(-1)^2=8-1=7$

⑤ $\frac{4}{x}-3y=\frac{4}{4}-3\times(-1)=1+3=4$

따라서 식의 값이 가장 작은 것은 ②이다.

4-1 답 **−12**

$10ab-2b^2=10\times\frac{1}{5}\times(-2)-2\times(-2)^2$
$=-4-8=-12$

5 답 ④

$\frac{4}{x}+\frac{1}{y}=4\div x+1\div y=4\div\frac{2}{3}+1\div\left(-\frac{1}{5}\right)$
$=4\times\frac{3}{2}+1\times(-5)=6-5=1$

5-1 답 8

$\frac{4}{x}-\frac{2}{y}=4\div x-2\div y=4\div2-2\div\left(-\frac{1}{3}\right)$
$=2-2\times(-3)=2+6=8$

6 답 ①

$331+0.6x$에 $x=10$을 대입하면
$331+0.6\times10=331+6=337$ (m)

6-1 답 **77 °F**

$\frac{9}{5}x+32$에 $x=25$를 대입하면
$\frac{9}{5}\times25+32=45+32=77$ (°F)

STEP 2 기출로 **실전 문제** 익히기 본문 79쪽

1 ③, ④ 2 ③ 3 ③ 4 ⑤ 5 ⑤
6 ④ 7 (1) $S=\frac{(a+b)h}{2}$ (2) 26

1 ① $x\times(-6)=-6x$

② $-2\times y\times a\div b=-2\times y\times a\times\frac{1}{b}=-\frac{2ay}{b}$

⑤ $2\times a+4\times b\div c=2\times a+4\times b\times\frac{1}{c}$

$=2a+\frac{4b}{c}$ 답 ③, ④

2 ① $x\times\frac{10}{100}=\frac{1}{10}x$(원) ② $\frac{a+b}{2}$점

④ $\frac{x}{500}\times100=\frac{x}{5}$ (%) ⑤ $30+a$ 답 ③

3 (시간)$=\frac{(거리)}{(속력)}$이므로 시속 3 km로 x km를 걷는 데 걸린 시간은 $\frac{x}{3}$시간이고 휴식을 취한 20분은 $\frac{20}{60}=\frac{1}{3}$(시간)이다.
따라서 지점 A에서 출발하여 지점 B에 도착할 때까지 걸린 시간은 $\frac{x}{3}+\frac{1}{3}=\frac{x+1}{3}$(시간) 답 ③

4 ① $a^2=(-2)^2=4$ ② $-a^2=-(-2)^2=-4$
③ $2a=2\times(-2)=-4$ ④ $-2a=(-2)\times(-2)=4$
⑤ $3a=3\times(-2)=-6$
따라서 식의 값이 가장 작은 것은 ⑤이다. 답 ⑤

5 $\frac{9}{a}-\frac{8}{b}+\frac{10}{c}=9\div a-8\div b+10\div c$

$=9\div\left(-\frac{1}{3}\right)-8\div\left(-\frac{1}{4}\right)+10\div\frac{1}{5}$

$=9\times(-3)-8\times(-4)+10\times5$

$=-27+32+50=55$ 답 ⑤

6 $0.6(220-x)$에 $x=15$를 대입하면
$0.6\times(220-15)=0.6\times205=123$(회) 답 ④

7 1단계 (1) (사다리꼴의 넓이)
$=\frac{1}{2}\times\{$(윗변의 길이)+(아랫변의 길이)$\}\times$(높이)
이므로 사다리꼴의 넓이 S를 a, b, h를 사용한 식으로 나타내면
$S=\frac{1}{2}\times(a+b)\times h=\frac{(a+b)h}{2}$ ◀ 60 %

2단계 (2) $a=3$, $b=10$, $h=4$를 (1)의 식에 대입하면
$S=\frac{(3+10)\times4}{2}=26$ ◀ 40 %

답 (1) $S=\frac{(a+b)h}{2}$ (2) 26

LECTURE 12 일차식과 수의 곱셈, 나눗셈

개념 다지기 본문 80~81쪽

1 답 (1) $-2x$, $3y$, -4 (2) -4 (3) -2 (4) 3
$-2x+3y-4=-2x+3y+(-4)$

2 답 (1) 1, 일차식이다. (2) 2, 일차식이 아니다.
(3) 1, 일차식이다. (4) 3, 일차식이 아니다.

3 답 (1) $20x$ (2) $-6a$ (3) $2x$ (4) $-3y$

4 답 (1) $6x-9$ (2) $-8a+4$ (3) $2y+1$
(4) $3x-2$ (5) $-2a+3$ (6) $6y+10$
(6) $(3y+5)\div\frac{1}{2}=(3y+5)\times2=6y+10$

STEP 1 교과서 **핵심 유형** 익히기 본문 82쪽

1 답 ④
① $2x+1$은 항이 $2x$, 1의 2개이므로 다항식이다.
② a^2+a-1의 상수항은 -1이다.
③ $\frac{x}{3}+1=\frac{1}{3}x+1$이므로 x의 계수는 $\frac{1}{3}$이다.
⑤ $ab+1$의 항은 ab, 1의 2개이다.

1-1 답 ㄱ, ㄴ
$-3x^2+x-1=-3x^2+x+(-1)$
ㄷ. 다항식의 차수는 2이다.
ㄹ. x의 계수는 1, 상수항은 -1이므로 그 합은 0이다.
따라서 옳은 것은 ㄱ, ㄴ이다.

2 답 ①, ④
① $x^2-4x-x^2=-4x$이므로 일차식이다.
② 상수항은 일차식이 아니다.
③ 분모에 문자가 있는 식은 다항식이 아니므로 일차식이 아니다.

④ $x^2\times0-5x=-5x$이므로 일차식이다.
⑤ 다항식의 차수가 2이므로 일차식이 아니다.
따라서 일차식인 것은 ①, ④이다.

2-1 답 ④
④ 분모에 문자가 있는 식은 다항식이 아니므로 일차식이 아니다.

3 답 ①, ⑤
① $9x\times(-6)=-54x$
⑤ $(-6x+5)\div\frac{1}{2}=(-6x+5)\times2=-12x+10$

3-1 답 -18
$\left(6x-\frac{1}{3}\right)\times(-3)=6x\times(-3)+\left(-\frac{1}{3}\right)\times(-3)$
$=-18x+1$
따라서 $a=-18$, $b=1$이므로
$ab=(-18)\times1=-18$

STEP 2 기출로 **실전 문제** 익히기 본문 83쪽

1 ①, ③ **2** ②, ④ **3** 4개 **4** 2 **5** ㄴ, ㄹ
6 ④ **7** $-\frac{5}{2}$

1 다항식 중 한 개의 항으로만 이루어진 식을 찾는다.
④ $\frac{1}{x}$과 같이 분모에 문자가 있는 식은 다항식이 아니므로 단항식이 아니다. 답 ①, ③

2 ② 상수항은 $-\frac{1}{4}$이다.
④ x의 계수는 -4이다. 답 ②, ④
주의 계수를 구할 때는 수 앞의 부호를 빠뜨리지 않도록 주의한다.

3 $\frac{1}{y}$은 다항식이 아니므로 일차식이 아니다.
$5x^2-0.4$, $y-y^2$은 차수가 2이므로 일차식이 아니다.
$0\times x-5=-5$는 상수항이므로 일차식이 아니다.
따라서 일차식은 x, $0.7x-3$, $10-y$, $\frac{x}{9}$의 4개이다.
답 4개

4 주어진 다항식이 x에 대한 일차식이려면 x^2의 계수가 0이어야 하므로
$a-2=0$ $\therefore a=2$ 답 2

5 ㄱ. $-3a\times(-3)=9a$
ㄴ. $9x\div\left(-\frac{3}{5}\right)=9x\times\left(-\frac{5}{3}\right)=-15x$
ㄷ. $-4\left(2-\frac{1}{6}a\right)=-4\times2+(-4)\times\left(-\frac{1}{6}a\right)$
$=-8+\frac{2}{3}a$
ㄹ. $(5x+2)\div\frac{1}{3}=(5x+2)\times3=15x+6$
따라서 옳은 것은 ㄴ, ㄹ이다. 답 ㄴ, ㄹ

6 ① $2(4x-2)=8x-4$
② $\frac{1}{2}(-4x+2)=-2x+1$
③ $(4x-2)\times\frac{1}{2}=2x-1$
④ $(4x+2)\div(-2)=-2x-1$
⑤ $(4x-2)\div\left(-\frac{1}{2}\right)=(4x-2)\times(-2)$
$=-8x+4$
따라서 계산 결과가 $-2x-1$인 것은 ④이다. 답 ④

7 1단계 $\frac{x^2+5x-1}{2}=\frac{x^2}{2}+\frac{5}{2}x-\frac{1}{2}$ ······ ㉠ ◀ 30%
2단계 ㉠에서 상수항은 $-\frac{1}{2}$, x의 계수는 $\frac{5}{2}$, 차수는 2이므로
$a=-\frac{1}{2}$, $b=\frac{5}{2}$, $c=2$ ◀ 40%
3단계 $abc=\left(-\frac{1}{2}\right)\times\frac{5}{2}\times2=-\frac{5}{2}$ ◀ 30%
답 $-\frac{5}{2}$

LECTURE 13 일차식의 덧셈과 뺄셈

개념 다지기 본문 84~85쪽

1 답 (1) ○ (2) × (3) ○ (4) × (5) × (6) ○
(2) 차수는 같으나 문자가 다르므로 동류항이 아니다.
(4) $\frac{3}{a}$은 분모에 문자가 있으므로 다항식이 아니다.
(5) 문자는 같으나 차수가 다르므로 동류항이 아니다.

2 답 (1) $8x$ (2) $-3y$ (3) $\frac{7}{6}b$ (4) $\frac{1}{4}x$ (5) a
(6) $-5a-4b$
(1) $3x+5x=(3+5)x=8x$
(2) $5y-8y=(5-8)y=-3y$

(3) $\frac{1}{2}b+\frac{2}{3}b=\left(\frac{1}{2}+\frac{2}{3}\right)b=\frac{7}{6}b$

(4) $x-\frac{3}{4}x=\left(1-\frac{3}{4}\right)x=\frac{1}{4}x$

(5) $2a+3a-4a=(2+3-4)a=a$

(6) $-a+2b-4a-6b=(-1-4)a+(2-6)b$
$=-5a-4b$

3 답 (1) $\mathbf{3x-1}$ (2) $\mathbf{a+5}$ (3) $\mathbf{y-1}$ (4) $\mathbf{9b+5}$

(2) $(3a+1)-(2a-4)=3a+1-2a+4$
$=3a-2a+1+4$
$=a+5$

(4) $(5b+3)-(-4b-2)=5b+3+4b+2$
$=5b+4b+3+2$
$=9b+5$

4 답 (1) $\mathbf{8x-1}$ (2) $\mathbf{2y+11}$ (3) $\mathbf{-8a-7}$ (4) $\mathbf{6b-\frac{1}{6}}$

(1) $2(x+1)+3(2x-1)=2x+2+6x-3$
$=2x+6x+2-3$
$=8x-1$

(2) $3(y+3)-\frac{1}{2}(2y-4)=3y+9-y+2$
$=3y-y+9+2$
$=2y+11$

(3) $3(-2a+1)-2(a+5)=-6a+3-2a-10$
$=-6a-2a+3-10$
$=-8a-7$

(4) $\frac{2}{3}(6b+2)+\frac{1}{2}(4b-3)=4b+\frac{4}{3}+2b-\frac{3}{2}$
$=4b+2b+\frac{4}{3}-\frac{3}{2}$
$=6b-\frac{1}{6}$

STEP 1 교과서 핵심 유형 익히기

본문 86~87쪽

1 답 ㄴ, ㄷ, ㅂ

ㄱ. 문자는 같으나 차수가 다르므로 동류항이 아니다.
ㄹ. 차수는 같으나 문자가 다르므로 동류항이 아니다.
ㅁ. $\frac{1}{a}$은 분모에 문자가 있으므로 다항식이 아니다.
따라서 동류항끼리 짝지어진 것은 ㄴ, ㄷ, ㅂ이다.

1-1 답 ④

① 문자와 차수가 모두 다르므로 동류항이 아니다.
② 차수는 같으나 문자가 다르므로 동류항이 아니다.
③ $\frac{1}{3a}$은 분모에 문자가 있으므로 다항식이 아니다.
⑤ 문자는 같으나 차수가 다르므로 동류항이 아니다.
따라서 $3a$와 동류항인 것은 ④이다.

2 답 ④

② $4(x+4)-6(x-7)=4x+16-6x+42=-2x+58$

③ $-2(2x-1)+5(3x+2)=-4x+2+15x+10$
$=11x+12$

④ $-(4x+3)-2(3x+7)=-4x-3-6x-14$
$=-10x-17$

⑤ $\frac{1}{2}(4x-2)-\frac{1}{3}(9x+3)=2x-1-3x-1$
$=-x-2$

2-1 답 ⑤

$3(6x-1)+\frac{1}{3}(2-9x)=18x-3+\frac{2}{3}-3x$
$=15x-\frac{7}{3}$

따라서 x의 계수는 15이다.

3 답 ②

$2x-[3x-\{1-(5x-4)\}]=2x-\{3x-(1-5x+4)\}$
$=2x-\{3x-(-5x+5)\}$
$=2x-(3x+5x-5)$
$=2x-(8x-5)$
$=2x-8x+5=-6x+5$

3-1 답 11

$3x-\{x+5-(2x-2)\}=3x-(x+5-2x+2)$
$=3x-(-x+7)$
$=3x+x-7=4x-7$

따라서 $a=4$, $b=-7$이므로
$a-b=4-(-7)=11$

4 답 ③

$\frac{3x-2}{5}-\frac{3-x}{2}=\frac{2(3x-2)}{10}-\frac{5(3-x)}{10}$
$=\frac{6x-4-15+5x}{10}$
$=\frac{11x-19}{10}=\frac{11}{10}x-\frac{19}{10}$

따라서 $a=\frac{11}{10}$, $b=-\frac{19}{10}$이므로

$a-b=\frac{11}{10}-\left(-\frac{19}{10}\right)=3$

다른 풀이 $\frac{3x-2}{5}-\frac{3-x}{2}=\frac{3}{5}x-\frac{2}{5}-\frac{3}{2}+\frac{x}{2}$
$=\frac{3}{5}x+\frac{x}{2}-\frac{2}{5}-\frac{3}{2}$
$=\frac{11}{10}x-\frac{19}{10}$

4-1 답 $-\frac{11}{8}x+\frac{23}{8}$

$$\begin{aligned}\frac{x+3}{8}+\frac{-3x+5}{2}&=\frac{x+3}{8}+\frac{4(-3x+5)}{8}\\&=\frac{x+3-12x+20}{8}\\&=\frac{-11x+23}{8}\\&=-\frac{11}{8}x+\frac{23}{8}\end{aligned}$$

5 답 ③

$-4x+5+\square=x-2$에서

$\square=x-2-(-4x+5)$

$=x-2+4x-5=5x-7$

5-1 답 $2x-4$

$\square-(4x-7)=-2x+3$에서

$\square=-2x+3+(4x-7)$

$=-2x+3+4x-7=2x-4$

6 답 (1) $x+5$ (2) $-3x+8$

(1) 어떤 다항식을 $\square$라 하면

$\square+(4x-3)=5x+2$

$\therefore \square=5x+2-(4x-3)$

$=5x+2-4x+3=x+5$

(2) 바르게 계산한 식은

$x+5-(4x-3)=x+5-4x+3$

$=-3x+8$

6-1 답 $3x-1$

어떤 다항식을 $\square$라 하면

$\square-(x-2)=x+3$

$\therefore \square=x+3+(x-2)$

$=x+3+x-2$

$=2x+1$

따라서 바르게 계산한 식은

$2x+1+(x-2)=2x+1+x-2$

$=3x-1$

STEP 2 기출로 실전 문제 익히기 본문 88쪽

1 ④ 2 ③ 3 ⑤ 4 $\frac{5}{3}x+\frac{1}{6}$ 5 ④

6 $9a+10$ 7 $8x-7$

1 ① 차수가 다르므로 동류항이 아니다.

② 문자와 차수가 모두 다르므로 동류항이 아니다.

③, ⑤ 문자가 다르므로 동류항이 아니다.

따라서 동류항끼리 짝지어진 것은 ④이다. 답 ④

2 $2(x+5)-5(x-3)=2x+10-5x+15$

$=-3x+25$ 답 ③

3 $3-[4x-5-\{5x-6(-2x+3)\}]$

$=3-\{4x-5-(5x+12x-18)\}$

$=3-\{4x-5-(17x-18)\}$

$=3-(4x-5-17x+18)$

$=3-(-13x+13)$

$=3+13x-13=13x-10$

따라서 $a=13$, $b=10$이므로

$a+b=13+10=23$ 답 ⑤

4

$$\begin{aligned}\frac{2x+5}{3}-\frac{3-2x}{2}&=\frac{2(2x+5)}{6}-\frac{3(3-2x)}{6}\\&=\frac{4x+10-9+6x}{6}\\&=\frac{10x+1}{6}=\frac{5}{3}x+\frac{1}{6}\end{aligned}$$

답 $\frac{5}{3}x+\frac{1}{6}$

5 $2A-B=2(5x-6y)-(-3x+2y)$

$=10x-12y+3x-2y=13x-14y$ 답 ④

6 (둘레의 길이)$=2(3a+2)+2\left(\frac{3}{2}a+3\right)$

$=6a+4+3a+6$

$=9a+10$ 답 $9a+10$

7 1단계 어떤 다항식을 $\square$라 하면

$\square-(5x-4)=-2x+1$ ◀ 30 %

2단계 $\square=-2x+1+(5x-4)$

$=-2x+1+5x-4=3x-3$ ◀ 30 %

3단계 바르게 계산한 식은

$3x-3+(5x-4)=3x-3+5x-4$

$=8x-7$ ◀ 40 %

답 $8x-7$

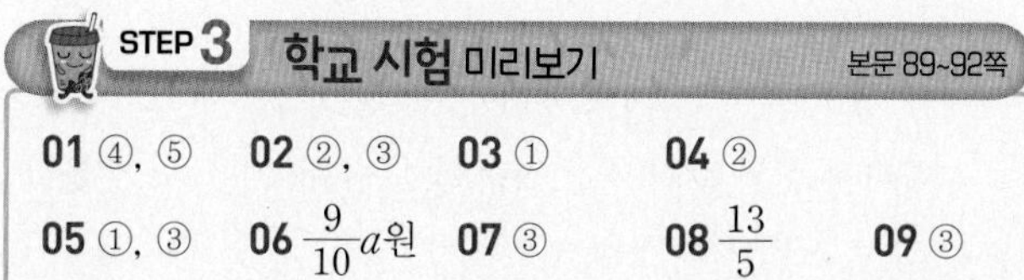

STEP 3 학교 시험 미리보기 본문 89~92쪽

01 ④, ⑤ 02 ②, ③ 03 ① 04 ②

05 ①, ③ 06 $\frac{9}{10}a$원 07 ③ 08 $\frac{13}{5}$ 09 ③

10 ⑤ 11 ④ 12 ④ 13 ⑤ 14 ⑤

15 $3x-\frac{7}{2}y$ 16 $3x+9$ 17 $4a+3b$ 18 12

19 (1) $\frac{80x+6y}{6+x}$점 (2) 74점 20 $7x-5$

21 $4x+7$ 22 (1) $-5x+8$ (2) 3

23 (1) $\left(\frac{x+y}{2}-6.5\right)$ cm (2) 164.5 cm

24 $9x-19$ 25 $2x-5$

01 ④ $0.01\times x\times y=0.01xy$

⑤ $(x-y)\times z\div 3=\frac{(x-y)z}{3}$ 답 ④, ⑤

02 ①, ⑤ 다항식의 차수가 2이므로 일차식이 아니다.

④ 분모에 문자가 있는 식은 다항식이 아니므로 일차식이 아니다.

따라서 일차식인 것은 ②, ③이다. 답 ②, ③

03 $(20x-15)\times\frac{1}{5}=20x\times\frac{1}{5}+(-15)\times\frac{1}{5}=4x-3$

답 ①

04 ①, ⑤ 차수가 다르므로 동류항이 아니다.

③, ④ 문자가 다르므로 동류항이 아니다.

따라서 동류항끼리 짝지어진 것은 ②이다. 답 ②

05 ① $2000\times\frac{a}{100}=20a$(원)

③ $a\div 7=\frac{a}{7}$(원) 답 ①, ③

주의 식으로 나타낼 때는 단위를 꼭 쓰도록 주의한다.

06 (지불한 금액)=(정가)−(할인 금액)

$=a-a\times\frac{10}{100}=a-\frac{1}{10}a=\frac{9}{10}a$(원)

답 $\frac{9}{10}a$원

참고 (지불한 금액)=(정가)−(할인 금액)
=(정가)−(정가)×(할인 비율)
=(정가)×{1−(할인 비율)}

07 ① $a+b=(-2)+3=1$

② $a-b=(-2)-3=-5$

③ $2a-b=2\times(-2)-3=-4-3=-7$

④ $a^2-b^2=(-2)^2-3^2=4-9=-5$

⑤ $\frac{ab}{a-2b}=\frac{(-2)\times 3}{(-2)-2\times 3}=\frac{-6}{-8}=\frac{3}{4}$

따라서 식의 값이 가장 작은 것은 ③이다. 답 ③

08 $\frac{y}{xz}-\frac{x^2+y}{z}=\frac{6}{(-2)\times(-5)}-\frac{(-2)^2+6}{-5}$

$=\frac{3}{5}-(-2)=\frac{13}{5}$ 답 $\frac{13}{5}$

09 (직육면체의 부피)=(가로의 길이)×(세로의 길이)×(높이)

이므로 $V=abc$

$V=abc$에 $a=4$, $b=8$, $c=5$를 대입하면

$V=4\times 8\times 5=160$ 답 ③

10 다항식 중 한 개의 항으로만 이루어진 식을 찾으면 ⑤이다. 답 ⑤

11 ㄱ. 다항식의 차수가 2이므로 일차식이 아니다.

ㄷ. 항은 $5x^2$, $-6x$, -2의 3개이다.

ㅁ. x의 계수는 -6이다.

따라서 옳은 것은 ㄴ, ㄹ, ㅂ이다. 답 ④

주의 계수를 구할 때, 계수의 부호를 빠뜨리지 않도록 주의한다.

12 $\frac{2}{3}(3x-9)-(15x+20)\div 5$

$=\frac{2}{3}(3x-9)-(15x+20)\times\frac{1}{5}$

$=2x-6-3x-4=-x-10$

따라서 $a=-1$, $b=-10$이므로

$a-b=-1-(-10)=9$ 답 ④

13 $4x-y-\{5x-3y-(7x+6y)\}$

$=4x-y-(5x-3y-7x-6y)$

$=4x-y-(-2x-9y)$

$=4x-y+2x+9y=6x+8y$ 답 ⑤

14 $\frac{3x-2}{5}-\frac{x-7}{4}=\frac{4(3x-2)}{20}-\frac{5(x-7)}{20}$

$=\frac{12x-8-5x+35}{20}=\frac{7x+27}{20}$

$=\frac{7}{20}x+\frac{27}{20}$ 답 ⑤

15 $-A-3B+2(A+B)=-A-3B+2A+2B$

$=A-B$

$=\left(x-\frac{1}{2}y\right)-(-2x+3y)$

$=x-\frac{1}{2}y+2x-3y$

$=3x-\frac{7}{2}y$ 답 $3x-\frac{7}{2}y$

16 $2(x+6)-(\square)=-x+3$에서

$\square=2(x+6)-(-x+3)$

$=2x+12+x-3=3x+9$ 답 $3x+9$

17 (도형의 넓이)

=(삼각형 A의 넓이)

+(삼각형 B의 넓이)

$=\frac{1}{2}\times 8\times a+\frac{1}{2}\times 6\times b$

$=4a+3b$

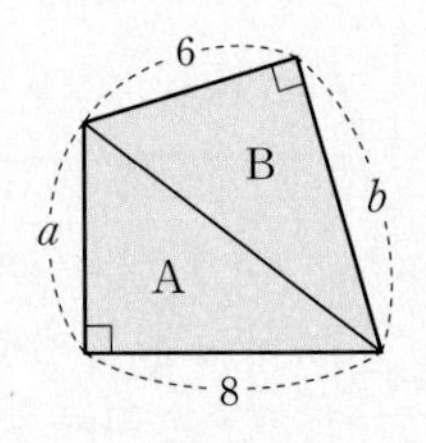

답 $4a+3b$

18 $-\frac{3}{a}+\frac{2}{b}+\frac{7}{c}$

$=(-3)\div a+2\div b+7\div c$

$=(-3)\div\frac{1}{2}+2\div\left(-\frac{1}{5}\right)+7\div\frac{1}{4}$

$=(-3)\times 2+2\times(-5)+7\times 4$

$=-6-10+28=12$

답 12

19 (1) 남학생 6명의 점수의 합은 $6\times y=6y$(점)

여학생 x명의 점수의 합은 $x\times 80=80x$(점)

따라서 모둠 전체 학생의 평균 점수는

$\frac{6y+80x}{6+x}=\frac{80x+6y}{6+x}$(점)

(2) $\frac{80x+6y}{6+x}$에 $x=4$, $y=70$을 대입하면

$\frac{80\times 4+6\times 70}{6+4}=\frac{320+420}{10}=\frac{740}{10}=74$(점)

답 (1) $\frac{80x+6y}{6+x}$점 (2) 74점

주의 모둠 전체 학생의 평균 점수를
(남학생의 평균 점수)+(여학생의 평균 점수)로 나타내지 않도록 주의한다.

20 (가) $A-2(5x-2)=x+3$에서

$A=x+3+2(5x-2)=x+3+10x-4=11x-1$

(나) $3(2-x)-B=-5x+4$에서

$B=3(2-x)-(-5x+4)$

$=6-3x+5x-4=2x+2$

$\therefore A-2B=11x-1-2(2x+2)$

$=11x-1-4x-4=7x-5$

답 $7x-5$

21 (색칠한 부분의 넓이)

$=(x+4+x+1)\times(2+4)$

$-\left\{\frac{1}{2}\times(x+4)\times(2+4)+\frac{1}{2}\times(x+1)\times 2+\frac{1}{2}\times(x+4+x+1)\times 4\right\}$

$=6(2x+5)-\{3(x+4)+(x+1)+2(2x+5)\}$

$=6(2x+5)-(3x+12+x+1+4x+10)$

$=12x+30-(8x+23)$

$=12x+30-8x-23=4x+7$

답 $4x+7$

22 (1) $-2x+9-[5x-\{6x+2-(4x+3)\}]$

$=-2x+9-\{5x-(6x+2-4x-3)\}$

$=-2x+9-\{5x-(2x-1)\}$

$=-2x+9-(5x-2x+1)$

$=-2x+9-(3x+1)$

$=-2x-9-3x-1=-5x+8$ … ❶

(2) x의 계수는 -5, 상수항은 8이므로 x의 계수와 상수항의 합은 $-5+8=3$ … ❷

답 (1) $-5x+8$ (2) 3

단계	채점 기준	배점
❶	주어진 식 간단히 하기	70 %
❷	x의 계수와 상수항의 합 구하기	30 %

23 (1) $(x+y)\div 2-6.5=\frac{x+y}{2}-6.5$ (cm) … ❶

(2) $\frac{x+y}{2}-6.5$에 $x=180$, $y=162$를 대입하면

$\frac{180+162}{2}-6.5=171-6.5=164.5$ (cm)

따라서 현주의 최종 키를 예측하면 164.5 cm이다. … ❷

답 (1) $\left(\frac{x+y}{2}-6.5\right)$ cm (2) 164.5 cm

단계	채점 기준	배점
❶	딸의 최종 키를 x, y를 사용한 식으로 나타내기	50 %
❷	현주의 최종 키 예측하기	50 %

24 어떤 다항식을 ☐라 하면

$☐-(4x-9)=x-1$ … ❶

$\therefore ☐=x-1+(4x-9)=x-1+4x-9$

$=5x-10$ … ❷

따라서 바르게 계산한 식은

$5x-10+(4x-9)=5x-10+4x-9$

$=9x-19$ … ❸

답 $9x-19$

단계	채점 기준	배점
❶	잘못 계산한 식 세우기	30 %
❷	어떤 다항식 구하기	30 %
❸	바르게 계산한 식 구하기	40 %

25 $(3x+5)+(2x-1)+(x-7)=6x-3$ … ❶

$A+(7x+7)+(x-7)=6x-3$에서

$A+8x=6x-3$

$\therefore A=6x-3-8x=-2x-3$ … ❷

$(-2x-3)+(2x-1)+B=6x-3$에서

$-4+B=6x-3$

$\therefore B=6x-3-(-4)=6x+1$ … ❸

$\therefore 2A+B=2(-2x-3)+(6x+1)$

$=-4x-6+6x+1=2x-5$ … ❹

답 $2x-5$

단계	채점 기준	배점
❶	가로, 세로, 대각선에 놓인 세 일차식의 합 구하기	30 %
❷	A 구하기	20 %
❸	B 구하기	20 %
❹	$2A+B$ 간단히 하기	30 %

Ⅱ. 문자와 식

2 일차방정식

단원 계통 잇기

본문 94쪽

1 답 (1) **10, 14** (2) **65, 30** (3) **8, 15**

2 답 (1) $(x+10)$**세** (2) $3x$ **cm** (3) $\left(\frac{x}{2}+\frac{y}{2}\right)$**시간**

3 답 (1) $-4x+2$ (2) $25x-15$ (3) $5x$ (4) $-2x-11$

LECTURE 14 방정식과 그 해

본문 96~97쪽

1 답 (1) ○ (2) ○ (3) × (4) × (5) ○ (6) ×

(3) 등호가 없는 식이므로 등식이 아니다.

(4), (6) 부등호를 사용한 식이므로 등식이 아니다.

2 답 (2), (3)

각 방정식에 $x=2$를 대입하면

(1) $2-1\neq 2$ (2) $5-2=3$

(3) $3\times 2+2=2+6$ (4) $2\times(4-2)\neq 2\times 2-1$

3 답 (1) **방** (2) **항** (3) **항** (4) **방**

(1), (4) x의 값에 따라 참이 되기도 하고 거짓이 되기도 하므로 방정식이다.

(2) (좌변)$=4x-x=3x$에서 (좌변)=(우변)이므로 항등식이다.

(3) (좌변)=(우변)이므로 항등식이다.

참고 (1) $x=5$일 때만 참인 등식이다.

(4) $x=0$일 때만 참인 등식이다.

4 답 (1) **4** (2) **5** (3) **7** (4) **6**

5 답 **풀이 참조**

(1) $2x-7=-1$
양변에 $\boxed{7}$을 더한다.
$2x=\boxed{6}$
양변을 $\boxed{2}$로 나눈다.
$x=\boxed{3}$

(2) $\frac{x}{3}+2=5$
양변에서 $\boxed{2}$를 뺀다.
$\frac{x}{3}=\boxed{3}$
양변에 $\boxed{3}$을 곱한다.
$x=\boxed{9}$

STEP 1 교과서 핵심 유형 익히기

본문 98~99쪽

1 답 (1) $2(x+1)=20$ (2) $4x=24$ (3) $60x=180$

(2) (직사각형의 넓이)=(가로의 길이)×(세로의 길이)이므로 $4x=24$

(3) (거리)=(속력)×(시간)이므로 $60x=180$

1-1 답 (1) $2(x+7)=15-x$ (2) $5x=25$

(3) $3x+5y=5000$

2 답 ⑤

[ ] 안의 수를 각 방정식의 x에 대입하면

① (좌변)$=3\times3-5=4$, (우변)$=4$

② (좌변)$=4\times(-1)-1=-5$

(우변)$=7\times(-1)+2=-5$

③ (좌변)$=2\times(2+1)=6$, (우변)$=3\times2=6$

④ (좌변)$=-4+5=1$, (우변)$=4-3=1$

⑤ (좌변)$=\frac{1}{2}\times\{4\times(-2)+3\}=-\frac{5}{2}$

(우변)$=-2-\frac{9}{2}=-\frac{13}{2}$

따라서 [ ] 안의 수가 주어진 방정식의 해가 아닌 것은 ⑤이다.

2-1 답 ④

각 방정식에 $x=-1$을 대입하면

① (좌변)$=7\times(-1)-3=-10$, (우변)$=4$

② (좌변)$=5\times\{2-(-1)\}=15$

(우변)$=4\times(-1)-8=-12$

③ (좌변)$=7-2\times(-1+2)=5$

(우변)$=4\times(-1)=-4$

④ (좌변)$=4\times(-1)+5=1$, (우변)$=6\times(-1)+7=1$

⑤ (좌변)$=-3\times\{2-3\times(-1)\}=-15$

(우변)$=2\times(-1)+1=-1$

따라서 $x=-1$이 해인 것은 ④이다.

3 답 ⑤

⑤ (우변)$=7x-1-2x=5x-1$에서 (좌변)=(우변)이므로 x의 값에 관계없이 항상 참인 등식, 즉 항등식이다.

3-1 답 ㄹ, ㅁ

ㄹ. (좌변)=(우변)이므로 항등식이다.

ㅁ. (좌변)$=2(x+4)=2x+8$에서 (좌변)=(우변)이므로 항등식이다.

따라서 항등식인 것은 ㄹ, ㅁ이다.

4 답 5

$ax+10=3x-5b$가 x에 대한 항등식이므로

$a=3$, $10=-5b$

따라서 $a=3$, $b=-2$이므로

$a-b=3-(-2)=5$

4-1 답 6

(좌변)$=3(x+4)-6=3x+12-6=3x+6$

따라서 $3x+6=3x+\square$가 x에 대한 항등식이므로

$\square=6$

5 답 ②

① $a+9=b+9$의 양변에서 9를 빼면 $a=b$
$a=b$의 양변에 -2를 곱하면 $-2a=-2b$

② $c=0$일 때, $ac=bc$이지만 $a\neq b$일 수도 있다.
예를 들어 $a=5$, $b=3$, $c=0$인 경우, $5\times0=3\times0$이지만 $5\neq3$이다.

③ $a-5=b-3$의 양변에 8을 더하면 $a+3=b+5$

④ $\frac{a}{6}=b$의 양변에 6을 곱하면 $a=6b$

⑤ $5a-2=5b-2$의 양변에 2를 더하면 $5a=5b$
$5a=5b$의 양변을 5로 나누면 $a=b$

5-1 답 ㄱ, ㄴ, ㄷ, ㅂ

ㄹ. $a=b$의 양변에서 1을 빼면 $a-1=b-1$

ㅁ. $c\neq0$일 때만 양변을 c로 나눌 수 있다.

따라서 옳은 것은 ㄱ, ㄴ, ㄷ, ㅂ이다.

6 답 (가) ㄷ (나) ㄱ

(가) 양변에 3을 곱한다. → ㄷ

(나) 양변에 2를 더한다. → ㄱ

6-1 답 (가)

(가) 양변에 4를 곱한다.

(나) 양변에서 20을 뺀다.

주어진 그림에서 설명하는 등식의 성질은 '등식의 양변에 같은 수를 곱하여도 등식은 성립한다.'이다.

따라서 그림에서 설명하는 등식의 성질을 이용한 곳은 (가)이다.

STEP 2 기출로 실전 문제 익히기 본문 100쪽

1 ①, ③ **2** ④ **3** 3개 **4** ① **5** ③
6 ③, ⑤ **7** 풀이 참조

1 ① 등호가 없는 식이므로 등식이 아니다.
③ 부등호를 사용한 식이므로 등식이 아니다.
따라서 등식이 아닌 것은 ①, ③이다. 답 ①, ③

2 ④ 한 변의 길이가 x cm인 정사각형 모양의 종이 두 장을 가로로 이어 붙이면 가로의 길이는 $x+x=2x$이므로 $2x=36$
따라서 옳지 않은 것은 ④이다. 답 ④

3 ㄴ. (좌변)$=6-2x$, (우변)$=2(-x+3)=-2x+6$
ㄷ. 등식이 아니므로 항등식이 아니다.
ㄹ. (좌변)$=-x-3$, (우변)$=4$
ㅁ. (좌변)$=3x+1$, (우변)$=3\left(x+\frac{1}{3}\right)=3x+1$
ㅂ. (좌변)$=4x-3x=x$, (우변)$=x$
따라서 항등식인 것은 ㄴ, ㅁ, ㅂ의 3개이다. 답 3개

4 $2a=4$이므로 $a=2$
$9=-3b$이므로 $b=-3$
$\therefore a+b=2+(-3)=-1$ 답 ①

5 [ ] 안의 수를 각 방정식의 x에 대입하면
① (좌변)$=-(-3)+4=7$, (우변)$=3+(-3)=0$
② (좌변)$=2\times(-2)+3=-1$, (우변)$=7$
③ (좌변)$=\frac{9+2\times3}{3}=5$, (우변)$=3\times3-4=5$
④ (좌변)$=6\times(0+1)-5=1$, (우변)$=7$
⑤ (좌변)$=2\times(3-1)=4$, (우변)$=5\times1+2=7$
따라서 [ ] 안의 수가 주어진 방정식의 해인 것은 ③이다. 답 ③

6 ① $-2a=b$의 양변에 7을 더하면 $7-2a=7+b$
② $5a=3b$의 양변을 15로 나누면 $\frac{a}{3}=\frac{b}{5}$
③ $4a+5=4b+5$의 양변에서 5를 빼면 $4a=4b$
$4a=4b$의 양변을 4로 나누면 $a=b$
④ $\frac{a}{2}=\frac{b}{3}$의 양변에 6을 곱하면 $3a=2b$
$3a=2b$의 양변에서 7을 빼면 $3a-7=2b-7$
⑤ $a=3b$의 양변에서 8을 빼면 $a-8=3b-8$ 답 ③, ⑤

7 1단계 $0.3x+0.6=2.1$의 양변에 10을 곱하면
$3x+6=21$
따라서 ㉠의 값은 21이고, 이때 (가)에서 이용한 등식의 성질은 '등식의 양변에 같은 수를 곱하여도 등식은 성립한다.'이다. ◀ 40 %
2단계 $3x+6=21$의 양변에서 6을 빼면 $3x=15$

따라서 ㉡의 값은 15이고, 이때 (나)에서 이용한 등식의 성질은 '등식의 양변에서 같은 수를 빼어도 등식은 성립한다.'이다. ◀ 30 %

3단계 $3x=15$의 양변을 3으로 나누면 $x=5$
따라서 ㉢의 값은 5이고, 이때 (다)에서 이용한 등식의 성질은 '등식의 양변을 0이 아닌 같은 수로 나누어도 등식은 성립한다.'이다. ◀ 30 %

답 풀이 참조

참고 (가) 등식의 양변을 $\frac{1}{10}$로 나누어 '등식의 양변을 0이 아닌 같은 수로 나누어도 등식은 성립한다.'를 이용할 수도 있다.
(나) 등식의 양변에 -6을 더하여 '등식의 양변에 같은 수를 더하여도 등식은 성립한다.'를 이용할 수도 있다.
(다) 등식의 양변에 $\frac{1}{3}$을 곱하여 '등식의 양변에 같은 수를 곱하여도 등식은 성립한다.'를 이용할 수도 있다.

LECTURE 15 일차방정식의 풀이

개념 다지기 본문 101~102쪽

1 답 (1) $-$ (2) $+$ (3) $-$ (4) $-$, $+$

2 답 (1) $2x=3+7$ (2) $7x=3-4$
(3) $x+3x=4$ (4) $5x-3x=1+6$

3 답 (1) ○ (2) × (3) × (4) ○
(1) $8x-1=0$이므로 일차방정식이다.
(2) 미지수가 없으므로 일차방정식이 아니다.
(3) 등식이 아니므로 일차방정식이 아니다.
(4) $x^2-x^2+3x-6=0$, 즉 $3x-6=0$이므로 일차방정식이다.

4 답 (1) $x=2$ (2) $x=1$ (3) $x=-1$ (4) $x=3$
(1) $2x=9-5$, $2x=4$ $\quad\therefore x=2$
(2) $-3x-x=-4$, $-4x=-4$ $\quad\therefore x=1$
(3) $-3x-2x=7-2$, $-5x=5$ $\quad\therefore x=-1$
(4) $3x+5x=14+10$, $8x=24$ $\quad\therefore x=3$

5 답 (1) $x=6$ (2) $x=3$ (3) $x=5$ (4) $x=-2$
(1) $0.2x-0.6=-0.1x+1.2$의 양변에 10을 곱하면
$2x-6=-x+12$, $2x+x=12+6$
$3x=18$ $\quad\therefore x=6$
(2) $0.3(x+2)=1.5$의 양변에 10을 곱하면
$3(x+2)=15$, $3x+6=15$
$3x=9$ $\quad\therefore x=3$
(3) $\frac{x-3}{4}=\frac{6-x}{2}$의 양변에 4를 곱하면
$x-3=2(6-x)$, $x-3=12-2x$
$x+2x=12+3$, $3x=15$ $\quad\therefore x=5$
(4) $\frac{x}{2}+\frac{2x+4}{5}=-1$의 양변에 10을 곱하면
$5x+2(2x+4)=-10$, $5x+4x+8=-10$
$9x=-10-8$, $9x=-18$ $\quad\therefore x=-2$

STEP 1 교과서 핵심 유형 익히기 본문 103~104쪽

1 답 ③
③ $-x+3=9 \rightarrow -x=9-3$

1-1 답 ①, ⑤
② $9x=-15+6x \rightarrow 9x-6x=-15$
③ $7x+2=9x \rightarrow 7x-9x=-2$
④ $x+4=6x+6 \rightarrow x-6x=6-4$

2 답 ①, ④
① 다항식이므로 일차방정식이 아니다.
④ 항등식이므로 일차방정식이 아니다.
⑤ $x^2-5x+6-x^2=0$, 즉 $-5x+6=0$이므로 일차방정식이다.
따라서 일차방정식이 아닌 것은 ①, ④이다.

2-1 답 ③
① $x^2-4=0$이므로 일차방정식이 아니다.
② $8=0$이므로 일차방정식이 아니다.
③ $x-2=0$이므로 일차방정식이다.
④ $2x+1=2x+2$, 즉 $-1=0$이므로 일차방정식이 아니다.
⑤ 다항식이므로 일차방정식이 아니다.
따라서 일차방정식인 것은 ③이다.

3 답 ②
$1-2(x-5)=-3(2x+3)$의 괄호를 풀면
$1-2x+10=-6x-9$
$-2x+6x=-9-1-10$
$4x=-20$ $\quad\therefore x=-5$

3-1 답 ④
$7(x+1)=2(2x-3)+1$의 괄호를 풀면
$7x+7=4x-6+1$, $7x-4x=-5-7$
$3x=-12$ $\quad\therefore x=-4$

4 답 ①

$\frac{x}{5}-2=\frac{x}{2}+1$의 양변에 10을 곱하면

$2x-20=5x+10$, $2x-5x=10+20$

$-3x=30$ $\therefore x=-10$

4-1 답 ②

$0.2(x-3)=\frac{3x+4}{5}$에서 $\frac{1}{5}(x-3)=\frac{3x+4}{5}$

양변에 5를 곱하면

$x-3=3x+4$, $-2x=7$ $\therefore x=-\frac{7}{2}$

참고 계수에 소수와 분수가 섞여 있을 때는 소수를 분수로 고쳐서 풀면 편리하다.

5 답 ①

주어진 방정식에 $x=3$을 대입하면

$a(3-1)+3=3\times3-4$, $2a+3=5$

$2a=2$ $\therefore a=1$

5-1 답 6

주어진 방정식에 $x=-1$을 대입하면

$a\times(-1)+9=-2\times(-1)+1$, $-a+9=3$

$-a=-6$ $\therefore a=6$

6 답 ④

$4x-2=5x$에서 $-x=2$ $\therefore x=-2$

$3x+a=-x+5$에 $x=-2$를 대입하면

$-6+a=2+5$ $\therefore a=13$

주의 $3x+a=-x+5$에 -2를 대입할 때, x가 아닌 a에 대입하지 않도록 주의한다.

6-1 답 11

$8x-5=6x-3$에서 $2x=2$ $\therefore x=1$

$13x+4=6+ax$에 $x=1$을 대입하면

$13+4=6+a$ $\therefore a=11$

STEP 2 기출로 실전 문제 익히기

본문 105쪽

1 ①, ④ **2** ④ **3** ④ **4** ① **5** ④
6 $x=-\frac{2}{3}$ **7** -1

1 ① 정리하면 $-x-5=0$이므로 일차방정식이다.

② 다항식이므로 일차방정식이 아니다.

③ 정리하면 $1=0$이므로 일차방정식이 아니다.

④ 정리하면 $4x-1=0$이므로 일차방정식이다.

⑤ 등식이 아니므로 일차방정식이 아니다.

따라서 일차방정식인 것은 ①, ④이다. 답 ①, ④

2 $-3x+2=4(x-3)$에서 $-3x+2=4x-12$

$-7x=-14$ $\therefore x=2$

① $6x-8=x$, $5x=8$ $\therefore x=\frac{8}{5}$

② $3x-1=2x+10-1$ $\therefore x=10$

③ $8x+1=4$, $8x=3$ $\therefore x=\frac{3}{8}$

④ $3x+7=6x+1$, $-3x=-6$ $\therefore x=2$

⑤ $2x+3=8$, $2x=5$ $\therefore x=\frac{5}{2}$

따라서 주어진 일차방정식과 해가 같은 것은 ④이다.

답 ④

3 $0.2(x+4)=\frac{-x+12}{3}$에서 $\frac{1}{5}(x+4)=\frac{-x+12}{3}$

양변에 15를 곱하면

$3(x+4)=5(-x+12)$, $3x+12=-5x+60$

$8x=48$ $\therefore x=6$

따라서 $a=6$이므로 6보다 작은 자연수는 1, 2, 3, 4, 5의 5개이다. 답 ④

4 $(2x+1):5=(x-1):4$에서 $4(2x+1)=5(x-1)$

$8x+4=5x-5$, $3x=-9$ $\therefore x=-3$ 답 ①

참고 $a:b=c:d$ (외항의 곱: a, d / 내항의 곱: b, c) → (외항의 곱)=(내항의 곱), 즉 $ad=bc$를 이용하여 일차방정식을 세운다.

5 주어진 방정식에 $x=\frac{1}{2}$을 대입하면

$2\times\frac{1}{2}+a-4=6\times\frac{1}{2}$

$1+a-4=3$ $\therefore a=6$ 답 ④

6 $ax+10=3a+2$에 $x=-1$을 대입하면

$-a+10=3a+2$, $-4a=-8$ $\therefore a=2$

$\frac{1}{4}ax+1=\frac{2}{3}$에 $a=2$를 대입하면

$\frac{1}{4}x\times2+1=\frac{2}{3}$, $\frac{1}{2}x+1=\frac{2}{3}$

양변에 6을 곱하면 $3x+6=4$

$3x=-2$ $\therefore x=-\frac{2}{3}$ 답 $x=-\frac{2}{3}$

7 1단계 $0.01x+0.12=0.17x-0.2$의 양변에 100을 곱하면

$x+12=17x-20$

$-16x=-32$ $\therefore x=2$ ◀ 60 %

2단계 $\frac{8+ax}{2}=\frac{2x+5}{3}$에 $x=2$를 대입하면

$\frac{8+2a}{2}=\frac{2\times2+5}{3}$, $4+a=3$

$\therefore a=-1$ ◀ 40 %

답 -1

LECTURE 16 일차방정식의 활용 (1)

개념 다지기

본문 106쪽

1 답 ❷ $4x+1$, $4x+1$ ❸ 1, 1 ❹ 1, 5, 1, 5

STEP 1 교과서 핵심 유형 익히기

본문 107~108쪽

1 답 ①

가장 작은 홀수를 x라 하면 연속하는 세 홀수는 x, $x+2$, $x+4$이므로

$x+(x+2)=(x+4)-1$, $2x+2=x+3$

$\therefore x=1$

따라서 가장 작은 수는 1이다.

1-1 답 ③

가장 작은 자연수를 x라 하면 세 자연수는 x, $x+1$, $x+2$이므로

$x+(x+1)+(x+2)=93$

$3x+3=93$, $3x=90$ $\quad\therefore x=30$

따라서 가장 작은 수는 30이다.

2 답 54

처음 수의 일의 자리의 숫자를 x라 하면 십의 자리의 숫자가 5이므로 처음 수는 $50+x$

십의 자리의 숫자와 일의 자리의 숫자를 바꾼 수는 $10x+5$

바꾼 수는 처음 수보다 9만큼 작으므로

$10x+5=(50+x)-9$, $9x=36$ $\quad\therefore x=4$

따라서 처음 수는 54이다.

2-1 답 36

두 자리의 자연수의 일의 자리의 숫자를 x라 하면 십의 자리의 숫자가 3이므로 이 자연수는 $30+x$

$30+x$는 각 자리의 숫자의 합의 4배와 같으므로

$30+x=4(3+x)$

$30+x=12+4x$, $-3x=-18$ $\quad\therefore x=6$

따라서 구하는 자연수는 36이다.

3 답 2년 후

x년 후의 삼촌의 나이는 $(32+x)$세, 현수의 나이는 $(15+x)$세이므로

$32+x=2(15+x)$, $32+x=30+2x$

$-x=-2$ $\quad\therefore x=2$

따라서 2년 후에 삼촌의 나이가 현수의 나이의 2배가 된다.

참고 (x년 후의 나이)=(현재 나이)$+x$(세)
(x년 전의 나이)=(현재 나이)$-x$(세)

3-1 답 ⑤

현재 은수의 나이를 x세라 하면

$x+14=4x-10$, $-3x=-24$ $\quad\therefore x=8$

따라서 현재 은수의 나이는 8세이다.

4 답 3

(처음 직사각형의 넓이)$=6\times9=54\ (\text{cm}^2)$

(새로 만든 직사각형의 넓이)$=(6+3)\times(9+x)$
$=9(9+x)\ (\text{cm}^2)$

이므로 $9(9+x)=2\times54$

$9+x=12$ $\quad\therefore x=3$

4-1 답 10 cm

세로의 길이를 x cm라 하면 가로의 길이는 $(x-3)$ cm이므로

$2\times\{x+(x-3)\}=34$

$2x-3=17$, $2x=20$ $\quad\therefore x=10$

따라서 세로의 길이는 10 cm이다.

5 답 (1) 6명 (2) 22권

(1) 학생 수를 x명이라 하면 나누어 주는 방법에 관계없이 공책의 수는 일정하므로

$3x+4=4x-2$, $-x=-6$ $\quad\therefore x=6$

따라서 학생 수는 6명이다.

(2) 공책의 수는 $3\times6+4=22$(권)

5-1 답 5명

학생 수를 x명이라 하면 나누어 주는 방법에 관계없이 초콜릿의 개수는 일정하므로

$7x-3=5x+7$, $2x=10$ $\quad\therefore x=5$

따라서 학생 수는 5명이다.

6 답 (1) A: $\frac{1}{10}$, B: $\frac{1}{15}$ (2) 6시간

(2) A, B 두 기계를 x시간 동안 사용하여 일을 완성했다고 하면

$\left(\frac{1}{10}+\frac{1}{15}\right)x=1$, $\frac{1}{6}x=1$ $\quad\therefore x=6$

따라서 두 기계를 모두 사용하여 일을 완성했을 때, 걸린 시간은 6시간이다.

6-1 답 3일

전체 일의 양을 1이라 하면 A, B가 하루 동안 하는 일의 양은 각각 $\frac{1}{12}$, $\frac{1}{4}$이다.

A와 B가 x일 동안 같이 하여 일을 완성한다고 하면

$\left(\frac{1}{12}+\frac{1}{4}\right)x=1$, $\frac{1}{3}x=1$ $\quad\therefore x=3$

따라서 A와 B가 같이 하여 완성하는 데 3일이 걸린다.

STEP 2 기출로 실전 문제 익히기

본문 109쪽

1 ③	2 47	3 ③	4 77 cm	5 7500원
6 ③	7 40명			

1 어떤 자연수를 x라 하면
$2(x+5)=3x$, $2x+10=3x$
$-x=-10$ $\therefore x=10$
따라서 어떤 자연수는 10이다. 답 ③

2 두 자리의 자연수의 십의 자리의 숫자를 x라 하면 일의 자리의 숫자는 7이므로 이 자연수는
$10x+7$
$10x+7$은 각 자리의 숫자의 합의 4배보다 3만큼 크므로
$10x+7=4(x+7)+3$
$10x+7=4x+28+3$, $6x=24$
$\therefore x=4$
따라서 구하는 자연수는 47이다. 답 47

3 현재 손자의 나이를 x세라 하면 현재 할아버지의 나이는 $8x$세이다.
6년 후 손자의 나이는 $(x+6)$세, 할아버지의 나이는 $(8x+6)$세이므로
$8x+6=5(x+6)$, $8x+6=5x+30$
$3x=24$ $\therefore x=8$
따라서 현재 손자의 나이는 8세이다. 답 ③

4 그림의 세로의 길이를 x cm라 하면 가로의 길이는 $(x-24)$ cm이므로
$2\times\{x+(x-24)\}=260$
$2x-24=130$, $2x=154$ $\therefore x=77$
따라서 그림의 세로의 길이는 77 cm이다. 답 77 cm

5 제품의 원가를 x원이라 하면
$(\text{정가})=x+\frac{20}{100}x=\frac{6}{5}x$(원)
$(\text{판매 금액})=\frac{6}{5}x-500$(원)
이익은 1000원이므로
$\left(\frac{6}{5}x-500\right)-x=1000$
$6x-2500-5x=5000$ $\therefore x=7500$
따라서 제품의 원가는 7500원이다. 답 7500원
참고 • (판매 금액)=(정가)−(할인 금액)
• (이익)=(판매 금액)−(원가)

6 전체 일의 양을 1이라 하면 형과 동생이 하루 동안 하는 일의 양은 각각 $\frac{1}{12}$, $\frac{1}{18}$이고 형이 x일 동안 일했다고 하면 동생은 $(x+3)$일 동안 일했으므로
$\frac{1}{12}x+\frac{1}{18}(x+3)=1$
$3x+2(x+3)=36$, $5x=30$ $\therefore x=6$
따라서 형이 6일 동안, 동생이 9일 동안 일했으므로 일을 마치는 데 총 15일이 걸렸다. 답 ③

7 1단계 의자의 개수를 x개라 하자.
7명씩 앉으면 마지막 의자에 5명이 앉으므로 학생 수는 $\{7(x-1)+5\}$명
4명씩 앉으면 16명이 앉을 수 없으므로 학생 수는 $(4x+16)$명
학생 수는 일정하므로
$7(x-1)+5=4x+16$ ◀ 50 %
2단계 $7x-7+5=4x+16$, $3x=18$
$\therefore x=6$
즉, 의자의 개수는 6개이다. ◀ 30 %
3단계 따라서 학생 수는 $4\times6+16=40$(명) ◀ 20 %
답 40명

LECTURE 17 일차방정식의 활용 (2)

개념 다지기

본문 110~111쪽

1 답 ❷ $\frac{x}{6}$, $\frac{3}{2}$, $\frac{x}{6}$, $\frac{3}{2}$ ❸ 3, 3

2 답 ❷ $400+x$, 400, $400+x$ ❸ 100, 100

STEP 1 교과서 핵심 유형 익히기

본문 112쪽

1 답 $\frac{160}{7}$ km
두 지점 A, B 사이의 거리를 x km라 하면 40분은 $\frac{40}{60}=\frac{2}{3}$(시간)이므로
$\frac{x}{60}+\frac{x}{80}=\frac{2}{3}$, $4x+3x=160$
$7x=160$ $\therefore x=\frac{160}{7}$
따라서 두 지점 A, B 사이의 거리는 $\frac{160}{7}$ km이다.
주의 단위가 다를 때는 먼저 단위를 통일시키도록 한다.

1-1 답 6 km
두 지점 A, B 사이의 거리를 x km라 하면 3시간 30분은 $3\frac{30}{60}=3\frac{1}{2}=\frac{7}{2}$(시간)이므로
$\frac{x}{4}+\frac{x}{3}=\frac{7}{2}$, $3x+4x=42$

$7x=42$ $\therefore x=6$

따라서 두 지점 A, B 사이의 거리는 6 km이다.

2 답 **20분 후**

두 사람이 출발한 지 x분 후에 만난다고 하면

$60x+80x=2800$, $140x=2800$ $\therefore x=20$

따라서 출발한 지 20분 후에 만난다.

주의 단위를 m로 통일시키면 2.8 km=2800 m이다.

참고 두 사람이 반대 방향으로 걸어가면 거리의 합을, 같은 방향으로 걸어가면 거리의 차를 이용한다.

2-1 답 **25분 후**

두 사람이 출발한 지 x분 후에 만난다고 하면

$30x+50x=2000$, $80x=2000$ $\therefore x=25$

따라서 출발한 지 25분 후에 만난다.

3 답 **80 g**

증발시켜야 할 물의 양을 x g이라 하면 소금의 양은 변하지 않으므로

$\frac{12}{100}\times200=\frac{20}{100}\times(200-x)$

$2400=4000-20x$, $20x=1600$ $\therefore x=80$

따라서 증발시켜야 할 물의 양은 80 g이다.

다른 풀이 20 %의 소금물의 양을 x g이라 하면

$\frac{12}{100}\times200=\frac{20}{100}\times x$, $2400=20x$ $\therefore x=120$

따라서 증발시켜야 할 물의 양은 $200-120=80$(g)

3-1 답 **25 g**

더 넣어야 하는 물의 양을 x g이라 하면 설탕의 양은 변하지 않으므로

$\frac{10}{100}\times100=\frac{8}{100}\times(100+x)$

$1000=800+8x$, $-8x=-200$ $\therefore x=25$

따라서 더 넣어야 할 물의 양은 25 g이다.

4 답 **400 g**

12 %의 소금물을 x g 섞는다고 하면

$\frac{6}{100}\times200+\frac{12}{100}\times x=\frac{10}{100}\times(200+x)$

$1200+12x=10(200+x)$

$1200+12x=2000+10x$

$2x=800$ $\therefore x=400$

따라서 12 %의 소금물을 400 g 섞어야 한다.

4-1 답 ④

8 %의 소금물을 x g 섞는다고 하면

$\frac{15}{100}\times100+\frac{8}{100}\times x=\frac{9}{100}\times(100+x)$

$1500+8x=9(100+x)$, $1500+8x=900+9x$

$-x=-600$ $\therefore x=600$

따라서 8 %의 소금물을 600 g 섞어야 한다.

본문 113쪽

1 답 (1)

	민희	은지
속력(m/min)	60	**80**
거리(m)	x	x
걸린 시간(분)	$\frac{x}{60}$	$\frac{x}{80}$

$\frac{x}{60}-\frac{x}{80}=5$

(2)

	A	B
속력(m/min)	50	**80**
걸린 시간(분)	x	x
거리(m)	$50x$	$80x$

$80x-50x=900$

2 답 (1)

	물을 넣기 전	물을 넣은 후
농도(%)	x	**10**
소금물의 양(g)	250	**300**
소금의 양(g)	$\frac{x}{100}\times250$	$\frac{10}{100}\times300$

$\frac{x}{100}\times250=\frac{10}{100}\times300$

(2)

	섞기 전		섞은 후
농도(%)	4		**10**
소금물의 양(g)	300		$300+x$
소금의 양(g)	$\frac{4}{100}\times300$	x	$\frac{10}{100}\times(300+x)$

$\frac{4}{100}\times300+x=\frac{10}{100}\times(300+x)$

STEP 2 기출로 실전 문제 익히기

본문 114쪽

1 ① **2** 2.5 km **3** ⑤ **4** 15 % **5** ④
6 12 g **7** 오전 9시 8분

1 시속 6 km로 이동한 거리를 x km라 하면 시속 4 km로 이동한 거리는 $(3-x)$ km이다.

집에서 학교까지 가는 데 걸린 시간은 40분, 즉

$\frac{40}{60}=\frac{2}{3}$(시간)이므로

$\frac{x}{6}+\frac{3-x}{4}=\frac{2}{3}$

$2x+3(3-x)=8$, $2x+9-3x=8$

$-x=-1$ $\quad\therefore x=1$

따라서 시속 6 km로 이동한 거리는 1 km이다. 답 ①

2 집과 도서관 사이의 거리를 x km라 하면 갈 때는 올 때보다 20분, 즉 $\frac{20}{60}=\frac{1}{3}$(시간)이 더 걸렸으므로

$\frac{x}{3}-\frac{x}{5}=\frac{1}{3}$

$5x-3x=5$, $2x=5$ $\quad\therefore x=2.5$

따라서 집과 도서관 사이의 거리는 2.5 km이다.

답 2.5 km

3 수인이가 출발하여 보라를 만날 때까지 걸린 시간을 x분이라 하면 보라가 출발하여 수인이를 만날 때까지 걸린 시간은 $(9+x)$분이므로

$60(9+x)=240x$, $540+60x=240x$

$-180x=-540$ $\quad\therefore x=3$

따라서 두 사람은 수인이가 출발한 지 3분 후에 만난다.

답 ⑤

4 처음 소금물의 농도를 x %라 하면

$\frac{x}{100}\times 200=\frac{12}{100}\times(200+50)$

$200x=3000$ $\quad\therefore x=15$

따라서 처음 소금물의 농도는 15 %이다. 답 15 %

5 15 %의 소금물을 x g 섞는다고 하면 10 %의 소금물의 양은 $(500-x)$ g이므로

$\frac{15}{100}\times x+\frac{10}{100}\times(500-x)=\frac{12}{100}\times 500$

$15x+5000-10x=6000$

$5x=1000$ $\quad\therefore x=200$

따라서 15 %의 소금물을 200 g 섞어야 한다. 답 ④

6 소금을 x g 더 넣는다고 하면 25 %의 소금물의 양은 $300-72+x=228+x$ (g)이므로

$\frac{16}{100}\times 300+x=\frac{25}{100}\times(228+x)$

$4800+100x=5700+25x$

$75x=900$ $\quad\therefore x=12$

따라서 더 넣은 소금의 양은 12 g이다. 답 12 g

7 1단계 두 사람이 출발한 지 x분 후 처음으로 만난다고 하면 두 사람이 x분 동안 걸은 거리의 합이 3.6 km, 즉 3600 m이므로

$90x+60x=3600$ ◀ 50 %

2단계 $150x=3600$ $\quad\therefore x=24$

즉, 두 사람이 출발한 지 24분 후에 처음으로 만난다. ◀ 30 %

3단계 따라서 두 번째로 다시 만나는 시각은 출발한 지 48분 후인 오전 9시 8분이다. ◀ 20 %

답 오전 9시 8분

STEP 3 학교 시험 미리보기 본문 115~118쪽

01 ④	**02** ③	**03** ⑤	**04** ②	**05** ③
06 -8	**07** ⑤	**08** ③	**09** ③	**10** ①
11 1	**12** 11세	**13** ②	**14** 2	
15 25000원		**16** ②	**17** 10 g	**18** ③
19 5	**20** $-\frac{7}{2}$	**21** ⑤	**22** (1) $x=-2$ (2) 2	

23 (1) $\frac{7}{18}x+2+\frac{4}{9}x+3+4=x$ (2) 54년

24 $x=-\frac{1}{3}$ **25** 24 km

01 ④ (지불 금액)$-$(물건값)$=$(거스름돈)이므로

$1000-2x=200$ 답 ④

02 [ ] 안의 수를 각 방정식의 x에 대입하면

① (좌변)$=4\times(-1)=-4$, (우변)$=5-(-1)=6$

② (좌변)$=2\times(0-3)=-6$, (우변)$=6$

③ (좌변)$=10+2=12$, (우변)$=7\times2-2=12$

④ (좌변)$=6\times1-5=1$, (우변)$=-(6-5\times1)=-1$

⑤ (좌변)$=4\times\{2-(-2)\}=16$

(우변)$=3\times(-2-2)=-12$

따라서 [ ] 안의 수가 주어진 방정식의 해인 것은 ③이다. 답 ③

03 ①, ②, ③ 방정식이다.

④ $2x+6=2x-6$에서 $12=0$이므로 거짓인 등식이다.

⑤ (우변)$=-2(-3+5x)=6-10x$에서 (좌변)$=$(우변)이므로 x의 값에 관계없이 항상 참인 등식이다. 답 ⑤

참고 x의 값에 관계없이 항상 참인 등식은 항등식이다.

04 ①, ③, ④, ⑤ '$a=b$이면 $a+c=b+c$이다.'를 이용한 것이다.

② '$a=b$이면 $\frac{a}{c}=\frac{b}{c}$ $(c\neq0)$이다.'를 이용한 것이다.

따라서 이용한 등식의 성질이 다른 것은 ②이다. 답 ②

참고 ①, ③, ④, ⑤는 '$a=b$이면 $a-c=b-c$이다.'를, ②는 '$a=b$이면 $ac=bc$이다.'를 이용한 것으로 생각할 수도 있다.

05 $ax-5=bx^2+2$에서 우변의 모든 항을 좌변으로 이항하면
$-bx^2+ax-7=0$
이 방정식이 x에 대한 일차방정식이 되려면
$-b=0,\ a\neq0$ $\quad\therefore a\neq0,\ b=0$ 답 ③
참고 등식 $Ax^2+Bx+C=0$ (A, B, C는 상수)이 일차방정식이 되려면 → $A=0$, $B\neq0$이어야 한다.

06 $8x+6=a(2x+1)-b$에서 $8x+6=2ax+a-b$가 x에 대한 항등식이므로
$8=2a,\ 6=a-b$
$8=2a$에서 $a=4$
$6=a-b$에서 $6=4-b$ $\quad\therefore b=-2$
$\therefore ab=4\times(-2)=-8$ 답 -8

07 $5(x+2)=35$
$x+2=7$ ⋯ (가) 양변을 5로 나눈다. → ㄹ
$x=5$ ⋯ (나) 양변에서 2를 뺀다. → ㄴ
답 ⑤

08 ① $2x+5=11$에서 $2x=6$ $\quad\therefore x=3$
② $3x+5=7(x-1)$에서 $3x+5=7x-7$
$-4x=-12$ $\quad\therefore x=3$
③ $4-x=2x+13$에서 $-3x=9$ $\quad\therefore x=-3$
④ $-2x+5=8-3x$에서 $x=3$
⑤ $5(1-x)=-(x+7)$에서 $5-5x=-x-7$
$-4x=-12$ $\quad\therefore x=3$
따라서 해가 나머지 넷과 다른 하나는 ③이다. 답 ③

09 $\frac{1}{2}x+0.2(x-6)=\frac{1}{5}$에서 $\frac{1}{2}x+\frac{1}{5}(x-6)=\frac{1}{5}$
양변에 10을 곱하면
$5x+2(x-6)=2,\ 5x+2x-12=2$
$7x=14$ $\quad\therefore x=2$
따라서 $a=2$이므로
$a^2-3a=2^2-3\times2=4-6=-2$ 답 ③

10 $\frac{1}{5}(x+5):4=0.4(2x-3):3$에서
$\frac{3}{5}(x+5)=1.6(2x-3)$이므로
$\frac{3}{5}(x+5)=\frac{8}{5}(2x-3)$
양변에 5를 곱하면 $3(x+5)=8(2x-3)$
$3x+15=16x-24,\ -13x=-39$ $\quad\therefore x=3$ 답 ①

11 $6-5x=a(3x-4)$에 $x=2$를 대입하면
$6-5\times2=a\times(3\times2-4)$
$-4=2a$ $\quad\therefore a=-2$
$x-10=b(5x-2)$에 $x=2$를 대입하면
$2-10=b\times(5\times2-2)$
$-8=8b$ $\quad\therefore b=-1$
$\therefore a-3b=-2-3\times(-1)=1$ 답 1

12 경수의 나이를 x세라 하면 아버지의 나이는 $(4x-5)$세이므로
$x=\frac{1}{3}(4x-5)-2$
$3x=4x-5-6,\ -x=-11$ $\quad\therefore x=11$
따라서 경수의 나이는 11세이다. 답 11세

13 리트머스 종이를 x묶음 샀다고 하면 집게는 $(10-x)$묶음 샀으므로
$1200x+500(10-x)=7800$
$1200x+5000-500x=7800$
$700x=2800$ $\quad\therefore x=4$
따라서 구입한 리트머스 종이는 4묶음이다. 답 ②

14 (처음 꽃밭의 넓이)$=9\times8=72\,(\mathrm{m}^2)$
(직선 도로의 넓이)$=3\times8+9\times x-3\times x=24+9x-3x$
$=24+6x\,(\mathrm{m}^2)$
(처음 꽃밭의 넓이)$-$(직선 도로의 넓이)
$=$(처음 꽃밭의 넓이)$\times\frac{1}{2}$
이므로 $72-(24+6x)=72\times\frac{1}{2}$
$72-24-6x=36,\ -6x=-12$ $\quad\therefore x=2$ 답 2

다른 풀이 오른쪽 그림과 같이 직선 도로를 낸 후의 네 부분의 꽃밭을 한 데로 모아 붙이면 직선 도로를 제외한 꽃밭은 가로의 길이가 $9-3=6$(m), 세로의 길이가 $(8-x)$ m인 직사각형 모양이므로 $6\times(8-x)=9\times8\times\frac{1}{2}$

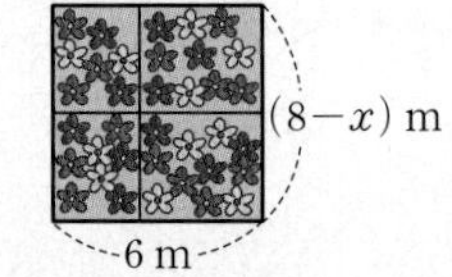

$48-6x=36,\ -6x=-12$ $\quad\therefore x=2$

15 가방의 원가를 x원이라 하면
(정가)$=x+\frac{30}{100}x=\frac{13}{10}x$(원)
(판매 금액)$=\frac{13}{10}x-2500$(원)
이익은 원가의 20 %이므로
$\left(\frac{13}{10}x-2500\right)-x=\frac{20}{100}x,\ \frac{13}{10}x-2500-x=\frac{1}{5}x$
$13x-25000-10x=2x$ $\quad\therefore x=25000$
따라서 가방의 원가는 25000원이다. 답 25000원
참고 • (판매 금액)$=$(정가)$-$(할인 금액)
• (이익)$=$(판매 금액)$-$(원가)

16 물통에 가득 찬 물의 양을 1이라 하면 A, B 호스가 1분 동안 채우는 물의 양은 각각 $\frac{1}{30}$, $\frac{1}{20}$이다.
A, B 호스를 모두 사용하여 x분을 더 받아야 한다고 하면
$\frac{1}{30}\times15+\left(\frac{1}{30}+\frac{1}{20}\right)\times x=1$
$\frac{1}{2}+\frac{1}{12}x=1$, $6+x=12$ $\quad\therefore x=6$
따라서 A, B 호스를 모두 사용하여 6분을 더 받아야 한다. 답 ②

17 더 넣은 소금의 양을 x g이라 하면 10 %의 소금물의 양은 $100+200+x=300+x$ (g)이므로
$\frac{5}{100}\times100+\frac{8}{100}\times200+x=\frac{10}{100}\times(300+x)$
$500+1600+100x=3000+10x$
$90x=900$ $\quad\therefore x=10$
따라서 더 넣은 소금의 양은 10 g이다. 답 10 g

18 $9x-26=7x-4a$에서
$2x=26-4a$ $\quad\therefore x=13-2a$
이때 $a=6$이면 $x=13-2\times6=1$
$a=7$이면 $x=13-2\times7=-1$
따라서 $13-2a$가 자연수가 되도록 하는 자연수 a는 6 이하이어야 하므로 1, 2, 3, 4, 5, 6의 6개이다. 답 ③

19 $3x-9=11$의 x의 계수 3을 a로 잘못 보았다고 하면 $ax-9=11$의 해가 $x=4$이다.
$ax-9=11$에 $x=4$를 대입하면
$4a-9=11$, $4a=20$ $\quad\therefore a=5$
따라서 x의 계수 3을 5로 잘못 보았다. 답 5

20 $5(x-5)=8(x+1)-30$에서 $5x-25=8x+8-30$
$-3x=3$ $\quad\therefore x=-1$
따라서 $ax-3=11-ax$의 해는 $x=-2$이므로 $x=-2$를 대입하면
$-2a-3=11+2a$, $-4a=14$
$\therefore a=-\frac{7}{2}$ 답 $-\frac{7}{2}$

21 열차의 길이를 x m라 하면 열차가 800 m 길이의 철교를 완전히 통과할 때까지 달린 거리는 $(800+x)$ m이고 1100 m 길이의 터널을 완전히 통과할 때까지 달린 거리는 $(1100+x)$ m이다. 열차의 속력은 일정하므로
$\frac{800+x}{40}=\frac{1100+x}{50}$
$5(800+x)=4(1100+x)$
$4000+5x=4400+4x$ $\quad\therefore x=400$
따라서 열차의 길이는 400 m이다. 답 ⑤

22 (1) $2-\frac{1}{2}x=\frac{1}{3}(-x+7)$의 양변에 6을 곱하면
$6\left(2-\frac{1}{2}x\right)=2(-x+7)$, $12-3x=-2x+14$
$-x=2$ $\quad\therefore x=-2$ … ❶
(2) $ax+6=a$의 해가 $x=-2$이므로
$-2a+6=a$, $-3a=-6$ $\quad\therefore a=2$ … ❷
답 (1) $x=-2$ (2) 2

단계	채점 기준	배점
❶	계수가 분수인 일차방정식 풀기	60 %
❷	상수 a의 값 구하기	40 %

23 (1) 조선의 제4대 임금으로 등극할 때까지의 기간은 $\frac{7}{18}x$년, 집현전을 설치한 후 한글을 창제할 때까지의 기간은 $\frac{4}{9}x$년이므로
$\frac{7}{18}x+2+\frac{4}{9}x+3+4=x$ … ❶
(2) $7x+36+8x+54+72=18x$
$-3x=-162$ $\quad\therefore x=54$
따라서 세종 대왕의 일생은 54년이다. … ❷
답 (1) $\frac{7}{18}x+2+\frac{4}{9}x+3+4=x$ (2) 54년

단계	채점 기준	배점
❶	방정식 세우기	50 %
❷	세종 대왕의 일생이 몇 년이었는지 구하기	50 %

24 $a(x+1)=-2$에 $x=1$을 대입하면
$a(1+1)=-2$, $2a=-2$ $\quad\therefore a=-1$ … ❶
$4x+a(x-2)=1$에 $a=-1$을 대입하면
$4x-(x-2)=1$, $4x-x+2=1$
$3x=-1$ $\quad\therefore x=-\frac{1}{3}$ … ❷
답 $x=-\frac{1}{3}$

단계	채점 기준	배점
❶	a의 값 구하기	50 %
❷	$4x+a(x-2)=1$의 해 구하기	50 %

25 집과 동물원 사이의 거리를 x km라 하자.
집에서 동물원까지 버스를 타고 가면 자전거를 타고 갈 때보다 56분, 즉 $\frac{56}{60}=\frac{14}{15}$(시간) 더 일찍 도착하므로
$\frac{x}{18}-\frac{x}{60}=\frac{14}{15}$ … ❶
$10x-3x=168$, $7x=168$ $\quad\therefore x=24$
따라서 집과 동물원 사이의 거리는 24 km이다. … ❷
답 24 km

단계	채점 기준	배점
❶	방정식 세우기	60 %
❷	집과 동물원 사이의 거리 구하기	40 %

Ⅲ. 좌표평면과 그래프

1 좌표평면과 그래프

단원 계통 잇기 본문 120쪽

1 답 (1) **증가** (2) **2013년과 2016년**

2 답 **□=△×7**

3 답 **A: -1, B: $-\frac{1}{6}$, C: $+\frac{2}{3}$**

LECTURE 18 순서쌍과 좌표

개념 다지기 본문 122~123쪽

1 답 (1) **A(3), B$\left(-\frac{1}{2}\right)$**

(2)

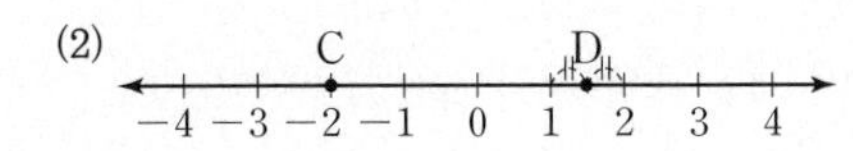

2 답 (1) **A(1, 4), B(−3, 0), C(3, −2)**

(2)

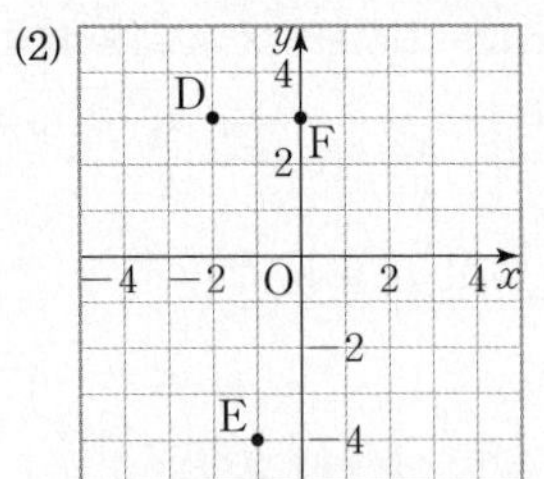

3 답 (1) **제2사분면** (2) **제4사분면**
(3) **제1사분면** (4) **제3사분면**

4 답 (1) **Q(3, −2)**
(2) **R(−3, 2)**
(3) **S(−3, −2)**

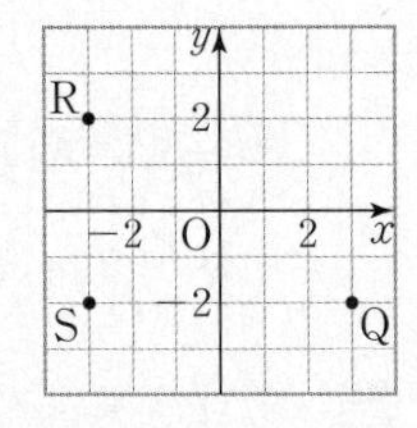

STEP 1 교과서 핵심 유형 익히기 본문 124쪽

1 답 ②

② B(−1, 0)

1-1 답 (1) **(5, −3)** (2) **(−3, 2)** (3) **(4, 0)** (4) **(0, −1)**

2 답 ②

② 점 B(−5, 0)은 x축 위에 있으므로 어느 사분면에도 속하지 않는다.

2-1 답 ②

② 점 (0, −8)은 y축 위에 있으므로 어느 사분면에도 속하지 않는다.

3 답 (1) **제4사분면** (2) **제1사분면** (3) **제3사분면**

점 P(a, b)가 제2사분면 위의 점이므로

$a<0$, $b>0$

(1) $b>0$, $a<0$이므로 점 (b, a)는 제4사분면 위의 점이다.

(2) $-a>0$, $b>0$이므로 점 $(-a, b)$는 제1사분면 위의 점이다.

(3) $a-b<0$, $ab<0$이므로 점 $(a-b, ab)$는 제3사분면 위의 점이다.

3-1 답 (1) **제3사분면** (2) **제1사분면**

점 P(a, b)가 제3사분면 위의 점이므로

$a<0$, $b<0$

(1) $a+b<0$, $a<0$이므로 점 $(a+b, a)$는 제3사분면 위의 점이다.

(2) $ab>0$, $-b>0$이므로 점 $(ab, -b)$는 제1사분면 위의 점이다.

4 답 **−8**

원점에 대하여 대칭인 점은 x좌표와 y좌표의 부호가 모두 반대이다.

두 점 $(a, 10)$, $(-3, b+1)$의 x좌표의 부호가 반대이므로

$a=3$

또, y좌표의 부호가 반대이므로

$-10=b+1$ $\therefore b=-11$

$\therefore a+b=3+(-11)=-8$

4-1 답 **$a=2$, $b=-5$**

x축에 대하여 대칭인 점은 y좌표의 부호만 반대이다.

두 점 $(-5, a)$, $(b, -2)$의 y좌표의 부호가 반대이므로

$a=2$

두 점의 x좌표는 같으므로

$b=-5$

STEP 2 기출로 실전 문제 익히기 본문 125쪽

1 ②	**2** ⑤	**3** ②	**4** ③	**5** ③
6 ④	**7** (1) 풀이 참조 (2) 10			

1 $a-4=3a-8$에서 $-2a=-4$ $\therefore a=2$

$5-b=2-2b$에서 $b=-3$

$\therefore a+b=2+(-3)=-1$ 답 ②

2 점 $(a-6,\ b+1)$이 x축 위에 있으므로 y좌표는 0이다.
즉, $b+1=0$에서 $b=-1$
점 $(a+3,\ 2-b)$가 y축 위에 있으므로 x좌표는 0이다.
즉, $a+3=0$에서 $a=-3$
$\therefore ab=(-3)\times(-1)=3$ 답 ⑤

3 ㄴ. 점 D의 좌표는 $(-3,\ -4)$이다.
ㄹ. 점 C는 x축 위에 있으므로 어느 사분면에도 속하지 않는다. 즉, 제2사분면 위의 점은 B뿐이다.
따라서 옳은 것은 ㄱ, ㄷ이다. 답 ②

4 점 $(-a,\ b)$가 제3사분면 위의 점이므로
$-a<0,\ b<0$, 즉 $a>0,\ b<0$
① $a>0,\ b<0$이므로 점 $(a,\ b)$는 제4사분면 위의 점이다.
② $a>0,\ -b>0$이므로 점 $(a,\ -b)$는 제1사분면 위의 점이다.
③ $-a<0,\ -b>0$이므로 점 $(-a,\ -b)$는 제2사분면 위의 점이다.
④ $\frac{a}{b}<0,\ b-a<0$이므로 점 $\left(\frac{a}{b},\ b-a\right)$는 제3사분면 위의 점이다.
⑤ $-ab>0,\ a-b>0$이므로 점 $(-ab,\ a-b)$는 제1사분면 위의 점이다.
따라서 제2사분면 위의 점은 ③이다. 답 ③

5 $ab<0$에서 a와 b의 부호는 서로 다르고 $a<b$이므로
$a<0,\ b>0$
따라서 $a-b<0,\ \frac{ab}{2}<0$이므로 점 $\left(a-b,\ \frac{ab}{2}\right)$는 제3사분면 위의 점이다. 답 ③

6 y축에 대하여 대칭인 점은 x좌표의 부호만 반대이다.
두 점 $(a-5,\ 5)$, $(-4,\ b-2)$의 x좌표의 부호가 반대이므로
$a-5=4 \quad \therefore a=9$
두 점의 y좌표는 같으므로
$5=b-2 \quad \therefore b=7$
$\therefore a-b=9-7=2$ 답 ④

7 1단계 (1)

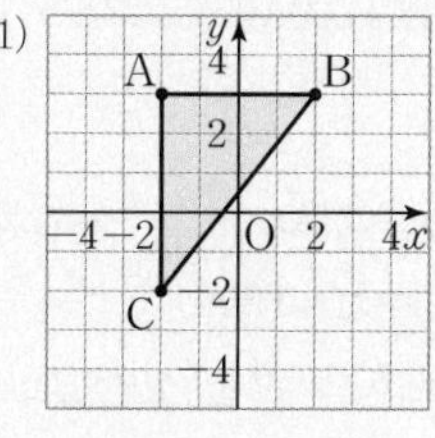

◀ 40 %

2단계 (2) 삼각형 ABC의 넓이는

$$\frac{1}{2}\times\{2-(-2)\}\times\{3-(-2)\}$$
$$=\frac{1}{2}\times4\times5$$
$$=10$$

◀ 60 %

답 (1) 풀이 참조 (2) 10

참고 선분 AB의 길이는 두 점 A, B의 x좌표의 차이므로
(선분 AB의 길이)$=2-(-2)=4$
선분 AC의 길이는 두 점 A, C의 y좌표의 차이므로
(선분 AC의 길이)$=3-(-2)=5$

LECTURE 19 그래프의 이해

개념 다지기 본문 126쪽

1 답 **가영: ㄷ, 준호: ㄴ**
• 가영: 이동 거리가 일정하게 증가하므로 가영이가 움직인 거리를 나타낸 그래프는 ㄷ이다.
• 준호: 이동 거리는 자전거를 타고 갈 때 일정하게 증가하다가 서점에 들렀을 때 변하지 않고, 다시 걸어갈 때 증가하므로 준호가 움직인 거리를 나타낸 그래프는 ㄴ이다.

STEP 1 교과서 핵심 유형 익히기 본문 127쪽

1 답 (1) ㄱ (2) ㄴ
(1) 수면의 반지름의 길이가 일정하므로 물의 높이는 일정하게 증가한다.
따라서 알맞은 그래프는 ㄱ이다.
(2) 수면의 반지름의 길이가 점점 길어지므로 물의 높이는 점점 느리게 증가한다.
따라서 알맞은 그래프는 ㄴ이다.

1-1 답 (1) ㄴ (2) ㄷ
(1) 수면의 반지름의 길이가 점점 짧아지므로 물의 높이는 점점 빠르게 증가한다.
따라서 알맞은 그래프는 ㄴ이다.
(2) (i) 수면의 반지름의 길이가 점점 짧아질 때: 물의 높이는 점점 빠르게 증가한다.
(ii) 수면의 반지름의 길이가 일정할 때: 물의 높이는 일정하게 증가한다.
(i), (ii)에서 알맞은 그래프는 ㄷ이다.

2 답 (1) **30분 후** (2) **100분** (3) **20분**

(1) 출발한 지 30분 후에 집에서 떨어진 거리가 2 km가 되므로 지석이는 출발한 지 30분 후에 도서관에 도착하였다.

(2) 출발한 지 100분 후에 집에서 떨어진 거리가 0 km, 즉 다시 집이므로 도서관에 갔다가 다시 집까지 오는 데 걸린 시간은 100분이다.

(3) 출발한 지 30분 후부터 50분 후까지 집에서 떨어진 거리가 2 km로 변함없으므로 지석이가 도서관에 머무른 시간은 $50-30=20$(분)이다.

2-1 답 (1) **5분 후** (2) **2분**

(2) 드론을 작동한 지 1분 후부터 3분 후까지 드론의 지면으로부터의 높이가 60 m로 변함없다.
따라서 드론이 지면으로부터 60 m 높이에 머무른 시간은 $3-1=2$(분)이다.

STEP 2 기출로 실전 문제 익히기

본문 128쪽

1 ㉢	**2** ⑤	**3** ㄱ, ㄷ	**4** 4번
5 (1) 12초 후 (2) 종현, 5초			

1 강수량이 일정한 속도로 증가하다가 더 빠르게 일정한 속력으로 증가하는 그래프를 찾으면 ㉢이다. 답 ㉢

2 오른쪽 그림의 A와 B에서 수면의 반지름의 길이가 각각 일정하므로 물의 높이는 각 부분에서 일정하게 증가한다.
이때 A에서의 수면의 반지름의 길이가 B에서의 수면의 반지름의 길이보다 짧으므로 물의 높이가 B에서는 천천히 증가하다가 A에서는 빠르게 증가한다. 따라서 알맞은 그래프는 ⑤이다.

답 ⑤

3 ㄴ. 작동 시간 동안 총 이동 거리는 11 m이다.
ㄷ. 작동 시간 동안 이동하지 않고 머물러 있는 시간은 5초부터 15초까지이므로 $15-5=10$(초)이다.
따라서 옳은 것은 ㄱ, ㄷ이다. 답 ㄱ, ㄷ

4 A칸이 처음 자리로 다시 돌아올 때까지 걸린 시간은 20분이므로 대관람차가 한 바퀴 회전하는 데 걸린 시간은 20분이다. 따라서 대관람차의 A칸이 1시간 20분, 즉 80분 동안 꼭대기에 올라간 횟수는 10분, 30분, 50분, 70분의 4번이다. 답 4번

5 1단계 (1) 출발한 후 12초 전까지는 준혁이가 종현이보다 출발점에서 멀리 떨어져 있고, 12초가 될 때 두 사람은 만난다. ◂ 20 %

2단계 출발한 지 12초 후에는 종현이가 준혁이보다 출발점에서 멀리 떨어져 있으므로 종현이는 출발한 지 12초 후부터 준혁이를 앞서기 시작한다. ◂ 20 %

3단계 (2) 종현이가 완주하는 데 걸린 시간은 35초, 준혁이가 완주하는 데 걸린 시간은 40초이다.
따라서 종현이가 준혁이보다 5초 더 빨리 완주했다. ◂ 60 %

답 (1) 12초 후 (2) 종현, 5초

LECTURE 20 정비례 관계와 그 그래프

개념 다지기

본문 129~130쪽

1 답 (1) **8, 12, 16** (2) **정비례한다.** (3) $y=4x$

2 답 (1) ○ (2) ○ (3) × (4) ○

3 답 (1) **4, 2, 0, −2, −4** (2)

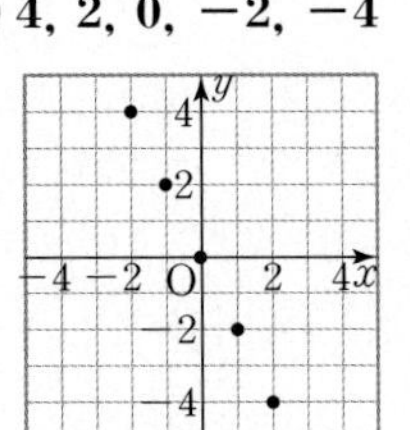
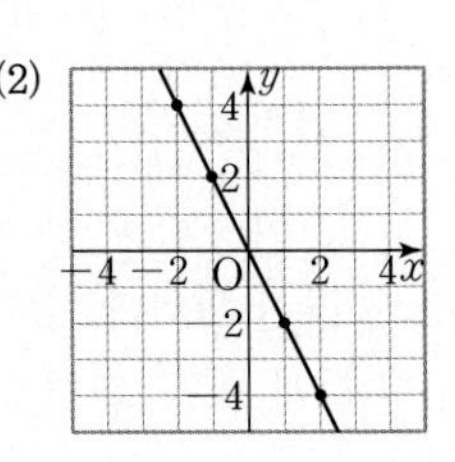

4 답

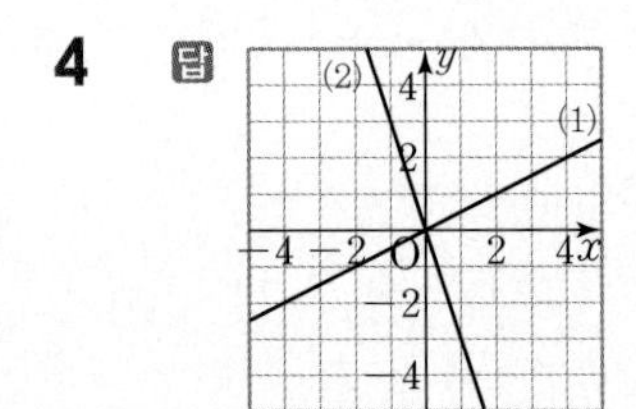

(1) $x=2$일 때 $y=\frac{1}{2}\times2=1$이므로 $y=\frac{1}{2}x$의 그래프는 원점과 점 (2, 1)을 지나는 직선이다.

(2) $x=1$일 때 $y=-3\times1=-3$이므로 $y=-3x$의 그래프는 원점과 점 (1, −3)을 지나는 직선이다.

STEP 1 교과서 핵심 유형 익히기

본문 131~132쪽

1 답 ①, ⑤

① $y=x+10$ ② $y=300x$ ③ $y=70x$
④ $y=3x$ ⑤ $y=x-1000$
따라서 y가 x에 정비례하지 않는 것은 ①, ⑤이다.

1-1 답 ㄱ

ㄱ. (삼각형의 넓이)$=\frac{1}{2}\times$(밑변의 길이)$\times$(높이)이므로

$y=\frac{1}{2}\times x\times 4$, 즉 $y=2x$

ㄴ. (시간)$=\frac{(\text{거리})}{(\text{속력})}$이므로 $y=\frac{100}{x}$

ㄷ. $y=300-x$

따라서 y가 x에 정비례하는 것은 ㄱ뿐이다.

2 답 ③

$x=4$일 때 $y=\frac{3}{4}\times 4=3$이므로 $y=\frac{3}{4}x$의 그래프는 원점과 점 $(4, 3)$을 지나는 직선이다.

따라서 구하는 그래프는 ③이다.

2-1 답 ①

$x=-4$일 때, $y=-\frac{1}{2}\times(-4)=2$

$x=-2$일 때, $y=-\frac{1}{2}\times(-2)=1$

$x=0$일 때, $y=-\frac{1}{2}\times 0=0$

$x=2$일 때, $y=-\frac{1}{2}\times 2=-1$

$x=4$일 때, $y=-\frac{1}{2}\times 4=-2$

따라서 구하는 그래프는 ①이다.

3 답 -4

정비례 관계 $y=\frac{9}{2}x$의 그래프가 점 $(a, -18)$을 지나므로 $y=\frac{9}{2}x$에 $x=a$, $y=-18$을 대입하면

$-18=\frac{9}{2}a \qquad \therefore a=-4$

3-1 답 ⑤

① $x=-2$일 때, $y=2\times(-2)=-4$

② $x=-1$일 때, $y=2\times(-1)=-2$

③ $x=1$일 때, $y=2\times 1=2$

④ $x=3$일 때, $y=2\times 3=6$

⑤ $x=4$일 때, $y=2\times 4=8$

따라서 정비례 관계 $y=2x$의 그래프 위의 점이 아닌 것은 ⑤이다.

4 답 ⑤

④ $x=15$일 때 $y=\frac{1}{5}\times 15=3$이므로 점 $(15, 3)$을 지난다.

⑤ $\frac{1}{5}>0$이므로 x의 값이 증가하면 y의 값도 증가한다.

4-1 답 ㄷ, ㄹ

ㄱ. 원점을 지나는 직선이다.

ㄴ. 제2사분면과 제4사분면을 지난다.

ㄷ. $-3<0$이므로 x의 값이 증가하면 y의 값은 감소한다.

ㄹ. $|-5|=5>|-3|=3$이므로 $y=-5x$의 그래프보다 x축에 더 가깝다.

따라서 옳은 것은 ㄷ, ㄹ이다.

월등한 개념

정비례 관계 $y=ax\,(a\neq 0)$의 그래프는 a의 절댓값이 클수록 y축에 가깝고, a의 절댓값이 작을수록 x축에 가깝다.

5 답 $y=\frac{5}{3}x$

그래프가 원점을 지나는 직선이므로 구하는 식을 $y=ax\,(a\neq 0)$로 놓자.

이 그래프가 점 $(-3, -5)$를 지나므로 $y=ax$에 $x=-3$, $y=-5$를 대입하면

$-5=-3a \qquad \therefore a=\frac{5}{3}$

따라서 구하는 식은 $y=\frac{5}{3}x$이다.

5-1 답 $y=-3x$

그래프가 원점을 지나는 직선이므로 구하는 식을 $y=ax\,(a\neq 0)$로 놓자.

이 그래프가 점 $(2, -6)$을 지나므로 $y=ax$에 $x=2$, $y=-6$을 대입하면

$-6=2a \qquad \therefore a=-3$

따라서 구하는 식은 $y=-3x$이다.

6 답 (1) $y=4x$ (2) 18분

(1) 수면의 높이는 1분에 4 cm씩 올라가므로 x분 후의 수면의 높이는 $4x$ cm이다.
따라서 x와 y 사이의 관계식은 $y=4x$

(2) 물통의 높이가 72 cm이므로 $y=4x$에 $y=72$를 대입하면
$72=4x \qquad \therefore x=18$
따라서 물이 가득 차는 데 걸리는 시간은 18분이다.

6-1 답 (1) $y=80x$ (2) 400회

(1) 준영이의 맥박 수는 1분에 80회이므로 x분 동안의 맥박 수는 $80x$회이다.
따라서 x와 y 사이의 관계식은 $y=80x$

(2) $y=80x$에 $x=5$를 대입하면
$y=80\times 5=400$
따라서 5분 동안의 맥박 수는 400회이다.

STEP 2 기출로 실전 문제 익히기

본문 133쪽

1 ② 2 ⑤ 3 ④ 4 ① 5 ③
6 8 kg 7 15

1 y가 x에 정비례하므로 x와 y 사이의 관계식을
$y=ax(a\neq 0)$로 놓고 이 식에 $x=-3$, $y=6$을 대입하면
$6=-3a \quad \therefore a=-2$
따라서 구하는 관계식은 $y=-2x$이다. 답 ②

2 ① $x=-8$일 때, $y=-\frac{5}{8}\times(-8)=5$
② $x=-5$일 때, $y=-\frac{5}{8}\times(-5)=\frac{25}{8}$
③ $x=4$일 때, $y=-\frac{5}{8}\times 4=-\frac{5}{2}$
④ $x=5$일 때, $y=-\frac{5}{8}\times 5=-\frac{25}{8}$
⑤ $x=8$일 때, $y=-\frac{5}{8}\times 8=-5$
따라서 정비례 관계 $y=-\frac{5}{8}x$의 그래프 위의 점은 ⑤이다.
답 ⑤

3 ④ 점 $(1, a)$를 지난다. 답 ④

4 정비례 관계 $y=ax$의 그래프가 점 $(2, 6)$을 지나므로
$y=ax$에 $x=2$, $y=6$을 대입하면
$6=2a \quad \therefore a=3$
따라서 $y=3x$의 그래프가 점 $(-3, b)$를 지나므로
$y=3x$에 $x=-3$, $y=b$를 대입하면
$b=3\times(-3)=-9$ 답 ①

5 그래프가 원점을 지나는 직선이므로 그래프가 나타내는 식을 $y=ax\,(a\neq 0)$로 놓자.
이 그래프가 점 $(-4, 6)$을 지나므로 $y=ax$에 $x=-4$, $y=6$을 대입하면
$6=-4a \quad \therefore a=-\frac{3}{2}$
즉, 주어진 그래프가 나타내는 식은 $y=-\frac{3}{2}x$이다.
① $x=-10$일 때, $y=-\frac{3}{2}\times(-10)=15$
② $x=-6$일 때, $y=-\frac{3}{2}\times(-6)=9$
③ $x=-2$일 때, $y=-\frac{3}{2}\times(-2)=3$
④ $x=4$일 때, $y=-\frac{3}{2}\times 4=-6$
⑤ $x=6$일 때, $y=-\frac{3}{2}\times 6=-9$
따라서 주어진 그래프 위의 점이 아닌 것은 ③이다. 답 ③

6 지구에서의 무게가 x kg인 물체의 달에서의 무게를 y kg이라 하면 y는 x에 정비례하므로 x와 y 사이의 관계식을 $y=ax\,(a\neq 0)$로 놓자.
$y=ax$에 $x=30$, $y=5$를 대입하면
$5=30a \quad \therefore a=\frac{1}{6}$
즉, x와 y 사이의 관계식은 $y=\frac{1}{6}x$
$y=\frac{1}{6}x$에 $x=48$을 대입하면
$y=\frac{1}{6}\times 48=8$
따라서 지구에서 48 kg인 사람의 달에서의 무게는 8 kg이다. 답 8 kg

7 1단계 그래프가 원점을 지나는 직선이므로 그래프가 나타내는 식을 $y=ax\,(a\neq 0)$로 놓자. ◀ 20 %
2단계 이 그래프가 점 $(3, 2)$를 지나므로 $y=ax$에 $x=3$, $y=2$를 대입하면
$2=3a \quad \therefore a=\frac{2}{3}$
따라서 주어진 그래프가 나타내는 식은
$y=\frac{2}{3}x$ ◀ 40 %
3단계 $y=\frac{2}{3}x$의 그래프가 점 $(k, 10)$을 지나므로 $y=\frac{2}{3}x$에 $x=k$, $y=10$을 대입하면
$10=\frac{2}{3}k \quad \therefore k=15$ ◀ 40 %
답 15

LECTURE 21 반비례 관계와 그 그래프

개념 다지기

본문 134~135쪽

1 답 (1) **300, 150, 100, 75** (2) **반비례한다.**
(3) $y=\frac{300}{x}$

2 답 (1) × (2) ○ (3) × (4) ○

3 답 (1) **1, 2, 4, −4, −2, −1** (2)

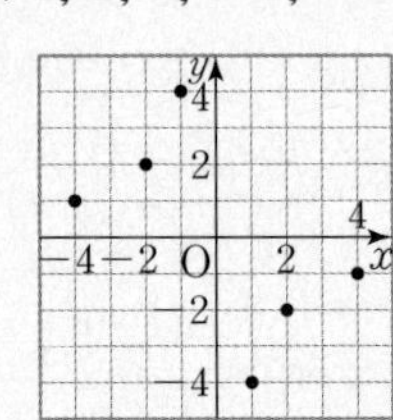

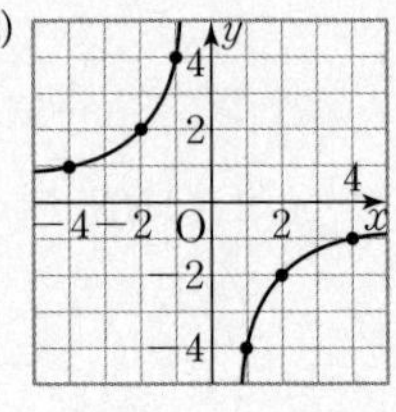

STEP 1 교과서 핵심 유형 익히기

본문 136~137쪽

1 답 ④

① $x\times y=100$에서 $y=\frac{100}{x}$

② (시간)$=\frac{(거리)}{(속력)}$이므로 $y=\frac{30}{x}$

③ $y=\frac{50}{x}$

④ $2(x+y)=56$에서 $x+y=28$ $\therefore y=28-x$

⑤ $x\times y=160$에서 $y=\frac{160}{x}$

따라서 y가 x에 반비례하지 않는 것은 ④이다.

1-1 답 ㄱ, ㄷ

ㄱ. $x\times y=40$에서 $y=\frac{40}{x}$

ㄴ. 1시간은 60분이므로 $y=60x$

ㄷ. $x\times y=30$에서 $y=\frac{30}{x}$

따라서 y가 x에 반비례하는 것은 ㄱ, ㄷ이다.

2 답 ㄴ

반비례 관계 $y=\frac{10}{x}$에서 $10>0$이므로 그 그래프는 제1사분면과 제3사분면을 지나는 한 쌍의 매끄러운 곡선이다.

또, $x=5$일 때 $y=\frac{10}{5}=2$이므로 $y=\frac{10}{x}$의 그래프는 점 $(5, 2)$를 지난다.

따라서 반비례 관계 $y=\frac{10}{x}$의 그래프는 ㄴ이다.

2-1 답 ③

반비례 관계 $y=-\frac{6}{x}$에서 $-6<0$이므로 그 그래프는 제2사분면과 제4사분면을 지나는 한 쌍의 매끄러운 곡선이다.

또, $x=-3$일 때 $y=-\frac{6}{-3}=2$이므로 $y=-\frac{6}{x}$의 그래프는 점 $(-3, 2)$를 지난다.

따라서 반비례 관계 $y=-\frac{6}{x}$의 그래프는 ③이다.

3 답 2

반비례 관계 $y=-\frac{18}{x}$의 그래프가 점 $(a, -9)$를 지나므로 $y=-\frac{18}{x}$에 $x=a$, $y=-9$를 대입하면

$-9=-\frac{18}{a}$ $\therefore a=2$

3-1 답 -14

반비례 관계 $y=\frac{a}{x}$의 그래프가 점 $(-2, 7)$을 지나므로 $y=\frac{a}{x}$에 $x=-2$, $y=7$을 대입하면

$7=\frac{a}{-2}$ $\therefore a=-14$

4 답 ⑤

② $12>0$이므로 제1사분면과 제3사분면을 지난다.

③ $x=-3$일 때 $y=\frac{12}{-3}=-4$이므로 점 $(-3, -4)$를 지난다.

⑤ 반비례 관계의 그래프는 좌표축과 만나지 않는다.

4-1 답 ㄴ, ㄷ

ㄱ. 원점을 지나지 않는 한 쌍의 매끄러운 곡선이다.

ㄴ. $|-9|=9>|2|=2$이므로 반비례 관계 $y=\frac{2}{x}$의 그래프보다 원점에서 더 멀리 떨어져 있다.

ㄷ. $-9<0$이므로 제2사분면과 제4사분면을 지난다.

ㄹ. $x<0$일 때, x의 값이 증가하면 y의 값도 증가한다.

따라서 옳은 것은 ㄴ, ㄷ이다.

> **월등한 개념**
> 반비례 관계 $y=\frac{a}{x}(a\neq0)$의 그래프는 a의 절댓값이 클수록 원점에서 멀어진다.

5 답 $y=\frac{15}{x}$

그래프가 좌표축에 한없이 가까워지는 매끄러운 곡선이므로 구하는 식을 $y=\frac{a}{x}(a\neq0)$로 놓자.

이 그래프가 점 $(3, 5)$를 지나므로 $y=\frac{a}{x}$에 $x=3$, $y=5$를 대입하면

$5=\frac{a}{3}$ $\therefore a=15$

따라서 구하는 식은 $y=\frac{15}{x}$이다.

5-1 답 $y=-\frac{8}{x}$

그래프가 좌표축에 한없이 가까워지는 매끄러운 곡선이므로 구하는 식을 $y=\frac{a}{x}(a\neq0)$로 놓자.

이 그래프가 점 $(-2, 4)$를 지나므로 $y=\frac{a}{x}$에 $x=-2$, $y=4$를 대입하면

$4=\frac{a}{-2}$ $\therefore a=-8$

따라서 구하는 식은 $y=-\frac{8}{x}$이다.

6 답 (1) $y=\frac{600}{x}$ (2) 15바퀴

(1) 톱니가 30개인 톱니바퀴 A가 20바퀴 회전할 때 맞

물린 톱니는 (30×20)개, 톱니가 x개인 톱니바퀴 B가 y바퀴 회전할 때 맞물린 톱니는 $(x\times y)$개이고, 두 톱니바퀴 A, B가 1분 동안 회전할 때 맞물린 톱니의 개수가 같으므로

$30\times20=x\times y$ $\quad\therefore y=\dfrac{600}{x}$

(2) $y=\dfrac{600}{x}$에 $x=40$을 대입하면

$y=\dfrac{600}{40}=15$

따라서 톱니바퀴 B의 톱니가 40개일 때, 톱니바퀴 B는 15바퀴 회전한다.

6-1 답 (1) $\boldsymbol{y=\dfrac{24}{x}}$ (2) **8 cm**

(1) (삼각형의 넓이)$=\dfrac{1}{2}\times$(밑변의 길이)$\times$(높이)이므로

$12=\dfrac{1}{2}\times x\times y$ $\quad\therefore y=\dfrac{24}{x}$

(2) $y=\dfrac{24}{x}$에 $x=3$을 대입하면

$y=\dfrac{24}{3}=8$

따라서 삼각형의 높이는 8 cm이다.

STEP 2 기출로 실전 문제 익히기

본문 138쪽

1 ① 2 ④ 3 ①, ⑤ 4 ② 5 ③
6 2기압 7 -4

1 y가 x에 반비례하므로 x와 y 사이의 관계식을 $y=\dfrac{a}{x}(a\neq0)$로 놓고 이 식에 $x=-3$, $y=4$를 대입하면

$4=\dfrac{a}{-3}$ $\quad\therefore a=-12$

따라서 x와 y 사이의 관계식은 $y=-\dfrac{12}{x}$이므로 $x=2$일 때, $y=-\dfrac{12}{2}=-6$

답 ①

2 ① $x=-8$일 때, $y=\dfrac{16}{-8}=-2$

② $x=-4$일 때, $y=\dfrac{16}{-4}=-4$

③ $x=2$일 때, $y=\dfrac{16}{2}=8$

④ $x=8$일 때, $y=\dfrac{16}{8}=2$

⑤ $x=16$일 때, $y=\dfrac{16}{16}=1$

따라서 반비례 관계 $y=\dfrac{16}{x}$의 그래프 위의 점은 ④이다.

답 ④

3 ① x의 값이 2배, 3배, 4배, …가 되면 y의 값은 $\dfrac{1}{2}$배, $\dfrac{1}{3}$배, $\dfrac{1}{4}$배, …가 된다.

⑤ a의 절댓값이 클수록 원점에서 멀다.

답 ①, ⑤

4 반비례 관계 $y=\dfrac{a}{x}$의 그래프가 점 $(-4, 5)$를 지나므로 $y=\dfrac{a}{x}$에 $x=-4$, $y=5$를 대입하면

$5=\dfrac{a}{-4}$ $\quad\therefore a=-20$

따라서 반비례 관계 $y=-\dfrac{20}{x}$의 그래프가 점 $(2, b)$를 지나므로 $y=-\dfrac{20}{x}$에 $x=2$, $y=b$를 대입하면

$b=-\dfrac{20}{2}=-10$

답 ②

5 그래프가 좌표축에 한없이 가까워지는 매끄러운 곡선이므로 그래프가 나타내는 식을 $y=\dfrac{a}{x}(a\neq0)$로 놓자.

이 그래프가 점 $(4, -6)$을 지나므로 $y=\dfrac{a}{x}$에 $x=4$, $y=-6$을 대입하면

$-6=\dfrac{a}{4}$ $\quad\therefore a=-24$

즉, 주어진 그래프가 나타내는 식은 $y=-\dfrac{24}{x}$이다.

① $x=-12$일 때, $y=-\dfrac{24}{-12}=2$

② $x=-3$일 때, $y=-\dfrac{24}{-3}=8$

③ $x=6$일 때, $y=-\dfrac{24}{6}=-4$

④ $x=9$일 때, $y=-\dfrac{24}{9}=-\dfrac{8}{3}$

⑤ $x=24$일 때, $y=-\dfrac{24}{24}=-1$

따라서 주어진 그래프 위의 점이 아닌 것은 ③이다.

답 ③

6 y는 x에 반비례하므로 주어진 그래프가 나타내는 식을 $y=\dfrac{a}{x}(a\neq0)$로 놓자.

이 그래프가 점 $(3, 6)$을 지나므로 $y=\dfrac{a}{x}$에 $x=3$, $y=6$을 대입하면

$6=\dfrac{a}{3}$ $\quad\therefore a=18$

주어진 그래프가 나타내는 식은 $y=\dfrac{18}{x}$이므로 이 식에 $y=9$를 대입하면

$9=\dfrac{18}{x}$ $\quad\therefore x=2$

따라서 부피가 9 L일 때, 압력은 2기압이다. 답 2기압

7 1단계 그래프가 좌표축에 한없이 가까워지는 매끄러운 곡선이므로 그래프가 나타내는 식을 $y=\frac{a}{x}(a\neq0)$로 놓자. ◀ 20 %

2단계 이 그래프가 점 (6, 2)를 지나므로 $y=\frac{a}{x}$에 $x=6$, $y=2$를 대입하면

$2=\frac{a}{6}$ $\quad\therefore a=12$

따라서 주어진 그래프가 나타내는 식은

$y=\frac{12}{x}$ ◀ 40 %

3단계 $y=\frac{12}{x}$의 그래프가 점 $(-3, k)$를 지나므로

$y=\frac{12}{x}$에 $x=-3$, $y=k$를 대입하면

$k=\frac{12}{-3}=-4$ ◀ 40 %

답 -4

STEP 3 학교 시험 미리보기 본문 139~142쪽

01 2	**02** ③	**03** ㄴ	**04** ②, ④	**05** ②
06 ④	**07** 16	**08** ③	**09** ⑤	
10 ㄱ, ㄷ	**11** -6	**12** ④	**13** ①	**14** ④
15 8	**16** -5	**17** ③, ⑤	**18** 35분	
19 D(4, 4)		**20** $\frac{5}{12}$	**21** $\frac{3}{8}\le a\le\frac{2}{3}$	

22 (1) $a>0$, $b>0$ (2) $-b<0$, $\frac{b}{a}>0$ (3) 제2사분면

23 (1) 테니스: $y=350x$, 줄넘기: $y=280x$ (2) 1시간

24 풀이 참조 **25** 27

01 $-3a-1=a+3$에서 $-4a=4$ $\quad\therefore a=-1$

$b+5=-2b-1$에서 $3b=-6$ $\quad\therefore b=-2$

$\therefore ab=(-1)\times(-2)=2$ 답 2

02 ③ C$(-2, -3)$ 답 ③

04 x와 y 사이의 관계식이 $y=\frac{a}{x}(a\neq0)$ 또는 $xy=a$(a는 일정) 꼴일 때, y가 x에 반비례한다.

따라서 y가 x에 반비례하는 것은 ②, ④이다. 답 ②, ④

05 $y=\frac{6}{5}x$에 $x=5$를 대입하면 $y=\frac{6}{5}\times5=6$이므로 정비례 관계 $y=\frac{6}{5}x$의 그래프는 원점과 점 (5, 6)을 지나는 직선이다.

따라서 정비례 관계 $y=\frac{6}{5}x$의 그래프는 ②이다. 답 ②

06 ④ 점 $(-3, 2)$는 제2사분면 위의 점이고, 점 $(2, -3)$은 제4사분면 위의 점이므로 같은 사분면 위에 있지 않다. 답 ④

07 네 점 A$(-1, 2)$, B$(-1, -2)$, C$(3, -2)$, D$(3, 2)$를 좌표평면 위에 나타내면 오른쪽 그림과 같다.

따라서 사각형 ABCD의 넓이는

$\{3-(-1)\}\times\{2-(-2)\}$

$=4\times4$

$=16$ 답 16

08 점 (a, b)가 제2사분면 위의 점이므로

$a<0$, $b>0$

① $a<0$, $-b<0$이므로 점 $(a, -b)$는 제3사분면 위의 점이다.

② $-a>0$, $b>0$이므로 점 $(-a, b)$는 제1사분면 위의 점이다.

③ $-a>0$, $-b<0$이므로 점 $(-a, -b)$는 제4사분면 위의 점이다.

④ $a-b<0$, $b>0$이므로 점 $(a-b, b)$는 제2사분면 위의 점이다.

⑤ $ab<0$, $b-a>0$이므로 점 $(ab, b-a)$는 제2사분면 위의 점이다.

따라서 제4사분면 위의 점은 ③이다. 답 ③

09 물의 높이가 점점 느리게 증가하다가 중간에 폭이 좁아지는 부분부터 점점 빠르게 증가한다.

따라서 알맞은 그래프는 ⑤이다. 답 ⑤

10 ㄱ. 자동차가 정지했을 때의 속력은 0이고 출발한 후 5시간부터 5시간 30분까지 30분 동안의 속력이 0이다. 즉, 자동차는 한 번 정지해 있었다.

ㄴ. 자동차는 출발해서 1시간 동안 점점 빠른 속력으로 달렸다.

따라서 옳은 것은 ㄱ, ㄷ이다. 답 ㄱ, ㄷ

11 y가 x에 정비례하므로 x와 y 사이의 관계식을 $y=ax(a\neq0)$로 놓고 이 식에 $x=2$, $y=27$을 대입하면

$27=2a$ $\quad\therefore a=\frac{27}{2}$

따라서 $y=\frac{27}{2}x$에 $x=-\frac{4}{9}$를 대입하면

$y=\frac{27}{2}\times\left(-\frac{4}{9}\right)=-6$ 답 -6

12 정비례 관계 $y=ax$의 그래프는 a의 절댓값이 클수록 y축에 가깝다. 이때 양수는 절댓값이 큰 수가 크고 음수는 절댓값이 큰 수가 작으므로 직선 ㉠~㉤의 a의 값의 크기를 비교하면
㉢>㉡>㉠>㉤>㉣
따라서 a의 값의 가장 작은 것은 ④이다. 답 ④

13 정비례 관계 $y=ax$의 그래프가 점 $(-6,\ 3)$을 지나므로 $y=ax$에 $x=-6$, $y=3$을 대입하면
$3=-6a \qquad \therefore a=-\frac{1}{2}$
따라서 $y=-\frac{1}{2}x$의 그래프가 점 $(-4,\ b)$를 지나므로
$y=-\frac{1}{2}x$에 $x=-4$, $y=b$를 대입하면
$b=-\frac{1}{2}\times(-4)=2$
또, $y=-\frac{1}{2}x$의 그래프가 점 $(c,\ -1)$을 지나므로
$y=-\frac{1}{2}x$에 $x=c$, $y=-1$을 대입하면
$-1=-\frac{1}{2}c \qquad \therefore c=2$
$\therefore abc=-\frac{1}{2}\times2\times2=-2$ 답 ①

14 반비례 관계 $y=\frac{a}{x}$의 그래프가 점 $(-2,\ 8)$을 지나므로
$y=\frac{a}{x}$에 $x=-2$, $y=8$을 대입하면
$8=\frac{a}{-2} \qquad \therefore a=-16$
따라서 주어진 반비례 관계식은 $y=-\frac{16}{x}$이고 이 그래프 위의 점 중 x좌표와 y좌표가 모두 정수인 점은
$(1,\ -16)$, $(2,\ -8)$, $(4,\ -4)$, $(8,\ -2)$, $(16,\ -1)$
$(-1,\ 16)$, $(-2,\ 8)$, $(-4,\ 4)$, $(-8,\ 2)$, $(-16,\ 1)$
의 10개이다. 답 ④

15 점 A는 정비례 관계 $y=2x$의 그래프 위의 점이므로
$y=2x$에 $x=2$를 대입하면
$y=2\times2=4 \qquad \therefore A(2,\ 4)$
또, 점 A는 반비례 관계 $y=\frac{a}{x}$의 그래프 위의 점이므로
$y=\frac{a}{x}$에 $x=2$, $y=4$를 대입하면
$4=\frac{a}{2} \qquad \therefore a=8$ 답 8

16 반비례 관계 $y=\frac{a}{x}$의 그래프가 점 P를 지나고 점 $A(-4,\ 0)$과 점 P의 x좌표가 같으므로 $y=\frac{a}{x}$에 $x=-4$를 대입하면
$y=-\frac{a}{4} \qquad \therefore P\left(-4,\ -\frac{a}{4}\right)$
따라서 (선분 PB의 길이)$=4$, (선분 OB의 길이)$=-\frac{a}{4}$이고 직사각형 PAOB의 넓이는 5이므로
$4\times\left(-\frac{a}{4}\right)=5,\ -a=5$
$\therefore a=-5$ 답 -5

17 주어진 그래프에서 물을 매분 40 L씩 10분 동안 채우면 물탱크가 가득 채워지므로
$40\times10=x\times y \qquad \therefore y=\frac{400}{x}$
① 물을 매분 40 L씩 10분 동안 채우면 물탱크가 가득 채워지므로 물탱크의 용량은
$40\times10=400$(L)
② $y=\frac{400}{x}$에 $x=50$을 대입하면 $y=\frac{400}{50}=8$이므로 물을 매분 50 L씩 채우면 물을 가득 채우는 데 8분이 걸린다.
③ $y=\frac{400}{x}$에 $y=20$을 대입하면 $20=\frac{400}{x}$에서 $x=20$이므로 20분 만에 물을 가득 채우려면 물을 매분 20 L씩 채워야 한다.
⑤ y는 x에 반비례하므로 x의 값이 2배가 되면 y의 값은 $\frac{1}{2}$배가 된다. 답 ③, ⑤

18 두 호스 A, B로 물을 넣으면 20분 동안 180 L를 넣을 수 있으므로 1분 동안
$180\div20=9$(L)
를 넣을 수 있다.
A 호스로만 물을 넣으면 10분 동안 $210-180=30$(L)를 넣을 수 있으므로 1분 동안
$30\div10=3$(L)
를 넣을 수 있다.
따라서 B 호스로만 물을 넣으면 1분 동안 $9-3=6$(L)를 넣을 수 있으므로 이 물통을 가득 채우는 데 걸리는 시간은
$210\div6=35$(분) 답 35분

19 정비례 관계 $y=2x$의 그래프 위의 점 A의 좌표를 $A(a,\ 2a)$라 하면
$B(a,\ 2a-2)$, $C(a+2,\ 2a-2)$, $D(a+2,\ 2a)$
이때 점 $C(a+2,\ 2a-2)$는 정비례 관계 $y=\frac{1}{2}x$의 그래프 위의 점이므로 $y=\frac{1}{2}x$에 $x=a+2$, $y=2a-2$를 대입하면

$2a-2=\frac{1}{2}(a+2)$, $4a-4=a+2$

$3a=6$ $\quad\therefore a=2$

따라서 $a+2=4$, $2a=4$이므로

D(4, 4) 답 D(4, 4)

20 $y=\frac{5}{6}x$에 $x=6$을 대입하면 $y=\frac{5}{6}\times 6=5$이므로

A(6, 5)

$\therefore$ (삼각형 AOB의 넓이)$=\frac{1}{2}\times 6\times 5=15$

점 P의 x좌표는 6이고 $y=ax$의 그래프 위의 점이므로

P(6, 6a)

삼각형 POB의 넓이는 삼각형 AOB의 넓이의 $\frac{1}{2}$이므로

$\frac{1}{2}\times 6\times 6a=\frac{1}{2}\times 15$, $36a=15$

$\therefore a=\frac{5}{12}$ 답 $\frac{5}{12}$

다른 풀이 밑변의 길이와 높이가 각각 같으면 삼각형의 넓이는 같으므로 선분 AP와 선분 BP의 길이가 같으면 두 삼각형 AOP와 BOP의 넓이는 같다.

$y=\frac{5}{6}x$에 $x=6$을 대입하면 $y=5$이므로

A(6, 5)

따라서 점 $P\left(6, \frac{5}{2}\right)$이므로 $y=ax$에 $x=6$, $y=\frac{5}{2}$를 대입하면

$\frac{5}{2}=6a$ $\quad\therefore a=\frac{5}{12}$

21 반비례 관계 $y=\frac{24}{x}$의 그래프가 점 A(p, 4)를 지나므로 $y=\frac{24}{x}$에 $x=p$, $y=4$를 대입하면

$4=\frac{24}{p}$ $\quad\therefore p=6$

$\therefore$ A(6, 4)

(i) 정비례 관계 $y=ax$의 그래프가 점 A(6, 4)를 지날 때 a의 값이 가장 크다. 이때 $y=ax$에 $x=6$, $y=4$를 대입하면

$4=6a$ $\quad\therefore a=\frac{2}{3}$

(ii) 정비례 관계 $y=ax$의 그래프가 점 B(8, 3)을 지날 때 a의 값이 가장 작다. 이때 $y=ax$에 $x=8$, $y=3$을 대입하면

$3=8a$ $\quad\therefore a=\frac{3}{8}$

따라서 (i), (ii)에서

$\frac{3}{8}\le a\le\frac{2}{3}$ 답 $\frac{3}{8}\le a\le\frac{2}{3}$

22 (1) 점 A($-ab$, $a+b$)가 제2사분면 위의 점이므로

$-ab<0$, $a+b>0$

$ab>0$이므로 a와 b의 부호는 서로 같고, $a+b>0$이므로

$a>0$, $b>0$ … ❶

(2) $-b<0$, $\frac{b}{a}>0$ … ❷

(3) 점 $B\left(-b, \frac{b}{a}\right)$는 제2사분면 위의 점이다. … ❸

답 (1) $a>0$, $b>0$ (2) $-b<0$, $\frac{b}{a}>0$ (3) 제2사분면

단계	채점 기준	배점
❶	a, b의 부호 각각 구하기	40 %
❷	$-b$, $\frac{b}{a}$의 부호 각각 구하기	40 %
❸	점 B가 제몇 사분면 위의 점인지 구하기	20 %

23 (1) 테니스를 칠 때의 그래프를 나타내는 식을 $y=ax(a\neq 0)$라 하자.

이 그래프가 점 (1, 350)을 지나므로 $y=ax$에 $x=1$, $y=350$을 대입하면

$350=a$ $\quad\therefore y=350x$ … ❶

줄넘기를 할 때의 그래프를 나타내는 식을 $y=bx(b\neq 0)$라 하자.

이 그래프가 점 (1, 280)을 지나므로 $y=bx$에 $x=1$, $y=280$을 대입하면

$280=b$ $\quad\therefore y=280x$ … ❷

(2) 1400 kcal의 열량을 소모하기 위해 테니스를 쳐야 하는 시간은 $y=1400$일 때 $1400=350x$에서 $x=4$, 즉 4시간이다.

또, 1400 kcal의 열량을 소모하기 위해 줄넘기를 해야 하는 시간은 $y=1400$일 때 $1400=280x$에서 $x=5$, 즉 5시간이다. … ❸

따라서 구하는 시간의 차는

$5-4=1$(시간) … ❹

답 (1) 테니스: $y=350x$, 줄넘기: $y=280x$ (2) 1시간

단계	채점 기준	배점
❶	테니스를 칠 때의 x와 y 사이의 관계식 구하기	30 %
❷	줄넘기를 할 때의 x와 y 사이의 관계식 구하기	30 %
❸	테니스와 줄넘기를 하여 각각 1400 kcal의 열량을 소모하기 위해 필요한 시간 구하기	30 %
❹	시간의 차 구하기	10 %

24 용기 A: ㉠, 용기 B: ㉢, 용기 C: ㉡ … ❶

• 이유: 세 용기 A, B, C의 폭은 각각 일정하므로 물의 높이는 용기의 밑면의 반지름의 길이가 짧을수록 빠르게 증가한다.

따라서 물의 높이는 밑면의 반지름의 길이가 가장 짧은 용기 A가 가장 빠르게 증가하고, 밑면의 반지름의 길이가 두 번째로 짧은 용기 C가 그 다음으로 빨리 증가한다. 마지막으로 밑면의 반지름의 길이가 가장 긴 용기 B가 가장 느리게 증가한다.
이때 높이가 가장 빠르게 증가하는 그래프는 ㉠, 그 다음으로 빠르게 증가하는 그래프는 ㉡, 가장 느리게 증가하는 그래프는 ㉢이다. … ❷

답 풀이 참조

단계	채점 기준	배점
❶	용기 A, B, C에 알맞은 그래프 찾기	각 20%
❷	이유 설명하기	40%

25 점 Q는 정비례 관계 $y=2x$의 그래프 위의 점이므로
$y=2x$에 $x=6$을 대입하면
$y=2\times6=12$
$\therefore$ Q(6, 12) … ❶
점 R는 정비례 관계 $y=\frac{1}{2}x$의 그래프 위의 점이므로
$y=\frac{1}{2}x$에 $x=6$을 대입하면
$y=\frac{1}{2}\times6=3$
$\therefore$ R(6, 3) … ❷
따라서 삼각형 ORQ의 넓이는
$\frac{1}{2}\times(12-3)\times6=\frac{1}{2}\times9\times6$
$=27$ … ❸

답 27

단계	채점 기준	배점
❶	점 Q의 좌표 구하기	30%
❷	점 R의 좌표 구하기	30%
❸	삼각형 ORQ의 넓이 구하기	40%

워크북

Part I 유형 Training

LECTURE 01 소수와 합성수

RE 개념 다지기

본문 2쪽

확인 개념 키워드 답 ❶ 소수, 2 ❷ 거듭제곱

1 답 (1) 합 (2) 소 (3) 소 (4) 합

2 답 (1) 5, 11, 29, 31 (2) 9, 15, 49, 55, 87 (3) 1

3 답 (1) ○ (2) ○ (3) × (4) ×

(1) 51은 약수가 1, 3, 17, 51의 4개이므로 합성수이다.

(3) 가장 작은 합성수는 4이다.

(4) 소수를 제외한 모든 자연수는 1 또는 합성수이다.

4 답 (1) 2, 6 (2) 13, 4 (3) $\frac{2}{3}$, 5 (4) $\frac{5}{4}$, 7

5 답 (1) 3^4 (2) $2^2\times5^3\times13$

(3) $\left(\frac{1}{3}\right)^3\times\left(\frac{2}{7}\right)^2$ (4) $\frac{1}{2\times5^2\times11^2}$

6 답 (1) 3^3 (2) 2^5 (3) 6^3 (4) 4^4

(1) $27=3\times3\times3=3^3$ (2) $32=2\times2\times2\times2\times2=2^5$

(3) $216=6\times6\times6=6^3$ (4) $256=4\times4\times4\times4=4^4$

RE 핵심 유형 익히기

본문 3~4쪽

1 ②, ⑤ 2 ① 3 ⑤ 4 ② 5 ⑤
6 ④ 7 ⑤ 8 ① 9 ③

1 ① 18의 약수는 1, 2, 3, 6, 9, 18의 6개이므로 합성수이다.

③ 39의 약수는 1, 3, 13, 39의 4개이므로 합성수이다.

④ 48의 약수는 1, 2, 3, 4, 6, 8, 12, 16, 24, 48의 10개이므로 합성수이다. 답 ②, ⑤

2 소수는 7, 19, 41, 59의 4개이므로 $a=4$

합성수는 4, 33, 119, 121의 4개이므로 $b=4$

$\therefore b-a=4-4=0$ 답 ①

참고 $119=7\times17$이므로 119의 약수는 1, 7, 17, 119의 4개이다.

3 10 이상 30 미만의 자연수는 20개이고, 이 중 소수는 11, 13, 17, 19, 23, 29의 6개이므로 합성수의 개수는

$20-6=14$(개) 답 ⑤

4 ① 9는 홀수이지만 합성수이다.

③ 합성수는 약수의 개수가 3개 이상인 수이다.

④ 7의 배수 중 7의 약수는 1, 7의 2개이다.

⑤ 자연수는 1, 소수, 합성수로 이루어져 있다. 답 ②

5 ⑤ 1은 소수가 아니지만 약수의 개수가 1개이다. 답 ⑤

6 ㄱ. 1은 소수도 아니고 합성수도 아니다.

ㄴ. 모든 소수는 약수의 개수가 2개이므로 약수의 개수가 짝수이다.

ㄷ. 2는 짝수이면서 소수이다.

ㄹ. 10 미만의 합성수는 4, 6, 8, 9의 4개이다.

따라서 옳은 것은 ㄴ, ㄹ이다. 답 ④

7 ① $2\times2\times2=2^3$ ② $4+4=4\times2=8$

③ $9\times9\times9=9^3$ ④ $2\times2\times2\times3=2^3\times3$ 답 ⑤

8 $\frac{1}{5}\times\frac{1}{7}\times\frac{1}{5}\times\frac{1}{7}\times\frac{1}{5}=\left(\frac{1}{5}\right)^3\times\left(\frac{1}{7}\right)^2$

따라서 $a=3$, $b=2$이므로

$a-b=3-2=1$ 답 ①

9 $2^4=2\times2\times2\times2=16$이므로 $x=16$

$243=3\times3\times3\times3\times3=3^5$이므로 $y=5$

$\therefore x\times y=16\times5=80$ 답 ③

RE 실전 문제 익히기

본문 4쪽

1 ⑤ 2 ④ 3 1

1 ① 1은 소수도 아니고 합성수도 아니다.

② 2는 짝수이지만 소수이다.

③ 일의 자리의 숫자가 1인 두 자리의 자연수 중 소수는 11, 31, 41, 61, 71의 5개이다.

④ 1의 약수는 1뿐이다. 답 ⑤

2 페이스트리 반죽을 1번 접으면 2겹, 2번 접으면 $2\times2=2^2$(겹), 3번 접으면 $2\times2\times2=2^3$(겹), …이 만들어진다. 따라서

$128=2\times2\times2\times2\times2\times2\times2=2^7$

이므로 128겹의 페이스트리를 만들려면 반죽을 7번 접어야 한다. 답 ④

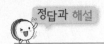

3 $121\times343\times11=(11\times11)\times(7\times7\times7)\times11$

$=7^3\times11^3$ … ❶

이므로 $x=3$, $y=3$ … ❷

$\therefore x\div y=3\div3=1$ … ❸

답 1

단계	채점 기준	배점
❶	$121\times343\times11$을 거듭제곱으로 나타내기	60%
❷	x, y의 값 구하기	20%
❸	$x\div y$의 값 구하기	20%

LECTURE 02 소인수분해

개념 다지기

본문 5쪽

확인 개념 키워드 답 ❶ **소인수** ❷ **소인수분해**

1 답 (1) $2^2\times7$, 소인수: 2, 7

(2) $2^3\times5$, 소인수: 2, 5

(3) $2^3\times3^2$, 소인수: 2, 3

(4) $2^2\times3^2\times5$, 소인수: 2, 3, 5

(1) 2) 28 → 2) 14 → 7 $\therefore 2^2\times7$

(2) 2) 40 → 2) 20 → 2) 10 → 5 $\therefore 2^3\times5$

(3) 2) 72 → 2) 36 → 2) 18 → 3) 9 → 3 $\therefore 2^3\times3^2$

(4) 2) 180 → 2) 90 → 3) 45 → 3) 15 → 5 $\therefore 2^2\times3^2\times5$

2 답 (1)

×	1	3	3^2
1	1	3	9
2	2	6	18
2^2	4	12	36

약수: 1, 2, 3, 4, 6, 9, 12, 18, 36

(2)

×	1	7
1	1	7
3	3	21
3^2	9	63
3^3	27	189

약수: 1, 3, 7, 9, 21, 27, 63, 189

3 답 (1) **8개** (2) **12개** (3) **9개** (4) **16개**

(1) $(3+1)\times(1+1)=4\times2=8$(개)

(2) $(2+1)\times(3+1)=3\times4=12$(개)

(3) $36=2^2\times3^2$이므로

$(2+1)\times(2+1)=3\times3=9$(개)

(4) $216=2^3\times3^3$이므로

$(3+1)\times(3+1)=4\times4=16$(개)

핵심 유형 익히기

본문 5~7쪽

1 ④ 2 ① 3 ③ 4 0 5 ③
6 ② 7 ⑤ 8 ④ 9 ③ 10 252
11 ①, ④ 12 19 13 ③ 14 ②

1 ① $18=2\times3^2$ ② $45=3^2\times5$

③ $54=2\times3^3$ ⑤ $64=2^6$ 답 ④

2 $56=2^3\times7$이므로 56의 소인수는 2, 7이다. 답 ①

주의 소수인 인수만 소인수이므로 1, 2^2, 2^3, 2×7, $2^2\times7$, $2^3\times7$은 소인수가 아닌 약수이다.

3 ① $48=2^4\times3$이므로 48의 소인수는 2, 3이다.

② $108=2^2\times3^3$이므로 108의 소인수는 2, 3이다.

③ $128=2^7$이므로 128의 소인수는 2이다.

④ $144=2^4\times3^2$이므로 144의 소인수는 2, 3이다.

⑤ $162=2\times3^4$이므로 162의 소인수는 2, 3이다.

따라서 소인수가 나머지 넷과 다른 하나는 ③이다.

답 ③

4 360을 소인수분해하면 $360=2^3\times3^2\times5$이므로

$a=2$, $b=3$, $c=5$

$\therefore a+b-c=2+3-5=0$ 답 0

5 $250=2\times5^3$에서 2와 5의 지수가 짝수가 되어야 하므로 곱할 수 있는 자연수는 $2\times5\times$(자연수)^2 꼴이다.

따라서 곱할 수 있는 가장 작은 자연수는

$2\times5=10$ 답 ③

6 $288=2^5\times3^2$이므로 a는 288의 약수 중 $2\times$(자연수)^2 꼴이어야 한다.

① $2=2\times1^2$ ② $4=2\times2$ ③ $8=2\times2^2$

④ $18=2\times3^2$ ⑤ $72=2\times6^2$

따라서 a의 값이 될 수 없는 수는 ②이다. 답 ②

7 $60=2^2\times3\times5$에서 3과 5의 지수가 짝수가 되어야 하므로 곱할 수 있는 자연수는 $3\times5\times$(자연수)^2 꼴이다.

따라서 곱할 수 있는 가장 작은 수는

$3\times5\times1^2=15$

두 번째로 작은 수는

$3\times5\times2^2=60$ 답 ⑤

8 ① $4=2^2$ ② $6=2\times3$ ③ $8=2^3$

④ $9=3^2$ ⑤ $10=2\times5$

따라서 $2^3\times3\times5^2$의 약수가 아닌 것은 ④이다. 답 ④

9 $540=2^2\times3^3\times5$의 약수는 2^2의 약수 1, 2, 2^2과 3^3의 약수 1, 3, 3^2, 3^3과 5의 약수 1, 5의 곱이다.

따라서 540의 약수인 것은 ③이다. 답 ③

10 $2^3\times3^2\times7$의 약수 중 가장 큰 수는 자기 자신인 $2^3\times3^2\times7=504$이고, 두 번째로 큰 수는 $2^3\times3^2\times7$의 약수 중 1을 제외한 가장 작은 수인 2로 나눈 수이므로
$504\div2=252$ 답 252

11 $200=2^3\times5^2$이므로 200의 약수의 개수는
$(3+1)\times(2+1)=4\times3=12$(개)
주어진 수의 약수의 개수를 구하면 다음과 같다.
① $(5+1)\times(1+1)=6\times2=12$(개)
② $(4+1)\times(3+1)=5\times4=20$(개)
③ $(2+1)\times(2+1)=3\times3=9$(개)
④ $(2+1)\times(1+1)\times(1+1)=3\times2\times2=12$(개)
⑤ $(1+1)\times(1+1)\times(1+1)\times(1+1)$
$=2\times2\times2\times2=16$(개)
따라서 약수의 개수가 200의 약수의 개수와 같은 것은 ①, ④이다. 답 ①, ④

> **월등한 개념**
> 자연수 A가 $A=a^l\times b^m\times c^n$ (a, b, c는 서로 다른 소수, l, m, n은 자연수)으로 소인수분해될 때
> (A의 약수의 개수)$=(l+1)\times(m+1)\times(n+1)$(개)

12 3×5^4의 약수의 개수는
$(1+1)\times(4+1)=2\times5=10$(개)
이므로 $a=10$
$100=2^2\times5^2$의 약수의 개수는
$(2+1)\times(2+1)=3\times3=9$(개)
이므로 $b=9$
$\therefore a+b=10+9=19$ 답 19

13 $(x+1)\times(3+1)=24$이므로 $(x+1)\times4=24=6\times4$
$x+1=6$ $\therefore x=5$ 답 ③

14 $520=2^3\times5\times13$이므로 520의 약수의 개수는
$(3+1)\times(1+1)\times(1+1)=4\times2\times2=16$(개)
따라서 $3^a\times19$의 약수의 개수가 16개이므로
$(a+1)\times(1+1)=16$, $(a+1)\times2=16=8\times2$
$a+1=8$ $\therefore a=7$ 답 ②

RE 실전 문제 익히기

본문 7쪽

1 ③ 2 ③ 3 19

1 392를 소인수분해하면 $392=2^3\times7^2$이므로
$a+b+c+d=2+3+7+2=14$ 답 ③

2 ① $4\times5^3=2^2\times5^3$의 약수의 개수는
$(2+1)\times(3+1)=3\times4=12$(개)
② $16\times5^3=2^4\times5^3$의 약수의 개수는
$(4+1)\times(3+1)=5\times4=20$(개)
③ $27\times5^3=3^3\times5^3$의 약수의 개수는
$(3+1)\times(3+1)=4\times4=16$(개)
④ $49\times5^3=7^2\times5^3$의 약수의 개수는
$(2+1)\times(3+1)=3\times4=12$(개)
⑤ $125\times5^3=5^3\times5^3=5\times5\times5\times5\times5\times5=5^6$의 약수의 개수는 $6+1=7$(개)
따라서 a가 될 수 있는 수는 ③이다. 답 ③

주의 ⑤에서 $5^3\times5^3$의 약수의 개수는 $(3+1)\times(3+1)=16$(개)가 아님에 주의한다. 자연수의 약수의 개수를 구할 때는 먼저 같은 소인수의 곱을 거듭제곱으로 나타내야 한다.
$5^3\times5^3=5^6$이므로 $5^3\times5^3$의 약수의 개수는 $6+1=7$(개)이다.

3 198을 소인수분해하면
$198=2\times3^2\times11$ … ❶
어떤 수의 제곱이 되려면 소인수의 지수가 모두 짝수가 되어야 하므로 나눌 수 있는 가장 작은 자연수 a는
$a=2\times11=22$ … ❷
$198\div22=9=3^2$이므로 $b=3$ … ❸
$\therefore a-b=22-3=19$ … ❹
답 19

단계	채점 기준	배점
❶	198을 소인수분해하기	30 %
❷	a의 값 구하기	30 %
❸	b의 값 구하기	30 %
❹	$a-b$의 값 구하기	10 %

LECTURE 03 최대공약수와 그 활용

RE 개념 다지기

본문 8쪽

확인 개념 키워드 답 ❶ 공약수 ❷ 최대공약수 ❸ 약수 ❹ 서로소

1 답 (1) **1, 2, 4, 5, 10, 20** (2) **1, 3, 13, 39**
(1) 두 자연수의 공약수는 최대공약수인 20의 약수이므로 1, 2, 4, 5, 10, 20이다.
(2) 두 자연수의 공약수는 최대공약수인 39의 약수이므로 1, 3, 13, 39이다.

2 답 (1) ○ (2) × (3) ○ (4) ×
(1) 7과 10의 최대공약수는 1이므로 서로소이다.
(2) 12와 16의 최대공약수는 4이므로 서로소가 아니다.
(3) 14와 19의 최대공약수는 1이므로 서로소이다.
(4) 20과 25의 최대공약수는 5이므로 서로소가 아니다.

3 답 (1) 3×5 (2) 2×3 (3) 2×5 (4) $3^2\times7$

(1)
$$\begin{array}{rl} & 3\times5^2 \\ & 2\times3^2\times5 \\ \hline (\text{최대공약수})= & 3\times5 \end{array}$$

(2)
$$\begin{array}{rl} & 2^2\times3\quad\times7 \\ & 2\times3^2\times5 \\ \hline (\text{최대공약수})= & 2\times3 \end{array}$$

(3)
$$\begin{array}{rl} & 2^2\quad\times5 \\ & 2\times3^3\times5\times7 \\ & 2^2\quad\times5^2\times7 \\ \hline (\text{최대공약수})= & 2\quad\times5 \end{array}$$

(4)
$$\begin{array}{rl} & 2\times3^3\quad\times7 \\ & 3^2\times5\times7^2 \\ & 3^2\times5^2\times7 \\ \hline (\text{최대공약수})= & 3^2\quad\times7 \end{array}$$

4 답 (1) 15 (2) 4 (3) 7 (4) 6

(1)
$$\begin{array}{r|rr} 3 & 30 & 45 \\ \hline 5 & 10 & 15 \\ \hline & 2 & 3 \end{array}$$
→ 최대공약수: $3\times5=15$

(2)
$$\begin{array}{r|rr} 2 & 32 & 52 \\ \hline 2 & 16 & 26 \\ \hline & 8 & 13 \end{array}$$
→ 최대공약수: $2\times2=4$

(3)
$$\begin{array}{r|rrr} 7 & 14 & 21 & 28 \\ \hline & 2 & 3 & 4 \end{array}$$
→ 최대공약수: 7

(4)
$$\begin{array}{r|rrr} 2 & 24 & 42 & 72 \\ \hline 3 & 12 & 21 & 36 \\ \hline & 4 & 7 & 12 \end{array}$$
→ 최대공약수: $2\times3=6$

5 답 (1) 40, 24 (2) **최대공약수**, 8

6 답 (1) 120, 100 (2) **최대공약수**, 20

핵심 유형 익히기

본문 9~11쪽

1 ③	2 ⑤	3 ②	4 $2^2\times3\times5$	
5 ④	6 ⑤	7 ③	8 ①	9 ③
10 4	11 ②	12 ⑤	13 6명	14 ④
15 ③	16 ②	17 ④	18 6, 12	

1 두 수의 최대공약수를 각각 구해 보면
① 3 ② 2 ③ 1 ④ 3 ⑤ 7
따라서 두 수가 서로소인 것은 ③이다. 답 ③

2 6, 7, 8, …, 19 중 9와 서로소인 수는 7, 8, 10, 11, 13, 14, 16, 17, 19의 9개이다. 답 ⑤

다른 풀이 $9=3^2$이므로 9와 서로소인 수는 3의 배수가 아니어야 한다. 5보다 크고 20보다 작은 수의 개수는
$20-5-1=14$(개)
이 중 3의 배수는 5개이므로 9와 서로소인 수의 개수는
$14-5=9$(개)

3
$$\begin{array}{rl} & 2^3\times5^2 \\ & 2^2\times5^3\times7 \\ \hline (\text{최대공약수})= & 2^2\times5^2 \end{array}$$
답 ②

4 $540=2^2\times3^3\times5$이므로
$$\begin{array}{rl} & 2^3\times3\times5 \\ & 2^3\times3^2\times5 \\ & 2^2\times3^3\times5 \\ \hline (\text{최대공약수})= & 2^2\times3\times5 \end{array}$$
답 $2^2\times3\times5$

5 ① $42=2\times3\times7$, $54=2\times3^3$
→ (최대공약수)$=2\times3=6$
② $44=2^2\times11$, $68=2^2\times17$ → (최대공약수)$=2^2=4$
③ $2^3\times3$, $2^4\times5$ → (최대공약수)$=2^3=8$
④ 3×5, $3^2\times5$ → (최대공약수)$=3\times5=15$
⑤ $2\times3\times7$, $2^4\times5^2\times7$ → (최대공약수)$=2\times7=14$
따라서 최대공약수가 가장 큰 것은 ④이다. 답 ④

6 두 수의 공약수는 최대공약수 40의 약수이므로 1, 2, 4, 5, 8, 10, 20, 40이다.
따라서 두 수의 공약수가 아닌 것은 ⑤이다. 답 ⑤

7 $2\times3^2\times5$, $2^2\times3^3\times5$의 최대공약수는 $2\times3^2\times5$이다.
두 수의 공약수는 최대공약수의 약수이므로 공약수가 아닌 것은 ③이다. 답 ③

8 세 수 84, 108, 132의 최대공약수는 $2^2\times3$이므로 공약수의 개수는
$(2+1)\times(1+1)=6$(개)

$$\begin{array}{r|rrr} 2 & 84 & 108 & 132 \\ \hline 2 & 42 & 54 & 66 \\ \hline 3 & 21 & 27 & 33 \\ \hline & 7 & 9 & 11 \end{array}$$
답 ①

9 $3^4\times5^a$, $3^b\times5^3\times7^2$의 최대공약수가 $135=3^3\times5$이므로 두 수의 공통인 소인수 3, 5의 지수 중 작은 것이 각각 3, 1이다.
따라서 $a=1$, $b=3$이므로 $a+b=1+3=4$ 답 ③

10 $3^3\times5^2\times11^4$, $3^5\times5^a\times11^2$, $3^2\times5^3\times11^b$의 최대공약수가 $3^c\times5\times11$이므로 세 수의 공통인 소인수 5, 11의 지수 중 가장 작은 것이 모두 1이다.
$\therefore a=1, b=1$
또, 공통인 소인수 3의 지수 중 가장 작은 것이 2이므로
$c=2$
$\therefore a+b+c=1+1+2=4$ 답 4

11 $6\times\square=2\times3\times\square$이고 두 수의 최대공약수가 $90=2\times3^2\times5$이므로 □ 안에 들어갈 수 있는 수는 $3\times5\times a$ (a는 2, 3, 5와 서로소) 꼴이다.

① $12=2^2\times3$ ② $15=3\times5$ ③ $25=5^2$

④ $30=2\times3\times5$ ⑤ $42=2\times3\times7$

따라서 □ 안에 들어갈 수 있는 수는 ②이다. 답 ②

12 되도록 많은 사람들에게 똑같이 나누어 주려면 사람 수는 54, 72의 최대공약수이어야 하므로

2) 54 72
3) 27 36
3) 9 12
3 4

$2\times3\times3=18$(명)

답 ⑤

13 가능한 한 많은 학생들에게 똑같이 나누어 주려면 학생 수는 90, 84, 78의 최대공약수이어야 하므로

2) 90 84 78
3) 45 42 39
15 14 13

$2\times3=6$(명) 답 6명

14 가능한 한 많은 학생들에게 똑같이 나누어 주려면 학생 수는 105, 75, 60의 최대공약수이어야 하므로

3) 105 75 60
5) 35 25 20
7 5 4

$3\times5=15$(명)

이때 한 학생이 받을 수 있는 검은색, 빨간색, 파란색 볼펜의 수는 각각

검은색: $105\div15=7$(자루), 빨간색: $75\div15=5$(자루), 파란색: $60\div15=4$(자루)

따라서 한 학생이 받을 수 있는 볼펜의 수는 $7+5+4=16$(자루) 답 ④

15 가능한 한 큰 타일로 겹치지 않게 빈틈 없이 채우려면 정사각형 모양의 타일의 한 변의 길이는 132, 96의 최대공약수이어야 하므로 $2\times2\times3=12$(cm)

2) 132 96
2) 66 48
3) 33 24
11 8

답 ③

16 정육면체 모양의 벽돌의 크기를 가능한 한 크게 하려면 벽돌의 한 모서리의 길이는 98, 70, 84의 최대공약수이어야 하므로 $2\times7=14$(cm)

2) 98 70 84
7) 49 35 42
7 5 6

가로, 세로, 높이에 필요한 벽돌의 수는 각각 $98\div14=7$(장), $70\div14=5$(장), $84\div14=6$(장)

따라서 필요한 벽돌의 수는 $7\times5\times6=210$(장) 답 ②

17 어떤 자연수는 $75-3$, $62+2$, 즉 72, 64의 공약수이다. 이러한 자연수 중 가장 큰 수는 72, 64의 최대공약수이므로 $2\times2\times2=8$

2) 72 64
2) 36 32
2) 18 16
9 8

답 ④

18 어떤 자연수는 $133-1$, $160-4$, 즉 132, 156의 공약수이다.

132와 156의 최대공약수는 $2\times2\times3=12$이므로 두 수의 공약수는 1, 2, 3, 4, 6, 12이다.

2) 132 156
2) 66 78
3) 33 39
11 13

이때 나머지가 1, 4이므로 어떤 자연수는 4보다 커야 한다. 따라서 어떤 자연수는 6, 12이다.

답 6, 12

RE
실전 문제 익히기
본문 11쪽
1 ②
2 ③
3 18개

1 $3^3\times7^4$, $3^2\times7^5\times\square$의 최대공약수가 $3^2\times7^4$이므로 □ 안에 들어갈 수 있는 수는 3과 서로소이어야 한다.

② $12=2^2\times3$이므로 3과 서로소가 아니다. 답 ②

다른 풀이 ② $3^2\times7^5\times12=2^2\times3^3\times7^5$이므로 두 수 $3^3\times7^4$, $2^2\times3^3\times7^5$의 최대공약수는 $3^3\times7^4$이다.

주의 자연수 □에 대하여 7^4, $7^5\times\square$의 최대공약수는 □의 값에 관계없이 7^4이므로 □ 안에 7의 배수도 들어갈 수 있다.

2 구하는 n의 값은 108, 90, 54의 공약수이고, 108, 90, 54의 최대공약수는 2×3^2이므로 n의 값의 개수는 $(1+1)\times(2+1)=2\times3=6$(개)

2) 108 90 54
3) 54 45 27
3) 18 15 9
6 5 3

답 ③

3 수연이네 모둠 학생 수로 $79-4=75$, $92-2=90$, $44+1=45$를 나누면 나누어떨어진다. 즉, 수연이네 모둠 학생 수는 75, 90, 45의 공약수이다. … ❶

75, 90, 45의 최대공약수는 $3\times5=15$이므로 공약수는 1, 3, 5, 15이다. … ❷

3) 75 90 45
5) 25 30 15
5 6 3

이때 수연이네 모둠 학생 수는 4보다 크고 10보다 작아야 하므로 5명이다. … ❸

따라서 한 학생에게 나누어 주려고 했던 방울토마토의 개수는 $90\div5=18$(개) … ❹

답 18개

단계	채점 기준	배점
❶	수연이네 모둠 학생 수가 75, 90, 45의 공약수임을 보이기	30 %
❷	75, 90, 45의 공약수 구하기	30 %
❸	수연이네 모둠 학생 수 구하기	20 %
❹	한 학생에게 나누어 주려고 했던 방울토마토의 개수 구하기	20 %

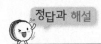

LECTURE 04 최소공배수와 그 활용

RE 개념 다지기

본문 12쪽

확인 개념 키워드 답 ❶ 공배수 ❷ 최소공배수 ❸ 배수

1 답 (1) **21, 42, 63** (2) **40, 80, 120**

2 답 (1) **서로소이다., 36** (2) **서로소가 아니다., 30**

3 답 (1) $2^2\times3^2\times5$ (2) $2^2\times3\times7$
(3) $2^2\times3^2\times5^2\times7$ (4) $2\times3^2\times7^2\times11$

(1)
$3^2\times5$
$2^2\times3$
(최소공배수)$=2^2\times3^2\times5$

(2)
$2\quad\times7$
$2^2\times3\times7$
(최소공배수)$=2^2\times3\times7$

(3)
$2^2\times3$
$3^2\times5\times7$
$2\quad\times5^2\times7$
(최소공배수)$=2^2\times3^2\times5^2\times7$

(4)
$2\times3^2\quad\times11$
$3^2\times7$
$3\times7^2\times11$
(최소공배수)$=2\times3^2\times7^2\times11$

4 답 (1) **135** (2) **140** (3) **360** (4) **400**

(1)
3) 27 45
3) 9 15
3 5 → 최소공배수: $3\times3\times3\times5=135$

(2)
2) 20 28
2) 10 14
5 7 → 최소공배수: $2\times2\times5\times7=140$

(3)
3) 15 18 24
2) 5 6 8
5 3 4 → 최소공배수: $3\times2\times5\times3\times4=360$

(4)
2) 16 20 25
2) 8 10 25
5) 4 5 25
4 1 5 → 최소공배수: $2\times2\times5\times4\times1\times5=400$

5 답 **45**
(두 수의 곱)=(최대공약수)×(최소공배수)에서
$20\times A=5\times180$이므로 $A=45$

6 답 (1) **15, 18** (2) **최소공배수, 90, 11, 30**

7 답 (1) **12, 9** (2) **최소공배수, 36**

RE 핵심 유형 익히기

본문 13~15쪽

1 ③	2 836	3 ④	4 2개	5 1050
6 5	7 ④	8 ③	9 ③	10 ④
11 3번	12 70 cm	13 ⑤	14 15	15 115
16 ③	17 $\frac{45}{4}$			

1
$2^2\times3\times5^2\times7$
$2^2\quad\times5\times7$
$2\times3\times5^3$
(최소공배수)$=2^2\times3\times5^3\times7$ 답 ③

2 $176=2^4\times11$이므로
$2^4\quad\times11$
$2^2\times5\times11$
(최대공약수)$=2^2\quad\times11=44$
(최소공배수)$=2^4\times5\times11=880$
따라서 $A=44$, $B=880$이므로
$B-A=880-44=836$ 답 836

3 두 수의 최소공배수는 $2\times3^2\times7^2$이고, 두 수의 공배수는 최소공배수의 배수이므로 두 수의 공배수가 아닌 것은 ④이다. 답 ④

4 2^2, $2^3\times3$, $2^2\times3^2$의 최소공배수는 $2^3\times3^2=72$
세 수의 공배수는 최소공배수의 배수이므로 200 이하의 자연수 중 72의 배수는 72, 144의 2개이다. 답 2개

5 6, 15, 21의 최소공배수는
$3\times2\times5\times7=210$
3) 6 15 21
2 5 7
따라서 $210\times4=840$, $210\times5=1050$이므로 세 수의 공배수 중 1000에 가장 가까운 수는 1050이다. 답 1050

6 $2^2\times3^a\times7$, $2^b\times3$의 최소공배수가 $2^3\times3^2\times7$이므로 두 수의 공통인 소인수 2, 3의 지수 중 큰 것이 각각 3, 2이다. 따라서 $b=3$, $a=2$이므로
$a+b=2+3=5$ 답 5

7 $2^a\times3^4$, $2\times3^b\times5$의 최대공약수가 2×3^3이므로 공통인 소인수 3의 지수 중 작은 것이 3이다.
$\therefore b=3$
또, 최소공배수가 $2^3\times3^4\times5$이므로 공통인 소인수 2의 지수 중 큰 것이 3이다.
$\therefore a=3$
$\therefore a+b=3+3=6$ 답 ④

8 $45=3^2\times5$이므로

① $6=2\times3$ → (6과 45의 최소공배수)$=2\times3^2\times5$

② $10=2\times5$ → (10과 45의 최소공배수)$=2\times3^2\times5$

③ $15=3\times5$ → (15와 45의 최소공배수)$=3^2\times5$

④ $18=2\times3^2$ → (18과 45의 최소공배수)$=2\times3^2\times5$

⑤ $30=2\times3\times5$ → (30과 45의 최소공배수)$=2\times3^2\times5$

따라서 □ 안에 들어갈 수 없는 수는 ③이다. 답 ③

참고 주어진 최소공배수는 2를 소인수로 갖는다. 이때 $45=3^2\times5$는 2를 소인수로 갖지 않으므로 □ 안에 들어갈 수는 2를 소인수로 가져야 한다.

9 두 톱니바퀴가 같은 톱니에서 처음으로 다시 맞물릴 때까지 회전한 톱니의 개수는 28, 63의 최소공배수이므로 $7\times4\times9=252$(개)

7) 28 63
4 9

따라서 톱니바퀴 A가 $252\div28=9$(바퀴) 회전한 후이다. 답 ③

10 3과 2의 최소공배수는 6이므로 6일마다 서로 만나게 된다. 일주일은 7일이므로 다시 만나게 되는 첫 번째 목요일은 6과 7의 최소공배수인 42일 후이다. 답 ④

11 A, B, C행 버스가 처음으로 다시 동시에 출발하는 시간 간격은 15, 25, 30의 최소공배수이므로

5) 15 25 30
3) 3 5 6
1 5 2

$5\times3\times1\times5\times2=150$(분)

따라서 동시에 출발하는 시간 간격은 150분, 즉 2시간 30분이므로 오전 중에 세 도시로 가는 버스가 동시에 출발하는 것은 오전 6시 40분, 9시 10분, 11시 40분의 3번이다. 답 3번

12 가장 작은 정사각형을 만들려면 정사각형의 한 변의 길이는 10과 14의 최소공배수이어야 하므로 $2\times5\times7=70$(cm) 답 70 cm

2) 10 14
5 7

13 가장 작은 정육면체를 만들려면 정육면체의 한 모서리의 길이는 12, 15, 8의 최소공배수이어야 하므로

2) 12 15 8
2) 6 15 4
3) 3 15 2
1 5 2

$2\times2\times3\times1\times5\times2=120$(cm)

이때 가로, 세로, 높이에 쌓아야 할 벽돌은 각각

가로: $120\div12=10$(장), 세로: $120\div15=8$(장), 높이: $120\div8=15$(장)

따라서 필요한 벽돌의 수는

$10\times8\times15=1200$(장) 답 ⑤

14 4, 6 중 어느 것으로 나누어도 나머지가 3인 수는 (4, 6의 공배수)$+3$이다.

4, 6의 최소공배수는 $2\times2\times3=12$

2) 4 6
2 3

따라서 구하는 가장 작은 수는

$12+3=15$ 답 15

15 4, 7, 8 중 어느 것으로 나누어도 3이 남는 수는 (4, 7, 8의 공배수)$+3$이다.

4, 7, 8의 최소공배수는

$2\times2\times1\times7\times2=56$

2) 4 7 8
2) 2 7 4
1 7 2

이므로 공배수는 56, 112, 168, ⋯

따라서 구하는 세 자리의 자연수 중 가장 작은 수는

$112+3=115$ 답 115

16 n은 15와 20의 공배수이다.

15와 20의 최소공배수는

$5\times3\times4=60$

5) 15 20
3 4

이므로 n의 값이 될 수 있는 수는

60, 120, 180, 240, 300, ⋯

따라서 이 중 250 이하의 자연수는 60, 120, 180, 240의 4개이다. 답 ③

17 구하는 분수를 $\frac{a}{b}$라 하면 a는 9, 15의 최소공배수이므로 $a=3\times3\times5=45$

3) 9 15
3 5

b는 16, 28의 최대공약수이므로

$b=2\times2=4$

2) 16 28
2) 8 14
4 7

따라서 구하는 분수는 $\frac{45}{4}$이다.

답 $\frac{45}{4}$

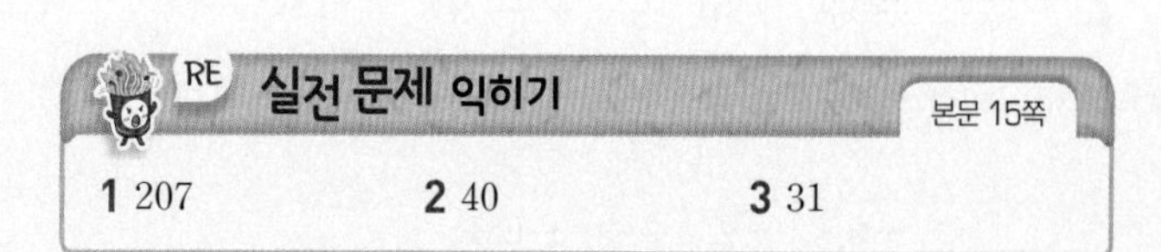

RE
실전 문제 익히기
본문 15쪽
1 207
2 40
3 31

1 5, 6, 7로 나누어떨어지기 위해서는 모두 3이 부족하므로 구하는 수는 (5, 6, 7의 공배수)-3이다.

5, 6, 7의 최소공배수는 $5\times6\times7=210$

따라서 구하는 가장 작은 수는 $210-3=207$ 답 207

2 두 자연수 A, B의 최대공약수가 4이므로 두 수를

$A=4\times a$, $B=4\times b$ (a, b는 서로소, $a<b$)

라 하자. 두 수의 곱이 336이므로

$4\times a\times4\times b=336$ $\therefore a\times b=21$

이때 a, b는 서로소이고 $a<b$이므로

(i) $a=1$, $b=21$일 때, $A=4$, $B=84$

(ii) $a=3$, $b=7$일 때, $A=12$, $B=28$

A, B가 두 자리의 자연수이므로 $A=12$, $B=28$

$\therefore A+B=12+28=40$ 답 40

3 a는 세 분수의 분모인 7, 14, 28의 최소공배수이므로

$$\begin{array}{r|rrr} 7 & 7 & 14 & 28 \\ \hline 2 & 1 & 2 & 4 \\ \hline & 1 & 1 & 2 \end{array}$$

$a=7\times2\times1\times1\times2=28$ ⋯ ❶

b는 세 분수의 분자인 6, 15, 33의 최대공약수이므로 $b=3$ ⋯ ❷

$$\begin{array}{r|rrr} 3 & 6 & 15 & 33 \\ \hline & 2 & 5 & 11 \end{array}$$

$\therefore a+b=28+3=31$ ⋯ ❸

답 31

단계	채점 기준	배점
❶	a의 값 구하기	40%
❷	b의 값 구하기	40%
❸	$a+b$의 값 구하기	20%

LECTURE 05 정수와 유리수

개념 다지기

본문 16쪽

확인 개념 키워드 답 ❶ 양수 ❷ 음수 ❸ 정수 ❹ 유리수

1 답 (1) **+3층, −2층** (2) **+30%, −10%** (3) **+10시간, −5시간** (4) **+1000 m, −700 m**

2 답 (1) **+7, 양수** (2) **−4, 음수** (3) $-\frac{8}{5}$, **음수** (4) **+2.5, 양수**

3 답 (1) **+7, +15, 12** (2) **−2, −5** (3) **−2, +7, −5, +15, 0, 12**

4 답 (1) $+0.8,\ +30,\ \frac{10}{2},\ +\frac{1}{3},\ 9$ (2) $-\frac{5}{7},\ -3,\ -\frac{16}{4},\ -6.3$ (3) $+0.8,\ -\frac{5}{7},\ +\frac{1}{3},\ -6.3$

5 답 A: $-\frac{13}{5}$, B: $-\frac{3}{2}$, C: $+\frac{1}{3}$, D: $+\frac{7}{4}$, E: $+3$

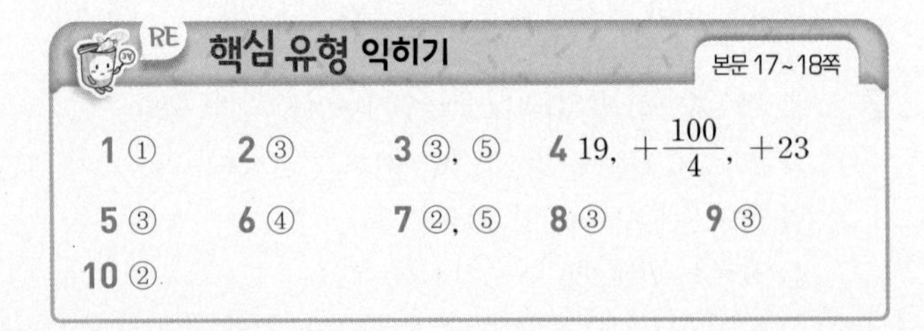

핵심 유형 익히기

본문 17~18쪽

1 ① 2 ③ 3 ③, ⑤ 4 19, $+\frac{100}{4}$, $+23$
5 ③ 6 ④ 7 ②, ⑤ 8 ③ 9 ③
10 ②

1 ① +2만 원 답 ①

2 ① +2℃ ② −1 kg ④ −10분 ⑤ +30% 답 ③

3 ①, ② 12.5, −0.2는 정수가 아니다.
④ 3은 자연수이다.
⑤ $-\frac{20}{10}=-2$이므로 음의 정수이다. 답 ③, ⑤

주의 자연수가 아닌 정수는 0 또는 음의 정수이다.

4 $+\frac{100}{4}=+25$이므로 양의 정수이다.

답 19, $+\frac{100}{4}$, $+23$

5 ① $-\frac{6}{2}=-3$이므로 모두 정수이다.
② 모두 정수이다.
④ $\frac{9}{3}=3$이므로 정수이다.
⑤ $-\frac{18}{9}=-2$이므로 정수이다. 답 ③

6 ① $-\frac{2}{3},\ -\frac{10}{5},\ -9.9,\ -30$ → 4개
② $6,\ +3.3,\ \frac{18}{6},\ +1,\ +\frac{7}{8}$ → 5개
③ $-\frac{10}{5}=-2,\ -30$ → 2개
④ $6,\ \frac{18}{6}=3,\ +1$ → 3개
⑤ $-\frac{2}{3},\ +3.3,\ -9.9,\ +\frac{7}{8}$ → 4개 답 ④

7 ① $\frac{1}{2}$은 양수이지만 양의 정수는 아니다.
③ 음의 부호는 생략할 수 없다.
④ 0과 음의 유리수는 $\frac{(\text{자연수})}{(\text{자연수})}$ 꼴로 나타낼 수 없다.

답 ②, ⑤

8 ③ C: $\frac{3}{2}$ 답 ③

9 각 수를 수직선 위에 나타내면 다음과 같다.

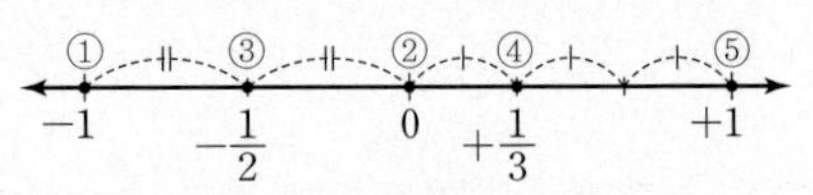

따라서 왼쪽에서 두 번째에 있는 수는 ③이다. 답 ③

10 다음 수직선에서 −3과 5를 나타내는 두 점 사이의 거리는 8이므로 이 두 점 사이의 한가운데에 있는 점이 나타내는 수는 1이다.

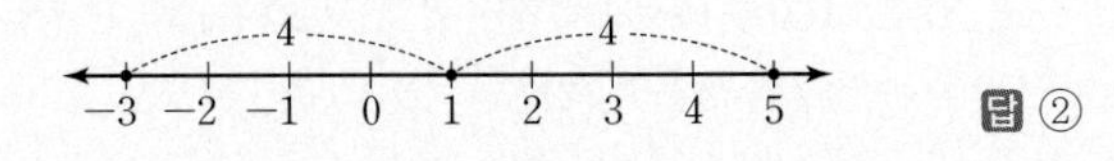

답 ②

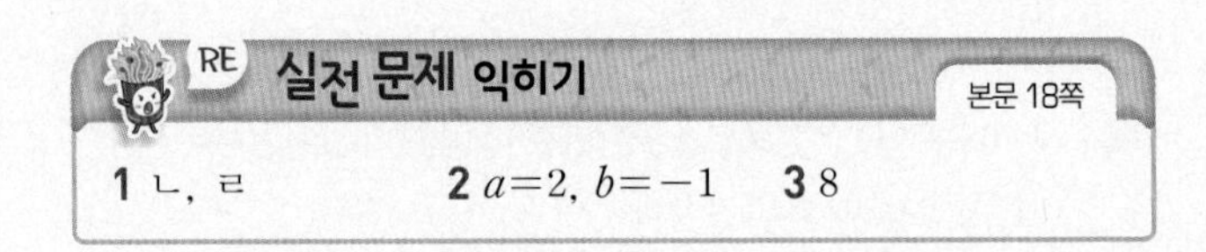

실전 문제 익히기

본문 18쪽

1 ㄴ, ㄹ 2 $a=2,\ b=-1$ 3 8

1 ㄱ. 0은 유리수이다.
ㄷ. 모든 정수는 유리수이다.
따라서 옳은 것은 ㄴ, ㄹ이다. 답 ㄴ, ㄹ

2 수직선 위에 $\frac{7}{3}$과 $-\frac{3}{4}$을 각각 나타내면 다음과 같다.

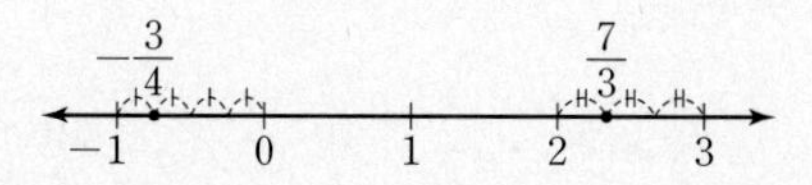

따라서 $\frac{7}{3}$에 가장 가까운 정수는 2이므로 $a=2$

$-\frac{3}{4}$에 가장 가까운 정수는 -1이므로 $b=-1$

답 $a=2$, $b=-1$

3 양의 정수는 $+16$, $\frac{20}{4}=5$의 2개이므로
$a=2$ … ❶
음의 유리수는 -5, -4.5, $-\frac{7}{2}$의 3개이므로
$b=3$ … ❷
정수가 아닌 유리수는 $+\frac{7}{9}$, -4.5, $-\frac{7}{2}$의 3개이므로
$c=3$ … ❸
$\therefore a+b+c=2+3+3=8$ … ❹

답 8

단계	채점 기준	배점
❶	a의 값 구하기	30 %
❷	b의 값 구하기	30 %
❸	c의 값 구하기	30 %
❹	$a+b+c$의 값 구하기	10 %

LECTURE 06 수의 대소 관계

RE 개념 다지기
본문 19쪽

확인 개념 키워드 답 ❶ 절댓값 ❷ 크다 ❸ 크다 ❹ 작다

1 답 (1) 6 (2) $\frac{5}{7}$ (3) 2.8 (4) $\frac{11}{10}$
(5) $+20$, -20 (6) $+\frac{3}{8}$, $-\frac{3}{8}$

2 답 (1) < (2) < (3) > (4) < (5) > (6) >

3 답 (1) $-\frac{1}{2}<a\le\frac{4}{3}$ (2) $-5\le a<7$ (3) $6\le a\le 10$

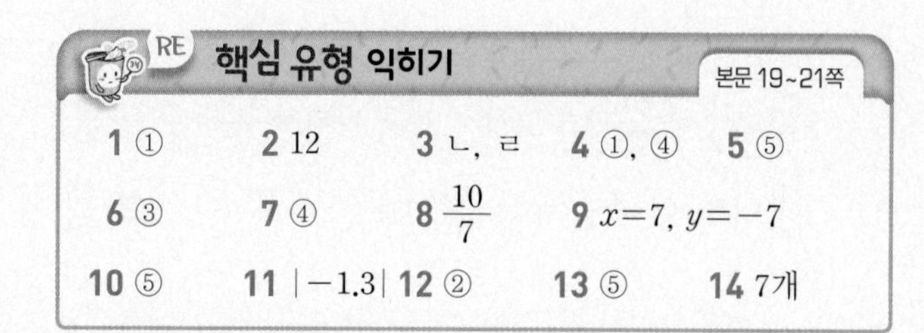

RE 핵심 유형 익히기
본문 19~21쪽

1 ① 2 12 3 ㄴ, ㄹ 4 ①, ④ 5 ⑤
6 ③ 7 ④ 8 $\frac{10}{7}$ 9 $x=7$, $y=-7$
10 ⑤ 11 $|-1.3|$ 12 ② 13 ⑤ 14 7개

1 $a=\left|+\frac{7}{8}\right|=\frac{7}{8}$, $b=\left|-\frac{3}{4}\right|=\frac{3}{4}$
$\therefore a-b=\frac{7}{8}-\frac{3}{4}=\frac{7}{8}-\frac{6}{8}=\frac{1}{8}$ 답 ①

2 절댓값이 6인 두 수는 6과 -6이고 이 두 수를 수직선 위에 나타내면 오른쪽 그림과 같다.
따라서 두 점 사이의 거리는 12이다. 답 12

3 ㄴ. a가 음수이면 $|a|=-a$이다.
ㄹ. 수직선에서 원점으로부터 멀리 떨어질수록 절댓값이 커진다.
따라서 옳지 않은 것은 ㄴ, ㄹ이다. 답 ㄴ, ㄹ

4 ② $-2>-3$이지만 $|-2|=2$, $|-3|=3$이므로 $|-2|<|-3|$
③ |(음수)|>0
④ 절댓값이 1인 수는 $+1$, -1의 2개이다.
⑤ $+2$는 -3보다 수직선에서 오른쪽에 있지만 $|+2|=2$, $|-3|=3$이므로 $|+2|<|-3|$
답 ①, ④

5 ① $|-4|=4$ ② $|-1|=1$ ③ $|-0.5|=0.5$
④ $|+3|=3$ ⑤ $\left|\frac{9}{2}\right|=\frac{9}{2}$
따라서 $|-0.5|<|-1|<|+3|<|-4|<\left|\frac{9}{2}\right|$이므로
원점에서 가장 먼 것은 ⑤이다. 답 ⑤

6 ① $|-7|=7$ ② $\left|\frac{7}{4}\right|=\frac{7}{4}\left(=1\frac{3}{4}\right)$
③ $|2|=2$ ④ $|0|=0$
⑤ $|-3.5|=3.5$
이 수들을 절댓값이 작은 수부터 차례대로 나열하면
0, $\frac{7}{4}$, 2, -3.5, -7
따라서 세 번째에 오는 수는 ③이다. 답 ③

7 절댓값이 $\frac{5}{2}$보다 작은 정수는 -2, -1, 0, 1, 2의 5개이다. 답 ④
주의 절댓값이 $a(a>0)$보다 작은 정수를 구할 때 0도 포함된다는 것에 주의한다.

8 두 점은 원점으로부터 서로 반대 방향으로 각각 $\frac{20}{7}\times\frac{1}{2}=\frac{10}{7}$만큼 떨어져 있다. 따라서 두 수는 $-\frac{10}{7}$, $\frac{10}{7}$이고, 이 중 큰 수는 $\frac{10}{7}$이다.

답 $\frac{10}{7}$

9 절댓값이 같고 부호가 반대인 두 수를 나타내는 두 점 사이의 거리가 14이므로 두 점은 원점으로부터 서로 반대 방향으로 각각 $14\times\frac{1}{2}=7$만큼 떨어져 있다.
따라서 두 수는 -7, 7이고 x가 y보다 크므로
$x=7$, $y=-7$

답 $x=7$, $y=-7$

10 ① $-3>-5$ ② $4>-5$ ③ $0>-2$
④ $|-2.3|=2.3$이므로 $|-2.3|>1.6$
⑤ $\left|-\frac{3}{2}\right|=\frac{3}{2}=\frac{9}{6}$, $\left|-\frac{4}{3}\right|=\frac{4}{3}=\frac{8}{6}$이므로
$\left|-\frac{3}{2}\right|>\left|-\frac{4}{3}\right|$ $\therefore -\frac{3}{2}<-\frac{4}{3}$
따라서 부등호의 방향이 나머지 넷과 다른 하나는 ⑤이다.

답 ⑤

11 $|-1.3|=1.3$이므로 작은 수부터 차례대로 나열하면
-3.2, $-\frac{4}{5}$, 0, $\frac{1}{2}$, $|-1.3|$, 3
따라서 오른쪽에서 두 번째에 오는 수는 $|-1.3|$이다.

답 $|-1.3|$

12 x는 -2보다 크거나 같고 5보다 작으므로
$-2\le x<5$

답 ②

13 ⑤ $-1\le x\le 0$

답 ⑤

14 $-4.6\le a<\frac{9}{4}$이고 $\frac{9}{4}=2.25$이므로 정수 a는 -4, -3, -2, -1, 0, 1, 2의 7개이다.

답 7개

RE 실전 문제 익히기

본문 21쪽

1 $A=\frac{4}{3}$, $B=-\frac{4}{3}$ **2** ② **3** 9개

1 (나), (다)에 의하여 두 수 A, B를 나타내는 두 점은 원점으로부터 서로 반대 방향으로 각각 $\frac{8}{3}\times\frac{1}{2}=\frac{4}{3}$만큼 떨어져 있다. 이때 (가)에 의하여 $A\ge 0$이므로
$A=\frac{4}{3}$, $B=-\frac{4}{3}$

답 $A=\frac{4}{3}$, $B=-\frac{4}{3}$

2 $-\frac{3}{8}=-\frac{9}{24}$, $\frac{1}{6}=\frac{4}{24}$이므로 두 유리수 $-\frac{3}{8}$과 $\frac{1}{6}$ 사이에 있는 정수가 아닌 유리수 중 기약분수로 나타내었을 때 분모가 24인 유리수는
$-\frac{7}{24}$, $-\frac{5}{24}$, $-\frac{1}{24}$, $\frac{1}{24}$
의 4개이다.

답 ②

3 $|a|=\frac{10}{3}$이므로 $a=-\frac{10}{3}$ 또는 $a=\frac{10}{3}$ … ❶
$|b|=6$이므로 $b=-6$ 또는 $b=6$ … ❷
$a<0<b$이므로 $a=-\frac{10}{3}$, $b=6$ … ❸
따라서 $-\frac{10}{3}$과 6 사이에 있는 정수는
-3, -2, -1, 0, 1, 2, 3, 4, 5
의 9개이다. … ❹

답 9개

단계	채점 기준	배점
❶	절댓값이 $\frac{10}{3}$인 수 구하기	20%
❷	절댓값이 6인 수 구하기	20%
❸	a, b의 값 구하기	20%
❹	a, b 사이에 있는 정수의 개수 구하기	40%

LECTURE 07 정수와 유리수의 덧셈

RE 개념 다지기

본문 22쪽

확인 개념 키워드 답 ❶ 교환 ❷ 결합

1 답 (1) -6 (2) -3

2 답 (1) $+9$ (2) -12 (3) $+7$ (4) -17 (5) -9 (6) $+11$
(1) $(+6)+(+3)=+(6+3)=+9$
(2) $(-5)+(-7)=-(5+7)=-12$
(3) $(-8)+(+15)=+(15-8)=+7$
(4) $(-24)+(+7)=-(24-7)=-17$
(5) $(+2)+(-11)=-(11-2)=-9$
(6) $(+20)+(-9)=+(20-9)=+11$

3 답 (1) $+5.3$ (2) $+1.4$ (3) -3.7 (4) $-\frac{8}{3}$ (5) $-\frac{8}{21}$ (6) $+\frac{3}{5}$
(1) $(+3.9)+(+1.4)=+(3.9+1.4)=+5.3$
(2) $(+4.2)+(-2.8)=+(4.2-2.8)=+1.4$
(3) $(-5)+(+1.3)=-(5-1.3)=-3.7$

(4) $\left(-\frac{2}{3}\right)+(-2)=-\left(\frac{2}{3}+\frac{6}{3}\right)=-\frac{8}{3}$

(5) $\left(+\frac{2}{7}\right)+\left(-\frac{2}{3}\right)=-\left(\frac{14}{21}-\frac{6}{21}\right)=-\frac{8}{21}$

(6) $\left(-\frac{5}{2}\right)+(+3.1)=+\left(\frac{31}{10}-\frac{25}{10}\right)=+\frac{3}{5}$

4 **답** ㉠ 덧셈의 교환법칙 ㉡ 덧셈의 결합법칙

5 **답** (1) -16 (2) $-\frac{5}{4}$ (3) $+\frac{1}{3}$ (4) $+0.2$

(1) $(-2)+(-6)+(-8)=-(2+6+8)=-16$

(2) $\left(+\frac{1}{2}\right)+(-1.5)+\left(-\frac{1}{4}\right)$

$=\left\{\left(+\frac{1}{2}\right)+\left(-\frac{3}{2}\right)\right\}+\left(-\frac{1}{4}\right)$

$=\left\{-\left(\frac{3}{2}-\frac{1}{2}\right)\right\}+\left(-\frac{1}{4}\right)=(-1)+\left(-\frac{1}{4}\right)=-\frac{5}{4}$

(3) $\left(+\frac{3}{4}\right)+\left(-\frac{2}{3}\right)+\left(+\frac{1}{4}\right)$

$=\left\{\left(+\frac{3}{4}\right)+\left(+\frac{1}{4}\right)\right\}+\left(-\frac{2}{3}\right)$

$=\left\{+\left(\frac{3}{4}+\frac{1}{4}\right)\right\}+\left(-\frac{2}{3}\right)=(+1)+\left(-\frac{2}{3}\right)=+\frac{1}{3}$

(4) $(-2.5)+(-1.8)+(+4.5)$

$=\{(-2.5)+(+4.5)\}+(-1.8)$

$=\{+(4.5-2.5)\}+(-1.8)$

$=(+2)+(-1.8)=+(2-1.8)=+0.2$

핵심 유형 익히기

본문 23~24쪽

1 ③ 2 $(-2)+(+6)=+4$ 3 ⑤ 4 ②
5 ④ 6 ⑤ 7 $-\frac{3}{4}$, $-\frac{3}{4}$, $+\frac{5}{3}$, -1, $+\frac{2}{3}$
㉠ 덧셈의 교환법칙 ㉡ 덧셈의 결합법칙 8 ㉠
9 ④

1 수직선의 원점에서 오른쪽으로 3만큼 간 후, 다시 왼쪽으로 5만큼 갔으므로 덧셈식은

$(+3)+(-5)=-2$ **답** ③

2 수직선의 원점에서 왼쪽으로 2만큼 간 후, 다시 오른쪽으로 6만큼 갔으므로 덧셈식은

$(-2)+(+6)=+4$ **답** $(-2)+(+6)=+4$

3 ① $(-3)+(+8)=+(8-3)=+5$

② $(+10)+(-5)=+(10-5)=+5$

③ $(+2)+(+3)=+(2+3)=+5$

④ $0+(+5)=+5$

⑤ $(-9)+(+4)=-(9-4)=-5$

따라서 계산 결과가 나머지 넷과 다른 하나는 ⑤이다.

답 ⑤

> **월등한 개념**
> 덧셈의 부호
> ① $(+)+(+)\rightarrow(+)$ ② $(-)+(-)\rightarrow(-)$
> ③ $(+)+(-)$, $(-)+(+)$ → 절댓값이 큰 수의 부호

4 ① $(+7)+(-9)=-(9-7)=-2$

② $(-1.2)+(+0.3)=-(1.2-0.3)=-0.9$

③ $(-2)+\left(-\frac{1}{2}\right)=-\left(\frac{4}{2}+\frac{1}{2}\right)=-\frac{5}{2}$

④ $\left(+\frac{2}{3}\right)+\left(+\frac{1}{2}\right)=+\left(\frac{4}{6}+\frac{3}{6}\right)=+\frac{7}{6}$

⑤ $\left(+\frac{1}{5}\right)+\left(-\frac{9}{10}\right)=-\left(\frac{9}{10}-\frac{2}{10}\right)=-\frac{7}{10}$ **답** ②

5 ㄱ. $(-6)+(+3)=-(6-3)=-3$

ㄴ. $(+5.7)+(-4.9)=+(5.7-4.9)=+0.8$

ㄷ. $\left(+\frac{3}{5}\right)+\left(-\frac{3}{4}\right)=-\left(\frac{15}{20}-\frac{12}{20}\right)=-\frac{3}{20}$

ㄹ. $\left(-\frac{1}{2}\right)+(-3.6)=(-0.5)+(-3.6)$

$=-(0.5+3.6)=-4.1$

따라서 계산 결과가 음수인 것은 ㄱ, ㄷ, ㄹ이다. **답** ④

6 ① $(+1)+(-3)=-(3-1)=-2$

② $(-1.5)+(+2.8)=+(2.8-1.5)=+1.3$

③ $(-0.8)+(-0.3)=-(0.8+0.3)=-1.1$

④ $(-1)+\left(+\frac{3}{5}\right)=-\left(\frac{5}{5}-\frac{3}{5}\right)=-\frac{2}{5}$

⑤ $\left(-\frac{1}{4}\right)+\left(+\frac{7}{3}\right)=+\left(\frac{28}{12}-\frac{3}{12}\right)=+\frac{25}{12}$

따라서 $-2<-1.1<-\frac{2}{5}<+1.3<+\frac{25}{12}$이므로 계산 결과가 가장 큰 것은 ⑤이다. **답** ⑤

8 ㉠ 덧셈의 교환법칙 ㉡ 덧셈의 결합법칙 **답** ㉠

9 $\left(-\frac{3}{4}\right)+(-3.2)+\left(+\frac{7}{4}\right)$

$=\left\{\left(-\frac{3}{4}\right)+\left(+\frac{7}{4}\right)\right\}+(-3.2)$

$=\left\{+\left(\frac{7}{4}-\frac{3}{4}\right)\right\}+(-3.2)$

$=(+1)+(-3.2)=-(3.2-1)=-2.2$ **답** ④

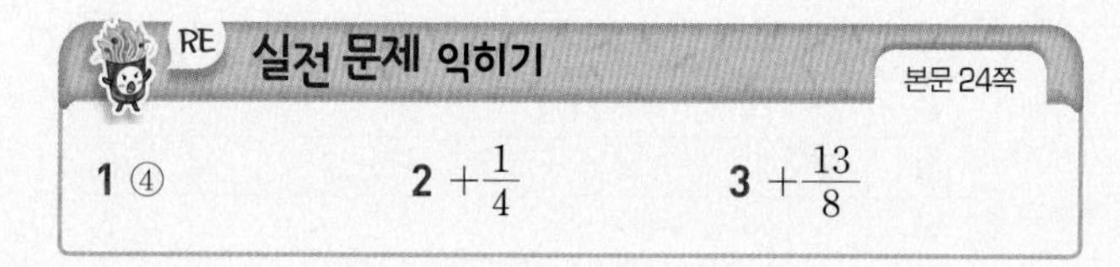

실전 문제 익히기
본문 24쪽
1 ④
2 $+\frac{1}{4}$
3 $+\frac{13}{8}$

워크북

1 ① $(-3)+(+6)=+(6-3)=+3$

② $(+2.4)+(-1.6)=+(2.4-1.6)=+0.8$

③ $\left(+\frac{2}{5}\right)+\left(+\frac{1}{3}\right)=+\left(\frac{6}{15}+\frac{5}{15}\right)=+\frac{11}{15}$

④ $\left(-\frac{1}{4}\right)+\left(+\frac{3}{5}\right)+\left(-\frac{3}{10}\right)$

$=\left\{+\left(\frac{12}{20}-\frac{5}{20}\right)\right\}+\left(-\frac{3}{10}\right)=\left(+\frac{7}{20}\right)+\left(-\frac{3}{10}\right)$

$=+\left(\frac{7}{20}-\frac{6}{20}\right)=+\frac{1}{20}$

⑤ $(+0.5)+\left(-\frac{5}{3}\right)+\left(+\frac{11}{6}\right)$

$=\left(+\frac{1}{2}\right)+\left\{\left(-\frac{5}{3}\right)+\left(+\frac{11}{6}\right)\right\}$

$=\left(+\frac{1}{2}\right)+\left\{+\left(\frac{11}{6}-\frac{10}{6}\right)\right\}$

$=\left(+\frac{1}{2}\right)+\left(+\frac{1}{6}\right)=+\left(\frac{3}{6}+\frac{1}{6}\right)=+\frac{2}{3}$

따라서 $+\frac{1}{20}<+\frac{2}{3}<+\frac{11}{15}<+0.8<+3$이므로 계산 결과가 가장 작은 것은 ④이다.

답 ④

2 $\left(+\frac{7}{3}\right)+\left(-\frac{3}{2}\right)+\left(-\frac{5}{4}\right)+\left(+\frac{2}{3}\right)$

$=\left\{\left(+\frac{7}{3}\right)+\left(+\frac{2}{3}\right)\right\}+\left\{\left(-\frac{3}{2}\right)+\left(-\frac{5}{4}\right)\right\}$

$=\left\{+\left(\frac{7}{3}+\frac{2}{3}\right)\right\}+\left\{-\left(\frac{6}{4}+\frac{5}{4}\right)\right\}$

$=(+3)+\left(-\frac{11}{4}\right)$

$=+\left(\frac{12}{4}-\frac{11}{4}\right)=+\frac{1}{4}$

답 $+\frac{1}{4}$

3 $\left|-\frac{11}{6}\right|=\frac{11}{6}$, $|+2.7|=2.7$, $\left|+\frac{25}{8}\right|=\frac{25}{8}$,

$|-2|=2$, $|-1.5|=1.5$ … ❶

$|-1.5|<\left|-\frac{11}{6}\right|<|-2|<|+2.7|<\left|+\frac{25}{8}\right|$이므로

절댓값이 가장 큰 수는 $+\frac{25}{8}$이고, 절댓값이 가장 작은 수는 -1.5이다. … ❷

따라서 구하는 두 수의 합은

$\left(+\frac{25}{8}\right)+(-1.5)=\left(+\frac{25}{8}\right)+\left(-\frac{3}{2}\right)$

$=+\left(\frac{25}{8}-\frac{12}{8}\right)=+\frac{13}{8}$ … ❸

답 $+\frac{13}{8}$

단계	채점 기준	배점
❶	각 수의 절댓값 구하기	30 %
❷	절댓값이 가장 큰 수와 작은 수 구하기	30 %
❸	두 수의 합 구하기	40 %

LECTURE 08 정수와 유리수의 뺄셈

RE 개념 다지기

본문 25쪽

확인 개념 키워드 답 ❶ 부호, 덧셈 ❷ 양

1 답 (1) -21 (2) $+4$ (3) -5.68 (4) $+\frac{29}{10}$

(1) $(-6)-(+15)=(-6)+(-15)=-21$

(2) $(-13)-(-17)=(-13)+(+17)=+4$

(3) $(+3.47)-(+9.15)=(+3.47)+(-9.15)$

$=-5.68$

(4) $\left(+\frac{7}{5}\right)-\left(-\frac{3}{2}\right)=\left(+\frac{7}{5}\right)+\left(+\frac{3}{2}\right)$

$=\left(+\frac{14}{10}\right)+\left(+\frac{15}{10}\right)=+\frac{29}{10}$

2 답 (1) $+1$ (2) -8.3 (3) $+2$ (4) $-\frac{5}{3}$

(1) $(+9)-(-7)+(-15)$

$=(+9)+(+7)+(-15)$

$=\{(+9)+(+7)\}+(-15)$

$=(+16)+(-15)=+1$

(2) $(-1.35)+(-2.7)-(+4.25)$

$=(-1.35)+(-2.7)+(-4.25)=-8.3$

(3) $\left(-\frac{5}{4}\right)-(-4)+\left(-\frac{3}{4}\right)$

$=\left(-\frac{5}{4}\right)+(+4)+\left(-\frac{3}{4}\right)$

$=\left\{\left(-\frac{5}{4}\right)+\left(-\frac{3}{4}\right)\right\}+(+4)$

$=(-2)+(+4)=+2$

(4) $\left(+\frac{4}{3}\right)+(-1.8)-\left(+\frac{6}{5}\right)$

$=\left(+\frac{4}{3}\right)+(-1.8)+\left(-\frac{6}{5}\right)$

$=\left(+\frac{4}{3}\right)+\left\{\left(-\frac{9}{5}\right)+\left(-\frac{6}{5}\right)\right\}$

$=\left(+\frac{4}{3}\right)+(-3)=-\frac{5}{3}$

3 답 (1) -1 (2) -1 (3) $\frac{5}{4}$ (4) $-\frac{63}{20}$

(1) $-4-8+11=(-4)-(+8)+(+11)$

$=\{(-4)+(-8)\}+(+11)$

$=(-12)+(+11)=-1$

(2) $2.78-5+1.22=(+2.78)-(+5)+(+1.22)$

$=(+2.78)+(-5)+(+1.22)$

$=\{(+2.78)+(+1.22)\}+(-5)$

$=(+4)+(-5)=-1$

(3) $\frac{5}{6}-\frac{4}{3}+\frac{7}{4}=\left(+\frac{5}{6}\right)-\left(+\frac{4}{3}\right)+\left(+\frac{7}{4}\right)$

$=\left(+\frac{5}{6}\right)+\left(-\frac{4}{3}\right)+\left(+\frac{7}{4}\right)$

$=\left\{\left(+\frac{5}{6}\right)+\left(-\frac{8}{6}\right)\right\}+\left(+\frac{7}{4}\right)$

$=\left(-\frac{1}{2}\right)+\left(+\frac{7}{4}\right)$

$=\left(-\frac{2}{4}\right)+\left(+\frac{7}{4}\right)=\frac{5}{4}$

(4) $-2.5+\frac{3}{5}-\frac{5}{4}=(-2.5)+\left(+\frac{3}{5}\right)-\left(+\frac{5}{4}\right)$

$=\left(-\frac{5}{2}\right)+\left(+\frac{3}{5}\right)+\left(-\frac{5}{4}\right)$

$=\left\{\left(-\frac{5}{2}\right)+\left(-\frac{5}{4}\right)\right\}+\left(+\frac{3}{5}\right)$

$=\left\{\left(-\frac{10}{4}\right)+\left(-\frac{5}{4}\right)\right\}+\left(+\frac{3}{5}\right)$

$=\left(-\frac{15}{4}\right)+\left(+\frac{3}{5}\right)$

$=\left(-\frac{75}{20}\right)+\left(+\frac{12}{20}\right)=-\frac{63}{20}$

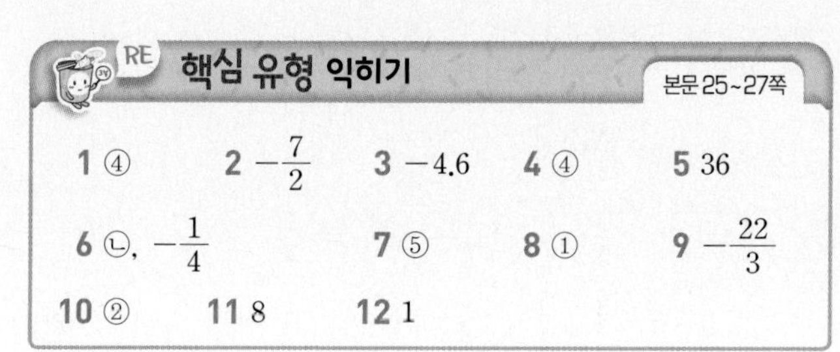

RE 핵심 유형 익히기 본문 25~27쪽

1 ④ **2** $-\frac{7}{2}$ **3** -4.6 **4** ④ **5** 36
6 ㉡, $-\frac{1}{4}$ **7** ⑤ **8** ① **9** $-\frac{22}{3}$
10 ② **11** 8 **12** 1

1 ① $\left(+\frac{5}{4}\right)-(+1)=\left(+\frac{5}{4}\right)+(-1)=+\frac{1}{4}$

② $(-2.5)-(-1.7)=(-2.5)+(+1.7)=-0.8$

③ $\left(-\frac{3}{5}\right)-\left(-\frac{3}{5}\right)=\left(-\frac{3}{5}\right)+\left(+\frac{3}{5}\right)=0$

④ $\left(-\frac{4}{3}\right)-\left(+\frac{7}{6}\right)=\left(-\frac{4}{3}\right)+\left(-\frac{7}{6}\right)$

$=\left(-\frac{8}{6}\right)+\left(-\frac{7}{6}\right)$

$=-\frac{15}{6}=-\frac{5}{2}$

⑤ $(-1)-\left(+\frac{1}{3}\right)=(-1)+\left(-\frac{1}{3}\right)$

$=\left(-\frac{3}{3}\right)+\left(-\frac{1}{3}\right)=-\frac{4}{3}$ 답 ④

2 a, b는 음의 유리수이므로 $a=-\frac{15}{2}$, $b=-4$

$\therefore a-b=\left(-\frac{15}{2}\right)-(-4)=\left(-\frac{15}{2}\right)+(+4)$

$=\left(-\frac{15}{2}\right)+\left(+\frac{8}{2}\right)=-\frac{7}{2}$ 답 $-\frac{7}{2}$

3 $-3<-\frac{5}{2}<-1.5<+\frac{5}{4}<+1.6$이므로 가장 작은 수는 -3이고 가장 큰 수는 $+1.6$이다.

따라서 $a=-3$, $b=+1.6$이므로

$a-b=(-3)-(+1.6)=(-3)+(-1.6)=-4.6$

답 -4.6

월등한 개념

양수끼리는 절댓값이 클수록 크고, 음수끼리는 절댓값이 클수록 작다.

4 ① $(-3)+(+5)-(+8)$

$=(-3)+(+5)+(-8)$

$=\{(-3)+(-8)\}+(+5)$

$=(-11)+(+5)=-6$

② $(+7)-(-4)+(-11)$

$=\{(+7)+(+4)\}+(-11)$

$=(+11)+(-11)=0$

③ $(+2.8)-(+5.3)-(-4.4)$

$=(+2.8)+(-5.3)+(+4.4)$

$=\{(+2.8)+(+4.4)\}+(-5.3)$

$=(+7.2)+(-5.3)=+1.9$

④ $\left(-\frac{1}{4}\right)-\left(+\frac{1}{3}\right)+\left(-\frac{7}{12}\right)$

$=\left(-\frac{1}{4}\right)+\left(-\frac{1}{3}\right)+\left(-\frac{7}{12}\right)$

$=\left(-\frac{3}{12}\right)+\left(-\frac{4}{12}\right)+\left(-\frac{7}{12}\right)=-\frac{14}{12}=-\frac{7}{6}$

⑤ $\left(-\frac{2}{3}\right)+\left(-\frac{5}{6}\right)-\left(+\frac{1}{2}\right)$

$=\left(-\frac{2}{3}\right)+\left(-\frac{5}{6}\right)+\left(-\frac{1}{2}\right)$

$=\left\{\left(-\frac{4}{6}\right)+\left(-\frac{5}{6}\right)\right\}+\left(-\frac{1}{2}\right)$

$=\left(-\frac{3}{2}\right)+\left(-\frac{1}{2}\right)=-2$ 답 ④

5 $\left(-\frac{9}{25}\right)-\left(+\frac{1}{5}\right)+(+1)$

$=\left(-\frac{9}{25}\right)+\left(-\frac{1}{5}\right)+(+1)$

$=\left\{\left(-\frac{9}{25}\right)+\left(-\frac{5}{25}\right)\right\}+(+1)$

$=\left(-\frac{14}{25}\right)+(+1)=\left(-\frac{14}{25}\right)+\left(+\frac{25}{25}\right)=+\frac{11}{25}$

따라서 $a=25$, $b=11$이므로

$a+b=25+11=36$ 답 36

6 뺄셈에서는 교환법칙이 성립하지 않으므로 처음으로 잘못된 부분은 ㉡이다. 바르게 계산하면

워크북

$\frac{9}{8}-\frac{3}{2}+\frac{1}{8}=\left(+\frac{9}{8}\right)-\left(+\frac{3}{2}\right)+\left(+\frac{1}{8}\right)$

$=\left(+\frac{9}{8}\right)+\left(-\frac{3}{2}\right)+\left(+\frac{1}{8}\right)$

$=\left(-\frac{3}{2}\right)+\left\{\left(+\frac{9}{8}\right)+\left(+\frac{1}{8}\right)\right\}$

$=\left(-\frac{3}{2}\right)+\left(+\frac{5}{4}\right)=\left(-\frac{6}{4}\right)+\left(+\frac{5}{4}\right)$

$=-\frac{1}{4}$ 답 ㉡, $-\frac{1}{4}$

7 $3.2-4.1+7.6-5.5$

$=(+3.2)-(+4.1)+(+7.6)-(+5.5)$

$=(+3.2)+(-4.1)+(+7.6)+(-5.5)$

$=\{(+3.2)+(+7.6)\}+\{(-4.1)+(-5.5)\}$

$=(+10.8)+(-9.6)=1.2$

① $-10+13-5=\{(-10)+(+13)\}+(-5)$

$=(+3)+(-5)=-2$

② $-\frac{2}{3}-\frac{1}{2}+\frac{5}{4}=\left(-\frac{2}{3}\right)-\left(+\frac{1}{2}\right)+\left(+\frac{5}{4}\right)$

$=\left\{\left(-\frac{4}{6}\right)+\left(-\frac{3}{6}\right)\right\}+\left(+\frac{5}{4}\right)$

$=\left(-\frac{7}{6}\right)+\left(+\frac{5}{4}\right)$

$=\left(-\frac{14}{12}\right)+\left(+\frac{15}{12}\right)=\frac{1}{12}$

③ $\frac{2}{5}-3+\frac{8}{3}=\left(+\frac{2}{5}\right)-(+3)+\left(+\frac{8}{3}\right)$

$=\left\{\left(+\frac{2}{5}\right)+\left(-\frac{15}{5}\right)\right\}+\left(+\frac{8}{3}\right)$

$=\left(-\frac{13}{5}\right)+\left(+\frac{8}{3}\right)$

$=\left(-\frac{39}{15}\right)+\left(+\frac{40}{15}\right)=\frac{1}{15}$

④ $1-2.8+\frac{3}{2}=(+1)-(+2.8)+\left(+\frac{3}{2}\right)$

$=\{(+1)+(-2.8)\}+\left(+\frac{3}{2}\right)$

$=(-1.8)+\left(+\frac{3}{2}\right)$

$=\left(-\frac{18}{10}\right)+\left(+\frac{15}{10}\right)=-\frac{3}{10}$

⑤ $\frac{1}{2}-1.5+\frac{7}{3}+0.5$

$=\left(+\frac{1}{2}\right)-(+1.5)+\left(+\frac{7}{3}\right)+(+0.5)$

$=\left\{\left(+\frac{1}{2}\right)+\left(-\frac{3}{2}\right)\right\}+\left\{\left(+\frac{14}{6}\right)+\left(+\frac{3}{6}\right)\right\}$

$=(-1)+\left(+\frac{17}{6}\right)$

$=\left(-\frac{6}{6}\right)+\left(+\frac{17}{6}\right)=\frac{11}{6}$

따라서 계산 결과가 1.2보다 큰 것은 ⑤이다. 답 ⑤

8 $-\frac{2}{7}+\left(-\frac{5}{14}\right)=\left(-\frac{4}{14}\right)+\left(-\frac{5}{14}\right)=-\frac{9}{14}$ 답 ①

9 $a=1+(-5)=-4$

$b=-4-\left(-\frac{2}{3}\right)=\left(-\frac{12}{3}\right)+\left(+\frac{2}{3}\right)=-\frac{10}{3}$

$\therefore a+b=(-4)+\left(-\frac{10}{3}\right)$

$=\left(-\frac{12}{3}\right)+\left(-\frac{10}{3}\right)=-\frac{22}{3}$ 답 $-\frac{22}{3}$

10 $a=-4-2=(-4)-(+2)=(-4)+(-2)=-6$

$b=-2-\left(-\frac{9}{4}\right)=\left(-\frac{8}{4}\right)+\left(+\frac{9}{4}\right)=\frac{1}{4}$

따라서 -6과 $\frac{1}{4}$ 사이에 있는 정수는 -5, -4, -3, -2, -1, 0이므로 구하는 합은

$(-5)+(-4)+(-3)+(-2)+(-1)+0=-15$

답 ②

11 $\square=(-4)-(-12)=(-4)+(+12)=8$ 답 8

12 $\left(-\frac{7}{12}\right)+a=\frac{1}{6}$에서

$a=\frac{1}{6}-\left(-\frac{7}{12}\right)=\left(+\frac{2}{12}\right)+\left(+\frac{7}{12}\right)=\frac{9}{12}=\frac{3}{4}$

$1.75-b=\frac{3}{2}$에서

$b=1.75-\frac{3}{2}=\left(+\frac{7}{4}\right)-\left(+\frac{6}{4}\right)=\frac{1}{4}$

$\therefore a+b=\frac{3}{4}+\frac{1}{4}=1$ 답 1

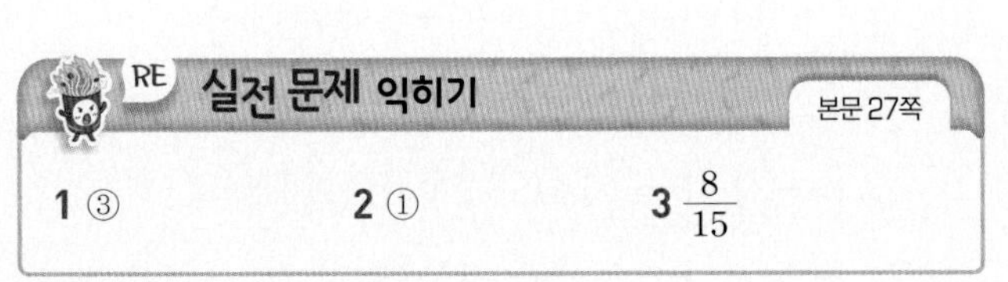

실전 문제 익히기

본문 27쪽

1 ③ **2** ① **3** $\frac{8}{15}$

1 $a=2-4+5-7$

$=(+2)-(+4)+(+5)-(+7)$

$=(+2)+(-4)+(+5)+(-7)$

$=\{(+2)+(+5)\}+\{(-4)+(-7)\}$

$=(+7)+(-11)=-4$

$b=-\frac{1}{3}+\frac{1}{2}-\frac{7}{6}=\left(-\frac{1}{3}\right)+\left(+\frac{1}{2}\right)-\left(+\frac{7}{6}\right)$

$=\left(-\frac{1}{3}\right)+\left(+\frac{1}{2}\right)+\left(-\frac{7}{6}\right)$

$=\left\{\left(-\frac{2}{6}\right)+\left(-\frac{7}{6}\right)\right\}+\left(+\frac{1}{2}\right)$

$=\left(-\frac{3}{2}\right)+\left(+\frac{1}{2}\right)=-1$

$\therefore a-b=(-4)-(-1)=(-4)+(+1)=-3$ 답 ③

2 ① $-\frac{1}{2}+(-2)=\left(-\frac{1}{2}\right)+\left(-\frac{4}{2}\right)=-\frac{5}{2}$

② $1-\left(-\frac{3}{2}\right)=\left(+\frac{2}{2}\right)+\left(+\frac{3}{2}\right)=\frac{5}{2}$

③ $\frac{5}{3}-|-2|=\frac{5}{3}-2=\left(+\frac{5}{3}\right)+\left(-\frac{6}{3}\right)=-\frac{1}{3}$

④ $-\frac{11}{5}-(-1)=\left(-\frac{11}{5}\right)+\left(+\frac{5}{5}\right)=-\frac{6}{5}$

⑤ $|-3|+\left(-\frac{7}{4}\right)=\left(+\frac{12}{4}\right)+\left(-\frac{7}{4}\right)=\frac{5}{4}$

따라서 $-\frac{5}{2}<-\frac{6}{5}<-\frac{1}{3}<\frac{5}{4}<\frac{5}{2}$이므로 가장 작은 수는 ①이다. 답 ①

3 어떤 수를 □라 하면 $\square+\left(-\frac{3}{5}\right)=-\frac{2}{3}$ … ❶

$\therefore \square=\left(-\frac{2}{3}\right)-\left(-\frac{3}{5}\right)=\left(-\frac{2}{3}\right)+\left(+\frac{3}{5}\right)$

$=\left(-\frac{10}{15}\right)+\left(+\frac{9}{15}\right)=-\frac{1}{15}$ … ❷

따라서 바르게 계산하면

$\left(-\frac{1}{15}\right)-\left(-\frac{3}{5}\right)=\left(-\frac{1}{15}\right)+\left(+\frac{3}{5}\right)$

$=\left(-\frac{1}{15}\right)+\left(+\frac{9}{15}\right)=\frac{8}{15}$ … ❸

답 $\frac{8}{15}$

단계	채점 기준	배점
❶	잘못 계산한 식 세우기	30 %
❷	어떤 수 구하기	30 %
❸	바르게 계산한 답 구하기	40 %

LECTURE 09 정수와 유리수의 곱셈

RE 개념 다지기 본문 28쪽

확인 개념 키워드 답 **❶ 교환 ❷ 결합 ❸ 분배**

1 답 **(1) +40 (2) −54 (3) 0 (4) $-\frac{1}{6}$ (5) $-\frac{44}{3}$ (6) +10**

(1) $(+5)\times(+8)=+(5\times8)=+40$

(2) $(-6)\times(+9)=-(6\times9)=-54$

(4) $\left(+\frac{3}{4}\right)\times\left(-\frac{2}{9}\right)=-\left(\frac{3}{4}\times\frac{2}{9}\right)=-\frac{1}{6}$

(5) $\left(-\frac{11}{6}\right)\times(+8)=-\left(\frac{11}{6}\times8\right)=-\frac{44}{3}$

(6) $(-3.5)\times\left(-\frac{20}{7}\right)=\left(-\frac{7}{2}\right)\times\left(-\frac{20}{7}\right)=+\left(\frac{7}{2}\times\frac{20}{7}\right)$

$=+10$

2 답 **㉠ 곱셈의 교환법칙 ㉡ 곱셈의 결합법칙**

3 답 **(1) +140 (2) −1 (3) $-\frac{1}{3}$**

(1) $(-4)\times(+5)\times(-7)=+(4\times5\times7)=+140$

(2) $6\times\left(-\frac{5}{9}\right)\times\frac{3}{10}=-\left(6\times\frac{5}{9}\times\frac{3}{10}\right)=-1$

(3) $\left(-\frac{4}{7}\right)\times\left(-\frac{14}{15}\right)\times\left(-\frac{5}{8}\right)$

$=-\left(\frac{4}{7}\times\frac{14}{15}\times\frac{5}{8}\right)=-\frac{1}{3}$

4 답 **(1) 음 (2) 양 (3) 양 (4) 음**

(1), (4) 음수의 거듭제곱이고 지수가 홀수이므로 거듭제곱의 결과는 음수이다.

(2) 양수의 거듭제곱이므로 거듭제곱의 결과는 양수이다.

(3) 음수의 거듭제곱이고 지수가 짝수이므로 거듭제곱의 결과는 양수이다.

5 답 **(1) +25 (2) −16 (3) $-\frac{8}{27}$ (4) $+\frac{1}{8}$**

(1) $(-5)^2=+(5\times5)=+25$

(2) $-2^4=-(2\times2\times2\times2)=-16$

(3) $\left(-\frac{2}{3}\right)^3=-\left(\frac{2}{3}\times\frac{2}{3}\times\frac{2}{3}\right)=-\frac{8}{27}$

(4) $-\left(-\frac{1}{2}\right)^3=-\left\{-\left(\frac{1}{2}\times\frac{1}{2}\times\frac{1}{2}\right)\right\}=-\left(-\frac{1}{8}\right)=+\frac{1}{8}$

6 답 **(1) −6 (2) 24**

(1) $28\times\left(\frac{2}{7}-\frac{1}{2}\right)=28\times\frac{2}{7}-28\times\frac{1}{2}=8-14=-6$

(2) $2.4\times4+2.4\times6=2.4\times(4+6)=2.4\times10=24$

RE 핵심 유형 익히기 본문 29~30쪽

1 ④　2 −27　3 −5, −5, 20, 43, ㉡　4 ㄴ, ㄷ　5 $-\frac{101}{10}$　6 ⑤　7 ①　8 −1　9 −50　10 54945　11 ④

1 ① $\left(+\frac{2}{5}\right)\times\left(-\frac{25}{4}\right)=-\left(\frac{2}{5}\times\frac{25}{4}\right)=-\frac{5}{2}$

② $(-21)\times\left(+\frac{9}{14}\right)=-\left(21\times\frac{9}{14}\right)=-\frac{27}{2}$

③ $(-6)\times(+3)=-(6\times3)=-18$

④ $(-0.9)\times\left(-\frac{4}{9}\right)=\left(-\frac{9}{10}\right)\times\left(-\frac{4}{9}\right)$

$=+\left(\frac{9}{10}\times\frac{4}{9}\right)=+\frac{2}{5}$

⑤ $(-6)\times\frac{7}{2}=-\left(6\times\frac{7}{2}\right)=-21$ 답 ④

워크북

2 $a=(-4)\times(-3)=+(4\times3)=+12$

$b=\left(-\frac{6}{5}\right)\times\left(+\frac{15}{8}\right)=-\left(\frac{6}{5}\times\frac{15}{8}\right)=-\frac{9}{4}$

$\therefore a\times b=(+12)\times\left(-\frac{9}{4}\right)=-\left(12\times\frac{9}{4}\right)=-27$

답 -27

3 ㉠ 곱셈의 교환법칙 ㉡ 곱셈의 결합법칙

답 -5, -5, 20, 43, ㉡

4 ㄱ. $(-2)\times\frac{5}{6}\times\left(+\frac{3}{10}\right)=-\left(2\times\frac{5}{6}\times\frac{3}{10}\right)=-\frac{1}{2}$

ㄴ. $\left(-\frac{7}{4}\right)\times\left(-\frac{8}{3}\right)\times(+0.6)$

$=\left(-\frac{7}{4}\right)\times\left(-\frac{8}{3}\right)\times\left(+\frac{3}{5}\right)$

$=+\left(\frac{7}{4}\times\frac{8}{3}\times\frac{3}{5}\right)=+\frac{14}{5}$

ㄷ. $(-2.2)\times\left(-\frac{5}{7}\right)\times\left(-\frac{4}{11}\right)$

$=\left(-\frac{11}{5}\right)\times\left(-\frac{5}{7}\right)\times\left(-\frac{4}{11}\right)$

$=-\left(\frac{11}{5}\times\frac{5}{7}\times\frac{4}{11}\right)=-\frac{4}{7}$

따라서 옳은 것은 ㄴ, ㄷ이다. 답 ㄴ, ㄷ

참고 음수의 개수가 ㄱ은 1개, ㄴ은 2개, ㄷ은 3개이므로 계산한 결과의 부호는 ㄱ, ㄷ은 $-$이고 ㄴ은 $+$이다.

5 $\underbrace{\frac{11}{10}\times\left(-\frac{12}{11}\right)\times\frac{13}{12}\times\left(-\frac{14}{13}\right)\times\cdots\times\frac{101}{100}}_{\text{음수 45개}}$

$=-\left(\frac{11}{10}\times\frac{12}{11}\times\frac{13}{12}\times\frac{14}{13}\times\cdots\times\frac{101}{100}\right)$

$=-\frac{101}{10}$ 답 $-\frac{101}{10}$

6 ① $(-2)^5=-32$

② $-(-2)^3=-(-8)=8$

③ $-(-2^4)=-(-16)=16$

④ $(-3)^2=9$

⑤ $-(-3)^3=-(-27)=27$

따라서 계산 결과가 가장 큰 것은 ⑤이다. 답 ⑤

7 ① $(-1)^5=-1$ ② $(-1)^{10}=1$ ③ $(-1)^{20}=1$

④ $-(-1)^{33}=-(-1)=1$

⑤ $-(-1^{50})=-(-1)=1$

따라서 계산 결과가 나머지 넷과 다른 하나는 ①이다.

답 ①

8 $(-40)\times\left\{\left(-\frac{3}{5}\right)+\left(+\frac{5}{8}\right)\right\}$

$=(-40)\times\left(-\frac{3}{5}\right)+(-40)\times\left(+\frac{5}{8}\right)$

$=(+24)+(-25)=-1$ 답 -1

9 $(-1.5)\times43+(-1.5)\times57=(-1.5)\times(43+57)$

$=(-1.5)\times100=-150$

따라서 $a=100$, $b=-150$이므로

$a+b=100+(-150)=-50$ 답 -50

10 $55\times999=55\times(1000-1)=55\times1000-55\times1$

$=55000-55=54945$ 답 54945

11 $a\times(b+c)=a\times b+a\times c$이므로

$3=-7+a\times c$ $\therefore a\times c=3+7=10$ 답 ④

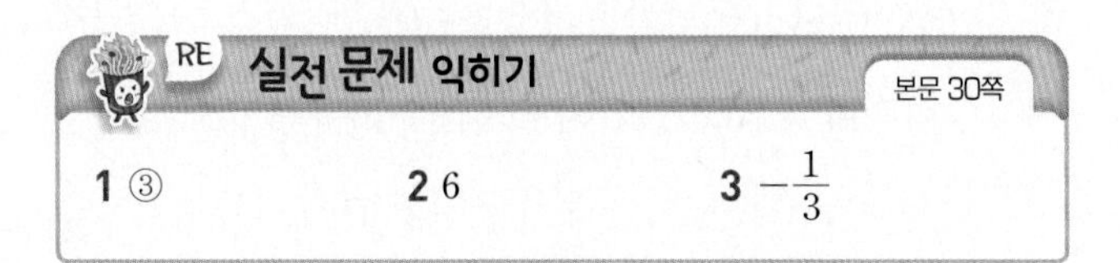

RE 실전 문제 익히기

본문 30쪽

1 ③ 2 6 3 $-\frac{1}{3}$

1 $(-1)+(-1)^2+(-1)^3+\cdots+(-1)^{49}+(-1)^{50}$

$=\{(-1)+1\}+\{(-1)+1\}+\cdots+\{(-1)+1\}$

$=\underbrace{0+0+\cdots+0}_{25\text{개}}=0$ 답 ③

다른 풀이 (i) 지수가 홀수인 것

$(-1)+(-1)^3+(-1)^5+\cdots+(-1)^{49}$

$=(-1)\times25=-25$

(ii) 지수가 짝수인 것

$(-1)^2+(-1)^4+(-1)^6+\cdots+(-1)^{50}$

$=1\times25=25$

$\therefore$ (주어진 식)$=(-25)+25=0$

월등한 개념

-1의 거듭제곱: 지수가 짝수이면 $+1$, 홀수이면 -1이다.

2 $(a+b)\times c=a\times c+b\times c$이므로

$9\times c=39+15$, $9\times c=54$ $\therefore c=6$ 답 6

3 네 수 중 서로 다른 세 수를 뽑아 곱한 값이 가장 크려면 음수 2개와 절댓값이 큰 양수 1개를 뽑아 곱해야 하므로

$a=(-7)\times\frac{10}{9}\times\left(-\frac{3}{5}\right)$

$=+\left(7\times\frac{10}{9}\times\frac{3}{5}\right)=\frac{14}{3}$ … ❶

네 수 중 서로 다른 세 수를 뽑아 곱한 값이 가장 작으려면 양수 2개와 절댓값이 큰 음수 1개를 뽑아 곱해하므로

$b=(-7)\times\frac{10}{9}\times\frac{9}{14}$

$=-\left(7\times\frac{10}{9}\times\frac{9}{14}\right)=-5$ … ❷

$\therefore a+b=\frac{14}{3}+(-5)=\frac{14}{3}+\left(-\frac{15}{3}\right)=-\frac{1}{3}$ ⋯ ❸

답 $-\frac{1}{3}$

단계	채점 기준	배점
❶	a의 값 구하기	40%
❷	b의 값 구하기	40%
❸	$a+b$의 값 구하기	20%

LECTURE 10 정수와 유리수의 나눗셈

RE 개념 다지기 본문 31쪽

확인 개념 키워드 답 ❶ 역수 ❷ 곱셈, 뺄셈

1 답 (1) -4 (2) $+16$ (3) $+18$ (4) -0.9 (5) $+1.5$ (6) $+7$

(1) $(+28)\div(-7)=-(28\div7)=-4$

(2) $(-48)\div(-3)=+(48\div3)=+16$

(3) $(+72)\div(+4)=+(72\div4)=+18$

(4) $(-5.4)\div(+6)=-(5.4\div6)=-0.9$

(5) $(-7.5)\div(-5)=+(7.5\div5)=+1.5$

(6) $(+6.3)\div(+0.9)=+(6.3\div0.9)=+7$

2 답 (1) $\frac{7}{6}$ (2) $-\frac{1}{8}$ (3) $\frac{2}{9}$ (4) $-\frac{4}{15}$

(3) $4.5=\frac{9}{2}$이므로 역수는 $\frac{2}{9}$이다.

(4) $-3\frac{3}{4}=-\frac{15}{4}$이므로 역수는 $-\frac{4}{15}$이다.

3 답 (1) $+18$ (2) $-\frac{2}{21}$ (3) $+\frac{3}{16}$ (4) -4

(1) $(+8)\div\left(+\frac{4}{9}\right)=(+8)\times\left(+\frac{9}{4}\right)=+18$

(2) $\left(+\frac{6}{7}\right)\div(-9)=\left(+\frac{6}{7}\right)\times\left(-\frac{1}{9}\right)=-\frac{2}{21}$

(3) $\left(-\frac{9}{20}\right)\div\left(-\frac{12}{5}\right)=\left(-\frac{9}{20}\right)\times\left(-\frac{5}{12}\right)=+\frac{3}{16}$

(4) $\left(-\frac{10}{3}\right)\div\left(+\frac{5}{6}\right)=\left(-\frac{10}{3}\right)\times\left(+\frac{6}{5}\right)=-4$

4 답 (1) $+48$ (2) $+\frac{3}{20}$ (3) $-\frac{12}{5}$

(1) $(+20)\div\left(-\frac{15}{8}\right)\times\left(-\frac{9}{2}\right)$

$=(+20)\times\left(-\frac{8}{15}\right)\times\left(-\frac{9}{2}\right)=+48$

(2) $\left(-\frac{5}{8}\right)\times\left(-\frac{3}{10}\right)\div\left(+\frac{5}{4}\right)$

$=\left(-\frac{5}{8}\right)\times\left(-\frac{3}{10}\right)\times\left(+\frac{4}{5}\right)=+\frac{3}{20}$

(3) $\left(-\frac{1}{3}\right)\div\left(-\frac{7}{12}\right)\times\left(-\frac{21}{5}\right)$

$=\left(-\frac{1}{3}\right)\times\left(-\frac{12}{7}\right)\times\left(-\frac{21}{5}\right)=-\frac{12}{5}$

5 답 ㉡, ㉢, ㉣, ㉠

6 답 18

$100+\{-9-(-2)^5\div(-1)^{99}\}\times2$

$=100+\{-9-(-32)\div(-1)\}\times2$

$=100+\{-9-(+32)\}\times2$

$=100+(-41)\times2=100-82=18$

RE 핵심 유형 익히기 본문 32~34쪽

1 ② **2** 1 **3** -1 **4** ④ **5** ③
6 $-\frac{3}{4}$ **7** ② **8** $\frac{1}{4}$ **9** ㄱ, ㄷ, ㄴ
10 ⑤ **11** $\frac{1}{6}$ **12** $-\frac{8}{9}$ **13** ⑤ **14** ④
15 ㉢, ㉣, ㉤, ㉡, ㉠, -11 **16** $-\frac{4}{25}$ **17** ②
18 ⑤ **19** ②, ④ **20** ①

1 ② $\frac{3}{2}\times\left(-\frac{2}{3}\right)=-1$이므로 역수 관계가 아니다. 답 ②

참고 ■×▲=1이면 ■와 ▲는 서로 역수이다.

2 6의 역수는 $\frac{1}{6}$이므로 $\frac{a}{6}=\frac{1}{6}$ $\therefore a=1$ 답 1

3 $a=-\frac{1}{5}$이고 $1.25=\frac{5}{4}$이므로 $b=\frac{4}{5}$

$\therefore a-b=\left(-\frac{1}{5}\right)-\frac{4}{5}=\left(-\frac{1}{5}\right)+\left(-\frac{4}{5}\right)=-1$ 답 -1

4 $(-25)\div(+5)=-(25\div5)=-5$

① $(-20)\div(-4)=+(20\div4)=+5$

② $(+10)\div(+2)=+(10\div2)=+5$

③ $(-35)\div(+5)=-(35\div5)=-7$

④ $(+45)\div(-9)=-(45\div9)=-5$

⑤ $(+40)\div(-10)=-(40\div10)=-4$

따라서 주어진 식의 계산 결과와 같은 것은 ④이다.

답 ④

5 ① $(-15)\div\left(+\frac{10}{3}\right)=(-15)\times\left(+\frac{3}{10}\right)=-\frac{9}{2}$

② $\left(+\frac{2}{3}\right)\div\left(-\frac{5}{6}\right)=\left(+\frac{2}{3}\right)\times\left(-\frac{6}{5}\right)=-\frac{4}{5}$

③ $\left(-\frac{8}{5}\right)\div\left(-\frac{16}{7}\right)=\left(-\frac{8}{5}\right)\times\left(-\frac{7}{16}\right)=+\frac{7}{10}$

④ $(+4)\div(-10)=(+4)\times\left(-\frac{1}{10}\right)=-\frac{2}{5}$

⑤ $\left(-\frac{13}{4}\right)\div(-39)=\left(-\frac{13}{4}\right)\times\left(-\frac{1}{39}\right)=+\frac{1}{12}$

답 ③

6 $a=\left(-\frac{3}{2}\right)+4=\left(-\frac{3}{2}\right)+\frac{8}{2}=\frac{5}{2}$

$b=\frac{5}{3}-5=\frac{5}{3}-\frac{15}{3}=-\frac{10}{3}$

$\therefore a\div b=\frac{5}{2}\div\left(-\frac{10}{3}\right)=\frac{5}{2}\times\left(-\frac{3}{10}\right)=-\frac{3}{4}$ 답 $-\frac{3}{4}$

7 $\left(-\frac{9}{10}\right)\times5\div\left(-\frac{3}{2}\right)^2=\left(-\frac{9}{10}\right)\times5\div\frac{9}{4}$

$=\left(-\frac{9}{10}\right)\times5\times\frac{4}{9}=-2$ 답 ②

8 $a=(-4)\div(-3)=\frac{4}{3},\ b=(-16)\div9=-\frac{16}{9}$

$\therefore a\div b\times\left(-\frac{1}{3}\right)=\frac{4}{3}\div\left(-\frac{16}{9}\right)\times\left(-\frac{1}{3}\right)$

$=\frac{4}{3}\times\left(-\frac{9}{16}\right)\times\left(-\frac{1}{3}\right)$

$=\frac{1}{4}$ 답 $\frac{1}{4}$

9 ㄱ. $\left(-\frac{1}{3}\right)^2\div(-5)\times9=\frac{1}{9}\div(-5)\times9$

$=\frac{1}{9}\times\left(-\frac{1}{5}\right)\times9$

$=-\left(\frac{1}{9}\times\frac{1}{5}\times9\right)=-\frac{1}{5}$

ㄴ. $(-8)\times(-6)\div(-1.2)=(-8)\times(-6)\div\left(-\frac{6}{5}\right)$

$=(-8)\times(-6)\times\left(-\frac{5}{6}\right)$

$=-40$

ㄷ. $0.2\times(-1.6)\div\frac{1}{5}=\frac{1}{5}\times\left(-\frac{8}{5}\right)\div\frac{1}{5}$

$=\frac{1}{5}\times\left(-\frac{8}{5}\right)\times5=-\frac{8}{5}$

따라서 계산 결과가 큰 것부터 차례대로 나열하면 ㄱ, ㄷ, ㄴ이다. 답 ㄱ, ㄷ, ㄴ

10 $a=12\times\left(-\frac{7}{3}\right)=-28$ 답 ⑤

11 $a\times4=-\frac{1}{3}$에서

$a=\left(-\frac{1}{3}\right)\div4=\left(-\frac{1}{3}\right)\times\frac{1}{4}=-\frac{1}{12}$

$\left(-\frac{3}{2}\right)\div b=-6$에서

$b=\left(-\frac{3}{2}\right)\div(-6)=\left(-\frac{3}{2}\right)\times\left(-\frac{1}{6}\right)=\frac{1}{4}$

$\therefore a+b=-\frac{1}{12}+\frac{1}{4}=-\frac{1}{12}+\frac{3}{12}=\frac{2}{12}=\frac{1}{6}$ 답 $\frac{1}{6}$

12 $\frac{3}{5}\div\square\times\left(-\frac{4}{3}\right)=\frac{9}{10}$에서

$\frac{3}{5}\times\frac{1}{\square}\times\left(-\frac{4}{3}\right)=\frac{9}{10}$

$\frac{1}{\square}\times\frac{3}{5}\times\left(-\frac{4}{3}\right)=\frac{9}{10},\ \frac{1}{\square}\times\left(-\frac{4}{5}\right)=\frac{9}{10}$

$\frac{1}{\square}=\frac{9}{10}\div\left(-\frac{4}{5}\right)=\frac{9}{10}\times\left(-\frac{5}{4}\right)=-\frac{9}{8}$

□는 $-\frac{9}{8}$의 역수이므로 $\square=-\frac{8}{9}$ 답 $-\frac{8}{9}$

13 $\left(-\frac{6}{5}\right)\div\left(-\frac{3}{5}\right)^2\times\square=-20$에서

$\left(-\frac{6}{5}\right)\div\frac{9}{25}\times\square=-20$

$\left(-\frac{6}{5}\right)\times\frac{25}{9}\times\square=-20,\ \left(-\frac{10}{3}\right)\times\square=-20$

$\therefore \square=(-20)\div\left(-\frac{10}{3}\right)=(-20)\times\left(-\frac{3}{10}\right)=6$

답 ⑤

15 계산 순서를 차례대로 나열하면 ㉢, ㉣, ㉤, ㉡, ㉠이고

$-3-(-2)\times\{(-2)^2\div(-4)+(-3)\}$

$=-3-(-2)\times\{4\div(-4)+(-3)\}$

$=-3-(-2)\times\{(-1)+(-3)\}$

$=-3-(-2)\times(-4)=-3-8=-11$

답 ㉢, ㉣, ㉤, ㉡, ㉠, -11

16 $\frac{4}{15}\times\left[\left\{\left(-\frac{4}{3}\right)+\frac{3}{2}\right\}\div\frac{5}{12}-(-1)^{10}\right]$

$=\frac{4}{15}\times\left[\left\{\left(-\frac{8}{6}\right)+\frac{9}{6}\right\}\div\frac{5}{12}-1\right]$

$=\frac{4}{15}\times\left(\frac{1}{6}\times\frac{12}{5}-1\right)=\frac{4}{15}\times\left(\frac{2}{5}-1\right)$

$=\frac{4}{15}\times\left(-\frac{3}{5}\right)=-\frac{4}{25}$ 답 $-\frac{4}{25}$

17 ① $a+b$의 부호는 알 수 없다.

② $a-b>0$ ③ $b-a<0$

④ $a\times b<0$ ⑤ $a\div b<0$

따라서 항상 양수인 것은 ②이다. 답 ②

18 ① $a+c$의 부호는 알 수 없다.

② $c-b>0$ ③ $a\times b\times c>0$

④ $a\times b>0$, $c>0$이지만 $a\times b-c$의 부호는 알 수 없다.

⑤ $b\times c<0$, $a<0$이므로 $b\times c+a<0$

따라서 항상 음수인 것은 ⑤이다. 답 ⑤

19 $a\times b<0$이므로 a, b는 서로 다른 부호이고 $a>b$이므로 $a>0$, $b<0$

② $\frac{1}{b}<0$　　④ $a-b>0$　　답 ②, ④

20 $-1<a<0$이므로 $a=-\frac{1}{2}$이라 하면

② $-a=-\left(-\frac{1}{2}\right)=\frac{1}{2}$

③ $-\frac{1}{a}=-(-2)=2$

④ $-a^2=-\left(-\frac{1}{2}\right)^2=-\frac{1}{4}$

⑤ $\left(-\frac{1}{a}\right)^2=2^2=4$

따라서 가장 작은 수는 ①이다.　　답 ①

> **월등한 개념**
> a의 값의 범위가 주어진 경우의 크기를 비교할 때는
> → 조건에 맞는 적당한 수를 a 대신 넣어 본다.

실전 문제 익히기

본문 34쪽

1 $\frac{5}{6}$　**2** ②　**3** $\frac{135}{98}$

1 $\left(-\frac{2}{3}\right)^3\div\square\times\left(-\frac{9}{10}\right)=\frac{8}{25}$에서

$\left(-\frac{8}{27}\right)\times\frac{1}{\square}\times\left(-\frac{9}{10}\right)=\frac{8}{25}$

$\frac{1}{\square}\times\left(-\frac{8}{27}\right)\times\left(-\frac{9}{10}\right)=\frac{8}{25}$

$\frac{1}{\square}\times\frac{4}{15}=\frac{8}{25}$

$\frac{1}{\square}=\frac{8}{25}\div\frac{4}{15}=\frac{8}{25}\times\frac{15}{4}=\frac{6}{5}$

$\square$는 $\frac{6}{5}$의 역수이므로 $\square=\frac{5}{6}$　　답 $\frac{5}{6}$

2 $b\times\frac{1}{c}<0$에서 b, c는 서로 다른 부호이고 $b-c>0$이므로

$b>0$, $c<0$

$b\div a>0$에서 a, b의 부호는 서로 같고 $b>0$이므로 $a>0$

$\therefore a>0$, $b>0$, $c<0$　　답 ②

> **월등한 개념**
> 두 수 a, b에 대하여
> $b\div a>0$이면 a, b의 부호는 서로 같다.
> $b\div a<0$이면 a, b의 부호는 서로 다르다.

3 마주 보는 면에 적힌 두 수의 곱이 1이므로 두 수는 서로 역수 관계이다.　　… ❶

$1\frac{5}{9}=\frac{14}{9}$의 역수는 $\frac{9}{14}$,

$-2.45=-\frac{49}{20}$의 역수는 $-\frac{20}{49}$,

$\frac{7}{8}$의 역수는 $\frac{8}{7}$이다.　　… ❷

따라서 세 수의 합은

$\frac{9}{14}+\left(-\frac{20}{49}\right)+\frac{8}{7}=\frac{63}{98}+\left(-\frac{40}{98}\right)+\frac{112}{98}$

$=\frac{135}{98}$　　… ❸

답 $\frac{135}{98}$

단계	채점 기준	배점
❶	마주 보는 면에 적힌 두 수의 관계 알기	20 %
❷	보이지 않는 세 면에 적힌 수 구하기	60 %
❸	보이지 않는 세 면에 적힌 수의 합 구하기	20 %

LECTURE 11 문자의 사용과 식의 값

개념 다지기

본문 35쪽

확인 개념 키워드 답 ❶ 대입　❷ 식의 값

1 답 (1) **400, a**　(2) **3, x, 3**　(3) **$(70\times x)$ km**　(4) **$(x\times 2)$ g**

(4) $\frac{x}{100}\times 200=x\times 2\,(\text{g})$

2 답 (1) $8ab$　(2) x^2y^3　(3) $0.01a$　(4) $-2(x-y)$　(5) $\frac{x}{y}$　(6) $\frac{x}{4+y}$　(7) $-3a+\frac{b}{2}$　(8) $\frac{a}{bc}$

(8) $a\div b\div c=a\times\frac{1}{b}\times\frac{1}{c}=\frac{a}{bc}$

3 답 (1) **20**　(2) **−6**　(3) **5**　(4) **9**　(5) **3**　(6) **14**

(1) $5x=5\times 4=20$

(2) $3x=3\times(-2)=-6$

(3) $2x-7=2\times 6-7=12-7=5$

(4) $-2x+3=-2\times(-3)+3=6+3=9$

(5) $\frac{10}{x}+1=\frac{10}{5}+1=2+1=3$

(6) $3x^2-x=3\times(-2)^2-(-2)=12+2=14$

4 답 (1) **14**　(2) **−4**　(3) **−12**　(4) **15**　(5) **12**

(1) $2x+4y=2\times 3+4\times 2=6+8=14$

(2) $x-y=-1-3=-4$

(3) $-2x+y=-2\times 5+(-2)=-10+(-2)=-12$

(4) $-2x+3y^2=-2\times(-6)+3\times(-1)^2=12+3=15$

(5) $\frac{3}{4}xy=\frac{3}{4}\times(-8)\times(-2)=12$

핵심 유형 익히기

본문 36~38쪽

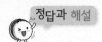

1 ③, ④ 2 ②, ④ 3 $\frac{x}{yz}$ 4 ⑤ 5 ④
6 $(240-15a)$쪽 7 ㄹ 8 ④ 9 ① 10 ⑤ 11 ③ 12 ③ 13 ③ 14 ① 15 ③ 16 25

1 ① $y\times(-1)\times x=-xy$
② $a\times a\times 0.1\times a=0.1a^3$
⑤ $a\div b\div 5=a\times\frac{1}{b}\times\frac{1}{5}=\frac{a}{5b}$ 답 ③, ④

주의 $0.1\times x$는 $0.x$로 쓰지 않고 $0.1x$로 쓴다.

2 ② $0.01\times b\times a=0.01ab$
④ $6\div(a-b)=\frac{6}{a-b}$ 답 ②, ④

3 $x\div(y\times z)=x\div(yz)=x\times\frac{1}{yz}=\frac{x}{yz}$ 답 $\frac{x}{yz}$

주의 기호 ×, ÷가 섞여 있을 때는 앞에서부터 차례대로 기호를 생략하고, 괄호가 있을 때는 괄호 안을 먼저 간단히 한다.

4 $x\div(2\div y)\times x=x\div\frac{2}{y}\times x=x\times\frac{y}{2}\times x=\frac{x^2y}{2}$ 답 ⑤

5 $a\div b\times c=a\times\frac{1}{b}\times c=\frac{ac}{b}$
① $a\times b\div c=a\times b\times\frac{1}{c}=\frac{ab}{c}$
② $a\div b\div c=a\times\frac{1}{b}\times\frac{1}{c}=\frac{a}{bc}$
③ $a\times(b\div c)=a\times\frac{b}{c}=\frac{ab}{c}$
④ $a\div(b\div c)=a\div\frac{b}{c}=a\times\frac{c}{b}=\frac{ac}{b}$
⑤ $a\div(b\times c)=a\div(bc)=a\times\frac{1}{bc}=\frac{a}{bc}$ 답 ④

6 a일 동안 읽은 쪽수는 $15a$쪽이므로 남은 쪽수는 $(240-15a)$쪽 답 $(240-15a)$쪽

7 ㄱ. $\frac{200}{x}$ mL
ㄴ. (삼각형의 넓이)$=\frac{1}{2}\times$(밑변의 길이)$\times$(높이)
$=\frac{1}{2}ah\,(\text{cm}^2)$
ㄷ. $10a+b$
따라서 옳은 것은 ㄹ뿐이다. 답 ㄹ

8 ④ (설탕의 양)$=\frac{(\text{설탕물의 농도})}{100}\times$(설탕물의 양)
$=\frac{x}{100}\times 300=3x\,(\text{g})$ 답 ④

9 ① $-a=-(-1)=1$
② $-a^2=-(-1)^2=-1$
③ $a^3=(-1)^3=-1$
④ $-(-a)^2=-\{-(-1)\}^2=-1^2=-1$
⑤ $-a^4=-(-1)^4=-1$
따라서 식의 값이 나머지 넷과 다른 하나는 ①이다. 답 ①

10 $x^2-2xy=(-3)^2-2\times(-3)\times5=9+30=39$ 답 ⑤

11 ① $x+y=4+\left(-\frac{1}{2}\right)=\frac{7}{2}$
② $-xy=-4\times\left(-\frac{1}{2}\right)=2$
③ $x-2y=4-2\times\left(-\frac{1}{2}\right)=4+1=5$
④ $xy^2=4\times\left(-\frac{1}{2}\right)^2=4\times\frac{1}{4}=1$
⑤ $-x+2y^2=-4+2\times\left(-\frac{1}{2}\right)^2=-4+\frac{1}{2}=-\frac{7}{2}$
따라서 식의 값이 가장 큰 것은 ③이다. 답 ③

12 ① $a=\frac{1}{2}$ ② $2a=2\times\frac{1}{2}=1$
③ $a^2=\left(\frac{1}{2}\right)^2=\frac{1}{4}$
④ $\frac{1}{a}=1\div a=1\div\frac{1}{2}=1\times2=2$
⑤ $\frac{1}{a^2}=1\div a^2=1\div\left(\frac{1}{2}\right)^2=1\div\frac{1}{4}=1\times4=4$
따라서 식의 값이 가장 작은 것은 ③이다. 답 ③

13 $\frac{8}{x}-\frac{3}{y}=8\div x-3\div y=8\div4-3\div\frac{1}{7}$
$=2-3\times7=2-21=-19$ 답 ③

14 $\frac{1}{a}-\frac{3}{b}+\frac{4}{c}=1\div a-3\div b+4\div c$
$=1\div\left(-\frac{1}{2}\right)-3\div\frac{1}{4}+4\div\frac{1}{3}$
$=1\times(-2)-3\times4+4\times3$
$=-2-12+12=-2$ 답 ①

15 $30t-5t^2$에 $t=4$를 대입하면
$30\times4-5\times4^2=120-80=40\,(\text{m})$ 답 ③

16 180 cm$=$1.8 m이므로
$\frac{x}{y^2}$에 $x=81$, $y=1.8$을 대입하면
$\frac{81}{1.8^2}=81\div1.8^2=81\div\left(\frac{9}{5}\right)^2=81\div\frac{81}{25}=81\times\frac{25}{81}=25$
답 25

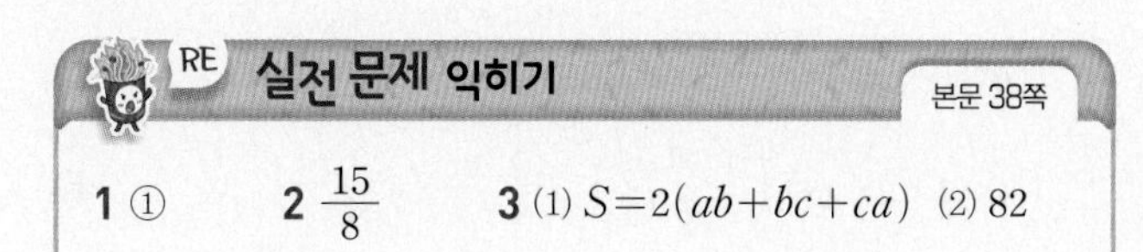
RE 실전 문제 익히기 본문 38쪽

1 ①　　2 $\frac{15}{8}$　　3 (1) $S=2(ab+bc+ca)$ (2) 82

1 (시간)$=\frac{(\text{거리})}{(\text{속력})}$이므로 시속 60 km로 y km를 달리는 데 걸린 시간은 $\frac{y}{60}$시간이고 x분$=\frac{x}{60}$시간이므로 3개의 정류장에 머무르는 시간은 $\frac{x}{60}\times 3=\frac{x}{20}$(시간)
따라서 차고지에서 출발하여 A 정류장에 도착할 때까지 걸린 시간은 $\left(\frac{x}{20}+\frac{y}{60}\right)$시간이다. 답 ①

2 $\frac{z^2}{xy}+\frac{3x+y}{z}$
$=z^2\div(x\times y)+(3\times x+y)\div z$
$=\left(-\frac{1}{2}\right)^2\div\left\{\frac{2}{3}\times(-3)\right\}+\left(3\times\frac{2}{3}-3\right)\div\left(-\frac{1}{2}\right)$
$=\frac{1}{4}\div(-2)+(-1)\div\left(-\frac{1}{2}\right)$
$=\frac{1}{4}\times\left(-\frac{1}{2}\right)+(-1)\times(-2)$
$=-\frac{1}{8}+2=\frac{15}{8}$ 답 $\frac{15}{8}$

3 (1) (직육면체의 겉넓이)
$=$(서로 이웃하는 세 면의 넓이)$\times 2$
이므로 직육면체의 겉넓이 S를 a, b, c를 사용한 식으로 나타내면
$S=(ab+bc+ca)\times 2=2(ab+bc+ca)$ … ❶
(2) $a=3$, $b=2$, $c=7$을 위의 식에 대입하면
$S=2\times(3\times 2+2\times 7+7\times 3)$
$=2\times(6+14+21)=2\times 41=82$ … ❷
답 (1) $S=2(ab+bc+ca)$ (2) 82

단계	채점 기준	배점
❶	S를 a, b, c를 사용한 식으로 나타내기	60 %
❷	$a=3$, $b=2$, $c=7$일 때 S의 값 구하기	40 %

LECTURE 12 일차식과 수의 곱셈, 나눗셈

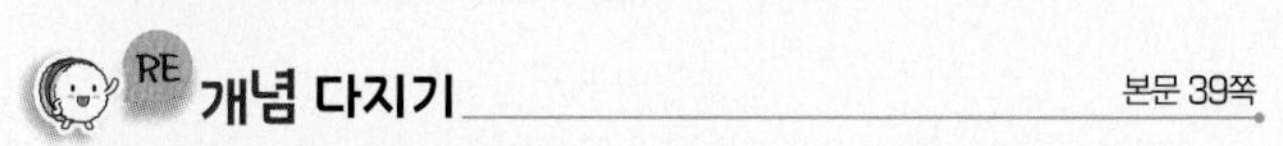
RE 개념 다지기 본문 39쪽

확인 개념 키워드 답 ❶ 다항식 ❷ 차수 ❸ 일차식

1 답 (1) $-3x$, $-5y$, 4 (2) 4 (3) -3 (4) -5

2 답 (1) 1 (2) 2 (3) 1 (4) 2

3 답 (1) ○ (2) ○ (3) × (4) ×
(3) 분모에 문자가 있는 식은 다항식이 아니므로 일차식이 아니다.
(4) 다항식의 차수가 2이므로 일차식이 아니다.

4 답 (1) $4x$ (2) $-21x$ (3) $-2x$

5 답 (1) $5a$ (2) $20x$ (3) $-4y$
(2) $5x\div\frac{1}{4}=5x\times 4=20x$
(3) $18y\div\left(-\frac{9}{2}\right)=18y\times\left(-\frac{2}{9}\right)=-4y$

6 답 (1) $15x+10$ (2) $-6a-8$ (3) $3x+\frac{2}{3}$

7 답 (1) $2a+1$ (2) $4x-3$ (3) $8b-6$
(3) $(4b-3)\div\frac{1}{2}=(4b-3)\times 2=8b-6$

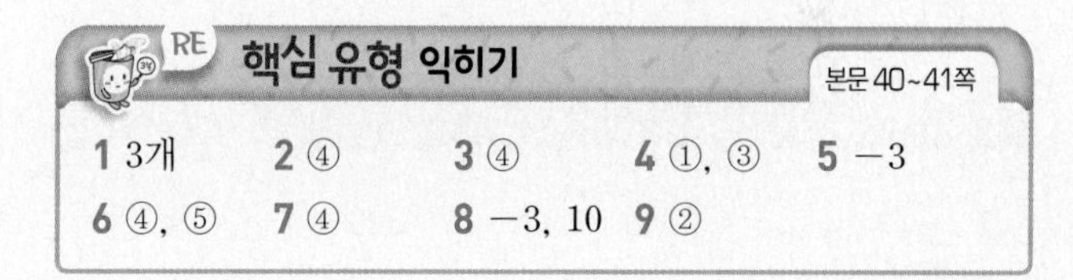
RE 핵심 유형 익히기 본문 40~41쪽

1 3개　2 ④　3 ④　4 ①, ③　5 -3
6 ④, ⑤　7 ④　8 -3, 10　9 ②

1 단항식은 $-7y^2$, $-\frac{1}{7}ab$, $9x^2y$의 3개이다. 답 3개

2 주어진 다항식의 차수는 2, y의 계수는 $-\frac{1}{2}$, 상수항은 -1이므로
$a=2$, $b=-\frac{1}{2}$, $c=-1$
$\therefore 4abc=4\times 2\times\left(-\frac{1}{2}\right)\times(-1)=4$ 답 ④

3 ㄱ. x^2-1의 항은 x^2, -1의 2개이다.
ㄷ. $-x+y-4$의 x의 계수는 -1이다.
따라서 옳은 것은 ㄴ, ㄹ이다. 답 ④

4 ② 상수항은 일차식이 아니다.
④ 다항식의 차수가 2이므로 일차식이 아니다.
⑤ 분모에 문자가 있는 식은 다항식이 아니므로 일차식이 아니다.
따라서 일차식인 것은 ①, ③이다. 답 ①, ③
참고 상수항의 차수는 0이다.

5 주어진 다항식이 x에 대한 일차식이려면 x^2의 계수는 0이고 x의 계수는 0이 아니어야 하므로
$a+3=0$, $2-a\neq 0$ $\therefore a=-3$ 답 -3

6 ① $x+1$과 같이 다항식일 수도 있다.
② $2x$, $x+y+1$, $x+2a+b+1$과 같이 항이 1개 또는 3개 이상인 식도 있다.
③ $3x+2$, $4x+1$과 같이 차수가 1인 항의 계수가 1이 아닌 경우도 있다. 답 ④, ⑤

7 ④ $-\frac{2}{3}(6x-3)=\left(-\frac{2}{3}\right)\times 6x+\left(-\frac{2}{3}\right)\times(-3)$
$=-4x+2$ 답 ④

주의 괄호 앞에 $-$ 부호가 있으면 숫자뿐만 아니라 $-$ 부호도 괄호 안의 각 항에 곱해 준다.

8 $(2-0.6x)\times 5=10-3x$이므로 x의 계수는 -3, 상수항은 10이다. 답 -3, 10

9 $6(-2x+3)=-12x+18$이므로 상수항은 18
$(5x+4)\div\frac{1}{2}=(5x+4)\times 2=10x+8$이므로 상수항은 8
$\therefore 18+8=26$ 답 ②

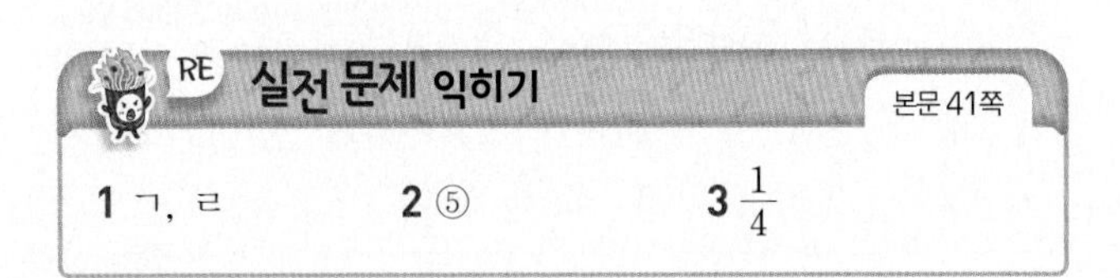

RE 실전 문제 익히기 본문41쪽

1 ㄱ, ㄹ 2 ⑤ 3 $\frac{1}{4}$

1 ㄴ. 항이 2개인 식은 $\frac{1}{2}x-2$, $1+x^2$의 2개이다.
ㄷ. 상수항이 1인 식은 $1+x^2$, $0.1x-2y+1$, x^2+y^2-x+1의 3개이다.
ㄹ. 일차식은 $\frac{1}{2}x-2$, $0.1x-2y+1$의 2개이다.
따라서 옳은 것은 ㄱ, ㄹ이다. 답 ㄱ, ㄹ

2 $-2(4x+1)=-8x-2$
① $(-4x+1)\times 2=-8x+2$
② $-2(4x-1)=-8x+2$
③ $(4x+1)\div(-2)=(4x+1)\times\left(-\frac{1}{2}\right)=-2x-\frac{1}{2}$
④ $\left(-x-\frac{1}{4}\right)\div\frac{1}{2}=\left(-x-\frac{1}{4}\right)\times 2=-2x-\frac{1}{2}$
⑤ $\left(x+\frac{1}{4}\right)\div\left(-\frac{1}{8}\right)=\left(x+\frac{1}{4}\right)\times(-8)=-8x-2$
따라서 계산 결과가 $-2(4x+1)$과 같은 것은 ⑤이다.
답 ⑤

3 $\frac{-x^2+3x-6}{4}=-\frac{1}{4}x^2+\frac{3}{4}x-\frac{3}{2}$ ⋯⋯ ㉠ ⋯ ❶
㉠에서 상수항은 $-\frac{3}{2}$, x^2의 계수는 $-\frac{1}{4}$, 차수는 2이므로
$a=-\frac{3}{2}$, $b=-\frac{1}{4}$, $c=2$ ⋯ ❷
$\therefore a+b+c=\left(-\frac{3}{2}\right)+\left(-\frac{1}{4}\right)+2=\frac{1}{4}$ ⋯ ❸
답 $\frac{1}{4}$

단계	채점 기준	배점
❶	다항식을 항의 합의 꼴로 나타내기	30 %
❷	a, b, c의 값 구하기	40 %
❸	$a+b+c$의 값 구하기	30 %

LECTURE 13 일차식의 덧셈과 뺄셈

RE 개념 다지기
본문 42쪽

확인 개념 키워드 답 ❶ 동류항 ❷ 분배법칙, 동류항

1 답 (1) ○ (2) × (3) ○ (4) × (5) ×
(2) 문자가 다르므로 동류항이 아니다.
(4) 문자와 차수가 모두 다르므로 동류항이 아니다.
(5) 차수가 다르므로 동류항이 아니다.

2 답 (1) $\mathbf{3x}$ (2) $\mathbf{-2a}$ (3) $\mathbf{3y}$ (4) $\mathbf{\frac{5}{6}x}$
(1) $2x+x=(2+1)x=3x$
(2) $-6a+4a=(-6+4)a=-2a$
(3) $5y-2y=(5-2)y=3y$
(4) $\frac{1}{2}x+\frac{1}{3}x=\left(\frac{1}{2}+\frac{1}{3}\right)x=\frac{5}{6}x$

3 답 (1) $\mathbf{3x+4}$ (2) $\mathbf{6a-1}$ (3) $\mathbf{-x+7}$ (4) $\mathbf{-a-7}$
(1) $(x+3)+(2x+1)=x+2x+3+1=3x+4$
(2) $(2-a)+(7a-3)=-a+7a+2-3=6a-1$
(3) $(3x+2)-(4x-5)=3x+2-4x+5$
$=3x-4x+2+5$
$=-x+7$
(4) $(-3a+4)-(-2a+11)=-3a+4+2a-11$
$=-3a+2a+4-11$
$=-a-7$

4 답 (1) $\mathbf{5x+10}$ (2) $\mathbf{a+3}$ (3) $\mathbf{-4a+1}$ (4) $\mathbf{-6y+5}$
(1) $3x+2(x+5)=3x+2x+10=5x+10$
(2) $(3a-1)+2(2-a)=3a-1+4-2a$
$=3a-2a-1+4$
$=a+3$
(3) $-3(-2a+1)+2(2-5a)=6a-3+4-10a$
$=6a-10a-3+4$
$=-4a+1$

(4) $2(4-y)-(4y+3)=8-2y-4y-3$
$=-2y-4y+8-3$
$=-6y+5$

5 답 (1) $8x-5$ (2) $-3x-1$
(3) $\frac{5}{12}x-\frac{7}{12}$ (4) $-\frac{6}{7}x+\frac{11}{14}$

(1) $\frac{3}{4}(8x-12)+\frac{2}{3}(3x+6)=6x-9+2x+4$
$=6x+2x-9+4$
$=8x-5$

(2) $\frac{1}{3}(6x-9)-\frac{1}{2}(10x-4)=2x-3-5x+2$
$=2x-5x-3+2$
$=-3x-1$

(3) $\frac{3x-5}{4}+\frac{2-x}{3}=\frac{3(3x-5)}{12}+\frac{4(2-x)}{12}$
$=\frac{9x-15+8-4x}{12}$
$=\frac{5x-7}{12}=\frac{5}{12}x-\frac{7}{12}$

(4) $\frac{x+2}{7}-\frac{2x-1}{2}=\frac{2(x+2)}{14}-\frac{7(2x-1)}{14}$
$=\frac{2x+4-14x+7}{14}$
$=\frac{-12x+11}{14}=-\frac{6}{7}x+\frac{11}{14}$

핵심 유형 익히기

본문 43~45쪽

1 ⑤	2 ②	3 ⑤	4 17	5 ⑤
6 ③	7 ⑤	8 ②	9 $9x-4$	10 2
11 ②	12 ⑤	13 $-6x+8$		14 $x+7$
15 ④				

1 ① 문자가 다르므로 동류항이 아니다.
② 차수가 다르므로 동류항이 아니다.
③ $\frac{2}{a}$는 분모에 문자가 있으므로 다항식이 아니다.
④ 차수가 다르므로 동류항이 아니다.
따라서 $-\frac{2}{5}a$와 동류항인 것은 ⑤이다. 답 ⑤

2 ㄱ. 상수항끼리는 동류항이다.
ㄴ. 문자가 다르므로 동류항이 아니다.
ㄷ. 차수가 다르므로 동류항이 아니다.
ㄹ. $\frac{5}{a}$, $-\frac{2}{a}$는 분모에 문자가 있으므로 다항식이 아니다.
ㅂ. 문자도 다르고 차수도 다르므로 동류항이 아니다.
따라서 동류항끼리 짝지어진 것은 ㄱ, ㅁ이다. 답 ②

3 ⑤ $\frac{1}{2}b-1+\frac{1}{3}b+2=\left(\frac{1}{2}+\frac{1}{3}\right)b+(-1+2)$
$=\frac{5}{6}b+1$ 답 ⑤

4 $6\left(2x+\frac{1}{3}\right)+(30x-24)\div 6$
$=6\left(2x+\frac{1}{3}\right)+(30x-24)\times\frac{1}{6}$
$=12x+2+5x-4=17x-2$
따라서 x의 계수는 17이다. 답 17

5 ⑤ $-2(5-2x)-\frac{4}{5}(10x-1)=-10+4x-8x+\frac{4}{5}$
$=4x-8x-10+\frac{4}{5}$
$=-4x-\frac{46}{5}$ 답 ⑤

6 $A-3B=(5x-6)-3(3x+1)$
$=5x-6-9x-3=-4x-9$ 답 ③

7 (직사각형의 둘레의 길이)
$=2\times$(가로의 길이)$+2\times$(세로의 길이)
$=2(7x-3)+2(5+2x)=14x-6+10+4x$
$=18x+4$ (cm) 답 ⑤

8 $-(4x-3)-\{0.5(6x+8)-5\}$
$=-4x+3-(3x+4-5)=-4x+3-(3x-1)$
$=-4x+3-3x+1=-7x+4$
따라서 $a=-7$, $b=4$이므로
$a-b=-7-4=-11$ 답 ②

9 $11x-[4x-\{2-2(3-x)\}]$
$=11x-\{4x-(2-6+2x)\}$
$=11x-\{4x-(-4+2x)\}$
$=11x-(4x+4-2x)$
$=11x-(2x+4)$
$=11x-2x-4=9x-4$ 답 $9x-4$

10 $\frac{3x+1}{2}-\frac{5x-1}{3}=\frac{3(3x+1)}{6}-\frac{2(5x-1)}{6}$
$=\frac{9x+3-10x+2}{6}$
$=\frac{-x+5}{6}=-\frac{1}{6}x+\frac{5}{6}$
따라서 $a=-\frac{1}{6}$, $b=\frac{5}{6}$이므로
$3(a+b)=3\times\left(-\frac{1}{6}+\frac{5}{6}\right)=3\times\frac{2}{3}=2$ 답 2

11 $\frac{x+1}{4}+\frac{x-1}{5}-\frac{x+1}{2}$

$=\frac{5(x+1)}{20}+\frac{4(x-1)}{20}-\frac{10(x+1)}{20}$

$=\frac{5x+5+4x-4-10x-10}{20}$

$=\frac{-x-9}{20}=-\frac{1}{20}x-\frac{9}{20}$

따라서 x의 계수는 $-\frac{1}{20}$, 상수항은 $-\frac{9}{20}$이므로

$-\frac{1}{20}+\left(-\frac{9}{20}\right)=-\frac{1}{2}$ 답 ②

12 $5(x-3)+(\square)=2x+1$에서

$\square=2x+1-5(x-3)=2x+1-5x+15$

$=-3x+16$ 답 ⑤

13 어떤 다항식을 $\square$라 하면

$\square+(4x-9)=-2x-1$

$\therefore \square=-2x-1-(4x-9)=-2x-1-4x+9$

$=-6x+8$ 답 $-6x+8$

14 어떤 다항식을 $\square$라 하면

$\square+(x-3)=3x+1$

$\therefore \square=3x+1-(x-3)$

$=3x+1-x+3=2x+4$

따라서 바르게 계산한 식은

$2x+4-(x-3)=2x+4-x+3$

$=x+7$ 답 $x+7$

주의 '어떤 다항식'까지만 구하지 않도록 주의한다.

15 어떤 다항식을 $\square$라 하면

$\square-(4x-3)=6x+5$

$\therefore \square=6x+5+(4x-3)$

$=6x+5+4x-3=10x+2$

따라서 바르게 계산한 식은

$10x+2+(4x-3)=10x+2+4x-3$

$=14x-1$ 답 ④

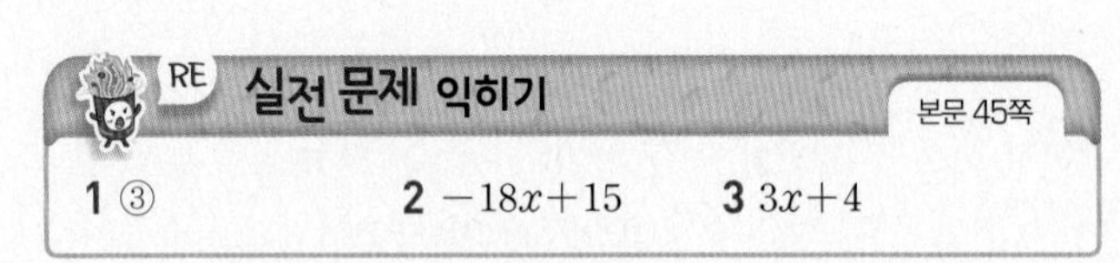

RE 실전 문제 익히기
본문 45쪽
1 ③
2 $-18x+15$
3 $3x+4$

1 $3x-[x+2\{-x-4(2-5x)\}]$

$=3x-\{x+2(-x-8+20x)\}$

$=3x-\{x+2(19x-8)\}$

$=3x-(x+38x-16)=3x-(39x-16)$

$=3x-39x+16=-36x+16$ 답 ③

2 $3A-B-(2A+3B)=3A-B-2A-3B$

$=A-4B$

$=(-2x+3)-4(4x-3)$

$=-2x+3-16x+12$

$=-18x+15$ 답 $-18x+15$

3 어떤 다항식을 $\square$라 하면

$\square+2(4x-6)=9x-5$ … ❶

$\therefore \square=9x-5-2(4x-6)$

$=9x-5-8x+12=x+7$ … ❷

따라서 바르게 계산한 식은

$x+7+\frac{1}{2}(4x-6)=x+7+2x-3=3x+4$ … ❸

답 $3x+4$

단계	채점 기준	배점
❶	잘못 계산한 식 세우기	30 %
❷	어떤 다항식 구하기	30 %
❸	바르게 계산한 식 구하기	40 %

LECTURE 14 방정식과 그 해

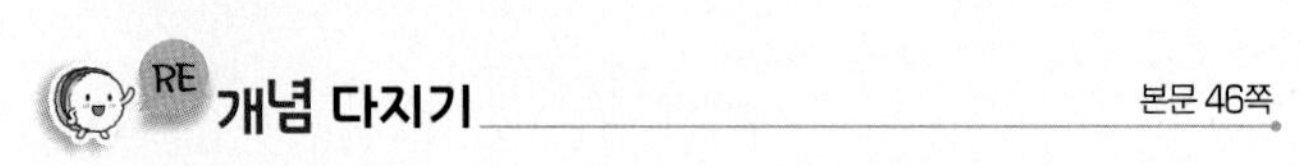

확인 개념 키워드 답 ❶ 등식 ❷ 방정식 ❸ 항등식

1 답 (1) ○ (2) × (3) × (4) ○

2 답 (1) **좌변: $3x+3$, 우변: -4**

(2) **좌변: $2(3-x)+4$, 우변: $3x$**

(3) **좌변: 7, 우변: $\frac{1}{2}x+9$**

3 답 (1) **방** (2) **항** (3) **항**

4 답 **$2\times1-5=-3$, -1, 거짓,**

$2\times2-5=-1$, -1, 참, 2

방정식 $2x-5=-1$은 $x=2$일 때 참이므로 해는 $x=2$이다.

5 답 (1) ○ (2) × (3) ○ (4) ×

(1) $a=b$의 양변에 $\frac{1}{5}$을 더하면 $a+\frac{1}{5}=b+\frac{1}{5}$

(2) $a=2b$의 양변에 2를 더하면 $a+2=2b+2$

(3) $a-6=b-3$의 양변에 6을 더하면 $a=b+3$

(4) $\frac{a}{4}=\frac{b}{3}$의 양변에 12를 곱하면 $3a=4b$

6 답 (1) ㄴ (2) ㄹ (3) ㄱ (4) ㄷ

(1) 양변에서 2를 뺀다. (2) 양변을 3으로 나눈다.

(3) 양변에 2를 더한다. (4) 양변에 4를 곱한다.

핵심 유형 익히기

본문 47~49쪽

1 $5x-2=3x$ 2 ② 3 ④ 4 ⑤
5 ④ 6 ㄴ, ㅁ 7 ③ 8 ③ 9 ④
10 ① 11 ① 12 ④ 13 ③
14 (가) ㄷ (나) ㄴ 15 ④

1 어떤 수 x의 5배에서 2를 뺀 수는 $5x-2$이고
어떤 수의 3배는 $3x$이므로
$5x-2=3x$ 답 $5x-2=3x$

2 ② 시속 x km로 2시간 동안 달린 거리는 100 km이다.
→ $2x=100$ 답 ②

참고 (거리)=(속력)×(시간)
(거스름돈)=(지불 금액)−(물건 가격)

3 각 방정식에 $x=-1$을 대입하면
① (좌변)$=-1+3=2$, (우변)$=4$
② (좌변)$=3\times(-1)=-3$, (우변)$=6$
③ (좌변)$=-1-6=-7$, (우변)$=2\times(-1)-6=-8$
④ (좌변)$=-2\times(-1+3)=-4$, (우변)$=-4$
⑤ (좌변)$=\frac{-1-2}{3}=-1$, (우변)$=2$
따라서 $x=-1$이 해인 것은 ④이다. 답 ④

참고 $x=-1$을 대입했을 때, (좌변)=(우변)이면 방정식의 해이고 (좌변)≠(우변)이면 방정식의 해가 아니다.

4 각 방정식에 $x=3$을 대입하면
① (좌변)$=-4\times3+10=-2$, (우변)$=-2$
② (좌변)$=5-2\times3=-1$, (우변)$=3-4=-1$
③ (좌변)$=6-2\times3=0$, (우변)$=0$
④ (좌변)$=3-5=-2$, (우변)$=3\times3-11=-2$
⑤ (좌변)$=\frac{1}{3}\times3-4=-3$, (우변)$=1$
따라서 $x=3$이 해가 아닌 것은 ⑤이다. 답 ⑤

5 [ ] 안의 수를 각 방정식의 x에 대입하면
① (좌변)$=1+3=4$, (우변)$=4$
② (좌변)$=-2-2=-4$
(우변)$=3\times(-2)+2=-4$
③ (좌변)$=5\times2-7=3$, (우변)$=3$
④ (좌변)$=-\frac{1}{3}\times\left(8\times\frac{1}{2}+1\right)=-\frac{5}{3}$
(우변)$=-2\times\frac{1}{2}-1=-2$
⑤ (좌변)$=2\times(-1+1)=0$, (우변)$=5\times(-1+1)=0$
따라서 [ ] 안의 수가 주어진 방정식의 해가 아닌 것은 ④이다. 답 ④

6 ㄱ. 다항식
ㄷ. 부등호를 사용한 식
ㄹ. 방정식
따라서 항등식인 것은 ㄴ, ㅁ이다. 답 ㄴ, ㅁ

7 x의 값에 관계없이 항상 참인 등식은 항등식이다.
①, ⑤ 방정식 ② 다항식
③ (좌변)$=3(x-2)=3x-6$에서 (좌변)=(우변)이므로 항등식이다.
④ 부등호를 사용한 식
따라서 x의 값에 관계없이 항상 참인 등식은 ③이다.
답 ③

8 $4x-6=ax+2b$가 x에 대한 항등식이므로
$4=a$, $-6=2b$
따라서 $a=4$, $b=-3$이므로
$a+b=4+(-3)=1$ 답 ③

9 $(3a-1)x-a=5x+2b$가 x에 대한 항등식이므로
$3a-1=5$, $-a=2b$
따라서 $a=2$, $b=-1$이므로
$a-b=2-(-1)=3$ 답 ④

월등한 개념
어떤 등식이 x에 대한 항등식이다.
→ 모든 x의 값에 대하여 항상 참이다.
→ x가 어떤 값을 갖더라도 항상 성립한다.
→ x의 값에 관계없이 항상 성립한다.

10 $2(x-1)=-x+\square$가 x에 대한 항등식이므로
$2x-2=-x+(3x-2)$
$\therefore \square=3x-2$ 답 ①

11 ㄱ. $a=b$의 양변에 b를 더하면 $a+b=2b$
ㄴ. $a+c=b+c$의 양변에서 c를 빼면 $a=b$
ㄷ. $a=3$의 양변을 6으로 나누면 $\frac{a}{6}=\frac{1}{2}$
ㄹ. $a=4$, $b=3$, $c=0$인 경우, $4\times0=3\times0$이지만 $4\neq3$이다.
따라서 옳은 것은 ㄱ, ㄴ이다. 답 ①

12 ① $4a=8b$의 양변을 4로 나누면 $a=2b$
② $-a=b$의 양변에 -4를 곱하면 $4a=-4b$
③ $\frac{a}{5}=\frac{b}{2}$의 양변에 10을 곱하면 $2a=5b$
④ $4a=-3b$의 양변에 5를 더하면 $4a+5=-3b+5$
⑤ $a+7=-b+3$의 양변에서 7을 빼면 $a=-b-4$
답 ④

13 ① $5a+3=2$의 양변에서 3을 빼면 $5a=-1$

② $5a+3=2$의 양변에 2를 더하면 $5a+5=4$

③ $5a+3=2$의 양변에 3을 곱하면 $15a+9=6$

④ $5a+3=2$의 양변을 2로 나누면 $\frac{5}{2}a+\frac{3}{2}=1$

⑤ $5a+3=2$의 양변을 5로 나누면 $a+\frac{3}{5}=\frac{2}{5}$ 답 ③

14 ㈎ 양변에 2를 곱한다. ➜ ㄷ

㈏ 양변에서 3을 뺀다. ➜ ㄴ 답 ㈎ ㄷ ㈏ ㄴ

15 ①, ②, ③, ⑤ '$a=b$이면 $a+c=b+c$이다.'를 이용한 것이다.

④ '$a=b$이면 $\frac{a}{c}=\frac{b}{c}$이다. (단, $c\neq0$)'를 이용한 것이다.

따라서 이용한 등식의 성질이 다른 하나는 ④이다.

답 ④

참고 • $a=b$이면 $a-c=b-c$
→ 양변에서 c를 빼는 것은 양변에 $-c$를 더하는 것과 같다.

• $a=b$이면 $\frac{a}{c}=\frac{b}{c}$ (단, $c\neq0$)
→ 양변을 c로 나누는 것은 양변에 $\frac{1}{c}$을 곱하는 것과 같다.

RE 실전 문제 익히기 본문 49쪽

1 ④ 2 ② 3 풀이 참조

1 주어진 등식에서 $7x-3=-ax-3a+bx$

$\therefore 7x-3=(-a+b)x-3a$

이것이 x에 대한 항등식이므로

$7=-a+b,\ -3=-3a$

따라서 $a=1,\ b=8$이므로 $ab=1\times8=8$ 답 ④

2 ① $4a=8$의 양변에서 3을 빼면 $4a-3=\boxed{5}$

② $-3x=7$의 양변에 5를 더하면 $-3x+5=\boxed{12}$

③ $\frac{a}{3}=3$의 양변에 3을 곱하면 $a=\boxed{9}$

④ $2a=10$의 양변을 2로 나누면 $a=\boxed{5}$

⑤ $\frac{3}{5}a=-6$의 양변에 $\frac{5}{3}$를 곱하면 $a=\boxed{-10}$

따라서 □ 안에 들어갈 수가 가장 큰 것은 ②이다.

답 ②

3 $\frac{2}{3}x-\frac{1}{2}=\frac{5}{6}$의 양변에 6을 곱하면 $4x-3=5$

따라서 ㉠은 5이고, 이때 ㈎에서 이용한 등식의 성질은 '등식의 양변에 같은 수를 곱하여도 등식은 성립한다.'이다. … ❶

$4x-3=5$의 양변에 3을 더하면 $4x=8$

따라서 ㉡은 8이고, 이때 ㈏에서 이용한 등식의 성질은 '등식의 양변에 같은 수를 더하여도 등식은 성립한다.'이다. … ❷

$4x=8$의 양변을 4로 나누면 $x=2$

따라서 ㉢은 2이고, 이때 ㈐에서 이용한 등식의 성질은 '등식의 양변을 0이 아닌 같은 수로 나누어도 등식은 성립한다.'이다. … ❸

답 풀이 참조

단계	채점 기준	배점
❶	㉠의 값과 ㈎에서 이용한 등식의 성질 구하기	40 %
❷	㉡의 값과 ㈏에서 이용한 등식의 성질 구하기	30 %
❸	㉢의 값과 ㈐에서 이용한 등식의 성질 구하기	30 %

LECTURE 15 일차방정식의 풀이

RE 개념 다지기 본문 50쪽

확인 개념 키워드 답 ❶ 이항 ❷ 일차방정식

1 답 (1) $2x=5-3$ (2) $x+1+2=0$

(3) $6x-4x=-3$ (4) $3x+x=6-7$

2 답 (1) $x=-2$ (2) $-x=9$

(3) $-5x=-2$ (4) $-5x=-5$

3 답 (1) ○ (2) ○ (3) × (4) ○ (5) × (6) ×

(1) $3x-5=0$이므로 일차방정식이다.

(2) $x+7=2x-2$, 즉 $-x+9=0$이므로 일차방정식이다.

(3) $-x^2+2x+1=0$이므로 일차방정식이 아니다.

(4) $x^2+x=x^2-x$, 즉 $2x=0$이므로 일차방정식이다.

(5) 다항식이므로 일차방정식이 아니다.

(6) 항등식이므로 일차방정식이 아니다.

4 답 (1) $x=-3$ (2) $x=-1$ (3) $x=3$ (4) $x=-4$

(5) $x=3$ (6) $x=-3$

(1) $4x+9=x$에서 $3x=-9$ $\therefore x=-3$

(2) $4x-1=-2x-7$에서 $6x=-6$ $\therefore x=-1$

(3) $3(x+1)=18-2x$의 괄호를 풀면

$3x+3=18-2x,\ 5x=15$

$\therefore x=3$

(4) $0.5x+1.6=0.3x+0.8$의 양변에 10을 곱하면

$5x+16=3x+8$

$2x=-8$ $\therefore x=-4$

(5) $\frac{2-x}{3}+\frac{2x+5}{15}=\frac{2}{5}$의 양변에 15를 곱하면

$5(2-x)+2x+5=6,\ 10-5x+2x+5=6$

$-3x=-9$ $\therefore x=3$

(6) $0.6x-0.9=\frac{2}{5}x-\frac{3}{2}$의 양변에 10을 곱하면

$6x-9=4x-15$

$2x=-6 \quad \therefore x=-3$

RE 핵심 유형 익히기

본문 51~53쪽

1 ②	2 ②, ③	3 -3	4 ④	5 $a\neq-1$
6 ②	7 ②, ③	8 2	9 ③	10 ①
11 ③	12 ⑤	13 3	14 $x=-1$	15 -7
16 $-\frac{5}{7}$				

1 -5를 이항하면 $4x=7+5$

$4x-5=7$의 양변에 5를 더하면

$4x-5+5=7+5 \quad \therefore 4x=7+5$ 답 ②

2 ① $-x+3=1 \rightarrow -x=1-3$

④ $-x+2=2x+3 \rightarrow -x-2x=3-2$

⑤ $5x+3=3x+3 \rightarrow 5x-3x=3-3$ 답 ②, ③

참고 이항은 등식의 성질 중 '등식의 양변에 같은 수를 더하거나 빼어도 등식은 성립한다.'를 이용한 것이다.

$+$를 이항하면 → $-$, $-$를 이항하면 → $+$

3 $6x+5=3x-1$에서 5와 $3x$를 이항하면

$6x-3x=-1-5$, $3x=-6$

따라서 $a=3$, $b=-6$이므로

$a+b=3+(-6)=-3$ 답 -3

4 ① $x+x^2-1=0$이므로 일차방정식이 아니다.

② $x^2+9=0$이므로 일차방정식이 아니다.

③ $2x+10=2x+10$에서 항등식이므로 일차방정식이 아니다.

④ $8x=0$이므로 일차방정식이다.

⑤ 다항식이므로 일차방정식이 아니다.

따라서 일차방정식인 것은 ④이다. 답 ④

월등한 개념

방정식에서 우변의 모든 항을 좌변으로 이항하여 정리하였을 때, (x에 대한 일차식)$=0$의 꼴로 나타낼 수 있는 방정식 → x에 대한 일차방정식

5 $x+6=2-ax$에서 $(1+a)x+4=0$

이 방정식이 x에 대한 일차방정식이 되려면

$1+a\neq0 \quad \therefore a\neq-1$ 답 $a\neq-1$

참고 일차방정식 → $ax+b=0\,(a\neq0)$

6 $2(x+3)=4+3(x+1)$에서

$2x+6=4+3x+3$

$-x=1 \quad \therefore x=-1$ 답 ②

7 $5(x-1)=2(x+2)$의 괄호를 풀면

$5x-5=2x+4$, $3x=9 \quad \therefore x=3$

① $x+3=0$에서 $x=-3$

② $2x-3=3$에서 $2x=6 \quad \therefore x=3$

③ $3x-1=2(x+1)$의 괄호를 풀면

$3x-1=2x+2 \quad \therefore x=3$

④ $3(x-1)=2x+1$의 괄호를 풀면

$3x-3=2x+1 \quad \therefore x=4$

⑤ $x-5=4x+1$에서 $-3x=6 \quad \therefore x=-2$

따라서 주어진 일차방정식과 해가 같은 것은 ②, ③이다.

답 ②, ③

8 $3x-2=8(x+1)$에서 $3x-2=8x+8$

$-5x=10$, $x=-2 \quad \therefore a=-2$

$-(2x+5)=3x+15$에서 $-2x-5=3x+15$

$-5x=20 \quad \therefore x=-4 \quad \therefore b=-4$

$\therefore a-b=-2-(-4)=2$ 답 2

9 양변에 10을 곱하면

$3(x+4)=4x+9$, $3x+12=4x+9$

$-x=-3 \quad \therefore x=3$ 답 ③

10 양변에 12를 곱하면 $3x-24=4x-12$

$-x=12 \quad \therefore x=-12$ 답 ①

11 ① $0.02x=0.04(x-1)$의 양변에 100을 곱하면

$2x=4(x-1)$, $2x=4x-4$

$-2x=-4 \quad \therefore x=2$

② $\frac{x}{2}+1=\frac{1}{6}-x$의 양변에 6을 곱하면

$3x+6=1-6x$, $9x=-5 \quad \therefore x=-\frac{5}{9}$

③ $\frac{2-x}{2}=-1$의 양변에 2를 곱하면

$2-x=-2$, $-x=-4 \quad \therefore x=4$

④ $0.3(x-1)=0.4x+0.8$의 양변에 10을 곱하면

$3(x-1)=4x+8$, $3x-3=4x+8$

$-x=11 \quad \therefore x=-11$

⑤ $\frac{1}{5}x-0.6=0.4x$에서 $\frac{1}{5}x-\frac{3}{5}=\frac{2}{5}x$

양변에 5를 곱하면

$x-3=2x \quad \therefore x=-3$

따라서 해가 가장 큰 것은 ③이다. 답 ③

참고 계수에 소수와 분수가 섞여 있는 일차방정식은 먼저 소수를 분수로 고친 후 계수를 정수로 만드는 것이 편리하다.

12 $ax-3=3x+\frac{1}{2}$에 $x=-1$을 대입하면

$-a-3=-3+\frac{1}{2}$, $-a=\frac{1}{2} \quad \therefore a=-\frac{1}{2}$ 답 ⑤

다른 풀이 주어진 방정식의 양변에 2를 곱하면

$2ax-6=6x+1$

$x=-1$을 대입하면

$-2a-6=-6+1,\ -2a=1 \qquad \therefore a=-\frac{1}{2}$

13 $\frac{ax-5}{7}-0.5(x-a)=2$에 $x=-8$을 대입하면

$\frac{-8a-5}{7}-0.5(-8-a)=2$

$\frac{-8a-5}{7}-\frac{1}{2}(-8-a)=2$

양변에 14를 곱하면 $2(-8a-5)-7(-8-a)=28$

$-16a-10+56+7a=28,\ -9a=-18 \qquad \therefore a=2$

$\therefore a^2-a+1=2^2-2+1=3$ 답 3

14 $a(x+3)=21$에 $x=4$를 대입하면

$a(4+3)=21,\ 7a=21 \qquad \therefore a=3$

$5x-a(x+3)=-11$에 $a=3$을 대입하면

$5x-3(x+3)=-11,\ 5x-3x-9=-11$

$2x=-2 \qquad \therefore x=-1$ 답 $x=-1$

15 $4(x-3)=2(x+1)$에서 $4x-12=2x+2$

$2x=14 \qquad \therefore x=7$

$-x+a=-2x$에 $x=7$을 대입하면

$-7+a=-14 \qquad \therefore a=-7$ 답 -7

16 $\frac{x}{5}+7=\frac{2}{3}x$의 양변에 15를 곱하면

$3x+105=10x,\ -7x=-105 \qquad \therefore x=15$

$ax+10=a$에 $x=15$를 대입하면

$15a+10=a,\ 14a=-10 \qquad \therefore a=-\frac{5}{7}$ 답 $-\frac{5}{7}$

RE 실전 문제 익히기 본문 53쪽

1 -6 2 ⑤ 3 $\frac{3}{2}$

1 $0.3(x+4):\frac{1}{2}=\frac{2}{5}(2x+3):3$에서

$0.9(x+4)=\frac{1}{5}(2x+3)$

양변에 10을 곱하면 $9(x+4)=2(2x+3)$

$9x+36=4x+6,\ 5x=-30 \qquad \therefore x=-6$ 답 -6

2 주어진 방정식에 $x=-6$을 대입하면

$-\frac{3}{2}-\frac{1}{2}a=6+\frac{1}{2}(1-3a),\ -3-a=12+1-3a$

$2a=16 \qquad \therefore a=8$ 답 ⑤

3 $0.9x-0.5=0.7x+0.1$의 양변에 10을 곱하면

$9x-5=7x+1,\ 2x=6 \qquad \therefore x=3$ … ❶

$\frac{5-x}{2}=\frac{2}{3}(x-a)$에 $x=3$을 대입하면

$\frac{5-3}{2}=\frac{2}{3}(3-a),\ 1=2-\frac{2}{3}a$

$\frac{2}{3}a=1 \qquad \therefore a=\frac{3}{2}$ … ❷

답 $\frac{3}{2}$

단계	채점 기준	배점
❶	$0.9x-0.5=0.7x+0.1$의 해 구하기	50 %
❷	a의 값 구하기	50 %

LECTURE 16 일차방정식의 활용 (1)

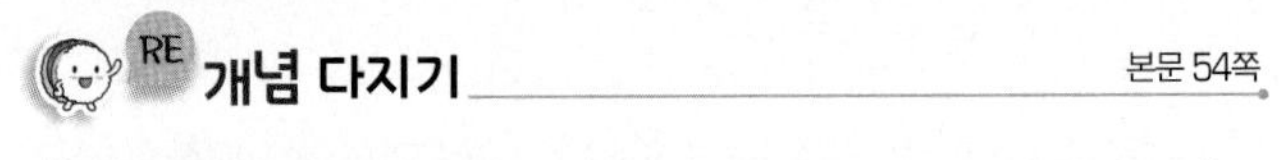

RE 개념 다지기 본문 54쪽

확인 개념 키워드 답 ❶ $x+2,\ x+4,\ x-2,\ x+2$ ❷ $10a+b$ ❸ $a+x$ ❹ $5x+3$ ❺ $7x-2$

1 답 (1) $x-6=2x$ (2) -6 (3) -6

2 답 (1) $x,\ 8,\ 24$ (2) 6 (3) 6

RE 핵심 유형 익히기 본문 54~56쪽

1 ④	2 39	3 81	4 56	5 10세
6 21세	7 ④	8 4	9 60 cm	10 38개
11 38명	12 2일	13 ②		

1 큰 짝수를 x라 하면

$(x-2)+x=26,\ 2x-2=26,\ 2x=28 \qquad \therefore x=14$

따라서 연속하는 두 짝수 중 큰 수는 14이다. 답 ④

2 연속하는 세 자연수를 $x-1,\ x,\ x+1$이라 하면

$3x=(x-1)+(x+1)+13,\ 3x=2x+13$

$\therefore x=13$

따라서 세 자연수는 12, 13, 14이므로 세 자연수의 합은

$12+13+14=39$ 답 39

3 두 자리의 자연수의 십의 자리의 숫자를 x라 하면 일의 자리의 숫자가 1이므로 이 자연수는 $10x+1$

$10x+1=9(x+1),\ 10x+1=9x+9 \qquad \therefore x=8$

따라서 구하는 자연수는 81이다. 답 81

4 처음 수의 십의 자리의 숫자를 x라 하면

(처음 수)$=10x+6$, (바꾼 수)$=60+x$이므로

$60+x=10x+6+9$

$60+x=10x+15$, $-9x=-45$ $\therefore x=5$

따라서 처음 수는 56이다. 답 56

5 현재 승민이의 나이를 x세라 하면

$x+9=3x-11$, $-2x=-20$ $\therefore x=10$

따라서 현재 승민이의 나이는 10세이다. 답 10세

주의 $x+9=3(x-11)$로 식을 세우지 않도록 주의한다.

6 현재 형의 나이를 x세라 하면 동생의 나이는 $(x-6)$세이고, 3년 후의 형의 나이는 $(x+3)$세, 동생의 나이는 $(x-6+3)$세이므로

$(x+3)+(x-6+3)=42$, $2x=42$ $\therefore x=21$

따라서 현재 형의 나이는 21세이다. 답 21세

7 x년 후 할머니의 나이가 손녀의 나이의 3배보다 2세가 더 많아진다고 하면

$63+x=3(13+x)+2$, $63+x=39+3x+2$

$-2x=-22$ $\therefore x=11$

따라서 구하는 해는 2020년의 11년 후인 2031년이다.

답 ④

8 (처음 사다리꼴의 넓이)$=\frac{1}{2}\times(7+10)\times6=51\,(\text{cm}^2)$

아랫변의 길이를 x cm만큼 늘인 사다리꼴의 넓이가 $51+12=63\,(\text{cm}^2)$이므로

$\frac{1}{2}\times\{7+(10+x)\}\times6=63$, $3(x+17)=63$

$17+x=21$ $\therefore x=4$ 답 4

9 세로의 길이를 x cm라 하면 가로의 길이는 $3x$ cm이므로

$2(3x+x)=160$, $8x=160$ $\therefore x=20$

따라서 직사각형의 가로의 길이는

$20\times3=60\,(\text{cm})$ 답 60 cm

참고 가로의 길이를 x cm로 놓으면 세로의 길이가 $\frac{x}{3}$ cm로 x의 계수가 분수가 되므로 세로의 길이를 x cm로 놓는 것이 계산하기가 더 편리하다.

10 학생 수를 x명이라 하면

$5x+8=7x-4$, $-2x=-12$ $\therefore x=6$

따라서 귤의 개수는 $5\times6+8=38$(개) 답 38개

참고 남는 것과 부족한 것의 두 부분으로 나누어 생각한다.

→ ■$\times x+$●$=$▲$\times x-$★

(●만큼 남는다. / ★만큼 부족하다.)

주의 x의 값을 답으로 하지 않도록 주의한다. x의 값은 학생 수이므로 귤의 개수를 구하도록 한다.

11 6명씩 설 때의 줄의 수를 x줄이라 하면 7명씩 설 때의 줄의 수는 $(x-1)$줄이므로

$6x+2=7(x-1)+3$, $6x+2=7x-7+3$

$-x=-6$ $\therefore x=6$

따라서 이 학급의 학생 수는 $6\times6+2=38$(명) 답 38명

12 전체 일의 양을 1이라 하면 A와 B가 하루 동안 하는 일의 양은 각각 $\frac{1}{4}$, $\frac{1}{8}$이므로 A와 B가 함께 x일 동안 일했다고 하면

$\frac{1}{4}+\left(\frac{1}{4}+\frac{1}{8}\right)x=1$, $\frac{1}{4}+\frac{3}{8}x=1$

$2+3x=8$, $3x=6$ $\therefore x=2$

따라서 A와 B가 함께 일한 기간은 2일이다. 답 2일

13 전체 조립하는 양을 1이라 하면 태우와 준수가 하루 동안 조립하는 양은 각각 $\frac{1}{10}$, $\frac{1}{20}$이므로 둘이 함께 x일 동안 조립했다고 하면

$\left(\frac{1}{10}+\frac{1}{20}\right)x+\frac{1}{20}\times5=1$, $\frac{3}{20}x+\frac{1}{4}=1$

$3x+5=20$, $3x=15$ $\therefore x=5$

따라서 두 사람이 함께 조립한 기간은 5일이다. 답 ②

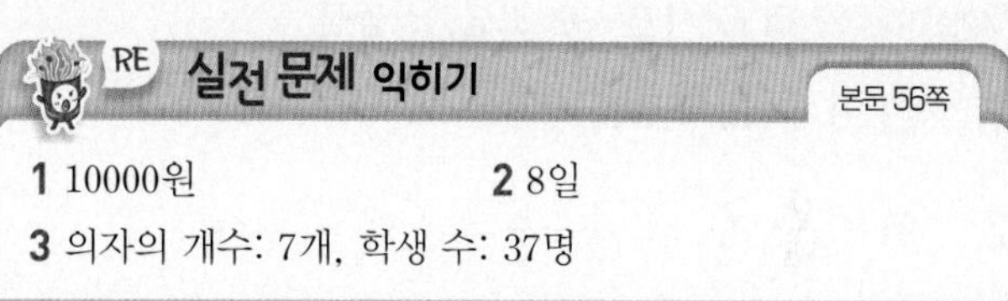

RE 실전 문제 익히기 본문 56쪽

1 10000원 2 8일

3 의자의 개수: 7개, 학생 수: 37명

1 모자의 원가를 x원이라 하면

(정가)$=x+\frac{25}{100}x=\frac{5}{4}x$(원), (판매 금액)$=\frac{5}{4}x-1500$(원)

이익은 원가의 10 %이므로

$\left(\frac{5}{4}x-1500\right)-x=\frac{1}{10}x$

$25x-30000-20x=2x$, $3x=30000$ $\therefore x=10000$

따라서 모자의 원가는 10000원이다. 답 10000원

2 전체 일의 양을 1이라 하면 형과 동생이 하루 동안 하는 일의 양은 각각 $\frac{1}{12}$, $\frac{1}{15}$이다.

형이 혼자 일한 날을 x일이라 하면 형과 동생이 함께 일한 날은 $(x+2)$일이므로

$\frac{1}{12}x+\left(\frac{1}{12}+\frac{1}{15}\right)(x+2)=1$

$5x+(5+4)(x+2)=60$, $5x+9x+18=60$

$14x=42$ $\therefore x=3$

따라서 형이 혼자 일한 날은 3일, 형과 동생이 함께 일한 날은 5일이므로 형이 일한 날은 총 8일이다. 답 8일

3 의자의 개수를 x개라 하면 4명씩 앉을 때의 학생 수는 $(4x+9)$명, 6명씩 앉을 때의 학생 수는 $\{6(x-1)+1\}$명이므로

$4x+9=6(x-1)+1$ … ❶

$4x+9=6x-6+1$, $-2x=-14$

$\therefore x=7$

즉, 의자의 개수는 7개이다. … ❷

따라서 학생 수는

$4\times7+9=37$(명) … ❸

답 의자의 개수: 7개, 학생 수: 37명

단계	채점 기준	배점
❶	의자의 개수를 x로 놓고 x에 대한 방정식 세우기	50 %
❷	의자의 개수 구하기	30 %
❸	학생 수 구하기	20 %

LECTURE 17 일차방정식의 활용 (2)

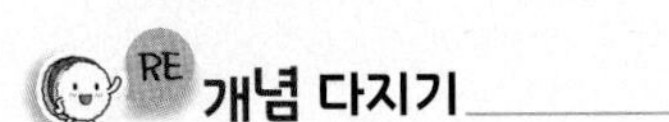

개념 다지기

본문 57쪽

확인 개념 키워드 답 ❶ 시간 ❷ 소금, 소금물

1 답 (1) **4, $4x$** (2) **x, 6**

2 답 (1) **$\frac{x}{3}$, $\frac{x}{2}$** (2) **$\frac{x}{3}+\frac{x}{2}=5$** (3) **6** (4) **6**

3 답 (1) **500, 5** (2) **8, 400, 32**

4 답 (1) **8, $200+x$, $\frac{8}{100}\times(200+x)$**

(2) **$\frac{12}{100}\times200=\frac{8}{100}\times(200+x)$**

(3) **100** (4) **100**

핵심 유형 익히기

본문 58~59쪽

1 32 km **2** 5 km **3** ② **4** ④ **5** 20분 후
6 100 g **7** 12.5 g **8** ③
9 4 %의 소금물: 300 g, 19 %의 소금물: 200 g

1 두 지점 A, B 사이의 거리를 x km라 하면 40분은 $\frac{40}{60}=\frac{2}{3}$(시간)이므로

$\frac{x}{80}+\frac{x}{120}=\frac{2}{3}$, $3x+2x=160$

$5x=160$ $\therefore x=32$

따라서 두 지점 A, B 사이의 거리는 32 km이다.

답 32 km

2 두 지점 A, B 사이의 거리를 x km라 하면 10분은 $\frac{10}{60}=\frac{1}{6}$(시간)이므로

$\frac{x}{5}-\frac{x}{6}=\frac{1}{6}$, $6x-5x=5$ $\therefore x=5$

따라서 두 지점 A, B 사이의 거리는 5 km이다.

답 5 km

3 열차의 길이를 x m라 하면 열차의 속력은 일정하므로

$\frac{500+x}{24}=\frac{900+x}{40}$, $5(500+x)=3(900+x)$

$2500+5x=2700+3x$, $2x=200$

$\therefore x=100$

따라서 열차의 길이는 100 m이다. 답 ②

참고 길이가 x m인 열차가 길이가 l m인 터널을 완전히 통과하려면 $(x+l)$ m를 달려야 한다.

4 두 사람이 출발한 지 x분 후 만난다고 하면 3 km는 3000 m이므로

$40x+210x=3000$, $250x=3000$ $\therefore x=12$

따라서 두 사람은 출발한 지 12분 후에 만난다. 답 ④

5 민기가 걸은 시간을 x분이라 하면 승원이가 걸은 시간은 $(x+10)$분이므로

$70(x+10)+60x=3300$, $70x+700+60x=3300$

$130x=2600$ $\therefore x=20$

따라서 20분 후에 처음으로 만난다. 답 20분 후

6 더 넣어야 할 물의 양을 x g이라 하면 설탕의 양은 변하지 않으므로

$\frac{15}{100}\times200=\frac{10}{100}\times(200+x)$, $3000=2000+10x$

$-10x=-1000$ $\therefore x=100$

따라서 더 넣어야 할 물의 양은 100 g이다. 답 100 g

7 더 넣어야 할 소금의 양을 x g이라 하면

$\frac{15}{100}\times200+x=\frac{20}{100}\times(200+x)$

$3000+100x=4000+20x$, $80x=1000$ $\therefore x=12.5$

따라서 더 넣어야 할 소금의 양은 12.5 g이다. 답 12.5 g

주의 소금을 더 넣으면 소금물의 양도 변하고 소금의 양도 변한다.

8 10 %의 소금물을 x g 섞는다고 하면

$\frac{15}{100}\times 400+\frac{10}{100}\times x=\frac{12}{100}\times(400+x)$

$6000+10x=4800+12x,\ -2x=-1200$ $\therefore x=600$

따라서 10 %의 소금물을 600 g 섞어야 한다. 답 ③

9 4 %의 소금물을 x g 섞는다고 하면 19 %의 소금물은 $(500-x)$ g 섞어야 하므로

$\frac{4}{100}\times x+\frac{19}{100}\times(500-x)=\frac{10}{100}\times 500$

$4x+9500-19x=5000,\ -15x=-4500$ $\therefore x=300$

따라서 4 %의 소금물을 300 g, 19 %의 소금물을 $500-300=200$ (g) 섞어야 한다.

답 4 %의 소금물: 300 g, 19 %의 소금물: 200 g

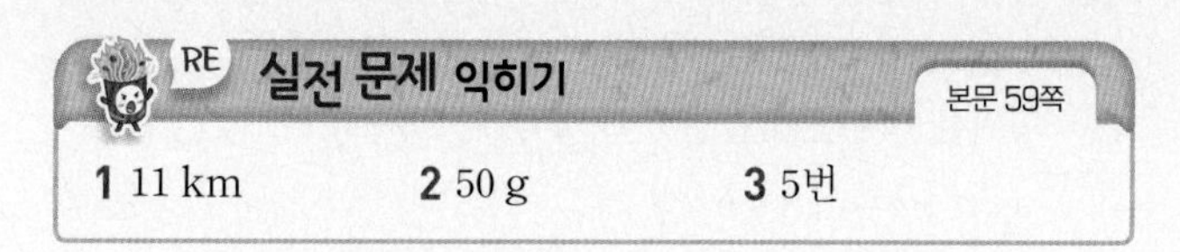

실전 문제 익히기

본문 59쪽

1 11 km **2** 50 g **3** 5번

1 올라간 거리를 x km라 하면 내려온 거리는 $(x-1)$ km이다. 올라간 시간과 내려온 시간의 차는 1시간 10분, 즉 $1\frac{10}{60}=1\frac{1}{6}=\frac{7}{6}$(시간)이므로

$\frac{x}{3}-\frac{x-1}{4}=\frac{7}{6},\ 4x-3(x-1)=14$

$4x-3x+3=14$ $\therefore x=11$

따라서 올라간 거리는 11 km이다. 답 11 km

2 더 넣어야 할 소금의 양을 x g이라 하면 20 %의 소금물의 양은 $200+100+x=300+x$ (g)이므로

$\frac{10}{100}\times 200+x=\frac{20}{100}\times(300+x)$

$2000+100x=6000+20x,\ 80x=4000$ $\therefore x=50$

따라서 더 넣어야 할 소금의 양은 50 g이다. 답 50 g

3 두 사람이 출발한 지 x분 후 처음으로 만난다고 하면

$55x+70x=750$ ··· ❶

$125x=750$ $\therefore x=6$

즉, 두 사람은 출발한 후 6분마다 만난다. ··· ❷

따라서 오후 5시 35분까지 오후 5시 6분, 12분, 18분, 24분, 30분에 5번 만난다. ··· ❸

답 5번

단계	채점 기준	배점
❶	두 사람이 걸은 거리의 관계에 대한 방정식 세우기	40 %
❷	두 사람이 출발한 후 몇 분마다 만나는지 구하기	30 %
❸	오후 5시 35분까지 몇 번 만나는지 구하기	30 %

LECTURE 18 순서쌍과 좌표

개념 다지기

본문 60쪽

확인 개념 키워드 답 ❶ 좌표 ❷ ㉠ x축 ㉡ y축 ㉢ 원점 ㉣ 좌표축 ❸ 순서쌍 ❹ 사분면

1 답 (수직선: Q는 -4, P는 -1.5 부근, S는 0, R은 2)

Q P S R
-4 -3 -2 -1 0 1 2 3 4

2 답 (1) A(3, 2), B(-2, -2), C(0, 1), D(4, -3)

(2)

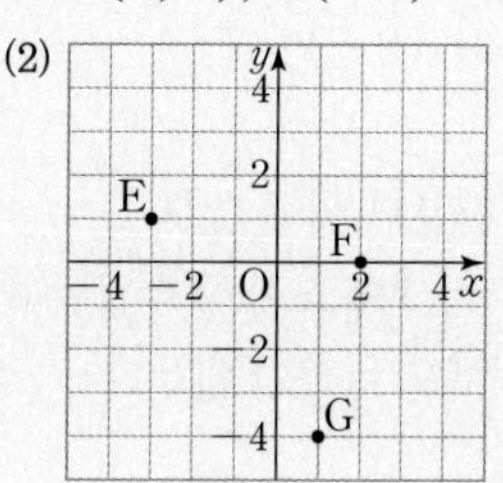

3 답 (1) $(-2, 3)$ (2) $(8, -5)$ (3) $(-1, 0)$ (4) $(0, 4)$

4 답 (1) ㅁ, ㅅ (2) ㄹ, ㅂ (3) ㄴ, ㄷ

5 답 (1) $(-6, -3)$ (2) $(6, 3)$ (3) $(6, -3)$

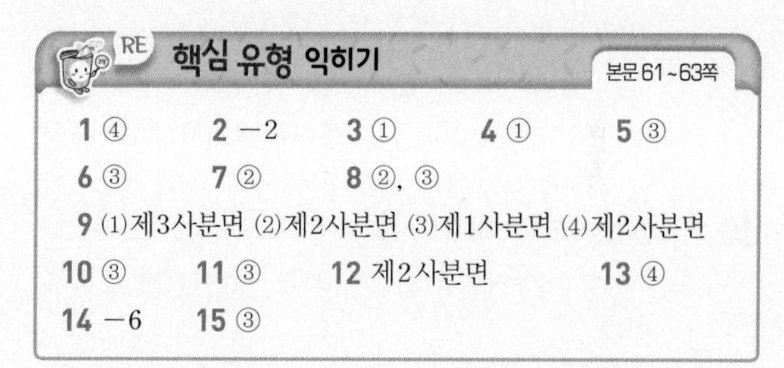

핵심 유형 익히기

본문 61~63쪽

1 ④ **2** -2 **3** ① **4** ① **5** ③
6 ③ **7** ② **8** ②, ③
9 (1) 제3사분면 (2) 제2사분면 (3) 제1사분면 (4) 제2사분면
10 ③ **11** ③ **12** 제2사분면 **13** ④
14 -6 **15** ③

1 ④ D(1, 4) 답 ④

2 $-2a+3=-a+4$에서 $-a=1$ $\therefore a=-1$

$b+2=-2b+5$에서 $3b=3$ $\therefore b=1$

$\therefore a-b=-1-1=-2$ 답 -2

3 y축 위에 있는 점의 x좌표는 0이므로 구하는 점의 좌표는 $(0, 7)$ 답 ①

4 점 $(6-a,\ b+3)$이 x축 위에 있으므로 y좌표가 0이다.

즉, $b+3=0$ $\therefore b=-3$

점 $(2a+10,\ -b+4)$가 y축 위에 있으므로 x좌표가 0이다. 즉, $2a+10=0$ $\therefore a=-5$

따라서 구하는 점의 좌표는 $(-5, -3)$이다. 답 ①

5 점 $(a,\ b)$가 x축 위에 있으므로 $b=0$
이때 점 $(a,\ b)$가 원점이 아니므로 $a\neq0$ 답 ③

월등한 개념
점 (a, b)가
① 원점이 아닌 경우: $a\neq0$ 또는 $b\neq0$
② x축 위의 점이 아닌 경우: $b\neq0$
③ y축 위의 점이 아닌 경우: $a\neq0$

7 ① 제1사분면 ② 제4사분면
③ 제2사분면 ④ 어느 사분면에도 속하지 않는다.
⑤ 제3사분면
따라서 제4사분면 위의 점은 ②이다. 답 ②

8 ① 점 $(4,\ -6)$은 제4사분면 위에 있다.
④ 점 $(0,\ 9)$는 어느 사분면에도 속하지 않는다.
⑤ 원점은 어느 사분면에도 속하지 않는다. 답 ②, ③

9 (1) $a<0,\ b<0$이므로 점 $(a,\ b)$는 제3사분면 위의 점이다.
(2) $a<0,\ -b>0$이므로 점 $(a,\ -b)$는 제2사분면 위의 점이다.
(3) $-a>0,\ -b>0$이므로 점 $(-a,\ -b)$는 제1사분면 위의 점이다.
(4) $a<0,\ ab>0$이므로 점 $(a,\ ab)$는 제2사분면 위의 점이다.
답 (1) 제3사분면 (2) 제2사분면
(3) 제1사분면 (4) 제2사분면

10 점 $(a,\ b)$가 제2사분면 위의 점이므로 $a<0,\ b>0$
① $b>0,\ a<0$이므로 점 $(b,\ a)$는 제4사분면 위의 점이다.
② $-a>0,\ b>0$이므로 점 $(-a,\ b)$는 제1사분면 위의 점이다.
③ $a<0,\ -b<0$이므로 점 $(a,\ -b)$는 제3사분면 위의 점이다.
④ $b>0,\ -a>0$이므로 점 $(b,\ -a)$는 제1사분면 위의 점이다.
⑤ $-b<0,\ -a>0$이므로 점 $(-b,\ -a)$는 제2사분면 위의 점이다.
따라서 제3사분면 위의 점은 ③이다. 답 ③

11 $ab>0$이므로 $a,\ b$의 부호는 서로 같고, $a+b>0$이므로 $a>0,\ b>0$
따라서 $-a<0,\ -b<0$이므로 점 $(-a,\ -b)$는 제3사분면 위의 점이다. 답 ③

12 점 $(ab,\ a+b)$가 제4사분면 위의 점이므로
$ab>0,\ a+b<0$
$ab>0$이므로 $a,\ b$의 부호는 서로 같고, $a+b<0$이므로
$a<0,\ b<0$
따라서 $a<0,\ -b>0$이므로 점 $(a,\ -b)$는 제2사분면 위의 점이다. 답 제2사분면

13 x축에 대하여 대칭인 점의 좌표는 y좌표의 부호만 반대이므로 구하는 점의 좌표는 $(-8,\ -7)$ 답 ④

14 원점에 대하여 대칭인 점의 좌표는 x좌표, y좌표의 부호가 모두 반대이므로 $a=-1,\ b=4$
$\therefore 2a-b=2\times(-1)-4=-6$ 답 -6

15 y축에 대하여 대칭인 점의 좌표는 x좌표의 부호만 반대이므로 $a+6=3$ $\therefore a=-3$
y좌표는 같으므로 $b-2=4$ $\therefore b=6$
$\therefore a+b=-3+6=3$ 답 ③

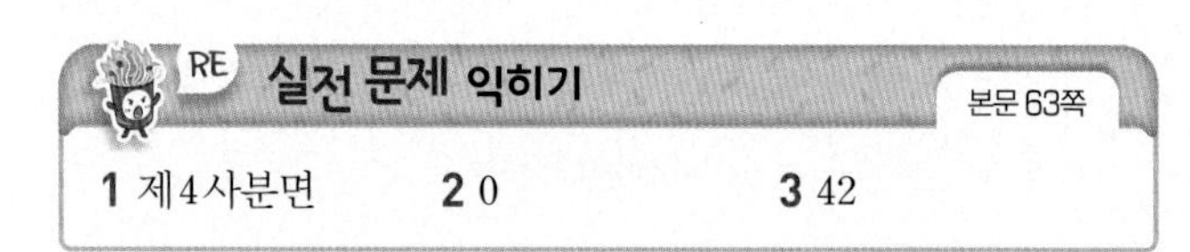

RE 실전 문제 익히기
본문 63쪽
1 제4사분면
2 0
3 42

1 $ab<0$이므로 a와 b의 부호는 서로 다르다.
이때 $a-b>0$, 즉 $a>b$이므로 $a>0,\ b<0$
따라서 $-\frac{a}{b}>0,\ b-a<0$이므로 점 $\left(-\frac{a}{b},\ b-a\right)$는 제4사분면 위의 점이다. 답 제4사분면

2 y축에 대하여 대칭인 점의 좌표는 x좌표의 부호만 반대이므로 $a-5=2$ $\therefore a=7$
y좌표는 같으므로 $-3=b+4$ $\therefore b=-7$
$\therefore a+b=7+(-7)=0$ 답 0

3 네 점 A$(0,\ 4)$, B$(-2,\ -3)$, C$(5,\ -3)$, D$(5,\ 4)$를 좌표평면 위에 나타내면 오른쪽 그림과 같다. … ❶
따라서 사각형 ABCD의 넓이는
$\frac{1}{2}\times[5+\{5-(-2)\}]\times\{4-(-3)\}$
$=\frac{1}{2}\times12\times7=42$ … ❷
답 42

단계	채점 기준	배점
❶	사각형 ABCD를 좌표평면 위에 나타내기	40 %
❷	사각형 ABCD의 넓이 구하기	60 %

LECTURE 19 그래프의 이해

RE 개념 다지기 본문 64쪽

확인 개념 키워드 답 ❶ 변수 ❷ 그래프

1 답 (1) (1, 20), (2, 16), (3, 12), (4, 8), (5, 4), (6, 0)

(2)
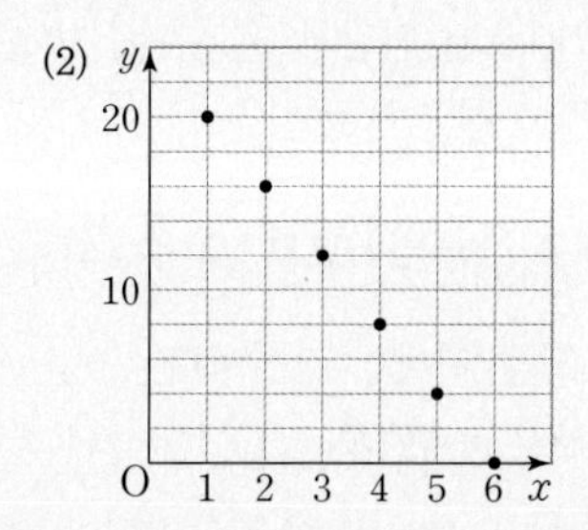

2 답 ㄴ

집에서 점점 멀어지다가 공원에서 휴식을 취할 때 집에서 떨어진 거리는 변함이 없고, 돌아올 때 집에 점점 가워진다. 따라서 알맞은 그래프는 ㄴ이다.

RE 핵심 유형 익히기 본문 64~65쪽

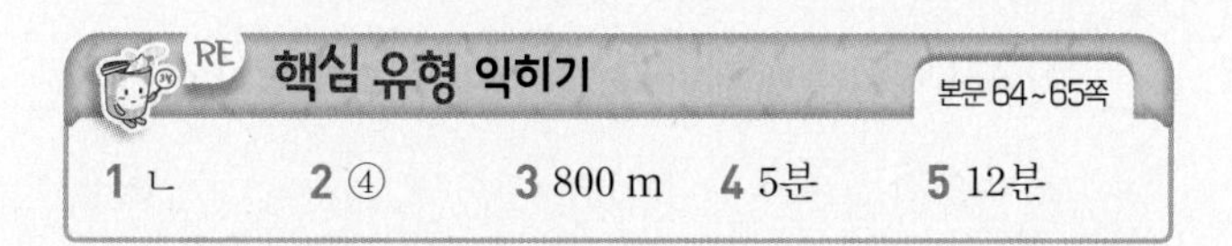
1 ㄴ 2 ④ 3 800 m 4 5분 5 12분

2 수면의 반지름의 길이가 점점 길어지다가 다시 짧아지므로 물의 높이가 점점 느리게 증가하다가 점점 빠르게 증가한다. 따라서 알맞은 그래프는 ④이다.

답 ④

3 정민이가 일정한 빠르기로 가다가 멈추었을 때의 거리인 800 m이다. 답 800 m

4 정민이의 이동 거리에 변화가 없었던 시간은 출발한 후 6분부터 11분 사이이므로 친구를 기다린 시간은
$11-6=5$(분) 답 5분

5 공원까지 갈 때, 자전거를 타고 가는 시간과 걸어가는 시간은 각각 8분, 20분이다.
따라서 구하는 시간의 차는
$20-8=12$(분) 답 12분

RE 실전 문제 익히기 본문 65쪽

1 ㄴ 2 30분 후 3 17분 후

1 ㄱ. 혜미가 집에서 출발한 후 집에서부터의 거리가 점점 멀어지다가 다시 0이 되므로 혜미는 집에서 출발하여 문구점까지 갔다가 다시 집에 돌아왔다.
ㄴ, ㄷ. 집으로부터의 거리가 일정한 부분이 2곳 있으므로 혜미는 문구점에 갔다가 집에 오는 동안 2번 멈추어 있었다.
따라서 옳은 것은 ㄴ뿐이다. 답 ㄴ

2 대관람차의 어느 한 칸의 지면으로부터의 높이는 5 m이고 이 위치에 처음으로 다시 돌아오는 것은 출발한 지 10분 후이다. 따라서 3바퀴를 돌아 처음 위치로 돌아오는 것은 출발한 지 $10\times3=30$(분) 후이다. 답 30분 후

3 형과 동생이 만나는 때는 형과 동생의 그래프가 만날 때이다. … ❶
두 그래프는 출발한 지 5분 후와 17분 후에 만난다. … ❷
따라서 형과 동생이 두 번째로 만나는 것은 출발한 지 17분 후이다. … ❸

답 17분 후

단계	채점 기준	배점
❶	형과 동생이 만나는 때 이해하기	40%
❷	형과 동생이 만나는 때 구하기	40%
❸	형과 동생이 두 번째로 만나는 때 구하기	20%

LECTURE 20 정비례 관계와 그 그래프

RE 개념 다지기 본문 66쪽

확인 개념 키워드 답 ❶ 정비례 ❷ $y=ax$ ❸ 직선

1 답 (1) ① 12, 18, 24, 30 ② 정비례한다. ③ $y=6x$
(2) ① 50, 100, 150, 200, 250 ② 정비례한다.
③ $y=50x$

2 답 (1) × (2) ○ (3) ○ (4) ×

3 답 (1) × (2) ○ (3) ○
(2) $y=3x$ (3) $y=4x$

4 답 (1)
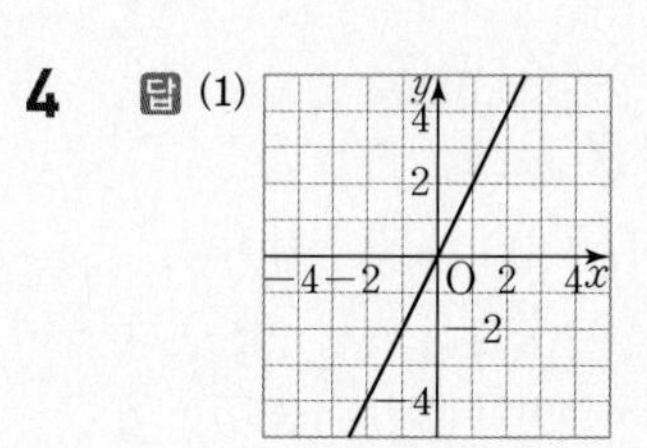
(2)
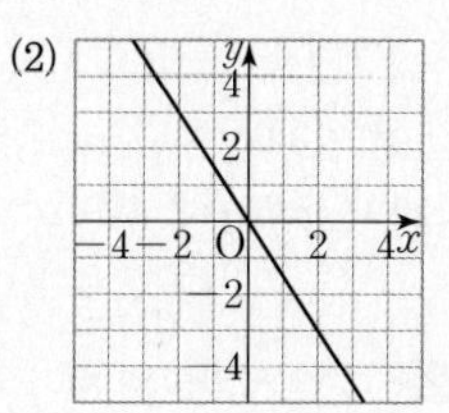

(3) 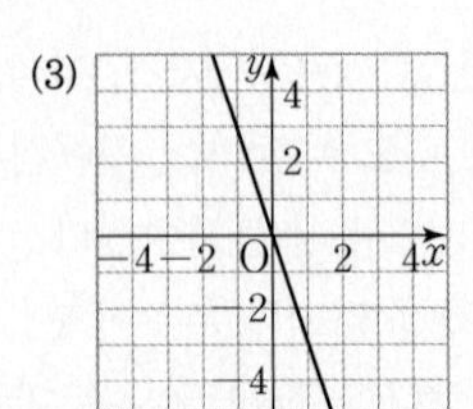 (4) 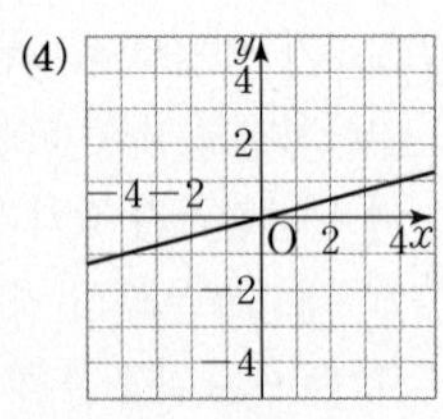

(1) $x=1$일 때 $y=2\times1=2$이므로 $y=2x$의 그래프는 원점과 점 $(1, 2)$를 지나는 직선이다.

(2) $x=2$일 때 $y=-\frac{3}{2}\times2=-3$이므로 $y=-\frac{3}{2}x$의 그래프는 원점과 점 $(2, -3)$을 지나는 직선이다.

(3) $x=1$일 때 $y=-3\times1=-3$이므로 $y=-3x$의 그래프는 원점과 점 $(1, -3)$을 지나는 직선이다.

(4) $x=4$일 때 $y=\frac{1}{4}\times4=1$이므로 $y=\frac{1}{4}x$의 그래프는 원점과 점 $(4, 1)$을 지나는 직선이다.

핵심 유형 익히기

본문 67~69쪽

1 ㄱ, ㄴ 2 (1) $y=5x$ (2) $y=-9x$ 3 ㄱ, ㄴ, ㄹ
4 ① 5 ㄴ 6 ④ 7 -4 8 24
9 ③, ④ 10 ②, ⑤ 11 ⑤ 12 $y=\frac{3}{2}x$ 13 -5
14 ③ 15 (1) $y=2x$ (2) 30 cm
16 (1) $y=\frac{4}{3}x$ (2) 16바퀴

1 ㄴ. $x=100$일 때, $y=-\frac{100}{5}=-20$
ㄷ. x의 값이 2배가 되면 y의 값도 2배가 된다.
따라서 옳은 것은 ㄱ, ㄴ이다. 답 ㄱ, ㄴ

2 (1) y가 x에 정비례하므로 관계식을 $y=ax\,(a\neq0)$로 놓자.
$y=ax$에 $x=3$, $y=15$를 대입하면
$15=3a$ $\therefore a=5$
따라서 구하는 관계식은 $y=5x$이다.
(2) y가 x에 정비례하므로 관계식을 $y=ax\,(a\neq0)$로 놓자.
$y=ax$에 $x=-2$, $y=18$을 대입하면
$18=-2a$ $\therefore a=-9$
따라서 구하는 관계식은 $y=-9x$이다.
답 (1) $y=5x$ (2) $y=-9x$

3 ㄱ. $y=4x$ ㄴ. $y=1000x$
ㄷ. $y=300-x$ ㄹ. $y=8x$
따라서 y가 x에 정비례하는 것은 ㄱ, ㄴ, ㄹ이다.
답 ㄱ, ㄴ, ㄹ

참고 (평행사변형의 넓이)=(밑변의 길이)×(높이)

4 $x=4$일 때 $y=\frac{7}{4}\times4=7$이므로 $y=\frac{7}{4}x$의 그래프는 원점과 점 $(4, 7)$을 지나는 직선이다. 답 ①

5 ㄱ. $x=1$일 때 $y=1$이므로 $y=x$의 그래프는 원점과 점 $(1, 1)$을 지나는 직선이다.
ㄴ. $x=-4$일 때 $y=-\frac{5}{2}\times(-4)=10$이므로 $y=-\frac{5}{2}x$의 그래프는 원점과 점 $(-4, 10)$을 지나는 직선이다.
ㄷ. $x=6$일 때 $y=\frac{1}{3}\times6=2$이므로 $y=\frac{1}{3}x$의 그래프는 원점과 점 $(6, 2)$를 지나는 직선이다.
따라서 옳지 않은 것은 ㄴ뿐이다. 답 ㄴ

6 ① $x=-1$일 때, $y=\frac{4}{5}\times(-1)=-\frac{4}{5}$
② $x=-2$일 때, $y=\frac{4}{5}\times(-2)=-\frac{8}{5}$
③ $x=0$일 때, $y=0$
④ $x=\frac{1}{2}$일 때, $y=\frac{4}{5}\times\frac{1}{2}=\frac{2}{5}$
⑤ $x=10$일 때, $y=\frac{4}{5}\times10=8$
따라서 정비례 관계 $y=\frac{4}{5}x$의 그래프 위의 점이 아닌 것은 ④이다. 답 ④

7 정비례 관계 $y=ax$의 그래프가 점 $(6, -4)$를 지나므로 $y=ax$에 $x=6$, $y=-4$를 대입하면
$-4=6a$ $\therefore a=-\frac{2}{3}$
따라서 $y=-\frac{2}{3}x$의 그래프가 점 $(-9, b)$를 지나므로
$y=-\frac{2}{3}x$에 $x=-9$, $y=b$를 대입하면
$b=-\frac{2}{3}\times(-9)=6$
$\therefore ab=-\frac{2}{3}\times6=-4$ 답 -4

8 점 A의 x좌표가 점 B의 x좌표와 같은 8이므로 $y=\frac{3}{4}x$에 $x=8$을 대입하면
$y=\frac{3}{4}\times8=6$ $\therefore$ A$(8, 6)$
따라서 삼각형 AOB의 넓이는
$\frac{1}{2}\times8\times6=24$ 답 24

10 ② x의 값이 증가하면 y의 값은 감소한다.

④ $x=12$일 때 $y=-\frac{5}{6}\times 12=-10$이므로

점 $(12,\ -10)$을 지난다.

⑤ 오른쪽 아래로 향하는 직선이다. 답 ②, ⑤

11 정비례 관계 $y=ax$의 그래프는 a의 절댓값이 클수록 y축에 가깝다.

$|-5|>|4|>\left|-\frac{7}{4}\right|>|1|>\left|\frac{4}{9}\right|$

따라서 그래프가 y축에 가장 가까운 것은 ⑤이다. 답 ⑤

> **월등한 개념**
> 정비례 관계 $y=ax\,(a\neq 0)$의 그래프는
> ① a의 절댓값이 클수록 y축에 가깝다.
> ② a의 절댓값이 작을수록 x축에 가깝다.

12 그래프가 원점을 지나는 직선이므로 구하는 식을 $y=ax\,(a\neq 0)$로 놓자. 이 그래프가 점 $(2,\ 3)$을 지나므로 $y=ax$에 $x=2$, $y=3$을 대입하면

$3=2a \qquad \therefore a=\frac{3}{2}$

따라서 구하는 식은 $y=\frac{3}{2}x$이다. 답 $y=\frac{3}{2}x$

13 정비례 관계 $y=ax$의 그래프가 점 $(4,\ -8)$을 지나므로 $y=ax$에 $x=4$, $y=-8$을 대입하면

$-8=4a \qquad \therefore a=-2$

$y=-2x$의 그래프가 점 $(b,\ 6)$을 지나므로 $y=-2x$에 $x=b$, $y=6$을 대입하면

$6=-2b \qquad \therefore b=-3$

$\therefore a+b=-2+(-3)=-5$ 답 -5

14 그래프가 원점을 지나는 직선이므로 그래프가 나타내는 식을 $y=ax\,(a\neq 0)$로 놓자. 이 그래프가 점 $(9,\ 3)$을 지나므로 $y=ax$에 $x=9$, $y=3$을 대입하면

$3=9a \qquad \therefore a=\frac{1}{3}$

따라서 주어진 그래프가 나타내는 식은 $y=\frac{1}{3}x$

① $x=-6$일 때, $y=\frac{1}{3}\times(-6)=-2$

② $x=-3$일 때, $y=\frac{1}{3}\times(-3)=-1$

③ $x=1$일 때, $y=\frac{1}{3}\times 1=\frac{1}{3}$

④ $x=6$일 때, $y=\frac{1}{3}\times 6=2$

⑤ $x=12$일 때, $y=\frac{1}{3}\times 12=4$

따라서 주어진 그래프 위의 점이 아닌 것은 ③이다.

답 ③

15 (1) y는 x에 정비례하므로 x와 y 사이의 관계식을 $y=ax\,(a\neq 0)$로 놓자.

$y=ax$에 $x=3$, $y=6$을 대입하면

$6=3a \qquad \therefore a=2$

즉, x와 y 사이의 관계식은 $y=2x$이다.

(2) $y=2x$에 $x=15$를 대입하면 $y=2\times 15=30$

따라서 무게가 15 g인 추를 달았을 때 늘어나는 용수철의 길이는 30 cm이다.

답 (1) $y=2x$ (2) 30 cm

16 (1) 톱니바퀴 A가 x바퀴 회전할 때 맞물린 톱니는 $20x$개이고, 톱니바퀴 B가 y바퀴 회전할 때 맞물린 톱니는 $15y$개이다.

A와 B는 서로 맞물려 돌고 있으므로 맞물린 톱니의 개수는 같다. 즉,

$20x=15y \qquad \therefore y=\frac{4}{3}x$

(2) $y=\frac{4}{3}x$에 $x=12$를 대입하면 $y=\frac{4}{3}\times 12=16$

따라서 톱니바퀴 B는 16바퀴 회전한다.

답 (1) $y=\frac{4}{3}x$ (2) 16바퀴

RE 실전 문제 익히기
본문 69쪽
1 ㄱ, ㄷ
2 8시간
3 −60

1 ㄴ. 점 $(1,\ a)$를 지난다.

ㄹ. a의 절댓값이 클수록 y축에 가깝다.

따라서 옳은 것은 ㄱ, ㄷ이다. 답 ㄱ, ㄷ

2 배터리를 x시간 충전할 때 주행할 수 있는 거리를 y km라 하면 y는 x에 정비례하므로 x와 y 사이의 관계식을 $y=ax\,(a\neq 0)$로 놓자.

$y=ax$에 $x=2$, $y=150$을 대입하면

$150=2a \qquad \therefore a=75$

$y=75x$에 $y=600$을 대입하면 $600=75x \qquad \therefore x=8$

따라서 배터리를 최소한 8시간 충전해야 한다.

답 8시간

3 그래프가 원점을 지나는 직선이므로 그래프가 나타내는 식을 $y=ax\,(a\neq 0)$로 놓자. … ❶

이 그래프가 점 $(8,\ 10)$을 지나므로 $y=ax$에 $x=8$, $y=10$을 대입하면 $10=8a \qquad \therefore a=\frac{5}{4}$

따라서 그래프가 나타내는 식은 $y=\frac{5}{4}x$이다. … ❷

$y=\frac{5}{4}x$의 그래프가 점 $(4,\ k)$를 지나므로 $y=\frac{5}{4}x$에 $x=4$, $y=k$를 대입하면 $k=\frac{5}{4}\times4=5$

또, $y=\frac{5}{4}x$의 그래프가 점 $(l,\ -15)$를 지나므로 $y=\frac{5}{4}x$에 $x=l$, $y=-15$를 대입하면

$-15=\frac{5}{4}l \quad \therefore l=-12$ … ❸

$\therefore kl=5\times(-12)=-60$ … ❹

답 -60

단계	채점 기준	배점
❶	그래프가 나타내는 식의 꼴 알기	20 %
❷	그래프가 나타내는 식 구하기	30 %
❸	k, l의 값 구하기	40 %
❹	kl의 값 구하기	10 %

LECTURE 21 반비례 관계와 그 그래프

개념 다지기 본문 70쪽

확인 개념 키워드 답 ❶ 반비례 ❷ $y=\frac{a}{x}$ ❸ 곡선

1 답 (1) ① 24, 16, 12 ② 반비례한다. ③ $y=\frac{48}{x}$

(2) ① 10, 5, $\frac{10}{3}$, $\frac{5}{2}$ ② 반비례한다. ③ $y=\frac{10}{x}$

2 답 (1) ○ (2) × (3) × (4) ○

3 답 (1) × (2) ○ (3) ×

(1) $x+y=10 \quad \therefore y=-x+10$

(2) $500=x\times y \quad \therefore y=\frac{500}{x}$

(3) $y=\frac{1}{3}x$

4 답

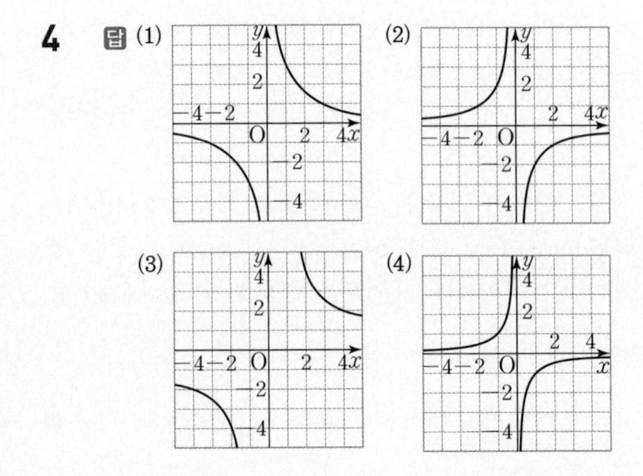

핵심 유형 익히기 본문 71~73쪽

1 ㄱ, ㄷ 2 (1) $y=\frac{10}{x}$ (2) $y=-\frac{27}{x}$ 3 ㄴ, ㄷ, ㄹ
4 ③ 5 ㄱ, ㄴ 6 ②, ⑤ 7 36 8 12
9 ①, ③ 10 ③, ⑤ 11 ③ 12 $y=-\frac{16}{x}$
13 2 14 (1) $y=\frac{240}{x}$ (2) 20쪽
15 (1) $y=\frac{60}{x}$ (2) 10대

1 ㄴ. $xy=-18$에서 $y=-\frac{18}{x}$이므로 $x=-9$일 때,

$y=-\frac{18}{-9}=2$

따라서 옳은 것은 ㄱ, ㄷ이다. 답 ㄱ, ㄷ

2 (1) y가 x에 반비례하므로 관계식을 $y=\frac{a}{x}(a\neq0)$로 놓자.

$y=\frac{a}{x}$에 $x=2$, $y=5$를 대입하면

$5=\frac{a}{2} \quad \therefore a=10$

따라서 구하는 관계식은 $y=\frac{10}{x}$이다.

(2) y가 x에 반비례하므로 관계식을 $y=\frac{a}{x}(a\neq0)$로 놓자.

$y=\frac{a}{x}$에 $x=-3$, $y=9$를 대입하면

$9=\frac{a}{-3} \quad \therefore a=-27$

따라서 구하는 관계식은 $y=-\frac{27}{x}$이다.

답 (1) $y=\frac{10}{x}$ (2) $y=-\frac{27}{x}$

3 ㄱ. $y=24-x$ ㄴ. $y=\frac{60}{x}$ ㄷ. $y=\frac{80}{x}$

ㄹ. $24=\frac{1}{2}\times x\times y$, 즉 $y=\frac{48}{x}$

따라서 y가 x에 반비례하는 것은 ㄴ, ㄷ, ㄹ이다.

답 ㄴ, ㄷ, ㄹ

4 반비례 관계 $y=-\frac{5}{x}$에서 $-5<0$이므로 그 그래프는 제2사분면과 제4사분면을 지나는 한 쌍의 매끄러운 곡선이다.

또, $x=5$일 때 $y=-\frac{5}{5}=-1$이므로 점 $(5,\ -1)$을 지난다.

따라서 반비례 관계 $y=-\frac{5}{x}$의 그래프는 ③이다. 답 ③

5 ㄱ. 반비례 관계 $y=-\frac{3}{x}$에서 $-3<0$이므로 그 그래프는 제2사분면과 제4사분면을 지난다.

ㄴ. 반비례 관계 $y=-\frac{12}{x}$에서 $-12<0$이므로 그 그래프는 제2사분면과 제4사분면을 지나는 한 쌍의 매끄러운 곡선이다.

또, $x=-6$일 때 $y=-\frac{12}{-6}=2$이므로 점 $(-6, 2)$를 지난다.

ㄷ. 반비례 관계 $y=\frac{8}{x}$에서 $8>0$이므로 그 그래프는 제1사분면과 제3사분면을 지나는 한 쌍의 매끄러운 곡선이다.

또, $x=-2$일 때 $y=\frac{8}{-2}=-4$이므로 점 $(-2, -4)$를 지난다.

따라서 옳지 않은 것은 ㄱ, ㄴ이다. 답 ㄱ, ㄴ

6 ① $x=-8$일 때, $y=\frac{8}{-8}=-1$

② $x=-4$일 때, $y=\frac{8}{-4}=-2$

③ $x=-2$일 때, $y=\frac{8}{-2}=-4$

④ $x=2$일 때, $y=\frac{8}{2}=4$

⑤ $x=8$일 때, $y=\frac{8}{8}=1$

따라서 반비례 관계 $y=\frac{8}{x}$의 그래프 위의 점이 아닌 것은 ②, ⑤이다. 답 ②, ⑤

7 반비례 관계 $y=\frac{a}{x}$의 그래프가 점 $(8, 6)$을 지나므로

$y=\frac{a}{x}$에 $x=8$, $y=6$을 대입하면 $6=\frac{a}{8}$ $\quad\therefore a=48$

따라서 $y=\frac{48}{x}$의 그래프가 점 $(-4, b)$를 지나므로

$y=\frac{48}{x}$에 $x=-4$, $y=b$를 대입하면 $b=\frac{48}{-4}=-12$

$\therefore a+b=48+(-12)=36$ 답 36

8 반비례 관계 $y=\frac{12}{x}$의 그래프 위의 점 P의 좌표를

$\mathrm{P}\left(a, \frac{12}{a}\right)$라 하면 직사각형 OAPB의 넓이는

$a\times\frac{12}{a}=12$ 답 12

10 ② $x=-4$일 때 $y=\frac{28}{-4}=-7$이므로 점 $(-4, -7)$을 지난다.

③ 그래프가 존재하는 각 사분면에서 x의 값이 증가하면 y의 값은 감소한다.

⑤ $|-30|>|28|$이므로 반비례 관계 $y=-\frac{30}{x}$의 그래프보다 원점에 더 가깝다. 답 ③, ⑤

11 반비례 관계 $y=\frac{a}{x}\,(a\neq0)$에서 a의 절댓값이 클수록 그 그래프가 원점에서 멀다.

$|-13|>|12|>|-5|>|4|>|-1|$

이므로 그래프가 원점에서 가장 멀리 떨어져 있는 것은 ③이다. 답 ③

월등한 개념

반비례 관계 $y=\frac{a}{x}\,(a\neq0)$의 그래프는

① a의 절댓값이 클수록 원점 (또는 좌표축)에서 멀다.

② a의 절댓값이 작을수록 원점 (또는 좌표축)에 가깝다.

12 그래프가 좌표축에 한없이 가까워지는 한 쌍의 매끄러운 곡선이므로 그래프가 나타내는 식을 $y=\frac{a}{x}\,(a\neq0)$로 놓자. 이 그래프가 점 $(4, -4)$를 지나므로 $y=\frac{a}{x}$에 $x=4$, $y=-4$를 대입하면

$-4=\frac{a}{4}$ $\quad\therefore a=-16$

따라서 구하는 식은 $y=-\frac{16}{x}$이다. 답 $y=-\frac{16}{x}$

13 그래프가 좌표축에 한없이 가까워지는 한 쌍의 매끄러운 곡선이므로 그래프가 나타내는 식을 $y=\frac{a}{x}\,(a\neq0)$로 놓자. 이 그래프가 점 $(-1, -6)$을 지나므로 $y=\frac{a}{x}$에 $x=-1$, $y=-6$을 대입하면

$-6=\frac{a}{-1}$ $\quad\therefore a=6$

따라서 $y=\frac{6}{x}$의 그래프가 점 $(k, 3)$을 지나므로 $y=\frac{6}{x}$에 $x=k$, $y=3$을 대입하면

$3=\frac{6}{k}$ $\quad\therefore k=2$ 답 2

14 (1) $240=x\times y$이므로 $y=\frac{240}{x}$

(2) $y=\frac{240}{x}$에 $x=12$를 대입하면 $y=\frac{240}{12}=20$

따라서 소설책을 12일 만에 모두 읽으려면 매일 20쪽씩 읽어야 한다. 답 (1) $y=\frac{240}{x}$ (2) 20쪽

15 (1) 기계 5대를 동시에 가동하여 12시간 동안 작업한 일의 양과 기계 x대를 동시에 가동하여 y시간 동안 작업한 일의 양이 같으므로

$5\times12=x\times y$ $\quad\therefore y=\frac{60}{x}$

(2) $y=\frac{60}{x}$에 $y=6$을 대입하면

$6=\frac{60}{x}$ $\therefore x=10$

따라서 일을 6시간 만에 끝내려면 10대의 기계를 동시에 가동해야 한다.

답 (1) $y=\frac{60}{x}$ (2) 10대

RE 실전 문제 익히기

본문 73쪽

1 ㄱ, ㄷ **2** 15시간 **3** 8개

1 ㄴ. $a>0$이면 제1사분면과 제3사분면을 지난다.

ㄹ. x의 값이 2배, 3배, 4배, …가 되면 y의 값은 $\frac{1}{2}$배, $\frac{1}{3}$배, $\frac{1}{4}$배, …가 된다.

따라서 옳은 것은 ㄱ, ㄷ이다.

답 ㄱ, ㄷ

2 (거리)=(속력)×(시간)이므로 x와 y 사이의 관계식은

$1800=x\times y$ $\therefore y=\frac{1800}{x}$

$y=\frac{1800}{x}$에 $x=120$을 대입하면 $y=\frac{1800}{120}=15$

따라서 태풍이 시속 120 km로 이동한다면 15시간 만에 우리나라에 도착한다.

답 15시간

3 그래프가 좌표축에 한없이 가까워지는 매끄러운 한 쌍의 곡선이므로 그래프가 나타내는 식을 $y=\frac{a}{x}$ $(a\neq0)$로 놓자. … ❶

이 그래프가 점 $(7,\ -3)$을 지나므로 $y=\frac{a}{x}$에 $x=7$, $y=-3$을 대입하면

$-3=\frac{a}{7}$ $\therefore a=-21$

따라서 주어진 그래프가 나타내는 식은

$y=-\frac{21}{x}$ … ❷

$y=-\frac{21}{x}$의 그래프 위의 점 중 x좌표, y좌표가 모두 정수인 점은

$(-21,\ 1)$, $(-7,\ 3)$, $(-3,\ 7)$, $(-1,\ 21)$,

$(1,\ -21)$, $(3,\ -7)$, $(7,\ -3)$, $(21,\ -1)$

의 8개이다. … ❸

답 8개

단계	채점 기준	배점
❶	그래프가 나타내는 식의 꼴 알기	20 %
❷	그래프가 나타내는 식 구하기	30 %
❸	x좌표와 y좌표가 정수인 점의 개수 구하기	50 %

Part Ⅱ 단원 Test

Ⅰ-1 소인수분해

본문 74~76쪽

01 ③	**02** ④	**03** ④	**04** ③	**05** ④, ⑤
06 ④	**07** ③	**08** ①	**09** ④	**10** 9개
11 70명	**12** ④	**13** ②	**14** ④	**15** ⑤
16 ①	**17** 8일	**18** ②, ③	**19** (1) 12개 (2) 5, 6	
20 6개				

01 ① 1은 소수도 아니고 합성수도 아니다.

② 2, 3, 5는 소수이다.

④ 7, 13은 소수이다.

⑤ 17은 소수이다.

따라서 합성수로만 짝지어진 것은 ③이다.

답 ③

02
2) 72
2) 36
2) 18
3) 9
   3

$\therefore 72=2^3\times3^2$

답 ④

03 주어진 두 수의 최대공약수를 각각 구해 보면

① 5 ② 2 ③ 9 ④ 1 ⑤ 2

따라서 서로소인 것은 ④이다.

답 ④

참고 두 수가 서로소인지 알아보려면 두 수의 최대공약수가 1인지를 확인해 본다.

04 60을 소인수분해하면 $60=2^2\times3\times5$이므로 60, 2×3^3의 최대공약수는 2×3, 최소공배수는 $2^2\times3^3\times5$이다.

답 ③

05 ① 소수 중 가장 작은 수는 2이다.

② 두 소수 2와 3의 합은 5로 홀수이다.

③ $21=3\times7$이므로 21은 합성수이다. 즉, 21의 배수 중 소수는 없다.

답 ④, ⑤

06 $5\times4\times2\times9\times5\times2=5\times2\times2\times2\times3\times3\times5\times2$

$=2\times2\times2\times2\times3\times3\times5\times5$

$=2^4\times3^2\times5^2$

따라서 $a=4$, $b=2$, $c=2$이므로

$a+b+c=4+2+2=8$

답 ④

07 24를 소인수분해하면 $24=2^3\times3$이므로 24의 소인수는 2, 3이다.

$\therefore a=2+3=5$

165를 소인수분해하면 $165=3\times5\times11$이므로 165의 소인수는 3, 5, 11이다.

$\therefore b=3+5+11=19$

$\therefore b-a=19-5=14$ 답 ③

08 $288=2^5\times3^2$이고, 모든 소인수의 지수가 짝수이어야 하므로 곱할 수 있는 자연수 중 가장 작은 수는 2이다.

답 ①

09 ① $2^3\times7^2$의 약수의 개수는

$(3+1)\times(2+1)=4\times3=12$(개)

② $3^2\times5\times7$의 약수의 개수는

$(2+1)\times(1+1)\times(1+1)=3\times2\times2=12$(개)

③ $90=2\times3^2\times5$이므로 약수의 개수는

$(1+1)\times(2+1)\times(1+1)=2\times3\times2=12$(개)

④ $135=3^3\times5$이므로 약수의 개수는

$(3+1)\times(1+1)=4\times2=8$(개)

⑤ $200=2^3\times5^2$이므로 약수의 개수는

$(3+1)\times(2+1)=4\times3=12$(개)

따라서 약수의 개수가 나머지 넷과 다른 하나는 ④이다.

답 ④

10 세 수의 공약수는 최대공약수의 약수이므로 공약수의 개수는 최대공약수의 약수의 개수를 구하면 된다.

$900=2^2\times3^2\times5^2$이므로 세 수의 최대공약수는

$2^2\times5^2$

따라서 구하는 공약수의 개수는

$(2+1)\times(2+1)=3\times3=9$(개) 답 9개

11 최대한 큰 정사각형으로 자르려고 하므로 정사각형의 한 변의 길이는 60과 84의 최대공약수이다.

$$\begin{array}{r|rr} 2 & 60 & 84 \\ 2 & 30 & 42 \\ 3 & 15 & 21 \\ \hline & 5 & 7 \end{array}$$

$\therefore 2\times2\times3=12$(cm)

이때 직사각형 모양의 종이 한 장으로 자를 수 있는 정사각형 모양의 종이는

가로: $60\div12=5$(장), 세로: $84\div12=7$(장)

이므로 $5\times7=35$(장)

따라서 직사각형 모양의 종이 2장을 자르므로 정사각형 모양의 종이를 받는 학생 수는

$35\times2=70$(명) 답 70명

12 일정한 간격으로 말뚝을 가능한 한 적게 박으려면 말뚝 사이의 간격은 154, 112의 최대공약수이어야 하므로

$$\begin{array}{r|rr} 2 & 154 & 112 \\ 7 & 77 & 56 \\ \hline & 11 & 8 \end{array}$$

$2\times7=14$(m)

따라서 말뚝 사이의 간격은 14 m이고 가로, 세로에 필요한 말뚝의 개수는 각각

$154\div14=11$(개), $112\div14=8$(개)

이므로 필요한 말뚝의 개수는

$2\times(11+8)=38$(개) 답 ④

13 세 자연수를

$2\times k$, $5\times k$, $3\times k$ (k는 자연수)

라 하면 세 수의 최소공배수가 210이므로

$k\times2\times5\times3=210$

$$\begin{array}{r|rrr} k & 2\times k & 5\times k & 3\times k \\ \hline & 2 & 5 & 3 \end{array}$$

$\therefore k=7$

따라서 세 자연수는

$2\times7=14$, $5\times7=35$, $3\times7=21$

이므로 이 수들의 합은

$14+35+21=70$ 답 ②

> **월등한 개념**
>
> 세 자연수의 가장 간단한 자연수의 비가 $a:b:c$일 때, 세 수의 최대공약수를 G, 최소공배수를 L이라 하면
>
> $$\begin{array}{r|rrr} G & A & B & C \\ \hline & a & b & c \end{array}$$
>
> 최대공약수 (G), 최소공배수 (G, a, b, c)
>
> ① 세 수는 각각 $G\times a$, $G\times b$, $G\times c$로 놓을 수 있다.
>
> ② $L=G\times a\times b\times c$

14 자연수가 3, 2, 5로 나누어떨어지기 위해서는 모두 1이 부족하므로 자연수는 (3, 2, 5의 공배수)-1이다.

3, 2, 5는 모두 서로소이므로 세 수의 최소공배수는

$3\times2\times5=30$

따라서 이러한 수 중 두 번째로 작은 수는

$30\times2-1=59$ 답 ④

15 a는 14, 28, 49의 최소공배수, b는 81, 27, 36의 최대공약수이어야 한다.

$$\begin{array}{r|rrr} 7 & 14 & 28 & 49 \\ 2 & 2 & 4 & 7 \\ \hline & 1 & 2 & 7 \end{array} \qquad \begin{array}{r|rrr} 3 & 81 & 27 & 36 \\ 3 & 27 & 9 & 12 \\ \hline & 9 & 3 & 4 \end{array}$$

따라서 $a=7\times2\times1\times2\times7=196$, $b=3\times3=9$이므로

$a-b=196-9=187$ 답 ⑤

16 30 이상 70 이하인 자연수에서 7을 인수로 가지는 수는 35, 42, 49, 56, 63, 70이다.

$35\times42\times49\times56\times63\times70$

$=(5\times7)\times(2\times3\times7)\times(7\times7)\times(2\times2\times2\times7)$

$\quad\times(3\times3\times7)\times(2\times5\times7)$

$=2^5\times3^3\times5^2\times7^7$

따라서 소인수 7의 지수는 7이다. 답 ①

17 A 마트는 $5+1=6$(일)마다, B 마트는 $6+1=7$(일)마다 쉰다.
따라서 6과 7의 최소공배수는 $6\times7=42$이므로 두 마트는 42일마다 함께 쉰다.
이때 $365\div42=8.69\cdots$이므로 올해 함께 쉬는 날은 총 8일이다.
답 8일

18 최대공약수가 20이므로 두 자연수를
$A=20\times a$, $B=20\times b$ (a, b는 서로소, $a<b$)라 하면
$20\times a\times b=200$ $\therefore a\times b=10$
(i) $a=1$, $b=10$일 때, $A=20$, $B=200$
(ii) $a=2$, $b=5$일 때, $A=40$, $B=100$
따라서 두 수의 합은
$20+200=220$ 또는 $40+100=140$
답 ②, ③

19 (1) $90=2\times3^2\times5$이므로 90의 약수의 개수는
$(1+1)\times(2+1)\times(1+1)=2\times3\times2=12$(개) … ❶
(2) $2^a\times3^b$의 약수의 개수가 12개이므로
$(a+1)\times(b+1)=12$
$a+1=2$, $b+1=6$ 또는 $a+1=6$, $b+1=2$
또는 $a+1=3$, $b+1=4$ 또는 $a+1=4$, $b+1=3$
$\therefore a=1$, $b=5$ 또는 $a=5$, $b=1$
또는 $a=2$, $b=3$ 또는 $a=3$, $b=2$ … ❷
따라서 $a+b$의 값이 될 수 있는 수는 5, 6이다. … ❸
답 (1) 12개 (2) 5, 6

단계	채점 기준	배점
❶	90의 약수의 개수 구하기	40%
❷	a, b의 값이 될 수 있는 수 구하기	50%
❸	$a+b$의 값이 될 수 있는 수 구하기	10%

20 학생들에게 똑같이 나누어 줄 때 필요한 사과, 배, 감의 개수는
사과: $15+3=18$(개), 배: $37-1=36$(개),
감: $38+4=42$(개) … ❶
학생 수는 18, 36, 42의 최대공약수이므로
$2\times3=6$(명) … ❷

```
2 ) 18  36  42
3 )  9  18  21
     3   6   7
```

따라서 한 학생에게 나누어 주려고 했던 배의 개수는
$36\div6=6$(개) … ❸
답 6개

단계	채점 기준	배점
❶	학생들에게 똑같이 나누어 줄 때 필요한 사과, 배, 감의 개수 구하기	30%
❷	학생 수 구하기	40%
❸	한 학생에게 나누어 주려고 했던 배의 개수 구하기	30%

Ⅰ-2 정수와 유리수

본문 77~79쪽

01 ④	02 ①, ④	03 ②	04 ⑤	05 12
06 ②, ⑤	07 $-\frac{5}{3}$	08 ④	09 ①, ②	10 $-\frac{17}{6}$
11 ①, ④	12 136.35	13 ①	14 15개	15 $\frac{3}{10}$
16 ④	17 A 도시	18 $b<c<a$ (또는 $a>c>b$)		
19 (1) $-\frac{11}{10}$ (2) 1.4 (3) 0.3			20 $-\frac{9}{10}$	

01 ① $+10\%$ ② $+5°C$ ③ $+2$ kg
④ -4점 ⑤ $+3$층
따라서 부호가 나머지 넷과 다른 하나는 ④이다. 답 ④

02 ② $-7<a<3$
③ $-7\le a<3$
⑤ $-7\le a\le3$
답 ①, ④

03 ① $-8+4-5+3$
$=\{(-8)+(-5)\}+\{(+4)+(+3)\}$
$=(-13)+(+7)$
$=-6$
② $7-5-9+2$
$=\{(+7)+(+2)\}+\{(-5)+(-9)\}$
$=(+9)+(-14)$
$=-5$
③ $-9+10-8+6$
$=\{(-9)+(-8)\}+\{(+10)+(+6)\}$
$=(-17)+(+16)$
$=-1$
④ $2-6-10+7$
$=\{(+2)+(+7)\}+\{(-6)+(-10)\}$
$=(+9)+(-16)$
$=-7$
⑤ $-3+4-7+9$
$=\{(-3)+(-7)\}+\{(+4)+(+9)\}$
$=(-10)+(+13)$
$=3$
따라서 계산 결과가 -5인 것은 ②이다. 답 ②

04 -3의 역수는 $-\frac{1}{3}$이므로 $a=-\frac{1}{3}$
$\frac{1}{6}$의 역수는 6이므로 $b=6$
$\therefore a\times b=\left(-\frac{1}{3}\right)\times6=-2$ 답 ⑤

05 자연수는 $+12$의 1개이므로 $a=1$

음의 유리수는 $-\frac{1}{8}$, -0.27, $-\frac{16}{4}=-4$의 3개이므로 $b=3$

정수가 아닌 유리수는 $-\frac{1}{8}$, $+3.2$, -0.27, $\frac{3}{5}$의 4개이므로 $c=4$

$\therefore a\times b\times c=1\times 3\times 4=12$ 답 12

06 A: -5, B: -2, C: 0, D: $\frac{11}{2}$

① 양의 정수는 없다.

② 음의 정수는 점 A, B가 나타내는 수로 2개이다.

③ 유리수는 점 A, B, C, D가 나타내는 수로 4개이다.

④ 점 D가 나타내는 수는 $\frac{11}{2}$이다.

⑤ 점 A, B, C, D가 나타내는 수의 절댓값은 각각 5, 2, 0, $\frac{11}{2}$이므로 절댓값이 가장 큰 수를 나타내는 점은 D이다. 답 ②, ⑤

07 절댓값이 같고 $a<b$인 두 수 a, b를 나타내는 두 점 사이의 거리가 $\frac{10}{3}$이므로 두 점은 원점으로부터 서로 반대 방향으로 각각 $\frac{10}{3}\times\frac{1}{2}=\frac{5}{3}$만큼 떨어져 있다.

따라서 두 수는 $-\frac{5}{3}$, $\frac{5}{3}$이고 $a<b$이므로

$a=-\frac{5}{3}$ 답 $-\frac{5}{3}$

08 ① -1보다 작은 수는 -4, $-\frac{9}{2}$의 2개이다.

④ 각 수의 절댓값을 구해 보면

$|-1|=1$, $\left|\frac{7}{4}\right|=\frac{7}{4}$, $|0|=0$,

$|-4|=4$, $|+2|=2$, $\left|-\frac{9}{2}\right|=\frac{9}{2}$

이므로 절댓값이 가장 큰 수는 $-\frac{9}{2}$이다. 답 ④

참고 주어진 수의 대소를 비교하면

$-\frac{9}{2}<-4<-1<0<\frac{7}{4}<+2$

주어진 수의 절댓값의 대소를 비교하면

$|0|<|-1|<\left|\frac{7}{4}\right|<|+2|<|-4|<\left|-\frac{9}{2}\right|$

09 ① 덧셈의 교환법칙 ② 덧셈의 결합법칙 답 ①, ②

월등한 개념
- 덧셈의 교환법칙: $a+b=b+a$
- 덧셈의 결합법칙: $(a+b)+c=a+(b+c)$

10 마주 보는 면에 적힌 두 수는 a와 1, b와 $-\frac{1}{3}$, c와 -2이다.

$a+1=-\frac{1}{2}$이므로

$a=\left(-\frac{1}{2}\right)-(+1)$

$=\left(-\frac{1}{2}\right)+(-1)=-\frac{3}{2}$

$b+\left(-\frac{1}{3}\right)=-\frac{1}{2}$이므로

$b=\left(-\frac{1}{2}\right)-\left(-\frac{1}{3}\right)$

$=\left(-\frac{3}{6}\right)+\left(+\frac{2}{6}\right)=-\frac{1}{6}$

$c+(-2)=-\frac{1}{2}$이므로

$c=\left(-\frac{1}{2}\right)-(-2)$

$=\left(-\frac{1}{2}\right)+(+2)=+\frac{3}{2}$

$\therefore a-b-c=\left(-\frac{3}{2}\right)-\left(-\frac{1}{6}\right)-\left(+\frac{3}{2}\right)$

$=\left(-\frac{3}{2}\right)+\left(+\frac{1}{6}\right)+\left(-\frac{3}{2}\right)$

$=\left\{\left(-\frac{3}{2}\right)+\left(-\frac{3}{2}\right)\right\}+\left(+\frac{1}{6}\right)$

$=(-3)+\left(+\frac{1}{6}\right)$

$=-\frac{17}{6}$ 답 $-\frac{17}{6}$

11 $\left(-\frac{3}{2}\right)^9=-\left(\frac{3}{2}\right)^9$

$=-\underbrace{\left(\frac{3}{2}\times\frac{3}{2}\times\cdots\times\frac{3}{2}\right)}_{9개}$

$=-\frac{\overbrace{3\times3\times\cdots\times3}^{9개}}{\underbrace{2\times2\times\cdots\times2}_{9개}}$

$=-\frac{3^9}{2^9}$ 답 ①, ④

12 $1.35\times101=1.35\times(100+1)$

$=1.35\times100+1.35\times1$

$=135+1.35$

$=136.35$ 답 136.35

13 $a\times\left(-\frac{4}{3}\right)=-8$에서

$a=(-8)\div\left(-\frac{4}{3}\right)=(-8)\times\left(-\frac{3}{4}\right)=6$

$b\div\frac{1}{2}=-\frac{12}{5}$에서

워크북

$b=\left(-\frac{12}{5}\right)\times\frac{1}{2}=-\frac{6}{5}$

$\therefore a\div b=6\div\left(-\frac{6}{5}\right)=6\times\left(-\frac{5}{6}\right)=-5$ 답 ①

14 $\frac{4}{3}-\left\{\frac{3}{4}-\frac{1}{4}\times(-1)^5+(-2)^4\right\}$

$=\frac{4}{3}-\left\{\frac{3}{4}-\frac{1}{4}\times(-1)+16\right\}$

$=\frac{4}{3}-\left(\frac{3}{4}+\frac{1}{4}+16\right)$

$=\frac{4}{3}-(1+16)$

$=\frac{4}{3}-17=-\frac{47}{3}$

따라서 $-\frac{47}{3}=-15.6\cdots$보다 큰 음의 정수는

$-15, -14, -13, \cdots, -2, -1$

의 15개이다. 답 15개

15 $a\times b>0$에서 두 수 a, b의 부호는 같으므로

$a\div b>0$

$\therefore a\div b=\frac{3}{4}\div\frac{5}{2}=\frac{3}{4}\times\frac{2}{5}=\frac{3}{10}$ 답 $\frac{3}{10}$

16 x의 절댓값이 3이므로

$x=-3$ 또는 $x=3$

y의 절댓값이 7이므로

$y=-7$ 또는 $y=7$

따라서 $x+y$의 값이 가장 클 때는 $x=3$, $y=7$인 경우이므로

$3+7=10$ 답 ④

월등한 개념

0이 아닌 x, y의 절댓값이 주어질 때, $x+y$의 값 중

가장 큰 값 → (양수)+(양수)

가장 작은 값 → (음수)+(음수)

17 각 도시의 일교차는 다음과 같다.

A 도시: $3-(-5)=3+(+5)=8$(℃)

B 도시: $(-1)-(-6)=(-1)+(+6)=5$(℃)

C 도시: $0-(-4)=0+(+4)=4$(℃)

D 도시: $4-(-3)=4+(+3)=7$(℃)

따라서 일교차가 가장 큰 도시는 A 도시이다.

답 A 도시

18 (나), (다)에서 b, c를 나타내는 두 점은 원점으로부터 서로 반대 방향으로 각각 $\frac{5}{3}\times\frac{1}{2}=\frac{5}{6}$만큼 떨어져 있다.

이때 $b<c$이므로 $b=-\frac{5}{6}$, $c=\frac{5}{6}$

(가)에서 $a>1$이므로 $c<a$

$\therefore b<c<a$ (또는 $a>c>b$)

답 $b<c<a$ (또는 $a>c>b$)

19 (1) $a=\frac{7}{5}-\left|-\frac{5}{2}\right|=\frac{7}{5}-\frac{5}{2}$

$=\left(+\frac{14}{10}\right)+\left(-\frac{25}{10}\right)=-\frac{11}{10}$ … ❶

(2) $b=|-4|+(-2.6)=4+(-2.6)$

$=(+4)+(-2.6)=1.4$ … ❷

(3) $a+b=\left(-\frac{11}{10}\right)+(+1.4)$

$=(-1.1)+(+1.4)=0.3$ … ❸

답 (1) $-\frac{11}{10}$ (2) 1.4 (3) 0.3

단계	채점 기준	배점
❶	a의 값 구하기	40 %
❷	b의 값 구하기	40 %
❸	$a+b$의 값 구하기	20 %

20 어떤 수를 □라 하면 $\square\times\left(-\frac{8}{5}\right)=4$ … ❶

$\therefore \square=4\div\left(-\frac{8}{5}\right)=4\times\left(-\frac{5}{8}\right)=-\frac{5}{2}$ … ❷

따라서 바르게 계산하면

$\left(-\frac{5}{2}\right)-\left(-\frac{8}{5}\right)=\left(-\frac{5}{2}\right)+\left(+\frac{8}{5}\right)$

$=\left(-\frac{25}{10}\right)+\left(+\frac{16}{10}\right)$

$=-\frac{9}{10}$ … ❸

답 $-\frac{9}{10}$

단계	채점 기준	배점
❶	잘못 계산한 식 세우기	30 %
❷	어떤 수 구하기	30 %
❸	바르게 계산한 값 구하기	40 %

Ⅱ-1 문자와 식

본문 80~82쪽

01 ㄱ, ㄷ, ㄹ **02** ①, ③ **03** ③ **04** 3개
05 ④ **06** ③, ④ **07** ④ **08** ② **09** 20 ℃
10 ③ **11** −1 **12** ② **13** −5 **14** ④
15 $5x+2y$ **16** 5초 후 **17** $5x-29$ **18** $\left(-\frac{1}{2}x+18\right)$시간
19 (1) $4x$ (2) $10x-4$ **20** $x-8$

01 ㄴ. $b\times a\times 0.1\times b=0.1ab^2$

따라서 옳은 것은 ㄱ, ㄷ, ㄹ이다. 답 ㄱ, ㄷ, ㄹ

02 ② 다항식의 차수가 3이므로 일차식이 아니다.
④ 다항식의 차수가 2이므로 일차식이 아니다.
⑤ 분모에 문자가 있는 식은 다항식이 아니므로 일차식이 아니다.
따라서 일차식인 것은 ①, ③이다. 답 ①, ③

03 $(6x-9)\div\left(-\frac{3}{2}\right)=(6x-9)\times\left(-\frac{2}{3}\right)$
$=6x\times\left(-\frac{2}{3}\right)+(-9)\times\left(-\frac{2}{3}\right)$
$=-4x+6$
따라서 $a=-4$, $b=6$이므로
$a-b=-4-6=-10$ 답 ③

04 $4b$와 동류항인 것은 b, $\frac{b}{6}$, $10b$의 3개이다. 답 3개

05 (나누어 주기 전의 쿠키의 수)
=(나누어 준 쿠키의 수)+(남은 쿠키의 수)
$=5\times a+3=5a+3$(개) 답 ④

06 ③ $\frac{a}{2}$원
④ $(500x+600y)$원 답 ③, ④
참고 ② 정오각형은 다섯 변의 길이가 모두 같다.
⑤ (거리)=(속력)×(시간)
주의 식을 세울 때는 단위를 빠뜨리지 않도록 주의한다.

07 ① $-x=-\left(-\frac{1}{2}\right)=\frac{1}{2}$
② $x^2=\left(-\frac{1}{2}\right)^2=\frac{1}{4}$
③ $-x^2=-\left(-\frac{1}{2}\right)^2=-\frac{1}{4}$
④ $\frac{1}{x}=1\div x=1\div\left(-\frac{1}{2}\right)$
$=1\times(-2)=-2$
⑤ $-\frac{1}{x}=(-1)\div x$
$=(-1)\div\left(-\frac{1}{2}\right)$
$=(-1)\times(-2)=2$
따라서 식의 값이 가장 작은 것은 ④이다. 답 ④

08 $\frac{2}{x}-\frac{5}{y}=2\div x-5\div y$
$=2\div\frac{2}{3}-5\div\left(-\frac{1}{5}\right)$
$=2\times\frac{3}{2}-5\times(-5)$
$=3+25=28$ 답 ②

09 $p=68$을 $\frac{5}{9}(p-32)$에 대입하면
$\frac{5}{9}\times(68-32)=\frac{5}{9}\times36=20$ (℃) 답 20 ℃

10 ③ x^2의 계수는 -1이다. 답 ③

11 $\frac{5}{3}(2-x)-(3x+5)\div\frac{1}{2}=\frac{5}{3}(2-x)-(3x+5)\times2$
$=\frac{10}{3}-\frac{5}{3}x-6x-10$
$=-\frac{23}{3}x-\frac{20}{3}$
따라서 $a=-\frac{23}{3}$, $b=-\frac{20}{3}$이므로
$a-b=-\frac{23}{3}-\left(-\frac{20}{3}\right)$
$=-\frac{23}{3}+\frac{20}{3}=-1$ 답 -1

12 $-a-[3-a-\{2-(4-a)\}]$
$=-a-\{3-a-(2-4+a)\}$
$=-a-\{3-a-(-2+a)\}$
$=-a-(3-a+2-a)$
$=-a-(5-2a)$
$=-a-5+2a=a-5$ 답 ②

13 $\frac{5x+2}{4}-\frac{3x-4}{2}=\frac{5x+2}{4}-\frac{2(3x-4)}{4}$
$=\frac{5x+2-6x+8}{4}$
$=\frac{-x+10}{4}$
$=-\frac{1}{4}x+\frac{5}{2}$
따라서 $a=-\frac{1}{4}$, $b=\frac{5}{2}$이므로
$8ab=8\times\left(-\frac{1}{4}\right)\times\frac{5}{2}=-5$ 답 -5

14 $3A-B-(4A-2B)=3A-B-4A+2B$
$=-A+B$
$=-(x+4y)+(-3x+2y)$
$=-x-4y-3x+2y$
$=-4x-2y$ 답 ④

15 (도형의 넓이)=(두 삼각형의 넓이의 합)
$=\frac{1}{2}\times10\times x+\frac{1}{2}\times y\times4$
$=5x+2y$ 답 $5x+2y$

워크북

16 $331+0.6x$에 $x=10$을 대입하면

$331+0.6\times10=337$

이므로 종소리는 1초에 337 m를 움직인다.

이때 $(\text{시간})=\frac{(\text{거리})}{(\text{속력})}$이므로 $\frac{1685}{337}=5(\text{초})$

따라서 종을 친 지 5초 후에 종소리를 들을 수 있다.

답 5초 후

참고 초속 $(331+0.6x)$ m → 1초에 $(331+0.6x)$ m를 움직인다.

17 (가) $A-3(x-4)=2x+1$에서

$A=2x+1+3(x-4)$

$=2x+1+3x-12$

$=5x-11$

(나) $2(5-3x)-B=4x+6$에서

$B=2(5-3x)-(4x+6)$

$=10-6x-4x-6$

$=-10x+4$

$\therefore 3A+B=3(5x-11)+(-10x+4)$

$=15x-33-10x+4$

$=5x-29$

답 $5x-29$

18 (생리적 생활시간)

$=24-\{(\text{노동 생활시간})+(\text{여가 생활시간})\}$

$=24-\left\{\left(\frac{2}{5}x-1\right)+\left(\frac{1}{10}x+7\right)\right\}$

$=24-\left(\frac{2}{5}x-1+\frac{1}{10}x+7\right)$

$=24-\left(\frac{1}{2}x+6\right)$

$=24-\frac{1}{2}x-6$

$=-\frac{1}{2}x+18(\text{시간})$

답 $\left(-\frac{1}{2}x+18\right)$시간

19 (1) 어떤 다항식을 □라 하면

□$-(6x-4)=-2x+4$ … ❶

$\therefore$ □$=-2x+4+(6x-4)$

$=-2x+4+6x-4$

$=4x$ … ❷

(2) 바르게 계산한 식은

$4x+(6x-4)=10x-4$ … ❸

답 (1) $4x$ (2) $10x-4$

단계	채점 기준	배점
❶	잘못 계산한 식 세우기	30 %
❷	어떤 다항식 구하기	30 %
❸	바르게 계산한 식 구하기	40 %

20 $(5x-4)+2x+(-x+4)=6x$ … ❶

이므로

$(-2x-2)+B+(x-6)=6x$에서

$B-x-8=6x$

$\therefore B=6x+(x+8)=7x+8$ … ❷

$A+2x+(7x+8)=6x$에서

$A+9x+8=6x$

$\therefore A=6x-(9x+8)=-3x-8$ … ❸

따라서 $A=-3x-8$, $B=7x+8$이므로

$2A+B=2(-3x-8)+(7x+8)$

$=-6x-16+7x+8$

$=x-8$ … ❹

답 $x-8$

단계	채점 기준	배점
❶	가로, 세로, 대각선에 놓인 세 일차식의 합 구하기	30 %
❷	B 구하기	20 %
❸	A 구하기	20 %
❹	$2A+B$ 간단히 하기	30 %

Ⅱ-2 일차방정식

본문 83~85쪽

01 ④	**02** ⑤	**03** ㄹ, ㅁ	**04** ②	**05** ②
06 ①	**07** 3	**08** ④	**09** ③	**10** 7
11 8세	**12** ②	**13** 4	**14** 35000원	
15 ⑤	**16** ③	**17** 1	**18** 200 m	
19 (1) $x=-1$ (2) $a=-6$, $b=-8$ (3) 2				**20** 3 km

01 귤 20개를 x명의 학생에게 2개씩 나누어 주었더니 4개가 남았으므로

$20-2x=4$

답 ④

02 [ ] 안의 수를 각 방정식의 x에 대입하면

① (좌변)$=5\times1=5$

(우변)$=6-1=5$

② (좌변)$=3-7=-4$

(우변)$=2\times(1-3)=-4$

③ (좌변)$=3+2\times0=3$

(우변)$=-(2\times0-3)=3$

④ (좌변)$=4\times(2-1)=4$

(우변)$=3\times(-1)+7=4$

⑤ (좌변)$=8\times2-15=1$

(우변)$=12\times2+1=25$

따라서 [ ] 안의 수가 주어진 방정식의 해가 아닌 것은 ⑤이다.

답 ⑤

03 ㄱ. 다항식
ㄴ, ㄷ. 방정식
ㅂ. 부등호를 사용한 식
따라서 항등식은 ㄹ, ㅁ이다. 답 ㄹ, ㅁ

> **월등한 개념**
> • 항등식과 방정식의 구분
> 등식 < 거짓인 경우가 있으면 → 방정식 / 항상 참이면 → 항등식

04 '$a=b$이면 $ac=bc$이다.'는 '등식의 양변에 같은 수를 곱하여도 등식은 성립한다.'를 이용한 것이다.
① $5x=10$의 양변을 5로 나누면 $x=2$
② $\frac{1}{2}x=3$의 양변에 2를 곱하면 $x=6$
③ $x+8=12$의 양변에서 8을 빼면 $x=4$
④ $7-x=3$의 양변에서 7을 빼면 $-x=-4$
⑤ $-2-x=3$의 양변에 2를 더하면 $-x=5$ 답 ②

05 $(a-1)x^2-x=bx+5$에서 우변의 모든 항을 좌변으로 이항하면
$(a-1)x^2-(1+b)x-5=0$
이 등식이 x에 대한 일차방정식이 되려면
$a-1=0,\ 1+b\neq0$
$\therefore a=1,\ b\neq-1$ 답 ②

06 $ax-2=6x+4b$가 x에 대한 항등식이므로
$a=6,\ -2=4b$에서 $b=-\frac{1}{2}$
$\therefore ab=6\times\left(-\frac{1}{2}\right)=-3$ 답 ①

07 ㉠ 양변에 3을 곱한다. 답 3

08 $x-(3-5x)=3(x+1)$의 괄호를 풀면
$x-3+5x=3x+3$
$3x=6 \qquad \therefore x=2$
$\therefore a=2$
$\frac{2x-3}{3}=\frac{3(x+1)}{2}$의 양변에 6을 곱하면
$2(2x-3)=9(x+1)$
$4x-6=9x+9$
$-5x=15 \qquad \therefore x=-3$
$\therefore b=-3$
$\therefore a+b=2+(-3)=-1$ 답 ④

09 $\frac{1}{6}(x-4):2=\frac{2}{3}(x+3):1$에서
$\frac{1}{6}(x-4)=2\times\frac{2}{3}(x+3)$
$\frac{1}{6}(x-4)=\frac{4}{3}(x+3)$
$x-4=8(x+3),\ x-4=8x+24$
$-7x=28 \qquad \therefore x=-4$ 답 ③

10 $ax+2=-(7-2x)$에 $x=-3$을 대입하면
$a\times(-3)+2=-\{7-2\times(-3)\}$
$-3a+2=-13$
$-3a=-15 \qquad \therefore a=5$
$3x+b-1=4(x+1)$에 $x=-3$을 대입하면
$3\times(-3)+b-1=4\times(-3+1)$
$-9+b-1=-8 \qquad \therefore b=2$
$\therefore a+b=5+2=7$ 답 7

11 현재 소미의 나이를 x세라 하면
$x+12=3x-4,\ -2x=-16$
$\therefore x=8$
따라서 현재 소미의 나이는 8세이다. 답 8세

12 100원짜리 동전의 개수를 x개라 하면 500원짜리 동전의 개수는 $(20-x)$개이므로
$100x+500(20-x)=7200$
$100x+10000-500x=7200$
$-400x=-2800 \qquad \therefore x=7$
따라서 100원짜리 동전의 개수는 7개이다. 답 ②

13 (처음 밭의 넓이)$=12\times12=144\ (\mathrm{m}^2)$
(직선 도로의 넓이)$=x\times12+12\times2-x\times2$
$=12x+24-2x$
$=10x+24\ (\mathrm{m}^2)$
(처음 밭의 넓이)$-$(직선 도로의 넓이)
$=$(처음 밭의 넓이)$\times\frac{5}{9}$
이므로
$144-(10x+24)=144\times\frac{5}{9}$
$144-10x-24=80,\ -10x=-40$
$\therefore x=4$ 답 4

다른 풀이 오른쪽 그림과 같이 직선 도로를 낸 후의 네 부분의 밭을 한 데로 모아 붙이면 직선 도로를 제외한 밭은 가로의 길이가 $(12-x)$ m, 세로의 길이가 $12-2=10$ (m)이므로

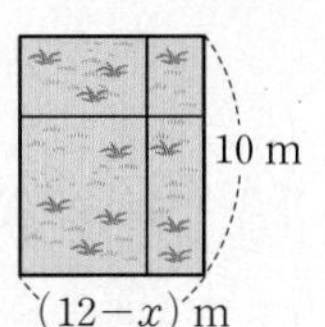

$(12-x)\times10=12\times12\times\frac{5}{9}$
$120-10x=80,\ -10x=-40$
$\therefore x=4$

14 인형의 원가를 x원이라 하면

(정가)$=x+\frac{10}{100}x=\frac{11}{10}x$(원)

(판매 금액)$=\frac{11}{10}x-2000$(원)

이익이 1500원이므로

$\left(\frac{11}{10}x-2000\right)-x=1500$

$\frac{1}{10}x-2000=1500$

$x-20000=15000$

$\therefore x=35000$

따라서 인형의 원가는 35000원이다. 답 35000원

15 물을 x g 증발시켰다고 하면 8 %의 소금물의 양은

$120+180-x=300-x$ (g)이므로

$\frac{3}{100}\times120+\frac{6}{100}\times180=\frac{8}{100}\times(300-x)$

$360+1080=8(300-x)$

$1440=2400-8x,\ 8x=960$

$\therefore x=120$

따라서 증발시킨 물의 양은 120 g이다. 답 ⑤

16 $2x+a=11-x$에서 $3x=11-a$

$\therefore x=\frac{11-a}{3}$

이때 해가 자연수가 되려면 $11-a$는 3의 배수이어야 한다.

따라서 $11-a$는 3, 6, 9, ⋯이고 a는 자연수이어야 하므로 a는 2, 5, 8의 3개이다. 답 ③

17 $\frac{2x+5}{3}=\frac{x-2}{4}$에서 좌변의 5를 a로 잘못 보았다고 하면

$\frac{2x+a}{3}=\frac{x-2}{4}$

$x=-2$를 대입하면

$\frac{2\times(-2)+a}{3}=\frac{-2-2}{4}$

$\frac{-4+a}{3}=-1$

$-4+a=-3 \qquad \therefore a=1$

따라서 좌변의 5를 1로 잘못 보았다. 답 1

18 열차의 길이를 x m라 하면 열차의 속력이 일정하므로

$\frac{800+x}{50}=\frac{1000+x}{60}$

$6(800+x)=5(1000+x)$

$4800+6x=5000+5x$

$\therefore x=200$

따라서 열차의 길이는 200 m이다. 답 200 m

19 (1) $3x-4=-x-8$에서 $4x=-4$

$\therefore x=-1$ ⋯ ❶

(2) $2x+5=ax-3$에 $x=-1$을 대입하면

$2\times(-1)+5=a\times(-1)-3$

$3=-a-3 \qquad \therefore a=-6$

$\frac{bx-2}{3}=1-x$에 $x=-1$을 대입하면

$\frac{b\times(-1)-2}{3}=1-(-1)$

$\frac{-b-2}{3}=2,\ -b-2=6$

$\therefore b=-8$ ⋯ ❷

(3) $a-b=-6-(-8)=2$ ⋯ ❸

답 (1) $x=-1$ (2) $a=-6,\ b=-8$ (3) 2

단계	채점 기준	배점
❶	일차방정식 $3x-4=-x-8$의 해 구하기	20 %
❷	a, b의 값 구하기	60 %
❸	$a-b$의 값 구하기	20 %

20 집에서 약속 장소까지의 거리를 x km라 하면 시속 5 km로 가는 것과 시속 60 km로 가는 것의 시간 차이가 33분, 즉 $\frac{33}{60}$시간이므로

$\frac{x}{5}-\frac{x}{60}=\frac{33}{60}$ ⋯ ❶

$12x-x=33,\ 11x=33 \qquad \therefore x=3$

따라서 집에서 약속 장소까지의 거리는 3 km이다. ⋯ ❷

답 3 km

단계	채점 기준	배점
❶	방정식 세우기	60 %
❷	약속 장소까지의 거리 구하기	40 %

Ⅲ-1 좌표평면과 그래프

본문 86~88쪽

01 ⑤	02 5	03 ②, ⑤	04 ③	05 96
06 ④	07 ⑤	08 ㄱ, ㄷ	09 $\frac{14}{3}$	10 50
11 ③	12 16개	13 -6	14 18	15 ③, ⑤
16 ③	17 $-\frac{5}{4}$	18 $\frac{1}{3}\le a\le\frac{4}{3}$		
19 (1) $a=10,\ b=-4$ (2) 49		20 20명		

01 ⑤ $\mathrm{E}(-1, 3)$ 답 ⑤

02 x축 위의 점은 y좌표가 0이므로

$3-a=0 \qquad \therefore a=3$

y축 위의 점은 x좌표가 0이므로

$2b-4=0 \qquad \therefore b=2$

$\therefore a+b=3+2=5$ 답 5

03 y가 x에 정비례하므로 x와 y 사이의 관계식은

$y=ax(a\neq0)$ 또는 $\frac{y}{x}=a(a$는 일정) 꼴이다.

따라서 구하는 식은 ②, ⑤이다. 답 ②, ⑤

04 반비례 관계 $y=-\frac{12}{x}$에서 $-12<0$이므로 그래프는 제2사분면과 제4사분면을 지나는 한 쌍의 매끄러운 곡선이다.

또, $x=-4$일 때, $y=-\frac{12}{-4}=3$이므로 $y=-\frac{12}{x}$의 그래프는 점 $(-4, 3)$을 지난다.

따라서 반비례 관계 $y=-\frac{12}{x}$의 그래프는 ③이다. 답 ③

05 점 A$(4, -6)$과 x축에 대하여 대칭인 점은 y좌표의 부호만 반대이므로

B$(4, 6)$

y축에 대하여 대칭인 점은 x좌표의 부호만 반대이므로

C$(-4, -6)$

원점에 대하여 대칭인 점은 x좌표, y좌표의 부호가 모두 반대이므로

D$(-4, 6)$

네 점 A, B, C, D를 좌표평면 위에 나타내면 오른쪽 그림과 같다.

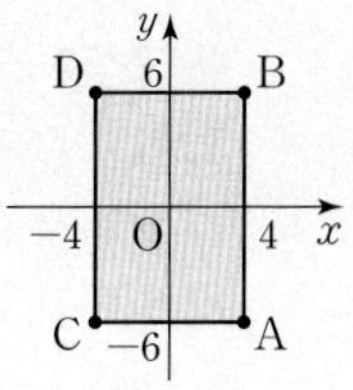

따라서 사각형 ABDC의 넓이는

$\{4-(-4)\}\times\{6-(-6)\}$

$=8\times12$

$=96$ 답 96

06 점 (a, b)는 제3사분면 위에 있으므로

$a<0, b<0$

점 (c, d)는 제2사분면 위에 있으므로

$c<0, d>0$

따라서 $ac>0, b-d<0$이므로 점 $(ac, b-d)$는 제4사분면 위에 있다. 답 ④

07 오른쪽 그림의 ㉠, ㉡, ㉢에서 수면의 반지름의 길이가 각각 일정하므로 각 부분에서 물의 높이는 일정하게 증가한다.

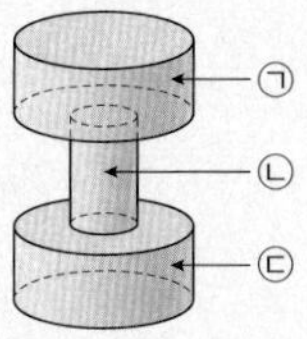

이때 ㉠과 ㉢에서 수면의 반지름의 길이가 같고, ㉡에서 수면의 반지름의 길이가 ㉠(또는 ㉢)보다 짧으므로 물의 높이는 ㉡에서 가장 빠르게 증가한다.

따라서 구하는 그래프는 ⑤이다. 답 ⑤

08 ㄱ. 집에서 3.5 km 떨어진 지점에 도착할 때까지 걸린 시간은 30분이므로 출발한 지 30분 후에 도서관에 도착하였다.

ㄴ. 출발한 지 10분 후부터 20분 후까지 10분 동안 거리의 변화가 없으므로 도서관에 가는 도중에 한 번 멈추었다.

ㄷ. 도서관에서 집에 도착할 때까지 거리가 일정하게 감소하므로 집으로 돌아올 때 달린 속력은 일정하다.

ㄹ. 도서관에서 책을 고른 시간은 출발한 지 30분 후부터 40분 후까지이므로 10분이다.

따라서 옳은 것은 ㄱ, ㄷ이다. 답 ㄱ, ㄷ

09 y가 x에 반비례하므로 x와 y 사이의 관계식을

$y=\frac{a}{x}(a\neq0)$로 놓자.

$y=\frac{a}{x}$에 $x=12$, $y=-\frac{7}{6}$을 대입하면

$-\frac{7}{6}=\frac{a}{12}$ $\quad\therefore a=-14$

따라서 $y=-\frac{14}{x}$에 $x=-3$을 대입하면

$y=-\frac{14}{-3}=\frac{14}{3}$ 답 $\frac{14}{3}$

10 정비례 관계 $y=ax$의 그래프가 점 $(-4, 10)$을 지나므로 $y=ax$에 $x=-4$, $y=10$을 대입하면

$10=-4a$ $\quad\therefore a=-\frac{5}{2}$

따라서 정비례 관계 $y=-\frac{5}{2}x$의 그래프가 점 $(8, b)$를 지나므로 $y=-\frac{5}{2}x$에 $x=8$, $y=b$를 대입하면

$b=-\frac{5}{2}\times8=-20$

$\therefore ab=-\frac{5}{2}\times(-20)=50$ 답 50

11 (i) $y=ax$의 그래프가 오른쪽 위로 향하므로

$a>0$

(ii) $y=x$의 그래프가 $y=ax$의 그래프보다 y축에 더 가까우므로

$a<1$

(i), (ii)에서 $0<a<1$ 답 ③

12 반비례 관계 $y=\frac{a}{x}$의 그래프가 점 $(-4, 6)$을 지나므로

$y=\frac{a}{x}$에 $x=-4$, $y=6$을 대입하면

$6=\frac{a}{-4}$ $\quad\therefore a=-24$

따라서 주어진 그래프의 식은 $y=-\frac{24}{x}$

이때 이 그래프 위의 점 중 x좌표와 y좌표가 모두 정수인 점은
$(1, -24)$, $(2, -12)$, $(3, -8)$, $(4, -6)$, $(6, -4)$, $(8, -3)$, $(12, -2)$, $(24, -1)$, $(-1, 24)$, $(-2, 12)$, $(-3, 8)$, $(-4, 6)$, $(-6, 4)$, $(-8, 3)$, $(-12, 2)$, $(-24, 1)$
의 16개이다. 답 16개

13 정비례 관계 $y=-3x$의 그래프가 점 $(-2, b)$를 지나므로 $y=-3x$에 $x=-2$, $y=b$를 대입하면
$b=-3\times(-2)=6$
따라서 반비례 관계 $y=\frac{a}{x}$의 그래프가 점 $(-2, 6)$을 지나므로 $y=\frac{a}{x}$에 $x=-2$, $y=6$을 대입하면
$6=\frac{a}{-2}$ $\quad\therefore a=-12$
$\therefore a+b=-12+6=-6$ 답 -6

14 반비례 관계 $y=\frac{a}{x}$의 그래프가 점 $A(-4, 1)$을 지나므로
$y=\frac{a}{x}$에 $x=-4$, $y=1$을 대입하면
$1=\frac{a}{-4}$ $\quad\therefore a=-4$
$y=-\frac{4}{x}$에 $x=2$를 대입하면 $y=-\frac{4}{2}=-2$
$\therefore C(2, -2)$
따라서 직사각형 ABCD의 넓이는
$\{2-(-4)\}\times\{1-(-2)\}=6\times3=18$ 답 18

15 톱니가 27개인 톱니바퀴 A가 x바퀴 회전할 때 맞물린 톱니의 개수는 $(27\times x)$개, 톱니가 18개인 톱니바퀴 B가 y바퀴 회전할 때 맞물린 톱니의 개수는 $(18\times y)$개이고, 두 톱니바퀴 A, B의 맞물린 톱니의 개수가 같으므로
$27\times x=18\times y$ $\quad\therefore y=\frac{3}{2}x$ (③)
① $x=12$일 때, $y=\frac{3}{2}\times12=18$이므로 톱니바퀴 A가 12바퀴 회전할 때, 톱니바퀴 B는 18바퀴 회전한다.
② $y=30$일 때, $30=\frac{3}{2}x$에서 $x=20$이므로 톱니바퀴 B가 30바퀴 회전할 때, 톱니바퀴 A는 20바퀴 회전한다.
④ y는 x에 정비례하므로 x의 값이 2배, 3배, 4배, …가 되면 y의 값도 2배, 3배, 4배, …가 된다. 답 ③, ⑤

16 ㄱ. 전체 왕복 거리가 400 m이므로 반환점은 출발점에서 $400\div2=200$(m) 떨어져 있다.
ㄴ. A, B, C가 출발점에서 200 m 떨어진 반환점에 도착하는 데 걸린 시간이 각각 50초, 36초, 45초이므로 반환점에 먼저 도착한 순서대로 나열하면 B, C, A이다.
ㄷ. A, B, C가 출발점에 도착하는 데 걸린 시간이 각각 85초, 92초, 90초이므로 출발점으로 가장 먼저 돌아온 학생은 A이다.
따라서 옳은 것은 ㄱ, ㄴ이다. 답 ③

17 $y=ax$에 $x=-4$를 대입하면 $y=-4a$이므로 오른쪽 그림에서 점 P의 좌표는
$P(-4, -4a)$

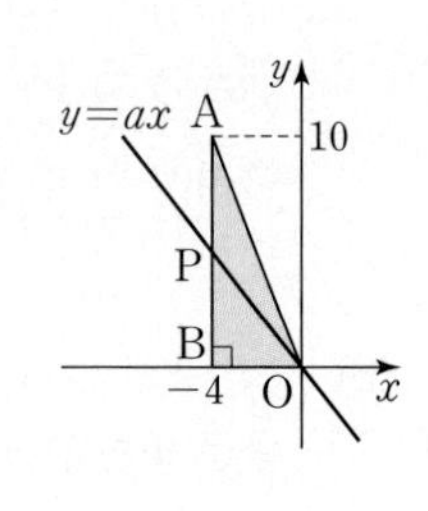

한편, 삼각형 OAB의 넓이는
$\frac{1}{2}\times4\times10=20$
삼각형 OPB의 넓이는 삼각형 OAB의 넓이의 $\frac{1}{2}$이므로
$\frac{1}{2}\times4\times(-4a)=\frac{1}{2}\times20$
$-8a=10$
$\therefore a=-\frac{5}{4}$ 답 $-\frac{5}{4}$

다른 풀이 밑변의 길이와 높이가 각각 같으면 삼각형의 넓이는 같으므로 선분 AP와 선분 BP의 길이가 같으면 두 삼각형 OAP와 OPB의 넓이가 같다.
따라서 $P(-4, 5)$이므로 $y=ax$에 $x=-4$, $y=5$를 대입하면
$5=-4a$ $\quad\therefore a=-\frac{5}{4}$

18 반비례 관계 $y=\frac{12}{x}$의 그래프가 점 $B(6, k)$를 지나므로 $y=\frac{12}{x}$에 $x=6$, $y=k$를 대입하면
$k=\frac{12}{6}=2$ $\quad\therefore B(6, 2)$
(i) $y=ax$의 그래프가 점 $A(3, 4)$를 지날 때 a의 값이 가장 크고 이때의 a의 값은
$4=3a$ $\quad\therefore a=\frac{4}{3}$
(ii) $y=ax$의 그래프가 점 $B(6, 2)$를 지날 때 a의 값이 가장 작고 이때의 a의 값은
$2=6a$ $\quad\therefore a=\frac{1}{3}$
(i), (ii)에서 상수 a의 값의 범위는
$\frac{1}{3}\le a\le\frac{4}{3}$ 답 $\frac{1}{3}\le a\le\frac{4}{3}$

19 (1) 정비례 관계 $y=2x$의 그래프가 점 A$(5,\ a)$를 지나므로 $y=2x$에 $x=5$, $y=a$를 대입하면

$a=2\times5=10$ … ❶

또, 점 B$(-2,\ b)$를 지나므로 $y=2x$에 $x=-2$, $y=b$를 대입하면

$b=2\times(-2)=-4$ … ❷

(2) 세 점 A$(5,\ 10)$, B$(-2,\ -4)$, C$(5,\ -4)$를 좌표평면 위에 나타내면 오른쪽 그림과 같으므로 삼각형 ABC의 넓이는

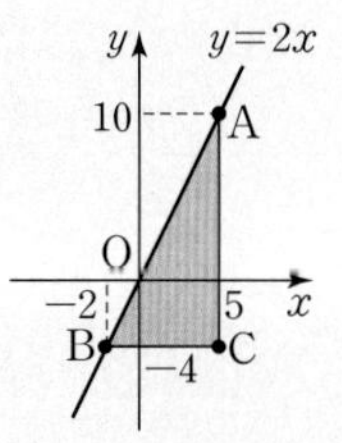

$\frac{1}{2}\times\{5-(-2)\}\times\{10-(-4)\}$

$=\frac{1}{2}\times7\times14=49$ … ❸

답 (1) $a=10$, $b=-4$ (2) 49

단계	채점 기준	배점
❶	a의 값 구하기	20 %
❷	b의 값 구하기	20 %
❸	삼각형 ABC의 넓이 구하기	60 %

20 x명이 함께 y일 동안 일을 하여 이 일을 완성한다고 하자.

이 일은 12명이 함께 10일 동안 하여 완성하는 일이고 전체 일의 양은 일정하므로

$x\times y=12\times10$

$\therefore\ y=\frac{120}{x}$ … ❶

$y=\frac{120}{x}$에 $y=6$을 대입하면

$6=\frac{120}{x}$

$\therefore\ x=20$

따라서 6일 만에 이 일을 완성하려면 20명이 함께 일을 해야 한다. … ❷

답 20명

단계	채점 기준	배점
❶	x와 y 사이의 관계식 구하기	60 %
❷	일을 6일 만에 완성하기 위해 필요한 사람 수 구하기	40 %

MEMO

우월한 개념수학

계통으로 수학이 쉬워지는
새로운 개념기본서

- 전후 개념의 연결고리를 만들어 주는 **계통 학습**
- 문제 풀이의 핵심을 짚어주는 **키워드 학습**
- 개념북에서 익히고 워크북에서 확인하는 **1:1 매칭 학습**